天然植物原料护肤功效汇编

第一册

东 亚 肌 肤 健 康 研 究 中 心

云南白药集团健康产品有限公司　　编著

云南白药集团上海科技有限公司

东方出版中心

图书在版编目（CIP）数据

天然植物原料护肤功效汇编. 第一册 / 东亚肌肤健
康研究中心, 云南白药集团健康产品有限公司, 云南白药
集团上海科技有限公司编著. 一 上海：东方出版中心,
2022.12

ISBN 978-7-5473-2120-1

Ⅰ. ①天… Ⅱ. ①东… ②云… ③云… Ⅲ. ①化妆品
－植物－原料－汇编 Ⅳ. ① TQ658

中国版本图书馆 CIP 数据核字（2022）第 246594 号

天然植物原料护肤功效汇编·第一册

编　　著　东亚肌肤健康研究中心
　　　　　云南白药集团健康产品有限公司
　　　　　云南白药集团上海科技有限公司
责任编辑　朱荣所
封面设计　张耀斌　景宜婧　倪　静
版式设计　钟　颖
封面植物墨线图　八子

出版发行　东方出版中心有限公司
地　　址　上海市仙霞路345号
邮政编码　200336
电　　话　021-62417400
印 刷 者　上海丽佳制版印刷有限公司

开　　本　889mm×1194mm　1/16
印　　张　37.5
字　　数　662千字
版　　次　2022年12月第1版
印　　次　2022年12月第1次印刷
定　　价　380.00元

丛书编纂委员会

主　编：安　全（东亚肌肤健康研究中心，云南白药集团健康产品
　　　　　　有限公司）

副主编：（按姓氏笔画排序）

　　　　刘继涛（云南白药集团健康产品有限公司）

　　　　权强华（东亚肌肤健康研究中心）

　　　　邵　雪（云南白药集团健康产品有限公司）

　　　　居瑞军（北京石油化工学院）

　　　　赵　婷（云南白药集团健康产品有限公司）

　　　　霍　形（云南白药集团健康产品有限公司）

编　委：（按姓氏笔画排序）

　　　　王　菲（云南白药集团健康产品有限公司）

　　　　李学涛（辽宁中医药大学）

　　　　李　岗（云南白药集团上海科技有限公司）

　　　　刘俊红（云南白药集团健康产品有限公司）

　　　　吴　迪（云南白药集团健康产品有限公司）

　　　　杨思敏（北京石油化工学院）

　　　　杨　杨（云南白药集团健康产品有限公司）

　　　　彭效明（北京石油化工学院）

参编人名：（按姓氏笔画排序）

　　　　孔　惠　王一鸣　王　丛　王雨茜　王焕冲　王思艺

　　　　王梦莹　王媛媛　王增尚　冯　涵　田　刚　石秀芹

司亚馨　李国庆　李艳艳　李慧婷　刘平平　刘　娟

陈秦君　陈嘉星　严孝琴　严晓强　杜雨蒙　杨　丛

杨玄琳　杨伶俐　杨　韬　杨　颖　吴发亮　吴　成

吴　淼　钏定泽　林炎钧　周　明　贾兆君　侯精飞

夏　蕾　秦小桐　鹿发展　曾　凡　管米香　管　洁

翟文丽　樊远红　潘海浩　戴靖曦

前　言

近年来，随着生活水平的逐年提高，人们追求自然与健康的意识日益增强，对肌肤的健康保养愈加重视。护肤品已成为人们生活的必需品，护肤产业逐渐成为我国大健康产业链的重要组成部分。在众多化妆品原料中，来源于天然植物的活性原料始终是本领域研究开发的热点，植物原料作为活性添加剂在化妆品中的应用显著增多。植物原料作为化妆品的活性组分有诸多优势，如原料源自天然，刺激性小、安全性高，同时具有多靶点起效的护肤功效等。

"东亚肌肤健康研究中心暨云南白药天然植物创新研发中心"（以下简称"研究中心"）定位于国际资源整合与产业发展的融合，利用得天独厚的自然资源优势，释放核心价值，整合多元优势平台，打造专属亚洲人的肌肤管理体系。研究中心是由云南白药健康产品事业部联合北京工商大学理学院化妆品系、北京科技大学精准医疗与健康研究院共同组建的产学研相结合的专业化妆品研发平台。研究中心以天然植物开发为理念，以皮肤科学为基础，开展天然植物创新开发、化妆品配方与工艺开发、化妆品功效与安全评价机理研究等工作，以期为化妆品全产业链提供科技支撑和技术服务，并将逐步建设成为产学研相结合的平台。

针对"蓬勃的市场需求及薄弱的产品基础不对等"的现状，结合目前植物原料的研究现状，研究中心和云南白药集团健康产品有限公司、云南白药集团上海科技有限公司共同编著了《天然植物原料护肤功效汇编》（以下简称《汇编》）丛书。《汇编》秉持"源自天然＋成分功效研究＋精准护肤系统化"的理念，通过对文献数据挖掘的形式，结合东亚肌肤健康研究中心现有的研究成果，深入挖掘植物在护肤领域的作用机制，为植物原料的开发实质性指明方向，为开发多成分、多功效、多靶点的新产品提供参考和借鉴。

《汇编》将系统介绍国家药品监督管理局2021年发布的《已使用化妆品原料目录》（2021年版）（以下简称《目录》）中已收录的一千多种植物、部分真菌、藻类以及部分云南白药自主研发的植物活性原料，通过对中英文专业数据库的全面检索与挖掘，结合研究中心的研究成果，汇总植物的基本信息、活性物质、功效与机制三个方面的资料。植物的基本信息包括：植物中文名、拉丁名（参考《中国植物志》《中国真菌志》等）、俗名、分类系统、地理分布、《目录》中的 INCI 名、植物图片、外观形态等；"活性物质"包括：主要成分类别、主要单体、已有报道的成分含量；"功效与机制"主要分为抗炎、抗氧化、抑菌、抗衰老、美白、保湿、控油七个方向，涉及的其他护肤相关的功效机制方向均归类在"其他"类。我们梳理了目前报道的植物的护肤相关方向，并筛选了部分数据收入文中。每个章节的末尾均附有"成分功效机制总结图"，方便读者对该植物的相关功效进行直观快速的了解。

本册为《汇编》第一册，共 40 个章节，涉及目录中的 60 种植物，检索的文献时间跨度为英文文献 1900—2022 年，中文文献截至 2022 年 1 月，涉及中英文文献量合计 1.9 万余篇，努力做到可溯源、可更新、可挖掘的开放式检索。本书涉及的植物一般独立成篇，部分植物因为以下原因我们合在了一个章节中：1. 我们将常用中文名一样的同一属植物以及研究上有可比较性的植物汇总在了一个章节中。例如梣属植物在《目录》中有"白蜡树""宿主白蜡树""尖叶秦皮""苦枥白蜡树""欧洲白蜡树""花白蜡树"，前四个在《中国药典》里统称为"秦皮"，而文献多选择其中几种一起研究，因此我们将目录中提到的梣属白蜡树物种统一放到《白蜡树》一个章节中，以便于读者对白蜡树及其近缘物种有系统的了解和认识。2.《目录》中还有同一个植物有不同名称存在的情况，例如，《目录》中有两种白及——白及 (BLETILA STRIATA) 和紫蓝花白笈 (BLETIA HYACINTHINA)，而中国植物志 iPlant 网站将 *Bletia hyacinthina* 修正为 *Bletilla striata*，因此我们将两种白及归入《白及》一个章节中。

《汇编》将《目录》中涉及的高等植物 1460 种、藻类 109 种、真菌 35 种（共计 1604 种），按照常用物种中文名首字的拼音首字母排序，陆续推出，本书为第一册（物种收录首字的首字母为 A、B）。

书中引用的植物图片主要来源于"PPBC 中国植物图像库"网站，部分由编者自己拍摄，在此对"PPBC 中国植物图像库"网站和拍摄者表示感谢。化学结构式均用"ChemBioDraw"软件进行绘制。因研究方法不同，一种植物中某种或某类化合物含量数据在不同文献中差异较大，《汇编》中所引用的数据仅供参考。书后附有"专业词汇对照表""物种中文名和拉丁名对照表""物种拉丁名和中文名对照表""物种图片版权人信息表",以方便读者查阅。本书可供化妆品领域的研究人员、生产厂家、天然植物加工企业、中草药种植者以及基础研究人员等参考和使用。

　　由于编者经验不足,2021 年出版的《天然植物原料护肤功效汇编·特辑》中存在一些问题,我们在本册附录中进行了订正补充。由于编者的水平有限,《汇编》中仍难免存在不妥之处,敬请广大读者批评指正。

编　者

2022 年秋

目　录

阿拉伯胶树

1.1 基本信息

中 文 名	阿拉伯胶树	
属 名	儿茶属 Senegalia	
拉 丁 名	Senegalia senegal（L.）Britton[①]	
俗 名	亚拉伯树胶、阿拉伯树胶、刺合欢	
分类系统	恩格勒系统（1964）	APG Ⅳ系统（2016）
	被子植物门 Angiospermae 双子叶植物纲 Dicotyledoneae 蔷薇目 Rosales 豆科 Leguminosae	被子植物门 Angiospermae 木兰纲 Magnoliopsida 豆目 Fabales 豆科 Fabaceae
地理分布	非洲、西亚、南亚的部分地区；我国台湾省	
化妆品原料[②]	阿拉伯胶树（ACACIA SENEGAL）花/茎提取物	
	阿拉伯胶树（ACACIA SENEGAL）胶	
	阿拉伯胶树（ACACIA SENEGAL）胶提取物	

　　小乔木，高 3—6 米，树皮呈片状剥落；幼枝被短柔毛，老枝变无毛。托叶刺状，3 个，两侧的近直立或稍向上弯，当中的下弯，长约 5 毫米；二回羽状复叶，常 3 片簇生，叶轴长 2.5—5 厘米，常有小刺，最上一对羽片着生处及总叶柄上各有腺体 1 个；羽片 3—5 对，对生或互生，长 1.2—3 厘米；小叶 8—15 对，线形，长约 2—5 毫米，宽 1—1.5 毫米，具疏缘毛。穗状花序长 5—10 厘米；总花梗长 8—18 毫米；花白色，芳香；花萼阔钟形，长 1.5—2.5 毫米，无毛；花冠长约 4 毫米；雄蕊多数，花丝长约 6—7 毫米。荚果带状，长 5—8 厘米，宽 1.7—2.5 厘米，具短柄，顶端稍弯，呈喙状；种子 5—6，碟状，长 6—9 毫米，宽 5—8 毫米，暗棕色或灰绿色。[③]

---

①《中国植物志》将阿拉伯胶树的拉丁名 Acacia senegal 修正为 Senegalia senegal。"世界植物在线"（Plants of the World Online，https://powo.science.kew.org/）收录的名称也是 Senegalia senegal。

②本书收录的"化妆品原料"均来源于《已使用化妆品原料目录》（2021 年版）。以下不再一一出注。

③见《中国植物志》第 39 卷第 26 页。

1.2　活性物质

1.2.1　主要成分

目前，对阿拉伯胶树的研究多集中在对阿拉伯胶结构、组成及应用方面，对其他化学成分的研究较少。我们从文献中查到了一些关于其成分的研究，阿拉伯胶树具体化学成分见表1-1。

表1-1　阿拉伯胶树化学成分

成分类别	主要化合物	参考文献[注]
多糖	阿拉伯胶等	[1]
脂肪酸	棕榈酸、硬脂酸、油酸、亚油酸等	[2]

1.2.2　含量组成

目前，文献对阿拉伯胶树化学成分含量的研究不多，我们从文献中获得了一些阿拉伯胶树种子油脂及叶片中多种化学成分含量的信息，具体见表1-2。

表1-2　阿拉伯胶树中主要成分含量信息

成分	来源	含量	参考文献
油脂	种子	9.80%	[2]
总酚	叶提取物	69.84±3.54 mg GAE/g	[3]
总黄酮	叶提取物	27.32±0.57 mg RTE/g	[3]
鞣质	叶提取物	14.60±0.01%（浓缩）	[3]
		3.09±0.02%（水解）	

注：GAE，没食子酸当量；RTE，芦丁当量。

①本列所涉文献具体见本篇末"参考文献"，下同。

阿拉伯胶是一种酸性多糖，蛋白质含量为 27.0 ± 0.01 mg/g，矿物质含量为 33.0 ± 0.24 mg/g，糖类含量为 940 mg/g，其中单糖组成为半乳糖占 35.8 ± 1.20 %，阿拉伯糖占 30.3 ± 2.50 %，鼠李糖占 15.5 ± 0.35 %，葡萄糖醛酸占 17.4 ± 1.15 %，4-O-甲基 – 葡萄糖醛酸占 1.0 ± 0.05 %[1]。

1.3 功效与机制

阿拉伯胶（GA）是来自阿拉伯胶树的胶质分泌物，由复杂的多糖与蛋白组成，具有抗炎、抗氧化、抗补体、抗菌、免疫刺激、抗凝血、抗病毒、抗肿瘤、降血糖和抗溃疡等多种生物活性[4-5]。

1.3.1 抗炎

GA 具有良好的抗炎活性。临床研究显示，对接受选择性结肠造口手术的婴儿使用 GA 可降低吻合口周围皮肤炎症率[6]。摄入 GA 可改善类风湿性关节炎患者关节肿胀和压痛，使得疾病严重程度评分降低，还可显著降低患者血清中炎症指标肿瘤坏死因子 –α（TNF–α）和红细胞沉降率水平。结肠细菌发酵阿拉伯胶会增加血清丁酸盐浓度。GA 可能通过其丁酸盐衍生物发挥抗炎活性[7]。

在白化病大鼠模型中，GA 处理可降低放射性造影剂引起的一氧化氮（NO）水平增加，发挥抗炎功能[8]。双氯芬酸（DICF）会诱导小鼠肾毒性，导致肾脏生物标志物、炎症细胞因子、丙二醛（MDA）和凋亡标志物的升高。GA 可显著缓解 DICF 引发的肾损伤，降低 DICF 诱发的白细胞介素 –1β（IL–1β）、TNF–α、caspase–3 和单核细胞趋化蛋白 –1（MCP–1）水平。同时 GA 可增加抗炎因子白细胞介素 –10（IL–10）的表达和补体受体 –1（CR–1）蛋白水平[9]。在胃溃疡小鼠模型中，GA 可显著降低白细胞介素 –1β（IL–1β）、TNF–α 水平，发挥抗炎功能[10]。GA 也可通过抑制 NF–κB 的激活，发挥抗炎功能[11]。C 反应蛋白（CRP）是系统性炎症和组织损伤的主要标志物，GA 可有效降低 CRP 水平，说明 GA 具有缓解炎症的功效[12-13]。

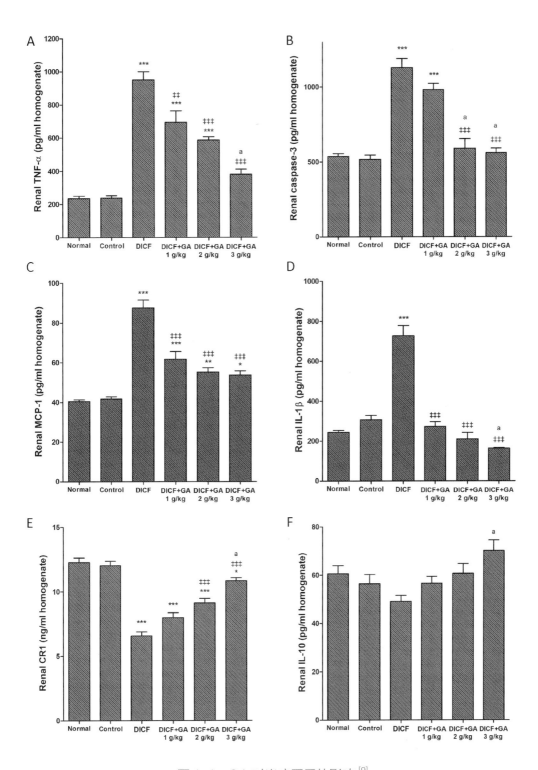

图 1-1　GA 对炎症因子的影响 [9]

注：1、2 或 3 g/kg GA 对水剥夺 / 双氯芬酸（DICF）诱导的肾病大鼠（$n=6$）肾组织（A）TNF-α、（B）caspace-3、（C）MCP-1、（D）IL-1β、（E）CR1 和（F）IL-10 的影响。***，与对照组相比 $P<0.001$；##，与 DICF 组相比 $P<0.01$；a，与 DICF+GA 1g/kg 组相比 $P<0.05$。

阿拉伯胶树中阿拉伯半乳聚糖蛋白可诱导免疫因子人 β- 防御素 2（hBD-2）、Toll 样受体蛋白 5（TLR5）、白细胞介素 -1α（IL-1α）基因的大量表达，调节皮肤的先天免疫反应，发挥抗炎功能[14]。

1.3.2　抗氧化

GA 是有效的抗氧化剂和细胞保护剂，可保护大鼠免受放射性造影剂引起的氧化损伤。在相关实验中，GA 处理组显著降低放射性造影剂引起的氧化损伤标记物 MDA 的增加，显著改善放射性造影剂对过氧化氢酶（CAT）和还原型谷胱甘肽（GSH）水平的抑制[8]。GA 显著提高患者肾脏总抗氧化能力，并降低了 MDA 和 CRP 水平，在血液透析患者中显示出强大的抗氧化特性[13]。GA 具有良好的总抗氧化能力、DPPH 自由基清除活性和铁离子还原能力[15]。GA 可通过显著增加 CAT、超氧化物歧化酶（SOD）和谷胱甘肽过氧化物酶（GSH-Px）的活性，增加 SOD 和 GSH-Px mRNA 表达，发挥抗氧化功能[9-10, 16]。

表 1-3　GA 对大鼠溃疡胃部 SOD、GSH-Px、MDA、PGE_2 水平的影响[10]

组别 参数	控制组	GA	乙醇	乙醇 +GA
SOD μ/mg/ 组织	2.985 ± 0.07^a	3.150 ± 0.06^a	0.624 ± 0.08^c	1.842 ± 0.16^b
GSH-Px μ/mg/ 组织	61.457 ± 1.31^a	64.057 ± 1.27^a	20.842 ± 1.02^c	49.157 ± 1.11^b
MDA mmol/mg	4.442 ± 0.48^c	3.400 ± 0.26^c	87.500 ± 5.75^a	28.185 ± 4.55^b
PGE_2 pg/mg	342.35 ± 9.10^a	319 ± 5.34^a	110.76 ± 3.59^c	226.58 ± 4.59^b

数值表示为平均值 ± 标准误（$n=7$）。（同一参数）不同上标值差异显著（$P<0.05$）。

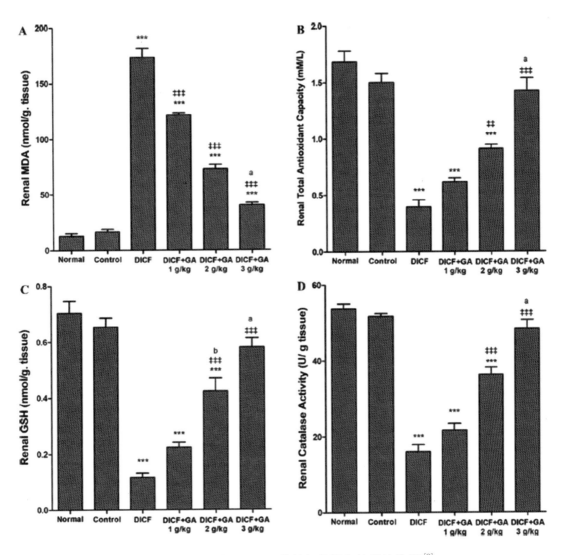

图 1-2　GA 对 DICF 诱发的氧化损伤的保护作用[9]

注：1、2 或 3 g/kg GA 对水剥夺 / 双氯芬酸（DICF）诱导的肾病大鼠（n=6）肾组织（A）MDA、（B）总抗氧化能力、（C）还原型谷胱甘肽和（D）CAT 的影响。***，与对照组相比 $P<0.001$；##，与 DICF 组相比，$P<0.01$；a，与 DICF+GAg/kg 组相比，$P<0.05$。

1.3.3　抗菌

　　GA 水和乙醇提取物对金黄色葡萄球菌和大肠杆菌有明显的生长抑制作用，其机制可能是通过诱导细胞内活性氧（ROS）的产生增强了粒细胞的吞噬作用，发挥抗菌活性[17]。GA 对真菌病原体白色念珠菌和新型隐球菌也有抑制作用[18]。

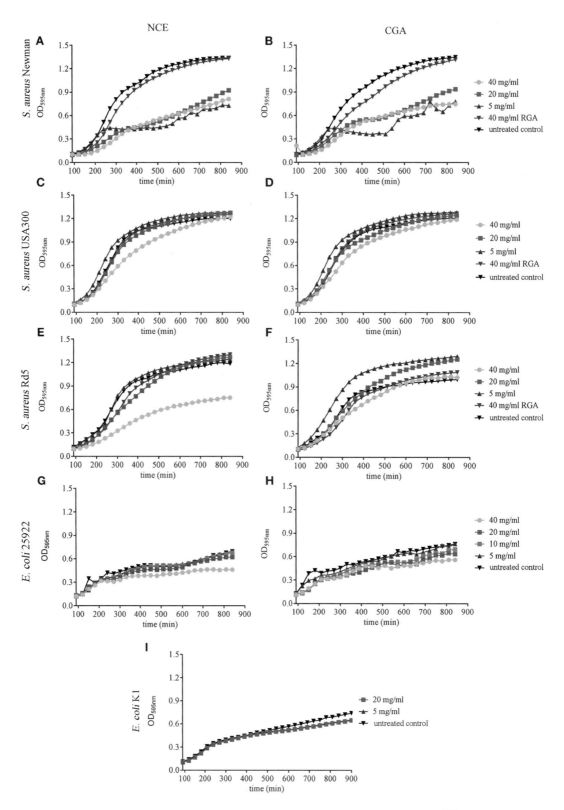

图1-3　GA 提取物对大肠杆菌和金黄色葡萄球菌的抑制活性[17]。

注：NCE，天然粗提物；CGA，商用阿拉伯胶；RGA，人工糖类。

1.4　成分功效机制总结

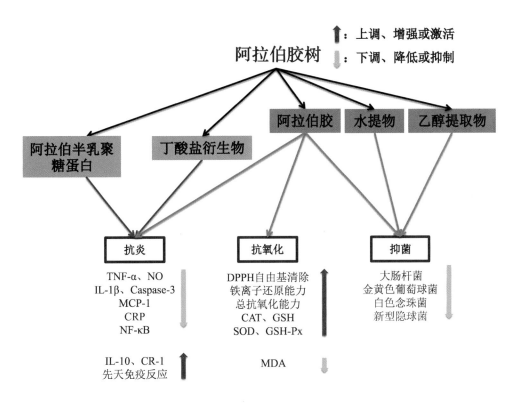

图1-4　阿拉伯胶树成分功效机制总结图

阿拉伯胶树具有良好的抗炎、抗氧化和抑菌作用，其中已明确功能的活性成分包括阿拉伯胶、阿拉伯半乳聚糖蛋白和其发酵产物丁酸盐衍生物。阿拉伯胶树抗炎活性机制主要涉及炎症因子的抑制及NF-κB信号通路的调控，抗氧化活性主要为对自由基清除活性、还原能力和总抗氧化能力的检测以及抗氧化酶的活性调节等。抗菌机制可能是通过诱导细胞内活性氧（ROS）的产生增强了粒细胞的吞噬作用，发挥抑菌活性。

参考文献

[1] Lopez-Torrez L, Nigen M, Williams P, et al. *Acacia senegal* vs. *Acacia seyal* gums-part 1: composition and structure of hyperbranched plant exudates[J]. Food Hydrocolloids, 2015, 51: 41—53.

[2] Nehdi IA, Sbihi H, Tan CP, et al. Characteristics, composition and thermal stability of *Acacia senegal* (L.)Willd. seed oil[J]. Industrial Crops and Products, 2012, 36(1): 54—58.

[3] Magnini RD, Hilou A, Millogo-Koné H, et al. *Acacia senegal* extract rejuvenates the activity of phenicols on selected *Enterobacteriaceae* multi drug resistant strains[J]. Antibiotics, 2020, 9(6), 323.

[4] Nguyen TX, Ekaterina S, Omaima N, et al. Stimulation of mouse dendritic cells by Gum Arabic [J]. Cellular Physiology and Biochemistry, 2010, 25(6): 641—648.

[5] Rajvaidhya S, Gajendra KS, Badri PN, et al. Extraction, isolation and chemical structure elucidation of daidzein from bark of *Acacia Arabica*(Lam.)Willd of Bhopal, Madhya Pradesh, India [J]. International Journal of Pharmaceutical Sciences and Research, 2014, 5(5): 2014—2021.

[6] Mehrdad H, Ali F, Masoome A. Efficacy of *Acacia senegal* for stoma care in children with colostomy[J]. European Journal of Pediatric Surgery, 2012, 22(3): 234—237.

[7] Ebtihal K, Abdel Gadir KL, Maha D, et al. Gum arabic fibers decreased inflammatory markers and disease severity score among rheumatoid arthritis patients, phase II trial[J]. International Journal of Rheumatology, 2018: 4197537.

[8] Islam E, Sobhy HE, Ahmed EK, et al. The ameliorative role of *Acacia senegal* gum against the oxidative stress and genotoxicity induced by the radiographic contrast medium(ioxitalamate)in albino rats[J]. Antioxidants, 2021, 10(2): 221.

[9] Shafeek F, Abu-Elsaad N, El-Karef A, et al. Gum Acacia mitigates diclofenac nephrotoxicity by targeting monocyte chemoattractant protein-1, complement receptor-1 and pro-apoptotic pathways[J]. Food and Chemical Toxicology, 2019, 129: 162—168.

[10] Taha, Mervat S, El-Sherbiny, et al. Anti-ulcerogenic activity of arabic gum in gastric mucosal injury induced by ethanol in male albino rats[J]. Applied Physiology, Nutrition, and Metabolism, 2019, 11.

[11] Wapnir RA, Sherry B, Codipilly C, et al. Modulation of rat intestinal nuclear factor NF-κB by gum arabic[J]. Digestive Diseases and Sciences, 2008, 53(1): 80—87.

[12] Abdel Gadir KL, Suliman KA. Effect of Gum Arabic (*Acacia senegal*) on c-reactive protein level among sickle cell anemia patients[J]. BMC Research Notes, 2020, 13(1): 162.

[13] Elkhair AN, AbdelGadir KL, Yousif AS, et al. Gum arabic(*Acacia senegal*)augmented total antioxidant capacity and reduced c-reactive protein among haemodialysis patients in phase II trial[J]. International Journal of Nephrology, 2020: 7214673.

[14] Abderrakib Z, Julie D, Magalie B, et al. Arabinogalactan proteins from Baobab and Acacia seeds influence innate immunity of human keratinocytes in vitro[J]. Journal of Cellular Physiology, 2017, 232(9): 2558—2568.

[15] Elnour AAM, Mirghani MES, Kabbashi NA, et al. Gum arabic: An optimization of ultrasonic-assisted extraction of antioxidant activity[J]. Studia Ubb Chemia, Lxiii, 2018, 3: 95-116.

[16] Ahmed AA, Fedail JS, Musa HH, et al. Gum Arabic supplementation improved antioxidant status and alters expression of oxidative stress gene in ovary of mice fed high fat diet[J]. Middle East Fertility Society Journal, 2016, 21(2): 101—108.

[17] Baien SH, Seele J, Henneck T, et al. Antimicrobial and immunomodulatory effect of gum arabic on human and bovine granulocytes against *Staphylococcus aureus* and *Escherichia coli*[J]. Frontiers in Immunology, 2019, 10: 3119.

[18] Nishi KK, Antony M, Mohanan PV, et al. Amphotericin B-gum arabic conjugates: synthesis, toxicity, bioavailability, and activities against *Leishmania* and fungi[J]. Pharmaceutical Research, 2007, 24(5): 971—980.

阿
魏

2.1　基本信息

2.1.1　阿魏

中　文　名	阿魏	
属　　　名	阿魏属 *Ferula*	
拉　丁　名	*Ferula assa-foetida* L.	
俗　　　名	无	
	恩格勒系统（1964）	APG Ⅳ系统（2016）
分 类 系 统	被子植物门 Angiospermae 双子叶植物纲 Dicotyledoneae 伞形目 Umbelliflorae 伞形科 Umbelliferae	被子植物门 Angiospermae 木兰纲 Magnoliopsida 伞形目 Apiales 伞形科 Apiaceae
地 理 分 布	欧洲南部、非洲北部、西亚、南亚	
化妆品原料	阿魏（FERULA ASSA FOETIDA）根提取物	

　　多年生一次结果的草本，高约 2 米，全株有强烈的葱蒜样臭味。根纺锤形，粗壮，根颈上残存有枯萎叶鞘纤维。茎单一，粗壮，有明显的棱槽，被短柔毛，从近基部向上分枝成圆锥状，下部枝互生，上部枝轮生。基生叶有长柄，柄的基部扩展成鞘，叶片宽卵形，三出式多回羽状全裂，基部楔形，灰绿色，密被柔毛；茎生叶逐渐简化，变小，至上部仅有叶鞘，叶鞘披针形，革质，平展，枯萎。复伞形花序生于茎枝顶端，直径约 12 厘米，无总苞片；伞辐 15—23，近等长，被稀疏的柔毛，中央的花序近无梗，侧生花序 2—3，较小，轮生，花序梗长，超过中央花序；小伞形花序有花 12—20，小总苞片披针形，脱落；果椭圆形，背腹扁压，果棱突起。花期 4—5 月，果期 5—6 月。[①]

---

①见网站 *Ferula assa-foetida* L., Flora of Pakistan, Tropicos.org, 2011 Accessed March 2020。

2.1.2　古蓬阿魏

中 文 名	绿黄汁阿魏	
属 　 名	阿魏属 *Ferula*	
拉 丁 名	*Ferula gummosa* Boiss.	
俗 　 名	古蓬阿魏	
分 类 系 统	恩格勒系统（1964）	APG IV 系统（2016）
	被子植物门 Angiospermae 双子叶植物纲 Dicotyledoneae 伞形目 Umbelliflorae 伞形科 Umbelliferae	被子植物门 Angiospermae 木兰纲 Magnoliopsida 伞形目 Apiales 伞形科 Apiaceae
地 理 分 布	土库曼斯坦到伊朗	
化妆品原料	古蓬阿魏（FERULA GALBANIFLUA）胶提取物[①] 古蓬阿魏（FERULA GALBANIFLUA）树脂油	

　　多年生草本植物，高 1 米左右。茎圆柱形，粗壮，具细条纹，灰绿色，常分枝。叶片长可达 30 厘米，多回羽状分裂；茎生叶及基生叶的叶柄基部扩展成鞘。复伞形花序组成大型圆锥花序生于茎顶；具总苞片；总花梗长 7—14 厘米，花梗长 3—5 厘米；花朵很小，花瓣黄色，宽披针形，顶端具小突尖。花柱基部下弯。果实倒卵圆形，长约 1.5 厘米，具侧翅。种子于 6 月至 8 月成熟。[②]

2.1.3　香阿魏

中 文 名	香阿魏
属 　 名	阿魏属 *Ferula*
拉 丁 名	*Ferula foetida*（Bunge）Regel.

[①]"世界植物在线"（Plants of the World Online）网站（*Ferula gummosa* Boiss. | Plants of the World Online | Kew Science）记载 *Ferula gummosa* 为接受名，*F. galbaniflua* 为其异名。

[②]见网站（Italiano）*Ferula gummosa*: Sistematica, Etimologia, Habitat, Coltivazione（antropocene.it）。

（接上表）

俗　　名	臭味阿魏	
分类系统	恩格勒系统（1964）	APG Ⅳ系统（2016）
	被子植物门 Angiospermae 双子叶植物纲 Dicotyledoneae 伞形目 Umbelliflorae 伞形科 Umbelliferae	被子植物门 Angiospermae 木兰纲 Magnoliopsida 伞形目 Apiales 伞形科 Apiaceae
地理分布	伊朗到中亚和巴基斯坦	
化妆品原料	香阿魏（FERULA FOETIDA）根提取物	

多年生草本植物，高可达3米。茎粗壮，直径可达10厘米，不分枝，单一，灰绿色，具白粉。基生叶二回羽状分裂，小裂片披针形或卵状披针形，长4—6厘米，宽1—3厘米，背面被短柔毛，叶柄基部呈鞘状；茎生叶比基生叶小得多，叶柄基部呈鞘状。复伞形花序在茎顶呈球状；直径可达20厘米；无总苞片；花瓣黄色。果实扁平，椭圆形，长20毫米，宽15毫米，具翅。[①]

2.1.4　新疆阿魏

中　文　名	**新疆阿魏**	
属　　名	阿魏属 *Ferula*	
拉　丁　名	*Ferula sinkiangensis* K.M.Shen	
俗　　名	无	
分类系统	恩格勒系统（1964）	APG Ⅳ系统（2016）
	被子植物门 Angiospermae 双子叶植物纲 Dicotyledoneae 伞形目 Umbelliflorae 伞形科 Umbelliferae	被子植物门 Angiospermae 木兰纲 Magnoliopsida 伞形目 Apiales 伞形科 Apiaceae
地理分布	我国新疆（伊宁）	
化妆品原料	无	

---

① 见乌兹别克斯坦药用植物［*Ferula foetida* (Bunge) Regel Ферула вонючая — Planta Medica (planta-medica.uz)］。

A | B　　A. 新疆阿魏花　B. 新疆阿魏根

多年生一次结果的草本，高 0.5—1.5 米，全株有强烈的葱蒜样臭味。根纺锤形或圆锥形，粗壮，根茎上残存有枯萎叶鞘纤维。茎通常单一，稀 2—5，粗壮，有柔毛，从近基部向上分枝成圆锥状，下部枝互生，上部枝轮生，通常带紫红色。基生叶有短柄，柄的基部扩展成鞘；叶片轮廓为三角状卵形，三出式三回羽状全裂，末回裂片广椭圆形，浅裂或上部具齿，基部下延，长 10 毫米；灰绿色，上表面有疏毛，下表面被密集的短柔毛，早枯萎；茎生叶逐渐简化，变小，叶鞘卵状披针形，草质，枯萎。复伞形花序生于茎枝顶端，直径 8—12 厘米，无总苞片；伞辐 5—25，近等长，被柔毛，中央花序近无梗，侧生花序 1—4，较小，在枝上对生或轮生，稀单生，长常超出中央花序，植株成熟时增粗；小伞形花序有花 10—20，小总苞片宽披针形，脱落；萼齿小；花瓣黄色，椭圆形，长达 2 毫米，顶端渐尖，向内弯曲，沿中脉色暗，向里微凹，外面有毛；花柱基扁圆锥形，边缘增宽，波状，花柱延长，柱头头状。分生果椭圆形，背腹扁压，长 10—12 毫米，宽 5—6 毫米，有疏毛，果棱突起；每棱槽内有油管 3—4，大小不一，合生面油管 12—14。花期 4—5 月，果期 5—6 月。[1]

_____

①见《中国植物志》第 55(3) 卷第 92 页。

2.1.5　阜康阿魏

中　文　名	阜康阿魏	
属　　　名	阿魏属 *Ferula*	
拉　丁　名	*Ferula fukanensis* K.M.Shen	
俗　　　名	无	
分类系统	恩格勒系统（1964）	APG Ⅳ系统（2016）
	被子植物门 Angiospermae 双子叶植物纲 Dicotyledoneae 伞形目 Umbelliflorae 伞形科 Umbelliferae	被子植物门 Angiospermae 木兰纲 Magnoliopsida 伞形目 Apiales 伞形科 Apiaceae
地理分布	我国新疆（阜康）	
化妆品原料	无	

A │ B　　A. 阜康阿魏叶　B. 阜康阿魏根

多年生一次结果的草本，高 0.5—1.5 米，全株有强烈的葱蒜样臭味。根圆锥或倒卵形，粗壮，根颈上残存有枯鞘纤维。茎单一，粗壮，近无毛，从近基部向上分枝成圆锥状，下部枝互生，上部枝轮生。基生叶有短柄，柄的基部扩展成鞘，叶片轮廓广为卵形，三出二回羽状全裂，裂片长圆形，基部下延，长 20 毫米，裂片下部再深裂，上部浅裂或具齿，基部下延，淡绿色，上表面无毛，下表面有短柔毛，早枯萎；茎生叶逐渐简化，变小，叶鞘披针形，草质，枯萎。复伞形花序生于茎枝顶端，直径 6—10 厘米，无总苞片；伞辐 5—18（—31），不等长，近光滑，中央花序有长梗，长 3—5 厘米；侧生花序 1—4，花序梗长 6—15 厘米，超出中央花序，在枝上互生或轮生，植株成熟时增粗；小伞形花序有花 7—21，小总苞片披针形，脱落；萼齿小；花瓣黄色，长圆状披针形，长 1.5—2 毫米，顶端渐尖，向内弯曲，沿中脉色暗，中脉微凹入，外面有疏毛；花柱基扁圆锥形，边缘增宽，浅裂或波状，果熟时向上直立，花柱延长，柱头头状。分生果椭圆形，背腹扁压，长 12—16 毫米，宽 6—8 毫米；果棱突起；每棱槽内有油管 4—5，大小不一，合生面油管 10—12。花期 4—5 月，果期 5—6 月。[①]

《中国药典》（2020 版）收录的阿魏药材为新疆阿魏或阜康阿魏的树脂。味苦、辛，性温。归脾、胃经。消积，化癥，散痞，杀虫。用于肉食积滞，瘀血癥瘕，腹中痞块，虫积腹痛。[②] 而《已使用化妆品原料目录》（2021 版）收录的阿魏为香阿魏、阿魏和古蓬阿魏三种。在此，我们对阿魏属的多种植物的已有文献报导进行综述。

2.2　活性物质

2.2.1　主要成分

目前，学界对阿魏属植物研究较多的是阿魏（*Ferula assa-foetida* L.）。根据查阅到的文献，目前从阿魏中分离得到的化学成分主要是挥发油类化合物，此外还有

---

① 见《中国植物志》第 55(3) 卷第 94 页。

② 见《中华人民共和国药典》(2020 年版) 一部第 198 页。

苯丙素类化合物、有机硫化合物和香豆素类化合物。阿魏主要活性成分是挥发性成分，具体化学成分见表 2-1。

表 2-1 阿魏化学成分

成分类别	植物	化合物	参考文献
挥发油类	阿魏	(R)- 仲丁基 -1- 丙烯基、α- 蒎烯、水芹烯、十一烷基黄酰乙酸、(Z)- 丙烯基仲丁基二硫化物、β- 蒎烯、(Z)-β- 罗勒烯、(E)-1- 丙烯基仲丁基二硫化物、噻吩、硫脲、(E)-β- 罗勒烯、正丙基仲丁基二硫化物等	[1—4]
	香阿魏	2,5- 二乙基噻吩、3,4- 二乙基噻吩、异愈创木醇、愈创木醇、肉豆蔻醚、α- 蒎烯、氧化石竹烯、2,5- 二丙基噻吩、榄香脂素、1-heptatriacontanol、β- 反 - 石竹烯、β- 顺 - 石竹烯、α- 丁香烯、β- 蒎烯、二甲基三硫醚、α- 桉叶醇、β- 桉叶醇、β- 桉叶烯、2- 甲基噻吩 [3.2-b] 噻吩、5,5- 二甲基 -4-[(1E)-3- 甲基 -1,3- 丁二烯基]-1- 氧杂环 [2.5] 辛烷等	[5]
	古蓬阿魏	β- 蒎烯、α- 蒎烯、δ-3- 蒈烯等	[6]
	新疆阿魏	正丙基仲丁基二硫化物	[6]
	阜康阿魏	正丙基仲丁基二硫化物	[6]
香豆素类	阿魏	法尼斯泄醇 A、法尼斯泄醇 B、法尼斯泄醇 C、多胶阿魏素、左旋 - 波利安替宁、巴德拉克明、克拉多宁、阿魏素、费罗柯利新、neveskone 等	[1，6]
	香阿魏	Asacoumarin A、colladonin、conferdione、karatavicinol、8-acetoxy-5-hydroxyumbelliprenin 等	[7]
苯丙素类	阿魏	阿魏酸酯、阿魏酸等	[1]
有机硫化合物	香阿魏	foetisulfide A、foetisulfide B、foetisulfide C、foetisulfide D、foetithiophene A、foetithiophene B 等	[7—8]

表 2-2　阿魏部分成分单体结构

序号	主要单体	结构式	CAS 号
1	α-蒎烯	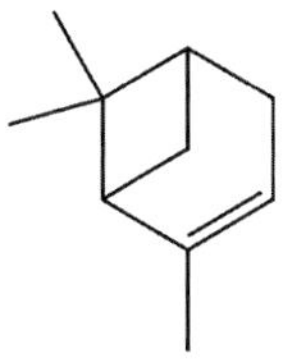	80-56-8
2	阿魏酸	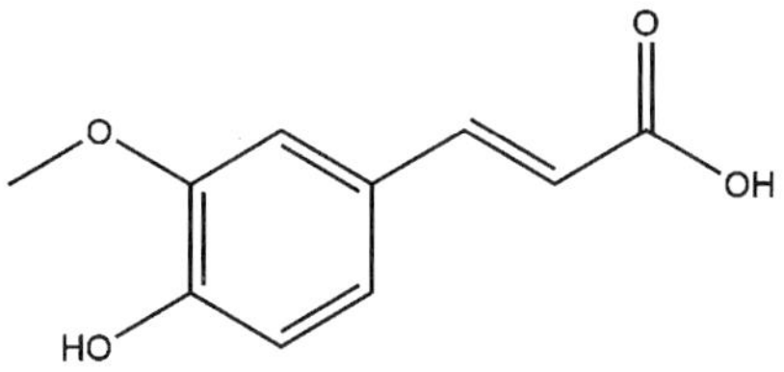	1135-24-6

2.2.2　含量组成

目前从文献中获得的阿魏相关含量信息主要是挥发油含量，此外也有部分其他成分的含量信息，具体见表 2-3。

表 2-3　阿魏主要成分含量信息

成分	来源	含量	参考文献
挥发油	阿魏	2.53 %—20.85 %	[2—4]
	新疆阿魏	3.8 %—12.29 %	[1，6]
	阜康阿魏	1.2 %	[6]
	香阿魏	5 %—20 %	[5]
	古蓬阿魏	1.66 %—26 %	[6]
总酚	阿魏种子	121.4—166.4 mg 没食子酸当量 /g（干重）	[9]
总黄酮	阿魏种子	1.5—14.6 mg 儿茶素当量 /g（干重）	[9]

2.3　功效与机制

阿魏是伞形科阿魏属植物分泌的油胶树脂的总称，在我国药用历史悠久。阿魏具有重要的药用价值，主要用于治疗胃肠道疾病、肿块、各种癌症，在我国新疆地区被广泛用于斑秃、恶性炎症、瘫痪、虫牙等疾病的治疗[10]。阿魏具有抗炎、抗氧化、抑菌和抗衰老等功效。

2.3.1　抗炎

新疆阿魏中分离出的多种化合物均具有良好的抗炎活性，如倍半萜香豆素类化合物能通过作用于 Toll 样受体 4/ 髓样分化蛋白 2（TLR4/MD2）和诱导型一氧化氮合酶（iNOS），进而发挥神经炎症抑制活性[10]。新疆阿魏挥发油水乳剂对角叉菜胶和完全弗氏佐剂所致足趾肿胀有明显的抑制作用，亦能明显抑制组胺或 5- 羟色胺（5-HT）引起的血管通透性增加；还能明显抑制绵羊红细胞（SRBC）致敏的小鼠迟发型超敏反应（DTH），降低由植物血凝素（PHA）诱导的淋巴细胞转化反应[11]。新疆阿魏油胶树脂的三氯甲烷提取物能够抑制一氧化氮（NO）的产生[12]。

阿魏油胶树脂具有抗氧化特性且能抑制脂氧合酶活性，从而发挥抗炎作用[13]。阿魏树胶树脂的甲醇提取物中分离出一种新酯在抑制脂多糖（LPS）诱导的小鼠巨噬细胞 RAW264.7 产生 NO 方面表现出良好活性[14]。阿魏酸钠为阿魏有效成分"阿魏酸"的钠盐，阿魏酸钠可抑制类风湿关节炎患者血清中血管内皮生长因子（VEGF）和肿瘤坏死因子 -α（TNF-α）的表达水平[15, 16]。

香阿魏乙醇提取物可提高胃溃疡大鼠组织中 VEGF 和前列腺素 E_2（PGE_2）的水平，显著抑制胃组织中的 NF-κB p65，加速胃溃疡的愈合[17]。在成年大鼠饮食中补充阿魏酸钠，可降低促炎细胞因子的水平，发挥神经保护作用[18]。

阜康阿魏根的 80％ 甲醇提取物可抑制 LPS 诱导的鼠巨噬细胞样细胞系中 NO 的产生[19]。

表2-4　香阿魏（FFBR）乙醇提取物对醋酸诱导的胃溃疡大鼠胃组织中
VEGF、PGE$_2$和MDA水平的影响[17]

组别	VEGF（pg/mL）	PGE$_2$（pg/mL）	MDA（nmol/g）
C	92.06±5.87[a]	60.03±4.45[a]	8.42±0.43[a]
SO	95.14±5.90[a]	60.30±6.41[a]	8.98±0.61[a]
MOD	133.38±18.88[b]	168.60±25.65[b]	10.80±0.86[b]
OM	142.71±11.44[b]	209.00±30.74[c]	8.75±0.46[a]
FFBR100	177.54±40.15[c]	165.90±23.53[b]	11.45±0.76[b]
FFBR200	256.89±23.33[d]	241.60±26.83[d]	10.82±0.68[b]
FFBR300	278.82±14.18[d]	259.20±26.69[d]	10.25±0.501[b]

注：每个值以平均值 ± 标准差（$n=10$）表示。不同字母（a-d）表示差异显著（$P<0.05$），相同字母表示组间差异不显著。

2.3.2　抗氧化

阿魏能抑制肝微粒体自发和多种自由基发生系统所致的脂质过氧化，而且能拮抗由脂质过氧化所致的膜流动性降低，提高超氧化物歧化酶（SOD）活性，从而保护肝细胞[1]。用四种溶剂（蒸馏水、80％甲醇、80％丙酮和甲醇、乙醇、丙酮和正丁醇的比例为7∶1∶1∶1的混合溶剂）提取阿魏种子，获得的提取物均具有DPPH自由基清除活性[9]。阿魏水醇提取物能够显著逆转细胞色素P$_{450}$（CYP$_{450}$）、升高血浆中铁离子还原能力（FRAP）和β-连环蛋白水平，并上调谷胱甘肽-S-转移酶（GST）的活性和蛋白质水平，上调还原型谷胱甘肽（GSH）水平，发挥对结肠癌的治疗作用[20]。阿魏乙醇提取物能够显著提高患者的SOD/CAT（过氧化氢酶）活性和总抗氧化能力（TAC），显著抑制蛋白质和脂质过氧化[21]。阿魏挥发油具有DPPH自由基和ABTS自由基清除能力[22-23]。阿魏油胶树脂中获得的挥发油具有H$_2$O$_2$、硫代巴比妥酸反应物（TBARS）和DPPH自由基清除活性[23-24]。阿魏酸钠可显著降低大鼠肝组织丙二醛（MDA）含量，显著增加SOD活性，从而发挥肝脏保护作用[16]。

香阿魏中的阿魏酸能够有效抑制由过氧或过氧亚硝酸盐自由基激活的脂质过氧化反应，能够消除自由基并激活抗氧化酶，从而改善细胞氧化还原的失衡状态[18]。香阿魏花、茎、叶提取物在亚油酸过氧化试验中表现出良好的抗氧化活性和微弱的NO清除活性，叶水－乙醇提取物的DPPH自由基的清除活性最高，叶提取物具有较好的H_2O_2清除和Fe^{2+}螯合活性[25]。香阿魏茎水醇提取物能够通过降低血压和改善氧化状态来预防和治疗高血压[26]。

新疆阿魏甲醇提取液可清除DPPH自由基[27]。新疆阿魏95%乙醇提取物的不同极性部位对DPPH自由基清除的IC_{50}分别为石油醚部3252.22 μg/mL、乙酸乙酯部36.22 μg/mL、甲醇部32.22 μg/mL、水部2643.38 μg/mL，抗坏血酸为27.16 μg/mL[28]。

表2-5　不同时间采集的阿魏油胶树脂挥发油（OGR）清除自由基的活性[①][24]

特性	OGR1	OGR2	OGR3
抗氧化（mg AAE/g）[②]	18.16±1.2	14.14±2.2	10.8±2.5
ROS清除的IC_{50}（mg/ml）[③]	0.012±0.0020	0.025±0.0023	0.035±0.0012
RNS清除的IC_{50}（mg/ml）[④]	0.017±0.0019	0.031±0.0018	0.047±0.0028
H_2O_2清除的IC_{50}（mg/ml）[⑤]	0.022±0.0012	0.033±0.0043	0.055±0.0038
TBARS清除的IC_{50}（mg/ml）[⑥]	0.035±0.0027	0.047±0.0028	0.066±0.0042

注：①在2011年6月15日（OGR1）、6月30日（OGR2）和7月15日（OGR3）以15天的间隔分3次收集了阿魏油胶树脂。
②数据以每克精油的毫克抗坏血酸当量（mg AAE）表示。
③IC_{50}表示为清除50%ROS（活性氧）的精油浓度（mg/ml）。
④IC_{50}表示为清除50%RNS（活性氮）的精油浓度（mg/ml）。
⑤IC_{50}表示为清除50%H_2O_2（过氧化氢）的精油浓度（mg/ml）。
⑥IC_{50}表示为清除50%TBARS（硫代巴比妥酸反应物）的精油浓度（mg/ml）。

2.3.3　抑菌

阿魏的不同提取物（石油醚、己烷、热水、冷水和乙醇提取物）对大肠杆菌、金黄色葡萄球菌、粪肠球菌、福氏志贺菌和肺炎克雷伯菌均具有很强的抑制作用[29]。阿魏的甲醇提取物对嗜麦芽糖寡养单胞菌、粪肠球菌、耻垢分枝杆菌、金黄色葡萄球菌、表皮葡萄球菌等有抑制作用[30]。阿魏挥发油对金黄色葡萄球菌、表皮葡萄球菌、大肠杆菌、枯草芽孢杆菌、阴沟肠杆菌、肺炎克雷伯菌、铜绿假单胞菌、白色念珠菌、热带念珠菌、鼠伤寒沙门菌、李斯特菌和紫色杆菌的生长有一定抑制作用[22, 31-33]。阿魏胶醇浸剂、阿魏胶水煎剂、阿魏粉醇浸剂、阿魏粉水煎剂均有不同程度的抑菌作用，尤其对奇异变形杆菌，并且阿魏粉水煎剂对金黄色葡萄球菌的抑菌效果最好[15-16]。阿魏油胶树脂中获得的挥发油对伤寒沙门菌、大肠杆菌、金黄色葡萄球菌、枯草芽孢杆菌、黑曲霉菌、白色念珠菌具有抑制作用[2, 24]。阿魏油胶树脂中获得的挥发油能够杀死受试酵母，对丝状真菌的临床菌株和标准菌株均具有抗真菌活性，对多种革兰氏阳性菌和革兰氏阴性菌具有抑制活性，还能抑制白色念珠菌、热带念珠菌和克氏念珠菌的生物膜的形成[34]。阿魏种子挥发油对革兰阳性菌和大肠杆菌均有一定的抗菌活性；阿魏中香豆素衍生物对革兰阳性菌的抑菌作用高于对革兰阴性菌的抑菌作用，其中对幽门螺杆菌、金黄色葡萄球菌、耐万古霉素粪球菌表现出明显的抗菌作用[15]。

香阿魏根中提取的噻吩衍生物对革兰氏阳性菌中的蜡样芽孢杆菌表现出抑制作用[35]。

新疆阿魏的阿魏酸提取物对大肠杆菌、枯草芽孢杆菌和金黄色葡萄球菌都具有抑制作用[36]。新疆阿魏挥发油对致病性真菌有抑制作用[37]。

表 2-6　不同时间采集的阿魏油胶树脂挥发油（OGR）的抗菌活性[①][24]

MIC[②]（mg/ml）	OGR1	OGR2	OGR3
伤寒沙门菌	0.093±0.008	0.087±0.0058	0.058±0.0071
大肠杆菌	0.111±0.087	0.107±0.009	0.065±0.0093
金黄色葡萄球菌	0.032±0.0046	0.028±0.004	0.017±0.0041
枯草芽孢杆菌	0.027±0.0035	0.023±0.0024	0.015±0.0039
黑曲霉菌	0.036±0.0043	0.032±0.0035	0.022±0.0039
白色念珠菌	0.028±0.0032	0.027±0.0028	0.018±0.028

注：①在 2011 年 6 月 15 日（OGR1）、6 月 30 日（OGR2）和 7 月 15 日（OGR3）以 15 天的间隔分 3 次收集了阿魏油胶树脂。

②MIC（最小抑制浓度）定义为与对照微管中的生长相比，生长减少 90 % 以上的挥发油的最低浓度。

2.3.4　抗衰老

阿魏油胶树脂能够显著降低细胞中的β-半乳糖苷酶活性，从而发挥抗衰老作用[38]。

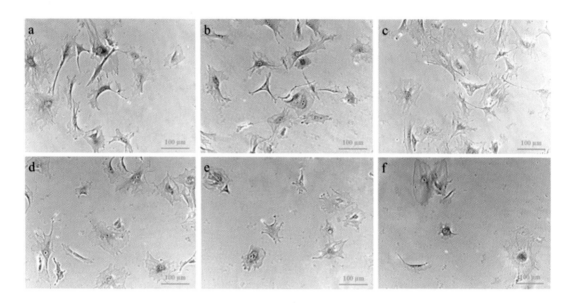

图2-1　β-半乳糖苷酶活性染色后的细胞图像，蓝色代表衰老细胞：（a）对照组，（b）10^{-8}，（c）5×10^{-8}，（d）10^{-7}，（e）5×10^{-7}，（f）10^{-6} g/mL 的阿魏酸。数据表示为平均值 ± 标准误差，比例尺代表 100 μm[38]

2.4　成分功效机制总结

阿魏主要有抗炎、抗氧化、抑菌和抗衰老功效。它的抗炎机制主要通过抑制脂氧合酶活性、NO、iNOS、VEGF、TNF-α、NF-κB、IL-1β 的表达；抗氧化活性与各种自由基的清除和上调 SOD、GSH-Px、总抗氧化能力、GSH 及抗氧化酶的表达有关。阿魏可抑制大肠杆菌、金黄色葡萄球菌、粪肠球菌、福氏志贺菌、肺炎克雷伯菌等病菌生长。阿魏可通过抑制 β-半乳糖苷酶活性来发挥抗衰老功效。

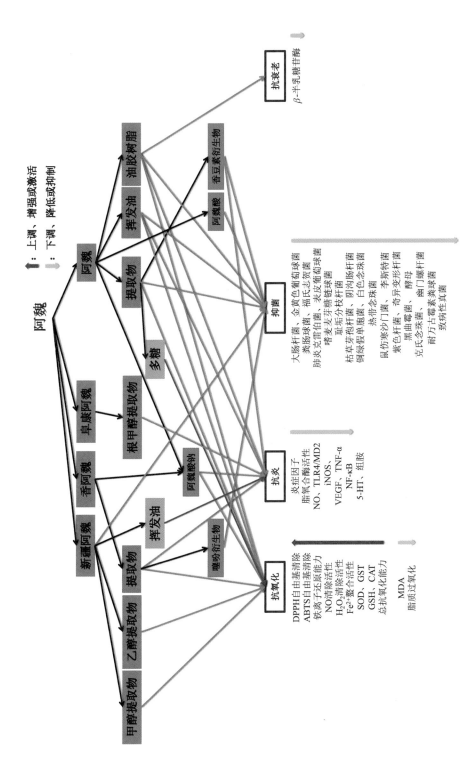

图 2-2　阿魏成分功效机制总结图

参考文献

[1] 赵保胜 , 桂海水 , 朱寅荻 , 等 . 阿魏化学成分、药理作用及毒性研究进展 [J]. 中国实验方剂学杂志 , 2011, 17(17): 279—281.

[2] Karimian V, Ramak P, Majnabadi JT. Chemical composition and biological effects of three different types(tear, paste, and mass)of bitter *Ferula assa-foetida* Linn. gum[J]. Natural Product Research, 2019: 1—7.

[3] Hassanabadi M, Ebrahimi M, Farajpour M, et al. Variation in essential oil components among Iranian *Ferula assa-foetida* L. accessions[J]. Industrial Crops & Products, 2019, 140: 1—6.

[4] Moghaddam M, Farhadi N. Influence of environmental and genetic factors on resin yield, essential oil content and chemical composition of *Ferula assa-foetida* L. populations[J]. Journal of Applied Research on Medicinal and Aromatic Plants, 2015, 2: 69—76.

[5] Imanbayeva AA, Suleimen Y, Ishmuratova MY, et al. Chemical composition and properties of essential oil of *Ferula foetida*(Bunge)Regel growing on Mangyshlak peninsula[J]. Серия «Химия», 2019, 4(96): 25—34.

[6] Mohammadho-sseini M, Venditti A, Sarker SD, et al. The genus *Ferula*: ethnobotany, phytochemistry and bioactivities-a review[J]. Liverpool John Moores University, 2018, 129: 17—99.

[7] Barzegar A, Salim MA, Badr P, et al. Persian asafoetida vs. Sagapenum: challenges and opportunities[J]. Research journal of pharmacognosy(RJP), 2020, 7(2): 71—80.

[8] Duan HQ, Takaishi Y, Tori M, et al. Polysulfide derivatives from *Ferula foetida*[J]. Journal of Natural Products, 2002, 65(11): 1667—1669.

[9] Lateef AM, Ghazi MA, Ali HA. The potential of some plant extracts as radical scavengers and dipeptidyl peptidase-4 inhibitors[J]. Baghdad Science Journal, 2019, 16(1): 162—168.

[10] 郭婷婷 , 周亚平 , 党文 , 等 . 传统中药阿魏的"前世"与"今生"[J]. 中草药 , 2021, 52(17): 5401—5413.

[11] 张洪泉, 胡坚. 新疆阿魏的抗炎和免疫药理作用 [J]. 中国药理学通报, 1987, 3(5): 288—290.

[12] 杨秀伟. 阿魏属药用植物的物质基础 [J]. 中国现代中药, 2018, 20(2): 123—144.

[13] Bagheri SM, Hedesh ST, Mirjalili A, et al. Evaluation of anti-inflammatory and some possible mechanisms of antinociceptive effect of *Ferula assa foetida* oleo gum resin[J]. Journal of Evidence-Based Complementary & Alternative Medicine, 2016(4): 1177.

[14] Mohamed H, Abd E. A new ester isolated from *Ferula assa-foetida* L. [J]. Bioscience, Biotechnology, and Biochemistry, 2007, 71(9): 2300—2303.

[15] 王路, 孙睿, 徐萌, 等. 阿魏化学成分、药理作用及毒理研究进展 [J]. 世界中医药, 2020, 15(24): 3887—3894.

[16] 梅丽平, 王晓琴, 王玉华. 阿魏的化学成分、药理作用及毒理学研究进展 [J]. 中国药房, 2016, 27(4): 534—538.

[17] Mohsen F, Hossein J, Ali F, et al. Therapeutic potential of *Ferula foetida*(Bunge) Regel on gastric ulcer model in rats[J]. Environmental Science and Pollution Research, 2021, 24: 1007.

[18] Maria D, Cătălina DS, Andreea TI, et al. Ferulic acid: potential therapeutic applications[J]. Revista Medico-chirurgicala a Societatii de Medici, 2018, 122(2): 388—395.

[19] 王洋. 阜康阿魏中倍半萜香豆素及其对 NO 产生的抑制作用 [J]. 国外医学 (中医中药分册), 2005, 27(6): 35.

[20] Fatemeh T, Abolfazl D, Faezeh F, et al. Prevention and therapy of 1, 2-dimethyl hydrazine induced colon carcinogenesis by *Ferula assa-foetida* hydroalcoholic extract[J]. Turkish Journal of Biochemistry, 2015, 40(5): 390—400.

[21] Mohammad RNM, Amir HMM, Sepideh JM, et al. Metabolic regulation and anti-oxidative effect of *Ferula asafoetida* ethanolic extract on children with leukemia[J]. Iranian Journal of Pediatric Hematology oncology. 2016, 6(2): 70—83.

[22] Gholamreza K, Amin S, Mahmood G, et al. Antioxidant, antibacterial, water binding capacity and mechanical behavior of gelatin-ferula oil film as a wound dressing material[J]. Galen Medical Journal, 2015, 4(2): 103—114.

[23] Vahid K, Adel S, Hossein B, et al. Productivity, essential oil variability

and antioxidant activity of *Ferula assa-foetida* L. oleo-gum-resin during the plant exploitation period[J]. Journal of Essential Oil Research, 2020(6): 1080.

[24] Gholamreza K, Vahid R. Chemical composition, antioxidant and antimicrobial activities of essential oil obtained from *Ferula assa-foetida* oleo-gum-resin: Effect of collection time[J]. Food Chemistry, 2013, 138(4): 2180—2187.

[25] Nabavi SM, Ebrahimzadeh MA, Nabavi SF, et al. Antioxidant and antihaemolytic activities of *Ferula foetida* regel(Umbelliferae)[J]. European Review for Medical and Pharmacological Sciences, 2011, 15(2): 157—164.

[26] Leila S, Alireza G, Shaghayegh HJ, et al. The effect of hydroalcoholic extract of *Ferula foetida* stems on blood pressure and oxidative stress in dexamethasone-induced hypertensive rats[J]. Research in Pharmaceutical Sciences, 2015, 10(4): 326—334.

[27] 华二伟, 薛洁, 张洪平, 等. DPPH法研究新疆阿魏的抗氧化活性[J]. 新疆中医药, 2012, 30(6): 15—18.

[28] 张海英, 周龙龙, 姜林, 等. 新疆阿魏抗氧化活性部位研究[J]. 中国中医药信息杂志, 2015, 22(3): 80—82.

[29] Zahra B, Mehrdad I. *Ferula* species: a rich source of antimicrobial compounds[J]. Journal of Herbal Medicine, 2018, 10: 1016.

[30] Abedini A, Roumy V, Mahieux S, et al. Antimicrobial activity of selected Iranian medicinal plants against a broad spectrum of pathogenic and drug multi-resistant microorganisms[J]. Letters in Applied Microbiology, 2014(4): 1111.

[31] 王锦利, 周爱莲, 林其洋, 等. 阿魏植物精油对紫色杆菌群体感应的影响[J]. 现代食品科技, 2016, 32(10): 90—95.

[32] Jaroslaw W, Konstantia G, Christos G, et al. Volatiles from selected apiaceae species cultivated in poland—antimicrobial activities[J]. Processes, 2021, 9: 695—706.

[33] Samadi N, Shahani S, Akbarzadeh H, et al. Essential oil analysis and antibacterial activity of *Ferula assa-foetida* L. aerial parts from neishabour mountains[J]. Research Journal of Pharmacognosy, 2016, 3(3): 35—42.

[34] Kamiar Z, Jamal S, Keyvan P, et al. The composition, antibiofilm and

antimicrobial activities of essential oil of *Ferula assa-foetida* oleo-gum-resin[J]. Biocatalysis and Agricultural Biotechnology, 2018, 03: 014.

[35] Mahsa CY, Sara A, Sybille L, et al. Foetithiophenes C-F, thiophene derivatives from the roots of *Ferula foetida*[J]. Pharmaceutical Biology, 2015, 53(5): 710—714.

[36] 阿来·海拉希, 德丽达·木拉提别克, 迪丽努尔·马力克. 阿魏中阿魏酸的提取方法及抑菌作用研究 [J]. 当代化工, 2017, 46(12): 2454—2459.

[37] 王文捷, 尚玉红, 敬松. 新疆阿魏资源的保护及其开发 [J]. 首都医药, 2005(6): 45—46.

[38] Moghadam FH, Mehrnaz M, Mohammad HN. Effects of oleo gum resin of *Ferula assa-foetida* L. on Senescence in human dermal fibroblasts [J]. Journal of Pharmacopuncture, 2017, 20(3): 213—219.

阿月浑子

3.1　基本信息

中 文 名	阿月浑子	
属 名	黄连木属 *Pistacia*	
拉 丁 名	*Pistacia vera* L.	
俗 名	开心果	
分类系统	恩格勒系统（1964）	APG Ⅳ系统（2016）
	被子植物门 Angiospermae 双子叶植物纲 Dicotyledoneae 无患子目 Sapindales 漆树科 Anacardiaceae	被子植物门 Angiospermae 木兰纲 Magnoliopsida 无患子目 Sapindales 漆树科 Anacardiaceae
地理分布	我国新疆维吾尔自治区等地；美国、叙利亚、伊拉克、伊朗、阿富汗、塔吉克斯坦、乌兹别克斯坦、意大利、法国、希腊等地	
化妆品原料	阿月浑子（PISTACIA VERA）籽油	

A
―――
B

A. 阿月浑子植株

B. 阿月浑子果

小乔木，高5—7米；小枝粗壮，圆柱形，具条纹，被灰色微柔毛或近无毛，具突起小皮孔，幼枝常被毛。奇数羽状复叶互生，有小叶3—5枚，通常3枚；叶柄上面平，无翅或具狭翅，被微柔毛或近无毛；小叶革质，卵形或阔椭圆形，长4—10厘米，宽2.5—6.5厘米，顶生小叶较大，先端钝或急尖，具小尖头，基部阔楔形、圆形或截形，侧生小叶基部常不对称，全缘，有时略呈皱波，叶面无毛，略具光泽，叶背疏被微柔毛；小叶无柄或几无柄。圆锥花序长4—10厘米，花序轴及分枝被微柔毛，具条纹，雄花序宽大，花密集；雄花：花被片（2—）3—5（—6），长圆形，大小不等，长（1—）2—2.5毫米，膜质，边缘具卷曲睫毛；雄蕊5—6，长2—3毫米；雌花：花被片3—5（—9），长圆形，长（1—）2—3（—4—5）毫米，膜质，边缘具卷曲睫毛；子房卵圆形，长约1毫米，花柱长约0.5毫米。果较大，长圆形，长约2厘米，宽约1厘米，先端急尖，具细尖头，成熟时黄绿色至粉红色。[①]

3.2　活性物质

3.2.1　主要成分

根据现有文献报道，阿月浑子中主要化学成分有脂肪酸、挥发油和酚类等。目前，有关阿月浑子化学成分的研究主要集中在酚类物质，包括没食子酸单宁类、黄酮类和漆树酸类等多种成分。阿月浑子具体化学成分见表3-1。

表 3-1　阿月浑子化学成分

成分类别	主要化合物	参考文献
挥发油	α-蒎烯、莰烯、β-蒎烯、α-水芹烯、α-松油烯、柠檬烯、反式松香芹醇、反式马鞭草醇、乙酸龙脑酯、δ-3-蒈烯、2-蒈烯、2-呋喃甲醇、异松油烯、松油烯-4-醇、α-松油醇、月桂烯、松香芹酮、植酮、E-2-己烯醇、E-2-己烯醛、乙酸芳樟酯等	[1—7]

①见《中国植物志》第45(1)卷第95页。

（接上表）

脂肪酸类	肉豆蔻酸、棕榈酸、硬脂酸、反油酸、油酸、亚麻酸、亚油酸、α-亚麻酸等	[1，8]
酚类	羟基苯甲酸类：原儿茶酸、香草酸等 肉桂酸类：芥子酸、对香豆酸等 没食子酸单宁类：β-没食子酸酰葡萄糖、没食子酸、没食子酸衍生物、没食子酰奎宁酸、Penta-O-galloyl-β-D-glucose 等 黄酮类：柚皮素、槲皮素、山柰酚、槲皮素 -3-O- 芸香苷、槲皮素 3-O- 半乳糖苷、槲皮素没食子酰己糖苷、槲皮素 3-O- 葡萄糖苷、儿茶素等 漆树酸类：(13：1)- 漆树酸、(13：0)- 漆树酸、(15：1)- 漆树酸、(15：0)-漆树酸、(17：1)- 漆树酸等 三烷基苯酚类：3- 十三烷基苯酚、3-(8- 十五烷基) 苯酚、3-(10-十五烯基) 苯酚、3- 十五烷基苯酚等	[1，9-12]

表 3-2　阿月浑子部分成分单体结构

序号	主要单体	结构式	CAS 号
1	原儿茶酸	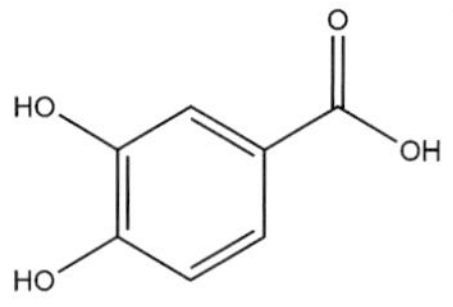	99-50-3
2	没食子酸	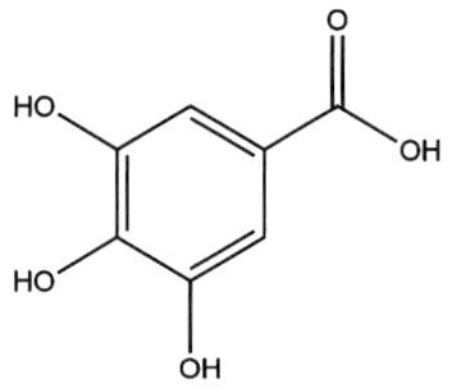	149-91-7
3	香草酸	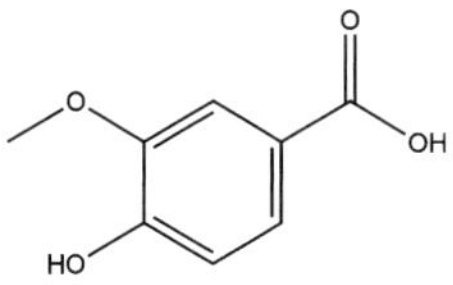	121-34-6
4	对香豆酸	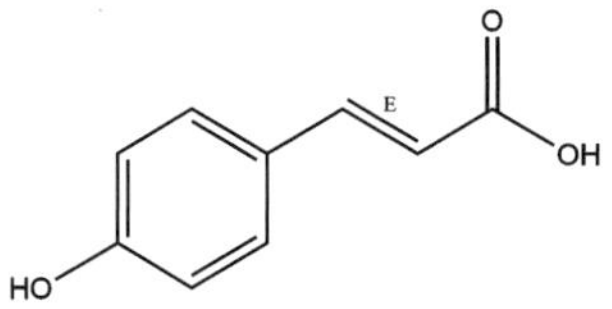	501-98-4

（接上表）

5	芥子酸	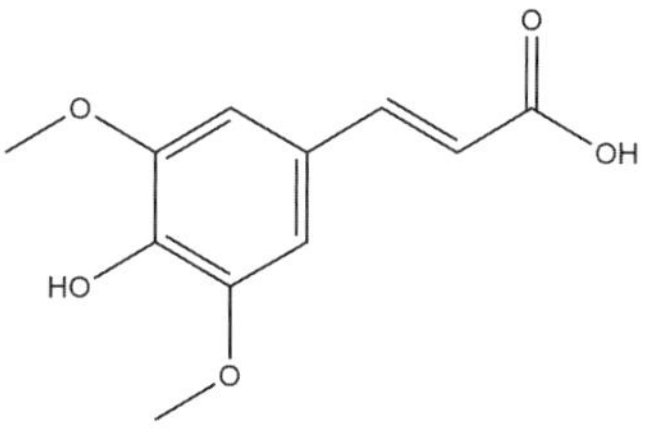	530-59-6
6	柚皮素	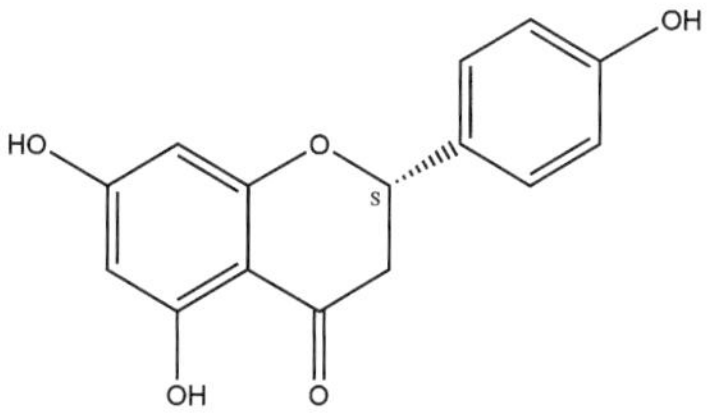	480-41-1
7	儿茶素	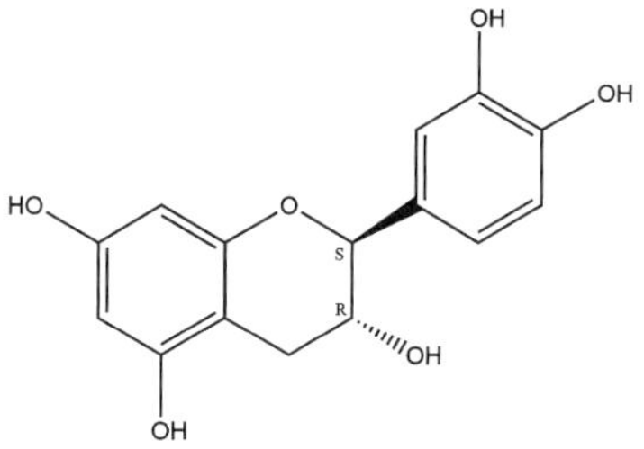	18829-70-4

3.2.2　含量组成

目前，对阿月浑子化学成分含量的研究主要集中在酚类和挥发油等。我们从文献中获得了阿月浑子中多糖、总黄酮、总没食子酸单宁和总漆树酸等成分的含量信息，具体见表 3-3。

表 3-3　阿月浑子中主要成分含量信息

成分	来源	含量	参考文献
总酚	果壳乙醇提取物	95—120 mg GAE/g	[9]
	果壳丁醇提取物	76—108 mg GAE/g	[9]
	果实甲醇提取物	156.42mg GA/g	[13]
	果壳水提取物	135—179mg GAE/g	[9]

（接上表）

总酚	果实	6.0—6.7 mg/100g	[14]
		31.4±1.25 g GAE/kg	[15]
	果壳醇提取物	61.2—100 g/kg	[16]
		21.3—169.53 mg GAE/g	[17—19]
	干树叶	57.52—175.91 mg/g	[20]
	鲜树叶	10.03—25.96 mg/g	[21]
油脂	果实	30.91—69.86%	[12，22—25]
总黄酮	果壳乙醇提取物	23—29 mg Cat E/g	[9]
		87.03—139.47 mg QE/g	[17]
	果壳丁醇提取物	20—25 mg Cat E/g	[9]
	果实甲醇提取物	130.94mg QE /g	[13]
	果壳水提取物	28—42 mg Cat E/g	[9]
	果壳水提物	0.70—5.65 g/kg	[16]
	鲜树叶	3.59—19.04 mg/g	[21]
挥发油	果壳	0.1—0.8%	[1，3—5，7]
	树脂	11.10%	[2]
	干树叶	0.015—0.028%	[6]
多糖	果壳	4.10%	[26]
角鲨烯	果实	55.45—226.34 mg/kg	[27]
总没食子酸单宁	果壳水提物	10.6—33.1 g/kg	[16]
	鲜树叶	1.96—10.58 mg/g	[21]
总漆树酸	果壳水提物	1.13—67.5 g/kg	[16]

注：GAE/GA，没食子当量；Cat E，儿茶素当量；QE，槲皮素当量。

3.3　功效与机制

阿月浑子又称开心果，是漆树科黄连木属植物，是世界著名的干果及木本油料树种。阿月浑子果实含有大量的蛋白质、人体必需的氨基酸、糖、无机盐、维生素等多种微量元素，药用价值很高，是民族医药的原料[28]。阿月浑子主要有抗炎、抗氧化、抑菌、抗衰老和美白功效。

3.3.1　抗炎

开心果（阿月浑子）中含有 γ- 生育酚，可通过抑制环氧合酶 -2（COX-2）特异性清除活性氮类，起到抗炎作用[29]。在饮食中加入开心果（阿月浑子），能够降低血清中炎症指标白细胞介素 -6（IL-6）的表达水平[30]。

在脂多糖（LPS）诱导的 RAW264.7 巨噬细胞中，阿月浑子坚果的亲水性提取物可剂量依赖性地抑制一氧化氮（NO）和肿瘤坏死因子 -α（TNF-α）的产生并降低诱导型一氧化氮合酶（iNOS）水平，同时抑制前列腺素 E_2（PGE_2）的释放和降低 COX-2 的含量[31]。在白细胞介素 -1β（IL-1β）刺激的 Caco-2 细胞模型中，阿月浑子的亲水性提取物及其聚合原花青素组分可以降低 PGE_2 的产生，抑制 IL-6 和白细胞介素 -8（IL-8）的释放以及 COX-2 的表达水平，同时降低 NF-κB 的活化[32]。庆大霉素（GA）联合阿月浑子水醇提取物应用，可以降低血清肌酐、尿量、尿糖和尿素氮水平，增加肌酐清除率，进而减少肾脏氧化应激和炎症反应[33]。

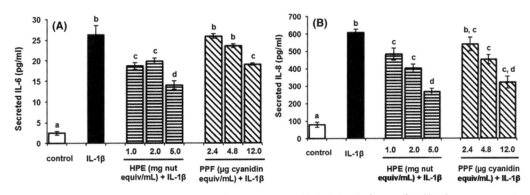

图 3-1　阿月浑子亲水性提取物（HPE）及其聚合原花青素组分（PPF）对细胞因子 IL-6 和 IL-8 分泌的影响[32]

注：细胞经无其他处理的孵育（对照组）；无其他处理的预孵育然后与 25 ng/mL IL-1β 孵育 24 小时；或在不同浓度的 HPE 或 PPF 存在下预孵育 1 小时，随后与 25 ng/mL IL-1β 共孵育 24 小时。收集上清液，通过 ELISA 测定 IL-6 和 IL-8 浓度。每个值均为三次实验的平均值 ± 标准差。图中，不相同字母的值有显著差异（$P<0.05$，Fisher 检验）。

阿月浑子的多酚提取物可抑制 LPS 诱导的炎症，剂量依赖地降低 TNF-α 和 IL-1β 水平，减少 iNOS 的产生而发挥抗炎特性[34]。

3.3.2 抗氧化

开心果（阿月浑子）富含多种生物活性抗氧化化合物，特别是植物雌激素[35]。阿月浑子提取物对过氧化氢诱导的氧化应激的保护顺序为：阿月浑子甲醇提取物 > 阿月浑子水提取物、没食子酸、儿茶素 > α- 生育酚和阿月浑子乙酸乙酯提取物[36]。阿月浑子果壳提取物总酚含量高，尤其是黄酮醇（槲皮素和异鼠李素衍生物）、酚酸（没食子酸、原儿茶酸）和黄烷 -3- 醇（儿茶素），均具有强大的抗氧化作用[8]。阿月浑子果壳的水提取物中含有抗氧化成分没食子单宁和黄酮醇[37]。阿月浑子壳的酸化甲醇提取物能够有效抑制蘑菇酪氨酸酶的单酚酶和双酚酶活性，具有强大的抗氧化和自由基清除活性，能够以浓度依赖性方式阻止左旋多巴的自氧化[38]。未成熟的阿月浑子果壳的甲醇提取物中富含酚类和类黄酮化合物，具有 DPPH 自由基清除能力、铁离子还原能力和亚铁离子螯合能力[39]。阿月浑子果皮具有较高含量的抗氧化酚类化合物，包括没食子酸、儿茶素、花青素 -3-O- 半乳糖苷、圣草酚 -7-O- 葡萄糖苷和表儿茶素[40]。阿月浑子果皮和去皮种子的提取物中富含酚类化合物，二者均可清除多种自由基[41]。阿月浑子叶子和果实的乙醇提取物中含有黄酮类化合物和单宁，可抑制丙二醛（MDA）的产生，显示出体外抗氧化特性[42]。阿月浑子胶是一种有效的抗氧化剂，具有 DPPH 自由基、DMPD $^+$ 自由基及超氧阴离子自由基清除活性和金属离子螯合活性，能够减少或防止药品中的脂质氧化，延缓有毒氧化物的形成[43]。在健康年轻男性的饮食中添加阿月浑子，能够显著降低脂质过氧化物和 MDA 水平，增加超氧化物歧化酶（SOD）表达，使总氧化状态（TOS）显著降低[30]。

阿月浑子挥发油富含单萜衍生物，主要包括一些具有强活化亚甲基的化合物如 4- 蒈烯、α- 蒎烯、D- 柠檬烯和 3- 蒈烯，具有较强的铁离子螯合活性，对羟基自由基有较强的清除作用，而对 DPPH 自由基的清除能力较弱[7]。阿月浑子总黄酮对 CCl_4 诱导的小鼠急性化学性肝损伤具有保护作用，其作用机制可能是抑制肝脏组织中自由基脂质过氧化反应，增强机体抗氧化能力[44]。从阿月浑子中提取的多酚在较低剂量下能够通过降低氧化应激标志物如亚硝酸盐、活性氧（ROS）、氧化损伤产物 MDA 的形成而发挥抗氧化作用[34]。阿月浑子外果壳多糖对大鼠的肝肾毒性具有保护作用,可降低天冬氨酸转氨酶（AST）、丙氨酸转氨酶（ALT）和乳酸脱氢酶（LDH）及肾毒性血浆生物标记物（肌酐、尿素、尿酸）水平,增加 SOD、谷胱甘肽过氧化物酶（GSH-Px）和过氧化氢酶（CAT）活性,发挥抗氧化作用[45]。阿月浑子外果壳提取出的水溶性多糖,主要包括鼠李糖、葡萄糖、半乳糖、甘露糖、木糖、阿拉伯糖和半乳糖醛酸,这些多糖具有 DPPH 自由基清除能力（$IC_{50}=0.08$ mg/mL）、还原能力、β-胡萝卜素漂白抑制作用[26]。

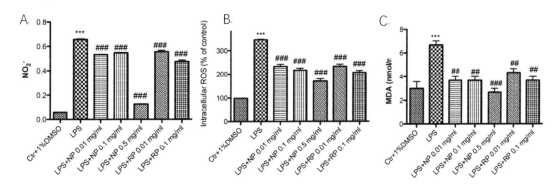

图 3-2　生的去壳阿月浑子果（NP）和盐焗阿月浑子果（RP）对亚硝酸盐（A）、ROS（B）和 MDA（C）表达水平的影响（***$P<0.001$ vs. Ctr；\#\#\# $P<0.001$ vs. LPS；\#\# $P<0.01$ vs. LPS）[34]

3.3.3　抑菌

阿月浑子油树脂与左氧氟沙星具有协同作用,可联合发挥抗耐药幽门螺杆菌作用[46]。

阿月浑子提取物对革兰氏阳性菌具有抑菌活性,对单增李斯特菌、金黄色葡萄球菌和耐甲氧西林金黄色葡萄球菌临床分离株具有杀菌效果,生的去壳阿月浑子果提取物比盐焗阿月浑子果提取物具有更强的抑菌活性[14]。阿月浑子富含多酚的提取物对金黄色葡萄球菌和临床葡萄球菌菌株有抑制作用,可与抗生素联合使用作为治疗金黄色葡萄球菌感染的新型药物[47]。阿月浑子果壳挥发油在 7.11 mg/mL 浓度下对金黄色葡萄球菌和大肠杆菌均有杀菌作用[7]。阿月浑子挥发油主要由 α-蒎烯和 β-蒎烯等组成,对大肠杆菌、枯草芽孢杆菌、白色念珠菌均具有很强的抑制作用[48]。阿月浑子树胶的挥发油提取物可抑制多种细菌和酵母菌的生长,可显著抑制大肠杆菌的生长[2]。阿月浑子果壳挥发油中存在的生物活性物质对一系列念珠菌有抑菌效果[49]。

表 3-4　阿月浑子挥发油中几种主要成分的最低抑菌浓度（MIC，μg/mL）[2]

微生物	1[a]	2[b]	3[c]	4[d]	5[e]	6[f]
革兰氏阳性菌						
结膜干燥棒状杆菌	>10	3.00	>8.0	>8.0	0.25	0.50
短芽孢杆菌	>10	2.50	>8.0	>8.0	0.05	0.05
巨大芽孢杆菌	>10	2.50	>8.0	>8.0	0.05	0.20
蜡样芽孢杆菌	>10	2.50	>8.0	>8.0	0.05	0.01
耻垢分枝杆菌	>10	4.00	>8.0	>8.0	0.10	0.01
金黄色葡萄球菌	>8	3.00	>5.0	>8.0	0.05	0.05
藤黄微球菌	>10	1.50	>5.0	>8.0	0.01	0.01
粪肠球菌	>5	>5	>8.0	>8.0	0.05	0.02
革兰氏阴性菌						
铜绿假单胞菌	>10.0	6.00	>10.0	>10.0	0.05	0.01
肺炎克雷伯菌	>10.0	2.50	>8.0	>8.0	0.10	0.10
产酸克雷伯菌	>5.0	2.50	>8.0	>8.0	0.10	0.10
大肠杆菌	>5.0	2.50	>8.0	>8.0	0.20	0.20
小肠结肠炎耶尔森菌	>5.0	3.0	>5.0	>5.0	0.30	0.20
酵母菌						
脆壁克鲁维酵母	>5.0	>5	>5.0	>5.0	0.01	0.01
深红酵母	>5.0	>5	>5.0	>5.0	0.05	0.02
白色念珠菌	>10.0	4.00	>8.0	>8.0	0.05	0.02

注：[a] α-松油醇；[b]柠檬烯；[c]α-蒎烯；[d]冰片；[e]莰烯；[f]香芹酚。

3.3.4　抗衰老

阿月浑子果中含有多种营养素，可发挥抗氧化和抗衰老作用，其中具有较强抗氧化作用的维生素 E（VE）可以保护不饱和脂肪酸，使其免于被氧化，有助于延缓衰老、保养皮肤；白藜芦醇可清除自由基，抑制脂质过氧化反应，具有抗衰老功效[50, 51]。

3.3.5　美白

阿月浑子果壳的酸化甲醇提取物可减少发育早期斑马鱼胚胎的色素沉着（抑制率为对照组的 60.01%），并不会导致畸形和死亡[38]。阿月浑子壳的甲醇提取物对乙酰胆碱酯酶、α- 淀粉酶和酪氨酸酶具有抑制作用，有美白潜力[39]。

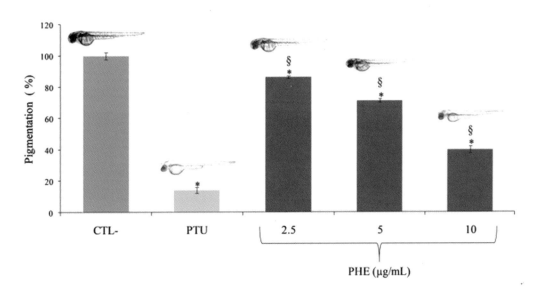

图 3-3　阿月浑子果壳提取物（PHE）对斑马鱼胚胎色素沉着的影响（% 与对照组相比）[* 与对照组（CTL−）相比，$P<0.001$ 有显著差异；§ 与苯硫脲（PTU，200 μm）相比，$P<0.001$ 有显著差异][38]

3.4　成分功效机制总结

阿月浑子具有抗炎、抗氧化、抑菌、抗衰老和美白功效，其活性成分包括果壳提取物、果皮提取物、种子提取物、挥发油等。它的抗炎机制主要通过抑制炎症因子、iNOS、COX−2、NO、TNF−α、PGE_2、IL−6、IL−8、IL−1β 的表达而发挥作用；抗氧化活性通过自由基的清除和上调抗氧化酶的表达而发挥作用。阿月浑子可抑制多种细菌和酵母菌的生长。阿月浑子中的 VE 和白藜芦醇可通过抗氧化作用来发挥抗衰老功效。阿月浑子可抑制色素沉着和酪氨酸酶的生成，具有潜在的美白功效。

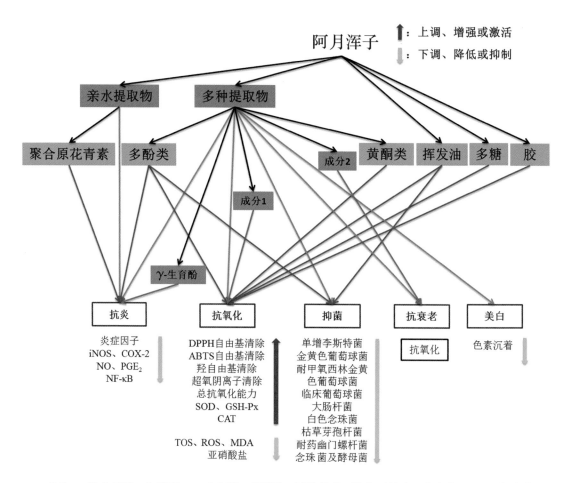

图 3-4　阿月浑子成分功效机制总结图

成分 1：没食子酸、儿茶素、α-生育酚、黄酮醇、原儿茶酸、没食子单宁、花青素 -3-*O*- 半乳糖苷、圣草酚 -7-*O*- 葡萄糖苷、表儿茶素、单宁

成分 2：VE 和白藜芦醇

参考文献

[1] Edris A, Hamid-Reza A, Mohsen B, et al. Bio-active compounds and functional properties of pistachio hull: a review[J]. Trends in Food Science & Technology, 2020, 97: 55—64.

[2] Mehmet HA, Siegfried N, Hubert K, et al. Chemical composition and antimicrobial activity of the essential oils from the gum of Turkish pistachio(*Pistacia vera* L.)[J].

Journal of Agricultural and Food Chemistry, 2004, 52(12): 3911—3914.

[3] Norouzi M, Maboud HE, Seyedi SM, et al. Changes in pistachios essential oil composition during fruit ripening[J]. Journal of Essential Oil-Bearing Plants, 2019, 22(6): 1481—1487.

[4] Thouraya C, Wissal D, Karim H, et al. Composition of Tunisian pistachio hull essential oil during fruit formation and ripening[J]. Journal of Essential Oil Research, 2008, 20(2): 122—125.

[5] Hamid H-M, Majid M, Mohammad S. Chemical composition of the essential oils from the hulls of *Pistacia vera* L. by using magnetic nanoparticle-assisted microwave(MW)distillation: comparison with routine MW and conventional hydrodistillation[J]. Analytical Methods, 2014, 6: 2572—2579.

[6] Thouraya C, Wissal D, Wissem M, et al. Changes in essential oil composition during *Pistacia vera* leaves development in Sfax region(Tunisia)[J]. Journal of Essential Oil Bearing Plants, 2012, 15(4): 602—608.

[7] Smeriglio A, Denaro M, Barreca D, et al. In vitro evaluation of the antioxidant, cytoprotective, and antimicrobial properties of essential oil from *Pistacia vera* L. variety Bronte hull[J]. International Journal of Molecular Sciences, 2017, 18: 1212.

[8] Barreca D, Laganà G, Leuzzi U, et al. Evaluation of the nutraceutical, antioxidant and cytoprotective properties of ripe pistachio(*Pistacia vera* L. , variety Bronte) hulls[J]. Food Chemistry, 2016, 196: 493—502.

[9] Farhad G, Ashkan M, Sohrab M. Determination of phenolic profile and antioxidant activity of pistachio hull using high-performance liquid chromatography–diode array detector–electro-spray ionization–mass spectrometry as affected by ultrasound and microwave[J]. International Journal of Food Properties, 2017, 20(1): 19—29.

[10] Erşan S, Üstündağ ÖG, Carle R, et al. Identification of phenolic compounds in red and green pistachio(*Pistacia vera* L.)hulls(exo- and mesocarp)by HPLC-DAD-ESI-(HR)-MS[J]. Journal of Agricultural and Food Chemistry, 2016, 64(26): 1—35.

[11] Sevcan E, Üstündağ ÖG, Reinhold C, et al. Determination of pistachio(*Pistacia vera* L.)hull(exo- and mesocarp)phenolics by HPLC-DAD-ESI/MS^n and UHPLC-

DAD-ELSD after ultrasound-assisted extraction[J]. Journal of Food Composition and Analysis, 2017, 62: 103—114.

[12] Marcello S, Daniele G, Giovanna LLT, et al. Characterisation of alkylphenols in pistachio(*Pistacia vera* L.)kernels[J]. Food Chemistry, 2009, 117(3): 451—455.

[13] Taghizadeh SF, Davarynejad G, Asili J, et al. Assessment of phenolic profile and antioxidant power of five pistachio(*Pistacia vera*)cultivars collected from four geographical regions of Iran[J]. Avicenna Journal of Phytomedicine, 2018, 8(1): 33—42.

[14] Bisignano C, Filocamo A, Faulks RM, et al. In vitro antimicrobial activity of pistachio(*Pistacia vera* L.)polyphenols[J]. FEMS Microbiology Letters, 2013, 341(1): 62—67.

[15] Bodoira R, Velez A, Rovetto L, et al. Subcritical fluid extraction of antioxidant phenolic compounds from pistachio(*Pistacia vera* L.)nuts: experiments, modeling, and optimization[J]. Journal of Food Science, 2019, 84(5): 1—8.

[16] Sevcan E, Özlem GÜ, Reinhold C, et al. Subcritical water extraction of phenolic and antioxidant constituents from pistachio(*Pistacia vera* L.)hulls[J]. Food Chemistry, 2018, 253: 46—54.

[17] Taghizadeh SF, Rezaee R, Davarynejad G, et al. Phenolic profile and antioxidant activity of *Pistacia vera* var. Sarakhs hull and kernel extracts: the influence of different solvents[J]. Journal of Food Measurement and Characterization, 2018, 12(3): 2138—2144.

[18] Özbek HN, Yanık DK, Fadıloğlu S, et al. Optimization of microwave-assisted extraction of bioactive compounds from pistachio(*Pistacia vera* L.)hull[J]. Separation Science and Technology, 2020, 55(2): 1—11.

[19] Özbek HN, Halahlih F, Göğüş F, et al. Pistachio(*Pistacia vera* L.)hull as a potential source of phenolic compounds: evaluation of ethanol–water binary solvent extraction on antioxidant activity and phenolic content of pistachio hull extracts[J]. Waste and Biomass Valorization, 2020, 11(5): 2101—2110.

[20] 李娜娜, 沈漫, 冷平生, 等. 阿月浑子总酚提取条件的优化 [J]. 北京农学院学报, 2009, 24(2): 59—63.

[21] Aouadi M, Escribano-Bailón MT, Guenni K, et al. Qualitative and quantitative analyses of phenolic compounds by HPLC–DAD–ESI/MS in Tunisian *Pistacia vera* L. Leaves unveiled a rich source of phenolic compounds with a significant antioxidant potential[J]. Journal of Food Measurement and Characterization, 2019, 13(3): 2448—2460.

[22] 王瑞, 孙长霞, 张泽生. 几种坚果植物中脂肪酸含量的分析研究 [J]. 天津农学院学报, 2007, 14(4): 39—41.

[23] 于凯, 汪义勇, 代泳波, 等. 磁力搅拌离心提取开心果中脂肪研究 [J]. 食品安全导刊, 2020(33): 102. DOI: 10. 16043/j.cnki.cfs.2020.33.076.

[24] Álvarez-Ortí M, Quintanilla C, Sena E, et al. The effects of a pressure extraction system on the quality parameters of different virgin pistachio(*Pistacia vera* L. var. *Larnaka*)oils[J]. Grasas Y Aceites, 2012, 63(3): 260—266.

[25] Kirbaslar FG, Gülen T, Zeliha ÖG, et al. Evaluation of fatty acid composition, antioxidant and antimicrobial activity, mineral composition and calorie values of some nuts and seeds from Turkey[J]. Records of Natural Products, 2012, 6(4): 339—349.

[26] Hamed M, Bougatef H, Karoud W, et al. Polysaccharides extracted from pistachio external hull: characterization, antioxidant activity and potential application on meat as preservative[J]. Industrial Crops and Products, 2020, 148: 112315.

[27] Salvo A, Torre GLL, Stefano VD, et al. Fast UPLC/PDA determination of squalene in Sicilian P. D. O. pistachio from Bronte: optimization of oil extraction method and analytical characterization[J]. Food Chemistry, 2017(221): 1631—1636.

[28] 曹青爽. 阿月浑子的生长习性及利用价值 [J]. 中国林副特产, 2007(5): 95—96.

[29] 刘海丽, 葛声. 开心果在慢性代谢性疾病中的防治作用 [J]. 中国食物与营养, 2016, 22(10): 80—84.

[30] Sari I, Baltaci Y, Bagci C, et al. Effect of pistachio diet on lipid parameters, endothelial function, inflammation, and oxidative status: a prospective study. [J]. Nutrition, 2010, 26(4): 399—404.

[31] Gentile C, Allegra M, Angileri F, et al. Polymeric proanthocyanidins from Sicilian

pistachio (*Pistacia vera* L.) nut extract inhibit lipopolysaccharide-induced inflammatory response in RAW 264.7 cells. [J]. European Journal of Nutrition, 2012, 51(3): 353—363.

[32] Gentile C, Perrone A　Attanzio, A, et al. Sicilian pistachio(*Pistacia vera* L.) nut inhibits expression and release of inflammatory mediators and reverts the increase of paracellular permeability in IL-1 β-exposed human intestinal epithelial cells[J]. European Journal of Nutrition, 2015, 54(5): 811—821.

[33] Vahid E, Morteza A, Zahra T, et al. Protective effect of hydroalcoholic extract of Pistacia vera against gentamicin-induced nephrotoxicity in rats[J]. Renal failure, 2017, 39(1): 519—525.

[34] Paterniti I, Impellizzeri D, Cordaro M, et al. The anti-inflammatory and antioxidant potential of pistachios(*Pistacia vera* L.)in vitro and in vivo[J]. Nutrients, 2017, 9(8): 915.

[35] Gentile C, Tesoriere L, Butera D, et al. Antioxidant activity of Sicilian pistachio (*Pistacia vera* L. var. Bronte)nut extract and its bioactive components[J]. Journal of Agricultural and Food Chemistry, 2007, 55(3): 643—648.

[36] Jafar S, Mona Z, Mohammad K, et al. Cytoprotective effects of hydrophilic and lipophilic extracts of *Pistacia vera* against oxidative versus carbonyl stress in rat hepatocytes[J]. Iranian Journal of Pharmaceutical Research, 2014, 13(4): 1263—1277.

[37] Erşan S, Üstündağ ÖG, Carle R, et al. Subcritical water extraction of phenolic and antioxidant constituents from pistachio(*Pistacia vera* L.)hulls[J]. Food Chemistry, 2018, 253(Jul. 1): 46—54.

[38] Smeriglio A, D' Angelo V, Denaro, M, et al. The hull of ripe pistachio nuts(*Pistacia vera* L.)as a source of new promising melanogenesis inhibitors[J]. Plant Foods for Human Nutrition, 2021, 76(1): 111—117.

[39] Kilic IH, Sarikurkcu C, Karagoz ID, et al. A significant by-product of the industrial processing of pistachios: shell skin-RP-HPLC analysis, and antioxidant and enzyme inhibitory activities of the methanol extracts of *Pistacia vera* L. shell skins cultivated in Gaziantep, Turkey[J]. RSC Advances, 2016, 6(2):

1203—1209.

[40] Tomaino A, Martorana M, Arcoraci T, et al. Antioxidant activity and phenolic profile of pistachio(*Pistacia vera* L. , variety Bronte)seeds and skins[J]. Biochimie, 2010, 92: 1115—1122.

[41] Martorana M, Arcoraci T, Rizza L, et al. *In vitro* antioxidant and *in vivo* photoprotective effect of pistachio(*Pistacia vera* L. , variety Bronte)seed and skin extracts[J]. Fitoterapia, 2013, 85: 41—48.

[42] Rauf A, Patel S, Uddin G, et al. Phytochemical, ethnomedicinal uses and pharmacological profile of genus *Pistacia*[J]. Biomedicine & Pharmacotherapy, 2017, 86: 393—404.

[43] Sehitoglu MH, Han H, Kalin P, et al. Pistachio(*Pistacia vera* L.)gum: a potent inhibitor of reactive oxygen species[J]. Journal of Enzyme Inhibition and Medicinal Chemistry, 2015, 30(2): 264—269.

[44] 依明·尕哈甫, 麦尔旦·吐尔逊麦麦提, 热娜·卡斯木, 等. 开心果总黄酮预处理对急性肝损伤小鼠肝组织的保护作用及机制 [J]. 山东医药 , 2018, 58(38): 5—8.

[45] Hamed M, Feriani A, Sila A, et al. Sustainable valorization of pistachio(*Pistacia vera* L.)by product through recovering protective polysaccharides against hepatotoxicity and nephrotoxicity in rats[J]. Waste and Biomass Valorization. 2022, 13: 467—479.

[46] Lodovico SD, Napoli E, Campli ED, et al. *Pistacia vera* L. oleoresin and levof loxacin is a synergistic combination against resistant *Helicobacter pylori* strains[J]. Scientific Reports, 2019, 9: 4646.

[47] La Camera E, Bisignano C, Crisafi G, et al. Biochemical characterization of clinical strains of *Staphylococcus* spp. and their sensitivity to polyphenols-rich extracts from pistachio(*Pistacia vera* L.)[J]. Pathogens, 2018, 7(4): 82.

[48] Kalalinia F, Behravan J, Ramezani M, et al. Chemical composition, moderate in vitro antibacterial and antifungal activity of the essential oil of *Pistacia vera* L. and it's major constituents[J]. Journal of Essential Oil Bearing Plants, 2008, 11(4): 376—383.

[49] D'Arrigo M, Bisignano C, Irrera P, et al. In vitro evaluation of the activity of an

essential oil from *Pistacia vera* L. variety Bronte hull against *Candida* sp. [J]. BMC Complementary and Alternative Medicine, 2019, 19(1): 6.

[50]《生命时报》报社 . 吃一粒开心果 得到八种营养 [J]. 心血管病防治知识 , 2014(11): 72.

[51] 开心果富含的营养素 [J]. 心血管病防治知识 (科普版), 2014(9): 78.

艾

　　《已使用化妆品原料目录》（2021 年版）中收录了分布于我国的两种蒿属植物——艾和北艾，民间常将北艾作为艾的代替品使用。此外，《目录》中收录的山地蒿和伞形花序蒿在我国极少分布或不分布，近年来也被作为艾的替代品使用。故本文着重对艾进行综述，同时对其他三种也有所涉及。

4.1　基本信息

4.1.1　艾

中 文 名	艾	
属 名	蒿属 *Artemisia*	
拉 丁 名	*Artemisia argyi* Lévl. et Van.	
俗 名	金边艾、艾蒿、祁艾、医草、灸草、端阳蒿	
分类系统	恩格勒系统（1964）	APG Ⅳ系统（2016）
	被子植物门 Angiospermae 双子叶植物纲 Dicotyledoneae 桔梗目 Campanulales 菊科 Compositae	被子植物门 Angiospermae 木兰纲 Magnoliopsida 菊目 Asterales 菊科 Asteraceae
地理分布	除极干旱与高寒地区外，几遍及全国	
化妆品原料	艾（ARTEMISIA ARGYI）叶油	
	艾（ARTEMISIA ARGYI）叶提取物	

A ｜ B 　A. 艾植株　B. 艾花

　　多年生草本或略成半灌木状，植株有浓烈香气。主根明显，略粗长，直径达1.5厘米，侧根多；常有横卧地下根状茎及营养枝。茎单生或少数，高80—150（—250）厘米，有明显纵棱，褐色或灰黄褐色，基部稍木质化，上部草质，并有少数短的分枝，枝长3—5厘米；茎、枝均被灰色蛛丝状柔毛。叶厚纸质，上面被灰白色短柔毛，并有白色腺点与小凹点，背面密被灰白色蛛丝状密绒毛；基生叶具长柄，花期萎谢；茎下部叶近圆形或宽卵形，羽状深裂，每侧具裂片2—3枚，裂片椭圆形或倒卵状长椭圆形，每裂片有2—3枚小裂齿，干后背面主、侧脉多为深褐色或锈色，叶柄长0.5—0.8厘米；中部叶卵形、三角状卵形或近菱形，长5—8厘米，宽4—7厘米，一（至二）回羽状深裂至半裂，每侧裂片2—3枚，裂片卵形、卵状披针形或披针形，长2.5—5厘米，宽1.5—2厘米，不再分裂或每侧有1—2枚缺齿，叶基部宽楔形渐狭成短柄，叶脉明显，在背面凸起，干时锈色，叶柄长0.2—0.5厘米，基部通常无假托叶或极小的假托叶；上部叶与苞片叶羽状半裂、浅裂或3深裂或3浅裂，或不分裂，而为椭圆形、长椭圆状披针形、披针形或线状披针形。头状花序椭圆形，直径2.5—3（—3.5）毫米，无梗或近无梗，每数枚至10余枚在分枝上排成小型的穗状花序或复穗状花序，并在茎上通常再组成狭窄、尖塔形的圆锥花序，花后头状花序下倾；总苞片3—4层，覆瓦状排列，外层总苞片小，草质，卵形或狭卵形，背面密被灰白色蛛丝状绵毛，边缘膜质，中层总苞片较外层长，长卵形，背面被蛛丝状绵毛，内层总苞片质薄，背面近无毛；花序托小；雌花6—10朵，花冠狭管状，檐部具2裂齿，紫色，花柱细长，伸出花冠外甚长，先端2叉；两性花8—12朵，花冠管状或高脚杯状，外面有腺点，檐部紫色，花药狭线形，先端附属物尖，长三角形，基部有不明显的小尖头，花柱与花冠近等长或略长于花冠，先端2叉，花后向外弯曲，叉端截形，并有睫毛。瘦果长卵形或长圆形。花果期7—10月。[①]

艾的干燥叶药用，味辛、苦，性温；有小毒。归肝、脾、肾经。温经止血，散寒止痛；外用祛湿止痒。用于吐血，衄血，崩漏，月经过多，胎漏下血，少腹冷痛，经寒不调，宫冷不孕；外治皮肤瘙痒。醋艾炭温经止血，用于虚寒性出血。[②]

4.1.2　北艾

中 文 名	北艾	
属 　 名	蒿属 *Artemisia*	
拉 丁 名	*Artemisia vulgaris* L.	
俗 　 名	白蒿、细叶艾、野艾	
分类系统	恩格勒系统（1964）	APG Ⅳ系统（2016）
	被子植物门 Angiospermae 双子叶植物纲 Dicotyledoneae 桔梗目 Campanulales 菊科 Compositae	被子植物门 Angiospermae 木兰纲 Magnoliopsida 菊目 Asterales 菊科 Asteraceae
地理分布	我国西南及西北地区；欧亚大陆至非洲北部、北美州等地区	
化妆品原料	北艾（ARTEMISIA VULGARIS）提取物	
	北艾（ARTEMISIA VULGARIS）油	

①见《中国植物志》第76(2)卷第87页。

②参见《中华人民共和国药典》(2020年版)一部第91页。

A. 北艾植株
B. 北艾花

A | B

多年生草本。主根稍粗，侧根多而细；根状茎稍粗，斜向上或直立，有营养枝。茎少数或单生，高（45—）60—160厘米，有细纵棱，紫褐色，多少分枝；枝短或略长，斜向上；茎、枝微被短柔毛。叶纸质，上面深绿色，初时疏被蛛丝状薄毛，后稀疏或无毛，背面密被灰白色蛛丝状绒毛；茎下部叶椭圆形或长圆形，二回羽状深裂或全裂，具短柄，花期叶凋谢；中部叶椭圆形、椭圆状卵形或长卵形，长3—10（—15）厘米，宽1.5—6（—10）厘米，一至二回羽状深裂或全裂，每侧有裂片（3—）4—5枚，裂片椭圆状披针形或线状披针形，长3—5厘米，宽1—1.5厘米，先端长渐尖，边缘常有1至数枚深或浅裂齿，中轴具狭翅，基部裂片小，成假托叶状，半抱茎，无叶柄；上部叶小，羽状深裂，裂片披针形或线状披针形，边缘有或无浅裂齿；苞片叶小，3深裂或不分裂，裂片或不分裂的苞片叶线状披针形或披针形，全缘。头状花序长圆形，直径2.5—3（—3.5）毫米，无梗或有极短的梗，基部有小苞叶，在分枝的小枝上排成密穗状花序，而在茎上组成狭窄或略开展的圆锥花序；总苞片3—4层，覆瓦状排列，外层总苞片略短小，卵形，先端尖，背面密被蛛丝状柔毛，边狭膜质，中层总苞片长卵形或长椭圆形，背面被蛛丝状柔毛，边宽膜质，内层总苞片倒卵状椭圆形，半膜质，背面毛少；雌花 7—10 朵，花冠狭管状，檐部具 2 裂齿，紫色，花柱伸出花冠外，先端 2 叉，叉端尖；两性花 8—20 朵，花冠管状或高脚杯状，檐部紫红色，花药线形，先端附属物尖，长三角形，基部有短尖头或略钝；花柱略比花冠长，先端 2 叉，花后稍外弯，叉端截形，具长而密的睫毛。瘦果倒卵形或卵形。花果期 8—10 月。

新疆民间作"艾"（家艾）的代用品，有温气血、逐寒湿、止血、温经、安胎等功效，为妇科常用药。[①]

4.1.3　山地蒿

中　文　名	山地蒿	
属　　　名	蒿属 *Artemisia*	
拉　丁　名	*Artemisia montana*（Nakai）Pamp.	
俗　　　名	无	
分 类 系 统	恩格勒系统（1964）	APG Ⅳ 系统（2016）
	被子植物门 Angiospermae 双子叶植物纲 Dicotyledoneae 桔梗目 Campanulales 菊科 Compositae	被子植物门 Angiospermae 木兰纲 Magnoliopsida 菊目 Asterales 菊科 Asteraceae
地 理 分 布	我国东南部至俄罗斯远东地区和日本	
化妆品原料	山地蒿（ARTEMISIA MONTANA）叶提取物	

多年生草本，高 1.5—2 米。具匍匐根状茎。茎粗而直立，被灰色短柔毛，后脱落。基生叶在开花前枯萎；中部叶叶柄长 2.5—3 厘米，叶片卵形，长 13—19 厘米，宽 4—12 厘米，背面被灰色绒毛，正面被蛛丝状毛，后脱落，羽状深裂，裂片 2 或 3 对，长圆形或长圆状披针形，远端裂片较大，基部渐狭，全缘或偶尔有锯齿。上部叶和叶状苞片披针形，3 裂或全缘。花序为狭圆锥花序，在茎上上升，头状花序钟形；总苞长圆形，直径 2.5—3 毫米。外层总苞片被蛛丝状绒毛；边缘雌性小花 4—6 枚，花冠先端分裂；中央两性花 8—14 枚。瘦果倒卵圆形。花期 8—9 月。[②]

---

①见《中国植物志》第 76(2) 卷第 101 页。

②见网站 FOC（http://www.iplant.cn/info/Artemisia%20montana?t=foc）。

4.1.4　伞形花序蒿

中 文 名	伞形花序蒿	
属　　名	蒿属 *Artemisia*	
拉 丁 名	*Artemisia umbelliformis* Lam.	
俗　　名	无	
分类系统	恩格勒系统（1964）	APG Ⅳ系统（2016）
	被子植物门 Angiospermae 双子叶植物纲 Dicotyledoneae 桔梗目 Campanulales 菊科 Compositae	被子植物门 Angiospermae 木兰纲 Magnoliopsida 菊目 Asterales 菊科 Asteraceae
地理分布	欧洲	
化妆品原料	伞形花序蒿（ARTEMISIA UMBELLIFORMIS）提取物	

多年生草本植物，高5—20厘米，具芳香味，大部分不分枝，灰色毡状。茎丛生。叶片莲座状着生，草质，两面均被银白色绒毛，具光泽；基生叶二回羽状全裂，小裂片3—5枚，小裂片线形或线状披针形，具长柄；茎生叶掌状分裂，裂片线状披针形，全缘或具齿；叶片基部下延，形成具翅叶柄，扁平状；头状花序多枚在茎顶形成近伞形花序，直立，几无柄；腋生头状花序单生，直立，有较长花梗；茎顶及腋生花序形成一个松散的总状花序；花黄色。[①]

4.2　活性物质

4.2.1　主要成分

目前从艾中分离得到的化学成分主要是挥发油类、黄酮类、酚类、生物碱类和多糖类，此外还有萜类、苯丙素类和脂肪酸类化合物。艾主要活性成分是挥发性成分，具体化学成分见表4-1。

---

①见网站 *Artemisia umbelliformis* Lam. – Préservons la Nature (preservons-la-nature.fr)。

表 4-1　化学成分

成分类别	植物	化合物	参考文献
挥发油类	艾	D- 樟脑、1,8- 桉叶素、龙脑、莰烯、4- 松油醇、α- 松油醇、侧柏酮、蒿酮、4- 萜烯醇、异龙脑、香芹醇、β- 石竹烯、大牛儿烯 D、氧化石竹烯等	[1—2]
	伞形花序蒿	β- 侧柏酮、α- 侧柏酮、α- 蒎烯、β- 蒎烯、冰片、α- 松油醇、α- 月桂烯、1,8- 桉叶素等	[3—5]
黄酮类	伞形花序蒿	异泽兰黄素	[7]
	山地蒿	七叶内酯 (6,7- 二羟基香豆素)	[8]
	艾	槲皮素、柚皮素、芹菜素、香叶木素、鼠瓣花素、粗毛豚草素、5,7,3'- 三羟基 -6,4'- 二甲氧基黄酮、5,7,3,5'- 四羟基 -6,4'- 二甲氧基黄酮、紫杉醇等	[9]
酚类	艾	3- 咖啡酰奎尼酸、3,4- 二 -O- 咖啡酰奎尼酸、3,5- 二 -O- 咖啡酰奎尼酸、4,5- 二 -O- 咖啡酰奎尼酸等	[9]
萜类	艾	β- 香树脂醇、β- 乙酸香树脂醇、α- 香树脂醇、α- 香树脂醇乙酸酯、羽扇豆酮、羽扇豆醇乙酸酯等	[9]
苯丙素类	艾	咖啡酸、咖啡酸甲酯、阿魏酸、咖啡酸十八烷酯、绿原酸、咖啡酸二十二酯、隐绿原酸、新绿原酸、东莨菪内酯、异绿原酸 A、伞形花内酯、异绿原酸 B、瑞香素、异绿原酸 C、异东莨菪素、异嗪皮啶、秦皮苷、七叶内酯、7- 甲氧基香豆素、反 - 邻香豆酸、厚朴酚、开环异落叶松树脂酚等	[6，10]
脂肪酸类	北艾	月桂酸、棕榈酸、硬脂酸、油酸、亚油酸、亚麻酸、十八碳三烯酸、花生酸、花生二烯酸、山嵛酸、二十二碳多烯酸、木焦油酸、二十四碳多烯酸等	[11]

表 4-2　艾成分单体结构

序号	主要单体	结构式	CAS 号
1	蒿酮		546-49-6
2	左旋樟脑		464-48-2
3	1,8- 桉叶素		470-82-6

（接上表）

4	石竹烯	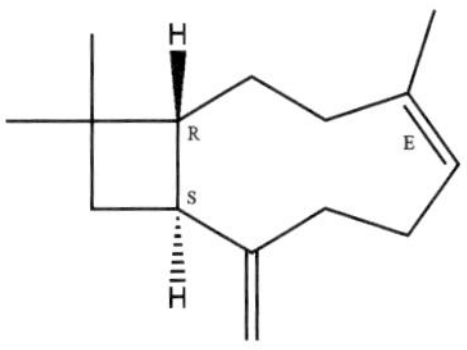	87-44-5
5	β-香树脂醇	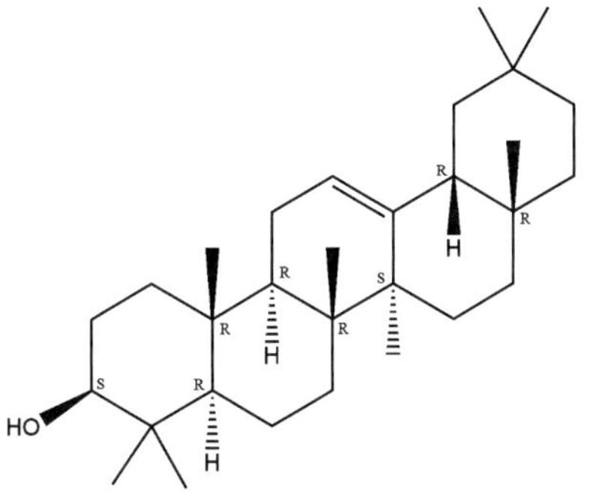	559-70-6
6	槲皮素	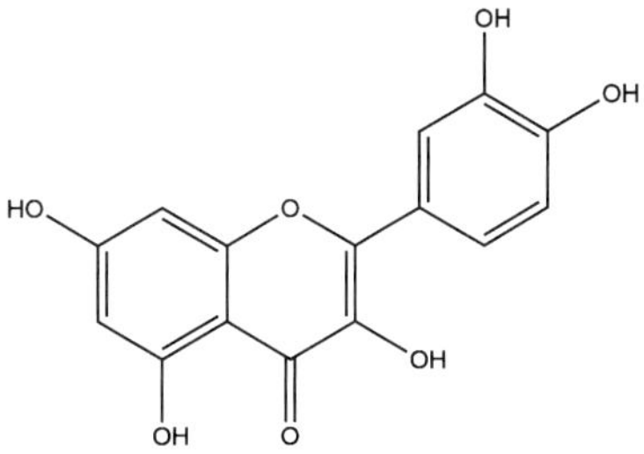	117-39-5
7	芹菜素	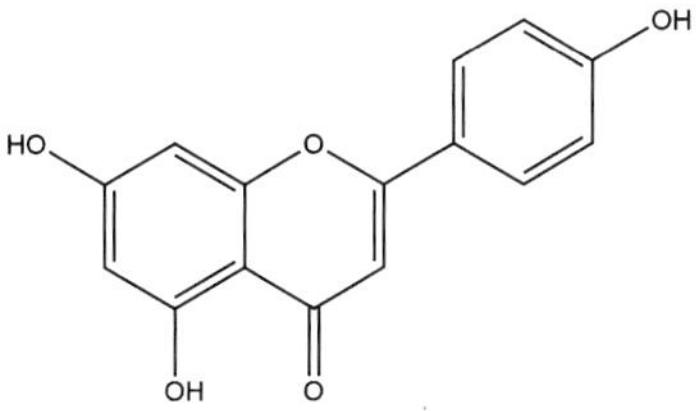	520-36-5
8	异龙脑	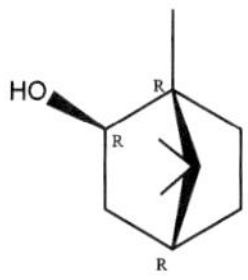	124-76-5
9	龙脑	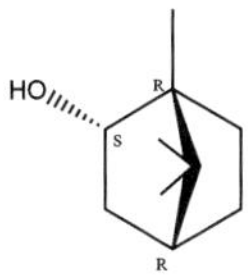	507-70-0
10	异泽兰黄素	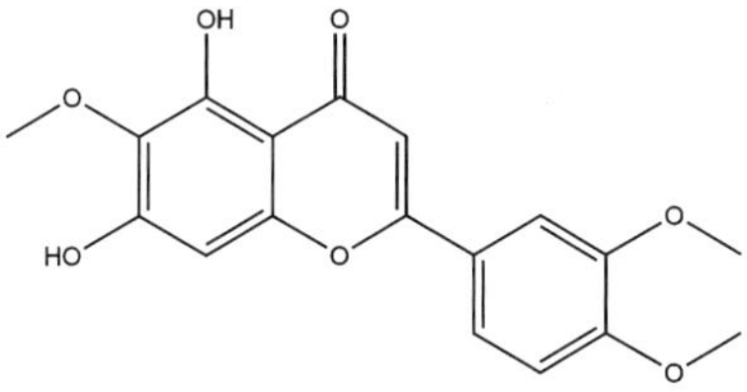	22368-21-4

4.2.2 含量组成

目前，化学成分含量相关的研究主要集中于艾（*Artemisia argyi*），其他相关种化学成分含量相关的研究不多。从文献中获得的艾化学成分含量主要集中于挥发油，此外也有一些其他成分的含量信息，具体见表 4-3。

表 4-3 主要成分含量信息

成分	来源	含量（%）	参考文献
挥发油	艾	0.124—2.55	[1-2]
	伞形花序蒿	0.561	[3]
总多酚	艾	5.421—6.27	[6，12]
总黄酮	艾叶	2.84—14.67	[9]
	艾灰	1.092	[13]
槲皮素	艾叶	0.0698	[14]
总多糖	艾	0.79—2.74	[9]
白坚木皮醇	艾叶药渣	1.765	[15]
生物碱	艾草	0.03827	[16]
总三萜	艾叶	6.51	[17]

4.3 功效与机制

《已使用化妆品原料目录》（2021 年版）中收录了艾、北艾、山地蒿和伞形花序蒿，关于山地蒿和伞形花序蒿的功效与机制的研究较少，因此本部分主要对艾和北艾进行总结，同时涉及少量的山地蒿和伞形花序蒿相关研究。

艾，又名冰台、医草、灸草等，是我国传统中药，有着悠久应用历史[10]。艾叶及其提取物具有抗炎、抗氧化、抑菌等多种药理活性[18-19]。

4.3.1　抗炎

艾叶挥发油可减轻实验性痤疮的炎症反应[20]。生艾叶、醋艾叶、醋艾炭、煅艾炭可显著抑制实验性炎症[21]。艾叶提取物可降低小鼠炎症组织中干扰素 –γ（IFN–γ）、肿瘤坏死因子 –α（TNF–α）、白细胞介素 –6（IL–6）的产生，降低巨噬细胞中环氧合酶 –2（COX–2）和诱导型一氧化氮合酶（iNOS）的表达，抑制一氧化氮（NO）和前列腺素 E_2（PGE_2）的产生[22]。艾叶的水提取液可显著抑制二甲苯引起的小鼠耳肿胀，表明其具有抗急性炎症的作用[23-24]。艾叶甲醇提取物通过抑制巨噬细胞中 NO 的产生、NF–κB 的活化，抑制 iNOS、TNF–α 和白细胞介素 –1β（IL–1β）的 mRNA 表达以及丝裂原活化蛋白激酶的磷酸化来减弱巨噬细胞的活化，从而抑制炎症[25]。

艾叶轻油、重油、纯露均能对炎症反应中 NO 的生成起到抑制作用[26]。艾叶挥发油可明显减轻二甲苯所致小鼠耳肿胀、角叉菜胶所致小鼠足肿胀，降低冰醋酸所致小鼠腹腔毛细血管通透性，抑制羧甲基纤维素（CMC）所致白细胞游走和小鼠棉球肉芽肿，对急性炎症有较强的抑制作用[27-30]。艾叶挥发油可抑制脂多糖（LPS）诱导的 RAW264.7 巨噬细胞中促炎介质 NO、PGE_2、活性氧（ROS）的水平，抑制细胞因子 TNF–α、IL–6、干扰素 –β（IFN–β）、单核细胞趋化蛋白 –1（MCP–1）的释放，同时下调 iNOS 和 COX–2 的 mRNA 表达[31]。

艾叶中黄酮类化合物可下调 LPS 诱导的巨噬细胞的促炎细胞因子水平，抑制炎症反应[32]。艾叶中的化合物去氢母菊内酯酮 A 对 LPS 诱导的急性肺损伤小鼠气道炎症有抑制作用[33]。从艾中分离的多种倍半萜内酯类化合物能够通过多种机制发挥抗炎功效，包括：选择性地抑制 COX–2、抑制 NO 的产生、负向调节免疫细胞活性[34-36]。艾叶中分离的倍半萜二聚体类新化合物 Artemisiane B 能抑制 iNOS 的表达，进而抑制炎症发生[37]。艾中挥发油能抑制促炎细胞因子 TNF–α 和 IL–6 的释放[38]。艾叶中的绿原酸具有较好的抗炎活性，能显著抑制 LPS 诱导的细胞炎症发生，减少炎症介质和细胞因子的产生[34]。

北艾甲醇提取物具有抗炎作用，北艾 70% 甲醇提取物可显著降低高胆固醇血症大鼠血清 TNF–α 水平[39]。北艾水提取物可在缺血再灌注阶段抑制过量 NO 的产生，防止脂质过氧化，防止促进白细胞黏附和其他炎性后遗症的细胞因子的释放，改善缺血再灌注器官的血流[40]。北艾提取物的抗炎作用可能是由于含有黄酮类化合物、单宁和皂苷[41]。

伞形花序蒿中的亲脂性黄酮类化合物异泽兰黄素具有强大的体内局部抗炎活性，可抑制巴豆油诱导的小鼠耳部皮炎[7]。

山地蒿叶提取物可显著降低 LSP 诱导的 RAW264.7 细胞的 iNOS 和 COX-2 表达，减少 NO 和 PGE_2，也能抑制 TNF-α 和 IL-6 的产生，提示其可作为炎症疾病的候选治疗药物[42]。

表 4-4　艾叶水提取物（WEAA）对二甲苯所致小鼠耳肿胀的影响（$\bar{x} \pm s$）[24]

组别	剂量（g·kg⁻¹）	肿胀度	抑制率（%）
空白组	0	10.64±1.50	0
对照组	6×10⁻²	2.28±1.30**	78.61**
实验 -H	120	4.19±0.79**	60.63**
实验 -M	90	5.74±2.59**	46.06**
实验 -L	60	10.14±1.02	4.70

注：每组 12 只小鼠；空白组：灌注 0.9 % 生理盐水；对照组：灌注 60mg·kg⁻¹ 塞来昔布；实验 -H，-M，-L 组：灌注 120，90，60g·kg⁻¹ 艾叶水提取物；与空白组比较，*$P<0.05$，**$P<0.01$。

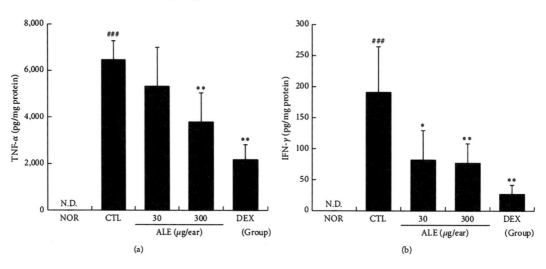

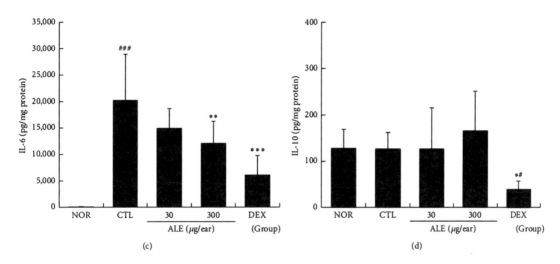

图 4-1　艾叶提取物（ALE）对炎症组织中细胞因子产生的影响[22]

检测炎症组织中细胞因子水平：（a）TNF-α；（b）IFN-γ；（c）IL-6；（d）IL-10。N.D. 为未检测到。所有数据均以平均值 ± 标准差的形式呈现。与正常组（NOR）比较，#$P<0.05$，###$P<0.001$；与对照组（CTL）比较，*$P<0.05$，**$P<0.01$，***$P<0.001$。

东亚肌肤健康研究中心制备了艾叶提取物（CT112），并对其进行了抗炎活性研究，发现 CT112 具有一定的抗炎功效。

（1）在紫外模型中，不同浓度的 CT112 具有明显降低细胞中 IL-6 的含量作用，并且呈现一定的浓度依赖性。不同浓度的 CT112 也具有降低细胞中 IL-8 的含量作用。

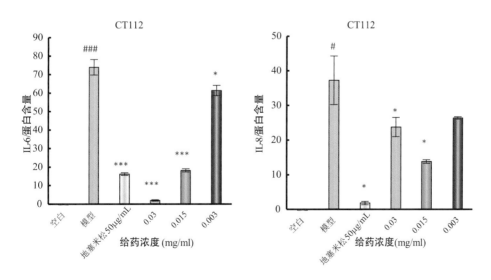

图 4-2　不同浓度的 CT112 对紫外模型中 IL-6 和 IL-8 含量的影响

注：#，与空白组比，$P<0.05$；##，与空白组比，$P<0.01$；###，与空白组比，$P<0.001$；*，与模型组比，$P<0.05$；**，与模型组比，$P<0.01$；***，与模型组比，$P<0.001$。每组实验重复三次。

（2）在 LPS 炎症模型中，不同浓度的 CT112 均不能降低模型细胞中 IL-6 和 IL-8 的含量。

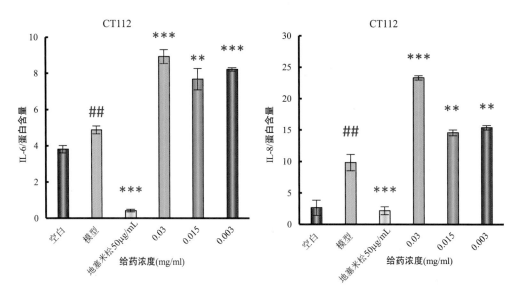

图 4-3　不同浓度的 CT112 对 LPS 炎症模型中 IL-6 和 IL-8 含量的影响

注：#，与空白组比，$P<0.05$；##，与空白组比，$P<0.01$；###，与空白组比，$P<0.001$；*，与模型组比，$P<0.05$；**，与模型组比，$P<0.01$；***，与模型组比，$P<0.001$。每组实验重复三次。

4.3.2　抗氧化

艾具有较好的体内外抗氧化作用，能有效地清除超氧阴离子自由基、羟基自由基，减轻或消除羟基自由基对 DNA 的氧化损伤，其抗氧化效应优于 VC，有望成为天然的抗氧化剂和自由基清除剂[9]。

艾叶各提取物均具有较好的抑制黄嘌呤氧化酶和抗氧化作用，其清除自由基能力和抑制黄嘌呤氧化酶作用大小为：醇提物 > 传统煎煮法提取物 > 蒸馏水超声波辅助提取物[43]。艾 95 % 乙醇提取液的萃取物对 DPPH 自由基清除能力依次为：正丁醇法 > 水法 > 乙酸乙酯法[44]。艾 70 % 甲醇粗提物、水馏分、正己烷馏分、乙酸乙酯馏分和正丁醇馏分的抗氧化能力通过 DPPH、ABTS 和超氧阴离子自由基清除能力测定和铁还原抗氧化能力测定来确定，实验发现这五种馏分的抗氧化能力与其总酚含量和总黄酮含量之间呈正相关，其抗氧化能力依次为：乙酸乙酯馏分 > 正丁醇馏分 > 甲醇粗提物 > 水馏分 > 正己烷馏分[45]。艾的水提物具有羟基自由基清除能力和抗氧化活性[46]。艾叶水提物、艾叶酸提物和 VC 对 DPPH 自由基清除能力依次为：VC> 艾叶水提物 > 艾叶酸提物；对羟基自由基清除能力依次为：VC> 艾叶酸提物 > 艾叶水提物；对 ABTS 自由基清除能力依次为：VC> 艾叶水提物 > 艾叶酸提物[47]。艾叶提取物可改善阿霉素所致的大鼠心肌氧化损伤[48]。艾叶提取物可以抑制血清 NO 的产生，增强肉鸡的抗氧化能力[49]。艾叶粉可显著提高肝脏总抗氧化能力（T-AOC）、过氧化氢酶（CAT）活性和谷胱甘肽过氧化物酶（GSH-Px）活性，同时降低丙二醛（MDA）含量，提高肝脏和小肠的抗氧化防御能力[50]。艾柱（艾柱是由艾叶加工的艾绒填充而成的柱状物）燃烧产物对 DPPH 自由基的清除能力强于艾柱挥发油；艾柱燃烧产物对于 ABTS 自由基的清除能力强于艾柱挥发油；艾柱燃烧产物的总抗氧化能力强于艾柱挥发油[51]。艾烟（艾燃烧生成物）可降低血清 MDA 的产生，升高血清超氧化物歧化酶（SOD）和 GSH-Px 水平，降低快速老化模型小鼠机体脂质过氧化，提高其抗氧化能力[52]。

艾精油具有良好的自由基清除能力和还原能力[53]。艾叶精油和艾叶醇提物均有良好的 DPPH 清除能力，且前者优于后者[54]。艾叶多糖具有较强的自由基清除能力[55-56]。艾草多酚具有较好的 DPPH 自由基清除能力[57]。艾叶黄酮不仅可有效清除超氧阴离子自由基、羟基自由基、过氧化氢，还可抑制 DNA 氧化损伤[58]。艾草黄酮纯化物具有良好的体外抗氧化能力，对超氧阴离子自由基、羟基自由基、DPPH 自由基均具有清除能力[59]。艾叶总黄酮提取物能有效提高线虫对热应激和氧化应激的抵抗能力，同时显著提高线虫体内 SOD、GSH-Px 的活力，有效降低线虫体内 MDA 的含量[60]。艾草总黄酮具有较强的抗氧化活性，其清除 DPPH 自由基和 ABTS 自由基的 IC_{50} 分别为 38.05 μg/mL 和 31.08 μg/mL[61]。

艾叶黄酮类化合物中主要有效成分异泽兰黄素有着良好的抗氧化能力，异泽兰黄素能减轻 H_2O_2 诱导的氧化损伤，其以剂量依赖性方式发挥作用，它通过使 p38 蛋白和 JNK 信号通路失活来下调 5- 脂氧合酶（5-LOX）的表达和抑制白三烯 B4（LTB4）的生成[62-63]。艾叶中绿原酸类化合物可以抑制黄嘌呤氧化酶的活性，减少体内氧自由基的产生[10]。

北艾注射液具有抗氧化作用[64]。北艾水醇提取物具有抗氧化能力，可清除 DPPH 自由基，抑制黄嘌呤氧化酶和蛋白质糖基化以及脂质过氧化[65]。北艾的水提取物具有防止脂质过氧化作用[66]。北艾丙酮提取物、乙酸乙酯提取物、氯仿提取物、正己烷提取物及乙醇提取物均具有 DPPH 自由基清除活性[67-68]。用 DPPH 自由基和氧自由基吸收能力（ORAC）两种互为补充的方法测试北艾甲醇提取物的抗氧化活性，与蒿属其他物种的数据相比，北艾显示出较高的抗氧化能力[69]。北艾甲醇提取物的抗氧化活性与其浓度有关，随着提取物浓度的增加，清除 DPPH 自由基的百分比也随之增加[70]。北艾甲醇提取物在体外具有很高的黄嘌呤氧化酶抑制活性，在浓度为 100 μg/mL 时其抑制率为 89.30 %[71]。北艾 70 % 甲醇提取物可使高脂血症大鼠的血清中的 MDA 和 NO 水平显著降低，其抗氧化活性可能与其单宁和黄酮含量有关[39]。

北艾粉甲醇氯仿分离提取物 HA1–HA9 馏分具有铁离子还原能力、DPPH 自由基清除活性和总抗氧化能力[72]。

北艾的精油对 DPPH 自由基有抑制作用，且呈现浓度依赖性[41]。北艾精油抗氧化能力可能与其单萜和倍半萜成分有关[73]。

伞形花序蒿中的异泽兰黄素具有保护细胞和组织免受氧化应激的作用，可作为抗氧化剂，用于治疗或者预防膜脂氧化损伤相关的疾病[74]。

山地蒿甲醇提取物具有明显的 DPPH 自由基清除能力[75]。

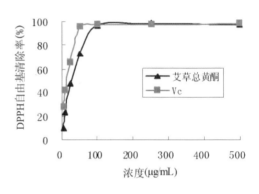

图 4-3　艾草总黄酮对 DPPH 自由基的清除作用[61]

东亚肌肤健康研究中心对自制的艾叶提取物（CT054）进行了抗氧化活性研究，发现艾叶提取物具有一定的抗氧化功效。

艾叶提取物具有一定的抗氧化作用，DPPH 法测定的艾叶对自由基清除率 IC_{50} 为 150.54 ± 0.85 μg/mL；水杨酸法测定的艾叶对羟基自由基的清除率的 IC_{50} 为 1601.20 ± 50.67 μg/mL；ABTS 法测定的艾叶对自由基清除率 IC_{50} 为 150.48 ± 0.58 μg/mL；铁氰化钾法测定艾叶对 Fe^{3+} 的还原能力显示，艾叶在 3078.00 ± 39.94 μg/mL 浓度下对铁离子的还原能力与 2 mg/mL 的 VC 的铁离子还原能力的 50% 相当。

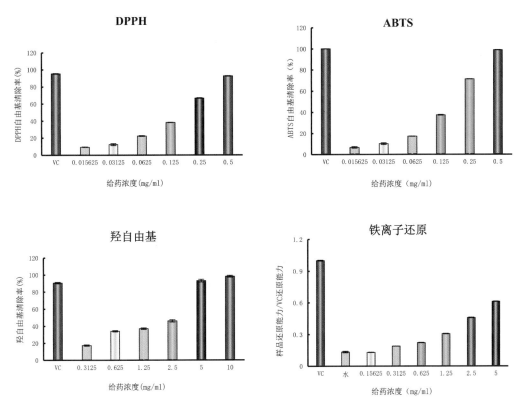

图 4-4　不同浓度的 CT054 对氧化指标的影响

4.3.3　抑菌

艾叶提取物、艾烟、艾叶挥发油对多种细菌、真菌有杀灭或抑制作用[76]。艾叶提取物对痤疮相关致病菌，如痤疮丙酸杆菌、金黄色葡萄球菌、表皮葡萄球菌等有一定的抑菌效果[77-80]。在不同的提取方法中，艾叶有效成分的抑菌效果依次为：超声提取法 > 有机溶剂常规法 > 传统的水煎煮法；三种艾叶提取液对常见致病菌金黄色葡萄球菌、白色葡萄球菌和大肠杆菌均有明显的抑制作用[81]。艾叶超声提取物具有明显的抑制马拉色菌的作用[82]。艾叶水提液对金黄色葡萄球菌、大肠杆菌、肺炎双球菌、表皮葡萄球菌、白色念珠菌和乙型伤寒沙门氏菌均有明显的抑制作用，对金黄色葡萄球菌的抑菌效果最佳[83-85]。艾叶水提物硅胶柱（无水乙醇：三乙胺 =10^3：1）洗脱物对金黄色葡萄球菌、土生克雷伯菌、铜绿假单胞菌、伤寒杆菌、大肠杆菌、肺炎克雷伯菌的抑菌率均在 90 % 以上，而艾叶水提物活性炭石油醚洗脱物对金黄色葡萄球菌的抑菌作用较强，艾叶水提物活性炭无水乙醇洗脱物对土生克雷伯菌和肺炎克雷伯菌的抑菌作用较强；艾叶水提物抑菌有效成分极有可能是其有机酸成分[86]。艾叶水煎液在体外对炭疽杆菌、α和β-溶血球菌、白喉杆菌、肺炎双球菌、金黄色葡萄球菌等10种革兰氏阳性菌皆有抗菌作用[58]。艾的乙醇提取物对铜绿假单胞菌、沙门氏菌、奇异变形杆菌、鼠伤寒沙门菌、金黄色葡萄球菌、单增李斯特菌具有抑制作用，而其精油仅能抑制沙门氏菌、霍乱弧菌[87]。艾叶酸提物对3种食源性致病菌有显著抑菌活性，抑菌效果依次为：金黄色葡萄球菌 > 志贺氏菌 > 沙门氏菌；表明艾叶酸提物对革兰氏阳性菌的抑菌效果强于对革兰氏阴性菌的抑菌效果[47]。

艾烟对铜绿假单胞菌、大肠杆菌、伤寒杆菌、金黄色葡萄球菌、白喉杆菌、絮状表皮癣菌、白色念珠菌和结核杆菌等有明显抑制作用，其杀菌作用与烟熏时间长短有关[88-90]。艾熏可抑制金黄色葡萄球菌、乙型链球菌、大肠杆菌、铜绿假单胞菌、枯草芽孢杆菌、白色念珠菌活性；艾熏对多种致病性皮肤真菌（许兰氏黄癣菌、许兰氏黄癣菌蒙古变种、同心性毛癣菌等）均有不同程度的抑制作用；艾叶燃烧产物提取分离所得重组分、焦油和艾烟水提取液对大肠杆菌、枯草芽孢杆菌、金黄色葡萄球菌、白色念珠菌有抑制作用[91]。

艾草强大的杀菌能力来源于茎叶中含有丰富的挥发油等物质，这些物质能抑制大肠杆菌、白色念珠菌、金黄色葡萄球菌等的生长繁殖[92]。艾挥发油对大肠杆菌、四联球菌、蜡样芽孢杆菌、金黄色葡萄球菌、黑曲霉和酵母菌均有良好的抑菌作用[93-96]。艾叶挥发油对金黄色葡萄球菌、枯草芽孢杆菌、大肠杆菌、沙门氏菌、铜绿假单胞菌等均有很好的抑制作用，体外对金黄色葡萄球菌、铜绿假单胞菌、大肠杆菌具有抑菌作用，体内对金黄色葡萄球菌、大肠杆菌、铜绿假单胞菌感染小鼠具有较好的保护作用[97-100]。艾叶精油与艾叶醇提物对大肠杆菌、金黄色葡萄球菌、白色念珠菌、枯草芽孢杆菌、铜绿假单胞菌均具有一定的抑菌效果，艾叶精油抑菌效果大于艾叶醇提物[54]。艾叶油对金黄色葡萄球菌、流感杆菌等有较好的抑制和杀灭作用[101]。艾油微胶囊对大肠杆菌、金黄色葡萄球菌及黄曲霉菌均有良好的抑菌效果，其中对大肠杆菌的抑菌活性最高为99 %[102]。

艾多糖对金黄色葡萄球菌和枯草芽孢杆菌的抑菌效果强于对大肠杆菌的抑菌效果[103]。艾灰黄酮粗提液对大肠杆菌、金黄色葡萄球菌、枯草芽孢杆菌的最小抑菌浓度（MIC）分别为3.130、6.250、3.130 mg/mL，而艾灰黄酮发酵液为1.560、1.250、

1.560 mg/mL[13]。艾中黄酮对大肠杆菌和金黄色葡萄球菌的 MIC 为 0.25 mg/mL，对黑曲霉菌和白曲霉菌的 MIC 为 1 mg/mL[104]。艾草黄酮纯化物可有效抑制鸡胸肉中微生物的繁殖[59]。

北艾能够抑制革兰氏阳性和阴性细菌和真菌的生长[41]。北艾提取物对金黄色葡萄球菌和枯草芽孢杆菌有显著的抑菌活性[105]。北艾叶对普通变形杆菌、粪肠球菌、黏质沙雷氏菌和金黄色葡萄球菌的感染有疗效[65]。北艾甲醇提取物对金黄色葡萄球菌有抑制活性[106]。北艾粉甲醇氯仿分离提取物 HA1–HA9 馏分对藤黄微球菌、支气管炎博德特菌、烟曲霉和毛霉均有抑制作用[72]。

北艾精油抗菌谱广泛，最小杀菌浓度较低，对枯草芽孢杆菌、沙门氏菌耐药菌、藤黄微球菌、铜绿假单胞菌等具有显著的抑制作用[107]。北艾精油对金黄色葡萄球菌、表皮链球菌和粪肠球菌产生的抑菌圈大于或等于标准抗生素头孢他啶的抑菌圈[108]。北艾精油对蜡样芽孢杆菌、枯草芽孢杆菌、金黄色葡萄球菌均有抑制作用[109]。北艾精油对金黄色葡萄球菌和念珠菌属有抑制作用，其作用的产生可能是由于北艾精油中含有大量的单萜和倍半萜类化合物，如桧烯、β- 侧柏酮、菊酮、樟脑和冰片[67]。

表 4-5 艾叶酸提物对细菌的最小抑菌浓度[47]

艾叶酸提物浓度 （g/mL）	供试致病菌抑菌圈直径 /mm		
	金黄色葡萄球菌	志贺氏菌	沙门氏菌
0.1	10.12±0.12[c]	8.51±0.18[c]	—
0.2	13.28±0.08[b]	12.08±0.08[b]	11.49±0.09[b]
0.4	18.47±0.15[a]	16.19±0.17[a]	15.11±0.11[a]

注："—"表示无抑菌圈。

4.3.4 抗衰老

艾烟可通过提高机体抗氧化能力、减少自由基代谢产物而起到显著的抗衰老作用[52]。

表4-6　艾烟处理后各组小鼠血清MDA含量、SOD和

GSH-Px活性比较（$\bar{x} \pm s$）[52]

组别	鼠数（只）	MDA（nmol/mL）	SOD（U/mL）	GSH-Px（nmol/mL）
A₁组	9	3.43±0.38[①②]	68.92±9.43[②]	11.94±2.10[②④]
A₂组	9	3.46±0.22[①②]	57.61±10.48[②③]	13.47±2.33[①②]
B₁组	9	3.20±0.17[①②]	57.86±7.64[②③]	15.44±2.54[①]
B₂组	9	3.28±0.29[①②]	79.22±13.18[①]	12.89±2.14[①②④]
C₁组	10	3.65±0.35[①②]	68.42±11.65[②]	11.33±1.96[②④]
C₂组	9	3.64±0.38[①②]	63.68±8.22[②③]	11.82±2.12[②④]
M组	10	4.45±0.56[②]	60.98±10.50[②③]	9.33±2.11[②④]
Z组	10	2.81±0.32[①]	83.32±11.57[①]	16.62±1.97[①]

注：A1组：低浓度15 min组、A2组：低浓度30 min组、B1组：中浓度15 min组、B₂组：中浓度30 min组、C1组：高浓度15 min组、C2组：高浓度30 min组、M组：模型组、Z组：正常老化小鼠（SAMR1）为正常组。与M组相比，①$P<0.05$；与Z组相比，②$P<0.05$；与B₂组相比，③$P<0.05$；与B₁组相比，④ $P<0.05$。

4.3.5　美白

艾叶精油能够抑制α促黑激素刺激的B16F10黑色素细胞中黑色素的合成，且呈剂量依赖性，同时能显著抑制蘑菇酪氨酸酶的活性，因此可以用于美白护肤品[53]。

东亚肌肤健康研究中心对自制的艾叶提取物（CT112）进行了美白活性研究，发现艾叶提取物具有一定的美白功效。

（1）在促黑素模型中，高浓度的CT112对黑色素的合成具有明显抑制作用，高浓度的CT112对酪氨酸酶活性具有明显的抑制作用。

（2）在组胺模型中，高浓度和中浓度的CT112对黑色素的合成具有明显抑制作用，中浓度的CT112对酪氨酸酶活性具有明显的抑制作用。

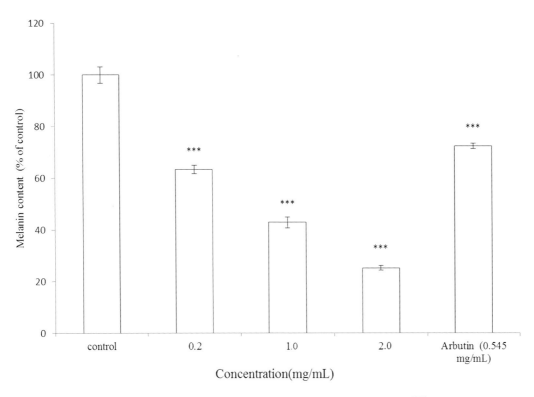

图4-5　艾叶精油对 B16F10 细胞黑色素生成的影响[53]

注：细胞用 α 促黑激素（100 nM）培养 24 小时，然后用不同浓度的艾叶精油（0.2、1.0 和 2.0 mg/mL）或熊果苷（0.545 mg/mL）处理 24 小时后，测定黑色素含量。结果以对照组的百分比表示，数据表示为三个独立实验的平均值 ± 标准差。与对照组相比，数值有显著差异，***$P<0.001$。

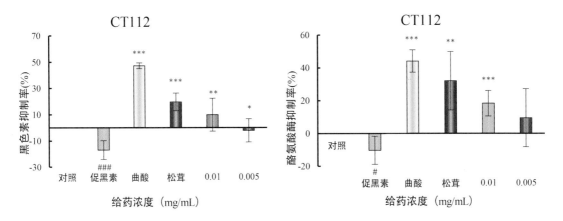

图4-6　不同浓度的 CT112 对促黑素模型中黑色素及酪氨酸酶的影响

注：#，与空白组比，$P<0.05$；##，与空白组比，$P<0.01$；###，与空白组比，$P<0.001$；*，与模型组比，$P<0.05$；**，与模型组比，$P<0.01$；***，与模型组比，$P<0.001$。每组实验重复三次。

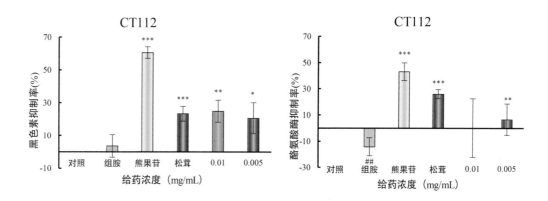

图 4-7　不同浓度的 CT112 对组胺模型中黑色素及酪氨酸酶的影响

注：#，与空白组比，$P<0.05$；##，与空白组比，$P<0.01$；###，与空白组比，$P<0.001$；*，与模型组比，$P<0.05$；**，与模型组比，$P<0.01$；***，与模型组比，$P<0.001$。每组实验重复三次。

（3）在雌二醇模型中，高浓度和中浓度的 CT112 对黑色素的合成具有明显的抑制作用，高浓度的 CT112 对酪氨酸酶活性具有明显的抑制作用。

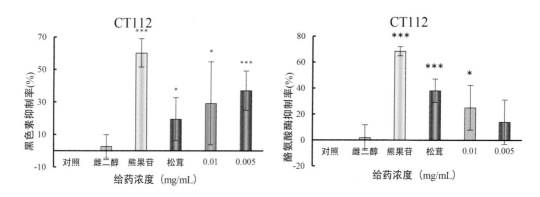

图 4-8　不同浓度的 CT112 对雌二醇模型中黑色素及酪氨酸酶的影响

注：#，与空白组比，$P<0.05$；##，与空白组比，$P<0.01$；###，与空白组比，$P<0.001$；*，与模型组比，$P<0.05$；**，与模型组比，$P<0.01$；***，与模型组比，$P<0.001$。每组实验重复三次。

4.4　成分功效机制总结

艾具有抗炎、抗氧化、抑菌、抗衰老和美白功效，其活性部位包括艾水提物、醇提物、酸提取物以及燃烧物提取物，活性大类物质包括艾多糖、黄酮、挥发油、酚酸类和倍半萜类化合物。活性单体成分包括去氢母菊内酯酮 A、异泽兰黄素、绿原酸和 Artemisiane B。有关艾的抗炎活性研究包括对小鼠炎症模型的评价和机制研究，已知机制包括对炎症因子的调控，抑制 iNOS 和 COX-2 的表达，抑制 NO 和 PGE$_2$ 的生成，抑制 NF-κB 活化，抑制细胞因子 IFN-γ、IL-6、IL-10、TNF-α 和 MCP-1 的生成。艾具有自由基清除活性，具有总抗氧化能力及还原能力，可上调 SOD、CAT、GSH-Px，降低 ROS、MDA、黄嘌呤氧化酶、NO、过氧化氢、5-LOX、LTB4 的水平，降低 DNA 氧化损伤及脂质过氧化。艾对多种致病菌有抑制活性，包括痤疮丙酸杆菌、大肠杆菌、金黄色葡萄球菌、枯草芽孢杆菌、铜绿假单胞菌、白色念珠菌、炭疽杆菌、α 和 β- 溶血球菌、白喉杆菌、肺炎克雷伯菌等。艾具有美白功效，可抑制黑色素生成，抑制蘑菇酪氨酸酶活性。

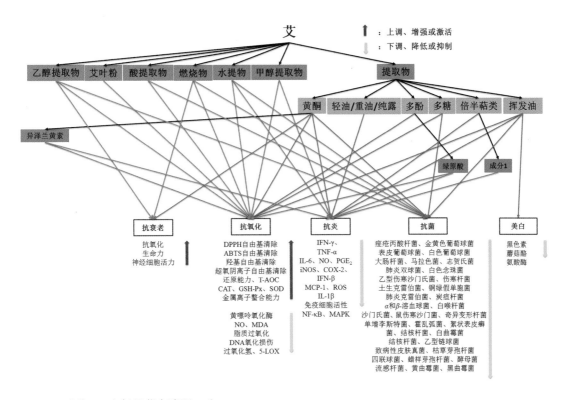

成分 1：去氢母菊内酯酮 A 和 Artemisiane B

图 4-9　艾成分功效机制总结图

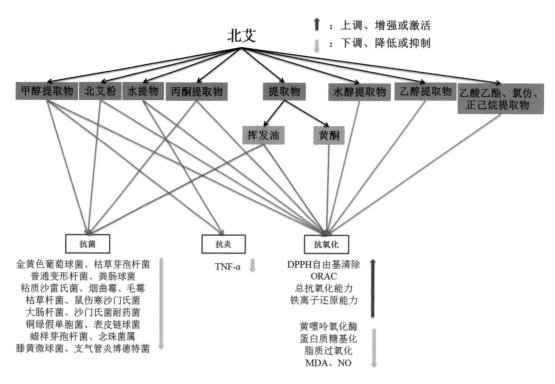

图 4-10　北艾成分功效机制总结图

北艾具有抗炎、抗氧化、抑菌功效，其活性部位包括北艾水提物、醇提物以及丙酮提取物，活性大类物质包括北艾黄酮、挥发油、精油生物碱、单萜和倍半萜类化合物，活性单体成分包括皂苷、单宁等。有关北艾的抗炎活性研究包括对小鼠炎症模型的评价和机制研究，已知机制包括对炎症因子的调控、降低 TNF-α 水平、减轻炎症。北艾具有自由基清除活性，具有总抗氧化能力、还原能力，可降低 MDA、蛋白质糖基化及脂质过氧化水平，抑制黄嘌呤氧化酶活性。北艾对多种致病菌有抑制活性，包括大肠杆菌、金黄色葡萄球菌、枯草芽孢杆菌、铜绿假单胞菌、普通变形杆菌、粪肠球菌等。

山地蒿叶提取物具有抗炎活性，可显著降低 LSP 诱导的 RAW264.7 细胞的 iNOS 和 COX-2 表达，减少 NO 和 PGE₂，也能抑制 TNF-α 和 IL-6 的产生。山地蒿甲醇提取物具有抗氧化活性，能够清除 DPPH 自由基。伞形花序蒿中的异泽兰黄素具有抗氧化活性，能够抑制氧化应激。

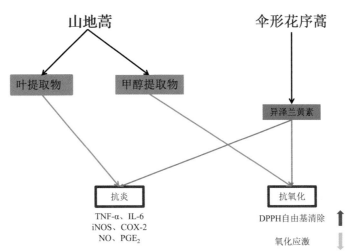

图 4-11　山地蒿和伞形花序蒿成分功效机制总结图

参考文献

[1] 庾韦花, 石前, 张向军, 等. 广西不同产地艾挥发性成分的分析 [J]. 食品工业, 2020, 41(12): 310—312.

[2] 陈昌婕, 罗丹丹, 苗玉焕, 等. 艾种质资源挥发性成分分析与评价 [J]. 中国中药杂志, 2021, 46(15): 3814—3823.

[3] Radulović M, Rajčević N, Gavrilović M, et al. Five wild-growing *Artemisia*(Asteraceae) species from Serbia and Montenegro: essential oil composition and its chemophenetic significance[J]. Journal of the Serbian Chemical Society, 2021, 86(12): 1281—1290.

[4] Wüst M, Piantini U. Authenticity control of alpine aromatic plants by enantioselective gas chromatography-mass spectrometry part 1: white genepi(*Artemisia umbelliformis* Lam.)[J]. Chimia, 2003, 57(11): 741—742.

[5] Simonnet X, Quennoz M, Jacquemettaz P, et al. Incidence of the phenological stage on the yield and quality of floral stems of white genepi(*Artemisia umbelliformis* Lam.)[J]. Acta Hort, 2009, 826: 31—34.

[6] 詹永, 廖霞, 杨勇, 等. 宛艾多酚类物质的提取工艺优化及组分分析 [J]. 河南农业大学学报, 2021, 55(1): 97—105.

[7] Giangaspero A, Ponti C, Pollastro F, et al. Topical anti-inflammatory activity of Eupatilin, A lipophilic flavonoid from mountain wormwood(*Artemisia umbelliformis* Lam.)[J]. Journal of Agricultural and Food Chemistry, 2009, 57: 7726—7730.

[8] Kwak JH, Kim Y, Staatz CE, et al. Oral bioavailability and pharmacokinetics of esculetin following intravenous and oral administration in rats[J]. Xenobiotica, 2021, 51(7): 811—817.

[9] 简梨娜, 宋学丽, 郭江涛, 等 . 艾草的化学成分及临床应用 [J]. 化学工程师, 2021, 35(7): 58—62.

[10] 兰晓燕, 张元, 朱龙波, 等 . 艾叶化学成分、药理作用及质量研究进展 [J]. 中国中药杂志, 2020, 45(17): 4017—4030.

[11] 张燕 . 北艾蒿脂肪酸成分研究 [J]. 喀什师范学院学报, 2004, 25(6): 45—46.

[12] 贺银菊, 张旋俊, 杨再波, 等 . 响应面优化艾叶多酚提取工艺及抗氧化活性研究 [J]. 食品科技, 2020, 45(6): 278—284.

[13] 王慧芳, 程叶新, 白金虎, 等 . 艾灰黄酮超声提取工艺的优化及其抑菌活性 [J]. 中成药, 2021, 43(9): 2286—2292.

[14] 沙芮, 陈静, 丁洁, 等 . 正交试验法优化甲醇提取艾蒿中槲皮素工艺条件 [J]. 湖北农业科学, 2017, 56(16): 3133—3135+3139.

[15] 陈阳, 孙代华, 江丹, 等 . 响应面分析法优化艾叶药渣中白坚木皮醇乙醇提取工艺 [J]. 中国食品添加剂, 2021, 32(9): 90—96.

[16] 李杰, 李斌, 许彬, 等 . 艾草生物碱提取工艺优化研究 [J]. 食品研究与开发, 2018, 39(13): 59—64.

[17] 段丽萍, 孙炜炜, 苗丽坤, 等 . 艾叶总三萜的提取工艺优化及其抑菌活性 [J]. 现代食品科技, 2020, 36(5): 88—95.

[18] 王小俊 . 艾叶黄酮的化学成分、纯化工艺和药理活性研究 [D]. 湖北中医药大学, 2019.

[19] 曹玲, 于丹, 崔磊, 等 . 艾叶的化学成分、药理作用及产品开发研究进展 [J]. 药物评价研究, 2018, 41(5): 918—923.

[20] 纪薇, 沈德凯, 唐洁 . 艾叶挥发油对兔耳痤疮模型的作用及其机制的实验研究 [J]. 云南中医学院学报, 2017, 40(1): 18—21+32.

[21] 杨长江, 田继义, 张传平, 等 . 艾叶不同炮制品对实验性炎症及出血、凝血时间的影响 [J]. 陕西中医学院学报, 2004, 27(4): 63—64.

[22] Yun CY, Jung YC, Chun WJ, et al. Anti-inflammatory effects of *Artemisia* leaf extract in mice with contact dermatitis *in vitro* and *in vivo*[J]. Mediators of Inflammation, 2016: 1—8.

[23] 张正兵, 蔡俊生, 王素军, 等. 艾叶水提液对二甲苯致炎小鼠的抗炎作用研究 [J]. 临床医药文献杂志, 2017, 4(48): 9318—9319.

[24] 黎莉莉, 臧林泉, 张华仙, 等. 艾叶对小鼠的抗炎作用及其机制的研究 [J]. 中国临床药理学杂志, 2019, 35(12): 1251—1254+1259.

[25] Kim SM, Lee SJ, Saralamma VVG, et al. Polyphenol mixture of a native Korean variety of *Artemisia argyi* H. (*Seomae* mugwort)and its anti-inflammatory effects[J]. International Journal of Molecular Medicine, 2019, 44: 1741—1752.

[26] 田璐. 艾叶化学成分分析及其抗炎功效研究 [D]. 暨南大学, 2017.

[27] Ge YB, Wang ZG, Xiong Y, et al. Anti-inflammatory and blood stasis activities of essential oil extracted from *Artemisia argyi* leaf in animals[J]. Journal of Natural Medicines, 2016: 1—8.

[28] 赵桂芝, 王绪平, 俞忠明, 等. 艾叶挥发油对耳肿胀急性炎症模型小鼠的抗炎作用研究 [J]. 浙江中医杂志, 2016, 51(4): 288—289.

[29] 赵秀玲, 党亚丽. 艾叶挥发油化学成分和药理作用研究进展 [J]. 天然产物研究与开发, 2019, 31(12): 2182—2188.

[30] 李波. 艾叶油的抗炎活性研究 [D]. 山西农业大学, 2013.

[31] Chen LL, Zhang HJ, Chao J, et al. Essential oil of *Artemisia argyi* suppresses inflammatory responses by inhibiting JAK/STATs activation[J]. Journal of Ethnopharmacology, 2017, 204: 107—117.

[32] Li S, Zhou SB, Yang W, et al. Gastro-protective effect of edible plant *Artemisia argyi* in ethanol-induced rats via normalizing inflammatory responses and oxidative stress[J]. Journal of Ethnopharmacology, 2018, 214: 207—217.

[33] Shin NR, Park SH, Ko JW, et al. *Artemisia argyi* attenuates airway inflammation in lipopolysaccharide induced acute lung injury model[J]. Laboratory Animal Research, 2017, 33(3): 209—215.

[34] 刘涛, 廖晓凤, 吴燕婷, 等. 艾叶有效成分抗炎作用及其机制的研究进展 [J]. 中药新药与临床药理, 2021, 32(3): 449—454.

[35] Xue GM, Xue JF, Zhao CG, et al. Sesquiterpenoids from *Artemisia argyi* and their NO production inhibitory activity in RAW264.7 cells[J]. Natural Product Research, 2021, 35(17): 2887—2894.

[36] Reinhardt JK, Klemd AM, Danton O, et al. Sesquiterpene lactones from *Artemisia argyi*: absolute configuration and immunosuppressant activity[J]. Journal of Natural Products, 2019, 82: 1424—1433.

[37] Xue GM, Zhu DR, Zhu TY, et al. Lactone ring-opening seco-guaianolide involved heterodimers linked via an ester bond from *Artemisia argyi* with NO inhibitory activity[J]. Fitoterapia, 2019, 132: 94—100.

[38] Song XW, Wen X, He JW, et al. Phytochemical components and biological activities of *Artemisia argyi*[J]. Journal of Functional Foods, 2019, 52: 648—662.

[39] Tantawy WHE. Biochemical effects, hypolipidemic and anti-inflammatory activities of *Artemisia vulgaris* extract in hypercholesterolemic rats[J]. Journal of Clinical Biochemistry and Nutrition, 2015, 57(1): 33—38.

[40] Tigno XT, Gumila E. *In vivo* microvascular actions of *Artemisia vulgaris* L. in a model of ischemia-reperfusion injury in the rat intestinal mesentery[J]. Clinical Hemorheology and Microcirculation, 2000, 23: 159—165.

[41] Soon L, Ng PQ, Chellian J, et al. Therapeutic potential of *Artemisia vulgaris*: an insight into underlying immunological mechanisms[J]. Journal of Environmental Pathology, Toxicology and Oncology, 2019, 38(3): 205—216.

[42] Jeong SH, Kim J, Min H. In vitro anti-inflammatory activity of the *Artemisia montana* leaf ethanol extract in macrophage RAW 264.7 cells[J]. Food and Agricultural Immunology, 2018, 29(1): 688—698.

[43] 李美萍, 王微, 张婕, 等. 艾叶提取物对黄嘌呤氧化酶的抑制作用及对高尿酸血症小鼠的降尿酸作用 [J]. 现代食品科技, 2019, 35(1): 22—30.

[44] 况伟, 刘志伟, 张晨, 等. 艾草抗氧化活性物质的提取分离 [J]. 中国食品添加剂, 2015(6): 109—113.

[45] Han B, Xin ZQ, Ma SS, et al. Comprehensive characterization and identification of antioxidants in *Folium Artemisiae Argyi* using high-resolution tandem mass spectrometry[J]. Journal of Chromatography B, 2017, 1063: 84—92.

[46] 张晶, 邢媛媛, 金晓, 等. 响应面法优化艾蒿水提物的提取工艺及其抗氧化活性分析 [J]. 中国农业大学学报, 2020, 25(11): 99—108.

[47] 何柳, 王云鹏, 谢卫红, 等. 艾叶水提物和酸提物的抗氧化及抗菌活性比较 [J]. 现代食品科技, 2021, 37(10): 205—213.

[48] 王中晓, 曲震理, 王斌, 等. 艾叶提取物对阿霉素所致大鼠心肌损伤的预防保护作用 [J]. 中国现代医药杂志, 2021, 23(7): 50—52.

[49] Zhang PF, Sun DS, Shi BL, et al. Dietary supplementation with *Artemisia argyi* extract on inflammatory mediators and antioxidant capacity in broilers challenged with lipopolysaccharide[J]. Italian Journal of Animal Science, 2020, 19(1): 1091—1098.

[50] Zhang PF, Chen HY, Shi BL, et al. *In vitro* antioxidant activity of *Artemisia argyi* powder and the effect on hepatic and intestinal antioxidant indices in broiler chickens[J]. Annals of Animal Science, 2020, 20(3): 1085—1099.

[51] 陈如一, 史悦悦, 张晓熙, 等. 艾柱挥发油和燃烧产物成分 GC-MS 分析及抗氧化活性比较 [J]. 中成药, 2021, 43(12): 3507—3512.

[52] 许焕芳, 崔莹雪, 黄茶熙, 等. 艾燃烧生成物对快速老化模型小鼠 SAMP8 血清抗氧化酶的影响 [J]. 中国针灸, 2012, 32(1): 53—57.

[53] Huang HC, Wang HF, Yih KH, et al. Dual bioactivities of essential oil extracted from the leaves of *Artemisia argyi* as an antimelanogenic *versus* antioxidant agent and chemical composition analysis by GC/MS[J]. International Journal of Molecular Sciences, 2012, 13: 14679—14697.

[54] 路露, 姚琪, 束成杰, 等. 陕西商洛艾叶精油和醇提物成分分析及其抗菌抗氧化活性研究 [J]. 天然产物研究与开发, 2020, 32(11): 1852—1859.

[55] Lan MB, Zhang YH, Zheng Y, et al. Antioxidant and immunomodulatory activities of polysaccharides from Moxa(*Artemisia argyi*)leaf[J]. Food Science and Biotechnology, 2010, 19(6): 1463—1469.

[56] 王媛媛, 陈思涵, 许美婧, 等. 艾叶总黄酮与总多糖的提取工艺及其抗氧化性研究进展 [J]. 广州化工, 2020, 48(18): 13—15.

[57] 史娟, 葛红光. 艾草多酚的提取纯化及抗氧化性能研究 [J]. 粮食与油脂, 2021, 34(4): 108—113.

[58] 吴娜.艾蒿黄酮的提取分离纯化、结构鉴定及其抗氧化性研究 [D]. 华中农业大学,2008.

[59] 杨宇华,黄艳,郑伟鹏.艾草黄酮抗氧化及对鸡胸肉保鲜效果的研究 [J]. 食品与机械,2020,36(11): 122—127+142.

[60] 胡倩,李静,刘大会,等.艾叶总黄酮提取物体内外抗氧化活性研究 [J]. 食品工业科技,2021, 42(6): 304—309.

[61] 何姿,夏道宗,吴晓敏,等.艾草总黄酮的提取工艺优化及抗氧化活性研究 [J]. 中华中医药学刊,2013, 31(7): 1550—1552.

[62] Lim JC, Park SY, Nam Y, et al. The protective effect of eupatilin against hydrogen peroxide-induced injury involving 5-lipoxygenase in feline esophageal epithelial cells[J]. Korean Journal of Physiology & Pharmacology, 2012, 16: 313—320.

[63] 胡厚才,谢建光,丘丽凰,等.蒿属植物在胃肠道疾病防治中的药理作用及其机制研究进展 [J]. 现代药物与临床,2012, 27(3): 304-308.

[64] Ferreira MLC, Verdan MH, Lívero FADR, et al. Inulin-type fructan and infusion of *Artemisia vulgaris* protect the liver against carbon tetrachloride-induced liver injury[J]. Phytomedicine, 2017, 24: 68—76.

[65] Oyedemi SO, Coopoosamy RM. Preliminary studies on the antibacterial and antioxidative potentials of hydroalcoholic extract from the whole parts of *Artemisia vulgaris* L. [J]. International Journal of Pharmacology, 2015: 1—9.

[66] Nasr SB, Aazza S, Mnif W, et al. *In-vitro* antioxidant and anti-inflammatory activities of *Pituranthos chloranthus* and *Artemisia vulgaris* from Tunisia[J]. International Journal of Pharmaceutical Sciences and Research, 2020, 11(2): 605—614.

[67] Trinh PC, Thao LTT, Ha HTV, et al. DPPH-scavenging and antimicrobial activities of asteraceae medicinal plants on uropathogenic bacteria[J]. Evidence-Based Complementary and Alternative Medicine, 2020: 1—9.

[68] Adebayo SA, Ondua M, Shai LJ, et al. Inhibition of nitric oxide production and free radical scavenging activities of four South African medicinal plants[J]. Journal of Inflammation Research, 2019, 12: 195—203.

[69] Melguizo DM, Cerio EDD, Piné RQ, et al. The potential of *Artemisia vulgaris* leaves as a source of antioxidant phenolic compounds[J]. Journal of Functional Foods, 2014, 10: 192—200.

[70] Pandey BP, Thapa R, Upreti A. Chemical composition, antioxidant and antibacterial activities of essential oil and methanol extract of *Artemisia vulgaris* and *Gaultheria fragrantissima* collected from Nepal[J]. Asian Pacific Journal of Tropical Medicine, 2017: 1—31.

[71] Nguyen MTT, Awale S, Tezuka Y, et al. Xanthine oxidase inhibitory activity of Vietnamese medicinal plants[J]. Biological & Pharmaceutical Bulletin, 2004, 27(9): 1414—1421.

[72] Hamad A, Arfan M, Khan SA, et al. Evaluation of antioxidant, antimicrobial and cytotoxic potential in *Artemisia vulgaris* L. [J]. Revista Română de Medicină de Laborator, 2018, 26(4): 431—441.

[73] Otmani ISE, Jaziz HE, Zarayby L, et al. Chemical composition and antioxidant activity of the essential oil of *Artemisia vulgaris* from Morocco[J]. Research Journal of Pharmaceutical, Biological and Chemical Sciences, 2018, 9(3): 1524—1529.

[74] Rosa A, Isola R, Pollastro F, et al. The dietary flavonoid eupatilin attenuates *in vitro* lipid peroxidation and targets lipid profile in cancer HeLa cells[J]. Food & Function, 2020, 11(6): 5179—5191.

[75] Kim NM, Kim J, Chung HY, et al. Isolation of luteolin 7-*O*-rutinoside and esculetin with potential antioxidant activity from the aerial parts of *Artemisia montana*[J]. Archives of Pharmacal Research, 2000, 23(3): 237—239.

[76] 杨宇 . 艾蒿抑菌成分的分离提取及其功效研究 [D]. 吉林农业大学 , 2013.

[77] 邳楠 . 化妆品用抑制人体蠕形螨的中草药筛选、作用机理研究及功效检测 [D]. 北京工商大学 , 2011.

[78] 赵宁 , 辛毅 , 张翠丽 , 等 . 艾叶提取物对细菌性皮肤致病菌的抑制作用 [J]. 中药材 , 2008, 31(1): 107—110.

[79] 廖恒利 . 中药水提物对痤疮丙酸杆菌体外抑制作用及对兔耳痤疮模型的疗效研究 [D]. 泸州医学院 , 2013.

[80] 章明美 , 杨小明 , 谢吉民 , 等 . 15 种生药提取物抑制痤疮致病菌的活性筛选 [J]. 江苏大学学报 (医学版), 2004, 14(3): 188—190.

[81] 冯丽娟 , 孙智勇 , 陈芳 , 等 . 三种方法提取的艾叶有效成分的抑菌作用比较 [J]. 食品工程 ,

2011(4): 35—37.

[82] 刘丹丹, 徐静, 万玉华, 等. 正交设计优选 10 种中药对马拉色菌抑菌研究 [J]. 现代中药研究与实践, 2012, 26(4): 42—45.

[83] 王华, 周孝琼, 钟雪香, 等. 艾叶水提液对 3 种细菌的体外抑菌试验 [J]. 黑龙江畜牧兽医, 2016 (10 下): 168—169+172.

[84] 刘萍, 刘巍, 袁铭. 艾叶与复方艾叶水提液体外抗菌作用比较 [J]. 医药导报, 2007, 26(5): 484—485.

[85] 徐亚军, 赵龙飞. 野生艾蒿浸提物对大肠杆菌的抑制作用 [J]. 江苏农业科学, 2012, 40(4): 306—308.

[86] 尹美珍, 张倩, 王静晖, 等. 艾叶水溶性部位及其分离组分的抑菌活性研究 [J]. 黄石理工学院学报, 2011, 27(5): 44—48.

[87] Lee TK, Vairappan CS. Antioxidant, antibacterial and cytotoxic activities of essential oils and ethanol extracts of selected South East Asian herbs[J]. Journal of Medicinal Plants Research, 2011, 5(21): 5284—5290.

[88] 刘枫林, 袁慧, 许三荣. 艾灸"烟熏"作用的抑菌效应 [J]. 云南中医杂志, 1993, 14(5): 29.

[89] 南京中医药大学. 中药大辞典 (M). 上海: 上海科学技术出版社, 2006.

[90] 吴生兵, 曹健, 汪天明, 等. 艾叶挥发油抗真菌及抗带状疱疹病毒的实验研究 [J]. 安徽中医药大学学报, 2015, 34(6): 70—71.

[91] 杨梅. 艾叶燃烧产物有效成分药效研究 [D]. 中南民族大学, 2009.

[92] 张赟, 张涛, 罗婷, 等. 艾草水提取物对大肠杆菌的抑制机理初步研究 [J]. 湖北农业科学, 2019, 58(18): 45—48+54.

[93] 任维华, 李伟华. 中药野艾挥发物抗菌活性与化学成分分离鉴定研究 [J]. 中国中医基础医学杂志, 2014, 20(10): 1412—1413.

[94] Zhong JL, Muhammad N, Chen SQ, et al. Pilot-scale supercritical CO_2 extraction coupled molecular distillation and hydrodistillation for the separation of essential oils from *Artemisia argyi* Lévl. et Vant[J]. Separation Science and Technology, 2021: 1—9.

[95] 高海荣, 王亚鑫, 谢晨, 等. 三种蒿类植物挥发油成分及抗菌活性的比较分析 [J]. 现代食品科技, 2020, 36(1): 262—268+42.

[96] 吴朝霞, 夏天爽, 李琦, 等. 同时蒸馏法提取艾叶挥发油及其抑菌性研究 [J]. 食品研究与开

发 , 2010, 31(8): 19—22.

[97] 段伟丽 , 刘艳秋 , 包怡红 . 艾蒿精油的抑菌活性和稳定性 [J]. 食品与生物技术学报 , 2015, 34(12): 1332—1337.

[98] 徐轶彦 . 艾篙挥发油体内外抑菌作用的实验研究 [J]. 中国民族民间医药 , 2010, 19(10): 42—43.

[99] 刘先华 , 周安 , 刘碧山 , 等 . 艾叶挥发油体内外抑菌作用的实验研究 [J]. 中国中医药信息杂志 , 2006, 13(8): 25—26.

[100] 甘昌胜 , 尹彬彬 , 张靖华 , 等 . 艾叶精油蒸馏制取对相应水提液活性成分的影响及其抑菌性能比较 [J]. 食品与生物技术学报 , 2015, 34(12): 1327—1331.

[101] 黄学红 , 谢元德 , 朱婉萍 , 等 . 艾叶油治疗慢性支气管炎的实验研究 [J]. 浙江中医杂志 , 2006, 41(12): 734—735.

[102] 李芳 , 王全杰 , 肖振峰 . 艾蒿油微胶囊的制备及其抗菌性研究 [J]. 皮革科学与工程 , 2012, 22(2): 39—46.

[103] 孙义玄 , 包怡红 . 艾蒿多糖抑菌活性及稳定性 [J]. 食品与生物技术学报 , 2017, 36(9): 990—995.

[104] 马烁 , 吴朝霞 , 张琦 , 等 . 艾蒿中黄酮的提取纯化及抑菌实验 [J]. 中国食品添加剂 , 2011(2): 71—78.

[105] Mensah AA, Garcia G, Maldonado IA, et al. Evaluation of antibacterial activity of *Artemisia vulgaris* extracts[J]. Journal of Medicinal Plants, 2015, 9: 234—240.

[106] Manandhar S, Luitel S, Dahal RK. In vitro antimicrobial activity of some medicinal plants against human pathogenic bacteria[J]. Journal of Tropical Medicine, 2019: 1—6.

[107] 蒋志惠 , 郑婧龙 , 谷令彪 , 等 . 贮存年份对北艾和蕲艾精油成分与抑菌活性的影响研究 [J]. 天然产物研究与开发 , 2021, 33(2): 227—235+207.

[108] Erel ŞB, Reznicek G, ŞENOL SG, et al. Antimicrobial and antioxidant properties of *Artemisia* L. species from Western Anatolia[J]. Turkish Journal of Biology, 2012, 36: 75—84.

[109] Munda S, Pandey SK, Dutta S, et al. Antioxidant activity, antibacterial activity and chemical composition of essential oil of *Artemisia vulgaris* L. leaves from Northeast India[J]. Journal of Essential Oil Bearing Plants, 2019: 1—12.

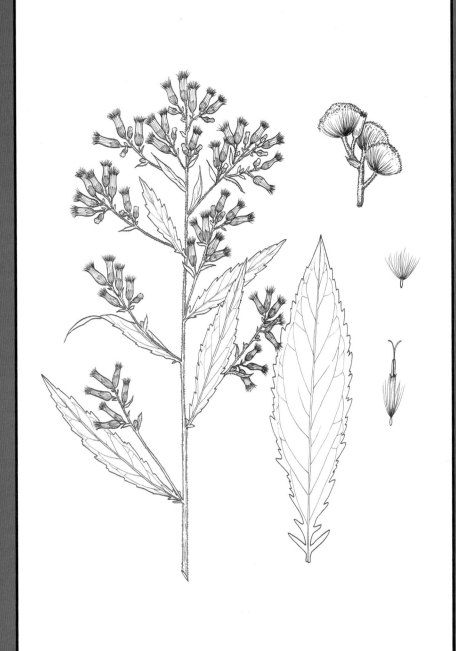

艾纳香

5.1 基本信息

中 文 名	艾纳香	
属 名	艾纳香属 *Blumea*	
拉 丁 名	*Blumea balsamifera*（L.）DC.	
俗 名	大风艾	
分 类 系 统	恩格勒系统（1964）	APG IV系统（2016）
	被子植物门 Angiospermae 双子叶植物纲 Dicotyledoneae 桔梗目 Campanulales 菊科 Compositae	被子植物门 Angiospermae 木兰纲 Magnoliopsida 菊目 Asterales 菊科 Asteraceae
地 理 分 布	广泛分布于亚洲热带和亚热带地区	
化妆品原料	艾纳香 (BLUMEA BALSAMIFERA) 油	

A. 艾纳香植株

A | B

B. 艾纳香花

多年生草本或亚灌木。茎粗壮，直立，高 1—3 米，基部径约 1.8 厘米，或更粗，茎皮灰褐色，有纵条棱，木质部松软，白色，有径约 12 毫米的髓部，节间长 2—6 厘米，上部的节间较短，被黄褐色密柔毛。下部叶宽椭圆形或长圆状披针形，长 22—25 厘米，宽 8—10 厘米，基部渐狭，具柄，柄两侧有 3—5 对狭线形的附属物，顶端短尖或钝，边缘有细锯齿，上面被柔毛，下面被淡褐色或黄白色密绢状棉毛，中脉在下面凸起，侧脉 10—15 对，弧状上升，不抵边缘，有不明显的网脉；上部叶长圆状披针形或卵状披针形，长 7—12 厘米，宽 1.5—3.5 厘米，基部略尖，无柄或有短柄，柄的两侧常有 1—3 对狭线形的附属物，顶端渐尖，全缘、具细锯齿或羽状齿裂，侧脉斜上升，通常与中脉成锐角。头状花序多数，径 5—8 毫米，排列成开展具叶的大圆锥花序；花序梗长 5—8 毫米，被黄褐色密柔毛；总苞钟形，长约 7 毫米，稍长于花盘；总苞片约 6 层，草质，外层长圆形，长 1.5—2.5 毫米，顶端钝或短尖，背面被密柔毛，中层线形，顶端略尖，背面被疏毛，内层长于外层 4 倍；花托蜂窝状，径 2—3 毫米，无毛。花黄色，雌花多数，花冠细管状，长约 6 毫米，檐部 2—4 齿裂，裂片无毛；两性花较少数，与雌花几等长，花冠管状，向上渐宽，檐部 5 齿裂，裂片卵形，短尖，被短柔毛。瘦果圆柱形，长约 1 毫米，具 5 条棱，被密柔毛。冠毛红褐色，糙毛状，长 4—6 毫米。花期几乎全年。[①]

艾纳香的新鲜叶经提取加工制成的结晶称为艾片 (左旋龙脑)。味辛、苦，性微寒。归心、脾、肺经。开窍醒神，清热止痛。用于热病神昏、痉厥，中风痰厥，气郁暴厥，中恶昏迷，目赤，口疮，咽喉肿痛，耳道流脓。[②]

5.2 活性物质

5.2.1 主要成分

根据现有文献报道，艾纳香中的化学成分主要有挥发油类、黄酮类、萜类等，此外还有绿原酸类、生物碱、多糖类等多种其他成分。目前对艾纳香化学成分的研究主要集中在挥发油类、黄酮类化合物，具体化学成分见表 5–1。

[①] 见《中国植物志》第 75 卷第 19 页。
[②] 见《中华人民共和国药典》(2020 年版) 一部第 90 页。

表 5-1 艾纳香化学成分

成分类别	主要化合物	参考文献
黄酮类	3,3′,5,7- 四羟基 -4′- 甲氧基二氢黄酮、圣草酚、3,3′,5- 三羟基 -4′,7- 二甲氧基二氢黄酮、艾纳香素、山柰酚、木犀草素、4′- 甲氧基二氢槲皮素、柽柳黄素、3,3′- 二甲氧基槲皮素、7,4′- 二甲氧基二氢槲皮素、$(2\alpha,3\beta)$- 二氢鼠李素、7- 甲氧基紫杉叶素、木犀草素 -7- 甲醚、槲皮素、鼠李素、4′,5- 二羟基 -3,3′,7- 三甲氧基黄酮、3,5,3′,4′- 四羟基 -7- 甲氧基黄酮、香叶木素、3′,4′,5- 三羟基 -3,7- 二甲氧基黄酮、异鼠李素、chrysosplenol C、金丝桃苷、异槲皮苷、3′,5,7- 三羟基 -4′- 甲氧基二氢黄酮、pilloin、5,7,3′,4′- 四羟基 -3- 甲氧基黄酮、5- 羟基 -3,7,3′,4′- 四甲氧基黄酮、3,5- 二羟基 -3′,4′,7- 三甲氧基黄酮、3,5,3′- 三羟基 -7,4′- 二甲氧基黄酮、5,7- 二羟基 -3,3′,4′- 三甲氧基黄酮、3,3′,5,5′,7- 五羟基二氢黄酮、3,3′,4′,5- 四羟基 -7- 甲氧基二氢黄酮等	[1—7]
挥发油类	2- 茨醇、D- 樟脑、樟脑、(-)- 龙脑、β- 石竹烯、α- 蒎烯、β- 蒎烯、茨烯、1- 辛烯 -3- 醇、1,8- 桉叶油素、芳樟醇、葎草烯、β- 长叶蒎烯、β- 石竹烯氧化物、愈创木醇、γ- 桉叶油醇、十氢二甲基甲乙烯基萘酚、花椒油素、棕榈酸、柠檬烯、反 - 罗勒烯、紫苏醛、乙酸龙脑酯、2,3,5,6- 四甲基 -1,4- 二甲氧基苯、α- 古芸烯、α- 石竹烯、别芳萜烯、γ- 雪松烯、榄香醇、喇叭茶醇、10- 表 -γ- 桉叶油醇、α- 桉叶油醇、二丁醛、1,3- 二甲基环戊醇、四氢吡喃 -2- 甲醇、罗汉柏烯等	[3，8—12]
萜类	艾纳香烯 N、艾纳香烯 F、blumealactone A、blumealactone B、blumealactone C、blumeaenes A-J，E1，E2，K，L，M，samboginone、β- 谷甾醇、豆甾醇、胡萝卜甾醇等	[3，5]
绿原酸类	3,5-O- 二咖啡酰奎尼酸乙酯、3,5-O- 二咖啡酰奎尼酸甲酯、3,4-O- 二咖啡酰奎尼酸甲酯、3,4-O- 二咖啡酰奎尼酸、3,5-O- 二咖啡酰奎尼酸、1,3,5-O- 三咖啡酰奎尼酸等	[3，13]
其他	6,7- 二羟基香豆素、蚱蜢酮、反式对羟基桂皮酸、双 (4- 羟苄基) 醚、原儿茶酸、原儿茶醛、3-(hydroxyucetyl)indole、咖啡酸乙酯、丁香酚 -O-β-D- 葡萄糖苷、4- 烯丙基 -2,6- 二甲氧基苯酚葡萄糖苷等	[14]

表 5-2 艾纳香部分成分单体结构

序号	主要单体	结构式	CAS 号
1	龙脑	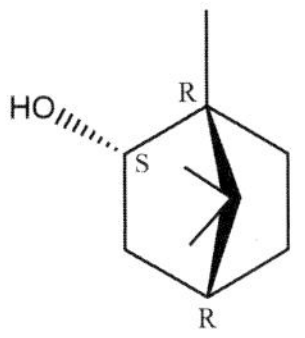	507-70-0
2	异龙脑	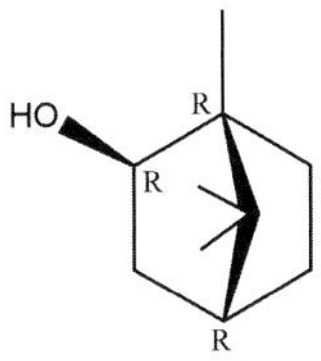	124-76-5
3	左旋樟脑	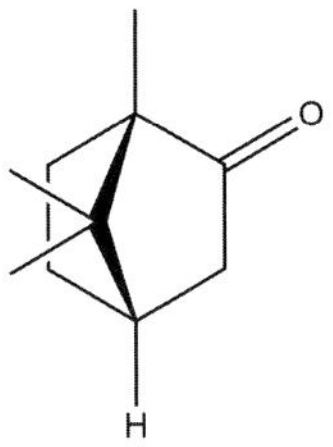	464-48-2
4	α- 蒎烯	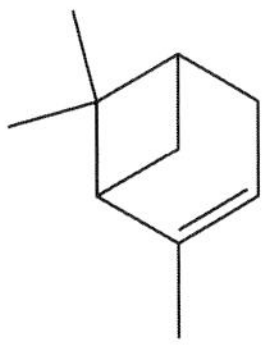	80-56-8
5	β- 柠檬醇	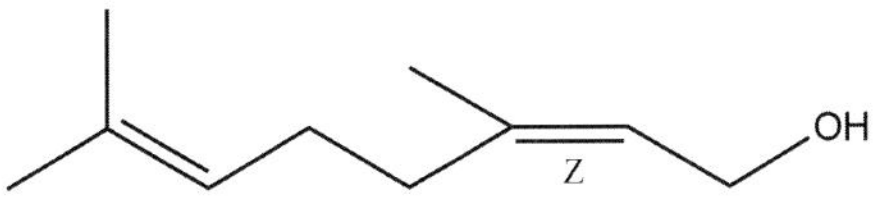	106-25-2
6	芳樟醇	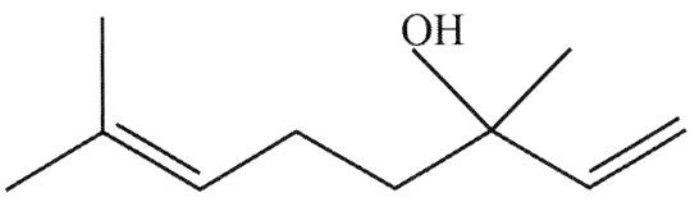	78-70-6
7	艾纳香素	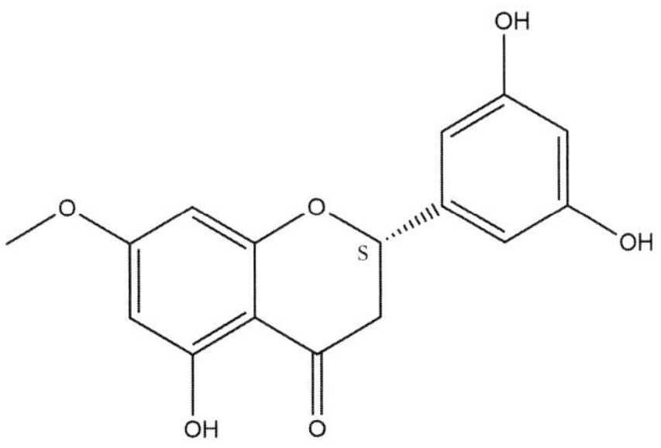	118024-26-3

（接上表）

8	山柰酚	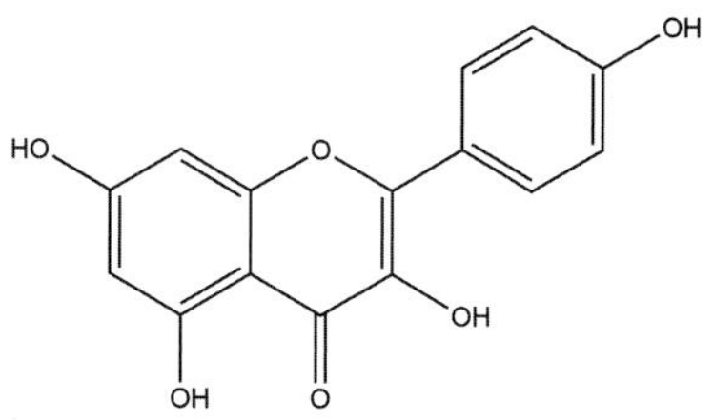	520-18-3
9	花椒油素	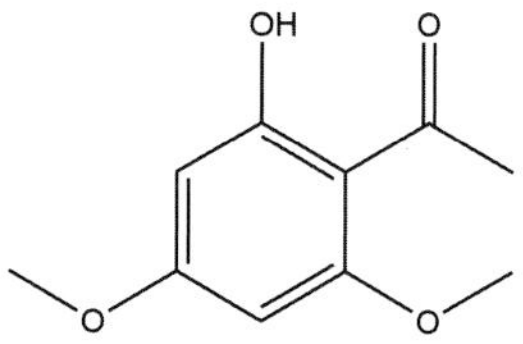	90-24-4

5.2.2　含量组成

目前对艾纳香化学成分含量的研究主要集中在挥发油和黄酮类，文献中也有一些多糖、多酚、有机酸及生物碱等艾纳香成分含量的信息，具体见表5-3。

表5-3　艾纳香中成分含量信息

成分	来源	含量（%）	参考文献
总黄酮	艾纳香药材	2.77—17.48	[15—16]
	艾纳香叶	1.148—17.48	[17—19]
	艾纳香上部叶	7.37	[20]
	艾纳香中部叶	4.98	[20]
	艾纳香下部叶	4.57	[20]
	艾纳香嫩叶	2.908	[21]
	艾纳香功能叶	3.457	[21]
	艾纳香上部茎	1.31	[20]
	艾纳香中部茎	1.64	[20]
	艾纳香下部茎	1.01	[20]
	艾纳香嫩茎	0.904	[21]
	艾纳香残渣	4.71	[22]
艾纳香素	艾纳香药材	0.0202—0.0653	[23]

（接上表）

总挥发油	艾纳香药材	0.13—3.45	[8，24]
	艾纳香叶	0.94—3.25	[11—12，25]
	艾纳香新鲜叶	0.497—2.8	[10，26]
	马耳艾	3.48 mL/100 g	[27]
	大叶艾	3.08 mL/100 g	[27]
	小叶艾	3.40 mL/100 g	[27]
左旋樟脑	艾纳香叶	0.012—0.061	[28]
左旋龙脑	艾纳香叶	0.036—1.257	[17，27—28]
异龙脑	艾纳香叶	0.000—0.015	[28]
总多酚	艾纳香嫩茎	0.457	[21]
	艾纳香嫩叶	1.150	[21]
	艾纳香功能叶	1.328	[21]
总有机酸	艾纳香残渣	1.8715	[29]
总多糖	艾纳香残渣	1.3120	[29]
总皂苷	艾纳香残渣	0.9512	[29]
	艾纳香叶	11.14	[30]
总蒽醌	艾纳香残渣	0.3176	[29]
总生物碱	艾纳香茎	7.77 μg/g	[31]
	艾纳香根	3.66 μg/g	[31]
	艾纳香叶	2.34 μg/g	[31]

5.3 功效与机制

艾纳香始载于《本草拾遗》，其性温，味辛，具有活血温中、消炎镇痛、祛风除湿的功效，可用于治疗感冒、风湿性关节炎、产后风痛、痛经，外用跌打损伤、疮疖痈肿、湿疹、皮炎[9]。

5.3.1　抗炎

艾纳香叶提取挥发油后的废弃物可显著降低炎症组织中蛋白质渗出及前列腺素 E_2（PGE_2）生成[32]。艾纳香叶废渣乙酸乙酯部位能显著减轻类风湿关节炎大鼠关节肿胀和关节炎指数，能有效抑制关节滑膜增生，下调血清中炎症因子水平[33]。

从艾纳香地上部分的乙醇提取物中分离得到的萜类化合物，对 RAW264.7 细胞中脂多糖（LPS）诱导的一氧化氮（NO）有抑制活性，半数抑制浓度分别为 40.06，46.35 和 57.80 μg/mL[34]。左旋龙脑（冰片）作为艾纳香的主要有效成分具有抗炎活性，能抑制醋酸引起的小鼠腹腔毛细血管的通透性增加和巴豆油引起的小鼠耳肿胀[35]。在无菌性炎症模型中，龙脑和异龙脑能显著抑制蛋清所致大鼠足跖肿胀，这显示它们对液体的渗出和组织水肿等炎症过程有抑制作用[36]。艾纳香油中（−）-芳樟醇、反式 - 石竹烯具有较好的抗炎活性，能够显著抑制二甲苯引起的小鼠耳郭肿胀和弗氏完全佐剂（FCA）诱发的大鼠足趾肿胀；且不同剂量的（−）-芳樟醇、反式 - 石竹烯均能抑制白三烯 B4（LTB4）、PGE_2、NO 和诱导型一氧化氮合酶（iNOS）炎症介质的产生，下调肿瘤坏死因子 -α（TNF-α）、白细胞介素 -1β（IL-1β）、环氧合酶 -2（COX-2）、5- 脂氧合酶（5-LOX）、5- 脂氧合酶活化蛋白（FLAP）、NF-κB-p65 的表达[37]。与对照组相比，艾纳香总黄酮对大鼠皮肤切除创面的愈合有促进作用[38]。

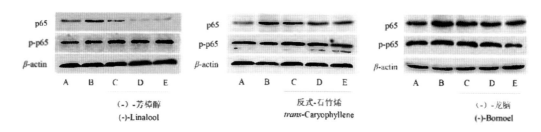

图 5-1　（−）-芳樟醇、反式 - 石竹烯、（−）- 龙脑对 RAW 264.7 细胞 p65 蛋白表达的影响（$\bar{x}\pm s$，n=3）[37]

5.3.2　抗氧化

通过对艾纳香叶粗提物进行研究可知，艾纳香不同提取物的抗氧化活性强弱依次为：甲醇提取物 > 氯仿提取物 > 石油醚提取物；对其中 11 个黄酮类化合物抗氧化性与维生素 C 和维生素 E 进行比较，得到如下结果：槲皮素 > 鼠李素 > 木犀草素 > 木犀草素 –7– 甲醚 > 维生素 C> 艾纳香素 > 叔丁基对羟基茴香醚 >5，7,3'，5' – 四羟基黄烷酮 > 柽柳素 > 丁羟甲苯 > 维生素 E> 二氢槲皮素 –4' – 甲醚 > 二氢槲皮素 –7,4' – 二甲醚[39-40]。艾纳香甲醇提取物具有显著的抗氧化活性，DDPH 自由基清除活性的 IC_{50} 值为 74 μg/mL，超氧阴离子自由基清除活性的 IC_{50} 值 > 200 μg/mL[41]，艾纳香甲醇提取物还具有较强的黄嘌呤氧化酶抑制活性[42-43]。艾纳香挥发油可以通过恢复超氧化物歧化酶（SOD）活性、降低丙二醛（MDA）含量、增加还原型谷胱甘肽（GSH）含量等方式达到治疗紫外线诱导的小鼠皮肤晒伤的功效[44]。

　　艾纳香抗氧化活性研究显示，幼叶和小芽表现出更强的抗氧化活性，其所含成分中 Dimethoxy durene、β– 石竹烯、α– 石竹烯具有较好的抗氧化活性[45]。艾纳香中分离得到的艾纳香二氢黄酮类化合物艾纳香素具有较强的抗氧化作用[46]。通过 DPPH 自由基清除试验，β– 胡萝卜素漂白试验和硫代巴比妥酸法试验发现，艾纳香精油具有较强的抗氧化活性[47]。

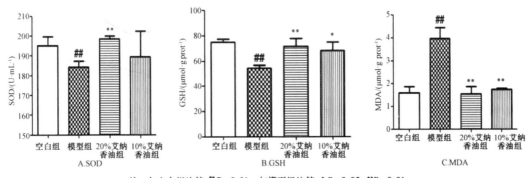

注：与空白组比较，##P < 0.01；与模型组比较，*P < 0.05，**P < 0.01

图 5-2　艾纳香油对晒伤小鼠血清中 SOD 活力和皮肤中 GSH、MDA 含有量的影响（$\bar{x} \pm s$，$n=12$）[44]

5.3.3　抑菌

　　艾纳香己烷提取物、二氯甲烷提取物以及精油均具有抑菌活性，其中艾纳香精油对蜡样芽孢杆菌的最小抑菌浓度为 150 μg/mL，对金黄色葡萄球菌及白色念珠菌最小抑菌浓度为 1.2 mg/mL；艾纳香己烷提取物对阴沟肠杆菌和金黄葡萄球菌有一定的抑菌活性；艾纳香二氯甲烷提取物对阴沟肠杆菌具有抑菌活性[48]。艾纳香乙醇提取物除对金黄色葡萄球菌有效外，还能抑制大肠杆菌、白色念珠菌及肺炎克雷伯菌等4种易引起口腔感染、炎症及溃疡的细菌，抑菌效果良好且长时间维持80%以上的抑菌率[49]。艾纳香精油对金黄色葡萄球菌、假丝酵母和黄曲霉具有较好的抑制能力，对大肠杆菌、铜绿假单胞菌、李斯特菌和沙门氏菌也表现出了抑制能力[24, 47]。艾纳香精油对金黄色葡萄球菌和大肠杆菌有明显的抑菌作用，且随精油浓度的增加抑菌作用增强[50]。艾纳香总黄酮成分具有保护大鼠伤口避免感染和促进伤口愈合的活性，提示艾纳香中黄酮类化合物可能为主要的抗菌活性成分[38]。

艾片（L-龙脑）对金黄色葡萄球菌、溶血性链球菌、草绿色链球菌、肺炎链球菌、白喉杆菌、伤寒杆菌、痢疾杆菌、大肠杆菌和铜绿假单胞菌均具有抑菌作用[51]。

表5-4　精油对各供试菌株的抑菌圈直径（$\bar{x}\pm s$, $n=6$）[24]

菌种	抑菌圈直径 /mm				
	艾纳香精油质量浓度 /（mg·mL⁻¹）			庆大霉素 /（0.1mg·mL⁻¹）	空白
	90	50	10		
大肠杆菌	10.71±0.24	9.27±0.31	8.12±0.11	14.22±0.48	5.12±0.07
金黄色葡萄球菌	9.21±0.27	7.96±0.14	7.01±0.18	11.21±0.24	5.12±0.07
铜绿假单胞菌	7.98±0.08	6.45±0.16	5.78±0.26	9.27±0.15	5.12±0.07
黄曲霉	14.21±0.16	11.32±0.22	9.87±0.30	17.23±0.34	5.12±0.07
黑曲霉	12.18±0.32	10.13±0.23	8.12±0.04	9.21±0.14	5.12±0.07

5.3.4　抗衰老

在紫外线辐射（UVB）引起的小鼠皮肤光老化模型中，艾纳香精油通过下调皮肤细胞炎症因子的表达，包括 TNF-α、白细胞介素 -6（IL-6）和白细胞介素 -10（IL-10），有效地抑制皮肤光老化[52]。艾纳香油能够缓解 UVB 引起的皮肤晒伤，其机制与增强抗氧化作用，抑制 NF-κB 信号通路，下调 IL-6 释放，减少 8-羟基 -2'-脱氧鸟苷（8-OHdG）和增殖细胞核抗原（PCNA）水平有关[44]。

5.3.5　美白

艾纳香各部位提取物具有较好的抗氧化活性和酪氨酸酶抑制作用，其中功能叶和嫩叶为其主要活性部位。艾纳香提取物通过抗氧化、抑制酪氨酸酶活性达到美白祛斑的作用[53]。有科研工作者根据艾纳香抗酪氨酸酶的活性发明了一种祛斑的艾纳香组合物，并通过实验测试证明了艾纳香祛斑精油对雀斑、黄褐斑、晒斑、蝴蝶斑、黑斑具有显著的效果[54]。

从艾纳香叶乙酸乙酯提取物中分离出的九种黄酮类化合物，具有抑制酪氨酸酶的活性，其抗酪氨酸酶活性的机制可能是在酪氨酸酶活性中心与铜螯合[55]。艾纳香地上部分分离得到的部分化合物具有酪氨酸酶抑制活性，这些化合物包括：槲皮素、熊果酸、熊果酸内酯、2-羟基-4,6-二甲氧基苯乙酮、2,4-二羟基-6-甲氧基苯乙酮[56]。

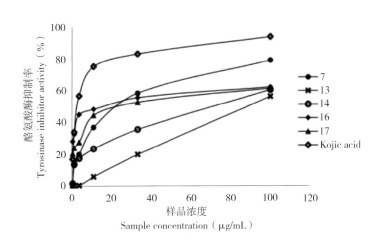

图 5-3　艾纳香地上部分分离得到的部分化合物对酪氨酸酶的抑制活性[56]

注：7，槲皮素；13，熊果酸；14，熊果酸内酯；16，2-羟基-4,6-二甲氧基苯乙酮；17，2,4-二羟基-6-甲氧基苯乙酮；Kojic aciol，曲酸为阳性对照。

5.4　成分功效机制总结

艾纳香具有抗炎、抗氧化、抑菌、抗衰老和美白功效，其活性部位包括挥发油、黄酮类、醇提物、乙酸乙酯提取物、水提物以及多个活性单体化合物。对抗炎活性的

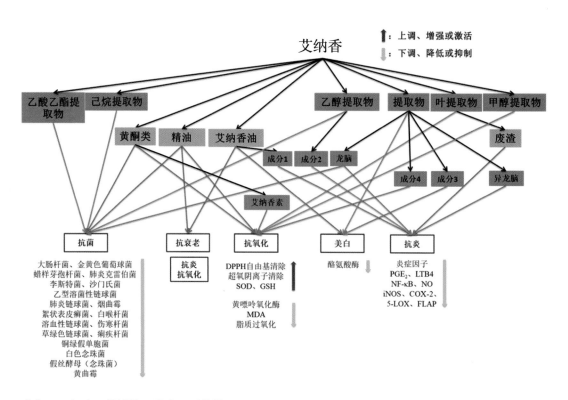

成分1：（－）-芳樟醇、反式-石竹烯

成分2：4个萜类化合物

成分3：槲皮素、熊果酸、熊果酸内酯、2-羟基-4，6-二甲氧基苯乙酮、2，4-二羟基-6-甲氧基苯乙酮

成分4：Dimethoxy durene、β-石竹烯、α-石竹烯

图5-4　艾纳香成分功效机制总结图

研究包括对小鼠炎症模型的评价和机制研究，已知机制包括对炎症因子的调控、抑制LTB4、PGE$_2$、NO 和 iNOS 炎症介质的产生，下调 TNF-α、IL-1β、COX-2、5-LOX、FLAP、NF-κB-p65 的表达。艾纳香具有自由基清除活性、具有强的黄嘌呤氧化酶抑制活性，能够恢复 SOD 活性及降低 MDA 含量、增加 GSH 等含量。艾纳香能够清除脂溶性自由基，提高抗氧化酶活性而发挥抗氧化作用。艾纳香对多种致病菌有抑制活性，包括大肠杆菌、金黄色葡萄球菌、枯草芽孢杆菌、铜绿假单胞菌、白色念珠菌、表皮葡萄球菌、蜡样芽胞杆菌、肺炎克雷伯菌等。艾纳香通过下调皮肤细胞炎症因子的表达，包括 TNF-α、IL-6 和 IL-10，有效地抑制皮肤光老化。艾纳香具有美白作用，可抑制黑色素生成、抑制酪氨酸酶活性，抗酪氨酸酶活性的可能机制可能是在酪氨酸酶活性中心与铜螯合。

参考文献

[1] 胡璇，王鸿发，于福来，等.基于指纹图谱和多成分含量测定的艾纳香药材质量评价 [J]. 中草药，2021, 52(12):3679—3688.

[2] 宝艳儒，冯贻东，曾伟珍，等.指纹图谱结合一测多评法评价艾纳香药材质量 [J]. 人参研究，2021, 33(3):21—27.

[3] 马海霞，杨广安，谭琪明，等.艾纳香化学成分及药理活性研究进展 [J]. 化工管理，2021(10):69—70+72.

[4] 王鸿发，元超，庞玉新.艾纳香中的黄酮类化合物及其抗菌活性 [J]. 热带作物学报，2019, 40(9):1810—1816.

[5] 谢月英，谢朋飞，黄宝优，等.艾纳香属植物化学成分及药理活性研究概况 [J]. 中国现代中药，2016, 18(8):1071—1076+1083.

[6] 韦睿斌，庞玉新，杨全，等.艾纳香黄酮类化学成分研究进展 [J]. 广东药学院学报，2014, 30(1):123—127.

[7] 严启新，谭道鹏，康晖，等.艾纳香中的黄酮类化学成分 [J]. 中国实验方剂学杂志，2012, 18(5):86—89.

[8] 郝文凤，田玉红，张倩，等.艾纳香与马尾松精油的成分分析及抗氧化研究 [J]. 中国调味品，2021, 46(3):34—39+44.

[9] 宝艳儒，冯贻东，曾伟珍，等.艾纳香挥发油化学成分及药理研究进展 [J]. 人参研究，2020, 32(6):59—64.

[10] 郝小燕，余珍，丁智慧.黔产艾纳香挥发油化学成分研究 [J]. 贵阳医学院学报，2000, 25(2):121—122.

[11] 杜萍，张先俊，孙晓东.滇产艾纳香叶挥发油化学成分的 GC-MS 分析 [J]. 林产化学与工业，2009, 29(2):115—118.

[12] Jiang ZL, Zhou Y, Ge WC, et al. Phytochemical compositions of volatile oil from *Blumea balsamifera* and their biological activitie[J]. Pharmacognosy Magazine, 2014, 10(39):346—352.

[13] 元超，王鸿发，胡璇，等.艾纳香中绿原酸类化学成分研究 [J]. 热带作物学报，2019, 40(6):1176—1180.

[14] 庞玉新，元超，胡璇，等.黎药艾纳香化学成分研究 [J]. 中药材，2019, 42(1):91—95.

[15] 杜丽洁, 黄火强, 张亚琛. 彝族"黄药"艾纳香中黄酮的提取工艺优选研究 [J]. 中国民族民间医药, 2019, 28(2):27—30.

[16] 罗夫来, 张云淋, 赵致. 正交设计优化艾纳香总黄酮提取工艺研究 [J]. 中华中医药学刊, 2013, 31(12):2735—2737.

[17] 庞玉新, 黄梅, 于福来, 等. 黔琼产艾纳香中主要化学成分含量差异分析 [J]. 广东药学院学报, 2014, 30(4):448—452.

[18] 罗夫来, 王振, 张云淋, 等. 苗药艾纳香不同居群及不同部位的质量研究 [J]. 中国当代医药, 2013, 20(31):51—53.

[19] 吴德智, 田昌义, 郑强, 等. 超声辅助双水相提取艾纳香总黄酮的工艺优化及抗氧化活性的研究 [J]. 江苏农业科学, 2017, 45(15):153—156.

[20] 和银霞, 董一昕, 冶泽青, 等. 艾纳香总黄酮提取工艺优化及其含量测定方法研究 [J]. 辽宁中医药大学学报, 2016, 18(11):35—37.

[21] 韦睿斌, 杨全, 庞玉新, 等. 艾纳香不同部位多酚和黄酮类抗氧化活性研究 [J]. 天然产物研究与开发, 2015, 27(7):1242—1247+1286.

[22] 胡璇, 江芊, 元超, 等. 艾纳香残渣总黄酮提取工艺的优化 [J]. 贵州农业科学, 2018, 46(12):116—121.

[23] 刘慧, 徐剑. 贵州艾纳香的主要成分质量测定 [J]. 贵州农业科学, 2018, 46(8):116—118.

[24] 李安, 刘印, 张泽望, 等. 微波辅助提取艾纳香精油的工艺优化及抗菌活性的研究 [J]. 福建农业学报, 2017, 32(7):751—755.

[25] 王远辉, 田洪芸, 何思佳, 等. 不同方法提取艾纳香叶挥发性成分的气相色谱 - 质谱分析 [J]. 食品工业科技, 2012, 33(12):97—101+105.

[26] 周欣, 杨小生, 赵超. 艾纳香挥发油化学成分的气相色谱 - 质谱分析 [J]. 分析测试学报, 2001, 20(5):76—78.

[27] 夏稷子, 陈贵, 安军, 等. 艾纳香挥发油和左旋龙脑在不同叶型及不同部位的分布 [J]. 中成药, 2014, 36(8):1719—1721.

[28] 王秋萍, 何珺, 马海霞, 等. HPLC-RID 同时测定艾纳香叶中左旋樟脑、左旋龙脑及异龙脑含量 [J]. 中华中医药杂志, 2017, 32(3):1267—1270.

[29] 王秋萍, 何珺, 陈伟, 等. 艾渣中有效成分的定性检测及含量测定 [J]. 云南农业大学学报 (自然科学), 2016, 31(4):751—756.

[30] 李云萍, 吴星星. 正交设计优化艾纳香总皂苷超声提取工艺研究 [J]. 山东化工, 2017,

46(15):28—30.

[31] 严敏 , 王玉凤 , 汤洪敏 . 黔产艾纳香生物碱的提取及含量测定 [J]. 湖北农业科学 , 2014, 53(10):2336—2339.

[32] 夏嬿 , 李祥 , 陈建伟 . 艾纳香叶废弃物镇痛、抗炎、止血活性的初步研究 [J]. 天然产物研究 与开发 , 2015, 27(6):1086—1091.

[33] 夏嬿 , 左坚 , 李祥 , 等 . 艾纳香叶废渣乙酸乙酯部位对佐剂类风湿关节炎大鼠药理作用研究 [J]. 中国中药杂志 , 2014, 39(19):3819—3823.

[34] Chen M, Qin JJ, Fu JJ, et al.Blumeaenes A-J, sesquiterpenoid esters from *Blumea balsamifera* with NO inhibitory activity.[J]. Planta Medica:Natural Products and Medicinal Plant Research, 2010, 76(9):897—902.

[35] 夏忠玉 , 何庆 , 李诚秀 . 天然冰片胶囊的药效学试验分析 [J]. 贵州医药 , 2006, 30(4):361—362.

[36] 江光池 , 杨胜华 , 冯旭军 . 龙脑和异龙脑的抗炎作用 [J]. 华西药学杂志 , 1990, 5(3):190—191.

[37] 蔡亚玲 , 廖加美 , 彭俊超 , 等 . 艾纳香油中抗炎成分的筛选及其对炎性因子的影响 [J]. 天然 产物研究与开发 , 2021, 33(3):402—409.

[38] Pang YX, Zhang Y, Huang LQ, et al. Effects and mechanisms of total flavonoids from *Blumea balsamifera*(L.)DC. On skin wound in rats[J]. International Journal of Molecular Sciences, 2017, 18(12):2766—2778.

[39] Fazilatun N, Nornisah M, Zhari I. Superoxide radical scavenging properties of extracts and flavonoids isolated from the leaves of *Blumea balsamifera*[J]. Pharmaceutical Biology, 2005, 43(1):15—20.

[40] Fazilatun N, Zhari I, Nornisah M, et al. Free radical-scavenging activity of organic extracts and of pure flavonoids of *Blumea balsamifera* DC leaves[J]. Food Chemistry, 2004(88):243—252.

[41] Shyur LF, Tsung JH, Chen JH, et al. Antioxidant properties of extracts from medicinal plants popularly used in Taiwan[J]. International Journal of Applied Science and Engineering, 2005, 3(3):195—202.

[42] Nguyen MTT, Awale S, Tezuka Y, et al. Xanthine oxidase inhibitory activity of Vietnamese medicinal plants[J]. Biological &Pharmaceutical Bulletin, 2004, 27(9):1414—1421.

[43] Nguyen MTT, Nguyen NT, Xanthine oxidase inhibitors from Vietnamese *Blumea*

balsamifera L.[J]. Phytotherapy Research, 2012, 1178—1181.

[44] 李小婷，庞玉新，王丹，等 . 艾纳香油对紫外线诱导小鼠皮肤晒伤的保护作用 [J]. 中成药，2017, 39(1):26—32.

[45] Yuan Y, Huang M, Pang YX, et al. Variations in essential oil yield, composition, and antioxidant activity of different plant organs from *Blumea balsamifera*(L.)DC. at different growth times[J]. Molecules 2016, 21:1024—1037.

[46] 赵金华，许实波 . 艾纳香二氢黄酮对脂质过氧化及活性氧自由基的作用 [J]. 中国药理学通报，1997, 13(5):438—441.

[47] 唐晖慧，金美东 . 琼产艾纳香叶精油的抗氧化和抗菌活性 [J]. 食品与发酵工业，2013, 39(6):47—52.

[48] Sakee U, Maneerat S, Tim Cushnie TP, et al.Antimicrobial activity of *Blumea balsamifera*(Lin.)DC. extracts and essential oil[J]. Natural Product Research, 2011, 25(19):1849—1856.

[49] 邹婧，杨全，庞玉新等 . 艾纳香口腔护理液的处方筛选及其抑菌效果研究 [J]. 广东药学院学报，2015,(5):571—575.

[50] 张颖，李翔，宋婷，等 . 艾纳香挥发油的化学成分及抗细菌活性研究 [J]. 北京农业，2015(17):224—226.

[51] 周志彬 . 几种冰片的区分 [J]. 中国药业，2006, 15(9):57.

[52] Zhang B, Tang MH, Zhang WH, et al. Chemical composition of *Blumea balsamifera* and *Magnolia sieboldii* essential oils and prevention of UV-B radiation-induced skin photoaging[J]. Natural Product Research, 2020, (28):1—4.

[53] 庞玉新，袁蕾，王中洋，等 . 艾纳香不同部位提取物的抗氧化活性及其对酪氨酸酶的抑制作用 [J]. 中国实验方剂学杂志，2014, 20(18):4—8.

[54] 陈振夏，谢小丽，庞玉新，等 . 艾纳香的生物活性及其在日化品中的应用 [J]. 香料香精化妆品，2016(5):54—58.

[55] Seawan N, Koysonoboon S, Chantrapromma K. Anti-tyrosinase and anti-cancer activities of flavonoids from *Blumea balsamifera* DC [J]. Journal of Medicinal Plants Research 2011, 5(6)1018—1025.

[56] 周立强，熊燕，陈俊磊，等 . 艾纳香地上部分化学成分及其抗氧化与酪氨酸酶抑制活性研究 [J]. 天然产物研究与开发，2021, 33(7):1112—1120.

安息香

6.1 基本信息

6.1.1 安息香

中 文 名	安息香	
属 名	安息香属 *Styrax*	
拉 丁 名	*Styrax benzoin* Dryand.	
俗 名	无	
分 类 系 统	恩格勒系统（1964）	APG Ⅳ系统（2016）
	被子植物门 Angiospermae 双子叶植物纲 Dicotyledoneae 柿目 Ebenales 野茉莉科 Styracaceae	被子植物门 Angiospermae 木兰纲 Magnoliopsida 杜鹃花目 Ericales 安息香科 Styracaceae
地 理 分 布	孟加拉国、马来西亚	
化妆品原料	安息香（STYRAX BENZOIN）胶	
	安息香（STYRAX BENZOIN）树脂提取物	
	安息香（STYRAX BENZOIN）提取物	

A
—
B

A. 安息香花
B. 安息香果

　　乔木，高 10—20 米。树皮棕绿色，嫩枝被棕色星状毛。叶互生，长卵形，长达 11 厘米，宽达 4.5 厘米，叶缘具不规则齿牙，上面稍有光泽，下面密被白色短星状毛；叶柄长约 1 厘米。总状或圆锥状花序腋生或顶生，被毡毛；苞片小，早落；花萼短钟形，具 5 浅齿；花冠 5 深裂，裂片披针形，长约为萼筒的 3 倍；花萼及花瓣外面被银白色丝状毛，内面棕红色；雄蕊 8—10，花药线形，2 室；子房上位，卵形，密被白色茸毛，下部 2—3 室，上部单室，花柱细长，棕红色。果实扁球形，长约 2 厘米，灰棕色。种子坚果状，红棕色，具 6 浅色纵纹。[①]

6.1.2　越南安息香

中 文 名	**越南安息香**	
属　　　名	安息香属 *Styrax*	
拉 丁 名	*Styrax tonkinensis*（Pierre）Craib ex Hartw.	
俗　　　名	白花树、大青山安息香、白背安息香、滇桂野茉莉、泰国安息香等	
分类系统	恩格勒系统（1964）	APG IV 系统（2016）
	被子植物门 Angiospermae 双子叶植物纲 Dicotyledoneae 柿目 Ebenales 野茉莉科 Styracaceae	被子植物门 Angiospermae 木兰纲 Magnoliopsida 杜鹃花目 Ericales 安息香科 Styracaceae
地理分布	云南、贵州、广西、广东、福建、湖南和江西；越南	
化妆品原料	越南安息香（STYRAX TONKINENSIS）树脂	
	越南安息香（STYRAX TONKINENSIS）树脂提取物	

A　│　B

A. 越南安息香花

B. 越南安息香果

①见马来西亚植物资料库（hkcww.org）8210——安息香。

乔木，高6—30米，树冠圆锥形，胸径8—60厘米，树皮暗灰色或灰褐色，有不规则纵裂纹；枝稍扁，被褐色绒毛，成长后变为无毛，近圆柱形，暗褐色。叶互生，纸质至薄革质，椭圆形、椭圆状卵形至卵形，长5—18厘米，宽4—10厘米，顶端短渐尖，基部圆形或楔形，边近全缘，嫩叶有时具2—3个齿裂，上面无毛或嫩叶脉上被星状毛，下面密被灰色至粉绿色星状绒毛，侧脉每边5—6条，第三级小脉近平行；叶柄长8—15毫米，上面有宽槽，密被褐色星状柔毛。圆锥花序，或渐缩小成总状花序，花序长3—10厘米或更长；花序梗和花梗密被黄褐色星状短柔毛；花白色，长12—25毫米，花梗长5—10毫米；小苞片生于花梗中部或花萼上，钻形或线形，长3—5毫米；花萼杯状，高3—5毫米，顶端截形或有5齿，萼齿三角形，外面密被黄褐色或灰白色星状绒毛，内面被白色短柔毛；花冠裂片膜质，卵状披针形或长圆状椭圆形，长10—16毫米，宽3—4毫米，两面均密被白色星状短柔毛，花蕾时作覆瓦状排列，花冠管长3—4毫米；花丝扁平，上部分离，疏被白色星状柔毛，下部联合成筒，无毛；花药狭长圆形，长4—10毫米；花柱长约1.5厘米，无毛。果实近球形，直径10—12毫米，顶端急尖或钝，外面密被灰色星状绒毛；种子卵形，栗褐色，密被小瘤状突起和星状毛。花期4—6月，果熟期8—10月。[①]

越南安息香的干燥树脂药用称"安息香"。味辛、苦，性平。归心、脾经。开窍醒神，行气活血，止痛。用于中风痰厥，气郁暴厥，中恶昏迷，心腹疼痛，产后血晕，小儿惊风。[②]

6.2 活性物质

6.2.1 主要成分

本篇收录了安息香科植物安息香（*Styrax benzoin*）和越南安息香（*S.tonkinensis*），目前研究较多的是越南安息香。根据查阅到的文献，目前从安息香中分离得到的化学成分有香脂酸类化合物、木脂素类化合物、萜类化合物、甾体类化合物和

①见《中国植物志》第60(2)卷第084页。

②见《中华人民共和国药典》(2020年版)一部第154页。

挥发油类化合物等，其中主要成分为挥发性的香脂酸类成分，具体化学成分见表 6-1。

表 6-1　安息香化学成分

成分类别	主要化合物	参考文献
香脂酸类	苯甲酸松柏酯、乙苯酚、苯甲酸、香草醛、苯甲酸甲酯、香草酸、苯甲酸丁酯、苯甲酸苄酯、肉桂醛、threo-5-hydroxy-3,7-dimethoxyphenyl propane-8,9-diol、肉桂醇、肉桂酸、肉桂酸甲酯、肉桂酸乙酯、肉桂酸丙酯、肉桂酸异丁酯、苯甲酸肉桂酯、肉桂酸戊酯、肉桂酸松柏酯、肉桂酸肉桂酯、β-红没药烯、橙花叔醇、对香豆酸苯甲酯、肉豆蔻醚、bis(2-ethylhexyl)phthalate、1-O-methyl-guaiacylglycerol、苯甲醛、异龙脑、苯甲酸烯丙酯、丁香酚、肉桂酸苄酯、苯甲酸正戊酯、去氢双香草醛、松柏醛、苯乙烯、6-甲基-5-庚烯-2-酮、桉树脑、苯乙醛、乙酰苯、樟脑、苯丙烯酮、苯丙醛、1-苯基-1,2-丙二酮、乙苯酚、苯甲酸2-丙烯基酯、3-苯基-2-丙烯醛、柏木脑等	[1—4]
木脂素类	egonol、machicendonal、egonol acetate、homoegonol glucoside、egonol butyrate、丁香酯素、demethoxy-egonol、外延松脂醇、demethyl-egonol、salicifoliol、egonol-glucoside、落叶松脂醇-4-O-β-D-葡萄糖苷、egonol-gentiobioside、isotachioside、egonol-gentiotioside、obassioside B、demethoxylegonol acetate、(-)-开环异落叶松脂素-4-O-β-D-吡喃葡萄糖苷、落叶松酯醇-4'-O-β-D-葡萄糖苷、pinoresinol、styraxlignolide B、(+)-落叶松醇-9-β-D-吡喃葡萄糖苷、matairesinol、(±)-salicifoliol、burselignan、(-)-epipinoresinol、(+)-neo-olivil、胡椒醇、isolariciresinol、(±)-松脂醇单甲醚、styraxin等	[1]
萜类	3β-acetoxyolean-12-en-28-aldehyde、styraxjaponoside A、3β,6β,21β-trihydroxyolean-12-ene、styraxjaponosides B、蒲公英赛醇、铁仔属烯、dammarandiol-Ⅱ、齐墩果酸、泰国树脂酸、积雪草酸、苏门答腊树脂酸、eichlerianic acid、6β-羟基-3-氧代-11α,12α-环氧齐墩果-28,13β-内酯、3β,6β-二羟基-11α,12α-环氧齐墩果-28,13β-内酯、3β,6β-二羟基-11-氧代-齐墩果-12-烯-28-酸、3β-羟基-12-氧代-13Hα-齐墩果-28,19β-内酯、19α-羟基-3-氧代-齐墩果-12-烯-28-酸、6β-羟基-3-氧代-齐墩果-12-烯-28-酸等	[1, 3—4]
挥发油类	苄醇、乙基香兰素、桂酸桂酯、2-苯基-2,3,4,5-四氢-2,5-环氧(1)苯并噁嗪、香兰素、长叶烯、4,4-二羟基二苯基甲烷、2,6-二甲基-4-硝基苯酚、4-羟基-3-甲氧基苯乙醇、2,5-二甲基苯甲酸甲酯、2,2-二甲基-1-(2-乙烯基苯基)丙-1-酮、对羟基苯甲醛、1-石竹烯、甲酸苄酯、苯丁酮、(+)-环长叶烯、苯乙酮、(+)-α-长叶蒎烯、δ-杜松烯、高香草酸、合成右旋龙脑等	[5—7]
其他类	高根二醇-3-乙酸酯、豆甾醇、(24R)-24-乙基胆甾醇-4,22-二烯-3-酮、5-(3'-羟基丙基)-7-甲氧基-2-(3',4'-亚甲基二氧苯基)苯并呋喃、5-(3'-羟基丙基)-7-甲氧基-2-(3',4'-二甲氧基苯基)苯并呋喃等	[8]

表 6-2 安息香成分单体结构

序号	主要单体	结构式	CAS 号
1	苯甲醛	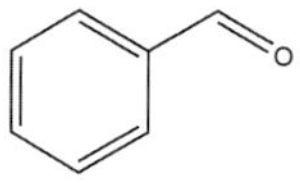	100-52-7
2	苯甲酸	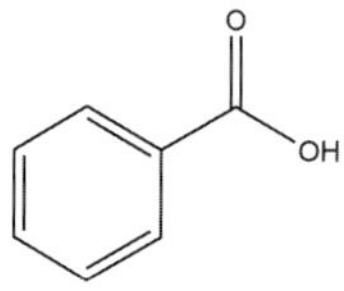	65-85-0
3	肉桂醛	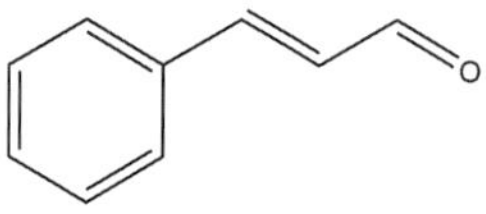	104-55-2
4	肉桂酸	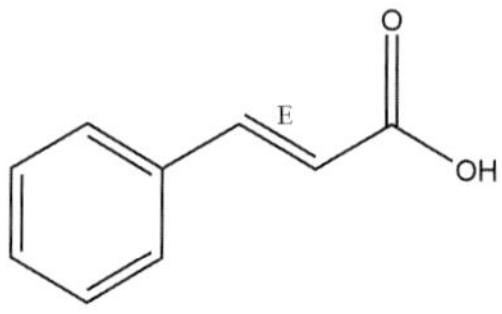	140-10-3
5	香草醛	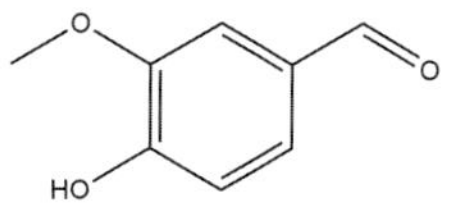	121-33-5
6	香草酸	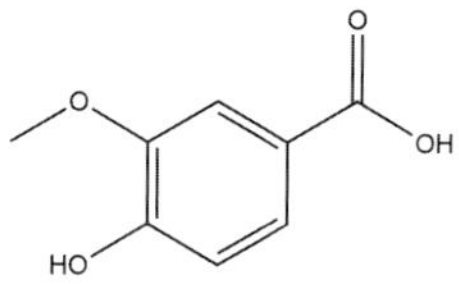	121-34-6
7	齐墩果酸	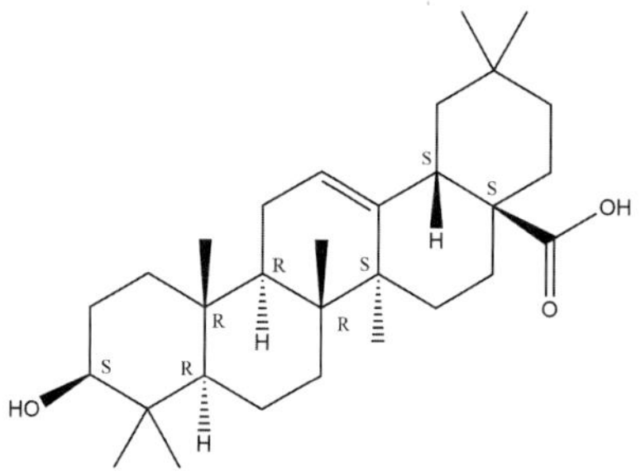	508-02-1
8	积雪草酸	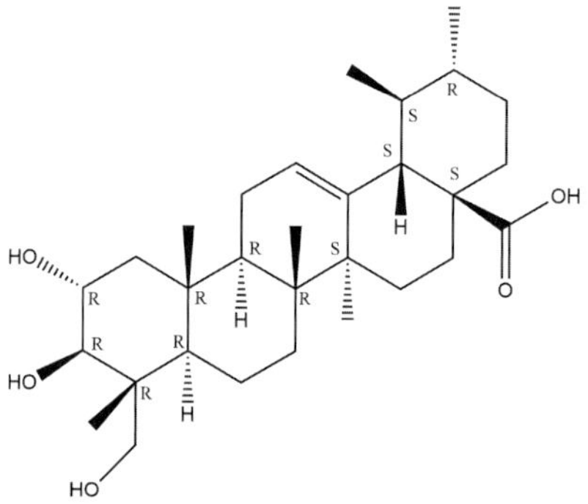	464-92-6

6.2.2　含量组成

目前文献中记载的安息香成分含量信息主要是越南安息香（*Styrax tonkinensis*）干燥树脂中的挥发油类，安息香（*S.benzoin*）相关含量信息较少，具体请见表6-3。

表6-3　安息香主要成分含量信息

成分	来源	含量（%）	参考文献
总香脂酸	干燥树脂	32.75	[9]
挥发油类	干燥树脂	0.20	[6—7]
油脂	种子	54.68	[10]
总酚	种子	65.90—80.90 mg/100g	[10]

6.3　功效与机制

安息香属植物主要含有香脂酸类、木脂素类以及三萜类成分等，具有抗炎、抗氧化、脑保护等功能[1]。

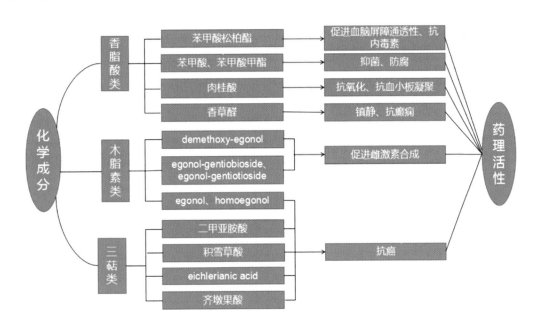

图6-1　安息香属植物主要药理活性[1]

6.3.1　抗炎

安息香具有良好的抗炎活性。安息香能显著降低脑缺血再灌注损伤大鼠血清中肿瘤坏死因子 –α（TNF–α）水平[11]。在内皮细胞损伤模型中，安息香提取物能显著抑制炎性介质乳酸脱氢酶（LDH）、TNF–α 和白细胞介素 –8（IL–8）水平，发挥抗炎作用，从而修复内皮细胞损伤[12]。安息香醇提物能抑制由醋酸引起小鼠腹腔毛细血管通透性的增加，同时也可以抑制内毒素引起的大鼠体温的升高，因此证明了安息香醇提物既有抗炎作用，也有解热的作用[13]。

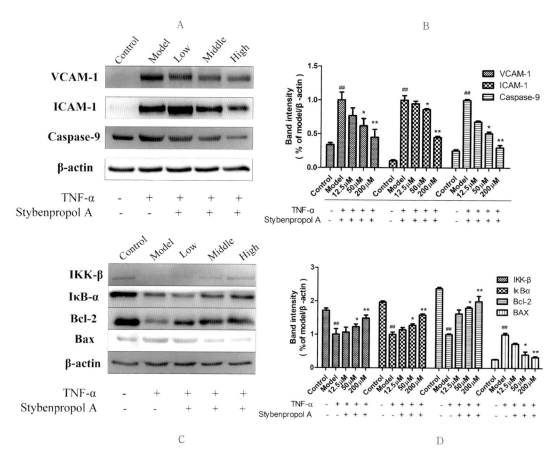

图 6-2　Stybenpropol A 可调节细胞凋亡相关蛋白的表达，下调 NF–κB 的核转录。在用 Stybenpropol A（12.5，50，200 µm）预处理 24 小时后，用 TNF–α 处理 HUVECs，然后用蛋白质免疫印迹法测量蛋白质水平（A、B），蛋白质水平量化（C、D）。数据为三个独立实验的平均值 ± 标准差。与对照组相比，##P < 0.01；与模型组相比，*P < 0.05，**P < 0.01[14]

Stybenpropol A 是一种从安息香中分离出的新的苯基丙烷衍生物。它可减少可溶性细胞间黏附分子 -1（sICAM-1）、可溶性血管细胞黏附分子 -1（sVCAM-1）、IL-8 和白细胞介素 -1β（IL-1β）的表达，抑制细胞凋亡。在动脉粥样硬化炎症模型中，功能失调的人脐静脉内皮细胞（HUVECs）中内皮素 -1（ET-1）和一氧化氮（NO）之间的血管张力不平衡，导致血管壁中黏附分子和促炎症因子的表达增加。TNF-α 处理的 HUVECs 中，NO 水平降低，而 stybenpropol A 可促进 NO 的释放。此外，stybenpropol A 可降低 Bax 和 caspase-9 的蛋白水平，并提高 Bcl-2、IKK-β 和 IκB-α 的蛋白水平，表明它在 TNF-α 处理的 HUVECs 中，通过调节 NF-κB 和 caspase-9 信号通路，发挥细胞保护作用[14]。

6.3.2　抗氧化

安息香具有一定的抗氧化活性。利用安息香水提物制备的银纳米颗粒（AgNPs）和安息香精油均具有 DPPH 自由基清除作用，从而发挥抗氧化活性[15-16]。

表 6-4　安息香精油的 DPPH 自由基清除活性[16]

IC_{50} 值	活性
< 50 μg/mL	高活性
50-100 μg/mL	活性
101-250 μg/mL	中活性
250-500 μg/mL	弱活性
> 500 μg/mL	无活性

6.3.3　抗菌

安息香具有一定的抗菌活性。安息香具有大肠杆菌抑制活性[17]。用安息香熏蒸可降低环境空气微生物，可用于环境消毒[18]。安息香精油对黄曲霉具有抑菌活性[19]。利用安息香水提物制备的 AgNPs 对多种病原菌（革兰氏阴性菌、革兰氏阳性菌和真菌）均有较好的抑菌活性，可抑制铜绿假单胞菌、金黄色葡萄球菌、大肠杆菌和热带念珠菌落生长[15]。

表 6-5　AgNPs 的抗菌活性[15]

病原微生物	抑制圈（mm）	
	AgNPs（500 ppm）	AgNPs（1000 ppm）
铜绿假单胞菌	11.0±0.7	12.6±0.6
金黄色葡萄球菌	9.9±0.5	11.7±0.6
大肠杆菌	9.5±0.5	13.7±0.3
热带念珠菌	9.3±0.6	10.6±0.4

注：实验以三个一组进行，实验结果用抑制区平均直径的标准差表示。

6.4　成分功效机制总结

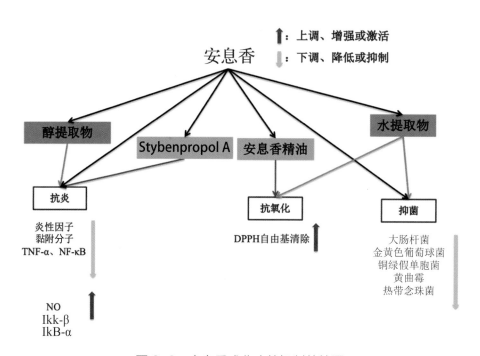

图 6-3　安息香成分功效机制总结图

安息香具有良好的抗炎、抗菌作用和一定的抗氧化功能，其中已明确功能的活性成分主要是安息香精油和苯基丙烷衍生物 stybenpropol A。安息香的抗炎活性机制主要涉及抑制促炎因子的释放，抗氧化活性主要为对 DPPH 自由基的清除。安息香的生物活性成分及机制仍有待深入研究。

参考文献

[1] 谢巧，车静，廖莉，等.安息香属植物化学成分及药理作用研究进展 [J].中药材，2020, 43(1): 243—248.

[2] 李碧君，刘瑶，王峰.安息香的化学成分研究 [J].中国药房，2016, 27(15): 2095—2097.

[3] 张璐，王建，王丽梅，等.安息香的研究进展 [J].中药与临床，2014, 5(3): 61—64.

[4] 王一波.安息香化学成分分离与鉴定 [D].广东药学院，2015.

[5] 潘连华，李琪，王弘，等.安息香浸膏挥发性成分分析及其在卷烟中的应用 [J].安徽农业科学，2020, 48(24): 195—197.

[6] 彭颖，夏厚林，周颖，等.苏合香与安息香中挥发油成分的对比分析 [J].中国药房，2013, 24(3): 241—243.

[7] 彭颖，夏厚林，周颖，等.安息香不同提取方法的 GC-MS 研究 [J].中国实验方剂学杂志，2012, 18(19): 73—76.

[8] Puttinan M, Panporn W, Patcharapong T, et al. Phytochemical constituents of the stems of *Styrax benzoides* Craib and their chemosystematic significance[J]. Chiang Mai Journal of Science, 2018, 45(3): 1407—1414.

[9] 黄小燕，范成杰，宁梓君，等.正交试验优选安息香总香脂酸的提取工艺 [J].辽宁中医杂志，2015, 42(4): 806—808.

[10] 顾雁蕾.越南安息香种子成分分析及超声波提油研究 [D].浙江大学，2011.

[11] 倪彩霞，曾南，汤奇，等.芳香开窍药对脑缺血再灌注损伤大鼠的保护作用及其机制初探 [J].中药药理与临床，2010, 26(5): 64—66.

[12] 谢予朋，李阳，孙晓迪.安息香提取物对损伤内皮细胞中乳酸脱氢酶、肿瘤坏死因子及白细胞介素 -8 活性的影响 [J].中医药导报，2014, 20(1): 6—7+10.

[13] 雷玲, 王强, 白筱璐, 等. 安息香的抗炎解热作用研究 [J]. 中药药理与临床, 2012, 28(2): 109—110.

[14] Zhang L, Wang FF, Zhang Q, et al. Anti-Inflammatory and anti-apoptotic effects of stybenpropol A on human umbilical vein endothelial cells[J]. International Journal of Molecular Sciences, 2019, 20(21): 5383.

[15] Du J, Singh H, Yi TH. Antibacterial, anti-biofilm and anticancer potentials of green synthesized silver nanoparticles using benzoin gum(*Styrax benzoin*)extract[J]. Bioprocess and Biosystems Engineering, 2016, 39(12): 1923—1931.

[16] Hidayat N, Yati K, Krisanti EA, et al. Extraction and antioxidant activity test of black sumatran incense[C]. AIP Conference Proceedings, 2019, 2193(1): 030017.

[17] Wang J, Cheng DH, Zeng N, et al. Microcalorimetric study of the effect of *Benzoinum* and *Styrax* on the growth of *Escherichia coli*[J]. Natural Product Research, 2011, 25(4): 457—463.

[18] Bhatwalkar SB, Shukla P, Srivastava RK, et al. Validation of environmental disinfection efficiency of traditional Ayurvedic fumigation practices[J]. Journal of Ayurveda and Integrative Medicine, 2019, 10(3): 2—4.

[19] 徐丹, 郭芮, 贺竹梅, 等. 九种植物精油对黄曲霉抑制作用的比较 [J]. 保鲜与加工, 2020, 20(2): 79—84.

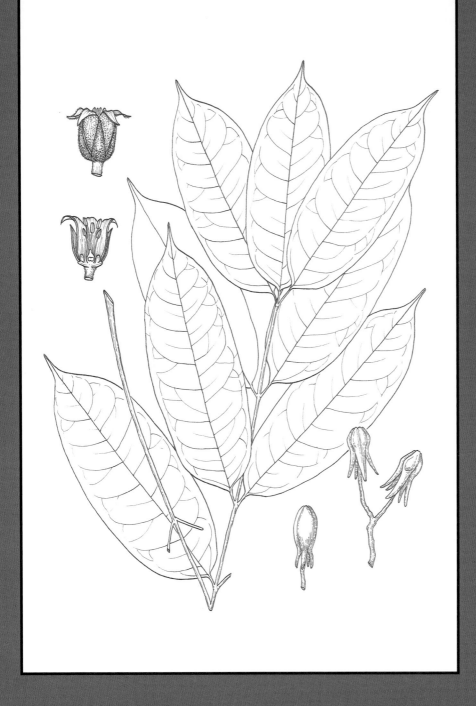

奥古曼树

7.1　基本信息

中 文 名	奥古曼树	
属　　　名	桃心榄属 *Aucoumea*	
拉 丁 名	*Aucoumea klaineana* Pierre	
俗　　　名	奥克曼、红胡桃、红檀木、非洲樱桃木	
分类系统	恩格勒系统（1964）	APG Ⅳ系统（2016）
	被子植物门 Angiospermae 双子叶植物纲 Dicotyledoneae 芸香目 Rutales 橄榄科 Burseraceae	被子植物门 Angiospermae 木兰纲 Magnoliopsida 无患子目 Sapindales 橄榄科 Burseraceae
地 理 分 布	中非和西非，主要产于加蓬、喀麦隆等国家	
化妆品原料	奥古曼树（AUCOUMEA KLAINEANA）树脂提取物	

　　常绿乔木，树高 35—40 米。雌雄异株。大板根高达 3 米。树皮易块状剥落，残留浅凹坑。奇数羽状复叶互生，叶轴长达 40 厘米；叶片革质，小叶 7—13 枚，叶柄长达 4 厘米，无托叶，卵形至长圆形，基部圆形，顶端渐尖，长 10—30 厘米，宽 4—7 厘米，全缘。腋生或顶生圆锥状花序长可达 30 厘米；雄性花序中的花朵比雌性多 5 倍；单性花 5 瓣，萼片披针形，被绒毛，长可达 5 毫米。花瓣呈匙形，白色，两面均被毛；雄花包含 10 个雄蕊和 1 个未发育的雄蕊。雌花含有 10 个退化雄蕊和 1 个上位子房。蒴果 5 裂。[1]

---

①见 Globle plants: *Aucoumea klaineana* in Global Plants on JSTOR。

7.2 活性物质

7.2.1 主要成分

根据现有文献，对奥古曼树化学成分的研究集中在挥发油类，此外还有一些对酚类和三萜类物质的研究，对其他成分的研究比较少，主要化学成分见表 7-1。

表 7-1 奥古曼树化学成分

主要成分类别	主要化合物	参考文献
挥发油类	α- 侧柏烯、α- 蒎烯、莳烯、1,2,3,4- 四甲基苯、桧烯、β- 蒎烯、双环 [3.3.1] 壬烷 -2- 酮、δ-3- 蒈烯、α- 松油烯、β- 水芹烯、1,8- 桉油醇、(E)-β- 罗勒烯、γ- 松油烯、异松油烯、对伞花烃、薄荷 -2,8- 二烯 -1- 醇、环氧松油烯、(+)- 萜品 -4- 醇、间伞花 -8- 醇、对伞花 -8- 醇、α- 松油醇、马鞭草烯酮、对乙酰苯甲醚、D- 柠檬烯、左旋樟脑、邻伞花烃、(+)-4- 蒈烯等	[1—2]
总酚	没食子酸、三羟基黄烷、非瑟酮定、棓儿茶酸、表儿茶素 -3- 没食子酸酯、异槲皮素没食子酸酯、二羟基黄烷等	[3]

表 7-2 奥古曼树成分单体结构

序号	主要单体	结构式	CAS 号
1	δ-3- 蒈烯	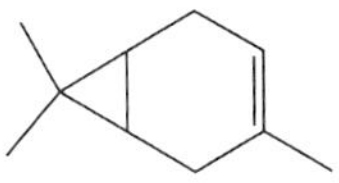	13466-78-9
2	对伞花烃	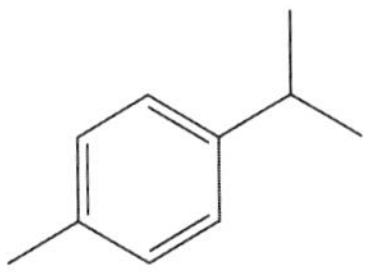	99-87-6
3	D- 柠檬烯	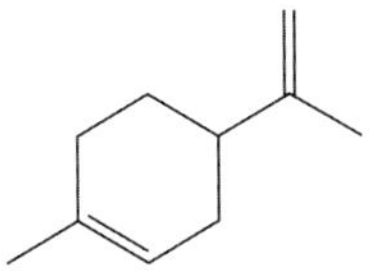	7705-14-8

（接上表）

| 4 | α- 松油醇 | 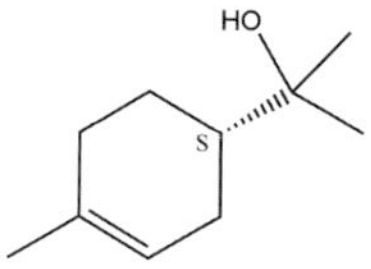 | 10482-56-1 |

7.2.2 含量组成

国内外对奥古曼树成分含量的研究很少。从文献中我们可以获得一些奥古曼树中化学成分的含量信息，具体见表 7-3。

表 7-3 奥古曼树中部分成分含量信息

成分类别	来源	含量（%）	参考文献
挥发油类	树脂	3.62—7.85	[1—2]
总酚	树皮	6	[3]
	边材	2	[3]
	心材	0.64—0.7	[3]
原花青素	树皮	4.2	[3]
	边材	0.5	[3]
	心材	0.2	[3]

7.3 功效与机制

奥古曼树为高大乔木，化妆品中主要采用奥古曼树树脂提取物。奥古曼树树脂含挥发油，非挥发性物质为酚类物质[4]。

7.3.1　抗炎

奥古曼树树脂提取物对磷脂酶的活性有抑制作用，0.5 % 浓度时的抑制率为25 %。磷脂酶参与细胞跨膜信息传递，是机体炎症、过敏介质产生的关键酶，对其产生抑制，可预防相关皮肤疾患的产生，有抗炎和抗敏作用[4]。

7.3.2　抗氧化

奥古曼树树脂中分离出的精油显示出抗氧化功效，具有 DPPH 自由基清除活性，并显示出对脂质过氧化的抑制作用[1]。

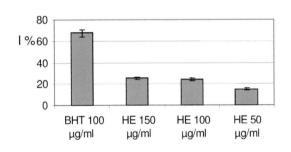

图 7-1　奥古曼树精油的 DPPH 自由基清除活性（HE：精油）[1]

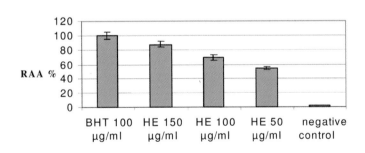

图 7-2　奥古曼树精油的抗氧化活性（ β - 胡萝卜素漂白试验）（HE：精油）[1]

7.3.3　抑菌

奥古曼树树脂精油对金黄色葡萄球菌和大肠杆菌有抑制活性[2]。

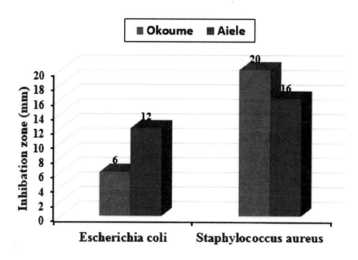

图 7-3　奥古曼树（Okoume）精油对两种病原菌的抗菌作用[2]。

7.3.4　抗衰老

奥古曼树树脂提取物浓度为 0.5 % 时，对弹性蛋白酶活性的抑制率为 72 %，可用作化妆品抗衰抗皱剂[4]。

7.4　成分功效机制总结

奥古曼树具有抗炎、抗氧化、抑菌及抗衰老功效。奥古曼树功效机制研究相关活性部位包括奥古曼树树脂及树脂中分离出的精油。奥古曼树树脂提取物通过抑制磷脂酶发挥抗炎活性，通过抑制弹性蛋白酶发挥抗衰老功效。奥古曼树树脂中分离得到的精油可实现对 DPPH 自由基的清除，可抑制脂质过氧化，具有一定的抑菌活性。

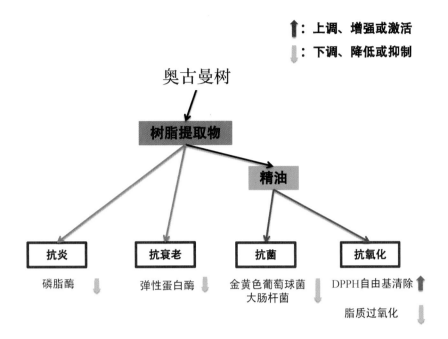

图 7-4　奥古曼树成分功效机制总结图

参考文献

[1] Koudou J, Obame LC, Kumulungui BS, et al. Volatile constituents and antioxidant activity of *Aucoumea klaineana* Pierre essential oil[J]. African Journal of Pharmacy and Pharmacology, 2009, 3(6): 323—326.

[2] Aghoutane Y, Moufid M, Motia S, et al. Characterization and analysis of okoume and aiele essential oils from gabon by GC-MS, electronic nose, and their antibacterial activity assessment. [J] Sensors, 2020, 20: 6750—6767.

[3] EngozoghoAnris SP, BiAthomo AB, Tchiama RS, et al. The condensed tannins of Okoume(*Aucoumea klaineana* Pierre): A molecular structure and thermal stability study[J]. Scientific Reports, 2020, 10: 1773—1787.

[4] 王建新 . 新编化妆品植物原料手册 [M]. 北京 , 化学工业出版社 , 2020, 6.

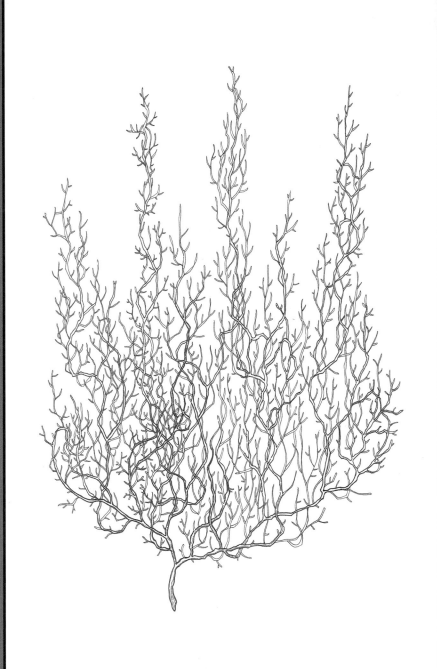

奥氏海藻

8.1　基本信息

中 文 名	冈村枝管藻	
属　　名	枝管藻属 *Cladosiphon*	
拉 丁 名	*Cladosiphon okamuranus* Tokida	
俗　　名	奥氏海藻	
分 类 系 统	恩格勒系统（1964）	
	色素界 Chromista 褐藻门 Phaeophyta 褐藻纲 Pheaophyceae 索藻目 Chordariales 索藻科 Chordariaceae	
地 理 分 布	中国台湾省、海南省，日本等地	
化妆品原料	奥氏海藻（CLADOSIPHON OKAMURANUS）提取物	
	海星枝管藻（CLADOSIPHON NOVAE-CALEDONIAE）提取物[①]	

　　丝状褐藻。孢子体呈丝状，黄褐色或深褐色，长度能达到 25—30 厘米，直径为 1.5—3.5 毫米，主要以盘丝体形式存在。丝状体是由多条长串状的藻丝组成，藻丝包埋在有褐藻胶和岩藻多糖为主的胶质内。成熟的藻体长出同化丝，同化丝上产生多室和单室的孢子囊。[②]

---

① 《目录》（2021 年版）中共有两种枝管藻属物种，此两种研究报道均较少，故将此两种编写于一章内。

② 见 Lin S, Chang S, Kuo C. Two marine brown algae (Phaeophyceae) new to Pratas Island[J]. TAIWANIA-TAIPEI, 2005, 50(2): 101。

8.2　活性物质

8.2.1　主要成分

现有的对奥氏海藻化学成分的研究集中在多糖，此外还有一些对脂类和色素类物质的研究，对其他成分的研究比较少，其主要化学成分见表8-1。

表8-1　奥氏海藻化学成分

主要成分类别	主要化合物	参考文献
多糖类	岩藻聚糖	[1—2]
脂类	单半乳糖基二酰甘油、双半乳糖基二酰甘油、单半乳糖基单酰甘油、双半乳糖基单酰甘油、磷脂酰胆碱、磷脂酰甘油等	[3]
色素类	叶绿素 a、叶绿素 c、岩藻黄素等	[4]

表8-2　奥氏海藻成分单体结构

序号	主要单体	结构式	CAS 号
1	奥氏海藻多糖	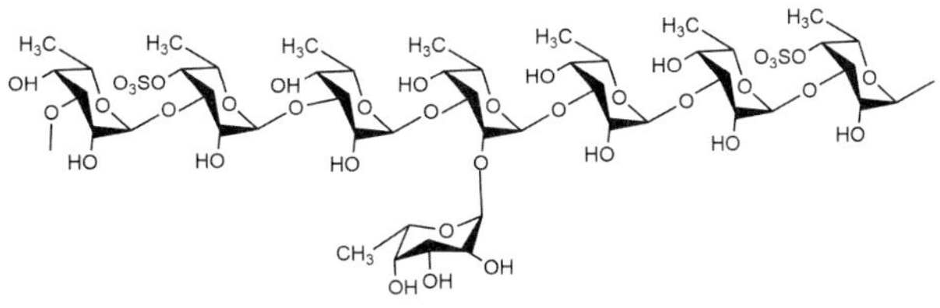	—

8.2.2　含量组成

国内外与奥氏海藻和海星枝管藻成分含量相关的研究很少。从现有文献中，我们可以获得一些奥氏海藻中化学成分的含量信息，具体见表8-3。

表 8-3　奥氏海藻主要成分含量信息

成分	原料状态	含量（%）	参考文献
总多酚	干重	0.0082	[5]
岩藻黄素	干重	0.01538	[5]
岩藻聚糖	干重	2.3	[6]
	湿重	2.0	[6]
海藻酸	干重	0.1	[6]
脂类	干重	1.3	[3]

8.3　功效与机制

奥氏海藻作为一种可食用性海藻，它的活性成分有岩藻多糖、酚类等物质，主要有抗炎、抗氧化、抑菌、抗衰老、保湿等功效[7]。

8.3.1　抗炎

奥氏海藻岩藻聚糖具有抗脱颗粒活性，利于缓解特应性皮炎（AD）的过敏反应，同时通过下调白细胞介素 -22（IL-22）的表达可使表皮增生减少、嗜酸性粒细胞浸润减少，AD 相关细胞因子表达降低，显著改善 AD[8]。岩藻聚糖可抑制大鼠炎症模型中的白细胞募集[9]。在急性腹膜炎大鼠模型中，岩藻聚糖以 4 mg/kg 剂量腹腔注射，对中性粒细胞向腹膜腔外渗有一定的抑制作用（抑制率 88.6 %）[9]。岩藻聚糖通过下调 NF-κB 的核转位对脂多糖（LPS）诱导的鼠结肠上皮细胞（CMT-93）分泌白细胞介素 -6（IL-6）有剂量依赖性的抑制作用；用岩藻聚糖喂养慢性结肠炎小鼠后，细胞因子谱显示，小鼠的 γ 干扰素（IFN-γ）和 IL-6 降低，白细胞介素 -10（IL-10）和转化生长因子 -β（TGF-β）升高[10]。奥氏海藻的乙酸乙酯提取物通过柱层析纯化得到的二十碳五烯酸（eicosapentaenoic acid，EPA）表现出抗炎活性，对人中性粒细胞中甲酰蛋氨酸 - 亮氨酸 - 苯丙氨酸（fMLP）和细胞松弛素 B（CB）（fMLP/CB）刺激的超氧化物生成以及弹性蛋白酶释放具有抑制作用[17]。

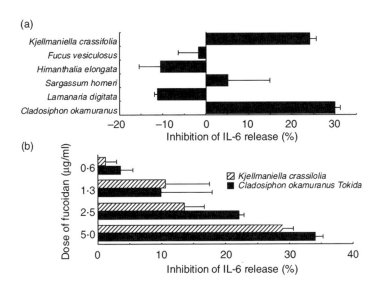

图 8-1　不同岩藻聚糖对 LPS 刺激的 CMT-93 细胞中 IL-6 合成的影响（a. 不同来源的岩藻聚糖对 LPS 刺激的 CMT-93 细胞中 IL-6 合成的抑制作用，b. 奥氏海藻岩藻聚糖对 LPS 刺激的 CMT-93 细胞中 IL-6 合成的抑制作用具有剂量依赖性）[10]

8.3.2　抗氧化

　　岩藻聚糖治疗可显著降低异丙肾上腺素产生的氧化应激，改善异丙肾上腺素造成的大鼠心肌损伤和脂质过氧化，从而改善抗氧化防御系统[11]。岩藻聚糖可通过 Nrf2 信号通路调节血红素加氧酶 -1（HO-1）和超氧化物歧化酶 1（SOD1）的表达，从而减轻氧化应激反应[13]。高分子量岩藻聚糖可通过清除脂质过氧化作用，治疗 N- 亚硝基二乙胺诱导的肝纤维化[14]。奥氏海藻提取物对超氧阴离子自由基和 DPPH 自由基有清除作用，可用于皮肤的调理[15]。奥氏海藻醋酸水提物在 DPPH 自由基清除活性实验中显示出一定的抗氧化活性，与提取物中的总酚含量有一定的相关性[12]。

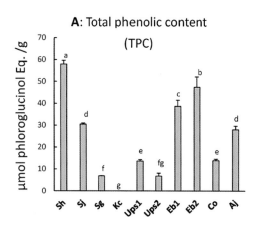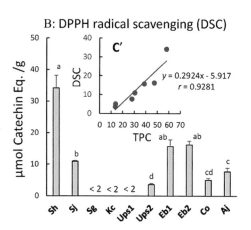

图 8-2　醋酸水提物的总酚含量（A）与 DPPH 自由基清除能力（B）[数据为三次测量的平均值 ± 标准差，并进行方差分析和 Tukey 事后检验。不同上标字母 a-b 表示治疗方法之间存在显著差异（$P<0.05$）。C′ 表示总酚含量与 DPPH 自由基清除能力（DSC）之间的相关系数，co：奥氏海藻][12]

8.3.3　抑菌

奥氏海藻岩藻聚糖能有效抑制幽门螺杆菌对胃上皮细胞系中 MKN28 和 KATO Ⅲ 细胞的附着，岩藻聚糖与细菌预培养可加强阻断细菌结合的能力，说明岩藻聚糖与幽门螺杆菌结合，从而阻止细菌附着到胃上皮细胞上[16]。

表 8-4　不同来源岩藻聚糖对幽门螺杆菌与胃癌细胞黏附的抑制作用[16]

岩藻聚糖来源	IC$_{50}$（mg/mL）[a]			
	未预培养 [b]		预培养 [c]	
	KATO Ⅲ	MKN28	KATO Ⅲ	MKN28
奥氏海藻	16	30	1.8	1.1
墨角藻	>50	30	14	4.6

[a] 与对照相比，黏附作用抑制至 50% 时的浓度；[b] 岩藻聚糖与幽门螺杆菌同时加入胃癌细胞；[c] 岩藻聚糖与幽门螺杆菌在 37℃ 条件下预培养 2 小时后再加入胃癌细胞。

8.3.4　抗衰老

海星枝管藻提取物 200 μg/mL 对弹性蛋白酶的抑制率为 17.1%，有抗衰老的功效[15]。

8.3.5　保湿

奥氏海藻提取物对透明质酸酶有抑制作用，IC_{50} 为 25.6 μg/mL，可有效抑制透明质酸的分解，因而有皮肤保湿和干性皮肤调理的作用[15]。

8.4　成分功效机制总结

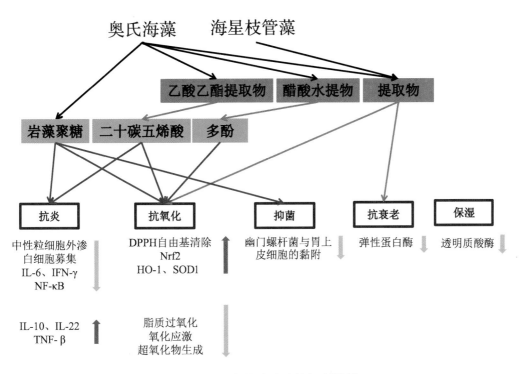

图 8-3　奥氏海藻成分功效机制总结图

奥氏海藻具有抗炎、抗氧化、抑菌和保湿功效，其活性部位包括乙酸乙酯提取物、醋酸水提物以及水提物，活性成分包括岩藻聚糖、二十碳五烯酸、多酚。关于其抗炎活性的研究包括对小鼠或大鼠炎症模型的评价和机制研究，已知机制包括抑制 NF-κB 信号通路。它的抗氧化活性包括自由基清除、抑制超氧化物生成以及利用 Nrf2 信号通路调节抗氧化酶的表达来减轻氧化应激。奥氏海藻岩藻聚糖通过抑制幽门螺杆菌与胃上皮细胞的黏附，达到抑菌作用。奥氏海藻提取物对透明质酸酶有抑制作用，达到保湿功效。

海星枝管藻提取物对弹性蛋白酶有抑制作用，有抗衰老的功效。

参考文献

[1] Lim SJ, Aida WMW, Schiehser S, et al. Structural elucidation of fucoidan from *Cladosiphon okamuranus*(Okinawa mozuku)[J]. Food Chemistry, 2019, 272: 222—226.

[2] Vo T, Kim S. Fucoidans as a natural bioactive ingredient for functional foods[J]. Journal of Functional Foods, 2013, 5(1): 16—27.

[3] Terasaki M, Itabashi Y. Glycerolipid acyl hydrolase activity in the brown alga *Cladosiphon okamuranus* Tokida[J]. Bioscience, Biotechnology, and Biochemistry, 2003, 67(9): 1986—1989.

[4] Ritsuko F, Mamiko K, Matsumi D, et al. The pigment stoichiometry in a chlorophyll *a/c* type photosynthetic antenna[J]. Photosynthesis Research, 2011, 111(1—2): 165—172.

[5] Maeda H, Fukuda S, Izumi H, et al. Anti-oxidant and fucoxanthin contents of brown alga ishimozuku(*Sphaerotrichia divaricata*)from the west coast of aomori, Japan[J]. Marine Drugs, 2018, 16: 0255—0265.

[6] Tako M, Yoza E, Tohma S, Chemical characterization of acetyl fucoidan and alginate from commercially cultured *Cladosiphon okamuranus*[J]. Botanica Marina, 2000, 43(4): 393—398.

[7] Raposo M FDJ, Morais AMBD, Morais RMSCD. Marine polysaccharides from algae with potential biomedical applications[J]. Marine Drugs, 2015, 13: 2967—3028.

[8] Chen BR, Hsu KT, Hsu WH, et al. Immunomodulation and mechanisms of fucoidan from *Cladosiphon okamuranus* ameliorates atopic dermatitis symptoms [J]. International Journal of Biological Macromolecules, 2021, 189: 537—543.

[9] Cumashi A, Ushakova NA, Preobrazhenskaya ME, et al. A comparative study of the anti-inflammatory, anticoagulant, antiangiogenic, and antiadhesive activities of nine different fucoidans from brown seaweeds[J]. Glycobiology, 2007, 17(5): 541—552.

[10] Matsumoto S, Nagaoka M, Hara T, et al. Fucoidan derived from *Cladosiphon okamuranus Tokida* ameliorates murine chronic colitis through the down-regulation of interleukin-6 production on colonic epithelial cells[J]. Clinical and Experimental Immunology, 2004, 136: 432—439.

[11] Paul T, Murugan R, Balu P, et al. Cardioprotective activity of *Cladosiphon okamuranus* fucoidan against isoproterenol induced myocardial infarction in rats[J]. Phytomedicine, 2010, 18: 52—57.

[12] Takashi K, Makoto N, Daiki T, et al. Antioxidant and anti-norovirus properties of aqueous acetic acid macromolecular extracts of edible brown macroalgae[J]. LWT - Food Science and Technology, 2021, 141: 110942.

[13] Min J R, Ha S C. Fucoidan reduces oxidative stress by regulating the gene expression of HO-1 and SOD-1 through the Nrf2/ERK signaling pathway in HaCaT cells[J]. Molecular Medicine Reports, 2016, 14: 3255—3260.

[14] Kyoumi N, Hisashi T, Masahiko I, et al. Attenuation of N-nitrosodiethylamine-induced liver fibrosis by high-molecular-weight fucoidan derived from *Cladosiphon okamuranus*[J]. Journal of Gastroenterology and Hepatology, 2010, 25: 1692—1701.

[15] 王建新, 新编化妆品植物原料手册 [M]. 北京, 化学工业出版社, 2020, 6: 259—260.

[16] Hideyuki S, Itsuko K, Masato N, et al. Inhibitory effect of *Cladosiphon* fucoidan on the adhesion of *Helicobacter pylori* to human gastric cells[J]. Journal of Nutritional Science and Vitaminology, 1999, 45: 325—336.

[17] Cheng KC, Kuo PC, Hung HY, et al. Four new compounds from edible algae *Clodosiphon okamuranus* and *Chlorella sorokiniana* and their bioactivities[J]. Phytochemistry Letters, 2016, 18: 113—116.

澳洲坚果

9.1　基本信息

中 文 名	澳洲坚果	
属 名	澳洲坚果属 *Macadamia*	
拉 丁 名	*Macadamia integrifolia* Maiden & Betche	
俗 名	粗壳澳洲坚果、夏威夷果	
分类系统	恩格勒系统（1964）	APG IV系统（2016）
	被子植物门 Angiospermae 双子叶植物纲 Dicotyledoneae 山龙眼目 Proteales 山龙眼科 Proteaceae	被子植物门 Angiospermae 木兰纲 Magnoliopsida 山龙眼目 Proteales 山龙眼科 Proteaceae
地理分布	原产于澳大利亚，我国云南省、台湾省、广东省有栽培	
化妆品原料	PEG-16 澳洲坚果甘油酯类	
	澳洲坚果油酸乙酯	
	澳洲坚果籽油聚甘油 -6 酯类山嵛酸酯	
	澳洲坚果（MACADAMIA TERNIFOLIA）壳粉[①]	
	澳洲坚果（MACADAMIA TERNIFOLIA）提取物	
	澳洲坚果（MACADAMIA TERNIFOLIA）籽饼	
	澳洲坚果（MACADAMIA TERNIFOLIA）籽提取物	
	澳洲坚果（MACADAMIA TERNIFOLIA）籽油	
	全缘叶澳洲坚果（MACADAMIA INTEGRIFOLIA）粉	
	全缘叶澳洲坚果（MACADAMIA INTEGRIFOLIA）籽油	

A. 澳洲坚果果

A | B　　B. 澳洲坚果叶

①《中国植物志》将澳洲坚果的拉丁学名由 *Macadamia ternifolia* 修正为 *Macadamia integrifolia*。

乔木，高 5—15 米。叶革质，通常 3 枚轮生或近对生，长圆形至倒披针形，长 5—15 厘米，宽 2—3（—4.5）厘米，顶端急尖至圆钝，有时微凹，基部渐狭；侧脉 7—12 对；每侧边缘具疏生牙齿约 10 个，成龄树的叶近全缘；叶柄长 4—15 毫米。总状花序，腋生或近顶生，长 8—15（—20）厘米，疏被短柔毛；花淡黄色或白色；花梗长 3—4 毫米；苞片近卵形，小；花被管长 8—11 毫米，直立，被短柔毛；花丝短，花药长约 1.5 毫米，药隔稍突出，短、钝；子房及花柱基部被黄褐色长柔毛；花盘环状，具齿缺。果球形，直径约 2.5 厘米，顶端具短尖，果皮厚 2—3 毫米，开裂；种子通常球形，种皮骨质，光滑，厚 2—4（—5）毫米。花期 4—5 月（广州），果期 7—8 月。①

9.2　活性物质

9.2.1　主要成分

根据现有文献报道，澳洲坚果中的化学成分主要有挥发油、脂肪酸类等，此外还有多酚、黄酮、多糖以及维生素等成分。目前，对澳洲坚果化学成分的研究主要集中在挥发油、脂肪酸类化合物，具体化学成分见表 9-1。

表 9-1　澳洲坚果化学成分

主要成分类别	主要化合物	参考文献
挥发油	糠醛、环氧芳樟醇、庚醛、苯甲醛、己酸、柠檬烯、苯甲醇、苯乙醛、庚酸、呋喃型芳樟醇氧化物、芳樟醇、壬醛、苯乙醇、苯乙腈、顺 - 吡喃型芳樟醇氧化物、反 - 吡喃型芳樟醇氧化物、庚醛二乙缩醛、苯乙酸乙酯、苯乙酸、壬酸、8- 壬烯酸、2,4- 癸二烯醛、3- 羟基 -4- 苯基 -2- 丁酮、丁香酚、8- 羟基芳樟醇、4- 羟基苯甲醛、α- 苄基苯乙醇、β- 石竹烯、桂酸、桂酸乙酯、乙酸苯乙酯、9- 氧代壬酸、4- 甲氧基苯乙酸乙酯、9- 氧代壬酸乙酯、十二烷酸、异橙香素、2- 羟基苯并噻唑、3- 氧代 -7,8- 二氢 -α- 紫罗兰酮、15- 羟基十五烷酸、菲、十四烷酸甲酯、苯乙酸苄酯、新植二烯、6,10,14- 三甲基 -2- 十五烷酮、2',4,4',- 三甲氧基查耳酮、2,4- 二叔丁基苯酚、顺 -2- 戊烯 -1- 醇等	[1—3]

①见《中国植物志》第 24 卷第 28 页。

（接上表）

脂肪酸	肉豆蔻酸、棕榈酸、棕榈油酸、硬脂酸、油酸、亚油酸、花生酸、二十碳烯酸、山嵛酸、芥酸、木蜡酸等	[1，4—5]
酚类	2,6- 二羟基苯甲酸、2'- 羟基 -4'- 甲氧基苯乙酮、3',5'- 二甲氧基 -4'- 羟基 - 乙酰苯、3,5- 二甲基 -4 对羟基肉桂酸、没食子酸、3,4- 二羟基苯甲酸、对羟基苯甲醇、对羟基苯甲酸、对羟基苯甲醛等	[6]
其他	α- 生育酚、β- 生育酚、γ- 生育酚、β- 谷甾醇等	[6]

表 9-2　澳洲坚果成分单体结构

序号	主要单体	结构式	CAS 号
1	油酸	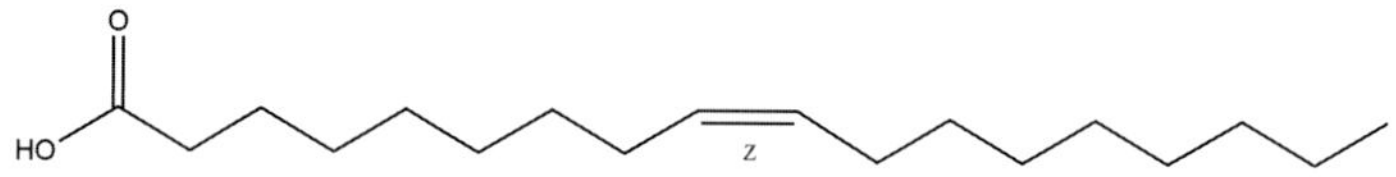	112-80-1
2	棕榈酸	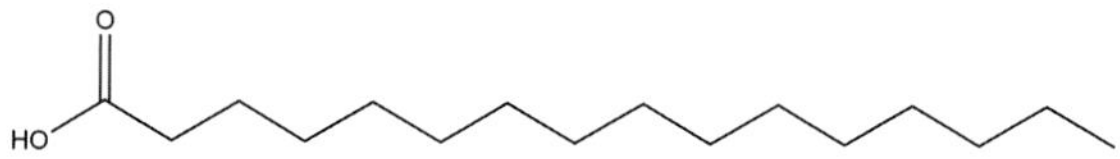	57-10-3
3	亚油酸	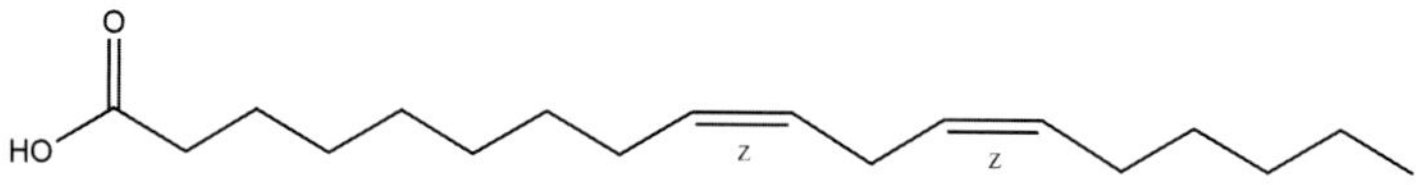	60-33-3
4	肉豆蔻酸	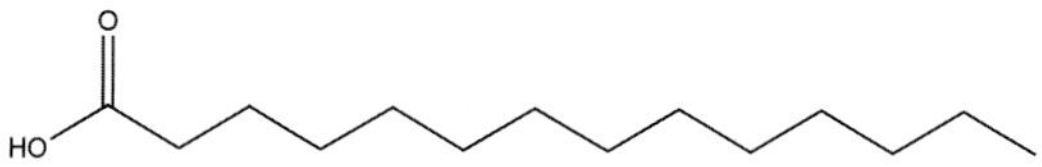	544-63-8
5	α- 生育酚	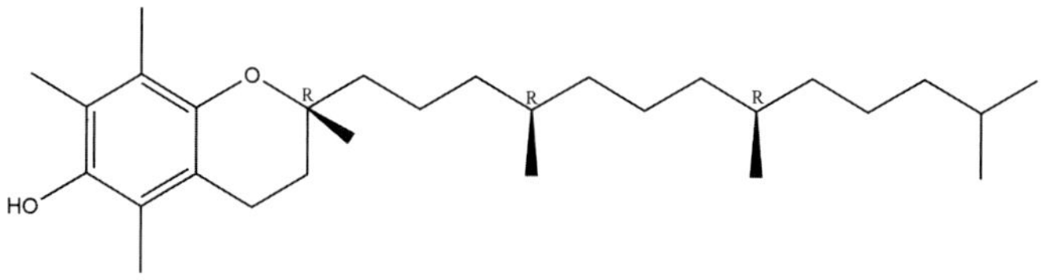	59-02-9
6	2,6- 二羟基苯甲酸	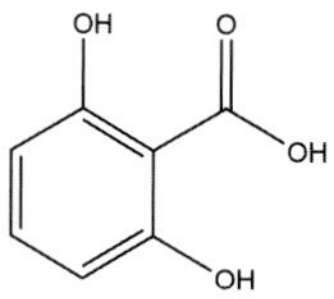	303-07-1

9.2.2 含量组成

目前，学界对澳洲坚果化学成分含量的研究主要集中在油脂和挥发油类，其次还有一些澳洲坚果中多糖、多酚、黄酮及蛋白质等成分含量的研究，具体成分含量信息见表 9-3。

表 9-3 澳洲坚果部分成分含量信息

成分	来源	含量（%）	参考文献
挥发油	花	0.27—0.76	[1—2，7]
	叶	1.061	[8]
油脂	果仁	65.75—80.25	[4—5，9—14]
多糖	果壳	0.70	[15]
	果粕	1.75—6.98	[16]
总黄酮	果壳	0.94	[17]
	青皮	0.470—0.996	[18]
总酚	叶	5.90	[18]
	青皮	0.946—4.3	[6，18—19]

澳洲坚果不但有宜人的味道和香气，酥脆可口、风味独特，而且具有多种营养元素。澳洲坚果仁中含量最高的是粗脂肪，其次依次为蛋白质、可溶性糖类、水分和灰分。

表 9-4 澳洲坚果原料基本成分分析 [10]

成分分析	粗脂肪	蛋白质	可溶性糖类	水分	灰分
百分比 /%	76.50	9.20	7.40	1.67	1.21

9.3 功效与机制

澳洲坚果含有大量棕榈油酸等不饱和脂肪酸，是促进肌肤更新的最好油脂之一，涂抹到肌肤上吸收迅速，常用来帮助消退疤痕，愈合晒伤和轻微伤口，以及舒缓过敏症状。澳洲坚果油富含多种活性成分，如甾醇、茶多酚、生育酚等，具有抗氧化等功效[20]。

9.3.1 抗氧化

澳洲坚果多种成分均具有较强的抗氧化活性。从澳洲坚果油粕粉中分离纯化的澳洲坚果糖肽具有良好的抗氧化活性，可显著清除 DPPH 自由基和羟基自由基，提高总还原力[21]。分子量在 3 ~ 10 kDa 的澳洲坚果蛋白肽段组分具有较强的 DPPH 自由基清除能力[22]；糖蛋白组分 M-1 浓度为 10 mg/mL 时，其总还原力、DPPH 自由基清除率和羟基自由基清除率都达到最大，同时具有较强的铁离子还原力，硫代巴比妥酸法实验结果表明 M-1 具有一定的抗油脂氧化能力[16, 23]。以冷榨澳洲坚果粕为原料，采用木瓜蛋白酶酶解制备的澳洲坚果蛋白肽具备较强的清除 ABTS 自由基的能力[24]，超声辅助酶解制备澳洲坚果蛋白肽也具有较强的抗氧化活性[25]。

澳洲坚果壳多糖对 DPPH 自由基、羟基自由基和超氧阴离子自由基具有良好清除率[15]。澳洲坚果壳总黄酮具有较强的抗氧化性，对羟基自由基、DPPH 自由基清除作用明显，且其质量浓度与抗氧化活性呈现一定的量效关系，是一种良好的天然抗氧化剂[17]。

澳洲坚果原油、极性组分和非极性组分对 DPPH 自由基都有一定的清除能力[26]。不同压榨方式获取的澳洲坚果油的抗氧化活性与其浓度呈正相关，对羟基自由基与超氧阴离子自由基有较强的清除作用，具有一定的清除 ABTS 自由基的能力与还原力；澳洲坚果油中的总酚含量与其清除羟基自由基、ABTS 自由基的能力及还原力之间具有较好的相关性[27]。

澳洲坚果青皮不同极性溶剂分步提取物的 DPPH 自由基清除能力、ABTS 自由基清除能力和还原力均与其总酚、黄酮、多糖质量分数呈极显著正相关，对超氧阴离子自由基的清除能力与其多糖质量分数呈极显著正相关[28]。澳洲坚果青皮乙醇提取物的 DPPH 自由基清除能力和 Fe^{3+} 还原力表明澳洲坚果青皮乙醇提取物具有良好的抗氧化活性[6]。澳洲坚果青皮多酚对 DPPH 自由基和 ABTS 自由基的半数清除率（IC_{50}）分别为 4.13 和 112.94 mg/L，且其总抗氧化能力约为水溶性维生素 E 的 1.7 倍，呈现出很强的抗氧化能力，可用于制备天然抗氧化剂[19]。澳洲坚果叶片酚类物质具有较强的 DPPH 自由基清除活性，通过 FRAP 法发现，澳洲坚果叶片总酚具有较强的总抗氧化还原能力[29]。

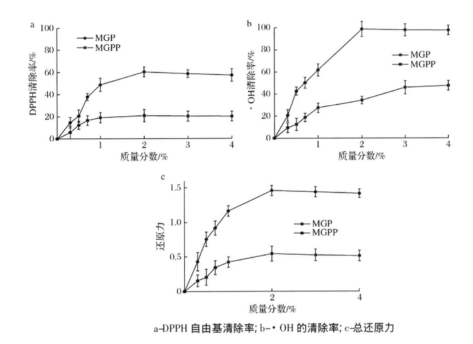

a-DPPH 自由基清除率; b-·OH 的清除率; c-总还原力

图 9-1　澳洲坚果糖肽（MGP）和 β- 消除法脱糖链获得多肽（MGPP）的体外抗氧化作用[21]

表 9-5　澳洲坚果青皮不同极性溶剂分步提取物的还原力[28]

质量浓度 / （mg/mL）	还原力（A）						
	80%乙醇提取物	石油醚提取物	氯仿提取物	乙酸乙酯提取物	正丁醇提取物	水溶解物	芦丁
0.2	0.245± 0.002[Ef]	0.276± 0.003[Ee]	0.439± 0.005[Ec]	0.994± 0.013[Da]	0.694± 0.010[Db]	0.364± 0.018[Ed]	0.380± 0.027[Dd]
0.4	0.407± 0.018[Df]	0.562± 0.004[De]	0.833± 0.009[Dc]	2.005± 0.035[Ca]	1.153± 0.028[Cb]	0.645± 0.025[Dd]	0.430± 0.052[CDf]
0.6	0.555± 0.023[Cf]	0.819± 0.002[Ce]	1.142± 0.017[Cc]	2.247± 0.014[Ba]	1.602± 0.059[Bb]	0.943± 0.032[Cd]	0.479± 0.017[Cg]

（接上表）

0.8	0.690± 0.004[Bf]	1.123± 0.027[Bd]	1.353± 0.038[Bc]	2.270± 0.021[Ba]	1.606± 0.052[Bb]	1.056± 0.029[Be]	0.529± 0.014[Bg]
1.0	0.849± 0.020[Ae]	1.252± 0.024[Ad]	1.522± 0.036[Ac]	2.362± 0.040[Aa]	1.919± 0.032[Ab]	1.209± 0.023[Ad]	0.579± 0.022[Af]

同列上标大写字母不同表示差异显著（$P < 0.05$）；同行上标小写字母不同表示差异显著（$P < 0.05$）。

9.3.2　抑菌

不同分子量澳洲坚果多肽氨基酸组成不同，抑菌效果也不尽相同，对金黄色葡萄球菌、鼠伤寒沙门氏菌、大肠杆菌、铜绿假单胞菌抑菌活性较好，对白色念珠菌与黑曲霉相对较差。其中，澳洲坚果多肽 MNP-8 对细菌类的金黄色葡萄球菌、鼠伤寒沙门氏菌、大肠杆菌、铜绿假单胞菌和真菌类的白色念珠菌抑菌效果最好[30]。从澳洲坚果粉中分离得到的由 45 个氨基酸残基组成的 MiAMP2c 多肽和包含 76 个氨基酸的 MiAMP1 多肽对大肠杆菌等革兰氏阳性细菌和酿酒酵母等的生长具有抑制作用[31—32]

表 9-6　不同分子量澳洲坚果多肽的抑菌活性[30]

样品	抑菌圈直径（mm）					
	金黄色葡萄球菌	鼠伤寒沙门氏菌	大肠杆菌	铜绿假单胞菌	白色念珠菌	黑曲霉
MNP-0	11.83±0.61[b]	11.25±0.57[b]	9.92±0.96[b]	11.58±1.02[b]	8.29±0.18[b]	1.99±0.29[d]
MNP-1	7.53±1.19[d]	0.00±0.00[f]	6.08±0.06[c]	7.73±0.28[e]	5.75±0.12[e]	7.83±1.09[a]
MNP-2	6.67±0.38[d]	3.58±0.19[b]	0.00±0.00[e]	9.67±0.61[c]	6.58±0.18[d]	6.45±0.31[b]
MNP-3	10.08±0.79[c]	8.25±0.48[c]	5.63±0.19[c]	10.31±0.40[bc]	5.78±0.05[e]	0.00±0.00[e]
MNP-4	0.00±0.00[e]	7.42±0.19[d]	5.92±0.51[c]	8.48±0.12[d]	7.18±0.14[c]	0.00±0.00[e]
MNP-5	8.83±1.00[cd]	7.08±0.60[b]	6.00±0.24[c]	0.00±0.00[f]	3.15±0.41[f]	6.32±0.23[b]
MNP-6	7.00±0.50[d]	6.17±0.15[e]	3.83±0.33[d]	8.03±0.00[e]	6.37±0.28[d]	4.70±0.22[c]
MNP-7	0.00±0.00[e]	7.92±0.51[cd]	6.03±0.88[c]	8.37±1.03[cde]	7.20±0.33[c]	0.00±0.00[e]
MNP-8	15.92±0.51[a]	14.67±0.15[a]	13.70±0.44[a]	16.98±0.68[a]	12.47±0.46[a]	8.60±0.22[a]

注：同列字母不同表示差异显著（$P<0.05$）。

9.3.3　美白

澳洲坚果叶提取物具有美白功能，其乙醇提取物、乙酸乙酯馏分及正丁醇馏分均具有良好的酪氨酸酶抑制活性，主要的美白活性单体成分为没食子酸[33]。

表 9-7　澳洲坚果叶提取物、各馏分以及
分离化合物的酪氨酸酶抑制活性[33]

样本	浓度为 1 mg/mL 时的抑制百分比	IC$_{50}$（mg/mL）
乙醇提取物	67.74±0.15	0.085
己烷馏分	49.84±0.23	nd
乙酸乙酯馏分	75.69±0.16	0.06
正丁醇馏分	74.03±0.5	0.075
蜀黍苷	38.2±2.7	nd
单半乳糖基二酰基甘油 36：4	12.57±5.9	nd
双半乳糖基单酰基甘油 18：2	NA	NA
没食子酸	83.65±0.9	0.056
原儿茶酸	44.41±0.3	nd
对苯二酚	71.8±2.1	0.2

注：NA，无活性；nd，未检出。

9.4　成分功效机制总结

澳洲坚果具有良好的抗氧化活性，其主要活性成分包括多糖、总黄酮、糖蛋白多肽和酚类物质，对 DPPH 自由基、ABTS 自由基、羟基自由基和超氧阴离子自由基具有良好清除能力，提高总还原能力。此外，澳洲坚果多肽对大肠杆菌等细菌及真菌具有良好抑菌活性。澳洲坚果叶中没食子酸成分可抑制酪氨酸酶活性，具备美白活性潜力。

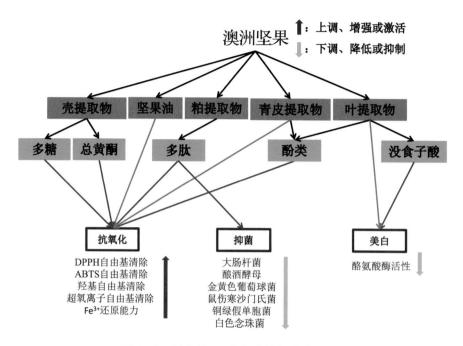

图 9-2　澳洲坚果成分功效机制总结图

参考文献

[1] 刘劲芸, 阴耕云, 张虹娟, 等. 超临界 CO_2 萃取与同时蒸馏萃取法提取澳洲坚果花挥发性成分研究 [J]. 云南大学学报 (自然科学版), 2013, 35(5): 678—684.

[2] 郭刚军, 伍英, 徐荣, 等. 超临界 CO_2 萃取澳洲坚果花挥发油的化学组成分析 [J]. 现代食品科技, 2013, 29(12): 3059—3062+3052.

[3] 韩树全, 罗立娜, 范建新, 等. 澳洲坚果叶茶的品质特征及挥发性成分分析 [J]. 热带作物学报, 2019, 40(8): 1645—1652.

[4] 涂行浩, 孙丽群, 唐景华, 等. 澳洲坚果油超声波辅助提取工艺优化及其理化性质 [J]. 热带作物学报, 2019, 40(11): 2217—2226.

[5] 黄宗兰. 澳洲坚果油和蛋白的提取、性质分析及蛋白的初步纯化探索 [D]. 南昌大学, 2015.

[6] 刘秋月. 澳洲坚果抗氧化活性成分的研究 [D]. 暨南大学, 2016.

[7] 刘劲芸, 张虹娟, 魏杰, 等. 超临界 CO_2 萃取澳洲坚果花挥发油的工艺研究 [J]. 食品研究与开发, 2013, 34(3): 31—34.

[8] 何凤平, 雷朝云, 范建新, 等. 水蒸气蒸馏法提取澳洲坚果叶精油工艺 [J]. 食品工业, 2020, 41(1): 176—180.

[9] 范晓波. 澳洲坚果油水剂法提取工艺的研究 [J]. 中国油脂, 2016, 41(6): 15—18.

[10] 黄宗兰, 钟俊桢, 熊洋, 等. 水剂法提取澳洲坚果油及其理化特性的研究 [J]. 中国粮油学报, 2015, 30(11): 86—91.

[11] 刘瑞林, 余佩, 陈国宁, 等. 响应曲面法优化超声 - 微波协同提取澳洲坚果油的工艺研究 [J]. 西北药学杂志, 2017, 32(6): 718—722.

[12] 郭刚军, 胡小静, 马尚玄, 等. 液压压榨澳洲坚果粕蛋白质提取工艺优化及其组成分析与功能性质 [J]. 食品科学, 2017, 38(18): 266—271.

[13] 朱冰清. 澳洲坚果油提取及其纳米乳口服液的研究 [D]. 华中农业大学, 2013.

[14] 冯学花, 王文京. 夏威夷果油提取工艺的响应面法优化及理化指标测定 [J]. 中国油脂, 2020, 45(3): 13—15+21.

[15] 杨申明, 范树国, 文美琼, 等. 微波辅助提取澳洲坚果壳多糖的工艺优化及抗氧化性评价 [J]. 食品科学, 2016, 37(10): 17—22.

[16] 张翔. 澳洲坚果油粕多糖与糖蛋白的分离纯化与特性研究 [D]. 暨南大学, 2019.

[17] 杨申明, 王振吉, 韦薇, 等. 微波辅助提取澳洲坚果壳总黄酮的工艺优化及其抗氧化活性 [J]. 粮食与油脂, 2016, 29(8): 80—84.

[18] 刘姚, 徐小明, 奚志芳, 等. 澳洲坚果不同部位化学成分分析与加工利用研究进展 [J]. 广东农业科学, 2020, 47(6): 116—125.

[19] 张明, 帅希祥, 杜丽清, 等. 澳洲坚果青皮多酚提取工艺优化及其抗氧化活性 [J]. 食品工业科技, 2017, 38(21): 195—199.

[20] 涂行浩, 张秀梅, 刘玉革, 等. 澳洲坚果油组分分析以及其抗氧化活性研究进展 [C]. 中国热带作物学会第九次全国会员代表大会暨 2015 年学术年会论文集. 2015: 11.

[21] 向媛嬡, 王文林, 宋海云, 等. 去糖基化对水溶澳洲坚果糖肽结构和抗氧化性的影响 [J]. 食品与发酵工业, 2021, 47(11): 98—103.

[22] 帅希祥, 张明, 马飞跃, 等. 复合酶法制备澳洲坚果蛋白肽及其抗氧化活性研究 [J]. 热带作物学报, 2020, 41(7): 1434—1439.

[23] 张翔, 李星星, 黄雪松. 澳洲坚果糖蛋白的分离纯化及其体外抗氧化能力 [J]. 食品与发酵工业, 2019, 45(5): 145—150.

[24] 杜丽清, 帅希祥, 涂行浩, 等. 澳洲坚果蛋白肽制备工艺及抗氧化活性研究 [J]. 热带农业工

程, 2016, 40(5—6): 1—6.

[25] 帅希祥, 杜丽清, 张明, 等. 超声辅助酶解制备澳洲坚果蛋白肽及其抗氧化活性的研究 [J]. 热带作物学报, 2017, 38(11): 2076—2081.

[26] 杜丽清, 帅希祥, 涂行浩, 等. 水剂法提取澳洲坚果油的化学成分及其抗氧化活性研究 [J]. 食品与机械, 2016, 32(10): 140—144.

[27] 郭刚军, 胡小静, 彭志东, 等. 不同压榨方式澳洲坚果油品质及抗氧化活性比较 [A]. 第七届云南省科协学术年会论文集——专题二: 绿色经济产业发展 [C]. 云南省科学技术协会、中共普洱市委、普洱市人民政府: 云南省机械工程学会, 2017: 14.

[28] 郭刚军, 胡小静, 付镓榕, 等. 澳洲坚果青皮不同极性溶剂分步提取物功能成分与抗氧化活性及其相关性分析 [J]. 食品科学, 2021, 42(7): 74—82.

[29] 张明, 帅希祥, 马飞跃, 等. 澳洲坚果叶片酚类物质提取及抗氧化活性研究 [J]. 食品研究与开发, 2020, 41(11): 41—46.

[30] 马尚玄, 郭刚军, 黄克昌, 等. 不同分子量澳洲坚果多肽氨基酸组成与抑菌活性 [J]. 食品工业科技, 2021, 42(7): 83—88.

[31] Marcus JP, Green JL, Goulter KC, et al. A family of antimicrobial peptides is produced by processing of a 7S globulin protein in *Macadamia integrifolia* kernels[J].The Plant Journal, 1999, 19(6): 699—710.

[32] Marcus JP, Goulter KC, Green JL, et al. Purification, characterization and cDNA cloning of an antimicrobial peptide from *Macadamia integrifolia*[J]. European Journal of Biochemistry, 1997, 244(3): 743—749.

[33] Hawary SS, Abubaker M, Essam MAE, et al. Phytochemical constituents and anti-tyrosinase activity of *Macadamia integrifolia* leaves extract[J]. Natural Product Research, 2020, 1849203.

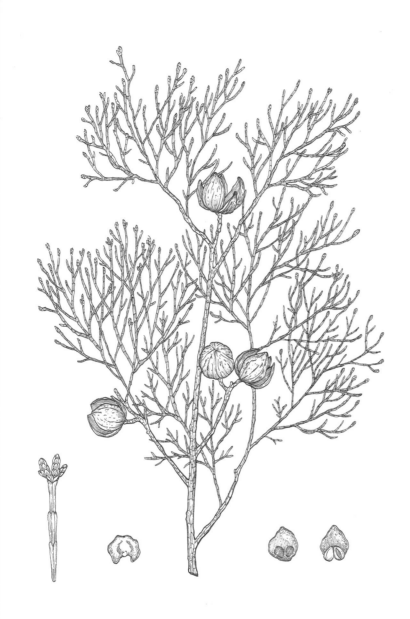

澳洲蓝柏

10.1　基本信息

中　文　名	**澳洲蓝柏**	
属　　　名	澳柏属 *Callitris*	
拉　丁　名	*Callitris columellaris* F.Muell.[①]	
俗　　　名	北澳柏	
分类系统	郑万均系统（1975）	Christenhusz et al. 系统（2011）
	裸子植物门 Gymnospermae 松柏纲 Coniferopsida 松杉目 Coniferales 柏科 Cupressaceae	裸子植物门 Gymnospermae 松纲 Pinopsida 柏目 Cupressales 柏科 Cupressaceae
地理分布	澳大利亚	
化妆品原料	澳洲蓝柏（CALLITRIS INTRATROPICA）木油	

　　灌木或乔木，高可达 30 米。树皮棕色，粗糙且具沟痕。叶 3 枚轮生，幼叶常 4—5 枚轮生，深绿色至蓝绿色；幼叶长 7—8 毫米，成熟叶片长 1—3 毫米，顶端急尖，背面无脊。雄球花单生或几个簇生于枝顶，圆柱状长圆形，长 3—10 毫米，宽 2—5 毫米。球果单生于纤细小枝上，成熟后脱落，扁球形至卵球形，直径 12—25 毫米，熟时深棕色；珠鳞 6 枚，薄，通常有一小尖头。种子长 4—5 毫米，褐色，多数，具 2—3 枚翅，翅宽 4 毫米左右。[②]

10.2　活性物质

10.2.1　主要成分

　　目前，对澳洲蓝柏化学成分的研究主要集中在挥发油类，其他成分的研究较少。澳洲蓝柏具体化学成分见表 10-1。

①"世界植物在线"网站（https://powo.science.kew.org/taxon/ourn:lsid:ipni.org:names:50921413-1）将 *Callitris intratropica* 归为 *Callitris columellaris* 的异名。

②见裸子植物数据库［*Callitris columellaris*（coast cypress pine）description（conifers.org）］。

表 10-1　澳洲蓝柏化学成分

主要成分类别	主要化合物	参考文献
挥发油	α-蒎烯、桧烯、β-蒎烯、月桂烯、α-松油烯、柠檬烯、异松油烯、α-松油醇、乙酸龙脑酯、α-乙酸松油酯、β-石竹烯、α-葎草烯、愈创木醇、γ-桉叶醇、异愈创木醇、β-芹子烯、β-桉叶醇、α-桉叶醇、α-芹子烯、β-花柏烯、α-愈创木烯、α-布藜烯、顺式-β-愈创木烯、β-榄香烯、β-榄香醇、母菊兰烯、愈创蓝油烃等	[1—4]

表 10-2　澳洲蓝柏主成分单体结构

序号	主要单体	结构式	CAS号
1	α-芹子烯	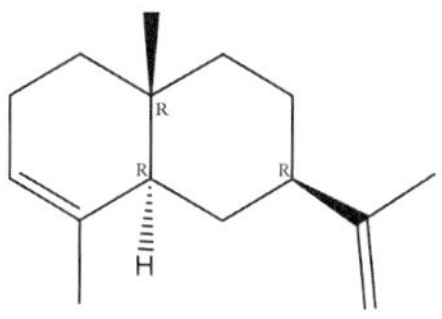	473-13-2

10.2.2　含量组成

目前，对澳洲蓝柏化学成分含量的研究主要集中在挥发油类，对其他成分含量的研究暂时没有查阅到，具体含量见表 10-3。

表 10-3　澳洲蓝柏主要成分含量信息

成分	含量（%）	参考文献
挥发油	1.7—2.6	[2，4]

10.3　功效与机制

澳洲蓝柏是一种分布在澳大利亚北部大部分季节性热带地区的原生针叶树[5]。澳洲蓝柏精油具有抗氧化活性。

10.3.1 抗氧化

澳洲蓝柏精油有抗氧化活性，能够清除 DPPH 自由基和 ABTS 自由基[1]。

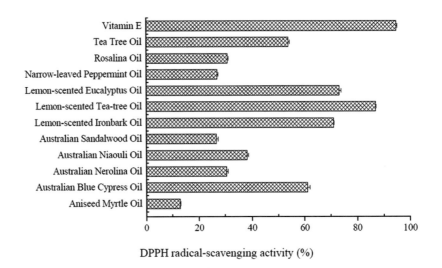

图 10-1 澳洲蓝柏精油的 DPPH 自由基清除活性（精油浓度和维生素 E 的浓度分别是 1.6×10^{-2} mL/mL 和 8.0×10^{-5} mL/mL，Australian Blue Cypress Oil：澳洲蓝柏）[1]

10.4 成分功效机制总结

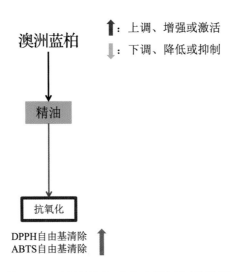

图 10-2 澳洲蓝柏成分功效机制总结图

澳洲蓝柏具有抗氧化，其活性部位为精油。澳洲蓝柏精油能够清除 DPPH 自由基和 ABTS 自由基。

参考文献

[1] Zhao Q, Bowles EJ, Zhang HY.Antioxidant activities of eleven Australian essential oils[J].Natural Product Communications, 2008, 3(5): 837—842.

[2] Ogunwande IA, Olawore NO, Kasali AA, et al.Chemical composition of the leaf volatile oils of *Callitris intratropica* R. T. Baker & H. G. Smith from Nigeria[J]. Flavour and Fragrance Journal, 2003, 18(5): 387—389.

[3] Hnawia E, Menut C, Agrebi A, et al. Wood essential oils of two endemic trees from New Caledonia: *Callitris sulcata*(Parl.)Schltr. and *Callitris neocaledonica* Dummer[J].Biochemical Systematics and Ecology, 2008, 36(11): 859—866.

[4] Luigino Doimo. Azulenes, Costols and γ-lactones from cypress-pines(*Callitris columellaris*, *C. glaucophylla* and *C. intratropica*)distilled oils and methanol extracts[J].Journal of Essential Oil Research, 2011, 13(1): 25—29.

[5] Baker PJ, Palmer JG, D'Arrigo R. The dendrochronology of *Callitris intratropica* in northern Australia: annual ring structure, chronology development and climate correlations[J]. Australian Journal of Botany, 2008, 56(4): 311—320.

八角茴香

11.1 基本信息

中 文 名	八角	
属　　名	八角属 Illicium	
拉 丁 名	Illicium verum Hook.f.	
俗　　名	八角茴香、大料、八角香等	
	恩格勒系统（1964）	APG Ⅳ系统（2016）
分类系统	被子植物门 Angiospermae 双子叶植物纲 Dicotyledoneae 木兰目 Magnoliales 八角科 Illiciaceae	被子植物门 Angiospermae 木兰纲 Magnoliopsida 木兰藤目 Austrobaileyales 五味子科 Schisandraceae
地理分布	中国福建、广西、广东、云南、江西等地；越南等地	
化妆品原料	八角茴香（ILLICIUM VERUM）果/籽油	
	八角茴香（ILLICIUM VERUM）果粉	
	八角茴香（ILLICIUM VERUM）果提取物	
	八角茴香（ILLICIUM VERUM）油	

A. 八角茴香果

A | B

B. 八角茴香花、叶

　　乔木，高 10—15 米；树冠塔形，椭圆形或圆锥形；树皮深灰色；枝密集。叶不整齐互生，在顶端 3—6 片近轮生或松散簇生，革质，厚革质，倒卵状椭圆形，倒披针形或椭圆形，长 5—15 厘米，宽 2—5 厘米，先端骤尖或短渐尖，基部渐狭或楔形；在阳光下可见密布透明油点；中脉在叶上面稍凹下，在下面隆起；叶柄长 8—20 毫米。花粉红至深红色，单生叶腋或近顶生，花梗长 15—40 毫米；花被片 7—12 片，常 10—11，常具不明显的半透明腺点，最大的花被片宽椭圆形到宽卵圆形，长 9—12 毫米，宽 8—12 毫米；雄蕊 11—20 枚，多为 13、14 枚，长 1.8—3.5 毫米，花丝长 0.5—1.6 毫米，药隔截形，药室稍为突起，长 1—1.5 毫米；心皮通常 8，有时 7 或 9，很少 11，在花期长 2.5—4.5 毫米，子房长 1.2—2 毫米，花柱钻形，长度比子房长。果梗长 20—56 毫米，聚合果，直径 3.5—4 厘米，饱满平直，蓇葖多为 8，呈八角形，长 14—20 毫米，宽 7—12 毫米，厚 3—6 毫米，先端钝或钝尖。种子长 7—10 毫米，宽 4—6 毫米，厚 2.5—3 毫米。正糙果 3—5 月开花，9—10 月果熟，春糙果 8—10 月开花，翌年 3—4 月果熟。

……

同属其他种野生八角的果，多具有剧毒，中毒后严重者引致死亡。有毒的野八角蓇葖果发育常不规则，常不是八角形，形体与栽培八角不同，果皮外表皱缩，每一蓇葖的顶端尖锐，常有尖头，弯曲，果非八角那样甜香味，或为味淡，麻舌或微酸麻辣，或微苦不适。[1]

八角茴香的干燥成熟果实药用，味辛，性温。归肝、肾、脾、胃经。温阳散寒，理气止痛。用于寒疝腹痛，肾虚腰痛，胃寒呕吐，脘腹冷痛。[2]

11.2　活性物质

11.2.1　主要成分

八角茴香化学成分丰富，目前从八角茴香中分离得到的化学成分主要包括苯丙素类、黄酮类、有机酸类、倍半萜类、三萜类、挥发油类和其他类型化合物。其中，对苯丙素类和黄酮类化合物的研究较多。具体化学成分见表 11-1。

---

[1] 见《中国植物志》第 30(1) 卷第 229 页。

[2] 参见《中国药典》（2020 年版）一部第 5 页。

表 11-1　八角茴香化学成分

主要成分类别	主要化合物	参考文献
苯丙素类	茴香脑 -2′-O-β-D- 芸香糖苷、1-(4- 甲氧基苯基) 丙烷 -1- 醇 -2-O-D- 吡喃葡萄糖苷、(E)-1′-(2- 羟基 -5- 甲氧基苯基) 丙烯 -β-D- 吡喃葡萄糖苷、(E)-1,2- 双 (4- 甲氧基苯基) 乙烷、4- 甲氧基肉桂酸、4- 羟基 -3-(3- 甲基丁 -3- 烯 -2- 基) 苯甲醛、茴香脑 -3-O- 芸香糖苷、草蒿脑、茴香脑等	[1—2]
黄酮类	槲皮素、芹菜素、山奈素、3′,4′- 二甲氧基 - 槲皮素、八角黄烷酸、3′- 甲氧基槲皮素、(+)- 儿茶素、木樨草素、木樨草素 -7-O-β-D- 葡萄糖苷、芦丁、异鼠李素 -3-O-β-D- 葡萄糖、槲皮素 -3-O-β-D- 半乳糖苷、槲皮素 -3-O-α-L- 鼠李糖苷、槲皮素 -3-O-α-L- 阿拉伯糖苷、4′- 甲氧基 - 芦丁、异鼠李素 -3-O- 芸香糖苷、槲皮素 -3-O-β-D- 木糖苷、山奈酚 -3-O-β-D- 葡萄糖苷、山奈酚 -3-O-β-D- 半乳糖苷、山奈酚 -6-O-α-L- 鼠李糖基 -β-D- 葡萄糖苷、槲皮素 -5-O-β-D- 葡萄糖苷、槲皮素 -3-O-β-D- 葡萄糖、7- 甲基槲皮素、莽草酸 4-O-β-D- 吡喃甘露糖 (1″ → 6′)-β-D- 吡喃甘露糖苷、金合欢素 -3-O-β-D- 葡萄糖苷、没食子儿茶素、柽柳素 3-O- 橙皮糖苷、异槲皮苷、槲皮素 -3′-O- 甲基 -3-O-β-D- 吡喃葡萄糖苷等	[1—3]
有机酸类	莽草酸、原儿茶酸、油酸、亚油酸、n- 棕榈酸、硬脂酸、异亚丙基莽草酸、苯甲酸、3- 羟基 -4- 甲氧基苯甲酸、对羟基苯甲酸、2, 4- 二羟基苯甲酸、对甲氧基苯甲酸、4- 甲氧基 -3-O-β-D- 吡喃葡萄糖基苯甲酸甲酯、4-O-β-D- 吡喃葡萄糖基苯甲酸甲酯、没食子酸、丁二酸、对甲氧基肉桂酸、熊果酸、verimol K、油酸甲酯、亚油酸甲酯、棕榈酸甲酯、硬脂酸甲酯、4- 羟基苯甲酸、香草酸等	[1—2, 4]
倍半萜类	tashironin A、八角内酯 A、tashironin、新茴香素、veranisatin A、veranisatin B、veranisatin C、莽草素、1α- 羟基 -3- 去氧伪莽草毒素、伪莽草毒素、6- 去氧伪莽草毒素等	[1, 4]
三萜类	熊果酸、白桦脂酸、五味子酸、3,4- 开环 -(24Z)- 环阿尔廷 -4(28), 24- 二烯 -3- 单酸 -3,26- 二甲酯、3,4- 开环 -(24Z)- 环阿尔廷 -4(28), 24- 二烯 -3,26- 二乙酸 -26- 甲酯、3,4- 开环 -(24Z)- 环阿尔廷 -4(28),24- 二烯 -3,26- 二乙酸 -3- 甲酯等	[1]

（接上表）

挥发油类	α- 蒎烯、β- 蒎烯、β- 月桂烯、α- 水芹烯、3- 蒈烯、异松油烯、对 - 伞花烃、柠檬烯、1, 8- 桉叶素、γ- 松油烯、罗勒烯、芳樟醇、4- 松油醇、α- 松油醇、顺 - 茴香醚、茴香醛、反式茴香脑、α- 芭烯、榄香烯、β- 石竹烯、α- 香柠檬烯、异石竹烯、(Z, E)-α- 金合欢烯、(E, E)-α- 金合欢烯、β- 金合欢烯、甲基异丁香酚、β- 甜没药烯、反 - 橙花叔醇、1-(3- 甲基 -2- 丁烯氧基)-4- 丙烯基苯、金合欢醇、橙花叔醇、顺茴香脑、桉叶醇、α- 杜松醇、小茴香灵（对苯烯基苯酚异戊烯基醚）、α- 红没药烯、α- 松油烯、桃金娘烯醇、黄樟醚、α- 侧柏烯、芹子烯、胡椒酚、杜松烯、葎草烯、莰烯等	[2, 5]
甾体类	胡萝卜苷、β- 谷甾醇、乌索酸等	[2]
其他	二十五烷酸单甘油酯、正二十六醇、甲基异丁子香酚 (R)-仲丁基 -β-D- 吡喃葡萄糖苷、4-β-D- 吡喃葡萄糖氧基 - 苯乙醇、果糖、3,4- 二甲氧基苯甲酸、(4- 羟基苯基) 乙醇、茴香醇、对茴香醛、大茴香醛、对茴香酸等	[1]

表 11-2　八角茴香主要单体结构

序号	主要单体	结构式	CAS
1	反式茴香脑	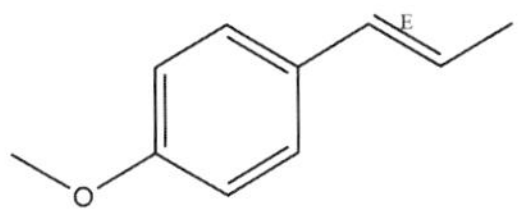	4180-23-8
2	草蒿脑	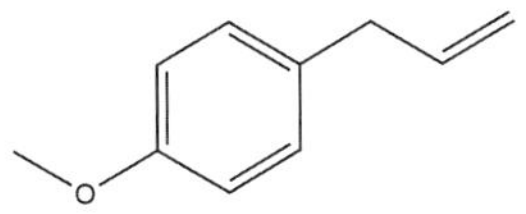	140-67-0
3	对甲氧基苯甲醛（大茴香醛）	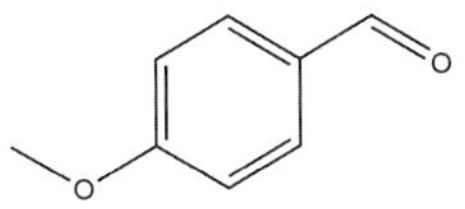	123-11-5
4	β- 石竹烯	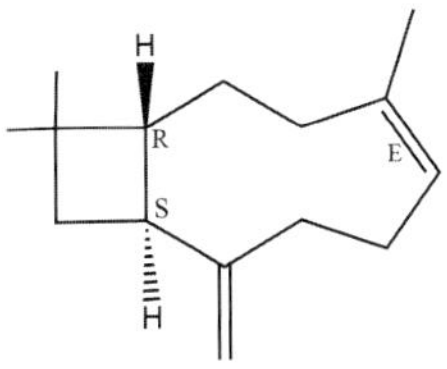	87-44-5

（接上表）

| 5 | 莽草酸 | 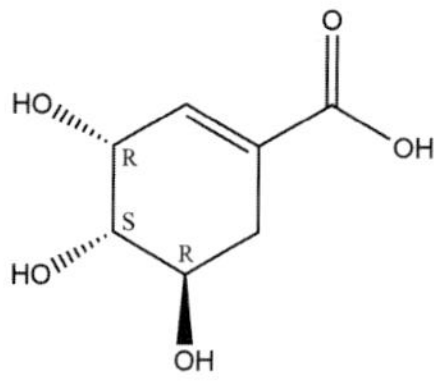 | 138-59-0 |

11.2.2　含量组成

目前，对八角茴香化学成分含量的研究主要集中在精油和莽草酸，其次还有一些八角茴香中多糖、多酚、黄酮及其他成分的含量信息的研究，具体成分含量信息见表 11-3。

表 11-3　八角茴香主要成分含量信息

成分	来源	含量（%）	参考文献
八角茴香油树脂	果实	8.52—40.14	[6—9]
精油（挥发油）	果实	1.39—35.37	[5，7，10—31]
	种子	4.43—5.92	[10，32]
	壳	5.24—9.80	[10，32]
莽草酸	果实	0.152—20.7	[7，18，33—50]
多糖	茎	2.04	[7]
	果实	10.50	[51]
总黄酮	叶	6.97	[52]
	果实	13.34	[53]
	药渣	14.76	[54—55]
总酚	果实	27.12—28.9	[56]

11.3　功效与机制

八角茴香，是我国南方重要"药食同源"经济树种，主要分布在我国广西、广东、云南等地[57]。化妆品中主要采用成熟的八角茴香果实的提取物[58]。

11.3.1　抗炎

八角茴香甲醇提取物能够抑制角叉菜胶诱导的小鼠足肿胀，具有一定的抗炎作用[50]。八角茴香提取物能够以剂量依赖的方式抑制 MC/9 小鼠肥大细胞中组胺、白细胞介素 –4（IL-4）、白细胞介素 –6（IL-6）和肿瘤坏死因子 –α（TNF–α）的分泌，特应性皮炎 NC/Nga 小鼠局部应用八角茴香乙醇提取物可以显著降低皮炎评分、耳朵厚度和血清 IgE、组胺、IL-6 和细胞间黏附分子 –1（ICAM-1）水平，并在基因水平下调耳组织中 IL-4、IL-6、TNF–α、胸腺活化调节趋化因子（TARC）、调节活化正常 T 细胞表达和分泌因子（RANTES）、ICAM-1 和血管细胞黏附分子 –1（VCAM-1）的表达[59]。八角茴香提取物作用于 TNF–α/γ 干扰素（IFN–γ）诱导的 HaCaT 人角质形成细胞后，细胞中胸腺活化调节趋化因子（TARC/CCL17）、巨噬细胞衍生趋化因子（MDC/CCL22）以及炎症因子 IL-6 和白细胞介素 –1β（IL-1β）在基因和蛋白水平上的表达均降低，其抗炎作用与抑制核因子 –κB（NF-κB）、转录活化蛋白 1（STAT1）、丝裂原活化蛋白激酶（MAPK）和蛋白激酶 B（Akt）信号通路的激活有关[60]。

莽草酸是从八角茴香中提取的一种化合物，可以减缓大鼠骨关节炎的发展，具有抗炎作用[61]。莽草酸能够降低 IL-1β 诱导的 SW1353 人软骨细胞中诱导型一氧化氮合酶（iNOS）和环氧合酶 –2（COX-2）的表达，其抗炎作用是通过抑制 MAPK 和 NF-κB 信号通路的激活实现的[61]。莽草酸能够抑制脂多糖（LPS）（1 μg/mL）导致的 RAW 264.7 巨噬细胞的细胞活性下降，抑制细胞中炎症因子 TNF–α 和 IL-1β 的上调，其机制可能与抑制细胞外调节蛋白激酶（ERK1/2）和 p38 的磷酸化有关；在福尔马林诱导的炎性实验中，莽草酸通过抑制炎症反应发挥抗伤害作用[62]。

茴香脑是八角茴香挥发油的主要成分，巴豆油致耳水肿小鼠口服茴香脑，能够降低耳切片匀浆上清液中髓过氧化物酶（MPO）的活性；角叉菜胶诱导的胸膜炎大鼠口服茴香脑，可以降低胸膜渗出物的体积、白细胞迁移的数量，以及炎性介质一氧化氮（NO）和前列腺素 E_2（PGE_2）的表达[63]。在角叉菜胶诱导的小鼠足跖肿胀炎症模型中，预先口服茴香脑，能够抑制小鼠足部水肿，降低机械性伤害，以及抑制 MPO、TNF-α、IL-1β 和白细胞介素 -17（IL-17）的表达[64]。

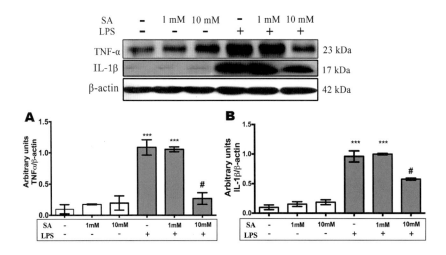

图 11-1　莽草酸对 RAW 264.7 细胞中 LPS 诱导的炎症因子 TNF-α（A）和 IL-1β（B）的影响（图中显示了 TNF-α、IL-1β 与 β- 肌动蛋白水平的相对定量；柱状图代表平均值 ± 标准误，n=6；***，与对照组相比，$P < 0.001$；#，与 LPS 相比，$P < 0.001$）[62]

11.3.2　抗氧化

采用微波辅助提取法和索氏提取法对八角茴香进行乙醇提取，体外研究两种提取物的抗氧化性能，通过 DPPH 自由基清除试验、ABTS 自由基清除试验、总抗氧化活性检测、羟基自由基清除试验、一氧化氮自由基清除试验和总还原力检测，发现两种提取物在所有实验中均表现出优异的抗氧化性，表明八角茴香作为天然抗氧化剂具有巨大潜力[56]。八角茴香甲醇提取物（1 mg/mL）对 DPPH 自由基的清除率为 87.22 %[65]。八角茴香水提物能够有效清除 DPPH 和超氧阴离子自由基，具有较高的抗氧化活性系数，且对小鼠大脑的脂质过氧化有很好的抑制作用[66—67]。一项研究显示，肉鸡饲料中添加八角茴香可改善其生长性能、血清和肝脏抗氧化状态，提高血清超氧化物歧化酶（SOD）、谷胱甘肽过氧化物酶（GSH-Px）和过氧化氢酶（CAT）的活性（$P<0.05$）[68]。

八角茴香的丙酮提取物及挥发油对 DPPH 自由基的清除活性随着浓度的增加而线性增加，在 20 mg/mL 时，八角茴香丙酮提取物的抑制率为 97.6 %，八角茴香挥发油的抑制率为 91.2 %[69]；100 mg/mL 时，八角茴香的挥发油和丙酮提取物的还原作用强于二丁基羟基甲苯（BHT）、丁基羟基茴香醚（BHA）和没食子酸丙酯（PG）：八角茴香丙酮提取物（1.2）> 八角茴香挥发油（0.96）> BHT（0.93）> PG（0.91）> BHA（0.90）[69]。

莽草酸表现出良好的体外抗氧化能力，可保护 SH–SY5Y 人神经细胞免受 H_2O_2 诱导的细胞毒性；TRAP/TAR 和 TBARS 实验显示，10 mM 的莽草酸具有明显的抗氧化和抑制脂质过氧化能力[70]。八角茴香乙酸乙酯提取物对花生油脂质过氧化物的形成有一定的抑制作用[71]。

表 11-4　八角茴香乙醇微波辅助提取物、常规提取物与
抗坏血酸的总酚含量、总黄酮含量及清除自由基活性比较[56]

样品	总酚含量 a	总黄酮含量（mg/g）b	DPPH IC_{50}（μg/ml）c	ABTS IC_{50}（μg/ml）d	羟基自由基 IC_{50}（μg/ml）e	一氧化氮测定 IC_{50}（μg/ml）f
八角茴香微波辅助提取物	271.2±0.93	14.64	0.508	0.714	18.65	266.09
八角茴香常规提取物	289±0.78	13.98	0.534	0.726	18.71	267.80
抗坏血酸			0.460	0.492	18.46	259.36

注：同一列中的值随着标注的字母不同而意义不同（$P<0.05$）。a：每 1 g（干重）提取物中含有没食子酸的毫克数。b：每 1 g（干重）提取物中含有儿茶素的毫克数。c：DPPH 自由基清除 50% 时的有效浓度；d：ABTS 自由基清除 50% 时的有效浓度；e：羟基自由基清除 50% 时的有效浓度；f：NO 自由基清除 50% 时的有效浓度。

11.3.3　抑菌

八角茴香的超临界 CO_2 萃取（SFE）产物对金黄色葡萄球菌、铜绿假单胞菌和鲍曼不动杆菌均有抑制作用，对菌株的最低抑菌浓度范围在 0.1—4.0 mg/mL 之间，最低杀菌浓度范围在 0.2—4.5 mg/mL 之间，SFE 产物的抑菌作用要强于乙醇提取物[72]。

八角茴香甲醇提取物对啮蚀艾肯菌具有一定的抑制作用，最小抑菌浓度为 256 mg/L[73]。八角茴香丙酮提取物对金黄色葡萄球菌、蜡样芽孢杆菌、伤寒沙门氏菌及枯草芽孢杆菌的生长具有抑制作用[69]。八角茴香精油可抑制鲍曼不动杆菌的活性，其作用机制可能与抑制细菌生物膜的合成，及降低细菌黏附能力有关[74]。八角茴香油树脂对大肠杆菌和枯草芽孢杆菌表现出良好的抑菌作用，其抑菌活性与浓度呈正相关[9]。八角茴香挥发油对大肠杆菌、枯草芽孢杆菌、铜绿假单胞菌及伤寒沙门氏菌的生长具有一定抑制作用[69]。

表 11-5 八角茴香丙酮提取物和精油的抑菌作用[69]

细菌[ab]	不同剂量样品的抑菌圈（mm）						氨苄青霉素[d]
	八角茴香精油（ppm）			八角茴香丙酮提取物（ppm）			
	1000	2000	3000	1000	2000	3000	
Ec	12.3±0.4	13.6±1.2	18.5±2.3	11.5±0.2	13.3±0.5	14.0±0.8	20.0±0.8
St	（—）[e]	28.2±0.6	30.1±1.2	（—）[e]	12.3±2.3	25.4±2.6	19.3±0.8
Pa	16.7±2.6	18.3±2.1	20.3±1.2	（—）[e]	（—）[e]	（—）[e]	（—）[e]
Bc	（—）[e]	（—）[e]	（—）[e]	15.0±1.2	24.8±1.6	35.0±2.6	25.9±0.7
Bs	16.7±1.7	20.5±0.4	26.2±0.3	20.5±1.7	22.3±0.2	25.9±3.1	19.3±1.3
Sa	（—）[e]	（—）[e]	（—）[e]	35.6±2.3	42.0±0.3	45.7±2.7	28.9±0.6

[a]Ec，大肠杆菌；Bc 蜡样芽孢杆菌；Bs，枯草芽孢杆菌；Sa，金黄色葡萄球菌；St，伤寒沙门氏菌；Pa，铜绿假单胞菌。

[b] 所有测试真菌的数据均为显著（$P \leqslant 0.05\%$）。

[c] 数值是三次重复值的平均值 ± 标准差。

[d] 水溶液为 1 mg/mL。

[e]（–）无作用。

11.3.4 抗衰老

茴香脑对培养的皮肤成纤维细胞中细胞外基质的关键成分具有浓度依赖的调节作用，采用 Sircol 法、5-［3H］- 脯氨酸掺入法和 RT-PCR 测定胶原蛋白合成，通过明胶酶谱实验测定基质金属蛋白酶 -2（MMP-2）活性，使用 1,9- 二甲基亚甲蓝测定葡萄糖胺聚糖（GAG）浓度，结果发现 1 μM 的茴香脑处理的细胞中，胶原蛋白合成显著增加，MMP-2 的活性被抑制，H_2O_2 诱导的 GAG 浓度增加被抑制[75]。

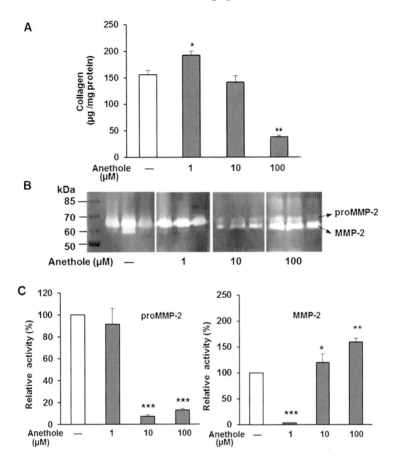

图 11-2　茴香脑（1 μm、10 μm 和 100 μm）对皮肤成纤维细胞中胶原蛋白［用 Sircol 法（A）测定］和 MMP-2［用酶谱法（B）测定］的影响［密度测定值代表三个实验（C）的平均值 ± 标准误；星号（*）表示，与未用茴香脑处理的对照组相比，在统计学上存在显著差异（*，$P < 0.05$; **，$P < 0.005$; ***，$P < 0.0005$）][75]

11.4　成分功效机制总结

八角茴香具有抗炎、抗氧化、抑菌和抗衰老功效，其活性部位包括八角茴香醇提物、水提物、丙酮提取物和超临界萃取物等，活性大类物质包括芳香化合物和挥发油，活性单体包括莽草酸和茴香脑等。有关八角茴香抗炎活性的研究包括特应性皮炎 NC/Nga 小鼠和 LPS 诱导的 RAW 264.7 巨噬细胞模型的建立和作用评价，抗炎机制主要包括抑制炎症因子 iNOS、COX-2、NO、PGE$_2$、MPO、TNF-α、IL-1β、IL-17 等的表达，以及抑制 NF-κB、STAT1、MAPK、Akt 信号通路的激活。八角茴香的抗氧化作用主要与 DPPH 自由基清除、ABTS 自由基清除、羟基自由基清除、超氧阴离子自由基、NO 自由基清除，以及超氧化物歧化酶、谷胱甘肽过氧化物酶、过氧化氢酶增强和还原能力降低有关。八角茴香对多种致病菌有抑制活性，包括伤寒沙门氏菌、铜绿假单胞菌、大肠杆菌、枯草芽孢杆菌、金黄色葡萄球菌、鲍曼不动杆菌、蜡样芽孢杆菌和啮蚀艾肯菌。八角茴香对抗衰老具有一定作用，其机制可能与增加胶原蛋白合成，以及抑制 MMP-2 的活性有关。

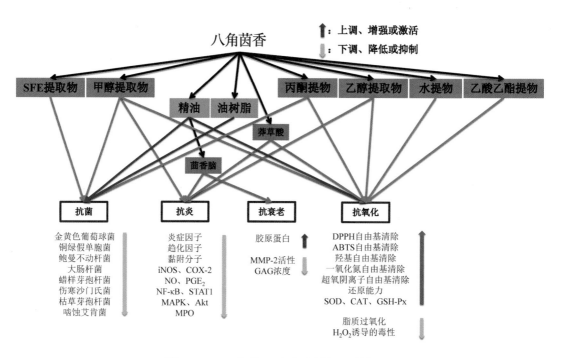

图 11-3　八角茴香成分功效机制总结图

参考文献

[1] 侯振丽, 胡爱林, 石旭柳, 等. 八角茴香的化学成分及生物活性研究进展 [J]. 中药材, 2021, 44(8): 2018—2027.

[2] 阳小勇, 唐荣平. 八角茴香的化学成分及应用研究 [J]. 中国调味品, 2018, 43(8): 194—

195+200.

[3] 袁经权，周小雷，王硕，等 . 八角茴香黄酮苷成分研究 [C]//2010 年中国药学大会暨第十届中国药师周论文集 [出版者不详]. 2010: 7179—7183.

[4] 齐程田，扈晓杰，程磊，等 . 六种天然香辛料的生理活性及研究进展 [J]. 中国调味品，2021，46(3): 185—188+194.

[5] 郑燕菲，蓝亮美，罗雅梅 . 八角茴香挥发油的化学成分及其包合物制备工艺研究 [J]. 中国调味品，2020，45(11): 38—41.

[6] 聂文林，阳小勇 . 八角茴香油树脂提取工艺研究 [J]. 江苏调味副食品，2021，164(1): 15—17.

[7] 赵秀玲 . 八角茴香天然活性成分最新研究进展 [J]. 食品工业科技，2012，33(19): 370—376.

[8] 王琴，蒋林，黄正恩，等 . 低沸点溶剂萃取八角油树脂的工艺研究 [J]. 粮油加工与食品机械，2006(2): 50—52.

[9] Ping L, Zhan S, Lan Z, et al. Study on ultrasonic-assisted extraction of star anise oleoresin from the fruits of *Illicium Verum* and preliminary investigation of its antimicrobial activity[J]. Advances in Applied Biotechnology: Proceedings of the 3rd International Conference on Applied Biotechnology, 2016: 533—544.

[10] 韩林宏 . 八角茴香挥发油提取方法与药理研究进展 [J]. 中南药学，2018，16(11): 1594—1597.

[11] 于彩云，穆阿丽，杨在宾，等 . 水蒸气蒸馏法提取八角茴香油工艺参数的研究 [J]. 中国粮油学报，2018，33(12): 63—68.

[12] 谢志新，陈琳琳，张文州，等 . 八角茴香挥发油超声辅助提取及抗氧化性研究 [J]. 中国调味品，2018，43(4): 124—128.

[13] 张建武，何晓莹 . 八角茴香中挥发油含量测定 [J]. 广东化工，2017，44(12): 136—137.

[14] 李萍，舒展，申晓霞，等 . 3 种方法提取的八角茴香油的比较研究 [J]. 食品科技，2016，41(12): 213—219.

[15] 刘艳霞 . 索氏提取法提取八角茴香油的研究 [J]. 集宁师范学院学报，2016，38(2): 9—12.

[16] 孙玉琼，夏东海，董新荣，等 . 一种简易同时蒸馏萃取方法用于八角茴香挥发油提取及其 GC-MS 分析 [J]. 应用化学，2015，32(3): 356—361.

[17] 谢毅，赵志强，蒲嵩，等 . 八角茴香挥发油水提取工艺优化研究 [J]. 亚太传统医药，2013，9(12): 65—67.

[18] 李健，杨慧，黎晨晨，等 . 八角茴香中精油和莽草酸提取工艺优化 [J]. 食品科学，2011，

32(20): 30—33.

[19] Yan JH, Xiao XX, Huang KL. Component analysis of volatile oil from *Illicium Verum* Hook. f. [J]. Journal of Central South University of Technology(English Edition), 2002, 9(3): 173—176.

[20] Destro BGI, Jorge RMM, Mathias AL. Optimization of high-concentration trans-anethole production through hydrodistillation of star anise[J]. Brazilian Journal of Chemical Engineering, 2019, 36(2): 823—830.

[21] 马铃, 郭川川. 八角精油生产工艺响应面优化及其对火锅底料风味的影响 [J]. 中国调味品, 2021, 46(9): 136—141.

[22] 覃振斌, 熊晓妍, 虞霖田, 等. 不同提取溶剂对八角茴香油提取效果的研究 [J]. 广西农学报, 2020, 35(1): 44—47.

[23] 李萍, 汪青青, 赵鹏英, 等. 水蒸气蒸馏法提取八角茴香油及其抑菌活性研究 [J]. 天津农业科学, 2019, 25(2): 7—11.

[24] 杨月云, 王小光. 超声辅助萃取八角茴香油的工艺研究 [J]. 中国调味品, 2012, 37(9): 55—58.

[25] 廖立敏, 李建凤, 王碧. 正交设计及模型分析法用于八角香油提取研究 [J]. 华中师范大学学报 (自然科学版), 2011, 45(2): 236—239.

[26] 李瑞红, 朱雅旭, 全其根. 八角茴香油的溶剂法提取及成分研究 [J]. 中国调味品, 2012, 37(8): 46—49.

[27] Yang GE, Wang GW, Wu ZP, et al. Study on steam extraction technology assisted by microwave of anise star oil from the fruit of *Illicium verum* Hook. F. [J]. Adanced Materials Research, 2011, 201: 2935—2938.

[28] Cai M, Guo XY, Liang HH, et al. Microwave‐assisted extraction and antioxidant activity of star anise oil from *Illicium verum* Hook. F. [J]. International Journal of Food Science & Technology, 2013, 48(11): 2324—2330.

[29] 张赟彬, 郭媛. 三种方法提取八角茴香精油及其抗菌活性研究 [J]. 德州学院学报, 2012, 28(2): 1—8.

[30] 杜丹, 王晨, 艾凤伟, 等. 微波提取八角茴香挥发油的工艺及抗氧化活性研究 [J]. 吉林中医药, 2011, 31(5): 466—468.

[31] 易封萍, 孙海洋, 钱冬冬, 等. 八角茴香油的提取工艺和香气性能 [J]. 精细化工, 2009, 26(7): 680—684.

[32] 刘瑜新, 吴宏欣, 田璞玉, 等. 八角茴香种子和果壳挥发油成分 [J]. 河南大学学报 (医学版), 2009, 28(2): 107—109.

[33] 周邦华, 龙杰凤, 王小羽, 等. 八角茴香渗漉法的工艺优化及莽草酸的薄层色谱鉴别 [J]. 凯里学院学报, 2020, 38(3): 45—52.

[34] 吴克刚, 谭炜彤, 廖经飞, 等. 响应面法优化八角茴香中莽草酸的微波提取工艺 [J]. 粮食与油脂, 2017, 30(6): 94—99.

[35] 王强, 沈华明, 罗杰辉, 等. 八角茴香中莽草酸提取工艺及抗氧化性研究 [J]. 广州化工, 2014, 42(20): 70—75.

[36] 陈盛余, 赵丹丹. 桂西地区不同产地八角茴香莽草酸的含量测定 [J]. 大众科技, 2014, 16(7): 71—73.

[37] 余凡, 葛亚龙, 杨恒拓, 等. 八角茴香中莽草酸的提取分离工艺及生理活性的研究进展 [J]. 中国调味品, 2014, 39(1): 32—36+70.

[38] 李玉山, 王经安. 八角茴香中莽草酸的提取纯化工艺 [J]. 湖北农业科学, 2013, 52(12): 2883—2887.

[39] 陈豆弟, 张露. 莽草酸的生物活性及提取工艺研究进展 [J]. 杭州化工, 2012, 42(3): 10—12.

[40] 林华卫, 马雄, 乔良博, 等. 莽草酸的生物活性及其提取工艺的研究进展 [J]. 化工技术与开发, 2011, 40(10): 32—34.

[41] 张迎, 刘军海, 刘燕飞, 等. 八角茴香中莽草酸提取工艺的优化 [J]. 食品研究与开发, 2012, 33(5): 30—33+37.

[42] 张迎, 刘军海, 刘燕飞, 等. 八角莽草酸提取、分离、纯化及其功能性研究进展 [J]. 粮食与油脂, 2012, 25(2): 45—49.

[43] 田静静, 吕涛, 刘军海. 八角茴香中莽草酸超声辅助提取工艺的研究 [J]. 农业工程技术 (农产品加工业), 2011(4): 30—33.

[44] 闵勇, 张薇, 樊爱萍, 等. 八角莽草酸提取工艺研究 [J]. 食品研究与开发, 2011, 32(2): 4—7.

[45] 黄芳芳, 苏小建. 利用吸附法从八角中提取分离莽草酸的研究 [J]. 时珍国医国药, 2010, 21(8): 1977—1980.

[46] 刘洁, 李秋庭, 陆顺忠, 等. 超声波提取八角莽草酸工艺研究 [J]. 粮油食品科技, 2009, 17(5): 47—50.

[47] 张志信, 张仕秀, 李洪潮, 等. 从八角茴香中提取莽草酸工艺研究 [J]. 安徽农业科学, 2010, 38(16): 8406—8409.

[48] 阳小勇, 刘红星, 黄初升. 八角茴香中莽草酸的提取及含量测定研究 [J]. 中国调味品, 2009, 34(12): 61—63.

[49] 杜正彩, 李学坚, 黄月细, 等. 不同蒸馏方法对八角枝叶茴香油和莽草酸提取效果的影响 [J]. 广西中医药大学学报, 2013, 16(1): 59—61.

[50] Khan S, Bhatti HA, Abbas G, et al. *Illicium verum* extract exhibited anti-inflammatory action in rodents[J]. Letters in Drug Design & Discovery, 2018, 15(6): 678—686.

[51] Shu X, Liu XM, Fu CL, et al. Extraction, characterization and antitumor effect of the polysaccharides from star anise(*Illicium verum* Hook. f.)[J]. Journal of Medicinal Plants Research, 2010, 4(24): 2666—2673.

[52] 刘韬, 李荣, 张禄捷, 等. 八角茴香叶中黄酮的微波提取及纯化 [J]. 食品科学, 2015, 36(2): 30—35.

[53] 石月锋, 张娟梅, 袁仲. 八角茴香总黄酮提取工艺研究 [J]. 中国调味品, 2014, 39(2): 51—53+61.

[54] 司建志. 八角茴香药渣黄酮的提取、纯化及抗氧化活性研究 [D]. 广西大学, 2014.

[55] Huang DN, Zhou XL, Si JZ, et al. Studies on cellulase-ultrasonic assisted extraction technology for flavonoids from *Illicium verum* residues[J]. Chemistry Central Journal, 2016, 10(1): 1—9.

[56] Rao KS, Keshar NK, Kumar BR. A comparative study of polyphenolic composition and *in-vitro* antioxidant activity of *Illicium verum* extracted by microwave and soxhlet extraction techniques[J]. Indian Journal of Pharmaceutical Education and Research, 2012, 46(3): 228—234.

[57] 黄卓民. 八角 [M]. 北京: 中国林业出版社, 1994.

[58] 王建新. 新编化妆品植物原料手册 [M]. 化学工业出版社, 2020.

[59] Sung YY, Yang WK, Lee AY, et al. Topical application of an ethanol extract prepared from *Illicium verum* suppresses atopic dermatitis in NC/Nga mice[J].Journal of Ethnopharmacology, 2012, 144(1): 151—159.

[60] Sung YY, Kim YS, Kim HK. *Illicium verum* extract inhibits TNF-α- and IFN-γ-induced expression of chemokines and cytokines in human keratinocytes[J]. Journal of Ethnopharmacology, 2012, 144(1): 182—189.

[61] You HB, Zhang R, Wang LY, et al. Chondro-protective effects of shikimic acid on

osteoarthritis via restoring impaired autophagy and suppressing the MAPK/NF-κB signaling pathway[J]. Frontiers in Pharmacology, 2021, 12: 634822.

[62] Rabelo TK, Guimarães AG, Oliveira MA, et al. Shikimic acid inhibits LPS-induced cellular pro-inflammatory cytokines and attenuates mechanical hyperalgesia in mice[J]. International Immunopharmacology, 2016, 39: 97—105.

[63] Domiciano TP, de Oliveira Dalalio MM, Silva EL, et al. Inhibitory effect of anethole in nonimmune acute inflammation[J]. Naunyn-Schmiedeberg's Archives of Pharmacology, 2013, 386(4): 331—338.

[64] Ritter AMV, Domiciano TP, Verri WA, et al. Antihypernociceptive activity of anethole in experimental inflammatory pain[J]. Inflammopharmacology, 2013, 21(2): 187—197.

[65] Patil SB, Ghadyale VA, Taklikar SS, et al.Insulin secretagogue, alpha-glucosidase and antioxidant activity of some selected spices in streptozotocin-induced diabetic rats[J]. Plant Foods for Human Nutrition, 2011, 66(1): 85—90.

[66] Saeed A, RehmanS U, Akram M, et al. Evaluation of antioxidant effects and inhibitory activity of medicinal plants against lipid peroxidation induced by iron and sodium nitroprusside in the mouse brain[J]. Journal of the Chemical Society of Pakistan, 2016, 38(2): 333—340.

[67] Kanatt SR, Chawla SP, Sharma A. Antioxidant and radio-protective activities of Lemon grass and star anise extracts [J]. Food Bioscience, 2014, 60: 1—7.

[68] Ding X, Yang CW, Yang ZB. Effects of star anise(*Illicium verum* Hook. f.), essential oil, and leavings on growth performance, serum, and liver antioxidant status of broiler chickens[J]. Journal of Applied Poultry Research, 2017, 26(4): 459—466.

[69] Gurdip S, Sumitra M, MP D, et al. Chemical constituents, antimicrobial investigations and antioxidative potential of volatile oil and acetone extract of star anise fruits[J]. Journal of the Science of Food and Agriculture, 2006, 86(1): 111—121.

[70] Rabelo TK, Zeidán-Chuliá F, Caregnato FF, et al. In vitro neuroprotective effect of shikimic acid against hydrogen peroxide-induced oxidative stress[J]. Journal of Molecular Neuroscience, 2015, 56(4): 956—965.

[71] Pan YM, Liang Y, Wang HS, et al. Antioxidant activities of several Chinese medicine

herbs[J]. Food Chemistry, 2004, 88(3): 347—350.

[72] Yang EC, Hsieh YY, Chuang LY. Comparison of the phytochemical composition and antibacterial activities of the various extracts from leaves and twigs of *Illicium verum*[J]. Molecules, 2021, 26(13): 3909.

[73] Iauk L, Lo Bue AM, Milazzo I, et al. Antibacterial activity of medicinal plant extracts against periodontopathic bacteria[J]. Phytotherapy Research, 2003, 17(6): 599—604.

[74] Luís Â, Sousa S, Wackerlig J, et al. Star anise(*Illicium verum* Hook. f.)essential oil: antioxidant properties and antibacterial activity against *Acinetobacter baumannii*[J]. Flavour and Fragrance Journal, 2019, 34(4): 260—270.

[75] Andrulewicz-Botulińska E, Kuźmicz I, Nazaruk J, et al. The concentration-dependent effect of anethole on collagen, MMP-2 and GAG in human skin fibroblast cultures[J]. Advances in Medical Sciences, 2019, 64(1): 111—116.

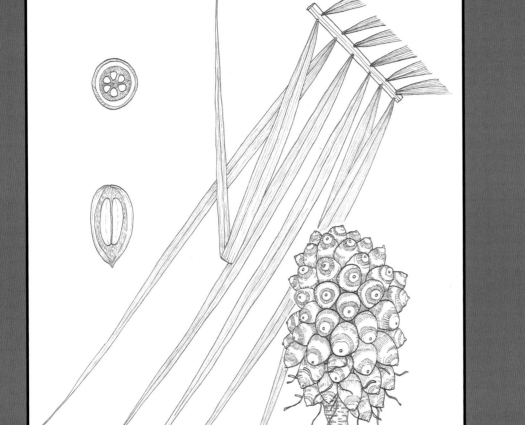

巴巴苏

12.1 基本信息

中 文 名	巴巴苏	
属 名	直叶椰子属 *Attalea*	
拉 丁 名	*Attalea speciosa* Mart.ex Spreng[①]	
俗 名	无	
分类系统	恩格勒系统（1964）	APG Ⅳ系统（2016）
	被子植物门 Angiospermae 单子叶植物纲 Monocotyledoneae 棕榈目 Principes 棕榈科 Palmae	被子植物门 Angiospermae 木兰纲 Magnoliopsida 棕榈目 Arecales 棕榈科 Arecaceae
地理分布	巴西东北部、东南部	
化妆品原料	巴巴苏（ORBIGNYA OLEIFERA）籽油	

多年生乔木，高 6—30 米。具气生茎，直立，表面光滑。叶片 10—28 枚螺旋状排列在茎顶，叶鞘边缘具纤维；羽叶每侧 150—280 枚整齐的排列在叶轴两侧，顶端不整齐；叶轴稍弯曲，与茎近平行，被褐色毛被。雌雄同株、仅雄性或仅雌性的花序在同一株植物上；苞片具梗，有沟槽；花序轴上具许多小穗轴，螺旋状排列，雄花与雌花成对排列在小穗轴基部，雄花单生或很少成对着生在穗轴末端。雄花小，革质，形状不规则，基部合生，比雄蕊长；雄蕊 6 至多枚，花药卷曲缠绕。雌花生于两性植株小穗轴的基部，长 30—40 毫米；花瓣具硬尖头，边缘不整齐；具退化雄蕊环，杯状；花柱 3 或更多。果实卵圆形；外果皮棕色，不平整，具纵向条纹；中果皮厚，内果皮具丰富的棕色纤维；种子 1 枚或更多。[②]

---

①巴西植物志网站记载 *Attalea speciosa* 为巴巴苏的接受名，而 *Orbignya oleifera* 为其异名。
②见巴西植物志 [Flora e Funga do Brasil-*Attalea speciosa* Mart. ex Spreng.（jbrj.gov.br）]。

12.2 活性物质

12.2.1 主要成分

目前对巴巴苏化学成分的研究主要集中在脂肪酸类，其他成分的相关研究较少。巴巴苏具体化学成分见表 12-1。

表 12-1 巴巴苏化学成分

主要成分类别	主要化合物	参考文献
脂肪酸	辛酸、癸酸、月桂酸、肉豆蔻酸、棕榈酸、硬脂酸、油酸、亚油酸等	[1—2]

表 12-2 巴巴苏成分单体结构

序号	主要单体	结构式	CAS 号
1	辛酸	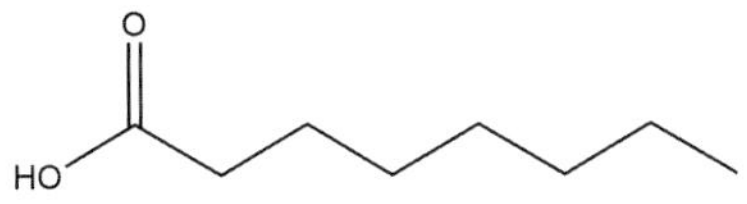	124-07-2
2	癸酸	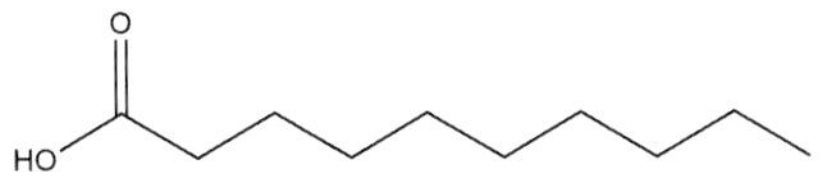	334-48-5
3	月桂酸	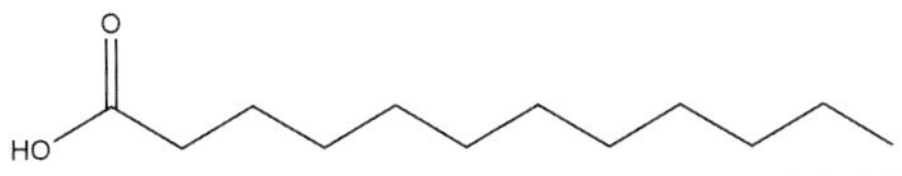	143-07-7
4	肉豆蔻酸	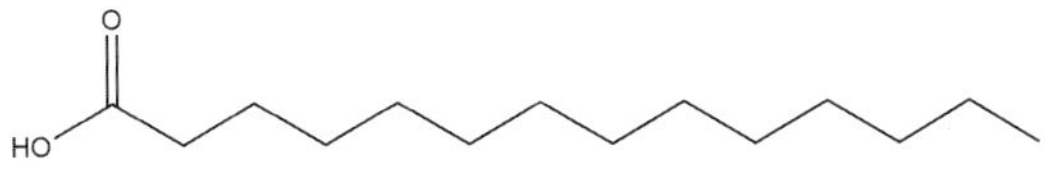	544-63-8
5	棕榈酸	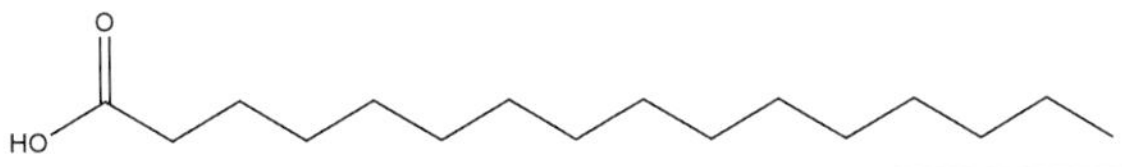	57-10-3
6	硬脂酸	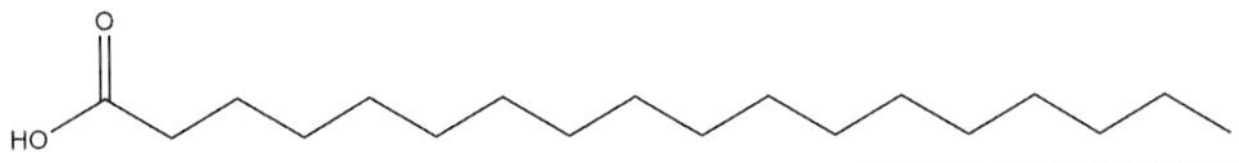	57-11-4
7	油酸	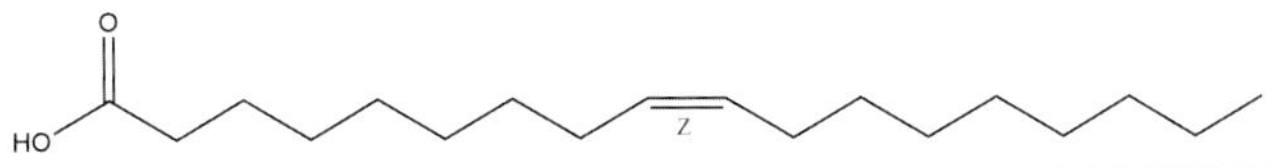	112-80-1
8	亚油酸	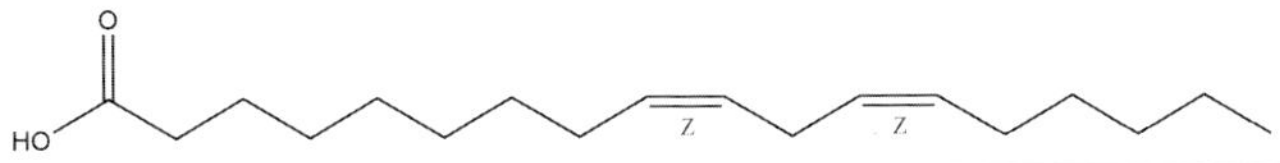	60-33-3

12.2.2　含量组成

目前未查阅到有关巴巴苏成分含量的研究文献。

12.3　功效与机制

在资源丰富的亚马孙热带密林里，生长着许多独特的植物，其中有一种矮小的棕榈树，它枝繁叶茂，果实累累，当地人把这种树叫做"巴巴苏"。巴巴苏的果实可以吃，果仁可以榨取巴巴苏油[3]。巴巴苏籽油除了作为能源物质外，还被用于卸妆水生产中[4]。

参考文献

[1] Jhonatan P, Renato C, Camilla B, et al. Study of the efficiency of *Orbignya oleifera* as a green corrosion inhibitor for low carbon steel compared to commercial inhibitor in 1M HCl solution[J]. Revista Matēria, 2019, 24(3): 0781—0794.

[2] Cleide GL, Aline RP, Adrea FGV, et al. O/W/O multiple emulsions containing amazon oil: babassu oil(*Orbignya oleifera*)[J]. Journal of Dispersion Science and Technology, 2010, 31(5): 622-626.

[3] 张宝玉. 能源新秀"巴巴苏"[J]. 世界知识, 1982(14): 23.

[4] 上海易亨化工有限公司. 一种水溶性巴巴苏籽油在卸妆水中的应用: CN202110040622. 7[P]. 2021—04—13.

巴尔干苣苔

13.1　基本信息

中 文 名	喉凸苣苔	
属　　　名	喉凸苣苔属 *Haberlea*	
拉 丁 名	*Haberlea rhodopensis* Friv.	
俗　　　名	巴尔干苣苔	
分类系统	恩格勒系统（1964）	APG IV 系统（2016）
	被子植物门 Angiospermae 双子叶植物纲 Dicotyledoneae 管花目 Tubiflorae 苦苣苔科 Gesneriaceae	被子植物门 Angiospermae 木兰纲 Magnoliopsida 唇形目 Lamiales 苦苣苔科 Gesneriaceae
地理分布	保加利亚、希腊等	
化妆品原料	巴尔干苣苔（HABERLEA RHODOPENSIS）叶提取物	

　　多年生常绿草本，高可达 15 厘米。植株无茎，叶片基生，莲座状，深绿色，倒卵形，长可达 8 厘米，顶端急尖，基部楔形，边缘具粗齿，叶片两面均具长柔毛；侧脉每边 3–4 条。聚伞花序不分枝，每花序具花 3–7 朵；花序梗长 10–15 厘米，被短柔毛，紫红色；苞片线形；花梗长 1.2 厘米；花萼筒形，5 裂至近基部，裂片宽披针形至长卵形，背面被柔毛；花冠筒状，淡紫色至白色，长约 2 厘米，冠幅可达 2.5 厘米，外面无毛，内面下唇喉部具髯毛，有黄色和紫色斑纹；上唇 2 裂，下唇 3 裂，裂片顶端浅凹。花期春季至夏季。[①]

13.2　活性物质

13.2.1　主要成分

　　巴尔干苣苔化学成分丰富，主要包括酚酸类、黄酮类、脂肪酸类、核酸、甾醇

[①]　文字参见下列网站及文献：a. 网站 Type of Haberlea rhodopensis Friv. [family GESNERIACEAE] on JSTOR;
b.Markova, M. (1995) *Haberlea rhodopensis* Friv. —In: Kozuharov, S. I. & Kuzmanov, B. A. (eds.), Flora Reipablicae Bulgaricae 10: 289–290. Bulgarian Acad. Sci., Sofia;
c.Strid, A. (1991) *Haberlea rhodopensis* Friv. — In: Strid, A. & Tan, K. (eds.), Mountain flora of Greece 2: 260. Edinburgh Univ. Press, Edinb。

和其他类型化合物。其中，酚酸类和黄酮类化合物是巴尔干苣苔化学成分中研究较多的成分。巴尔干苣苔具体化学成分见表 13-1。

表 13-1　巴尔干苣苔化学成分

主要成分类别	主要化合物	参考文献
酚苷	mycohoside、paucifloside	[1—2]
黄酮类	杨梅素、橙皮苷、槲皮素、木犀草素、山奈酚、芦丁、金丝桃苷、高车前素 -8-C-（2″-O- 丁香酰基）-β- 吡喃葡萄糖苷、高车前素 -8-C-（6-O- 乙酰基 -β- 吡喃葡萄糖苷）、高车前素 -8-C-（6-O- 乙酰基 -2-O- 丁香酰基 -β- 吡喃葡萄糖苷）、高车前素 -8-C- 葡萄糖苷等	[2—5]
酚酸	2- 羟基苯甲酸、绿原酸、香草酸、咖啡酸、丁香酸、对香豆酸、芥子酸、阿魏酸、肉桂酸、没食子酸、氢代咖啡酸、水杨酸、龙胆酸、间羟基苯乙酸、丁香醛等	[4—8]
脂肪酸类	棕榈油酸、亚麻酸、亚油酸、油酸、花生酸、月桂酸、肉豆蔻酸、十七烷酸、硬脂酸、棕榈酸、2- 羟基 - 棕榈酸、山嵛酸、2- 羟基 - 山嵛酸、二十四烷酸、2- 羟基 - 二十四烷酸、二十一烷酸、2- 羟基 - 二十六烷酸、2- 羟基 - 二十三烷酸、二十三烷酸、二十五烷酸、2- 十六烷基甘油、1- 十六烷基甘油、1- 十八烷基甘油等	[4—7]
甾醇类	谷甾醇醋酸酯、菜油甾醇、胆固醇、豆甾醇、β- 谷甾醇等	[4—5]
类胡萝卜素	叶黄素、新黄质、紫黄质、玉米黄质、β- 胡萝卜素等	[4]
其他	角鲨烯、棉子糖、水苏糖、毛蕊花糖、果胶、十六烷、植醇 I、磷酸、多元醇磷酸酯、磷酸甘油、L- 缬氨酸、L- 丝氨酸、谷氨酰胺等	[4—7]

表 13-2　巴尔干苣苔成分单体结构

序号	主要单体	结构式	CAS 号
1	myconoside	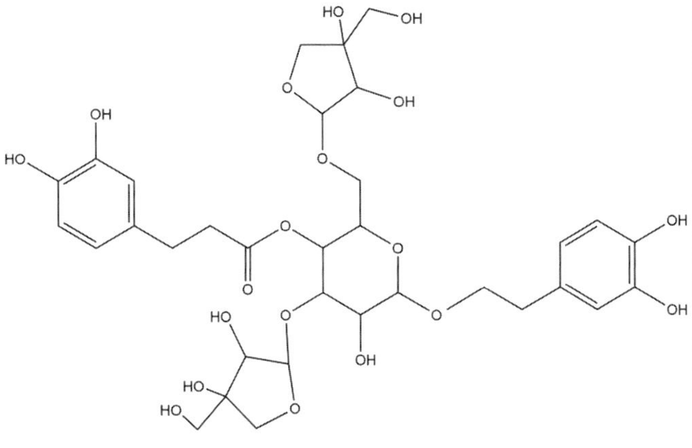	174232-49-6

13.2.2 【含量组成】

目前，对巴尔干苣苔化学成分含量的研究主要集中在其提取物中多酚含量，另外还有一些少量的其他成分的研究，具体信息见表 13-3。

表 13-3 巴尔干苣苔主要成分含量信息

成分	来源	含量	参考文献
多酚	叶醇提物	99.03-151.24 mg GAE/g DW	[6—7]
	整株醇提物	9.42-15.98 mg GAE/g DW	[9]
myconoside	提取物	332.2 mg/g DW	[8]
paucifloside	提取物	24.8 mg/g DW	[8]
高车前素 -8-C-（6-O- 乙酰基）- 吡喃葡萄糖苷	提取物	6.9 mg/g DW	[8]
黄酮 C- 糖苷	提取物	17.1 mg/g DW	[8]

注：GAE：没食子酸当量；DW：干重。

13.3 功效与机制

巴尔干苣苔的使用可以追溯到色雷斯和罗马时期，其代谢产物包括大量的游离糖、多元醇、多糖、类黄酮、酚酸和类胡萝卜素。辐射防护和免疫调节研究显示，巴尔干苣苔提取物有解毒、滋补、复壮和伤口愈合特性[4]。巴尔干苣苔具有抗炎、抗氧化、抑菌及抗衰老的功效。

13.3.1 抗炎

利用 NF-κB 报告载体模型进行检测，巴尔干苣苔提取物与细菌细胞壁肽聚糖成分（ie-DAP）共同预处理可抑制 NF-κB 通路，显示抗炎功效[18]。巴尔干苣苔提取物具有抗炎作用，在化妆品、食品和医疗产品中作为抗炎佐剂使用[4]。巴尔干苣苔中的酚酸成分广泛用于预防和治疗炎性疾病[8]。

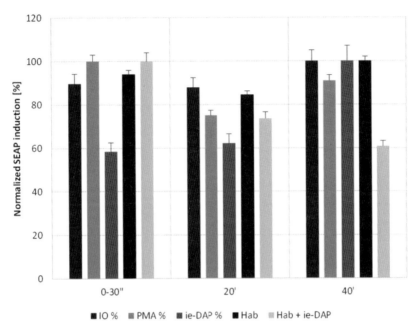

图 13-1　巴尔干苣苔对 NF-κB 信号通路的作用 [18]

注：IO 表示离子霉素（ionomycin），作为阳性对照；PMA 表示 phorbol myristate acetate，作为阳性对照；ie-DAP 表示细菌细胞壁肽聚糖成分，是内源性免疫受体特异性配体；Hab 表示仅有巴尔干苣苔提取物；Hab+ie-DAP 表示巴尔干苣苔提取物和内源性免疫受体特异性配体同时存在；离子霉素和 PMA 是两种最常用的人工 NF-κB 诱导剂。各组分别处理 30 秒、20 分钟、40 分钟。处理 40 分钟后，Hab+ie-DAP 组比 Hab 组的 SEAP 信号降低 40 %，抑制 NF-κB 途径，显示抗炎功效。

13.3.2　抗氧化

巴尔干苣苔可显著增加超氧化物歧化酶（SOD）和过氧化氢酶（CAT）的活性，降低血浆中丙二醛（MDA）水平，达到抗脂质过氧化的效果 [10]。巴尔干苣苔叶甲醇提取物在前列腺癌细胞系 LNCaP、PC3 和正常细胞系 HEK293 中显示出抗氧化作用，可降低 H_2O_2 引起的氧化应激反应 [18]。巴尔干苣苔叶 70 % 乙醇提取物在 ABTS 自由基清除、DPPH 自由基清除、铁离子还原抗氧化能力（FRAP）和氧化自由基吸收能力（ORAC）实验中均显示出体外抗氧化活性 [9]；在抗肿瘤药物环磷酰胺作用或 γ 射线诱导的氧化损伤的雄性新西兰兔体内实验中，可降低血液中的 MDA 含量，增加 SOD、CAT 和谷胱甘肽过氧化物酶（GSH-Px）活性 [4, 8, 11-12]。巴尔干苣苔叶的甲醇、乙醇提取物在 ABTS 自由基清除实验中显示了抗氧化活性，且抗氧化活性与其多酚含量呈线性关系[6]。巴尔干苣苔叶超声波提取物在DPPH自由基清除、ABTS自由基清除和FRAP实验中显示出抗氧化功效[7]。巴尔干苣苔醇提物中分离的酚类物质，特别是myconoside，在ABTS自由基清除、DPPH自由基清除、FRAP、抑制脂质过氧化（LPO）实验中显示出抗氧化活性[13]。巴尔干苣苔中的酚酸类物质可捕获自由基和降低氧化应激，广泛用于预防和治疗多种氧化应激有关的疾病[8]。在小鼠大剂量γ射线照射前，给予巴尔干苣苔中的黄酮类物质木犀草素可使小鼠骨髓和脾脏中内源性抗氧化物增加，同时降低脂质过氧化[8]。巴尔干苣苔分离出的myconoside和Calceolarioside E可激活内源性Nrf2水平，调节氧化应激造成的病理情况下的氧化平衡[14]。

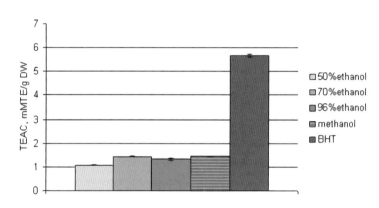

图13-2　巴尔干苣苔叶的不同醇提物与BHT的抗氧化作用[6]

注：BHT，二丁基羟基甲苯，抗氧化剂；TEAC，Trolox等效抗氧化能力，TEAC值代表抗氧化能力，单位为mM TE/g DW。巴尔干苣苔叶的70％乙醇提取物ABTS抗氧化能力最强。

表13-4　巴尔干苣苔叶超声波提取物的
抗氧化活性（mM TE/g DW）[7]

样品	TEAC$_{DPPH}$·	TEAC$_{ABTS}$·+	FRAP
巴尔干苣苔[a]	0.80±0.01	0.77±0.04	1.36±0.05
迷迭香萃取物[b]	1.75±0.07	1.01±0.20	1.51±0.01

注：a，超声波提取物；b，商业产品。

13.3.3　抑菌

巴尔干苣苔叶 70％乙醇提取物对金黄色葡萄球菌具有抗菌活性,对大肠杆菌、铜绿假单胞菌、肺炎克雷伯菌、枯草芽孢杆菌、黑曲霉和根霉的抗菌活性相对较弱[9, 15]。抗菌活性可能与植物中含有苷类和黄酮类成分有关[9]。

表 13-5　巴尔干苣苔提取物对不同细菌的抑菌圈（mm）[15]

菌株	圆盘非稀释提取物	圆盘稀释提取物 1∶1	圆盘稀释提取物 1∶2
金黄色葡萄球菌 ATCC 25923	14	10	10
耐甲氧西林敏感金黄色葡萄球菌 ATCC29213	20	14	12
耐甲氧西林金黄色葡萄球菌 ATCC39592	18	15	14
金黄色葡萄球菌临床分离株 707	16	14	12
金黄色葡萄球菌临床分离株 1707	18	14	12
大肠杆菌 ATCC25922	8	—	—
铜绿假单胞菌 ATCC27853	12	—	—

13.3.4　抗衰老

酿酒酵母实验显示,巴尔干苣苔叶甲醇提取物具有抗衰老活性。干燥叶的提取物抗衰老活性高于新鲜叶[16]。持续口服巴尔干苣苔提取物可以增强大鼠的短期记忆[17]。一项包括 20 名志愿者的研究证实,使用含 3％巴尔干苣苔提取物的护肤霜 15 天后可以增加皮肤的弹性和光泽,使用 30 天和 60 天后效果持续;用巴尔干苣苔提取物处理过氧化物应激的人表皮成纤维细胞,可增加胶原蛋白 VI（+822％）,胶原蛋白 XVI（+928％）和弹性蛋白（+144％）mRNA 的合成,效果优于使用维甲酸和视黄醇[1]。

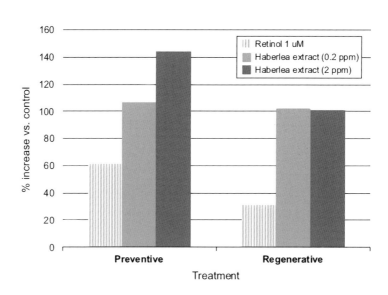

图 13-3　H_2O_2 刺激下人表皮成纤维细胞弹性蛋白 mRNA 的合成 [1]

注：Preventive，刺激前加入组分；Regenerative，刺激后加入组分；视黄醇（Retinol）作为阳性对照；Haberlea extract，巴尔干苣苔提取物。

13.4　成分功效机制总结

巴尔干苣苔具有抗炎、抗氧化、抑菌和抗衰老活性，其活性成分包括酚类、黄酮类、酚酸等，来源于甲醇提取物、乙醇提取物、超声波提取物等。巴尔干苣苔抗炎机制与抑制 NF-κB 信号通路有关。巴尔干苣苔抗氧化活性包括自由基清除、增加抗氧化酶活性、抑制脂质过氧化以及利用 Nrf2 信号通路调节氧化应激。巴尔干苣苔醇提物有抑菌作用，对金黄色葡萄球菌具有较强抗菌活性，对大肠杆菌、铜绿假单胞菌、肺炎克雷伯菌、枯草芽孢杆菌、黑曲霉和根霉的抗菌活性较弱。巴尔干苣苔提取物可以诱导胶原蛋白 VI、胶原蛋白 XVI 和弹性蛋白 mRNA 的合成，增加皮肤的弹性和光泽，增强短期记忆，具有抗衰老作用。

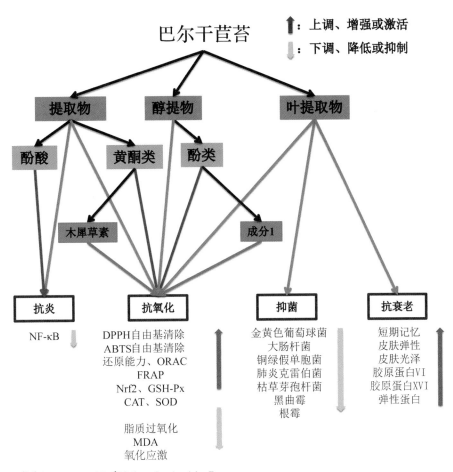

成分1：myconoside和Calceolarioside E

图13-4　巴尔干苣苔成分功效机制总结图

参考文献

[1] Dell'Acqua G, Schweikert K. Skin benefits of a myconoside-rich extract from resurrection plant *Haberlea rhodopensis*[J]. International Journal of Cosmetic Science, 2012, 34(2): 132—139.

[2] Georgieva K, Dagnon S, Gesheva E, et al. Antioxidant defense during desiccation of the resurrection plant *Haberlea rhodopensis*[J]. Plant Physiology and Biochemistry, 2017, 11451—59.

[3] Ebrahimi SN, Gafner F, Dell'Acqua G, et al. Flavone 8-*C*-glycosides from *Haberlea*

rhodopensis friv.(Gesneriaceae)[J]. Helvetica Chimica Acta, 2011, 94(1): 38—45.

[4] Georgiev YN, Ognyanov MH, Denev PN. The ancient Thracian endemic plant *Haberlea rhodopensis* Friv. and related species: A review[J]. Journal of Ethnopharmacology, 2020, 249.

[5] Todorova R, Atanasov, AT. *Haberlea rhodopensis*: pharmaceutical and medical potential as a food additive[J]. Natural Product Research, 2016, 30(5): 507—529.

[6] Dasha M, Slava B, Valentina T. Examination of the antioxidant activity of *Haberlea rhodopensis* leaf extracts and their phenolic constituents[J]. Journal of Food Biochemistry, 2013, 37(3): 255—261.

[7] Mihaylova D, Ivanova M, Bahchevanska S, et al. Chemical composition and antioxidant activity of ultrasound-assisted extract of the endemic plant *Haberlea rhodopensis* Friv.[J]. Journal of Food Science and Technology, 2015, 52(4): 2469—2473.

[8] Svetlana G, Deyana G, Borislav P, et al. Radioprotective action of resurrection plant *Haberlea rhodopensis* Friv. (Gesneriaceae) and role of flavonoids and phenolic acids[J]. Bulgarian Journal of Agricultural Science, 2019, 25(3): 158—168.

[9] Mihaylovaa D, Lante A, Krastanov A. Total phenolic content, antioxidant and antimicrobial activity of *Haberlea rhodopensis* extracts obtained by pressurized liquid extraction[J]. Acta Alimentaria, 2015, 44(3): 326—332.

[10] Georgieva S, Popov B, Bonev G. Radioprotective effect of *Haberlea rhodopensis* (Friv.) leaf extract on γ-radiation-induced DNA damage, lipid peroxidation and antioxidant levels in rabbit blood[J]. Indian Journal of Experimental Biology, 2013, 51(1): 29—36.

[11] Georgieva S, Popov B, Miloshev G, et al. Cellular DNA damage and lipid peroxidation after whole body gamma irradiation and treatment with H*aberlea rhodopensis* extract in rabbits[J]. Revue de Médecine Vétérinaire, 2012, 163(12): 572—576.

[12] Popov B, Georgieva S, Oblakova M, et al. Effects of *Haberlea rhodopensis* extract on antioxidation and lipid peroxidation in rabbits after exposure to ^{60}Co-γ-rays[J]. Archives of Biological Sciences, Belgrade, 2013, 65(1): 91—97.

[13] Magdalena K, Dimitrina Z, Paraskev N, et al. Cytoprotective and antioxidant effects of phenolic compounds from *Haberlea rhodopensis* Friv.(Gesneriaceae)[J]. Pharmacognosy Magazine, 2013, 36(9): 294—301.

[14] Kristiana MA, Petya AD, Andrey SM, et al. Biotechnologically-produced myconoside and calceolarioside E induce Nrf2 expression in neutrophils[J]. International Journal of Molecular Science, 2021, 22, 1759.

[15] Radev R, Lazarova G, Nedialkov P, et al. Study on antibacterial activity of *Haberlea rhodopensis*[J]. Trakia Journal of Sciences, 2009, 7(1): 34—36.

[16] Milena G, Daniela M, Dimitar D, et al. Methanol extracts from the resurrection plant *Haberlea rhodopensis* ameliorate cellular vitality in chronologically ageing *Saccharomyces cerevisiae* cells[J]. Biogerontology, 2015, 16(4): 461—472.

[17] Radev R, Peychev L, Lazarova G, et al. *Haberlea rhodopensis*: a plant with multiple pharmacological activities[J]. Trakia Journal of Sciences, 2012, 10(Suppl.1): 290—295.

[18] Hayrabedyan S, Todorova K, Zasheva D, et al. *Haberlea rhodopensis* has potential as a new druy source based on its broad biological modalities[J]. Biotechnology & Biotechnological Equipment, 2013, 27(1): 3553—3560.

巴戟天

14.1　基本信息

14.1.1　巴戟天

中　文　名	巴戟天	
属　　　名	巴戟天属 *Morinda*	
拉　丁　名	*Morinda officinalis* How	
俗　　　名	鸡肠风、巴吉、巴戟、大巴戟	
分　类　系　统	恩格勒系统（1964）	APG Ⅳ系统（2016）
	被子植物门 Angiospermae 双子叶植物纲 Dicotyledoneae 龙胆目 Gentianales 茜草科 Rubiaceae	被子植物门 Angiospermae 木兰纲 Magnoliopsida 龙胆目 Gentianales 茜草科 Rubiaceae
地　理　分　布	福建、广东、广西、海南等地；中南半岛	
化妆品原料	巴戟天（MORINDA OFFICINALIS）根提取物	
	巴戟天（MORINDA OFFICINALIS）提取物	

A | B　A. 巴戟天植株
B. 巴戟天根

　　藤本；肉质根不定位肠状缢缩，根肉略紫红色，干后紫蓝色；嫩枝被长短不一粗毛，后脱落变粗糙，老枝无毛，具棱，棕色或蓝黑色。叶薄或稍厚，纸质，干后棕色，长圆形，卵状长圆形或倒卵状长圆形，长 6—13 厘米，宽 3—6 厘米，顶端急尖或具小短尖，基部纯、圆或楔形，边全缘，有时具稀疏短缘毛，上面初时被稀疏、紧贴长粗毛，后变无毛，中脉线状隆起，多少被刺状硬毛或弯毛，下面无毛或中脉处被疏短粗毛；侧脉每边（4—）5—7 条，弯拱向上，在边缘或近边缘处相连接，网脉明显或不明显；叶柄长 4—11 毫米，下面密被短粗毛；托叶长 3—5 毫米，顶部截平，干膜质，易碎落。花序 3—7 伞形排列于枝顶；花序梗长 5—10 毫米，被短柔毛，基部常具卵形或线形总苞片 1；头状花序具花 4—10 朵；花（2—）3（—4）基数，无花梗；花萼倒圆锥状，下部与邻近花萼合生，顶部具波状齿 2—3，外侧一齿特大，三角状披针形，顶尖或钝，其余齿极小；花冠白色，近钟状，稍肉质，长 6—7 毫米，冠管长 3—4 毫米，顶部收狭而呈壶状，檐部通常 3 裂，有时 4 或 2 裂，裂片卵形或长圆形，顶部向外隆起，向内钩状弯折，外面被疏短毛，内面中部以下至喉部密被髯毛；雄蕊与花冠裂片同数，着生于裂片侧基部，花丝极短，花药背着，长约 2 毫米；花柱外伸，柱头长圆形或花柱内藏，柱头不膨大，2 等裂或 2 不等裂，子房（2—）3（—4）室，每室胚珠 1 颗，着生于隔膜下部。聚花核果由多花或单花发育而成，熟时红色，扁球形或近球形，直径 5—11 毫米；核果具分核（2—）3（—4）；分核三棱形，外侧弯拱，被毛状物，内面具种子 1，果柄极短；种子熟时黑色，略呈三棱形，无毛。花期 5—7 月，果熟期 10—11 月。[①]

巴戟天的干燥根药用，味甘、辛，性微温。归肾、肝经。补肾阳，强筋骨，祛风湿。用于阳痿遗精，宫冷不孕，月经不调，少腹冷痛，风湿痹痛，筋骨痿软。[②]

14.1.2　海巴戟

中文名	海滨木巴戟	
属　名	巴戟天属 *Morinda*	
拉丁名	*Morinda citrifolia* L.	
俗　名	橄树、橘叶巴戟、海巴戟、海巴戟天、诺丽	
分类系统	恩格勒系统（1964）	APG Ⅳ系统（2016）
	被子植物门 Angiospermae 双子叶植物纲 Dicotyledoneae 龙胆目 Gentianales 茜草科 Rubiaceae	被子植物门 Angiospermae 木兰纲 Magnoliopsida 龙胆目 Gentianales 茜草科 Rubiaceae

①见《中国植物志》第 71（2）卷第 199 页。

②见《中华人民共和国药典》（2020 年版）一部第 84 页。

（接上表）

地 理 分 布	亚洲热带、亚热带及澳大利亚北部
化妆品原料	海巴戟（MORINDA CITRIFOLIA）果提取物
	海巴戟（MORINDA CITRIFOLIA）果汁
	海巴戟（MORINDA CITRIFOLIA）提取物
	海巴戟（MORINDA CITRIFOLIA）叶提取物
	海巴戟（MORINDA CITRIFOLIA）叶汁
	海巴戟（MORINDA CITRIFOLIA）籽油

A　B
A. 海巴戟植株
B. 海巴戟果

　　灌木至小乔木，高1—5米；茎直，枝近四棱柱形。叶交互对生，长圆形、椭圆形或卵圆形，长12—25厘米，两端渐尖或急尖，通常具光泽，无毛，全缘；叶脉两面凸起，中脉上面中央具一凹槽，侧脉每侧6（—5或7）条，下面脉腋密被短束毛；叶柄长5—20毫米；托叶生叶柄间，每侧1枚，宽，上部扩大呈半圆形，全缘，无毛。头状花序每隔一节一个，与叶对生，具长约1—1.5厘米的花序梗；花多数，无梗；萼管彼此间多少粘合，萼檐近截平；花冠白色，漏斗形，长约1.5厘米，喉部密被长柔毛，顶部5裂，裂片卵状披针形，长约6毫米；雄蕊5，罕4或6，着生花冠喉部，花丝长约3毫米，花药内向，上半部露出冠口，线形，背面中部着生，长约3毫米，二室，纵裂；花柱约与冠管等长，由下向上稍扩大，顶二裂，裂片线形，略叉开，子房4室，有时有1—2室不育，每室具胚珠1颗，胚珠略扁，其形状随着生部位不同而各异，通常圆形、长圆形或椭圆形，或其他形，横生，下垂或不下垂。果柄长约2厘米；聚花核果浆果状，卵形，幼时绿色，熟时白色约如初生鸡蛋大，径约2.5厘米，每核果具分核4（—2或3），分核倒卵形，稍内弯，坚纸质，具二室，上侧室大而空，下侧室狭，具1种子；种子小，扁，长圆形，下部有翅；胚直，胚根下位，子叶长圆形；胚乳丰富，质脆。花果期全年。[①]

14.2 活性物质

14.2.1 主要成分

目前，有关巴戟天属的巴戟天（*Morinda officinalis*）和海巴戟（*M.citrifolia*）的研究较多。根据查阅到的文献，目前从巴戟天中分离得到的化学成分主要有糖类、环烯醚萜类、苯丙素类、黄酮类、蒽醌类、挥发性成分等，此外还有香豆素类、木脂素类、酚类和甾体类化合物。巴戟天属的具体化学成分见表14–1。

表14–1 巴戟天属化学成分

成分类别	植物	主要化合物	参考文献
环烯醚萜类	巴戟天	车叶草苷、水晶兰苷、车叶草苷四乙酸脂、车叶草苷酸、去乙酰基车叶草苷酸等	[1—2]
	海巴戟	香茅苷、骨化三醇A-1、车叶草苷酸、香茅苷A、6α-hydroxyadoxoside、6β,7β-epoxy-8-*epi*-splendoside、morindacin、citrifoside、鸡矢藤苷甲酯、车叶草苷酸甲酯、马钱苷酸、rhodolatouside、骨化三醇A、巴戟醚萜、4-表-巴戟醚萜等	[1]
蒽醌类	巴戟天	1,6-二羟基-2,4-二甲氧基蒽醌、1,6-二羟基-2-甲氧基蒽醌、1-羟基蒽醌、2-甲基蒽醌、2-羟基-1-甲氧基蒽醌、3-羟基-1-甲氧基-2-甲基蒽醌、1,8-二羟基-3-甲氧基-6-甲基蒽醌、Rubiasin A、Rubiasin B、1,2-二氧乙烯蒽醌、1,3-二羟基-2-丁酰基蒽醌、1,2-二羟基蒽醌、2-羧基蒽醌、1,2-二羟基-3-甲基蒽醌、1,3-二羟基-2-甲氧基蒽醌、甲基异茜草素、甲基异茜草素-1-甲醚、2-羟基-3-甲基蒽醌、1-羟基-2-羟甲基蒽醌、1-羟基-6-羟甲基蒽醌、1-羟基-7-羟甲基蒽醌、3-羟基-1,2-二甲氧基蒽醌、2-甲氧甲酰基蒽醌等	[2—4]

①见《中国植物志》第71（2）卷第182页。

（接上表）

蒽醌类	海巴戟	1,2-二羟基蒽醌、去甲基虎刺醛、虎刺醛、lucidin、1-甲氧基-2-甲基-3-羟基蒽醌、damancanthol、1-羟基-2-乙氧基蒽醌、2-甲酰基蒽醌、2-甲氧基-1,3,6-三羟基蒽醌、5,15-di-*O*-methyl morindol、2-乙氧基-3-甲氧基-1,5,6-三羟基蒽醌等	[4]
挥发油类	巴戟天	正十七烷、正十八烷、支链二十烷、左旋龙脑、2，6-二叔丁基对甲酚、十四酸、十五酸、十六酸、*N*-苯基-1-萘胺、α-姜烯、β-没药烯、β-倍半水芹烯、樟脑、正壬醛、2-戊基呋喃、2-甲基-6-对甲基苯基-2-庚烯、1-己醇、*L*-龙脑、2-庚酮、庚醛、α-蒎烯、(*E*)-2-庚烯醛、苯甲醛、6-甲基-5-庚烯-2-酮、正辛醛、对异丙基甲苯、柠檬烯、桉叶脑、苯乙醛、2-辛烯醛、正辛醇、*L*-芳樟醇、松油烯-4-酮、(+)-α-萜品醇、香菜醇、香叶醇、(-)-冰片基乙酸酯、2-十一酮、α-紫穗槐烯、橙花叔醇异构体、α-雪松醇、6,10,14-三甲基-十五烷基-2-酮等	[2—3]
寡糖	巴戟天	蔗糖、耐斯糖、菊粉六糖等	[3]
黄酮类	海巴戟	芦丁、槲皮素、儿茶素、表儿茶素、橙皮苷等	[5]
香豆素类	海巴戟	morinaphthalenone、东莨菪素、异莨菪亭、7-羟基-6-甲氧基香豆素等	[5—7]
木脂素类	海巴戟	ciwujiatone、balanophonin、(+)-3,3'-bisdemethyltanegool、(-)-pinoresinol、americanol A、americanin A、morindolin、isoprincepin等	[6]
苯丙素类	海巴戟	绿原酸、咖啡酸、阿魏酸、松柏苷、松柏醛、对羟基肉桂酸、阿魏酸甲酯、对羟基肉桂酸甲酯、β-hydroxypropiovanillone等	[5—7]
酚类	海巴戟	虎刺素、茜素、桃叶珊瑚苷、蒽醌苷等	[5]
甾体类	海巴戟	β-谷甾醇、豆甾醇、stigmasta-4-en-3-one、stigmasta-4-22-dien-3-one、campesta-5,7,22-trien-3β-ol、β-sitosterol 3-*O*-β-*D*-glucopyranoside、胡萝卜苷、菜油甾醇、胆甾-22-烯-3-醇、(24*S*)-ergost-7-en-3β-ol等	[7]

表14-2 巴戟天属成分单体结构

序号	主要单体	结构式	CAS号
1	甲基异茜草素		117-02-2

（接上表）

2	车叶草苷	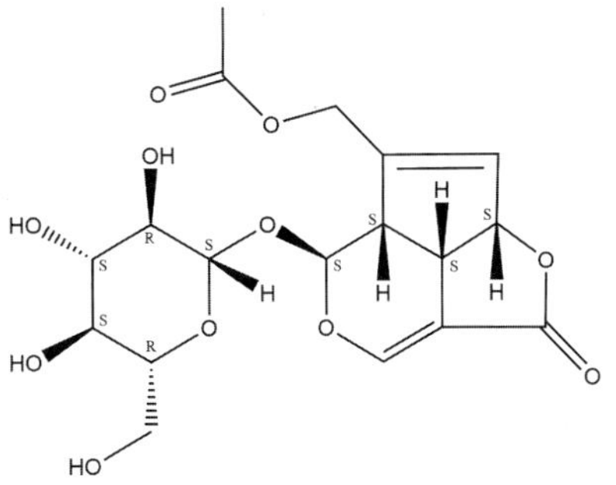	14259-45-1
3	耐斯糖	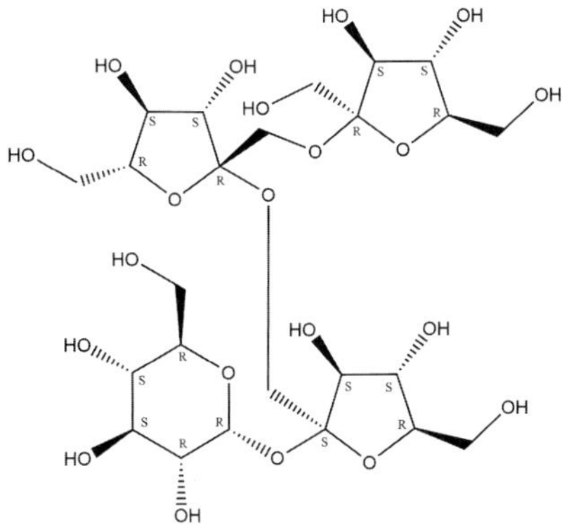	13133-07-8
4	水晶兰苷	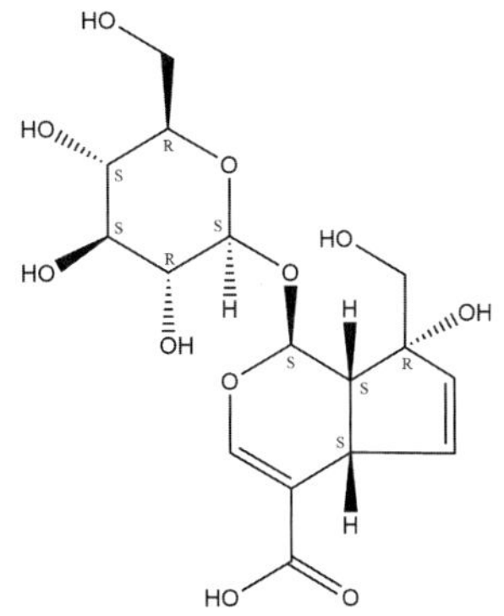	5945-50-6
5	1,2-二羟基蒽醌	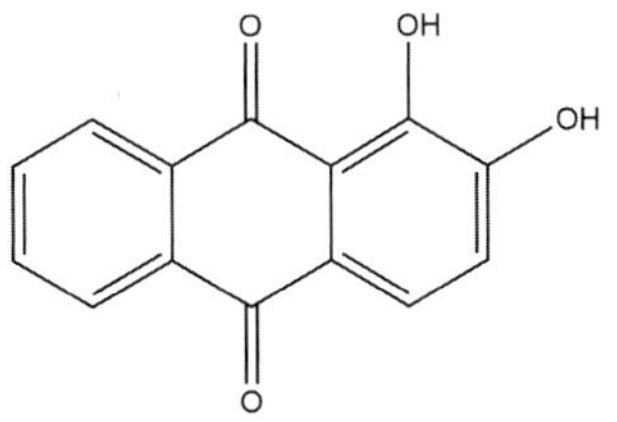	72-48-0
6	1,6-二羟基-2,4-二甲氧基蒽醌	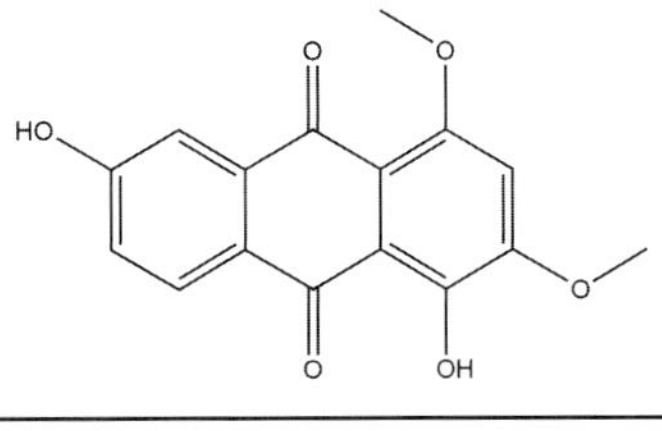	142878-33-9

（接上表）

7	东莨菪素	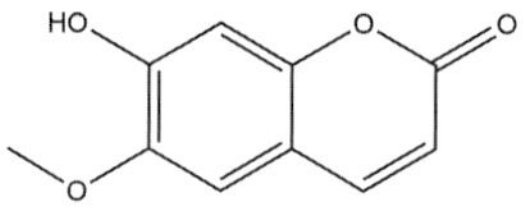	92-61-5
8	异莨菪亭	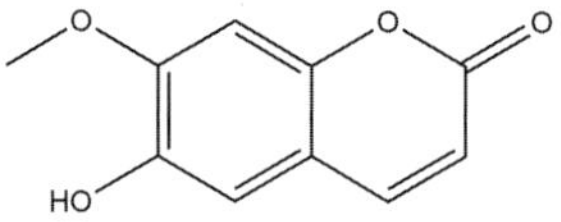	776-86-3

14.2.2 含量组成

目前，我们可从文献中查到巴戟天中挥发油、总黄酮及多糖等成分的含量信息，具体见表 14-3。

表 14-3　巴戟天主要成分含量信息

成分	来源	含量（%）	参考文献
环烯醚萜苷	巴戟天	1.598	[8]
多糖	巴戟天	6.71	[9]
低聚糖	巴戟天	10.29	[10]
菊淀粉型五聚糖	巴戟天	1.8	[11]
水晶兰苷	巴戟天	1.361—2.17	[12—13]
总蒽醌	巴戟天	0.04524—0.169	[14—15]
原花青素	巴戟天	0.186—0.192	[16]
总黄酮	海巴戟	1.3991—2.936	[17—18]
挥发油	巴戟天	58.24—82.66 μg/g	[19]

14.3　功效与机制

中药巴戟天来源于茜草科植物巴戟天的干燥根，是我国四大南药之一，具有多方面的药理作用，如提高机体免疫力、抗氧化、抗炎镇痛等作用[20-21]。海巴戟也具有多种药理作用，包括抗菌、抗真菌、镇痛、抗炎和免疫增强作用[22]。

14.3.1 抗炎

巴戟天提取物能增加 M1 型巨噬细胞抑制性炎症基因的表达，使 M1 型巨噬细胞表现出抗炎症功能[23]。巴戟天提取物在角叉菜胶诱导炎症试验中表现出抗炎活性，其中丁醇提取物比氯仿和乙酸乙酯提取物有更显著的抗炎作用[24]。巴戟天醇提物能降低缺氧/复氧细胞液中活性氧（ROS）的含量，减少缺氧/复氧细胞液中炎性细胞因子肿瘤坏死因子 -α（TNF-α）、白细胞介素 -1β（IL-1β）、白细胞介素 -6（IL-6）的分泌[25]。巴戟天分离得到的水晶兰苷能显著消除由角叉菜胶诱导的大鼠脚趾浮肿，抑制葡聚糖硫酸钠诱导的结肠炎模型中结肠黏膜 NF-κB 的激活而降低炎症相关蛋白的表达，具有很好的抗炎效果[24, 26]。巴戟天醇提物、乙酸乙酯提取物和正丁醇提取物均对脂多糖（LPS）诱导的巨噬细胞炎症反应有显著的抑制作用，作用机制可能与其抑制一氧化氮（NO）的产生有关[27]。巴戟天正丁醇和乙酸乙酯提取物可抑制大鼠的继发性足肿胀，同时还能减少 TNF-α、IL-1β、IL-6、干扰素 -γ（INF-γ）的表达，进而发挥抗炎的功效[28]。巴戟天根的甲醇提取物能降低 RAW 264.7 细胞中 LPS 诱导的 TNF-α 的表达、NF-κB 的 DNA 结合活性，表现出抗炎活性[29]。

巴戟天中的蒽醌通过下调 LPS 诱导的促炎因子诱导型一氧化氮合酶（iNOS）、环氧合酶（COX-2）、IL-1β 和 IL-6 的表达并阻断 NF-κB 的核转位来发挥抗炎活性[30]。巴戟天总环烯醚萜苷及其主要成分水晶兰苷能显著抑制 LPS 刺激的小鼠单核巨噬细胞 RAW264.7 产生 IL-1β 和 IL-6，并且抑制细胞中 iNOS 和 COX-2 蛋白的表达，抑制炎症通路，调节 NF-κB 的蛋白表达[31-32]。巴戟天中水晶兰苷可减轻顺铂诱导的肾脏炎症反应[33]。巴戟天中巴戟甲素可通过调节神经营养因子来抑制神经炎症[34]。巴戟天寡糖能够减轻子宫缺血再灌注损伤后的炎症反应，且具有剂量依赖性[35]。

海巴戟果的制剂可有效减轻关节炎引起的疼痛和关节损伤[36]。海巴戟果汁在自发性类风湿关节炎小鼠模型中能够显著降低关节的关节炎评分，在组织病理学检查中，能够降低类风湿关节炎的严重程度，表现出抗关节炎活性[37]。海巴戟果汁对二甲苯导致的小鼠耳肿、冰醋酸导致的小鼠腹腔毛细血管通透性增高及角叉菜胶导致的小鼠足肿均具有抑制作用，海巴戟果汁对化学因子导致的急性炎症早期的毛细血管扩张和渗出水肿有抑制作用[38]。海巴戟果汁有体外和体内抗炎活性，可能是由于对 COX 通路的抑制及酚类化合物与维生素 C 的存在[39]。发酵的海巴戟果能下调 Caco-2 细胞的细胞内炎症反应[40]。海巴戟的主要成分虎刺醛通过阻断 NF-κB、受体相互作用蛋白 2（RIP2）的激活来抑制过敏性炎症反应[41]。海巴戟叶乙醇提取物能增加白血病小鼠抗炎因子白细胞介素 –10（IL–10）和白细胞介素 –4（IL–4）的表达，降低 NF-κB 的表达，抑制炎症生成[42]。海巴戟根分离出的氯仿可溶相具有抗炎作用[43]。海巴戟的正丁醇提取物可以通过其抗氧化特性抑制人脐静脉内皮细胞中晚期糖基化终末产物诱导的炎症反应[44]。海巴戟果的乙醇和乙酸乙酯提取物在幽门螺杆菌感染过程中表现出抗炎特性，可抑制炎症信号，具有良好的抗炎作用[45]。海巴戟果水提取物和海巴戟果多糖在高脂饮食下减轻了小鼠的炎症反应[46]。

海巴戟中的香豆素衍生物成分有抗炎活性[47]。海巴戟中的去乙酰基车叶草苷酸通过控制免疫平衡和恢复皮肤屏障功能来缓解特应性皮炎[48]。海巴戟的有效成分东莨菪素和表儿茶素能抑制炎症[49]。海巴戟中分离出的东莨菪素和槲皮素具有抗炎活性[50]。海巴戟果汁中分离的五种化合物可抑制 RAW264.7 巨噬细胞中 LPS 诱导的炎症反应[51]。海巴戟种子中分离出的脂质转移蛋白（McLTP1）能降低促炎细胞因子的水平[52]。

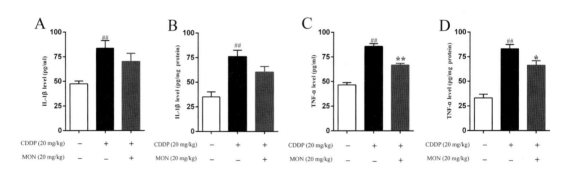

图 14-1　水晶兰苷对促炎细胞因子水平的影响[33]。

注：（A）血清中 IL–1β 的水平；（B）肾组织中 IL–1β 的水平；（C）血清中 TNF–α 的水平；（D）肾组织中 TNF–α 的水平。数据显示为每组 6 只小鼠的平均值 ± 标准误。与正常组相比，#$P<0.05$，##$P<0.01$；与顺铂（CDDP）组相比，*$P<0.05$，**$P<0.01$。

东亚肌肤健康研究中心制备了海巴戟果提取物（CT141），并对其进行了抗炎活性研究，发现 CT141 具有一定的抗炎功效。

（1）在紫外炎症模型中，高、低浓度的 CT141 具有一定的降低模型细胞中 IL-6 含量的作用。但不同浓度的 CT141 均不能降低模型细胞中 IL-8 的含量。

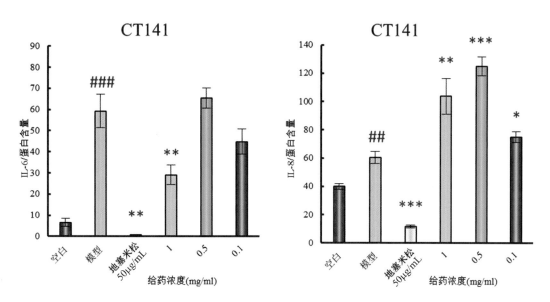

图14-2　不同浓度的CT141对紫外炎症模型中IL-6和IL-8含量的影响

注：#，与空白组比，*P*<0.05；##，与空白组比，*P*<0.01；###，与空白组比，*P*<0.001；*，与模型组比，*P*<0.05；**，与模型组比，*P*<0.01；***，与模型组比，*P*<0.001。

（2）在LSP炎症模型中，不同浓度的CT141均不能降低模型细胞中IL-6和IL-8的含量。

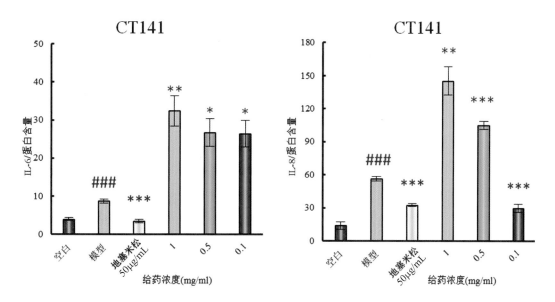

图14-3　不同浓度的CT141对LSP炎症模型中IL-6和IL-8含量的影响

注：#，与空白组比，*P*<0.05；##，与空白组比，*P*<0.01；###，与空白组比，*P*<0.001；*，与模型组比，*P*<0.05；**，与模型组比，*P*<0.01；***，与模型组比，*P*<0.001。

14.3.2 抗氧化

巴戟天对超氧阴离子自由基及羟基自由基有良好的清除效果，且表现出浓度依赖性[53-54]。巴戟天水煎剂和巴戟素可通过补充外源性抗氧化物质或促进机体产生内源性抗氧化物质，清除氧自由基，抑制脂质过氧化损伤，起到抗氧化的作用[55-56]。巴戟天各极性萃取相抗氧化能力大小为：氯仿相 > 乙酸乙酯相 > 正丁醇相 > 石油醚相 > 水层相 > 醇提物相[57]。巴戟天水溶液对羟基自由基和超氧阴离子自由基具有明显的清除作用并且可以螯合亚铁离子[31]。巴戟天乙醇提取物具有油脂抗氧化作用，并且随添加量的增加抗氧化效果越好[58]。巴戟天水提物可显著提高小鼠和大鼠心肌、肝组织和血清中超氧化物歧化酶（SOD）和谷胱甘肽过氧化物酶（GSH-Px）活性，降低丙二醛（MDA）含量[59-61]。巴戟天水提物对油脂的抗氧化作用呈剂量依赖性[62]。用巴戟天水提物中的多糖处理后的大鼠血清和骨头的 SOD、GSH-Px、过氧化氢酶（CAT）活性和总抗氧化能力（T-AOC）显著升高[63]。巴戟素能提高急性脑缺血衰老大鼠脑组织 SOD 和 GSH-Px 的活性，减少过氧化脂质（LPO）含量[64-66]。巴戟天醇提物对 ABTS 自由基、DPPH 自由基、超氧阴离子自由基有清除作用，同时具有较好的还原能力和总抗氧化能力[67]。巴戟天提取物可以提高大鼠心肌组织抗氧化酶的活性，降低大强度运动时心肌的氧化应激水平，抑制力竭运动造成的 T-AOC 水平和 GSH 含量的下降，抑制力竭运动造成的脂质过氧化产物 MDA 的生成[68]。巴戟天醇提物能减少活性氧（ROS）的产生，激活抗氧化酶活性，加快清除氧自由基的速度，降低脂质过氧化反应[25]。

巴戟天多糖通过降低 MDA 含量，抗自由基作用等起到抗氧化作用，还能降低肾上腺素和四氧嘧啶所致高血糖小鼠的血糖升高，提高 D- 半乳糖致衰老型小鼠血浆、肝、心和脑中 SOD 的活性[69]。巴戟天多糖处理抑郁症大鼠后，大鼠血清 MDA 水平下降，SOD 水平上升，体内抗氧化活力提高[70]。巴戟天多糖处理后的去卵巢骨质疏松大鼠的 SOD、GSH-Px、CAT 和 T-AOC 水平上升，体内抗氧化体系活性增强，MDA 等氧化体系的活性减弱[71]。巴戟天根部中的水晶兰苷能显著提高 SOD 和 CAT 的活性[33]。

海巴戟果实、叶、根 3 种器官中，其根部的抗氧化能力最强[38]。海巴戟果汁可增加老龄小鼠肝组织中 SOD 和 GSH-Px 的活性[72]。海巴戟果汁的体外和体内治疗增加了大鼠淋巴结淋巴细胞中 CAT 和谷胱甘肽 -S- 转移酶（GST）的活性，并降低老年大鼠的脂质过氧化程度；此外，海巴戟果汁的体外治疗抑制了幼鼠 SOD 和 GSH-Px 的活性[73]。海巴戟果和海巴戟果发酵汁有 DPPH 自由基清除能力、羟基自由基清除能力和还原能力[74]。海巴戟冻干粉能够显著提高 SOD、GSH-Px、T-AOC 活性，并且能够明显降低 MDA 含量，能有效抑制机体氧化，能提高机体抗氧化的能力[75]。海巴戟根提取物能够以剂量依赖性方式有效抑制人类低密度脂蛋白氧化[76]。海巴戟根乙醇提取物显示出抗氧化和自由基清除活性，抗氧化成分为酚类和黄酮类化合物[77]。海巴戟种子的 50% 乙醇提取物具有 DPPH 自由基清除活性[78]。海巴戟果皮和种子的丙酮和乙醇提取物有较好的 DPPH 自由基、ABTS 自由基清除活性，海巴戟果肉乙醇提取物具有较好的抗氧化活性[79]。海巴戟甲醇提取物（极性）和乙酸乙酯提取物（非极性）均表现出明显的抗氧化活性，根的甲醇提取物和乙酸乙酯提取物均表现出比叶或果实更高的抗氧化活性，各部位乙酸乙酯提取物均具有较高的抗氧化活性[80]。

海巴戟精油有较高的 DPPH 自由基清除活性[81]。海巴戟果多糖具有抗氧化活性[82]。海巴戟果实中多酚化合物（例如槲皮素、芦丁、东莨菪素和山奈酚）具有较强的抗氧化作用[83-84]。

海巴戟中的木脂素类化合物具有很强的抗氧化作用[85]。海巴戟叶绿原酸、4-二咖啡酰奎宁酸、没食子酸提取物的 DPPH 自由基、ABTS 自由基和羟基自由基清除活性、铁还原能力比传统溶剂更强；海巴戟叶水或丙酮提取物也表现出较强的抗氧化活性[86]。海巴戟果实中去乙酰基车叶草苷酸有抗氧化活性[87]。海巴戟中的活性成分东莨菪素可通过 Nrf2/ARE 信号通路来保护大脑免受鱼藤酮诱导的氧化应激[88]。

东亚肌肤健康研究中心自制了巴戟天水层 70% 乙醇水洗脱提取物，并对其进行了抗氧化活性研究，发现其基本没有抗氧化功效。

巴戟天水层 70% 乙醇水洗脱提取物基本没有抗氧化作用，DPPH 法测定的巴戟天水层 70% 乙醇水洗脱提取物对自由基清除率 IC50 为 17.02 ± 5.96mg/mL；水杨酸法测定巴戟天水层 70% 乙醇水洗脱提取物对羟基自由基的清除率的 IC50 为 181.54 ± 69.04mg/mL；ABTS 法测定的巴戟天水层 70% 乙醇水洗脱提取物对自由基清除率 IC50 为 0.22 ± 0.03mg/mL；铁氰化钾法测定巴戟天水层 70% 乙醇水洗脱提取物对 Fe^{3+} 的还原能力显示：巴戟天水层 70% 乙醇水洗脱提取物在 268.92 ± 50.81mg/mL 浓度下对 Fe^{3+} 的还原能力与 2 mg/mL 的维生素 C（VC）对 Fe^{3+} 还原能力的 50% 相当。

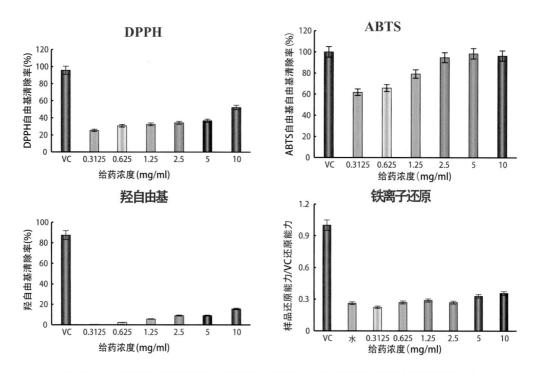

图 14-4　不同浓度巴戟天水层 70% 乙醇水洗脱提取物对氧化指标的影响

14.3.3　抑菌

巴戟天乙醇提取物对大肠杆菌、枯草芽孢杆菌、金黄色葡萄球菌、毛霉、根霉和啤酒酵母的最低抑菌浓度（MIC）分别为 0.4 g/mL、0.2 g/mL、0.2 g/mL、0.7 g/mL、0.8 g/mL 和 0.8 g/mL[58]。巴戟天水提取物对大肠杆菌、枯草芽孢杆菌、金黄色葡萄球菌、毛霉、根霉、啤酒酵母有一定的抑制作用，尤其是对金黄色葡萄球菌的抗菌能力强，对于酵母和霉菌的抑制作用弱[62]。

海巴戟果提取物对白色念珠菌有抗真菌作用，其抑制作用随浓度和接触时间而变化[89]。海巴戟己烷提取物（EH）、二氯甲烷提取物（ED）和甲醇提取物（EM）均具有抗菌活性，呈现出针对金黄色葡萄球菌株的抑制作用；海巴戟提取物对四种耐甲氧西林葡萄球菌株的抗菌活性为：EM > EH > ED[90]。海巴戟（果实、叶和茎）的甲醇提取物对大肠杆菌、铜绿假单胞菌、金黄色葡萄球菌、肺炎克雷伯菌、链球菌、志贺氏菌、奇异变形杆菌、缺陷假单胞菌、荧光假单胞菌、阴沟肠杆菌都有良好的抑制效果；与乙醇和乙酸乙酯提取物相比，甲醇提取物具有更好的抗菌活性[91]。海巴戟果提取物对于金黄色葡萄球菌和新型隐球酵母菌有抑菌活性，其中对于金黄色葡萄球菌的抑菌活性：水部位浸膏 > 乙酸乙酯部位 > 石油醚部位 > 正丁醇部位 >

表 14-4　巴戟天多糖（MOP）对血清和骨的 SOD、GSH-Px、CAT 和 T-AOC 活性的影响[63]

组别	SOD		GSH-Px		CAT		T-AOC	
	血清（U/ml）	骨（U/mg）	血清（U/ml）	骨（U/mg）	血清（U/ml）	骨（U/mg）	血清（U/ml）	骨（U/mg）
正常对照组（Ⅰ）	173.5±8.6	232.7±11.7	32.76±1.07	22.72±1.54	17.05±1.08	17.05±0.89	9.54±0.24	14.82±0.83
模型对照组（Ⅱ）	78.4±3.5^a	131.1±8.7^a	18.56±1.22^a	11.58±0.74^a	8.74±0.53^a	8.59±0.45^a	5.22±0.21^a	7.48±0.35^a
MOP（Ⅲ）	124.7±11.5^b	173.4±9.4^b	24.51±1.63^b	14.82±0.88^b	11.75±0.07^b	13.52±0.57^b	7.34±0.32^b	10.43±0.69^b
MOP（Ⅳ）	163.4±9.8^b	217.3±13.2^b	28.59±1.35^b	19.57±1.09^b	15.38±0.83^b	16.04±1.23^b	8.21±0.35^b	13.14±0.74^b

注：^{a} 与正常对照组比较，$P < 0.01$；^{b} 与模型对照组比较，$P < 0.01$。

水部位 60 ％ 乙醇洗脱物，对于新型隐球菌的抑菌活性：水部位水洗脱物 > 水部位 60 ％ 乙醇洗脱物 > 正丁醇部位 > 水部位 10 ％ 乙醇洗脱物 > 水部位 [6]。海巴戟果提取物对单增李斯特菌具有良好的抑菌活性，且其抑菌活性高于对大肠杆菌的抑制活性 [102]。海巴戟果实的乙醇提取物能抑制金黄色葡萄球菌和大肠杆菌的生长 [92]。海巴戟叶的 5 种提取物（正丁醇提取物、乙酸乙酯提取物、水提取物、石油醚提取物、氯仿提取物）对大肠杆菌、金黄色葡萄球菌、枯草芽孢杆菌和普通变形杆菌具有抗菌活性；此外，从提取物中分离出的 6 种酚类化合物可能是海巴戟叶的主要的抗菌成分 [93]。

海巴戟果含有的 acubin、L- 车叶草苷和茜草素，以及根中的一些蒽醌化合物可抑制一些致病菌株，如：铜绿假单胞菌、金黄色葡萄球菌、枯草杆菌、大肠杆菌、沙门氏菌、志贺氏菌等，以及摩氏变形菌等真菌 [94]。海巴戟种子中分离出的McLTP1 具有抗菌活性，能够显著抑制金黄色葡萄球菌和表皮葡萄球菌的生长 [52]。

表 14-5　海巴戟果实、叶和茎提取物对细菌病原体
的抗菌活性（以毫米为单位）[91]

微生物	海巴戟（mm）									氯霉素
	果提取物			叶提取物			茎提取物			
	E	M	EA	E	M	EA	E	M	EA	
大肠杆菌	6	7	6	7	8	6	R	7	R	27
铜绿假单胞菌	7	7	R	R	6	R	R	6	R	23
金黄色葡萄球菌	8	7	R	8	9	7	6	6	6	29
肺炎克雷伯菌	R	8	6	6	6	6	R	R	R	25
链球菌	8	6	6	R	6	6	6	6	6	25
志贺氏菌	9	7	7	8	8	7	6	8	R	32
奇异变形杆菌	6	8	R	6	6	6	R	6	6	27
缺陷假单胞菌	7	8	R	10	11	9	10	6	7	24
荧光假单胞菌	6	6	R	6	8	7	R	R	R	16
阴沟肠杆菌	6	8	6	6	7	R	6	6	6	30
金黄色葡萄球菌 ATCC 6538	6	7	6	13	15	10	6	6	6	32
大肠杆菌 ATCC 25922	R	7	R	R	7	7	6	6	6	31

注：E，乙醇；M，甲醇；EA，乙酸乙酯；R，细菌耐药性。

14.3.4　抗衰老

巴戟天水煎剂可通过补充外源性抗氧化物质或促进机体产生内源性抗氧化物质，清除氧自由基，抑制脂质过氧化损伤，延缓衰老[56]。巴戟天水煎剂能增强衰老小鼠脾淋巴细胞增殖能力及白细胞介素 –2（IL–2）活性，调节并改善机体免疫功能，从而发挥抗衰老作用[95]。巴戟天水提物能够降低自然衰老小鼠脑组织中的 5– 羟色胺（5–HT）并提高肾上腺素、去甲肾上腺素与多巴胺的含量，从而延缓大脑衰老[96]。巴戟天醇提物能够提高心肌组织的抗氧化能力，减少脂质过氧化产物的形成，通过抗自由基途径发挥延缓衰老的作用[97]。巴戟天醇提物可以提升衰老小鼠血清和脑组织的 SOD、CAT、GSH–Px 含量并降低 MDA 含量，减少脑细胞的凋亡，减缓衰老的进程[2]。

巴戟天多糖对物理、化学及生物来源的多种 ROS 具有清除作用，能减少脂质过氧化产物 MDA 的生成，提高 SOD、GSH–Px 活性等，起到延缓衰老的作用[98]。巴戟天中的巴戟素通过抑制衰老大鼠脑组织中 NO 的下降，提高脑组织的葡萄糖代谢水平及抗氧化酶的活性，抑制脂质过氧化反应和脂褐素的积聚，从而起到抗衰老作用[55]。

表 14–6　巴戟天水煎剂（MOHW）对 D– 半乳糖致衰小鼠血清 MDA、SOD 和 GSH–Px 的影响（$\bar{x} \pm S$）[56]。

组别	n	MDA（nmol/ml）	SOD（NU/ml）	GSH–Px（U/ml）
正常对照	10	$4.578 \pm 1.465^{2)}$	157.65 ± 13.44^2	231.87 ± 9.54^2
衰老模型	10	6.054 ± 1.283	122.46 ± 17.12	202.39 ± 8.97
低剂 MOHW	10	5.115 ± 0.998^1	150.55 ± 15.63^2	227.34 ± 9.88^2
高剂 MOHW	10	4.456 ± 1.231^2	155.67 ± 14.56^2	229.67 ± 9.62^2

注：与衰老模型组比较，1. $P<0.05$，2. $P<0.01$。

东亚肌肤健康研究中心对自制的巴戟天水层 70% 乙醇水洗脱提取物进行了抗衰老活性研究，发现其有一定的抗衰老功效。

巴戟天水层 70% 乙醇水洗脱提取物可以增加成纤维细胞中透明质酸的表达，但对弹性蛋白和胶原蛋白 –I（CoL–I）没有明显的影响。

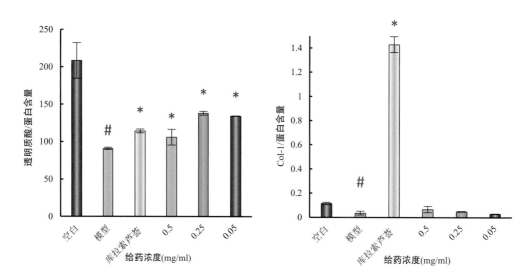

图 14-5　不同浓度的巴戟天水层 70%乙醇水洗脱提取物对透明质酸和 CoL-I 的影响

注：#，表示模型组 vs 空白组，$P<0.05$；*，表示实验组 vs 模型组，$P<0.05$。阳性对照为库拉索芦荟。

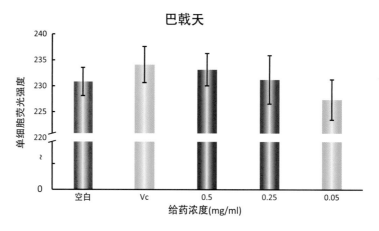

图 14-6　不同浓度的巴戟天水层 70%乙醇水洗脱提取物对弹性蛋白的影响

注：#，表示模型组 vs 空白组，$P<0.05$；*，表示实验组 vs 模型组，$P<0.05$。

14.3.5　美白

海巴戟果实、种子可用于皮肤美白和防皱[99]。海巴戟提取物能够保护皮肤免受紫外线诱导的损伤[100]。海巴戟种子的 50 % 乙醇提取物具有酪氨酸酶抑制活性[78]。海巴戟果实提取物中分离得到的环烯醚萜、半萜和糖脂肪酸酯类化合物能够显著抑制黑色素的生成[101]。

表 14-7　海巴戟果实提取物化合物对 B16 小鼠黑色素瘤
细胞的黑色素生成抑制活性和细胞毒性[101]

化合物	在 100 mM[a] 时的平均值 ± 标准误（%）	
	黑色素含量[b]	细胞活力[b]
对照组（100％ 二甲基亚砜）	100.1±1.90	99.3±3.54
1. 车叶草苷酸	55.0±2.36	90.6±1.13
2. 去乙酰基车叶草苷酸	49.1±1.72	82.5±5.10
3. 鸡矢藤苷甲酯	53.7±0.41	94.1±1.48
4.9- 表 -6α- 甲氧基京尼平苷酸	61.6±2.26	107.0±3.88
5.3- 甲基 -3- 丁烯基 β-D- 吡喃葡萄糖苷	76.6±2.45	105.0±6.21
6.3- 甲基 -3- 丁烯基 2'-O-(β-D- 吡喃葡萄糖基)-β-D- 吡喃葡萄糖苷（nonioside K）	66.3±2.76	91.0±1.48
7.3- 甲基 -3- 丁烯基 6'-O-(β-D- 吡喃葡萄糖基)-β-D- 吡喃葡萄糖苷（nonioside A）	58.3±0.41	98.9±3.67
8.3- 甲基 -3- 丁烯基 6'-O-(β-D- 吡喃木糖基)-β-D- 吡喃葡萄糖苷（nonioside L）	59.4±3.54	94.2±2.22
9.3- 甲基 -3- 丁烯基 6'-O-(β-D- 木呋喃糖基)-β-D- 吡喃葡萄糖苷（nonioside M）	50.7±1.29	93.6±4.36
10.2'-O-(β-D- 吡喃葡萄糖基)-1'-O- 己酰 -β-D- 吡喃葡萄糖苷（nonioside I）	56.2±2.54	100.3±2.76
11.2'-O-(β-D- 吡喃葡萄糖基)-1'-O- 辛酰基 -β-D- 吡喃葡萄糖苷（nonioside J）	65.6±2.92	103.0±3.39
12.6'-O-(β-D- 吡喃葡萄糖基)-1'-O- 己酰 -β-D- 吡喃葡萄糖苷（nonioside D）	51.3±1.45	95.0±2.60
13.6'-O-(β-D- 吡喃葡萄糖基)-1'-O- 辛酰基 -β-D- 吡喃葡萄糖苷 (nonioside C)	64.8±3.22	103.3±8.39
14.2',6'- 二 -O-(β-D- 吡喃葡萄糖基)-1'-O- 己酰 -β-D- 吡喃葡萄糖苷 (nonioside E)	63.7±2.30	116.2±8.21

（接上表）

15.2',6'- 二 -O-(β-D- 吡喃葡萄糖基)-1'-O- 辛酰基 -β-D- 吡喃葡萄糖苷（nonioside B）	44.3±2.85	88.8±4.25
16.6'-O-(β-D- 吡喃葡萄糖基)-1'-O-[(2ξ)-2- 甲基丁酰基]-β-D- 吡喃葡萄糖苷（nonioside N）	59.2±2.14	81.8±2.70
17.6'-O-(β-D- 吡喃木糖基)-1'-O-[(2ξ)-2- 甲基丁酰基]-β-D- 吡喃葡萄糖苷（nonioside O）	61.3±1.48	95.6±3.53
参考化合物		
熊果苷	70.4±3.17	86.3±2.03

注：a. 黑色素含量（%）和细胞活力（%）分别根据 405 nm 和 570（顶部）–630（底部）nm 处的吸光度与二甲基亚砜（100%）的吸光度进行比较确定；b. 每个值代表三次实验平均值 ± 标准误。样品溶液中二甲基亚砜的浓度为 2 μL/mL。

东亚肌肤健康研究中心对自制的巴戟天水层 70% 乙醇水洗脱提取物进行了美白活性研究，发现其有一定的美白功效。

高浓度和中浓度的巴戟天水层 70% 乙醇水洗脱提取物对 B16 细胞中黑色素的合成具有一定的抑制作用，而巴戟天水层 70% 乙醇水洗脱提取物对 B16 细胞中酪氨酸酶活性没有抑制作用。

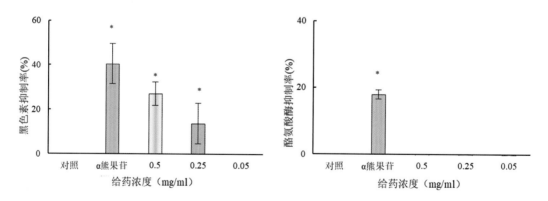

图 14-7　不同浓度巴戟天水层 70% 乙醇水洗脱提取物对 B16 细胞中黑色素及酪氨酸酶的影响

注：#，表示模型组 vs 空白组，P<0.05；*，表示实验组 vs 模型组，P<0.05。

东亚肌肤健康研究中心对海巴戟果提取物（CT141）进行了美白活性研究，发现 CT141 具有明显的美白功效。

（1）低浓度的 CT141 对 B16F10 细胞和 PAM212 细胞模型中黑色素小体的转运具有一定的抑制作用。

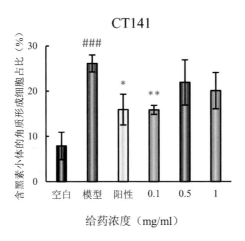

图 14-8　不同浓度的 CT141 对黑色素小体转运的影响

注：#，与空白组比，$P<0.05$；##，与空白组比，$P<0.01$；###，与空白组比，$P<0.001$；*，与模型组比，$P<0.05$；**，与模型组比，$P<0.01$；***，与模型组比，$P<0.001$。

（2）不同浓度的 CT141 对促黑素模型中黑色素的合成和酪氨酸酶的活性具有明显的抑制作用。

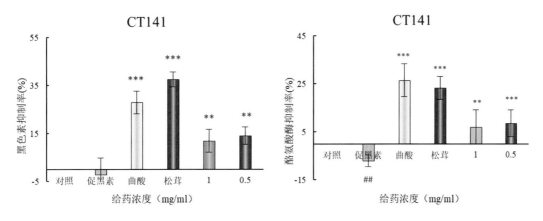

图 14-9　不同浓度的 CT141 对促黑素模型中的黑色素及酪氨酸酶的影响

注：#，与空白组比，$P<0.05$；##，与空白组比，$P<0.01$；###，与空白组比，$P<0.001$；*，与模型组比，$P<0.05$；**，与模型组比，$P<0.01$；***，与模型组比，$P<0.001$。

（3）不同浓度的 CT141 对组胺模型中黑色素的合成和酪氨酸酶的活性具有明显的抑制作用。

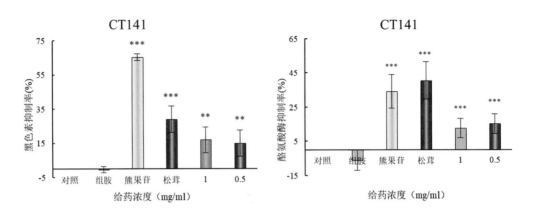

图 14-10　不同浓度的 CT141 对组胺模型中的黑色素及酪氨酸酶的影响

注：#，与空白组比，$P<0.05$；##，与空白组比，$P<0.01$；###，与空白组比，$P<0.001$；*，与模型组比，$P<0.05$；**，与模型组比，$P<0.01$；***，与模型组比，$P<0.001$。

14.4　成分功效机制总结

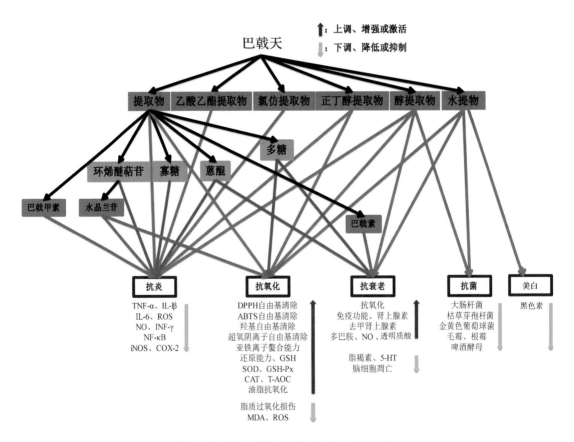

图 14-11　巴戟天成分功效机制总结图

巴戟天具有抗炎、抗氧化、抑菌、抗衰老和美白的功效，其活性部位包括醇提物、乙酸乙酯提取物、水提物、氯仿提取物，活性大类物质包括巴戟天多糖、寡糖、蒽醌和环烯醚萜类化合物等，活性单体成分包括水晶兰苷、巴戟素等。有关巴戟天抗炎活性的研究包括对小鼠炎症模型的评价和机制研究，已知机制包括对炎症因子的调控、抑制 iNOS 和 COX-2 的表达、抑制 NO 的生成、抑制 NF-κB 的 DNA 结合活性、降低 TNF-α、IL-lβ、IL-6、INF-γ 的表达。巴戟天具有自由基清除活性，具有总抗氧化能力，可上调 SOD、CAT、GSH-Px、抗氧化酶活性，降低 ROS、MDA、DPPH 自由基、ABTS 自由基、超氧阴离子自由基、羟基自由基的水平，降低脂质过氧化。巴戟天对多种致病菌有抑制活性，包括大肠杆菌、金黄色葡萄球菌、枯草芽孢杆菌、毛霉等。巴戟天可通过抗炎、抗氧化作用延缓衰老，减少细胞凋亡，抑制脂褐素的积聚，从而起到抗衰老作用。巴戟天提取物对 B16 细胞中黑色素的合成具有一定抑制作用，从而发挥美白功效。

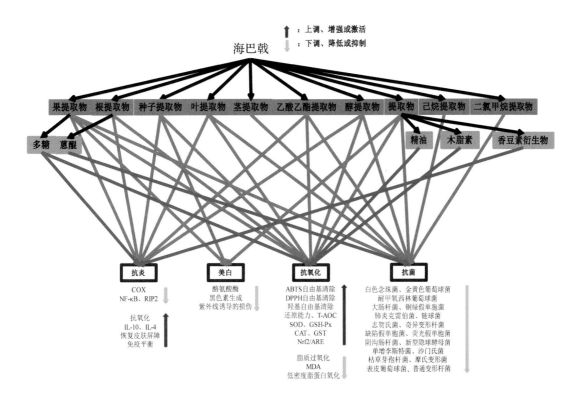

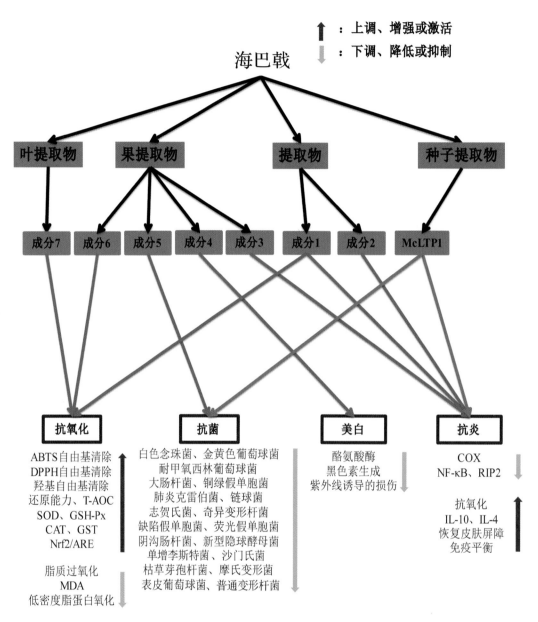

成分 1：去乙酰基车叶草苷酸、东莨菪素

成分 2：表儿茶素、东莨菪素和槲皮素

成分 3：（2E, 4E, 7Z）–deca–2, 4, 7–trienoate–2–O–β–d–glucopyranosyl–β–d–glucopyranosid、车叶草苷酸、芦丁、壬苷 A、三羟甲基氨基甲烷

成分 4：环烯醚萜、半萜和脂肪酸糖苷类化合物

成分 5：acubin、L– 车叶草苷和茜草素

成分 6：槲皮素、芦丁、东莨菪素和山奈酚

成分 7：绿原酸、4– 二咖啡酰奎宁酸、没食子酸

图 14-12　海巴戟成分功效机制总结图

　　海巴戟具有抗炎、抗氧化、抑菌和美白功效，其活性部位包括海巴戟水提物、醇提物、乙酸乙酯提取物、种子提取物、根提取物及叶提取物，活性大类物质包括海巴戟精油、香豆素衍生物、蒽醌类化合物及多个活性单体成分。有关海巴戟抗炎活性的研究包括对小鼠炎症模型的评价和机制研究，已知机制包括对炎症因子的调控，激活 iNOS 和 COX-2，抑制 NO 的产生，抑制 NF-κB、促炎症因子的表达，上调 IL-10、IL-4 的表达，促进免疫平衡及皮肤屏障的修复。海巴戟具有 DPPH 自由基、ABTS 自由基、羟基自由基清除活性，具有总抗氧化能力，可上调 SOD、CAT、GSH-Px、铁还原抗氧化能力。海巴戟对多种致病菌有抑制活性，包括大肠杆菌、金黄色葡萄球菌、铜绿假单胞菌、链球菌、肺炎克雷伯菌等。海巴戟具有美白作用，可抑制黑色素生成和酪氨酸酶活性，抑制紫外线诱导的损伤。

参考文献

[1] 沈燚，张奇，刘梦琴，等. 巴戟天属植物环烯醚萜类化学成分及生物活性研究进展 [J]. 药学实践杂志，2020, 38(2): 110—114+119.

[2] 饶鸿宇，陈滔彬，何彦，等. 南药巴戟天化学成分与药理研究进展 [J]. 中南药学，2018, 16(11): 1567—1574.

[3] 周妍妍，周晓洁，闫博文，等. 巴戟天化学成分及药理作用研究进展 [J]. 辽宁中医药大学学报，2021, 23(10): 1—5.

[4] 杨菲. 巴戟天的化学成分研究 [D]. 天津大学，2016.

[5] 周城，王根女. 诺丽功能活性和应用研究进展 [J]. 农业研究与应用，2019, 32(5—6): 38—43.

[6] 黄婧婧. 海巴戟果化学成分研究及药理活性初步筛选 [D]. 北京协和医学院，2011.

[7] 晏永球，童应鹏，陆雨，等. 诺丽的化学成分及药理活性研究进展 [J]. 中草药，2017, 48(9): 1888—1905.

[8] 张建花，许月明，何玉琼，等. 巴戟天环烯醚萜苷类成分含量测定和提取方法的研究 [J]. 药学实践杂志，2017, 35(4): 328—333.

[9] 梁小军，韦炳墩，陈茜，等. 巴戟天多糖提取工艺及抗氧化抗疲劳活性研究 [J]. 食品与机械，2018, 34(7): 158—163.

[10] 杨欣，宋健平，关业枝，等 . 响应面法优化巴戟天低聚糖提取工艺 [J]. 中国药房，2015，26(34): 4847—4850.

[11] 卢洪梅，邓少东，卢阳佳，等 . 巴戟天低聚糖类成分研究进展 [J]. 中国实验方剂学杂志，2018, 24(9): 220—227.

[12] 宋开蓉，高建德，刘雄，等 . 巴戟天中水晶兰苷酶辅助提取工艺的研究 [J]. 解放军药学学报，2018, 34(1): 6—10.

[13] 周波，赵臻 . 中草药巴戟天有效成分提取方法的研究进展 [J]. 辽宁化工，2013, 42(2): 171—173.

[14] 苏明伟，邓樱花，范罗嫡，等 . 超声提取 - 分光光度法测定巴戟天中总蒽醌含量 [J]. 化学世界，2020, 61(7): 495—500.

[15] 高岐 . 微波提取巴戟天中草药中蒽醌含量的应用研究 [J]. 安徽农业科学，2008, 36(21): 9115+9117.

[16] 林芳花，黄瑞华，廖建良，等 . 巴戟天中原花青素的提取工艺及其稳定性 [J]. 广州化工，2015, 43(9): 54—57.

[17] 楚冬海，许又凯，高锦明，等 . 海巴戟总黄酮提取工艺的研究 [J]. 西北林学院学报，2008, 23(4): 160—162.

[18] 赵俊凌 . 海巴戟总黄酮提取工艺的响应面法优化 [J]. 时珍国医国药，2013, 24(5): 1249—1251.

[19] 伊勇涛，杨振民，胡军，等 . 不同方法提取巴戟天挥发性成分的研究 [J]. 安徽农业科学，2009, 37(24): 11540—11541+11572.

[20] 国家药典委员会 . 中华人民共和国药典 (2020 年版)[M]. 北京 : 中国医药科技出版社，2020.

[21] 林美珍，郑松，田惠桥 . 巴戟天研究现状与展望 (综述)[J]. 亚热带植物科学，2010, 39(4): 74—78.

[22] Shoeb A, Alwar MC, Shenoy PJ, et al. Effect of *Morinda citrifolia* (Noni) fruit juice on high fat diet induced dyslipidemia in rats[J]. Journal of Clinical and Diagnostic Research, 2016, 10(4): 6—10.

[23] 成业 . 淫羊藿和巴戟天中药提取物对中国恒河猴不同极化条件下原代巨噬细胞基因表达影响的研究 [D]. 广州中医药大学，2016.

[24] Choi J, Lee KT, Choi MY, et al. Antinociceptive anti-inflammatory effect of monotropein isolated from the root of *Morinda officinalis*[J]. Biological &

Pharmaceutical Bulletin, 2005, 28(10): 1915—1918.

[25] 韩联合 . 巴戟天正丁醇提取物对乳鼠心肌细胞缺氧复氧损伤的防护作用及机制 [D]. 郑州大学 , 2006.

[26] Shin JS, Yun KJ, Chung KS, et al. Monotropein isolated from the roots of *Morinda officinalis* ameliorates proinflammatory mediators in RAW 264.7 macrophages and dextran sulfate sodium (DSS)-induced colitis via NF-κB inactivation[J]. Food and Chemical Toxicology, 2013, 53: 263—271.

[27] 吴岩斌 , 吴建国 , 郑丽鋆 , 等 . 基于炎症细胞模型的巴戟天抗炎活性部位 [J]. 福建中医药大学学报 , 2011, 21(1): 48—50.

[28] 史辑 , 崔妮 , 贾天柱 . 巴戟天不同炮制品及提取部位抗大鼠佐剂性关节炎的比较研究 [J]. 中药材 , 2015, 38(8): 1626—1629.

[29] Kim IT, Park HJ, Nam JH, et al. In-vitro and in-vivo anti-inflammatory and antinociceptive effects of the methanol extract of the roots of *Morinda officinalis*[J]. Joural of Pharmacy and Pharmacology, 2005, 57: 607—615.

[30] Luo H, Wang Y, Qin QY, et al. Anti-inflammatory naphthoates and anthraquinones from the roots of *Morinda officinalis*[J]. Bioorganic Chemistry, 2021, 110: 1—10.

[31] 张建花 . 巴戟天环烯醚萜苷类成分抗类风湿性关节炎的作用研究 [D]. 佳木斯大学 , 2018.

[32] Zhang Q, Zhang JH, He YQ, et al. Iridoid glycosides from *Morinda officinalis* How. exert anti-inflammatory and antiarthritic effects through inactivating MAPK and NF-κB signaling pathways[J]. BMC Complementary Medicine and Therapies, 2020, 20: 1—14.

[33] Zhang YP, Chen YE, Li BX, et al. The effect of monotropein on alleviating cisplatin-induced acute kidney injury by inhibiting oxidative damage, inflammation and apoptosis[J]. Biomedicine & Pharmacotherapy, 2020, 129: 1—7.

[34] Cai HB, Wang YJ, He JY, et al. Neuroprotective effects of bajijiasu against cognitive impairment induced by amyloid-β in APP/PS1 mice[J]. Oncotarget, 2017, 8(54): 92621—92634.

[35] 程亮星 . 巴戟天寡糖对大鼠子宫缺血再灌注损伤的抗炎作用 [J]. 中医研究 , 2018, 31(6): 68—70.

[36] Basar S, Uhlenhut K, Högger P, et al. Analgesic and antiinflammatory activity of

Morinda citrifolia L.(Noni)fruit[J]. Phytotherapy Research, 2010, 24: 38—42.

[37] Kustiarini DA, Nishigaki T, Kanno H, et al. Effects of *Morinda citrifolia* on rheumatoid arthritis in skg mice[J]. Biological & Pharmaceutical Bulletin, 2019, 42: 496—500.

[38] 李明 . 海巴戟果汁抗氧化与抗炎镇痛作用的研究 [D]. 海南大学 , 2017.

[39] Dussossoy E, Bony E, Michel A, et al. Anti-oxidative and anti-inflammatory effects of the *Morinda citrifolia* fruit(Noni)[J]. Article in Acta Horticulturae, 2014: 69—74.

[40] Huang HL, Liu CT, Chou MC, et al. Noni(*Morinda citrifolia* L.)fruit extracts improve colon microflora and exert anti-inflammatory activities in Caco-2 cells[J]. Journal of Medicinal Food, 2015, 18(6): 663—676.

[41] Kim MH, Jeong HJ. Damnacanthal inhibits the NF-κB/RIP-2/caspase-1 signal pathway by inhibiting p56[lck] tyrosine kinase[J]. Immunopharmacology and Immunotoxicology, 2014, 36(5): 355—363.

[42] Ahmadi N, Mohamed S, Rahman HS, et al. Epicatechin and scopoletin-rich *Morinda citrifolia* leaf ameliorated leukemia via anti-inflammatory, anti-angiogenesis, and apoptosis pathways in vitro and in vivo[J]. Journal of Food Biochemistry, 2019: 1—12.

[43] Okusada K, Nakamoto K, Nishida M, et al. The antinociceptive and anti-inflammatory action of the CHCl₃-soluble phase and its main active component, damnacanthal, isolated from the root of *Morinda citrifolia*[J]. Biological & Pharmaceutical Bulletin, 2011, 34(1): 103—107.

[44] Ishibashi Y, Matsui T, Isami F, et al. N-butanol extracts of *Morinda citrifolia* suppress advanced glycation end products(AGE)-induced inflammatory reactions in endothelial cells through its anti-oxidative properties[J]. BMC Complementary and Alternative Medicine, 2017, 17: 1—6.

[45] Huang HL, Ko CH, Yan YY, et al. Antiadhesion and anti-inflammation effects of Noni (*Morinda citrifolia*) fruit extracts on AGS cells during *Helicobacter pylori* infection[J]. Journal of Agricultural and Food Chemistry, 2014, 62: 2374—2383.

[46] Yang XB, Lin CR, Cai S, et al. Therapeutic effects of noni fruit water extract and polysaccharide on oxidative stress and inflammation in mice under high-fat

diet[J]. The Royal Society of Chemistry, 2019: 1—13.

[47] Ikeda R, Wada M, Nishigaki T, et al. Quantification of coumarin derivatives in Noni (*Morinda citrifolia*) and their contribution of quenching effect on reactive oxygen species[J]. Food Chemistry, 2009, 113: 1169—1172.

[48] Oh JS, Seong GS, Kim YD, et al. Effects of deacetylasperulosidic acid on atopic dermatitis through modulating immune balance and skin barrier function in HaCaT, HMC-1, and EOL-1 cells [J]. Molecules, 2021, 26: 1—23.

[49] Osman WNW, Tantowi NACA, Lau SF, et al. Epicatechin and scopoletin rich *Morinda citrifolia* (Noni) leaf extract supplementation, mitigated Osteoarthritis via anti-inflammatory, anti-oxidative, and anti-protease pathways[J]. Journal of Food Chemistry, 2019, 43: 1—12.

[50] Nitteranon V, Zhang GD, Darien BJ, et al. Isolation and synergism of in vitro anti-inflammatory and quinone reductase(QR)inducing agents from the fruits of *Morinda citrifolia* (noni)[J]. Food Research International, 2011, 44: 2271—2277.

[51] Lee D, Yu JS, Huang P, et al. Identification of anti-inflammatory compounds from Hawaiian Noni(*Morinda citrifolia* L.)fruit juice[J]. Molecules, 2020, 25: 1—12.

[52] Souza AA, Costa AS, Campos DCO, et al. Lipid transfer protein isotaled from noni seeds displays anti bacterial activity in vitro and improves surviual in lethal sepsis induced by CLP in mice[J]. Biochimie, 2018, 149: 9—17.

[53] 李斐菲, 吴拥军, 屈凌波, 等. 中药巴戟天抗自由基活性的研究 [J]. 光谱实验室, 2005, 22(3): 553—555.

[54] 吴拥军, 石杰, 屈凌波, 等. 流动注射化学发光法及光度法用于巴戟天提取液抗氧化活性的研究 [J]. 光谱学与光谱分析, 2006, 26(9): 1688—1691.

[55] 谭宝璇, 陈朝凤, 陈洁文, 等. 巴戟素补肾抗衰老的作用机制研究 [J]. 新中医, 2000, 32(11): 36—38.

[56] 付嘉, 熊彬, 郑冰生, 等. 巴戟天对 D- 半乳糖致衰老小鼠抗氧化系统作用的实验研究 [J]. 中国老年学杂志, 2004(24): 1206.

[57] 曾铁鑫, 姚志仁, 李豫, 等. 巴戟天不同极性萃取相的抗氧化及降血糖活性 [J]. 食品与发酵工业, 2020, 46(19): 192—196.

[58] 李妍, 杨华生. 巴戟天乙醇提取物的油脂抗氧化性和抗菌活性 [J]. 食品研究与开发, 2012,

33(6): 118—121.

[59] 龙碧波, 张新定, 徐海衡, 等. 巴戟天水提液对耐力运动小鼠的抗氧化作用研究 [J]. 现代预防医学, 2013, 40(15): 2880—2882.

[60] 龙碧波, 张新定, 赖月娟, 等. 巴戟天对训练小鼠肝组织自由基代谢及血清酶活性的影响 [J]. 中国美容医学, 2012, 21(9F): 39—40.

[61] 朱超, 曹建民, 周海涛, 等. 巴戟天对大鼠运动能力和心肌线粒体抗氧化能力的影响 [J]. 中国实验方剂学杂志, 2013, 19(3): 219—222.

[62] 李妍, 苏倩清. 巴戟天水提取物油脂抗氧化性和抗菌活性研究 [J]. 食品与机械, 2008, 24(1): 93—95.

[63] Zhu MY, Wang CJ, Gu Y, et al. Extraction, characterization of polysaccharides from *Morinda officinalis* and its antioxidant activities[J]. Carbohydrate Polymers, 2009, 78: 497—501.

[64] 陈朝凤, 谭宝璇, 陈洁文, 等. 巴戟素对急性缺血性脑损伤保护作用的机制研究 [J]. 广州中医药大学学报, 2000, 17(3): 215—217+274.

[65] 陈洁文, 王勇, 谭宝璇, 等. 巴戟素补肾健脑作用的神经活动基础 [J]. 广州中医药大学学报, 1999, 16(4): 314—317.

[66] 潘新宇, 牛岭. 巴戟天对运动训练大鼠骨骼肌自由基代谢及运动能力的影响 [J]. 中国临床康复, 2005, 9(48): 162—163.

[67] 林立, 王建荣, 郑燕梅. 巴戟天醇提物的提取优化及其抗氧化活性研究 [J]. 中国民族民间医药, 2020, 29(12): 42—46.

[68] 郝建东. 巴戟天提取物对大强度耐力训练大鼠心肌组织抗氧化能力影响的实验研究 [J]. 陕西中医, 2008, 29(10): 1428—1429.

[69] 郑素玉, 陈健. 巴戟天有效成分及其药理作用实验研究进展 [J]. 世界中西医结合杂志, 2012, 7(9): 823—825+828.

[70] 刘建金. 巴戟天多糖对抑郁症大鼠氧化应激及认知行为的影响 [J]. 中国现代医生, 2011, 49(16): 1—2+5.

[71] 朱孟勇. 巴戟天多糖的提取分析及其对去势大鼠抗氧化活力的作用 [C]//2011 年浙江省骨质疏松与骨矿盐疾病学术年会暨《骨质疏松症诊治进展》专题研讨会论文汇编. 2011: 107—111.

[72] 张建军, 王林元, 欧丽娜, 等. 诺丽果汁对老龄小鼠抗氧化功能影响的实验研究 [J]. 食品工

业科技 , 2011, 32(7): 392—393+406.

[73] Pratap UP, Priyanka HP, Ramanathan KR, et al. Noni (*Morinda citrifolia* L.) fruit juice delays immunosenescence in the lymphocytes in lymph nodes of old F344 rats[J]. Journal of Integrative Medicine, 2018: 1—17.

[74] Guo M, Mao BY, Sadiq FA, et al. Effects of noni fruit and fermented noni juice against acute alcohol induced liver injury in mice[J]. Journal of Functional Foods, 2020, 70: 103995.

[75] 李明 , 符文英 , 赵帅 , 等 . 海巴戟冻干粉抗氧化活性的研究 [J]. 黑龙江畜牧兽医 , 2016(12 上): 171—172+177.

[76] Owen PL, Matainaho T, Sirois M, et al. Endothelial cytoprotection from oxidized LDL by some crude Melanesian plant extracts is not related to their antioxidant capacity[J]. Journal of Biochemical and Molecular Toxicology, 2007, 21(5): 231—242.

[77] Pal R, Girhepunje K, Upadhayay A, et al. Antioxidant and free radical scavenging activity of ethanolic extract of the root of *Morinda citrifolia*(Rubiaceae)[J]. African Journal of Pharmacy and Pharmacology, 2012, 6(5): 278—282.

[78] Masuda M, Murata K, Naruto S, et al. Matrix metalloproteinase-1 inhibitory activities of *Morinda citrifolia* seed extract and its constituents in UVA-irradiated human dermal fibroblasts[J]. Biological & Pharmaceutical Bulletin, 2012, 35(2): 210—215.

[79] Costa AB, Oliveira AMCD, Silva AMDO, et al. Antioxidant activity of the pulp, bark and seeds of the Noni (*Morinda citrifolia* Linn)[J]. Revista Brasileira DE Fruticultura, 2013, 35(2): 345—354.

[80] Zin ZM, Hamid AA, Osman A. Antioxidative activity of extracts from Mengkudu (*Morinda citrifolia* L.) root, fruit and leaf[J]. Food Chemistry, 2002, 78: 227—231.

[81] Piaru SP, Mahmud R, Majid AMSA, et al. Chemical composition, antioxidant and cytotoxicity activities of the essential oils of *Myristica fragrans* and *Morinda citrifolia*[J]. Journal of the Science of Food and Agriculture, 2012, 92: 593—597.

[82] Li J, Niu DB, Zhang Y, et al. Physicochemical properties, antioxidant and antiproliferative activities of polysaccharides from *Morinda citrifolia* L.(Noni) based on different extraction methods[J]. International Journal of Biological

Macromolecules, 2018: 1—32.

[83] Li XH, Liu Y, Shan YM, et al. MicroRNAs involved in the therapeutic functions of Noni (*Morinda citrifolia* L.) fruit juice in the treatment of acute gouty arthritis in mice induced with monosodium urate[J]. Foods, 2021, 10: 1638.

[84] 于纯淼, 李煦照, 于栋华, 等. 海巴戟果实诺丽 (NONI) 生理功能研究进展 [J]. 食品工业科技, 2011, 32(12): 573—576+580.

[85] 陈新璐, 狄志彪, 孙稚颖, 等. 中药海巴戟的现代研究进展 [J]. 环球中医药, 2016, 9(10): 1280—1284.

[86] Zhu HL, Zhang JC, Li CF, et al. *Morinda citrifolia* L. leaves extracts obtained by traditional and eco-friendly extraction solvents: relation between phenolic compositions and biological properties by multivariate analysis[J]. Industrial Crops & Products, 2020, 153: 112586.

[87] Ma DL, Chen M, Su CX, et al. *In vivo* antioxidant activity of deacetylasperulosidic acid in Noni[J]. Journal of Analytical Methods in Chemistry, 2013: 804504.

[88] Narasimhan KKS, Jayakumar D, Velusamy P, et al. *Morinda citrifolia* and its active principle scopoletin mitigate protein aggregation and neuronal apoptosis through augmenting the DJ-1/Nrf2/ARE signaling pathway[J]. Oxidative Medicine and Cellular Longevity, 2019: 2761041.

[89] Jainkittivong A, Butsarakamruha T, Langlais RP, et al. Antifungal activity of *Morinda citrifoli*a fruit extract against *Candida albicans*[J]. Oral Surgery, Oral Medicine, Oral Pathology, Oral Radiology, and Endodontics, 2009, 108(3): 394—398.

[90] Sánchez NGDLC, Rivera AG, Fitz PA, et al. Antibacterial activity of *Morinda citrifolia* Linneo seeds against Methicillin-Resistant *Staphylococcus* spp. [J]. Microbial Pathogenesis, 2019: 1—24.

[91] Natheer SE, Sekar C, Amutharaj P, et al. Evaluation of antibacterial activity of *Morinda citrifolia*, *Vitex trifolia* and *Chromolaena odorata*[J]. African Journal of Pharmacy and Pharmacology, 2012, 6(11): 783—788.

[92] Candida T, França JPD, Chaves ALF, et al. Evaluation of antitumoral and antimicrobial activity of *Morinda citrifolia* L. grown in Southeast Brazil[J]. Acta

Cirúrgica Brasileira, 2014, 29(2): 10—14.

[93] Zhang WM, Wang W, Zhang JJ, et al. Antibacterial Constituents of Hainan *Morinda citrifolia* (Noni) leaves[J]. Journal of Food Science, 2016, 81(5): 1192—1196.

[94] 彭勇, 肖伟, 刘勇, 等. 世界药用植物新宠——海巴戟果 [J]. 国外医药 (植物药分册), 2007, 22(3): 93—96.

[95] 付嘉, 熊彬, 陈峰, 等. 巴戟天对老龄小鼠免疫功能的影响 [J]. 中国老年学杂志, 2005, 25(3): 312—313.

[96] 张鹏, 陈地灵, 林励, 等. 巴戟天水提液对自然衰老小鼠脑组织中单胺类神经递质含量的影响 [J]. 医学研究杂志, 2014, 43(6): 79—81.

[97] 顾冰. 巴戟天醇提物对衰老大鼠心肌组织的抗氧化作用 [J]. 临床合理用药杂志, 2011, 4(10B): 62—63.

[98] 刘霄. 巴戟天多糖的降血糖和抗氧化作用研究 [J]. 中药材, 2009, 32(6): 949—951.

[99] Masuda M, Murata K, Fukuhama A, et al. Inhibitory effects of constituents of *Morinda citrifolia* seeds on elastase and tyrosinase[J]. Journal of Natural Medicines, 2009, 63: 267—273.

[100] Serafini MR, Detoni CB, Menezes PDP, et al. UVA-UVB Photoprotective activity of topical formulations containing *Morinda citrifolia* extract[J]. BioMed Research International, 2014: 587819.

[101] Akihisa T, Seino KI, Kaneko E, et al. Melanogenesis inhibitory activities of iridoid-, hemiterpene-, and fatty acid-glycosides from the fruits of *Morinda citrifolia* (Noni)[J]. Journal of Oleo Science, 2010, 59(1): 49—57.

[102] Ji-Hoon K, Kyung BS. Antibacterial activity of the noni fruit extract against *Listeria monocytogenes* and its applicability as a natural sanitizer for the washing of fresh-cut produce[J]. Food Microbiology, 2019, 84: 103260.

巴拉圭茶

15.1　基本信息

中 文 名	巴拉圭茶	
属　　名	冬青属 *Ilex*	
拉 丁 名	*Ilex paraguariensis* A.St.-Hil.	
俗　　名	马黛茶	
分类系统	**恩格勒系统（1964）** 被子植物门 Angiospermae 双子叶植物纲 Dicotyledoneae 卫矛目 Celastrales 冬青科 Aquifoliaceae	**APG IV 系统（2016）** 被子植物门 Angiospermae 木兰纲 Magnoliopsida 冬青目 Aquifoliales 冬青科 Aquifoliaceae
地理分布	阿根廷，巴西，巴拉圭，乌拉圭	
化妆品原料	巴拉圭茶（ILEX PARAGUARIENSIS）叶提取物	

常绿乔木或灌木，高 6—15 米。雌雄异株。树皮灰白色，光滑具光泽。单叶互生，革质，长 7.5—11 厘米，宽 2.5—5.5 厘米，倒卵形至倒卵状椭圆形，顶端圆钝，基部楔形，边缘具锯齿；叶柄长可达 15 毫米；花小，花瓣 4 枚，稀 5—7 枚，白绿色，1—15 枚簇生于叶腋。果实近球形，红色，直径 4—5.5 毫米。种子 4—5 枚。[①]

---

① 文字参见下列网站及文献：a. 网站 *Ilex paraguariensis* | Landscape Plants | Oregon State University；

b. 网站 GlobinMed：*Ilex paraguariensis* – GlobinMed；

c. Groppo, M. & Pirani, J.R. 2002. Aquifoliaceae. In: Wanderley, M.G.L., Shepherd, G.J., Giulietti, A.M. (coords.). Flora Fanerogâmica do Estado de São Paulo. vol. 2. Pp31—37. São Paulo, Fapesp/HUCITEC；

d. Groppo, M. & Pirani, J.R. 2005. Flora da Serra do Cipó, Minas Gerais: Aquifoliaceae. Boletim de Botânica da Universidade de São Paulo 23: 257—265。

15.2　活性物质

15.2.1　主要成分

　　根据文献报道，巴拉圭茶主要化学成分有黄嘌呤碱、酚酸、黄酮和皂苷等，其中对黄嘌呤碱的研究较多。巴拉圭茶具体化学成分见表 15–1。

表 15–1　巴拉圭茶化学成分

成分类别	主要化合物	参考文献
黄嘌呤碱	咖啡因、可可碱、茶碱等	[1—3]
酚类	对羟基肉桂酸、咖啡酸甲酯、3,4- 二羟基苯甲酸、咖啡酸、新绿原酸甲酯、隐绿原酸甲酯、绿原酸甲酯、3,5- 二咖啡酰奎宁酸甲酯、3,4- 二咖啡酰 - 奎宁酸甲酯、3,5- 二咖啡酰奎宁酸、4,5- 二咖啡酰 - 奎宁酸甲酯、3,4- 二咖啡酰 - 奎宁酸、咖啡酰莽草酸、绿原酸、阿魏酰奎宁酸、奎宁酸等	[1—3]
黄酮类	槲皮素、芦丁、山奈酚 -3-O- 芸香糖苷	[1—2]
皂苷类	马黛皂苷 1、马黛皂苷 2、马黛皂苷 3、马黛皂苷 4 等	[3]
脂肪酸	己酸、辛酸、癸酸、月桂酸、肉豆蔻酸、十五烷酸、棕榈酸、棕榈油酸、十七烷酸、硬脂酸、油酸、亚油酸、α- 亚麻酸、花生酸、二十烷二酸、二十三烷酸、二十四烷酸、神经酸等	[4]
其他	草酸、苹果酸、抗坏血酸、柠檬酸、α- 生育酚等	[4]

表 15–2　巴拉圭茶成分单体结构

序号	主要单体	结构式	CAS 号
1	咖啡因	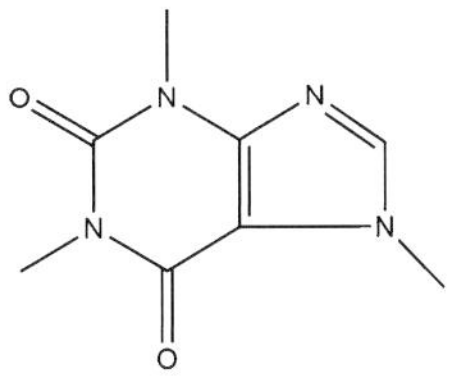	58-08-2

（接上表）

2	绿原酸	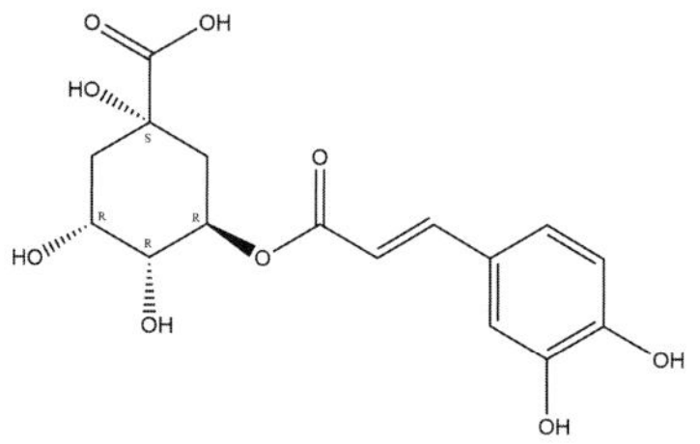	327-97-9
3	可可碱	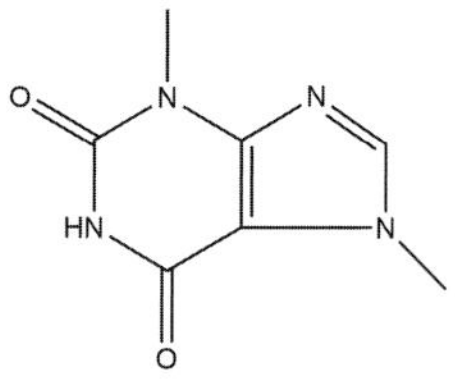	83-67-0
4	茶碱	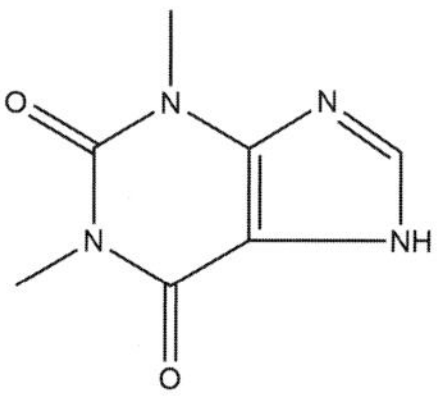	58-55-9

15.2.2　含量组成

目前，对巴拉圭茶化学成分含量的研究不多。我们从文献中获得了一些巴拉圭茶中的总酚、黄酮、绿原酸、咖啡因、可可碱等成分的含量信息，具体见表 15-3。

表 15-3　巴拉圭茶主要成分含量信息

成分	来源	含量	参考文献
总酚	干叶	4.95—10.0 mg/g	[5]
		11.51 g /100 g	[6]
	完整植株水醇提物	281 mg/g	[4]
	叶水醇提物	290 mg/g	[4]
	茎水醇提物	185 mg/g	[4]
绿原酸	市售干叶水提物	72.89—110.42 mg/100 g	[7]
	市售干叶水醇提物	305.90—388.15 mg/100 g	[7]
咖啡酰衍生物	叶	10 %	[3]

（接上表）

皂苷类	叶	5—10 %	[3]
咖啡因	叶	1.00—2 %	[3，6]
	市售干叶水提物	51.16—92.70 mg/100 g	[7]
	市售干叶水醇提物	211.80—349.19 mg/100 g	[7]
可可碱	叶	0.1—0.9 %	[3，6]
	市售干叶水提物	6.57—14.33 mg/100 g	[7]
	市售干叶水醇提物	45.88—58.96 mg/100 g	[7]
总黄酮	完整植株水醇提物	16.8 mg/100 g	[4]
	叶水醇提物	18.56 mg/100 g	[4]
	茎水醇提物	3.06 mg/100g	[4]
单宁	叶	0.29 g/100 g	[6]

15.3　功效与机制

巴拉圭茶是拉丁美洲常饮用的一种茶类植物，具有抗炎、抗氧化、抗衰老、抗菌、抗肥胖、抗糖尿病和抗癌等保健功能，主要活性成分包括多酚、黄嘌呤生物碱和皂角苷等[3，8]。

15.3.1　抗炎

巴拉圭茶在局部和全身炎症过程中都具有预防或抗炎作用。在小鼠急性水肿模型中，局部应用巴拉圭茶提取物使 12-O- 十四烷酰佛波醇 13- 乙酸酯诱导的急性水肿减半，并几乎抑制中性粒细胞浸润，而在 12-O- 十四烷酰佛波醇 13- 乙酸酯诱导的亚慢性炎症中，水肿显著减少 62 %；同时巴拉圭茶提取物显著减少角叉菜胶诱导的足趾水肿，同时降低炎症相关蛋白环氧合酶 -2（COX-2）和诱导型一氧化氮合酶（iNOS）的表达；病理组织学分析证实，小鼠上皮厚度减少、真皮中炎症细胞浸润减少，炎症反应减轻[9]。巴拉圭茶水提物抑制急性肺部炎症小鼠支气管肺泡灌洗液中肺泡巨噬细胞和中性粒细胞的增加,降低促炎细胞因子肿瘤坏死因子 $-\alpha$（TNF-α）、基质金属蛋白酶 -9（MMP-9）和白细胞介素 -13（IL-13）表达[10, 11]。在葵花籽油诱导的小鼠腹膜炎模型中,巴拉圭茶提取物抑制了中性粒细胞在循环血液中的募集,发挥了抗炎功能[12]。巴拉圭茶提取物可减少人单核细胞（THP-1）分泌促炎细胞因子,如 TNF-α、白细胞介素 -8（IL-8）和白细胞介素 -1β（IL-1β）[13]。巴拉圭茶叶粗提取物、正丁醇提取物和水性馏分在小鼠胸膜炎模型中也具有抗炎作用,其主要化合物咖啡因、芦丁和绿原酸能够降低白细胞迁移和渗出物浓度,抑制髓过氧化物酶（MPO）和腺苷脱氨酶（ADA）活性,下调一氧化氮（NO）水平。此外,巴拉圭茶提取物还可抑制 Th1/Th17 促炎细胞因子的释放,通过降低 p65 NF-κB 磷酸化,增加抗炎因子白细胞介素 -10（IL-10）的产生并改善肺部组织炎症[2]。此外,巴拉圭茶茎提取物也显示出较高的抗炎潜力,显著抑制脂多糖（LPS）诱导的小鼠巨噬细胞 RAW264.7 产生 NO[4]。

巴拉圭茶提取物中槲皮素是最有效的抗炎成分,而巴拉圭茶皂苷和齐墩果酸可显著抑制 iNOS/NO 通路,槲皮素 / 巴拉圭茶皂苷的组合可协同抑制 NO 和前列腺素 E_2（PGE$_2$）的产生,同时抑制促炎因子白细胞介素 -6（IL-6）和 IL-1β 的产生,并导致 LPS 诱导的 NF-κB 亚基的核易位减少[14]。巴拉圭茶多糖在小鼠脓毒症模型中发挥抗炎活性,影响中性粒细胞的募集,并显著降低 iNOS 和 COX-2 的表达,可有效预防小鼠感染死亡[15]。

表 15-4　巴拉圭茶提取物对角叉菜胶诱导的胸膜炎小鼠模型中
促炎和抗炎细胞因子水平的影响[2]

细胞因子	IL-6 （ng/mL）	IL-17A （pg/mL）	IFN-γ （pg/mL）	IL-10 （pg/ml）	TNF-α （pg/mL）
Sal[a]	0.01 ± 0.01	0.82 ± 0.29	1.21 ± 0.29	17.20 ± 3.59	85.05 ± 8.35
Cg[a]	544.3 ± 56.29	89.88 ± 3.55	11.82 ± 1.02	35.12 ± 3.79	898.10 ± 44.7
Dex（0.5）[b]	5.68 ± 0.94**	23.35 ± 1.36**	4.90 ± 0.35**	72.03 ± 1.22**	371.00 ± 58.24**
CE（25）[b]	45.57 ± 5.71**	30.05 ± 1.18**	6.07 ± 0.15**	61.60 ± 9.45*	689.70 ± 56.30*
BF（1）[b]	130.1 ± 16.19**	54.88 ± 2.81**	6.15 ± 1.26**	44.85 ± 2.16	401.7 ± 83.21**
ARF（1）[b]	322.5 ± 5.18**	48.14 ± 8.59**	6.74 ± 0.34**	71.28 ± 5.64**	743.10 ± 29.56*

（接上表）

Caf（5）[b]	443.7±97.84	54.97±4.87**	6.50±1.21**	55.87±4.93	532.10±61.98**
Rut（1）[b]	194.9±8.66**	46.45±4.26**	6.44±0.48**	50.67±6.49	641.60±19.63**
CGA（0.1）[b]	＜0.0014Ψ	79.38±5.13*	10.45±1.27	161.10±6.51**	545.70±31.85**

注：巴拉圭茶粗提取物（CE：25 mg/kg）、丁醇馏分（BF：1 mg/kg）、水性馏分（ARF：1 mg/kg）、咖啡因（Caf：5 mg/kg）、芦丁（Rut：1 mg/kg）、绿原酸（CGA：0.1 mg/kg）在角叉菜胶诱导的胸膜炎发生前 0.5 小时给药。Sal= 仅用无菌盐水（0.9 % NaCl）处理的阴性对照组；Cg= 仅用角叉菜胶处理的阳性对照组；Dex= 诱发胸膜炎前 0.5 小时用地塞米松（0.5 mg/kg）预处理的动物的反应。每组代表平均值 ± 标准误，N=6 只动物。* P<0.05；** P<0.01；Ψ，所有测试样品均显示低于检测限的值。a，通过胸膜内途径（i.pl.）给药；b，通过口服途径（P.O.）给药。

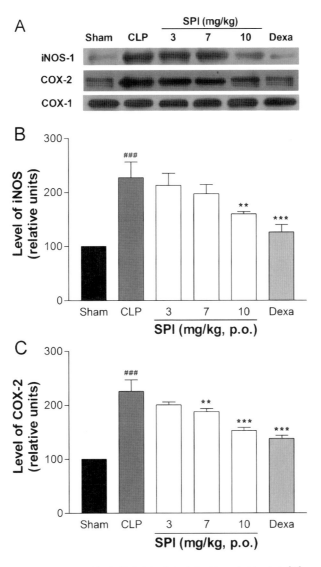

图 15-1　巴拉圭茶多糖对炎症相关蛋白的影响[15]

15.3.2 抗氧化

巴拉圭茶提取物具有优异的抗氧化活性。巴拉圭茶整株提取物、叶提取物和茎提取物均具有较高的 β- 胡萝卜素漂白抑制活性，巴拉圭茶叶提取物显示出较高的还原能力、DPPH 自由基和 ABTS 自由基清除能力，能显著抑制脂氧合酶活性，抑制脂质过氧化；并且巴拉圭茶提取物可减少皮肤表面水分流失，增加皮肤水分，因此巴拉圭茶提取物可能具有应用于化妆品中的潜力 [4, 16]。巴拉圭茶水提物能够抑制活性氧（ROS）的产生，降低香烟烟雾引起的脂质过氧化以及谷胱甘肽过氧化物酶（GSH-Px）、丙二醛（MDA）和羰基水平升高，缓解香烟烟雾引起的急性炎症和氧化还原失衡 [11]。巴拉圭茶对高脂血症小鼠氧化应激具有一定的调节作用，可显著降低小鼠肝脏中的 ROS 水平、氧化损伤产物 MDA 含量，显著提高小鼠肝脏中超氧化物歧化酶（SOD）和过氧化氢酶（CAT）活性 [17]。此外，巴拉圭茶提取物在急性 UVB 暴露后降低了 MPO 的活性，显示出抗氧化活性 [18]。

巴拉圭茶的抗氧化活性，与其所含酚类化合物水平有关 [19]。研究发现，巴拉圭茶多酚具有较强的抗氧化能力，对 DPPH 自由基、超氧阴离子自由基和羟基自由基具有良好的清除能力，对亚油酸也有很好的抗氧化作用；巴拉圭茶多酚的主要成分是绿原酸类物质，包括绿原酸、咖啡酸、异绿原酸以及少量槲皮素、芦丁等类黄酮类物质 [20]。巴拉圭茶多酚类单体化合物 3,5- 二 -O- 咖啡酰奎宁酸、4,5- 二 -O- 咖啡酰奎宁酸、5-O- 咖啡酰奎宁酸、3-O- 咖啡酰奎宁酸的羟基自由基清除能力强于茶多酚和维生素 C，1-O- 咖啡酰奎宁酸的清除能力与茶多酚相仿，芦丁的清除能力较茶多酚和维生素 C 弱，这 5 种单体成分清除 DPPH 自由基的作用弱于茶多酚但强于维生素 C。二咖啡奎宁酸清除超氧阴离子自由基的活性强于茶多酚，而单咖啡奎宁酸的清除能力弱于茶多酚。同时多酚复合组抗氧化能力相对于酚类的单体化合物有增强的趋势 [22]。巴拉圭茶喷雾干燥提取物具有很高的多酚含量，主要成分包括咖啡酸、5- 咖啡酰奎宁酸和芦丁等，其对自由基的清除能力可能取决于其高过氧化氢酶样（CAT-like）活性 [23]。

表 15-5　巴拉圭茶整株、叶、茎甲醇 / 水提取物的抗氧化

活性（平均值 ± 标准差）[4]

抗氧化活性（EC$_{50}$ 值，μg/mL）	整株	叶	茎
DPPH 自由基清除活性	123[b]±1	112[c]±5	213[a]±15
还原能力	50[b]±1	46[c]±2	90[a]±4
β- 胡萝卜素漂白抑制	316[c]±26	447[b]±18	638[a]±6
硫代巴比妥酸活性物质抑制	61[b]±1	60[c]±3	290[a]±24

注：抗氧化活性用 EC$_{50}$ 值表示，这意味着较高的值对应于较低的还原力或抗氧化潜力。EC$_{50}$：在还原能力测定中，对应于 50 % 抗氧化活性或 0.5 吸光度的提取物浓度。

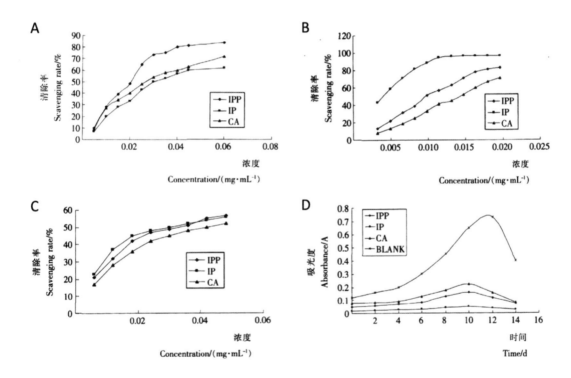

图 15-2　巴拉圭茶多酚的抗氧化能力（A. 巴拉圭茶多酚的羟基自由基清除能力；B. 巴拉圭茶多酚的 DPPH 自由基清除能力；C. 巴拉圭茶多酚的超氧阴离子自由基清除能力；D. 1 % 巴拉圭茶多酚对亚油酸的抗氧化能力。IPP：巴拉圭茶多酚；IP：茶多酚；CA：绿原酸）[20]

15.3.3　抑菌

巴拉圭茶总多酚对沙门氏菌、大肠杆菌和链球菌有抑菌效果，其中 TIPPB、TIPPC 组分和总多酚对大肠杆菌和沙门氏菌的抗菌活性较 TIPPA 组分强，而 TIPPA

组分对链球菌表现出最强的抑菌作用[22, 24]。研究发现，巴拉圭茶中的山奈酚具有抑制金黄色葡萄球菌活性，而槲皮素对多种致病菌均具有抑制作用[25]。

痤疮丙酸杆菌通过诱导某些炎症介质和粉刺发生在痤疮的发病机制中发挥重要作用。巴拉圭茶甲醇提取物可抑制痤疮丙酸杆菌的生长，并减少人单核细胞 THP-1 分泌促炎细胞因子，如 TNF-α、IL-8 和 IL-1β 等，可用作治疗痤疮[13]。巴拉圭茶的氯仿和乙酸乙酯馏分、水性馏分均可抑制金黄色葡萄球菌。其中，水性馏分在模拟体内消化进行酶解后，仍具有抗菌活性，其活性成分被鉴定为吡嗪酮（Libanstin）[21]。

糠秕马拉色菌是一种脂依赖性、双相性和腐生真菌，可引起人类花斑癣、头皮屑和脂溢性皮炎。巴拉圭茶水提物（1000 mg/ml）对糠秕马拉色菌具有抑制活性，相当于 2.7 μg/ml 的酮康唑。因此，巴拉圭茶水提物具有用作抗真菌剂的潜力[26]。

表15-6　巴拉圭茶对金黄色葡萄球菌菌株的抑制活性[21]

组分 菌株		丙酮：水的 MIC（mg/mL）	氯仿组分的 MIC（mg/mL）	乙酸乙酯组分的 MIC（mg/mL）	水组分的 MIC（mg/mL）
MSSA	金黄色葡萄球菌 001	0.78	3.12	3.12	1.56
	金黄色葡萄球菌 003	0.78	1.56	3.12	0.78
	金黄色葡萄球菌 005	0.39	1.56	3.12	0.78
	金黄色葡萄球菌 006	0.78	1.56	3.12	0.78
	金黄色葡萄球菌 AT	1.56	1.56	1.56	1.56
	金黄色葡萄球菌 EA	1.56	1.56	1.56	3.12
MRSA	金黄色葡萄球菌 002	0.78	3.12	3.12	0.78
	金黄色葡萄球菌 MH	1.56	1.56	3.12	1.56
ATCC	金黄色葡萄球菌 ATCC	6.25	1.56	3.12	3.12

（接上表）

菌株	29213				
	金黄色葡萄球菌 ATCC	3.12	>6.25	3.12	3.12
	N315				

15.3.4　抗衰老

紫外线 B（UVB）是导致皮肤光损伤老化的主要因子之一，单次 UVB 照射可以显著提高 MMP 和 MPO 的活性，同时降低皮肤细胞中的胶原蛋白含量。巴拉圭茶提取物在急性 UVB 暴露后降低 MPO 和 MMP-2 的活性，显示出潜在的光化学保护作用[18]。

人中性粒细胞弹性蛋白酶（HNE）是负责降解不溶性弹性蛋白的酶，弹性蛋白酶活性随着年龄的增长而显著增加，会导致皮肤弹性降低，出现皱纹或妊娠纹。巴拉圭茶叶甲醇提取物显示出强烈的 HNE 抑制作用，其中的 5 个二咖啡酰奎宁酸衍生物和 2 个黄酮类化合物表现出有效的 HNE 抑制活性[27]。

表 15-7　巴拉圭茶叶甲醇提取物成分对人中性粒细胞弹性蛋白酶的抑制活性[27]

化合物	HNE 的抑制率（%）					IC_{50}（μM）[a]
	100 μM	30 μM	10 μM	3 μM	1 μM	
1	31.3	14.6	10.5	—	—	NA[b]
2	25.8	19.4	23.3	—	—	NA
3	27.0	20.2	24.4	—	—	NA
4	44.6	21.8	15.5	—	—	>100
5	43.2	19.7	8.6	—	—	>100
6	43.3	19.5	9.3	—	—	>100
7	51.3	45.7	27.2	21.3	12.2	>100
8	79.7	82.9	73.3	58.4	46.6	1.5
9	22.1	19.5	16.3	—	—	NA
10	19.0	9.9	14.5	—	—	>100
11	19.8	15.1	15.4	—	—	>100

（接上表）

12	88.4	83.1	73.1	60.7	44.2	1.4
13	84.5	76.0	64.8	44.3	29.7	4.2
14	80.4	75.1	67.1	52.2	39.0	2.4
15	91.4	81.0	69.1	56.4	43.9	1.7
16	85.7	72.3	53.4	36.6	20.1	7.3
17	72.3	72.3	51.9	40.0	22.6	6.9
18	−7.5	3.6	—	—	—	>100
EGCG[c]	66.0	62.4	47.3	25.8	12.6	12.9

注：[a]，IC_{50} 为产生半数最大抑制时的浓度（μM），通过回归分析确定并表示为三次重复的平均值。
　　[b]，NA 表示没有抑制。
　　[c]，EGCG [（−）− 表没食子儿茶素 −3− 没食子酸酯] 作为阳性对照。

15.3.5　保湿

　　巴拉圭茶提取物和发酵液对经皮水分流失和皮肤水合作用有影响，在皮肤上使用，可提高皮肤水合作用水平[16]。

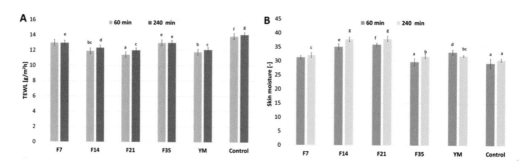

图 15-3　巴拉圭茶提取物和发酵液（100 μg/ml）对经皮水分流失和皮肤水合作用的影响（A. 巴拉圭茶提取物抑制皮肤水分流失；B. 巴拉圭茶提取物增加皮肤水分；YM：巴拉圭茶提取物）[16] 注：图中不同字母表示各组之间差异显著（$P<0.05$）。

15.4　成分功效机制总结

　　巴拉圭茶提取物具有抗氧化活性，同时具有良好的抗炎、抗菌、抗衰老和保湿功效，对 UVB 引起的光损伤、细菌 / 真菌引起的皮肤问题具有良好改善作用，并且可以提高皮肤水分含量，因此巴拉圭茶提取物在化妆品中具有良好的应用前景。巴拉圭茶的主要活性成分是多酚类、多糖和黄嘌呤类生物碱等。巴拉圭茶抗炎机制主要包括抑制促炎因子的释放，促进抗炎因子的释放，抑制中性粒细胞浸润，调控 NF-κB 信号通路等；抗氧化活性主要为对自由基的清除活性，抗氧化酶的活性调节等；抗菌机制涉及免疫细胞的激活及对炎症因子的抑制；抗衰老机制主要为抑制弹性蛋白酶和胶原酶。此外，巴拉圭茶提取物和发酵液对经皮水分流失和皮肤水合作用有影响，在皮肤上使用，可提高水合作用水平。

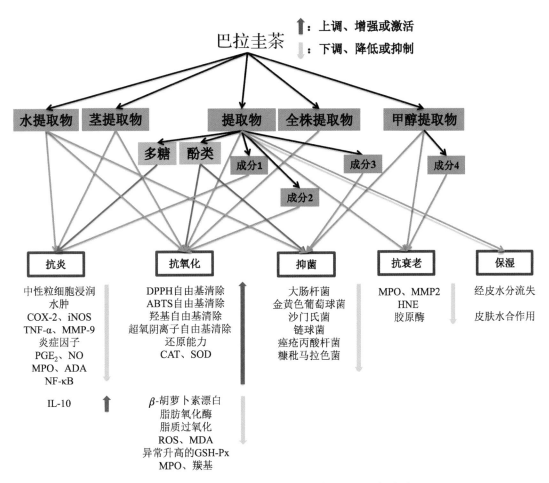

成分 1：咖啡因、芦丁、绿原酸、巴拉圭茶皂苷、齐墩果酸、槲皮素

成分 2：3,5- 二 -O- 咖啡酰奎宁酸、4,5- 二 -O- 咖啡酰奎宁酸、5-O- 咖啡酰奎宁酸、3-O- 咖啡酰奎宁酸、1-O- 咖啡酰奎宁酸、芦丁、咖啡酸

成分 3：槲皮素、山奈酚、吡嗪酮

成分 4：5 个二咖啡酰奎宁酸衍生物和 2 个黄酮类化合物

图 15-4　巴拉圭茶成分功效机制总结图

参考文献

[1] Xu GH, Kim YH, Choo SJ, et al. Chemical constituents from the leaves of *Ilex paraguariensis* inhibit human neutrophil elastase[J]. Archives of Pharmacal Research, 2009, 32(9): 1215—1220.

[2] Ana BGL, Carlos HBS, Marcus VPSN, et al. The anti-inflammatory effect of *Ilex paraguariensis* A. St. Hil(Mate)in a murine model of pleurisy[J]. International Immunopharmacology, 2016, 36: 165—172.

[3] Kellie PB, Federico MH, Michael D, et al. Composition and bioactive properties of Yerba Mate (*Ilex paraguariensis* A. St. -Hil.)[J]. Chilean Journal of Agricultural Research, 2012, 72(2): 268—274.

[4] Souza, AHP, Corrêa RCG, Barros L, et al. Phytochemicals and bioactive properties of *Ilex paraguariensis*: An *in-vitro* comparative study between the whole plant, leaves and stems[J]. Food Research International, 2015, 78(Dec.): 286—294.

[5] Rochele FM, Nessana D, Ana CPB, et al. Total phenolic contents and antioxidant activity in oxidized leaves of mate (*Ilex paraguariensis* St. Hil)[J]. Brazilian Archives of Biology and Technology, 2014, 57(6): 997—1003.

[6] Vieira MA, Maraschin M, Pagliosa CM, et al. Phenolic acids and methylxanthines composition and antioxidant properties of mate (*Ilex paraguariensis*) residue[J]. Journal of Food Science, 2010, 75(3): 280—285.

[7] Rodrigo MCP, Bruna ML, Acácio AFZ, et al. Detection and quantification of phytochemical markers of *Ilex paraguariensis* by liquid chromatography[J]. Química Nova, 2015, 38(9): 1219—1225.

[8] 熊建华, 刘仲华. 巴拉圭茶化学成分及药理作用研究进展 [J]. 广东农业科学, 2006(12): 129—132.

[9] Schinella G, Neyret E, Cónsole G, et al. An aqueous extract of *Ilex paraguariensis* reduces carrageenan-induced edema and inhibits the expression of cyclooxygenase-2 and inducible nitric oxide synthase in animal models of inflammation[J]. Planta Medica: Natural Products and Medicinal Plant Research, 2014, 80(12): 961—968.

[10] Lanzetti M, Bezerra FS, Romana SB, et al. Mate tea reduced acute lung inflammation in mice exposed to cigarette smoke.[J]. Nutrition, 2008, 24(4): 375—381.

[11] Manuella L, Marina VB, Renata TN, et al. Ready-to-drink matte® tea shows anti-inflammatory and antioxidant properties on a cigarette smoke exposure model[J]. Food Research International, 2012, 48(2): 798—801.

[12] Tiago RP, Sandra MDM, Silvane SR, et al. Acute toxicity and anti-inflammatory effects of supercritical extracts of *Ilex paraguariensis*[J]. African Journal of Pharmacy and Pharmacology, 2011, 5(8): 1162—1169.

[13] Tsai Tsung-Hsien, Tsai Tzung-Hsun, Wu WH, al. *In vitro* antimicrobial and anti-inflammatory effects of herbs against *Propionibacterium acnes*[J]. Food Chemistry, 2010, 119(3): 964—968.

[14] Puangpraphant S, Mejia EGD. Saponins in Yerba mate tea (*Ilex paraguariensis* A. St.-Hil) and quercetin synergistically inhibit iNOS and COX-2 in lipopolysaccharide-induced macrophages through NF-κB pathways [J]. Journal of Agricultural and Food Chemistry, 2009, 57: 8873—8883.

[15] Nessana D, Lauro MS, Simone MMP, et al. Rhamnogalacturonan from *Ilex paraguariensis*: A potential adjuvant in sepsis treatment[J]. Cabohydrate Polymer, 2013, 92(2): 1776—1782.

[16] Ziemlewska A, NiziołŁZ, Bujak T, et al. Effect of fermentation time on the content of bioactive compounds with cosmetic and dermatological properties in Kombucha Yerba Mate extracts[J]. Scientific Reports, 2021, 11(1): 1—15.

[17] 李翔辉 , 刘瑞霞 . 巴拉圭茶对高脂血症小鼠氧化还原状态的影响 [J]. 现代食品 , 2021(3): 218—221.

[18] Camila HFC, Geórgia DADA, Marina OL, et al. Topical formulation containing *Ilex paraguariensis* extract increases metalloproteinases and myeloperoxidase activities in mice exposed to UVB radiation[J]. Journal of Photochemistry and Photobiology, B: Biology, 2018, 189: 95—103.

[19] Bassani DC, Nunes DS, Granato D. Optimization of phenolics and flavonoids extraction conditions and antioxidant activity of roasted yerba-mate leaves (*Ilex*

paraguariensis A. St.-Hil., Aquifoliaceae)using response surface methodology[J]. Anais Da Academia Brasileira De Ciências, 2014, 86(2): 923—933.

[20] 熊建华, 刘仲华, 黄建安. 巴拉圭茶多酚体外抗氧化性能研究 [J]. 食品与机械, 2008, 24(4): 58—60+104.

[21] El-Sawalhi S, Fayad E, Porras G, et al. The antibacterial activity of Libanstin from *Ilex paraguariensis*(Yerba Mate)[J]. Fitoterapia, 2021(153)104962

[22] 熊建华. 巴拉圭茶多酚的分离纯化及功能研究 [D]. 湖南农业大学, 2007.

[23] Kleber ASB, Marcia RB, Patricia KWDSS, et al. Chemical composition and antioxidant activity of Yerba-Mate (*Ilex paraguariensis* A. St.-Hn., Aquifoliaceae) extract as obtained by spray drying[J]. Journal of Agricultural and Food Chemistry, 2011, 59(10): 5523—5527.

[24] 熊建华, 刘仲华, 黄建安, 等. 巴拉圭茶多酚大孔吸附树脂分离工艺及总多酚、多酚流分的抑菌作用研究 [J]. 江西农业大学学报, 2007, 29(4): 690—694.

[25] Rauha JP, Remes S, Heinonen M, et al. Antimicrobial effects of Finnish plant extracts containing flavonoids and other phenolic compounds[J]. International Journal of Food Microbiology, 2000, 56: 3—12.

[26] Filip R, Davicino R, Anesini C. Antifungal activity of the aqueous extract of *Ilex paraguariensis* against *Malassezia furfur*[J]. Phytotherapy Research: PTR, 2010, 24(5): 715—719.

[27] Xu GH, Kim YH, Choo SJ, et al. Chemical constituents from the leaves of *Ilex paraguariensis* inhibit human neutrophil elastase[J]. Archives of Pharmacal Research, 2009, 32(9): 1215—1220.

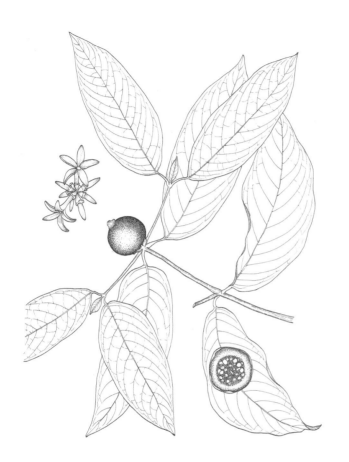

巴氏抱罗交

16.1　基本信息

中　文　名	巴氏抱罗交	
属　　　名	鼠石榴鼠 *Alibertia*	
拉　丁　名	*Alibertia patinoi* (Cuatrec.) Delprete & C.H.Perss.	
俗　　　名	无	
分 类 系 统	恩格勒系统（1964）	APG IV 系统（2016）
	被子植物门 Angiospermae 双子叶植物纲 Dicotyledoneae 龙胆目 Gentianales 茜草科 Rubiaceae	被子植物门 Angiospermae 木兰纲 Magnoliopsida 龙胆目 Gentianales 茜草科 Rubiaceae
地 理 分 布	哥斯达黎加、哥伦比亚、厄瓜多尔、巴拿马等地	
化妆品原料	巴氏抱罗交（BOROJOA PATINOI）果汁[1]	

灌木或乔木，高 2—17 米。小枝无毛。叶片椭圆形、卵形或倒卵形，革质，长19—45 厘米，宽 6—25 厘米，两面无毛，基部圆形或截形，顶端锐尖或渐尖；侧脉 9—17 对；叶柄长 13—90 毫米；托叶椭圆形至长圆形，长 19—45 毫米，宽 7—20 毫米，基部合生，先端锐尖至圆钝，纸质，无毛。雄花序 9—20 朵花簇生，无花梗；花萼管状，革质，萼片不等长，两面均无毛；花冠长 23—27 毫米，5—7 浅裂，粗壮，白色至白绿色；花冠管长 14—17 毫米，直径 3—5 毫米，圆柱形或狭倒锥形，外面密生绒毛，喉部被毛；花冠裂片椭圆形，先端圆形，外侧被微毛；雄蕊 5—7，内藏，着生于花冠筒的 1/2 处，无柄，花药线形。雌花单生或 1—3 朵簇生，无柄；花萼管状，革质，边缘略呈波浪状，花冠长 28—40 毫米，花冠管长 10—15 毫米，直径 8—9 毫米，外面密被绒毛，花冠管内部 2/3 处具绢状绒毛，白色至白绿色；子房 6 室。果实球状，无毛，绿色。[2]

---

[1]世界植物在线（Plants of the World Online）记载 *Alibertia patinoi* 为正名，*Borojoa patinoi* 为其异名。

[2]见中美洲植物志 Tropicos | Name–*Alibertia patinoi*（Cuatrec.）Delprete & C.H.Perss。

16.2 活性物质

16.2.1 主要成分

根据文献报道，巴氏抱罗交的化学成分主要有黄酮类、酚酸类、挥发油类、有机酸类等。巴氏抱罗交具体化学成分见表 16-1。

表 16-1 巴氏抱罗交化学成分

成分类别	主要化合物	参考文献
黄酮类	芹菜素、橙皮素、杨梅素、柚皮素、槲皮素、山柰酚、芦丁、木犀草素等	[1—2]
挥发油类	乙醇、2-戊醇、1-己醇、2-庚醇、1-辛醇、2-壬醇、4-癸醇、3-壬烯-1-醇、乙酸乙酯、乙酸丁酯、乙酸甲酯、辛酸甲酯、乙酸苄酯、辛酸乙酯、乙酸、己酸、2-庚酮、2-壬酮、柠檬烯等	[3]
酚酸类	对香豆酸、阿魏酸、扁桃酸、肉桂酸、没食子酸、香草醛酸、4-羟基苯甲酸、丁香酸、咖啡酸、绿原酸、邻香豆酸、芥子酸、菊苣酸、迷迭香酸等	[1—2]
多酚类	儿茶素、表儿茶素、橄榄苦苷、根皮苷等	[2]
有机酸类	草酸、柠檬酸、酒石酸、苹果酸、抗坏血酸等	[3]

表 16-2 巴氏抱罗交成分单体结构

序号	主要单体	结构式	CAS 号
1	2-壬醇		628-99-9
2	芹菜素	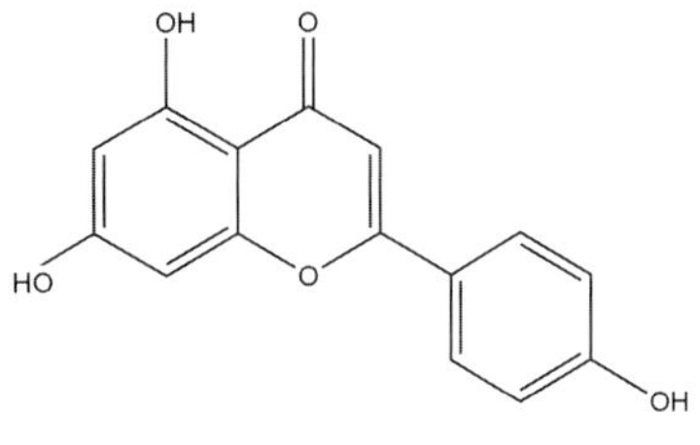	520-36-5

（接上表）

3	橙皮素	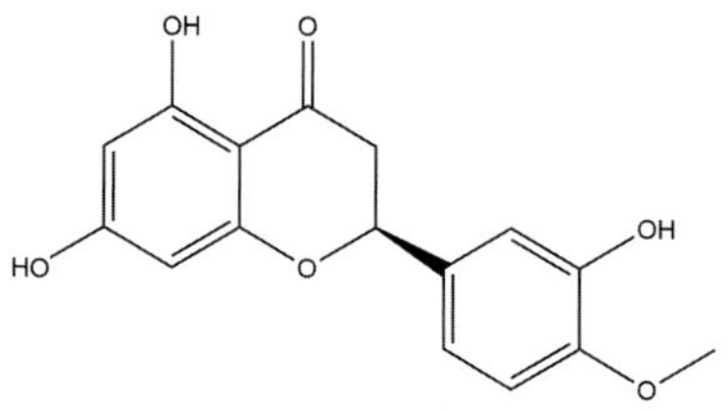	520-33-2
4	杨梅素	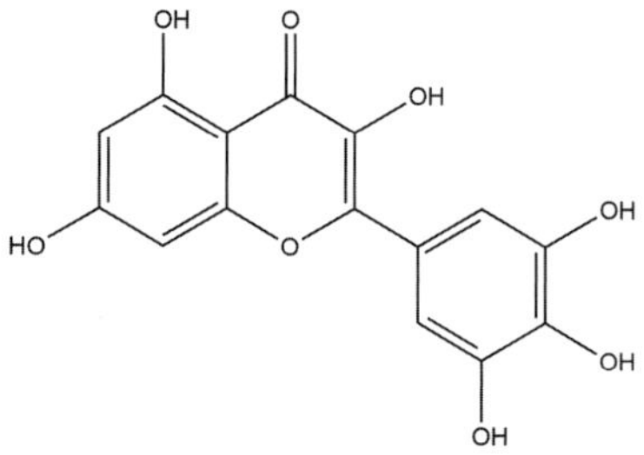	529-44-2
5	柚皮素	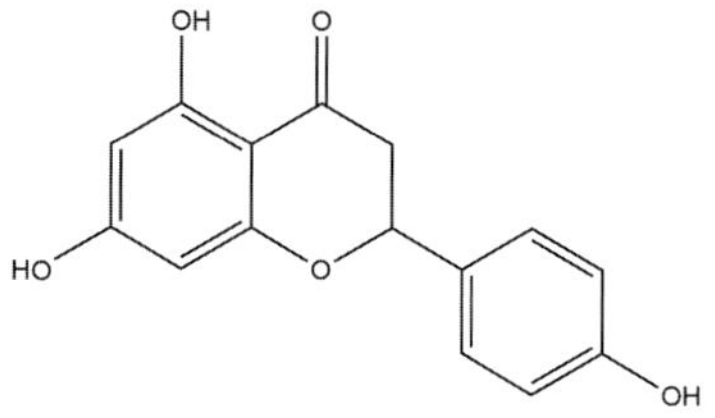	67604-48-2
6	对香豆酸	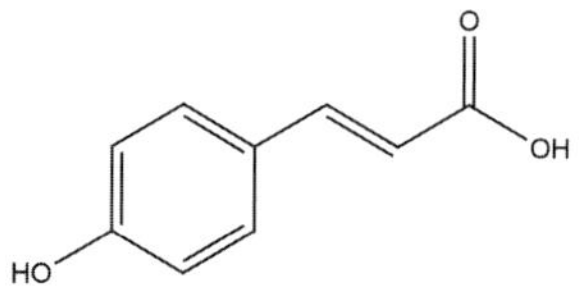	501-98-4
7	阿魏酸	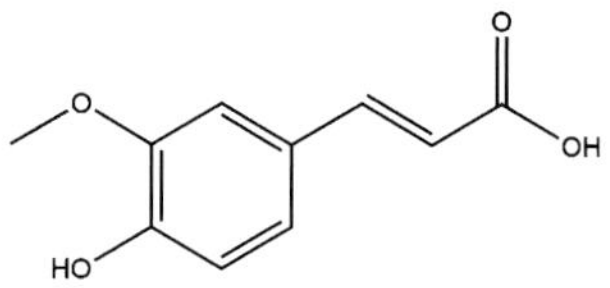	1135-24-6
8	扁桃酸	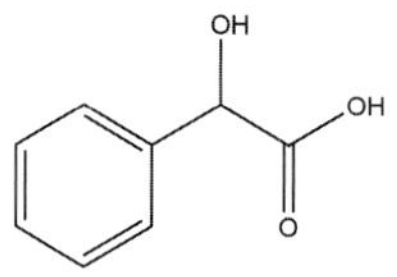	90-64-2
9	肉桂酸	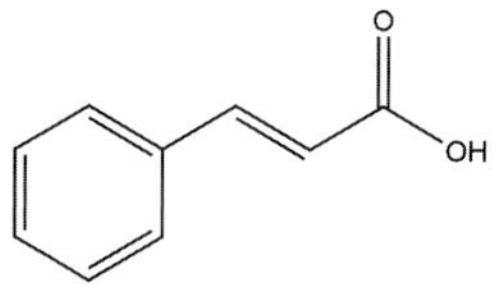	140-10-3
10	咖啡酸	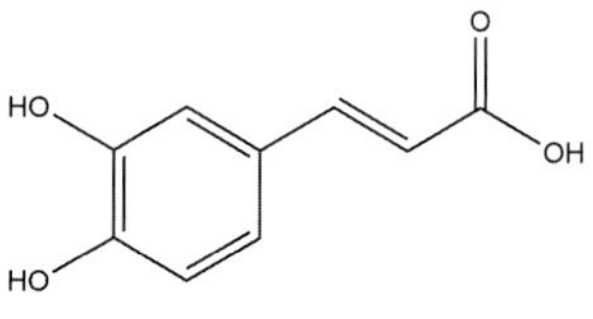	331-39-5

（接上表）

11	绿原酸	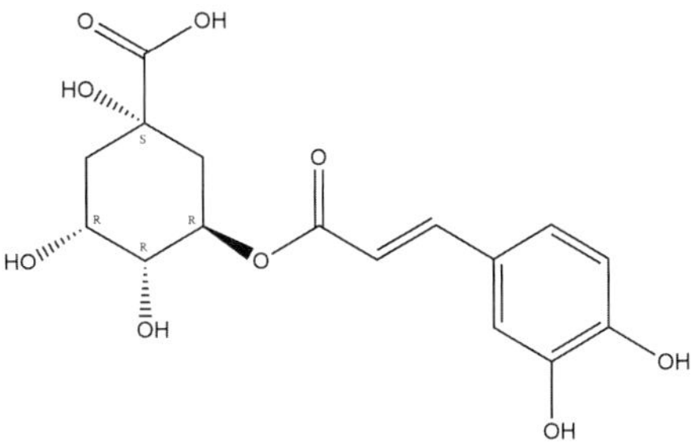	327-97-9

16.2.2 含量组成

目前，与巴氏抱罗交化学成分含量相关的研究较少，仅查阅到部分成分的含量信息，具体见表 16-3。

表 16-3 巴氏抱罗交主要成分含量信息

成分	来源	含量	参考文献
多酚	果实	36.41—800 mg GAE/100 g	[3—4]
总黄酮	果实	16.58—88.45 mg RE/100 g	[3]
草酸	果实	49.90 mg/100 g	[3]
柠檬酸	果实	484.68 mg/100 g	[3]
酒石酸	果实	1291.72 mg/100 g	[3]
苹果酸	果实	732.25 mg/100 g	[3]
抗坏血酸	果实	48.19 mg/100 g	[3]

注：GAE，没食子酸当量；RE，芦丁当量。

16.3 功效与机制

巴氏抱罗交是哥伦比亚、巴西、秘鲁、厄瓜多尔和巴拿马等地热带雨林的特有水果，作为传统药物具有抗高血压、抗肿瘤、利尿、愈合和壮阳作用[3]。巴氏抱罗交具有抗氧化、抑菌和保湿的功效。

16.3.1　抗氧化

巴氏抱罗交果实不同溶剂提取物具有抗氧化能力，能够清除 DPPH 自由基、具有铁离子还原能力和亚铁离子螯合能力 [3]。

表 16-4　巴氏抱罗交果实不同溶剂提取物的抗氧化活性检测 [3]

样品	提取	抗氧化实验		
		DPPH（μM TE/100 g）	FRAP（μM TE/100 g）	FIC（μM EDTAE/100 g）
巴氏抱罗交	甲醇	45.87 ± 0.81^b	259.60 ± 10.14^b	1.47 ± 0.02^b
	乙醇：丙酮	55.55 ± 0.66^a	426.58 ± 7.26^a	1.63 ± 0.01^a
	水	11.32 ± 0.13^c	102.74 ± 5.32^c	0.21 ± 0.04^c

TE：Trolox 等量；EDTAE：乙二胺四乙酸等量。
根据 Tukey 的多重范围检验，同一列中相同小写字母后面的值没有显著差异（$P>0.05$）。

16.3.2　抑菌

巴氏抱罗交果实对金黄色葡萄球菌和大肠杆菌具有抑菌活性，抑菌圈分别在 12—9 mm 之间，其抑菌活性可能与酚类化合物的存在有关 [4]。巴氏抱罗交果实的水提物对从肉制品中分离出的多种细菌具有抑制活性，包括单增李斯特菌、金黄色葡萄球菌、鼠伤寒沙门氏菌、肠炎沙门氏菌和热杀索丝菌 [3]。巴氏抱罗交果实的水提物对耐多药铜绿假单胞菌有抑制活性 [2]。

表 16-5　巴氏抱罗交果实的水提物的抗菌活性谱 [3]

菌株	抑制直径（mm）	
	巴氏抱罗交溶液（pH=2.9）	巴氏抱罗交溶液（pH=6.0）
热杀索丝菌 B01	13.2 ± 0.3^{aA}	10.3 ± 0.3^{aB}
热杀索丝菌 B02	13.0 ± 0.1^{aA}	10.0 ± 0.1^{aB}
热杀索丝菌 B03	12.1 ± 0.1^{bA}	8.1 ± 0.2^{bB}

（接上表）

热杀索丝菌 B04	14.4±0.6[cA]	12.0±0.5[cB]
单增李斯特菌 LM15	13.2±0.2[aA]	8.1±0.2[bB]
单增李斯特菌 LM56	13.0±0.2[aA]	11.4±0.3[cB]
单增李斯特菌 LM49	13.7±0.4[cA]	11.2±0.2[cB]
单增李斯特菌 LM16	13.2±0.1[aA]	12.5±0.3[cB]
单增李斯特菌 ATCC19144	16.3±0.8[dA]	13.0±0.5[cB]
金黄色葡萄球菌 STA59393	13.4±0.4[aA]	11.1±0.3[dB]
金黄色葡萄球菌 STA39533	13.1±0.2[aA]	12.7±0.3[cB]
金黄色葡萄球菌 CF025	14.3±0.5[cA]	13.2±0.3[dB]
金黄色葡萄球菌 CF032	15.1±0.2[aA]	12.6±0.3[dB]
金黄色葡萄球菌 CP2801	13.3±0.5[aA]	11.1±0.3[dB]
鼠伤寒沙门氏菌 S6	12.3±0.4[aA]	10.5±0.3[aB]
鼠伤寒沙门氏菌 S3	12.1±0.2[aA]	10.1±0.2[aB]
鼠伤寒沙门氏菌 S5	12.1±0.1[aA]	10.3±0.2[aB]
鼠伤寒沙门氏菌 S4	14.3±0.3[bA]	12.1±0.6[bB]
鼠伤寒沙门氏菌 S1	12.3±0.5[bA]	10.7±0.4[aB]
鼠伤寒沙门氏菌 ST56	13.4±0.5[cA]	10.4±0.5[aB]
鼠伤寒沙门氏菌 ST37	12.2±0.3[aA]	10.0±0.2[aB]
鼠伤寒沙门氏菌 ST44	15.3±0.5[bA]	12.2±0.3[bB]
肠炎沙门氏菌 SE4406	22.4±0.9[dA]	16.7±0.8[cB]
肠炎沙门氏菌 SE2	10.3±0.7[eA]	9.4±0.2d[A]

平均值和标准差来自五次重复实验。

同列不同上标字母表示菌株间差异显著（$P < 0.05$）。

同行不同大写字母表示不同处理差异显著（$P < 0.05$）。

16.3.3　保湿

巴氏抱罗交果果汁在护肤护发制品中可用作调理剂，有营养护理保湿作用[5]。

16.4　成分功效机制总结

巴氏抱罗交具有抗氧化、抑菌和保湿的功效。巴氏抱罗交果实具有抗氧化能力，能够清除 DPPH 自由基、具有铁离子还原能力和亚铁离子螯合能力。巴氏抱罗交果实具有抑菌活性，对单增李斯特菌、金黄色葡萄球菌、鼠伤寒沙门氏菌、肠炎沙门氏菌、热杀索丝菌和耐多药铜绿假单胞菌具有抑制活性。巴氏抱罗交果果汁在护肤护发制品中可用作调理剂，有营养护理保湿作用。

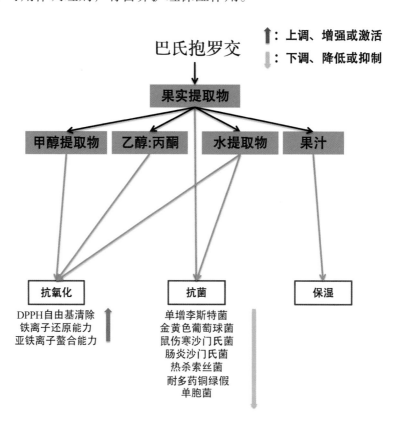

图 16-1　巴氏抱罗交成分功效机制总结图

参考文献

[1] Rodríguez-Bernal JM, Tello E, Flores-Andrade E, et al. Effect of borojo(*Borojoa patinoi* Cuatrecasas)three-phase composition and gum arabic on the glass

transition temperature[J]. Journal of the Science of Food and Agriculture, 2016, 96(3): 1027—1036.

[2] Chaves-López C, Usai D, Donadu MG, et al. Potential of *Borojoa patinoi* Cuatrecasas water extract to inhibit nosocomial antibiotic resistant bacteria and cancer cell proliferation in *vitro*[J]. Food & Function, 2018, 9(5): 2725—2734.

[3] Chaves-López C, Mazzarrino G, Rodríguez A, et al. Assessment of antioxidant and antibacterial potential of borojo fruit(*Borojoa patinoi* Cuatrecasas)from the rainforests of South America[J]. Industrial Crops & Products, 2014, 63: 79—86.

[4] Sotelo-Díaz I, Forero NC, Camelo-Méndez GA. Borojo(*Borojoa patinoi*): Source of polyphenols with antimicrobial activity[J]. Revista De La Facultad De Química Farmacéutica, 2010, 17(3): 329—336.

[5] 王建新，新编化妆品植物原料手册 [M]. 北京：化学工业出版社 , 2020.

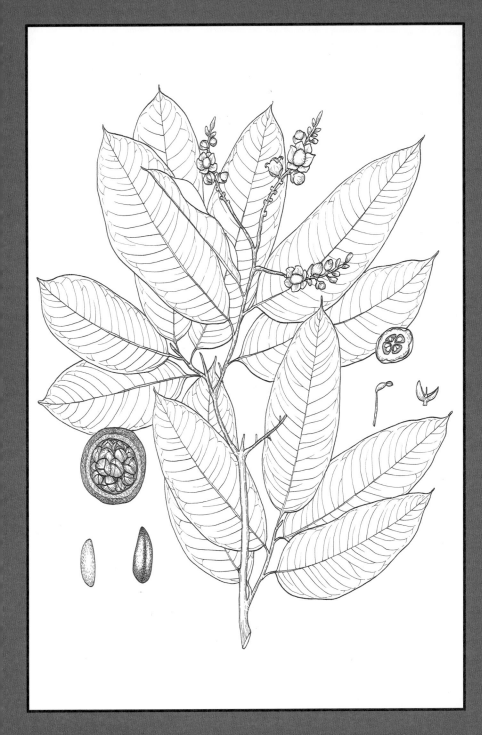

巴西果

17.1　基本信息

中　文　名	巴西栗	
属　　　名	巴西栗属 *Bertholletia*	
拉　丁　名	*Bertholletia excelsa* Bonpl.	
俗　　　名	巴西果	
分类系统	恩格勒系统（1964）	APG Ⅳ系统（2016）
	被子植物门 Angiospermae 双子叶植物纲 Dicotyledoneae 桃金娘目 Myrtiflorae 玉蕊科 Lecythidaceae	被子植物门 Angiospermae 木兰纲 Magnoliopsida 杜鹃花目 Ericales 玉蕊科 Lecythidaceae
地理分布	玻利维亚、巴西、哥伦比亚、圭亚那、法属圭亚那、苏里南、委内瑞拉等	
化妆品原料	巴西果（BERTHOLLETIA EXCELSA）果皮提取物 巴西果（BERTHOLLETIA EXCELSA）籽提取物 巴西果（BERTHOLLETIA EXCELSA）籽油	

巴西栗果

乔木，高可达50米。叶片革质，长圆形或倒卵形，两面无毛，背面具乳突，先端圆，或具突尖，基部圆形，侧脉每边25—45条，长17—26厘米，宽6.5—15.4厘米，全缘或稍具细圆齿。穗状花序圆锥状排列，无花梗；花左右对称，直径约3厘米；萼片2；花瓣6，白色或淡黄色；雄蕊约100枚，有向内弯曲的退化雄蕊。果实球形，直径10—16厘米，内含种子10—25枚。[①]

17.2　活性物质

17.2.1　主要成分

根据文献报道，巴西果中主要化学成分有脂肪酸、酚酸、植物甾醇和黄酮等，有关其他化学成分的研究不多。巴西果具体化学成分见表17-1。

表 17-1　巴西果化学成分

成分类别	主要化合物	参考文献
脂肪酸	月桂酸、肉豆蔻酸、棕榈酸、棕榈油酸、硬脂酸、油酸、亚油酸、亚麻酸、花生酸等	[1—2]
酚酸类	没食子酸、原儿茶酸、2,4-二羟基苯甲酸、对羟基苯甲酸、对香豆酸、芥子酸、2-羟基苯甲酸等	[3—4]
黄酮类	槲皮素-3-β-D-葡萄糖苷、(+)-儿茶素、(−)-表儿茶素、杨梅素、槲皮素等	[3—4]
植物甾醇类	β-谷甾醇、菜油甾醇、豆甾醇、Δ^5-燕麦甾醇、菜油甾烷醇等	[5]
其他	β-生育酚、角鲨烯、新植二烯、α-戊烯、β-戊烯等	[3, 6]

①见巴西植物志 Brazilian Flora Checklist – *Bertholletia excelsa* Bonpl. (jbrj.gov.br)。

表 17-2　巴西果成分单体结构

序号	主要单体	结构式	CAS 号
1	没食子酸	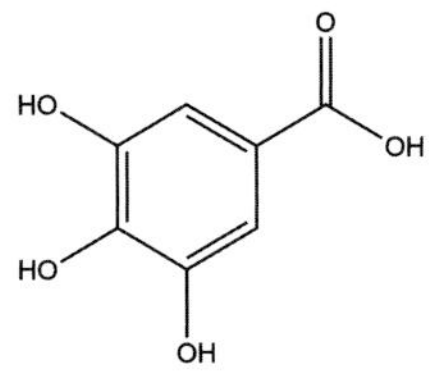	149-91-7
2	芥子酸	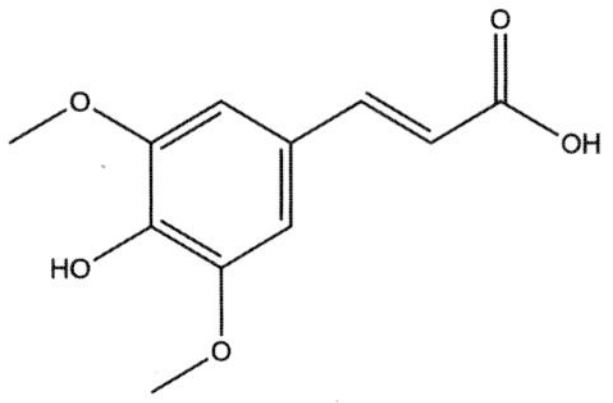	530-59-6
3	菜油甾醇	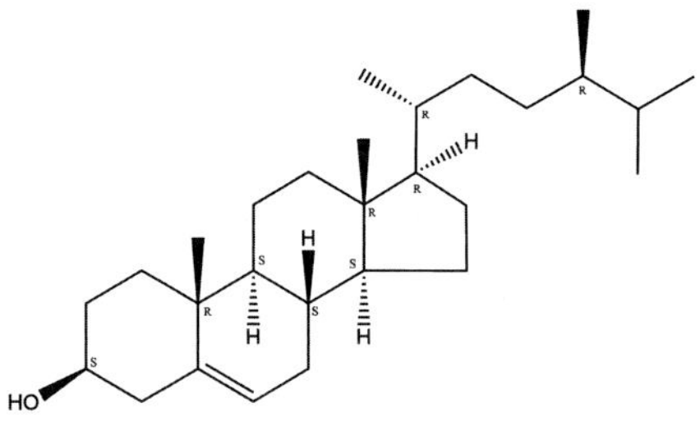	474-62-4
4	豆甾醇	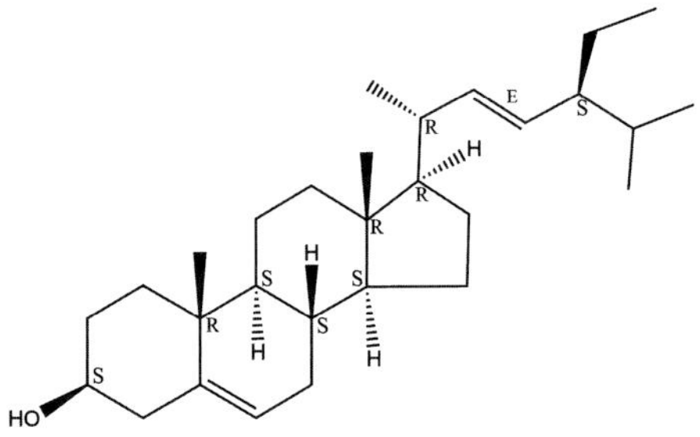	83-48-7
5	（+）- 儿茶素	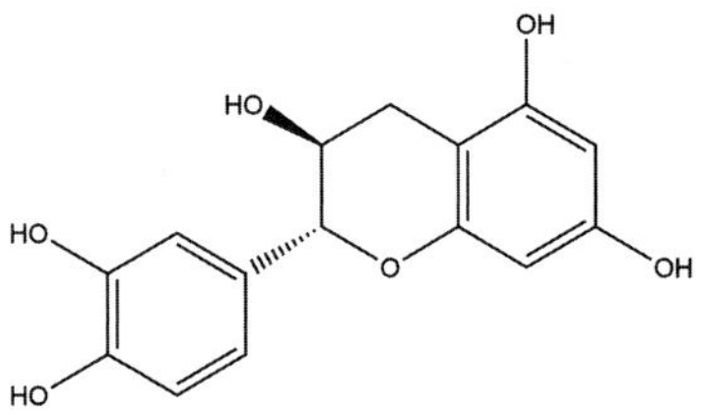	154-23-4
6	（–）- 表儿茶素	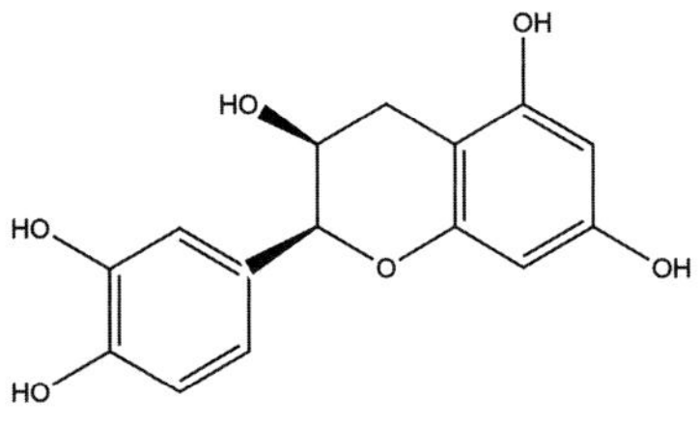	490-46-0

（接上表）

7	杨梅素	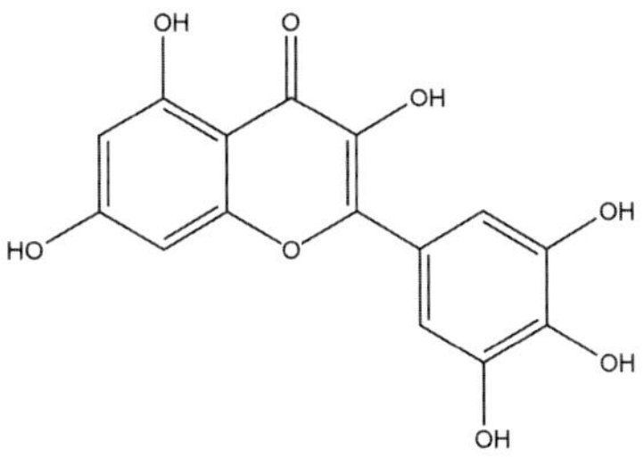	529-44-2
8	槲皮素	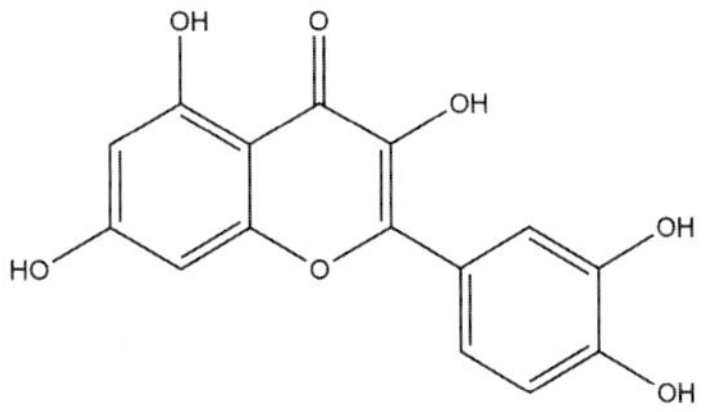	117-39-5

17.2.2　含量组成

目前，有关巴西果化学成分含量的研究不多。我们从文献中获得了巴西果中油脂、总酚和植物甾醇等成分的含量信息，具体见表 17-3。

表 17-3　巴西果中主要成分含量信息

成分	来源	含量	参考文献
油脂	果实	69—75 %	[2，7]
总酚	新鲜果实	106 mg/100 g	[8]
植物甾醇	市售果实	95 mg/100 g	[5]
生育酚	果实	α-生育酚 37.92—74.48 μg/g； γ-生育酚 106.88—171.80 μg/g	[9]

17.3　功效与机制

巴西果是饱和脂肪含量最高的坚果，并含有丰富的硒、镁、维生素 E[10]。巴西果籽油油质轻柔，常用于肥皂、洗发水、护发养发产品，可改善发质[11]。巴西果具有抗炎、抗氧化、抑菌和抗衰老功效。

17.3.1　抗炎

巴西果具有一定的抗炎作用。40 名血液透析患者每天服用一颗巴西果，3 个月后患者血浆中肿瘤坏死因子 -α（TNF-α）和白细胞介素 -6（IL-6）的含量与服用前相比明显降低，说明巴西果在其中发挥了重要的抗炎作用[12]。

表 17-4　巴西果对血透患者 TNF-α 和 IL-6 等表达的影响[12]

	基值（N=40）	服用后（N=40）
硒（μg/L）	17.0±11.3	158.1±87.2*
GSH-Px（nmol/mL/min）	33.6±5.1	40.0±8.5*
8- 异前列腺素（pg/mL）	12.2±4.6	6.6±4.1*
8- 羟基 -2'- 脱氧鸟苷（pg/mL）	53.4（31.4—66.1）	11.3（7.8—14.4）*
IL-6（pg/mL）	64.8±10.6	14.0±1.6*
TNF-α（pg/mL）	21.0±0.3	14.3±8.8*
总胆固醇（mg/dL）	149.5±31.5	154.0±63.1
高密度脂胆固醇（mg/dL）	38.5±15.4	46.6±15.1*
低密度脂胆固醇（mg/dL）	86.5±28.3	75.2±30.2*
三脂酰甘油（mg/dL）	92.0（77.0—149.0）	113.0（77.0—157.0）

*$P<0.001$

17.3.2　抗氧化

巴西果富含硒、植物甾醇、生育酚、角鲨烯和酚类等营养物质，具有较强的抗氧化活性，饮食中添加巴西果可以降低心脏病的风险[10]。在一组总抗氧化能力（TAC）比较实验中，巴西果的 TAC 最高，为 2536.24 ± 1481.27 μmol TE/100 g，大于咖啡、巧克力、羽衣甘蓝等其他具有抗氧化作用的食品[13]。巴西果可以增加血透患者谷胱甘肽过氧化物酶（GSH-Px）的活性，患者服用巴西果前后血红蛋白中的 GSH-Px 活性由 46.6 ± 14.9 U/g 增加到 55.9 ± 23.6 U/g（$P<0.0001$），血浆中的 8- 羟基 -2'- 脱氧鸟苷（8-OHdG）和 8- 异前列腺素水平明显降低，很好地改善了患者的抗氧化状态[12, 14]。巴西果可通过抑制 2 型糖尿病患者的 DNA 损伤发挥抗氧

化作用，其原因可能与巴西果中含有大量硒有关[15]。

巴西果的丙酮提取物中含有大量酚类，对 ABTS、DPPH、羟基自由基及氧自由基有较好的清除能力，巴西果的抗氧化活性顺序为果皮 > 整果 > 果仁[16]。

表 17-5　巴西果中酚类物质的抗氧化作用[16]

巴西果提取物[1]	总抗氧化能力[2]		DPPH 自由基清除活性[3]		羟基自由基清除活性[4]		还原能力[5]		ORAC 值	
	S	B	S	B	S	B	S	B	S	B
果仁	14.04± 4.45[a]	1.88± 0.59[d]	3.90± 0.33[a]	0.12± 0.04[d]	170.80± 8.96[a]	44.89± 8.18[c]	10.14± 0.70[a]	0.21± 0.01[d]	74.80± 10.52[a]	1.36± 0.05[c]
整果	36.28± 2.49[b]	6.90± 0.06[e]	20.33± 1.56[b]	1.61± 0.003[e]	151.08± 11.41[a]	19.76± 1.22[d]	24.32± 1.12[b]	3.67± 0.10[e]	85.73± 3.57[a]	23.43± 1.27[d]
果皮	92.82± 0.56[c]	59.83± 0.76[f]	95.34± 3.08[c]	29.13± 0.69[f]	422.76± 56.45[b]	101.26± 5.41[e]	59.20± 1.19[c]	39.90± 1.96[f]	189.38± 13.14[b]	168.35± 11.27[f]

　1　数据以平均值 ± 标准差（n=3）表示。平均值 ± 标准差后紧跟同一个字母，在同一列内没有显著差异（P>0.05）。

　2　总抗氧化能力以 μmol TE/g 脱脂粉表示。

　3　DPPH 自由基清除活性以 μmol 儿茶素 eq/g 脱脂粉表示。

　4　羟基自由基清除活性以 μmol 儿茶素 eq/g 脱脂粉表示。

　5　还原力以 μmol 抗坏血酸 eq/g 脱脂粉表示。

　6　ORAC 值以 μmol TE/g 脱脂粉表示。S，可溶性酚类；B，结合酚类。

17.3.3　抑菌

巴西果油对寄生曲霉菌落生长具有抑制作用，且这种抑制作用存在时间和浓度依赖性[17]。

17.3.4　抗衰老

成纤维细胞培养中，巴西果提取物在低浓度（1 μg/mL）对胶原蛋白的生成促进率为 45 %，因此具有抗皮肤衰老的潜力[11]。

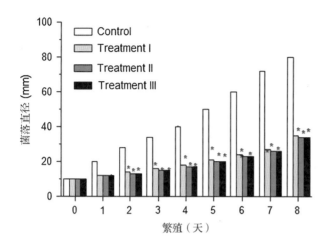

图 17-1　不同浓度巴西果油对寄生曲霉菌落生长的抑制作用 [浓度分别为：500(T1), 1000(T2), 1500 μL(T3), 8 直径 /28 ℃。(数据以真菌菌落直径的平均值 ± 标准差的方式给出，每个点代表三次测量的平均值) 符号表示与对照组相比具有统计学意义 *P < 0.001] [17]

17.4　成分功效机制总结

巴西果具有抗炎、抗氧化、抗衰老和抑菌功效。它的抗炎作用主要是通过抑制 TNF–α 和 IL–6 的表达实现的。巴西果具有自由基清除活性，具有总抗氧化能力，可上调 GSH–Px 表达，降低 8- 羟基 –2′- 脱氧鸟苷和 8- 异前列腺素的含量，并抑制 DNA 损伤。巴西果对寄生曲霉的生长具有抑制活性。巴西果提取物对胶原蛋白的生成有促进作用，因此具有抗皮肤衰老的潜力。

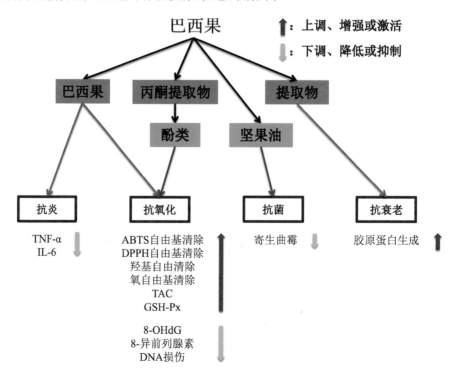

图 17-2　巴西果成分功效机制总结图

参考文献

[1] Marcos APM, Marina NFDS, Carlos EFDC, et al. Physicochemical characterization, fatty acid composition, and thermal analysis of *Bertholletia excelsa* HBK oil[J]. Pharmacognosy Magazine, 2015, 11(41): 147—151.

[2] Villarreal JPV, Santos PRD, Silva MAMP, et al. Evaluation of phytotherapy alternatives for controlling *Rhipicephalus(Boophilus)microplus in vitro*[J]. Brazilian Journal of Veterinary Parasitology, 2017, 26(3): 299—306.

[3] Gomes S, Finotelli PV, Sardela VF, et al. Microencapsulated brazil nut(*Bertholletia excelsa*)cake extract powder as an added-value functional food ingredient[J]. Lwt-Food Science & Technology, 2019, 116, 108—495.

[4] Gomes S, Torres AG. Optimized extraction of polyphenolic antioxidant compounds from Brazil nut(*Bertholletia excelsa*)cake and evaluation of the polyphenol profile by HPLC[J]. Journal of the Science of Food and Agriculture, 2016, 96(8): 2805—2814.

[5] Phillips KM, Ruggio DM, Ashraf-Khorassani M. Phytosterol composition of nuts and seeds commonly consumed in the United States[J]. Journal of Agricultural and Food Chemistry, 2005, 53(24): 9436—9445.

[6] Denilson SS, Alberto SP, José AC, et al. Systematic study of high molecular weight compounds in Amazonian plants by high temperature gas chromatography-mass spectrometry[J]. Zeitschrift Für Naturforschung, 2015, 55(3—4): 175—179.

[7] Ibiapina A, Gualberto LS, Dias BB, et al.Essential and fixed oils from Amazonian fruits: proprieties and applications[J]. Critical Reviews in Food Science and Nutrition, 2021, 1935702.

[8] Abe LT, Lajolo FM, Genovese MI. Comparison of phenol content and antioxidant capacity of nuts[J]. Ciência e Tecnologia De Alimentos, 2010, 30(1): 254—259.

[9] Mariko F, Ingrid SM, Hiléia SB, et al. Tocopherol profile of Brazil nut oil from different geographic areas of the Amazon region[J]. Acta Amazonica, 2013, 43(4): 505—510.

[10] Jun Y. Brazil nuts and associated health benefits: a review.[J]. LWT-Food Science & Technology, 2009, 42(10): 1573—1580.

[11] 王建新，新编化妆品植物原料手册 [M]. 北京：化学工业出版社，2020.

[12] Stockler-Pinto MB, Mafra D, Moraes C, et al. Brazil nut(*Bertholletia excelsa*, H.B.K.)improves oxidative stress and inflammation biomarkers in hemodialysis patients[J]. Biological Trace Element Research, 2014, 158(1): 105—112.

[13] Carlos KBF, Sandro P, José CCBS, et al. An apple plus a Brazil nut a day keeps the doctors away: antioxidant capacity of foods and their health benefits[J]. Current Pharmaceutical Design, 2016, 22(2): 189—195.

[14] Stockler-Pinto MB, Mafra D, Farage NE, et al. Effect of Brazil nut supplementation on the blood levels of selenium and glutathione peroxidase in hemodialysis patients[J]. Nutrition, 2010, 26(11/12): 1065—1069.

[15] Tamires PM, Thais ADA, Adriani PD, et al. Brazil nut prevents oxidative DNA damage in type 2 diabetes patients[J]. Drug and Chemical Toxicology, 2020, 8(18): 1808667.

[16] John JA, Shahidi F. Phenolic compounds and antioxidant activity of Brazil nut(*Bertholletia excelsa*)[J]. Journal of Functional Foods, 2010, 2(3): 196—209.

[17] Martins M, Ariane MK, Vildes MS. In vitro activity of the Brazil nut(*Bertholletia excelsa* H.B.K)oil in aflatoxigenic strains of *Aspergillus parasiticus*[J]. European Food Research and Technology, 2014, 239: 687—693.

巴西榥榥木

18.1　基本信息

中　文　名	巴西榥榥木	
属　　　名	铁元树属 *Ptychopetalum*	
拉　丁　名	*Ptychopetalum olacoides* Benth.	
俗　　　名	无	
分 类 系 统	恩格勒系统（1964）	APG IV 系统（2016）
	被子植物门 Angiospermae 双子叶植物纲 Dicotyledoneae 檀香目 Santalales 铁青树科 Olacaceae	被子植物门 Angiospermae 木兰纲 Magnoliopsida 檀香目 Santalales 铁青树科 Olacaceae
地 理 分 布	巴西、法属圭亚那、圭亚那、苏里南	
化妆品原料	巴西榥榥木（PTYCHOPETALUM OLACOIDES）树皮 / 根提取物	

　　灌木或乔木，无毛。叶互生，全缘，羽状脉，具短柄。花序总状，腋生。花两性，雌雄异株，有特殊气味；花梗被一个落叶小苞片包着；花萼杯状，具 5—6 齿或浅裂；花瓣 4—6 枚，与萼片互生，膜状，内部具毛，先端内折；雄蕊通常是花瓣数量的两倍；花丝部分贴生于花瓣。子房 1 室，胚珠 2—3，花柱短，柱头 3 裂。核果。种子 1 枚。[①]

18.2　活性物质

18.2.1　主要成分

　　根据查阅到的文献，目前从巴西榥榥木中分离得到的化学成分主要是生物碱类，此外还有黄酮类及酚类等成分。目前，有关巴西榥榥木化学成分的研究主要集中在生物碱类化合物，有关其他化合物的研究较少。巴西榥榥木具体化学成分见表 18-1。

①见巴西植物志 Flora e Funga do Brasil–*Ptychopetalum olacoides* Benth. (jbrj.gov.br)。

表 18-1　巴西榥榥木化学成分

成分类别	主要化合物	参考文献
二萜类	Ptychonolide、20-*O*-methylptychonal acetal、ptychonal hemiacetal、ptychonal、7-oxo-kolavelool、7α-hydroxykolavelool、6α,7α-dihydroxykolavenol、12-oxo-hardwickiic acid、ptycholide I、ptycholide II、ptycholide III、ptycholide IV、6α,7α-dihydroxyannonene、7α,20-dihydroxyannonene、7α-hydroxysolidagolactone I、ptycho-6α,7α-diol 等	[1—3]
黄酮类	木犀草素等	[4—5]
酚类	香草醛酸、原儿茶酸、咖啡酸等	[5—6]
生物碱类	可可碱、木兰花碱、蝙蝠葛碱等	[5—6]

表 18-2　巴西榥榥木部分成分单体结构

序号	主要单体	结构式	CAS 号
1	可可碱	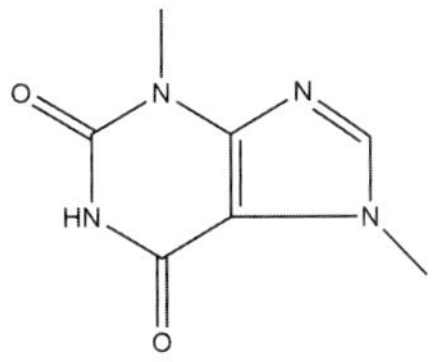	83-67-0
2	木兰花碱	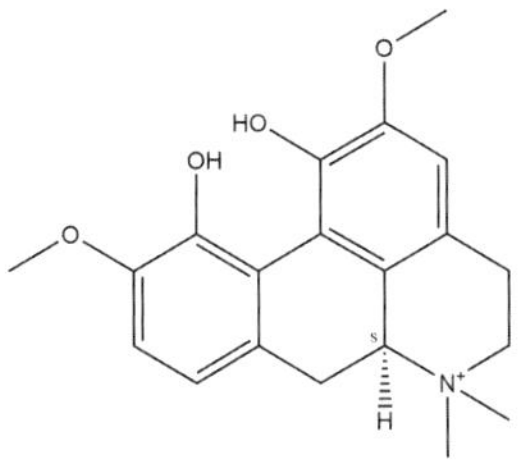	2141-09-5

18.2.2　含量组成

有关巴西榥榥木中的化合物的研究多以单体成分的分离鉴定为主，暂时没有查到与成分含量相关的研究。

18.3　功效与机制

巴西榥榥木的利用具有一定的历史，根据道地用法，其所有部分均可作药用，其中以树皮和树根的应用最为常见[9]。巴西榥榥木的功效包括缓解疲劳、增强性欲、防止溃疡、增强记忆力、抗风湿等[7-9]。巴西榥榥木具有抗炎、抗氧化、抑菌、抗衰老和美白功效。

18.3.1　抗炎

巴西人参/巴西榥榥木/圣母百合相关化合物（PPLAC）可显著降低基础条件下人角质形成细胞炎症因子的合成，抑制脂多糖（LPS）刺激引起的炎症因子的增加，降低了前列腺素 E_2（PGE_2）、白三烯 B4（LTB4）和组胺的水平[10]。

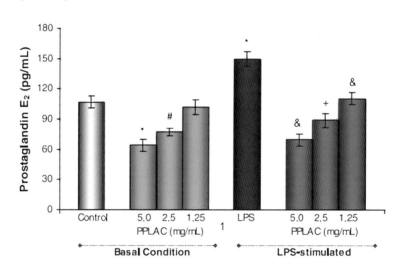

图 18-1　在基础条件和 LPS 刺激条件下，PPLAC 对培养 48 小时后人角质形成细胞产生 PGE_2 的影响[10]

18.3.2　抗氧化

用巴西榥榥木乙醇提取物（POEE）处理衰老小鼠后，检测小鼠脑部组织的抗氧化情况，结果显示 POEE 减少了下丘脑中自由基的产生，使大脑皮层、纹状体和下丘脑的脂质过氧化显著减少，同时减少了小脑和纹状体中的羰基含量；在抗氧化酶方面，皮质、纹状体、小脑和海马体的过氧化氢酶（CAT）活性升高，海马体的谷胱甘肽过氧化物酶（GSH-Px）活性升高[11]。POEE 具有自由基清除活性，可清除 DPPH 自由基、ABTS 自由基、超氧阴离子自由基和单线态氧，同时 β- 胡萝卜素漂白实验也显示其具有较好的抗氧化活性；POEE 可抑制辣根过氧化物酶（HRP）和髓过氧化物酶（MPO）活性[12]。总抗氧化潜力（TRAP）检测结果亦显示，POEE 具有较好抗氧化能力[4]。人类皮肤体外培养模型中，巴西人参 / 巴西榄榄木 / 圣母百合相关化合物（PPLAC）处理的细胞，可诱导超氧化物歧化酶（SOD）的合成[10]。

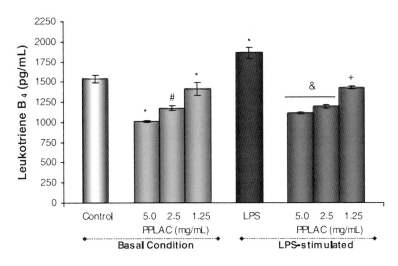

图 18-2　在基础条件和 LPS 刺激条件下，PPLAC 对培养 48 小时后人角质形成细胞产生 LTB4 的影响[10]

表 18-3　POEE（100 mg/kg 体重）对衰老小鼠脑区自由基产生（DCFH-DA 作为探针）以及蛋白质氧化损伤（羰基含量）的影响[11]

	DCF（nmol DCF/mg 蛋白质）			CARB（nmol DNPH/mg 蛋白质）		
	Saline	DMSO	POEE	Saline	DMSO	POEE
小脑	1.88±0.11	1.84±0.06	2.13±0.11	1087±115	1189±253	622±62[a]
额叶皮层	1.87±0.39	1.40±0.36	1.63±0.44	1520±224	1842±172	1774±244
纹状体	2.21±0.15	2.24±0.24	2.55±0.23	2411±76	2010±299	1164±337[a]

（接上表）

下丘脑	2.83±0.12	2.71±0.18	2.37±0.15^b	1143±183	1477±285	1704±620
海马体	1.68±0.24	1.36±0.17	1.41±0.17	2856±584	1926±428	2075±317

1. DCF：2′-7′-二氯荧光素；DCFH—DA：2′-7′-二氯荧光素二乙酸盐；CARB：羰基；Saline：生理盐水；DMSO：二甲基亚砜。

2. 数据表示为 6-8 次实验的平均值±标准误。

    ^{a} 与生理盐水和 DMSO 组相比。

    ^{b} 与生理盐水组相比。方差分析与 Duncan 检验（$P<0.05$）。

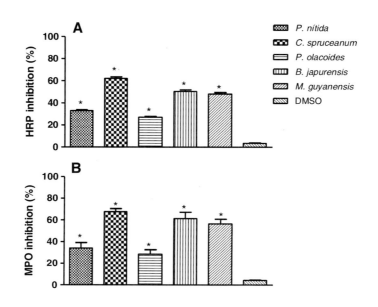

图 18-3　五种亚马逊药用植物乙醇提取物 100 µg/mL 对 HRP（A）和 MPO（B）的抑制作用 [数据为三个独立实验的平均值±标准差。使用 Students't 检验确定显著性（* 与对照组 DMSO 相比，$P<0.05$）] [12]

18.3.3　抑菌

巴西榅桲木乙醇粗提物表现出对金黄色葡萄球菌和多重耐药金黄色葡萄球菌的抑制活性，最低抑菌浓度为 40.0 µg[13]。

18.3.4　抗衰老

巴西榅桲木乙醇提取物可显著改善成年和衰老小鼠的长期记忆[14]。

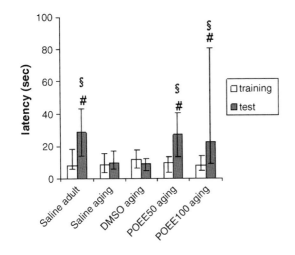

图 18-4　衰老小鼠腹腔注射 POEE（30 分钟预测试）对跳台抑制回避任务（STM，3 小时训练测试间隔）的影响 [DMSO=20% 二甲基亚砜，POEE50=POEE 50 mg/kg，POEE100=POEE100 mg/kg。每列代表训练（浅色柱）或测试（深色柱）延迟（$n=20$），中位数（四分位间距）。§$P<0.05$，§§$P<0.01$ 每种治疗的测试 VS 训练；#$P<0.05$ VS 老化对照实验][14]。

18.3.5　美白

巴西人参/巴西榄榄木/圣母百合相关化合物（PPLAC）的复合乳膏对眼周色素沉着过度有 90% 的改善[15]。约 90% 的志愿者的皮肤亮度 L* 值的增加和肤色 ΔITA⁰ 的变化证明，5.0%PPLAC 的局部应用使眶周区域皮肤亮度和色调有显著改善[10]。

18.4　成分功效机制总结

巴西榄榄木具有抗炎、抗氧化、抑菌、抗衰老和美白功效，其中活性部位包括乙醇提取物。巴西榄榄木抗炎活性包括对人类皮肤培养体外模型的机制研究，包括对炎症介质的调控、降低了 LPS 刺激下炎症介质的增加，可降低 PGE_2、白三烯 B4 和组胺的水平。巴西榄榄木可抑制自由基的形成、HRP 和 MPO 活性，降低脂质过氧化和羰基含量，刺激 SOD 的合成，上调谷胱甘肽过氧化物酶和过氧化氢酶表达。巴西榄榄木对金黄色葡萄球菌和多重耐药金黄色葡萄球菌有抑制活性。巴西榄榄木具有抗衰老的作用，能改善成年和衰老小鼠的长期记忆。巴西榄榄木具有美白的作用，对眼周色素沉着过度有 90% 的改善，能改善肤色和亮度。

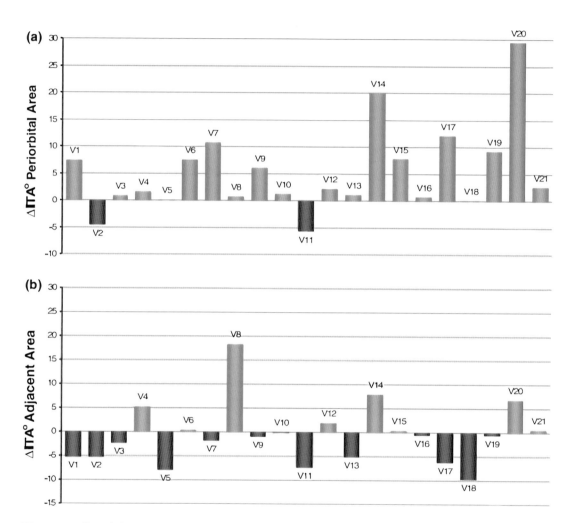

图 18-5　使用含有 5.0 % 巴西人参 / 巴西榥榥木 / 圣母百合相关化合物的面液血清样品后，对肤色进行临床仪器评估。每个志愿者在治疗 28 天后结果分别表示为眶下区域（a）（$P<0.05$）和（b）邻近区域的个体类型角（ΔITA°）的变化[10]

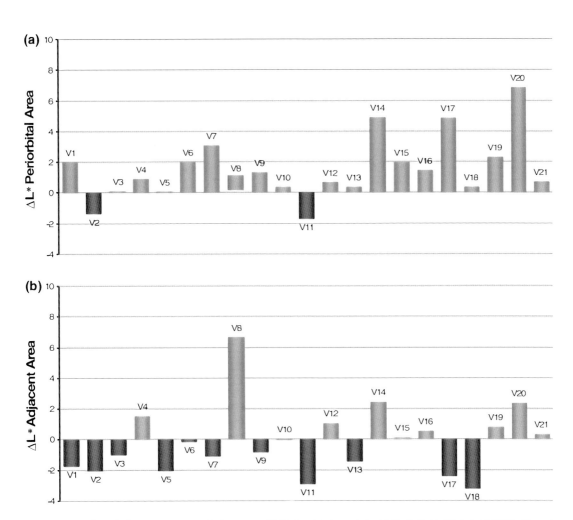

图 18-6　使用含有 5.0 % 巴西人参 / 巴西棋棋木 / 圣母百合相关化合物的面液血清样品后，对皮肤亮度（L*）进行临床仪器评估。每个志愿者在治疗 28 天后结果分别表示为眶下区域（a）（P<0.05）和邻近区域的（b）（n=21，单样本 t 检测）皮肤亮度（L*）的变化 [10]

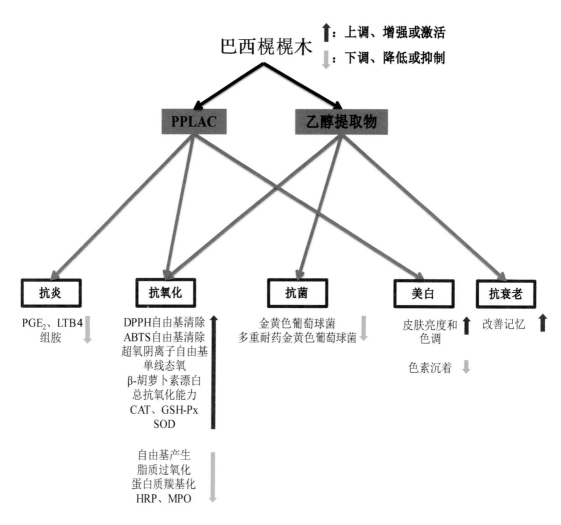

图 18-7 巴西榥榥木成分功效机制总结图

参考文献

[1] Tang WX, Hioki H, Harada K, et al. Clerodane diterpenoids with NGF-potentiating activity from *Ptychopetalum olacoides*[J]. Journal of Natural Products, 2008, 71(10): 1760—1763.

[2] Tang WX, Harada K, Kubo M, et al. Eight new clerodane diterpenoids from the bark of *Ptychopetalum olacoides*[J]. Natural Product Communications, 2011, 6(3): 327—332.

[3] Tang WX, Kubo M, Harada K, et al. Novel NGF-potentiating diterpenoids from a brazilian medicinal plant, *Ptychopetalum olacoides*[J]. Bioorganic & Medicinal Chemistry Letters, 2009, 19（10）: 882—886.

[4] Siqueira IR, Cordova CAS, Creczynski-pasa TB, et al. Antioxidant action of an ethanol extract of *Ptychopetalum olacoides*[J]. Pharmaceutical Biology, 2002, 40(5): 374.

[5] 王建新 . 化妆品植物原料手册 [M]. 北京: 化学工业出版社 , 2009.

[6] Renata C, Andrea NLB Giouani CCB, et al. Validated high-performance liquid chromatographic method for the standardisation of *Ptychopetalum olacoides* Benth., Olacaceae, commercial extracts[J]. Revista Brasileira de Farmacognosia, 2010, 20(5): 781—788.

[7] da Silva AL, Piato ÂLS, Bardini S, et al. Memory retrieval improvement by *Ptychopetalum olacoides* in young and aging mice[J]. Journal of Ethnopharmacology, 2004, 95(2-3): 199—203.

[8] Oliveira CH, Moraes MEA, Moraes MO, et al. Clinical toxicology study of an herbal medicinal extract of *Paullinia cupana, Trichilia catigua, Ptychopetalum olacoides* and *Zingiber officinale* (Catuama) in healthy volunteers[J]. Phytotherapy Research: An International Journal Devoted to Pharmacological and Toxicological Evaluation of Natural Product Derivatives, 2005, 19(1): 54—57.

[9] 张凯 . 巴西榥榥木药理作用初探 [D]. 江西中医药大学， 2020.

[10] Samara E, Maria DCVP, Gustavo CD, et al. Effects of a Brazilian herbal compound as a cosmetic eyecare for periorbital hyperchromia（"dark circles"）[J]. Journal of Cosmetic Dermatology, 2009, 8(2): 127—135.

[11] Siqueira IR, Fochesatto C, Torres ILS, et al. Antioxidant activities of *Ptychopetalum olacoides*（"muirapuama"）in mice brain[J]. Phytomedicine, 2007, 14(11): 763—769.

[12] Vargas FSD, Almeida PDO, Boleti APAD, et al. Antioxidant activity and peroxidase inhibition of amazonian plants extracts traditionally used as anti-inflammatory[J]. BMC Complementary and Alternative Medicine, 2016, 16(1): 83—91.

[13] Correia AF, Segovia JFO, Gonçalves MCA, et al. Amazonian plant crude extract

screening for activity against multidrug-resistant bacteria[J]. European Review for Medical and Pharmacological Sciences, 2008, 12(6): 369—380.

[14] Silva ALD, Piato ÂL, Ferreira JG, et al. Promnesic effects of *Ptychopetalum olacoides* in aversive and non-aversive learning paradigms[J]. Journal of Ethnopharmacology, 2007, 109(3): 449—457.

[15] Alsaad SMS, Mikhail M. Periocular hyperpigmentation: a review of etiology and current treatment options.[J]. Journal of Drugs in Dermatology, 2013, 12(2): 154—157.

巴西香可可

19.1　基本信息

中　文　名	醒神藤	
属　　　名	醒神藤属 *Paullinia*	
拉　丁　名	*Paullinia cupana* Kunth	
俗　　　名	巴西香可可、瓜拉纳、呱呱拉	
分 类 系 统	恩格勒系统（1964）	APG IV系统（2016）
	被子植物门 Angiospermae 双子叶植物纲 Dicotyledoneae 无患子目 Sapindales 无患子科 Sapindaceae	被子植物门 Angiospermae 木兰纲 Magnoliopsida 无患子目 Sapindales 无患子科 Sapindaceae
地 理 分 布	巴西，哥伦比亚，厄瓜多尔，圭亚那，秘鲁，委内瑞拉	
化妆品原料	巴西香可可（PAULLINIA CUPANA）果提取物	
	巴西香可可（PAULLINIA CUPANA）籽提取物	

　　常绿藤状灌木；茎及小枝常具4—5条沟槽，小枝先端被柔毛，基部常光滑无毛。奇数羽状复叶，长可达40厘米，小叶常5枚。总状花序生于叶腋，长可达30厘米；花单性，两侧对称，白色。蒴果，椭圆形或球形，顶端具尖头，成熟时鲜红色，具1—2枚种子；种子两面不均匀凸起，上部无毛，有光泽，褐紫色或褐黑色。[①]

19.2　活性物质

19.2.1　主要成分

　　根据文献报道，巴西香可可主要化学成分有黄嘌呤碱、酚类、脂肪酸和类胡萝卜素等，其中有关黄嘌呤碱及酚类的研究较多。巴西香可可具体化学成分见表19-1。

---

①见网站 *Paullinia cupana* Images-Useful Tropical Plants (theferns.info)。

表 19-1 巴西香可可化学成分

成分类别	主要化合物	参考文献
黄嘌呤碱	咖啡因、可可碱、茶碱等	[1—3]
酚类	儿茶素、表儿茶素、表儿茶素没食子酸酯、原花青素 A2、原花青素 B1、原花青素 B2、原花青素 B3、原花青素 B4 等	[1—4]
类胡萝卜素	反式 -β- 胡萝卜素、顺式 -β- 胡萝卜素、叶黄素等	[5]
脂肪酸	棕榈酸、棕榈油酸、硬脂酸、油酸、顺式 - 十八碳烯酸、亚油酸、亚麻酸、二十碳烷酸、顺式 -11- 二十碳烯酸、顺式 -13- 二十碳烯酸、山嵛酸、二十烯酸、顺式 -11- 十八碳烯酸等	[6]
其他	1-cyano-2-hydroxymethylprop-2-ene-1-ol diesters	[6]

表 19-2 巴西香可可成分单体结构

序号	主要单体	结构式	CAS 号
1	咖啡因	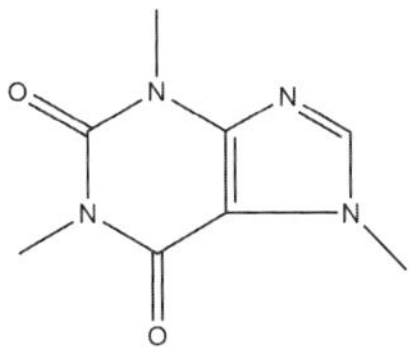	58-08-2
2	可可碱	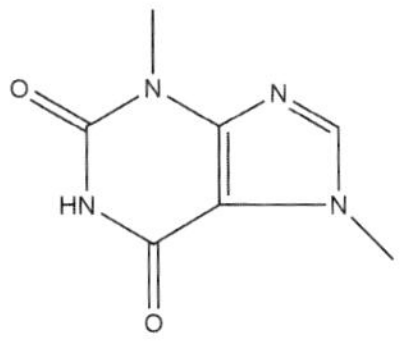	83-67-0
3	茶碱	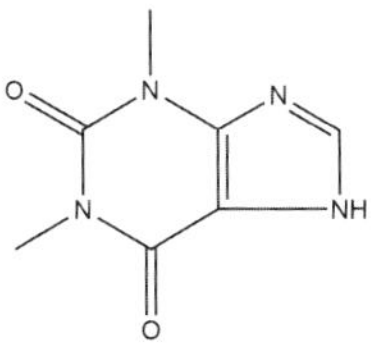	58-55-9

（接上表）

4	表儿茶素没食子酸酯	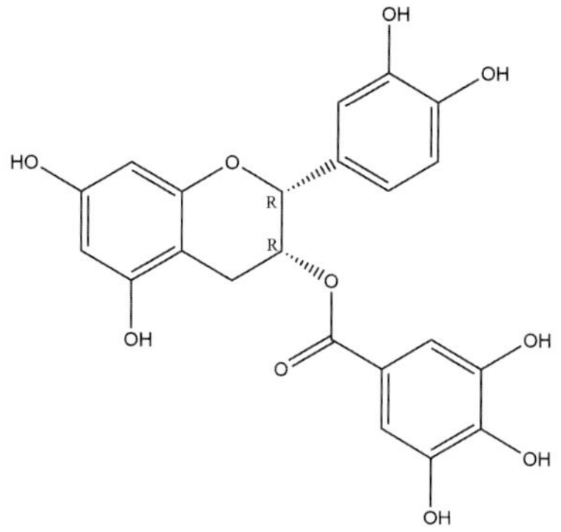	1257-08-5
5	（+）- 表儿茶素	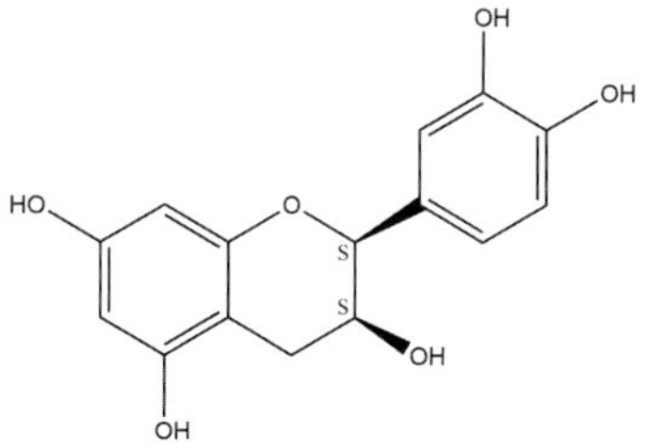	35323-91-2

19.2.2　含量组成

目前，有关巴西香可可化学成分含量的研究主要集中在其功效成分咖啡因、可可碱等，有关其他成分含量的研究不多。我们从文献中获得了巴西香可可中总酚、单宁、原花青素、类胡萝卜素等成分的含量信息，具体见表 19-3。

表 19-3　巴西香可可中主要成分含量信息

成分	来源	含量	参考文献
甲基黄嘌呤	市售粉末	4.04 %—4.8 %	[7]
咖啡因	假种皮	1.64 %	[2]
	市售粉末	0.91 %—3.75 %	[2—3，8]
	提取物	2-2.6 %	[2]
	种子	1.81 %—7.0 %	[2，9]
	果皮	0.02 %—0.06 %	[2，5]
	种子子叶	4.30 %	[2]
	种子种皮	1.50 %	[2]

（接上表）

	提取物	0.006 %—0.131 %	[3，8]
茶碱	果皮	0.001 %	[2]
	种子	0.007 %	[2]
	提取物	0.0177 %	[3]
可可碱	果皮	0.055 %—0.203 %	[2，5]
	种子	0.017 %	[2]
单宁	市售粉末	1.48 %—4.05 %	[7]
总酚类	种子提取物	119—186 mg GA/g	[10]
儿茶素	提取物	0.4563 %	[3]
表儿茶素	提取物	0.5515 %	[3]
总原花青素	种子提取物	13.1—60.5 mg PAC/g	[10]
原花青素 A2	提取物	0.0607 %	[3]
原花青素 B2	提取物	0.1035 %	[3]
总类胡萝卜素	果皮	65.90 μg/g	[5]

注：GA，没食子酸当量；PAC，原花青素当量。

19.3　功效与机制

　　巴西香可可种子提取物具有很高的抗氧化、抗菌活性，在食品、医药和化妆品工业中具有作为天然抗氧化剂的潜力[10]。

19.3.1　抗炎

　　巴西香可可粉能抑制干扰素 –γ（INF–γ）的增加，并提高白细胞介素 –4（IL–4）水平，促进抗炎作用[11]。巴西香可可种子粉提取物可抑制脂多糖（LPS）刺激的肿瘤坏死因子 –α（TNF–α）的释放，对炎症相关疾病有治疗作用[12]。巴西香可可水醇提取物处理的成纤维细胞表现出抗炎活性，巴西香可可水醇提取物下调了炎症因子白细胞介素 -1β（IL-1β）、白细胞介素 -6（IL-6）和 TNF$-\alpha$ 的表达，同时上调了抗炎因子白细胞介素 -10（IL-10）的表达 [13]。体外和体内模型研究均显示，巴西香可可粉具有调节与炎症代谢相关细胞因子的作用；补充巴西香可可粉后，可在志愿者体内观察到血液炎性细胞因子 IL-1β、IL-6 和 INFγ 的水平降低，同时抗炎因子 IL-10 的水平增加 [14]。

表 19-4　巴西香可可提取物 1、2、3 和馏分 4 对 LPS 刺激的 THP-1
细胞中 TNF$-\alpha$ 释放的抑制作用 [12]

样品	TNF$-\alpha$（pg/mL） （%RSD）	抑制率 （%RSD）
提取物 1	392.83（17.12）	31.06（38.01）[a]
提取物 2	181.00（7.22）	68.24（3.36）[b]
提取物 3	224.33（10.37）	60.63（6.73）[b]
馏分 4	94.00（5.60）	83.50（1.11）[c]
地塞米松	205.83（9.56）	63.88（5.41）[b]

注：提取物和馏分在浓度 90 μg/mL（$n=4$）中进行测试，地塞米松为阳性对照（0.1 μM），LPS 刺激的 THP-1 细胞的 TNF$-\alpha$ 平均值为 569.83 pg/mL（RSD 12.50%）。a、b、c：根据单向方差分析和纽曼科尔斯的多重比较，同一列中不同字母的平均值有显著差异（$P<0.05$）。提取物 1：用乙醇：水（8∶2，0.1% H_3PO_4）提取，使用电磁搅拌，在 75—78℃下提取 10 分钟。提取物 2：相同的步骤在室温下使用乙醇：水（8∶2）提取 10 分钟。提取物 3：用乙醇在室温下用超声波浴提取 10 分钟。馏分 4：用 Amberlite XAD-2 树脂填充的色谱柱分馏的提取物 3。

19.3.2　抗氧化

巴西香可可种子提取物具有良好的 DPPH 自由基清除活性以及在 $\beta-$ 胡萝卜素—亚油酸乳液体系中的抗氧化活性，巴西香可可种子的水、甲醇、35% 丙酮和 60% 乙醇提取物均显示出较好的抗氧化和自由基清除活性 [10]。巴西香可可种子提取物作为天然抗氧化剂可减少菜籽油的脂质氧化 [15]。巴西香可可不同浓度水醇提取物可降低衰老脂肪间充质细胞（ASC）活性氧（ROS）水平、脂质过氧化水平和蛋白质羰基化水平，同时增加过氧化氢酶（CAT）的活性[16]。受试者摄入巴西香可可种子粉可增加血浆氧自由基吸收能力（ORAC）、减少低密度脂蛋白（LDL）氧化、增加CAT和谷胱甘肽过氧化物酶（GSH-Px）的活性[17]。

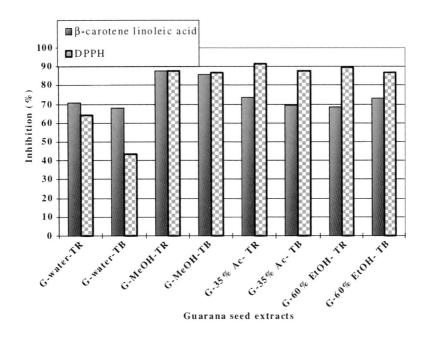

图19-1　在室温（TR）和沸点（TB）条件下，采用DPPH自由基清除测定和β-胡萝卜素-亚油酸乳液体系，测定巴西香可可种子水、甲醇、35%丙酮和60%乙醇提取物的抗氧化活性[10]

19.3.3　抑菌

巴西香可可种子的超临界提取物对耐甲氧西林的金黄色葡萄球菌表现出抑菌潜力[18]。巴西香可可提取物对变异链球菌具有体外抑制潜力，说明其可用于预防细菌性牙菌斑，其抗菌成分包括酚类化合物、黄酮类化合物、丹宁类以及酰基甘油和氰基脂[19-20]。巴西香可可水提物制作的漱口水，可有效抑制口腔牙菌斑的形成[19]。巴西香可可种子的粗提物（CE）和乙酸乙酯馏分（EAF）有抑菌活性（MIC=250 μg/mL），但它们没有杀菌活性（MBC>250 μg/mL）[21]。

表19-5 巴西香可可种子粗提物（CE）和乙酸乙酯馏分（EAF）的
最低抑菌浓度（MIC）和最低杀菌浓度（MBC），值以 μg/mL 显示[21]

	CE（μg/mL）		EAF（μg/mL）	
	MIC	MBC	MIC	MIC
大肠杆菌 ATCC 25922	250	>250	250	>250
临床分离的表皮葡萄球菌	250	>250	250	>250
金黄色葡萄球菌 ATCC 29213	250	>250	250	>250
耐甲氧西林金黄色葡萄球菌（MRSA）ATCC 33591	250	>250	250	>250
微生物与免疫实验室菌株 02	250	>250	250	>250
微生物与免疫实验室菌株 03	250	>250	250	>250
微生物与免疫实验室菌株 04	250	>250	250	>250
微生物与免疫实验室菌株 05	250	>250	250	>250
微生物与免疫实验室菌株 06	250	>250	250	>250
微生物与免疫实验室菌株 07	250	>250	250	>250
微生物与免疫实验室菌株 08	250	>250	250	>250
微生物与免疫实验室菌株 09	250	>250	250	>250
微生物与免疫实验室菌株 10	250	>250	250	>250

19.3.4 抗衰老

巴西香可可水醇提取物能够显著增加秀丽隐杆线虫的寿命，其作用机制可能与抗氧化活性和蛋白质的稳定调节有关[22]。不同浓度的巴西香可可水醇提取物可增加衰老脂肪间充质细胞（79.1±15.7 %）的增殖[16]。摄入巴西香可可可以改善年龄相关的眼功能障碍，能够减少视网膜细胞的氧化损伤[23]。巴西香可可乙醇提取物可延长秀丽隐杆线虫寿命，其抗衰老作用机制主要是直接的抗氧化作用，而不需要激活SKN-1、DAF-16等基因[24]。

表 19-6　未经处理和巴西香可可乙醇提取物（GEE）
处理的秀丽线虫寿命[24]

基因类型	GEE（μg/mL）	平均寿命 ± 标准差（天）	最高寿命 ± 标准差（天）
Bristol N2	0	11±1.73	14±1.81
	100	13±2.00*	17±1.91*
	500	15±1.15*	18±1.07*
	1000	15±1.63*	18±1.33*
mev-1	0	9±1.02	12±1.22
	1000	13±1.07*	15±1.55*
daf-2	0	23±1.70	31±1.37
	1000	29±1.64*	36±1.38*
daf-16	0	11±1.53	13±1.28
	1000	11±1.57	12±1.44
skn-1	0	9±1.21	11±1.23
	1000	9±1.35	11±1.38
hsf-1	0	11±0.2	13±0.7
	1000	11±0.6	13±0.7
sir-2.1	0	12±1.80	16±1.42
	1000	14±2.10*	17±1.66
ador-1	0	13±1.74	17±1.62
	1000	12±1.68	16±1.33

注：寿命分析在 20℃下进行。最大寿命表示为寿命最长的 10 % 蠕虫种群的平均寿命。每个实验重复三次，每组至少有 60 条线虫。数据为平均值±标准差。* 与未治疗组相比，$P < 0.05$。

19.4　成分功效机制总结

巴西香可可具有抗炎、抗氧化、抑菌和抗衰老功效，对其活性研究包括巴西香可可粉、种子提取物、水醇提取物、水提物等。抗炎活性研究显示，巴西香可可能抑制促炎因子的表达，同时增加抗炎因子的表达。巴西香可可具有自由基清除活性和抗氧化活性，能够上调 CAT、GSH-Px 等抗氧化酶的活性，进而降低脂质过氧化、蛋白质羰基化和 DNA 损伤。巴西香可可可抑制牙菌斑的形成，同时对耐甲氧西林金黄色葡萄球菌表现出抑制潜力。巴西香可可具有抗衰老活性，能够通过抗氧化作用显著增加秀丽隐杆线虫的寿命，可增加衰老脂肪间充质细胞的增殖，可改善年龄相关的眼功能障碍，能够减少视网膜细胞的氧化损伤。

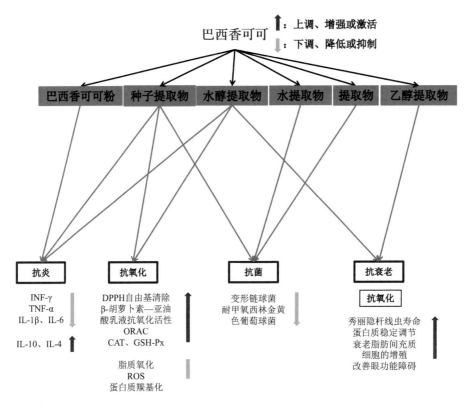

图 19-2　巴西香可可成分功效机制总结图

参考文献

[1] Santana ÁL, Macedo, GA. Effects of hydroalcoholic and enzyme-assisted extraction processes on the recovery of catechins and methylxanthines from crude and waste seeds of guarana(*Paullinia cupana*)[J]. Food Chemistry, 2019, 281: 222—230.

[2] Santana ÁL, Macedo GA.Health and technological aspects of methylxanthines and polyphenols from guarana: A review[J]. Journal of Functional Foods, 2018, 47:

457—468.

[3] Machado KN, Freitas AA, Cunha LH, et al. A rapid simultaneous determination of methylxanthines and proanthocyanidins in Brazilian guaraná(*Paullinia cupana* Kunth.)[J]. Food Chemistry, 2018, 239: 180—188.

[4] Ushirobira TMA, Yamaguti E, Uemura LM, et al.Chemical and microbiological study of extract from seeds of guaraná(*Paullinia cupana* var. *sorbilis*)[J]. Latin American Journal of Pharmacy, 2007, 26(1): 5—9.

[5] Pinho LS, Silva MP, Thomazini M, et al. Guaraná(P*aullinia cupana*)by-product as a source of bioactive compounds and as a natural antioxidant for food applications[J]. Journal of Food Processing and Preservation, 2021, 45(10): e15854.

[6] Avato P, Pesante MA, Fanizzi FP, et al.Seed oil composition of *Paullinia cupana* var. *sorbilis*(Mart.)Ducke[J]. Lipids, 2003, 38(7): 773—780.

[7] Sousa SA, Alves SF, Paula JAM, et al. Determinação de taninos e metilxantinas no guaraná em pó(*Paullinia cupana* Kunth, Sapindaceae)por cromatografia líquida de alta eficiência[J]. Revista Brasileira de Farmacognosia Brazilian Journal of Pharmacognosy, 2010, 20(6): 866—870.

[8] Belliardo F, Martelli A, Valle MG. HPLC determination of caffeine and theophylline in *Paullinia cupana* Kunth(guarana)and *Cola* spp. samples[J]. Original Papers, 1985, 180: 398—401.

[9] Pagliarussi RS, Freitas LAP, Bastos JK. A quantitative method for the analysis of xanthine alkaloids in *Paullinia cupana*(guarana)by capillary column gas chromatography[J]. Journal of Separation Science, 2002, 25(5—6): 371—374.

[10] Majhenič L, Škerget M, Kenz Ž. Antioxidant and antimicrobial activity of guarana seed extracts[J]. Food Chemistry, 2007, 104(3): 1258—1268.

[11] Jader BR, Viviane MB, Josiane BSB, et al. Lipotoxicity-associated inflammation is prevented by guarana(*Paullinia cupana*)in a model of hyperlipidemia[J]. Drug and Chemical Toxicology, 2021, 44(5): 524—532.

[12] Machado KN, Barbosa ADP, Freitas AA, et al. TNF-α inhibition, antioxidant effects and chemical analysis of extracts and fraction from Brazilian guaraná seed powder[J]. Food Chemistry, 2021, 355: 129563.

[13] Maldaner DR, Pellenz NL, Barbisan F, et al. Interaction between low-level laser thera-py and guarana(*Paullinia cupana*)extract induces antioxidant, anti-inflammatory, and anti-apoptotic effects and promotes proliferation in dermal fibroblasts[J]. Journal of Cosmetic Dermatology, 2020, 19(3): 629—637.

[14] Krewer CC, Suleiman L, Duarte MMMF, et al.Guaraná, a supplement rich in caffeine and catechin, modulates cytokines: evidence from human in vitro and in vivo protocols[J]. European Food Research and Technology, 2014, 239(1): 49—57.

[15] Belen G, Isabella S, Francisco JB, et al. Evaluation of the antioxidant capacity of a guarana seed extract on canola oil lipid stability using accelerated storage[J]. European Journal of Lipid Science and Technology, 2018, 120(12).

[16] Machado AK, Cadoná FC, Azzolin VF, et al. Guaraná(*Paullinia cupana*)improves the proliferation and oxidative metabolism of senescent adipocyte stem cells derived from human lipoaspirates[J]. Food Research International, 2015, 67: 426—433.

[17] Lina Y, Carolina AM, Geni RS, et al. Bioavailability of catechins from guaraná(*Paullinia cupana*)and its effect on antioxidant enzymes and other oxidative stress markers in healthy human subjects[J]. Food & Function, 2016, 7(7): 29708.

[18] Marques LLM, Panizzon GP, Aguiar BAA, et al. Guaraná(*Paullinia cupana*)seeds: selective supercritical extraction of phenolic compounds[J]. Food Chemistry, 2016, 212: 703—711.

[19] Yamaguti-Sasaki E, Ito LA, Dias Canteli VCD, et al. Antioxidant capacity and *in vitro* prevention of dental plaque formation by extracts and condensed tannins of *Paullinia cupana*[J]. Molecules, 2007, 12(8): 1950—1963.

[20] Basile A, Rigano D, Conte B, et al. Antibacterial and antifungal activities of acetonic extract from *Paullinia cupana* Mart. seeds[J]. Natural Product Research, 2013, 27(22): 2084—2090.

[21] Carvalho LVDN, Cordeiro MF, Lins TULE, et al. Evaluation of antibacterial, antineoplastic, and immunomodulatory activity of *Paullinia cupana* seeds crude extract and ethyl-acetate fraction[J]. Evidence-Based Complementary and Alternative Medicine, 2016: 1203274.

[22] Boasquívis PF, Silva GMM, Paiva FA, et al. Guarana(*Paullinia cupana*)extract protects *Caenorhabditis elegans* models for alzheimer disease and huntington disease through activation of antioxidant and protein degradation pathways[J]. Oxidative Medicine and Cellular Longevity, 2018: 9241308.

[23] Beatriz SRB, Francine CC, Charles EA, et al. Guarana(*Paullinia cupana*): cytoprotective effects on age-related eye dysfunction[J]. Journal of Functional Foods, 2017, 36: 375—386.

[24] Arantes LP, Machado ML, Zamberlan DC, et al. Mechanisms involved in anti-aging effects of guarana(*Paullinia cupana*)in *Caenorhabditis elegans*[J]. Brazilian Journal of Medical and Biological Research, 2018, 51(9): e7552.

巴西油桃木

20.1　基本信息

中 文 名	巴西油桃木	
属　　名	油桃木属 Caryocar	
拉 丁 名	Caryocar brasiliense A.St.-Hil.	
俗　　名	无	
分类系统	恩格勒系统（1964）	APG Ⅳ系统（2016）
	被子植物门 Angiospermae 双子叶植物纲 Dicotyledoneae 藤黄目 Guttiferales 多柱树科 Caryocaraceae	被子植物门 Angiospermae 木兰纲 Magnoliopsida 金虎尾目 Malpighiales 油桃木科 Caryocaraceae
地理分布	玻利维亚，巴西，巴拉圭	
化妆品原料	巴西油桃木（CARYOCAR BRASILIENSE）果油	

灌木或乔木，高可达 10 米。小叶 3 枚，软骨质至革质，卵状椭圆形，具短柄，先端钝圆，基部圆形，边缘具圆齿，两面具长柔毛，有时正面近无毛，长 10—18 厘米，宽 8—12 厘米；叶柄长 1—10.5 厘米。总状花序，花序梗密被绒毛，长 4—10 厘米；花梗长 2.5—5.5 厘米，花萼倒卵形，长 10—13 毫米；花瓣长 1.8—3 厘米，长圆形，黄色，有时橙色；雄蕊约 270—330 枚，远长于花瓣；子房球形，4 室。核果卵球形，平滑，无棱纹，无毛。[①]

20.2　活性物质

20.2.1　主要成分

巴西油桃木的化学成分主要有脂肪酸类、类胡萝卜素类、多酚类、黄酮类、植物甾醇类、挥发油类等，其中有关脂肪酸类以及类胡萝卜素类化合物的研究较多。巴西油桃木具体化学成分见表 20-1。

①见巴西植物志 Brazilian Flora Checklist-Caryocar brasiliense Cambess. (jbrj.gov.br)。

表 20-1　巴西油桃木化学成分

成分类别	主要化合物	
脂肪酸类	辛酸、癸酸、月桂酸、肉豆蔻酸、棕榈酸、棕榈油酸、十七酸、顺-10-十七碳烯酸、硬脂酸、油酸、亚油酸、亚麻酸、花生酸、二十碳烯酸、山嵛酸、二十四酸等	[1—3]
挥发油类	己酸乙酯、（E）-β-罗勒烯、（E）-辛酸乙酯、异丁酸烯丙酯、3-己醇、4-甲基-2-戊醇、月桂烯、(Z)-dihydroapofarnesol、β-桉叶醇、(E, E)-香叶基芳樟醇、己酸、2-己烯酸乙酯、2-辛烯酸乙酯、癸酸乙酯、β-顺式罗勒烯、黑蚁素等	[4—6]
多酚类	没食子酸六羟基二苯酯-己糖苷、芹菜素-己糖苷、芹菜素-戊糖苷、绿原酸、咖啡酰-己糖苷、没食子酸等	[7—8]
类胡萝卜素类	β-胡萝卜素、番茄红素、ζ-胡萝卜素、隐黄素、β-隐黄质、anteraxanthin、玉米黄质、玉米黄呋喃素、紫黄质、叶黄素、新黄质等	[9—10]
黄酮类	槲皮素、杨梅素 3-O-己糖苷、异槲皮素、槲皮素 3-O-阿拉伯糖等	[8，11]
植物甾醇类	豆甾醇、β-谷甾醇、菜油甾醇等	[10]

表 20-2　巴西油桃木部分成分单体结构

序号	主要单体	结构式	CAS 号
1	棕榈酸	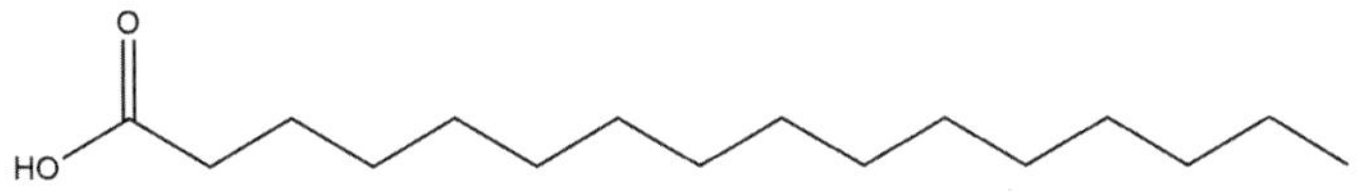	57-10-3
2	硬脂酸	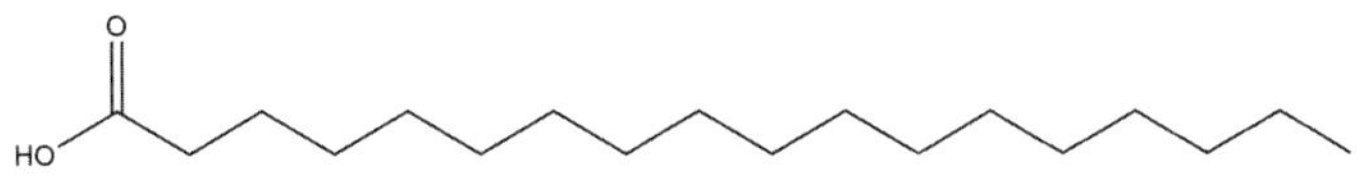	57-11-4
3	油酸	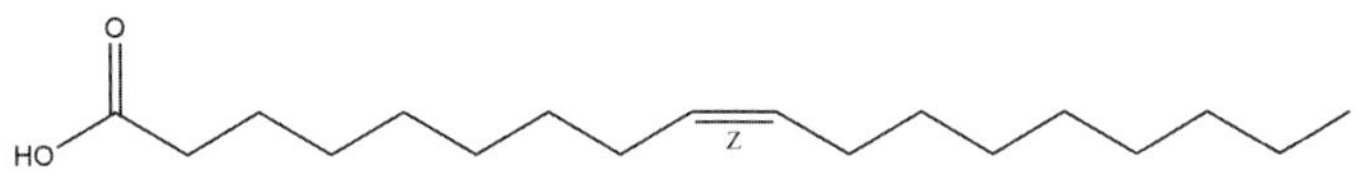	112-80-1
4	亚油酸	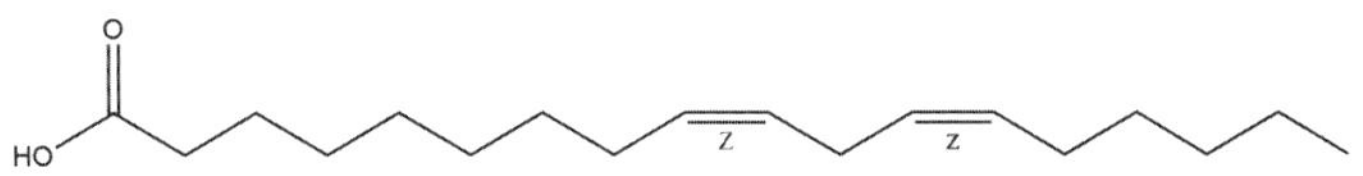	60-33-3
5	亚麻酸	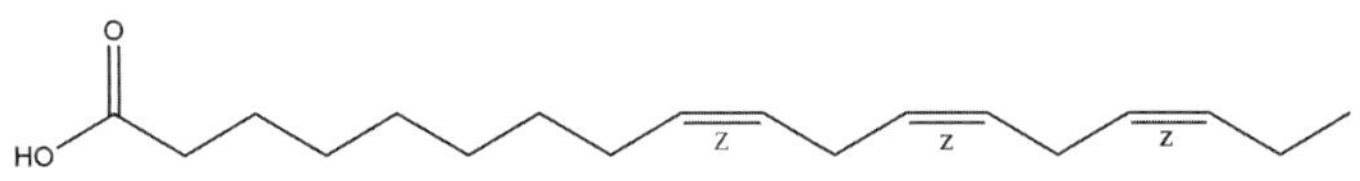	463-40-1

（接上表）

6	*β*-胡萝卜素	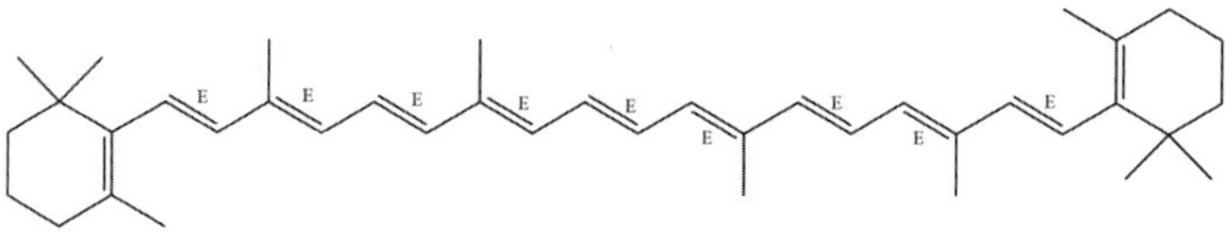	7235-40-7
7	己酸乙酯	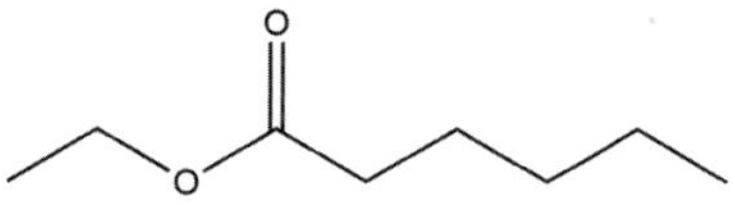	123-66-0
8	辛酸乙酯	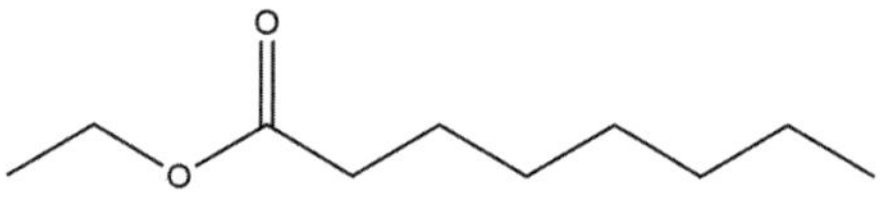	106-32-1

20.2.2　含量组成

目前，有关巴西油桃木化学成分含量的研究主要集中在油脂及类胡萝卜素等，有关其他成分含量的研究不多。我们从文献中获得了巴西油桃木中总酚、挥发油、植物甾醇、总黄酮等成分的含量信息，具体见表 20-3。

表 20-3　巴西油桃木中主要成分含量信息

成分	来源	含量	参考文献
油脂	果核	30.02 %—51.51 %	[12]
	干果肉	43.69 %—52.78 %	[13]
挥发油	果实	0.0020 %—0.0037 %	[4]
总酚	果肉	209.0 mg/100 g	[1]
	果仁	122.0 mg/100 g	[1]
	果皮	78.58 g GAE/Kg	[9]
	果仁油	163.24 mg GAE/100 g	[14]
总类胡萝卜素	果肉	7.25 mg/100 g	[1]
	果仁	0.295 mg/100 g	[1]
	果肉	8.1—23.1 mg/100 g	[10]
植物甾醇	果核	73.4—96.5 mg/100 g	[10]
总黄酮	果仁油	76.65 mg QE/g	[14]

注：GAE，以没食子酸当量计算；QE，以槲皮素当量计算。

20.3　功效与机制

巴西油桃木富含多种活性成分，是巴西等国家重要的经济树种。它的叶、果皮、果肉等各个部位均具有广泛作用，包括抗炎、抗氧化、抑菌、抗衰老和保湿的功效[15]。

20.3.1　抗炎

巴西油桃木地上部分的乙醇提取物作用于脂多糖（LPS）诱导的人单核细胞THP-1时，能够以浓度依赖的方式抑制肿瘤坏死因子-α（TNF-α）的释放，表现出一定的抗炎作用[16]。

巴西油桃木果仁油可以减轻四氯化碳（CCl_4）诱导的急性肝损伤大鼠肝组织炎症因子白细胞介素-6（IL-6）、白三烯B4（LTB4）和白三烯B5（LTB5）的释放，并在基因水平上抑制肿瘤坏死因子受体（TNFR）、白细胞介素-1（IL-1）、TNF-α、IκB激酶β（IKKβ）和转化生长因子β受体1（TGFR1）的表达[17]。

含有巴西油桃木果油的纳米乳剂能够抑制LPS诱导的急性肺损伤小鼠支气管肺泡液中白细胞的聚集，并抑制肺组织中髓过氧化物酶（MPO）、TNF-α、IL-1β、IL-6、单核细胞趋化蛋白-1（MCP-1）和角质形成细胞来源的趋化因子（KC）的表达[18]。

相同训练类型、训练强度和训练时间的运动员，每人分别参加两场赛跑，两场比赛期间每天服用400 mg巴西油桃木果油胶囊，共服用14天，然后对运动员服用果油前和服用后进行评估，发现巴西油桃木果油可以减少运动引起的炎症[19]。

20.3.2　抗氧化

巴西油桃木果皮中富含酚类化合物，可以用作天然抗氧化剂。分别采用DPPH自由基清除法和 β- 胡萝卜素漂白法检测巴西油桃木果皮的乙醇提取物和水提取物的抗氧化活性，在DPPH自由基清除方面，乙醇提取物的抗氧化活性高于水提取物的活性；在 β- 胡萝卜素漂白法测试中，水提取物的抗氧化活性更高[9]。巴西油桃

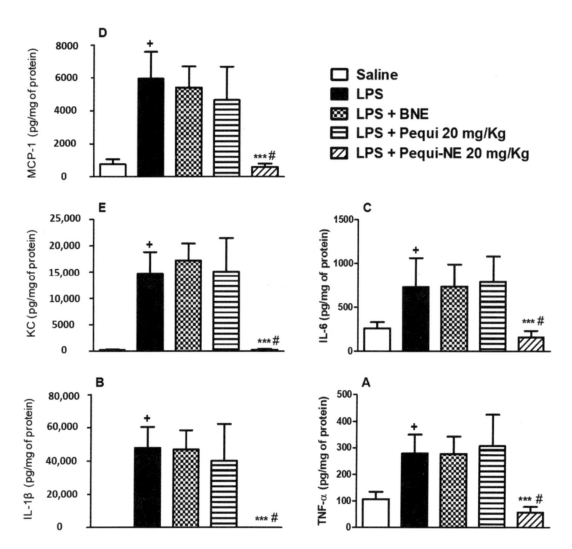

图 20-1　巴西油桃木果油纳米乳剂对急性肺损伤小鼠炎症因子的影响 [在鼻内 LPS（25 μg/25 μL）暴露前的 16 和 4 小时，用 20 mg/kg 的果油、含果油纳米乳剂和空白纳米乳剂对动物进行口服预处理。LPS 滴注 24 小时后，灌注并收集肺以测量 TNF-α（A）、IL-1β（B）、IL-6（C）、MCP-1（D）、KC（E）的水平。数据表示为 5—7 只动物的平均值 ± 标准差。+，与盐水组相比，$P<0.05$；***，与 LPS 组相比，$P<0.001$；#，与巴西油桃木组相比，$P<0.05$][18]

木果肉的水提物可以抑制芬顿（Fenton）反应，减少了羟基自由基的形成，降低了 2-脱氧核糖的氧化降解[20]。对巴西油桃木的叶进行乙醇粗提后，采用一系列有机溶剂进行分馏，乙醇提取物和己烷、氯仿、乙酸乙酯、丁醇馏分均能抑制 DPPH 氧化；该水醇提取物可降低氯化铝诱导的神经退行性病变小鼠全脑丙二醛（MDA）的含量，发挥抗氧化作用[21]。巴西油桃木叶的超临界 CO_2 萃取物具有清除 ABTS 自由基的作用，在浓度为 0.025 %（w/v）时，其抗氧化活性大于水溶性维生素 E[22]。

在氨基甲酸乙酯诱导的小鼠肺癌模型中，巴西油桃木果油和其乙醇提取物能够显著降低氨基甲酸乙酯诱导的氧化应激，其机制与抑制脂质过氧化，及在基因和蛋白水平上抑制一氧化氮合酶（NOS）的表达有关[23]。巴西油桃木果油制备的乳液具有 DPPH 自由基清除作用，其 EC_{50} 为 2.921 mg/mL，且具有抑制脂质过氧化的作用[14]。巴西油桃木果油可以降低进行了 20 次游泳训练的大鼠肝脏组织中 MDA 的含量，表明巴西油桃木果油对剧烈运动时氧自由基损伤的肝细胞有保护作用[24]。不同批次的巴西油桃木分别用手工和冷压两种不同方法提取得到的果仁油均有抗氧化作用，对 DPPH 自由基和 ABTS 自由基均具有清除作用；在亲脂性和亲水性氧自由基吸收能力测定中，不同果仁油也都具有一定的抗氧化作用[2]。巴西油桃木果仁油可增加 CCl_4 诱导的急性肝损伤大鼠肝脏中谷胱甘肽过氧化物酶（GSH-Px）和谷胱甘肽还原酶（GR）活性，从而增强抗氧化能力[17]。

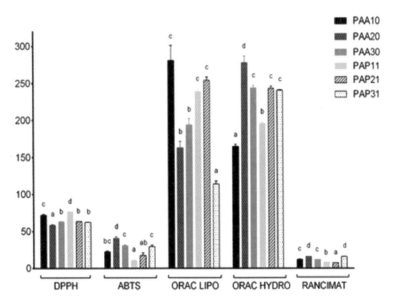

图 20-2　通过手工（PAA）和冷压处理（PAP）获得的巴西油桃木果仁油的抗氧化能力和氧化稳定性 [根据 Tukey HSD 测试或 Kruskal-Wallis 检验，数值为平均数 ± 标准差（ n =3）。同一方法不同上标字母，差异显著（ P <0.05）。单位：DPPH，IC_{50}（mg/mL）；ABTS，μmol TE/g；ORAC，μmol TE/100 g。诱导期，以小时为单位][2]

20.3.3　抑菌

巴西油桃木叶的超临界 CO_2 萃取物对金黄色葡萄球菌、大肠杆菌和铜绿假单胞菌的生长均有抑制作用，且添加了上述萃取物的洗手液和护手霜对以上三种细菌的生长也有抑制作用[22]。巴西油桃木果油对铜绿假单胞菌表现出抑菌活性，抑菌考察实验中测定其抑菌圈直径为 7 mm[25]。

表 20-4　巴西油桃木超临界 CO_2 萃取物（CBSE）和 20 %
乙醇溶液（ES）对细菌的最小抑制浓度（MIC）[22]

微生物	样本			
	CBSE（%w/v）	CBSE（mg/mL）	ES（%w/v）	ES（mg/mL）
大肠杆菌（ATCC 25922）	1.25	11.25	2.50	25.00
铜绿假单胞菌（ATCC 9027）	2.50	22.50	5.00	50.00
金黄色葡萄球菌（ATCC 6538）	1.25	11.25	10.00	100.00

20.3.4　抗衰老

巴西油桃木果油对衰老具有抑制作用，有助于预防与衰老相关的慢性退行性疾病，且对女性的作用更明显。饮食中补充巴西油桃木果油可以预防与衰老相关的贫血、炎症和氧化应激：6—7 个月的青年小鼠和 11—12 个月的老年小鼠每天口服 30 mg 巴西油桃木果油，15 天后采集血样用于血象分析试验。发现 11—12 个月的雌性对照组的血红蛋白和血细胞比容显著低于 6—7 个月的对照组，经过巴西油桃木果油治疗，可消除这种差异。在 11—12 个月的雌鼠中，巴西油桃木果油显著增加了淋巴细胞百分比，并减少中性粒细胞与单核细胞总和的百分比，与 6—7 个月的对照组无显著差异[26]。

20.3.5　保湿

巴西油桃木果富含油脂，对皮肤具有一定的保湿效果。将巴西油桃木果油制剂涂抹于 30 名志愿者的前臂皮肤上，进行水合作用评估。在用药前以及用药后 1、2 和 3 小时，测定其皮肤角质层含水量和经皮水分损失（TEWL）。结果显示，单次使用能够增加角质层的含水量，在 3 个小时的评价期内，含有巴西油桃果油的制剂显著增加了皮肤水分，显示其对皮肤具有保湿作用[27]。

表 20-5　连续 15 天服用巴西油桃木果油（30 mg/只/天）对老年雌性（F）和雄性（M）小鼠红细胞的影响[26]

分组	治疗/年龄组	RBC (×10⁶/μL)	HGB (g/dL)	HCT (%)	MCV (fL)	MCH (pg)	MCHC (g/dL)	RDW (%)
1	NC (F) 6—7个月	8.23 ± 0.44	12.34 ± 0.66	30.34 ± 1.49	36.86 ± 0.40	14.98 ± 0.50	40.66 ± 1.06	13.18 ± 0.69
2	PO (F) 6—7个月	8.74 ± 0.30	12.78 ± 0.38	32.17 ± 1.11*a	36.80 ± 0.36	14.62 ± 0.26	39.77 ± 0.56	12.75 ± 0.57
3	NC (F) 11—12个月	6.95 ± 1.61	10.07 ± 2.19*a	25.38 ± 4.97*a	37.00 ± 2.56	14.55 ± 0.69	39.45 ± 1.29	15.75 ± 3.10
4	PO (F) 11—12个月	7.84 ± 1.22	10.77 ± 1.52*b	27.57 ± 4.00**b	35.22 ± 0.58**b	13.77 ± 0.28*b	39.08 ± 0.50	14.13 ± 1.04
	P值	0.056	0.012	0.014	0.018	0.003	0.059	0.036
5	NC (M) 6—7个月	7.34 ± 1.12	11.07 ± 1.49	28.10 ± 3.30	38.52 ± 2.13	15.15 ± 0.74	39.35 ± 0.79	18.37 ± 2.67#
6	PO (M) 6—7个月	7.57 ± 0.39	11.62 ± 0.72#	28.80 ± 1.46#	38.03 ± 0.65#	15.33 ± 0.43	40.33 ± 0.84	16.7 ± 1.73#
7	NC (M) 11—12个月	7.89 ± 0.57	11.80 ± 0.82#	29.47 ± 2.29	37.36 ± 1.10	14.96 ± 0.47	40.09 ± 0.94	15.86 ± 1.19
8	PO (M) 11—12个月	7.45 ± 0.99	11.07 ± 1.33	27.15 ± 3.05	37.02 ± 1.10#	15.07 ± 0.35#	40.72 ± 0.82	16.00 ± 1.60
	P值	0.069	0.662	0.445	0.237	0.620	0.069	0.097
	P-值（总）	0.069	0.004	0.003	0.005	0.000	0.017	0.000

注：数据对应于平均值±标准误。NC=阴性对照；PO=以 30 mg/只动物/天（或 1 g/kg 体重）的巴西油桃木果油处理；RBC=红细胞；HGB=血红蛋白；HCT=血细胞比容；MCV=平均红细胞体积；MCH=平均红细胞血红蛋白；MCHC=平均红细胞血红蛋白浓度；RDW=红细胞分布宽度（表示细胞大小的变化差异性）；g/dL=克/分升；fL=飞克；pg=皮克；以粗体突出显示的 P 值由 ANOVA 生成，而其他 P 值由布克鲁斯卡尔－沃利斯（Kruskal-Wallis）检验。符号 # 表示雌性和雄性小鼠在相同处理中的显著差异，而上标字母表示通过邦费罗尼（Bonferroni）或曼－惠特尼（Mann-Whitey）u 检验，在每种性别中检测到的 2 对 2 比较中有显著差异，a=与第 1 组相比有显著差异，b=与第 2 组相比有显著差异。星号表示差异显著（*P<0.05，**P<0.01）。

表 20-6 连续 15 天服用巴西油桃木果油（30 mg/只/天）对老年雌性（F）和雄性（M）小鼠白细胞的影响[26]

分组	治疗/年龄组	WBC（×10³/μL）	Lymphocytes（%）	Neutrophils+Monocytes（%）	Eosinophils（%）
1	NC（F）6—7 个月	4.02±1.70	77.22±2.72	21.10±2.23	1.68±1.32
2	PO（F）6—7 个月	4.13±0.65	76.03±4.92	23.48±4.40	0.48±0.84*a
3	NC（F）11—12 个月	9.02±12.45	47.23±17.33*a	49.92±16.28**a	1.37±1.37
4	PO（F）11—12 个月	3.40±0.98	58.72±7.16*b	39.52±6.26*b	1.77±3.25
	P值	0.598	0.000	0.000	0.083
5	NC（M）6—7 个月	12.15±4.92	29.27±8.21#	69.47±7.09#	1.27±1.34
6	PO（M）6—7 个月	7.33±2.45*a	43.43±8.30#	55.20±9.48#	1.37±1.37
7	NC（M）11—12 个月	12.47±6.70	19.21±8.65#	80.06±8.37#	0.73±0.71
	PO（M）11—12 个月	6.00±3.22	61.53±19.76**c	37.03±20.27**c	1.43±0.65
8	P值	0.019	0.000	0.000	0.429
	P值（总）	0.001	0.000	0.000	0.101

注：数据对应于平均值±标准误。NC=阴性对照；PO=以 30 mg/只动物/天（或 1 g/kg 体重）的巴西油桃木果油处理；WBC=总白细胞。以组体实示出显示的 P 值由 ANOVA 生成，而其他 P 值由克鲁斯卡尔-沃利斯检验生成。符号#表示相同处理下雌性和雄性小鼠之间的显著差异。上标字母表示通过邦费罗尼或曼-惠特尼 u 检验，在每种性别中检测到的 2 对 2 比较中有显著差异，a=与第 1 组相比有显著差异，b=与第 2 组相比有显著差异，c=与对照组相比有显著差异。星号表示在 *P<0.05 和 **P<0.01 时，具有显著差异。

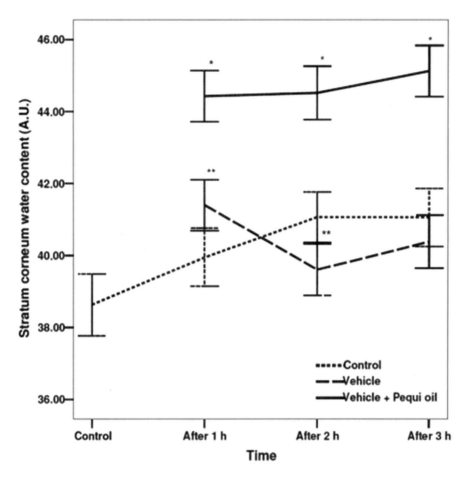

图 20-3　巴西油桃木果油对角质层含水量的影响（*，与对照组和载体组相比，$P<0.05$；**，与对照组和载体 + 巴西油桃木果油组相比，$P<0.05$）[27]

20.4　成分功效机制总结

　　巴西油桃木的地上部分、叶、果皮、果肉和果实分别具有不同功效，包括抗炎、抗氧化、抑菌、抗衰老和保湿。巴西油桃木活性部位包括地上部分乙醇提取物、叶的超临界 CO_2 萃取物和乙醇提取物、果皮的乙醇提取物和水提取物、果肉水提物、果油、果仁油，有关其抗炎活性的研究包括对小鼠炎症模型和巨噬细胞模型的评价和机制研究，已知机制包括对 TNF-α、IL-6、LTB4、LTB5、IL-1、TNFR、IKKβ、TGFR1、MPO、MCP-1、KC 等炎症因子表达的抑制作用。巴西油桃木的活性部位具有自由基清除作用，能够上调 GSH-Px 和 GR 的表达，抑制脂质过氧化，降低

NOS 和 MDA 含量；其活性部位能抑制多种致病菌的活性，包括金黄色葡萄球菌、大肠杆菌和铜绿假单胞菌。巴西油桃木具有抗衰老作用，其机制与增加血红蛋白含量、血细胞比容、淋巴细胞百分比、DPPH 自由基清除，降低血液中中性粒细胞与单核细胞总和百分比有关。果油还具有保湿功效，能够增加角质层含水量，减少经皮水分损失。

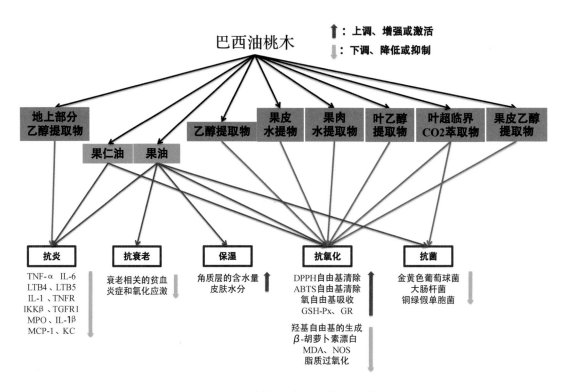

图 20-4　巴西油桃木成分功效机制总结图

参考文献

[1] Lima A, Silva AMO, Trindade RA, et al. Chemical composition and bioactive compounds in the pulp and almond of pequi fruit[J]. Brazilian Magazine of Fruit Culture, 2007, 29(3): 695—698.

[2] Torres LRO, Shinagawa FB, Santana FC, et al. Physicochemical and antioxidant properties of the pequi(*Caryocar brasiliense* Camb.)almond oil obtained by handmade and cold-pressed processes[J]. International Food Research Journal,

2016, 23(4): 1541—1551.

[3] Johner JCF, Hatami T, Meireles MAA. Developing a supercritical fluid extraction method assisted by cold pressing: A novel extraction technique with promising performance applied to pequi(*Caryocar brasiliense*)[J]. The Journal of Supercritical Fluids, 2018, 137: 34—39.

[4] Clarissa D, Eduardo VBVB, Pedro HF, et al. Volatile compounds profile of fresh-cut peki fruit stored under different temperatures[J]. Ciência e Tecnologia De Alimentos, 2009, 29(2): 435—439.

[5] Madison WSC, Ângelo LFC, Pedro HF, et al. Physical characteristics, chemical-nutritional composition and essential oils of *Caryocar brasiliense* native from the state of mato grosso[J]. Revista Brasileira De Fruticultura, 2013, 35(4): 1127—1139.

[6] Renata FCB, Rodinei A, Paulo SNL, et al. Characterization and classification of pequi trees(*Caryocar brasiliense* Camb.)based on the profile of volatile constituents using headspace solid-phase microextraction-gas chromatography-mass spectrometry and multivariate analysis[J]. Ciência e Tecnologia De Alimentos, 2013, 33(1): 116—124.

[7] Biazotto, KR, Mesquita LM DS, Neves BV, et al. Brazilian biodiversity fruits: discovering bioactive compounds from underexplored sources[J]. Journal of Agricultural and Food Chemistry, 2019, 67(7): 1860—1876.

[8] Roberta R, Rodrigo RC, Luciana GM, et al. Antioxidant activity of *Caryocar brasiliense*(pequi)and characterization of components by electrospray ionization mass spectrometry[J]. Food Chemistry, 2008, 110(3): 711—717.

[9] Monteiro SS, Silva RR, Martins SC, et al. Phenolic compounds and antioxidant activity of extracts of pequi peel(*Caryocar brasiliense* Camb.)[J]. International Food Research Journal, 2015, 22(5): 1985—1992.

[10] Torres LRO, Santana FC, Shinagawa FB, et al. Bioactive compounds and functional potential of pequi(*Caryocar* spp.), a native brazilian fruit: a review[J]. Grasas Y Aceites: International Journal of Fats and Oils, 2018, 69(2): e257.

[11] Hevilem LMNM, Talita CF, João GMR, et al. Hydroalcoholic extract of *Caryocar brasiliense* Cambess. leaves affect the development of *Aedes aegypti*

mosquitoes[J]. Journal of the Brazilian Society of Tropical Medicine, 2020(53): e20200176.

[12] Heber PC, Renata BB, Alessandra LO. Potential of oilseeds native to Amazon and Brazilian Cerrado biomes: benefits, chemical and functional properties, and extraction methods[J]. Inform, 2021, 98: 3—20.

[13] Alcidênio SP, Rossana P, Jane MB, et al. Extraction of pequi(*Caryocar coriaceum*) pulp oil using subcritical propane: determination of process yield and fatty acid profile[J]. The Journal of Supercritical Fluids, 2015, 101: 1—9.

[14] Pegorin GSA, Marques MOM, Mayer CRM, et al. Development of a phytocosmetic enriched with pequi(*Caryocar brasiliense* Cambess)oil[J]. Article-Engineering, Technology and Techniques, 2020, 63: e20190478.

[15] Nascimento-Silva NRRD, Naves MMV. Potential of whole pequi(*Caryocar* spp.) fruit-pulp, almond, oil, and shell-as a medicinal food[J]. Journal of Medicinal Food, 2019, 22(9): 1—11.

[16] Gusman GS, Campana PRV, Castro LC, et al. Evaluation of the effects of some Brazilian medicinal plants on the production of TNF-α and CCL2 by THP-1 cells[J]. Evidence-Based Complementary and Alternative Medicine, 2015(4): 497123.

[17] Torres LRO, Santana FC, Torres-Leal FL, et al. Pequi(*Caryocar brasiliense* Camb.) almond oil attenuates carbon tetrachloride-induced acute hepatic injury in rats: Antioxidant and anti-inflammatory effects[J]. Food and Chemical Toxicology, 2016, 97: 205—216.

[18] Coutinho DDS, Pires J, Gomes H, et al. Pequi(*Caryocar brasiliense* Cambess)-loaded nanoemulsion, orally delivered, modulates inflammation in LPS-induced acute lung injury in mice[J]. Pharmaceutics, 2020, 12(11): 1075.

[19] Miranda-Vilelaç AL, Pereira LCS, Gonçalves CA, et al. Pequi fruit(*Caryocar brasiliense* Camb.)pulp oil reduces exercise-induced inflammatory markers and blood pressure of male and female runners[J]. Nutrition Research, 2009, 29(12): 850—858.

[20] Khouri J, Resck IS, Poças-Fonseca M, et al. Anticlastogenic potential and antioxidant effects of an aqueous extract of pulp from the pequi tree(*Caryocar*

brasiliense Camb)[J]. Genetics and Molecular Biology, 2007, 30(2): 442—448.

[21] Oliveira TS, Thomaz DV, Neri HFDS, et al. Neuroprotective effect of *Caryocar brasiliense* Camb. leaves is associated with anticholinesterase and antioxidant properties[J]. Oxidative Medicine and Cellular Longevity, 2018: 9842908.

[22] Amaral LFB, Moriel P, Foglio MA, et al. *Caryocar brasiliense* supercritical CO_2 extract possesses antimicrobial and antioxidant properties useful for personal care products[J]. BMC Complementary and Alternative Medicine, 2014, 14(1): 73.

[23] Colombo NBR, Rangel MP, Martins V, et al. *Caryocar brasiliense* Camb protects against genomic and oxidative damage in urethane-induced lung carcinogenesis[J]. Brazilian Journal of Medical and Biological Research, 2015, 48(9): 852—862.

[24] Vale AF, Ferreira HH, Benetti EJ, et al. Antioxidant effect of the pequi oil(*Caryocar brasiliense*)on the hepatic tissue of rats trained by exhaustive swimming exercises[J]. Brazilian Journal of Biology, 2019, 79(2): 257—262.

[25] Ferreira BS, Almeida CG, Faza LP, et al. Comparative properties of amazonian oils obtained by different extraction methods[J]. Molecules, 2011, 16(7): 5875—5885.

[26] Roll MM, Miranda-Vilela AL, Longo JPF, et al. The pequi pulp oil(*Caryocar brasiliense* Camb.)provides protection against aging-related anemia, inflammation and oxidative stress in Swiss mice, especially in females[J]. Genetics and Molecular Biology, 2018, 41(4): 858—869.

[27] Faria WCS, Damasceno GAB, Ferrari M. Moisturizing effect of a cosmetic formulation containing pequi oil(*Caryocar brasiliense*)from the Brazilian cerrado biome[J]. Brazilian Journal of Pharmaceutical Sciences, 2014, 50(1): 131—136.

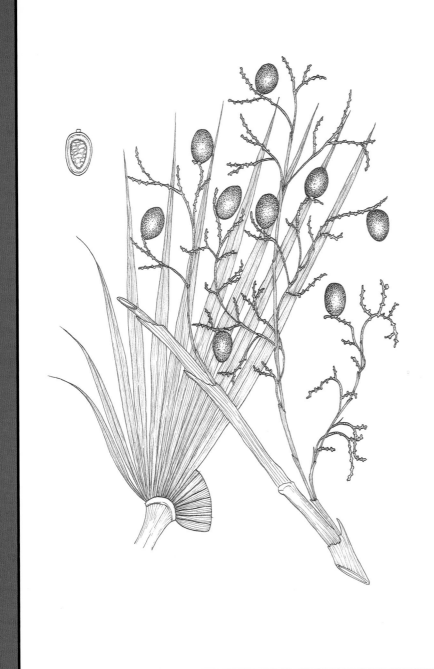

巴西棕榈树

21.1　基本信息

中 文 名	巴西棕榈树	
属　　　名	蜡棕属 Copernicia	
拉 丁 名	Copernicia prunifera（Mill.）H.E.Moore	
俗　　　名	巴西蜡棕、桃果蜡棕	
分类系统	恩格勒系统（1964）	APG IV系统（2016）
	被子植物门 Angiospermae 单子叶植物纲 Monocotyledoneae 棕榈目 Principes 棕榈科 Arecaceae	被子植物门 Angiospermae 木兰纲 Magnoliopsida 棕榈目 Arecales 棕榈科 Arecaceae
地理分布	巴西	
化妆品原料	巴西棕榈树（COPERNICIA CERIFERA）蜡[1]	
	巴西棕榈树（COPERNICIA CERIFERA）蜡提取物	

　　茎直立，单生，粗糙，有残存的叶柄覆盖，树冠球状。叶直立，坚挺，扇形，掌状深裂，叶色灰绿色，表面有蜡质；叶柄粗大。花序较大，多分枝，长于叶；花序轴被短柔毛；花两性；果实卵球形至近圆形，外果皮熟时呈黑褐色，光滑。[2]

21.2　活性物质

21.2.1　主要成分

　　目前，有关巴西棕榈木的研究较少，暂时没有查到与其成分相关的研究。

---

[1] 世界植物在线（Plants of the World Online）记载 Copernicia prunifera 为接受名，C. cerifera 为其异名。

[2] 见巴西植物志 Brazilian Flora Checklist-Copernicia prunifera (Mill.) H.E.Moore (jbrj.gov.br)。

21.2.2　含量组成

目前，有关巴西棕榈木化学成分含量的研究较少，仅查到其总酚含量相关信息，具体见表21-1。

表 21-1　巴西棕榈木中主要成分含量信息

成分	来源	含量	参考文献
总酚	叶醇提物	250.0—763.63 mg of gallic acid equivalent/g	[1]

注：gallic acid equivalent，没食子当量。

21.3　功效与机制

巴西棕榈树属于巴西药用植物，被用来治疗疾病，具有抗氧化活性[1]。

21.3.1　抗氧化

巴西棕榈树叶、外果皮、中果皮的乙醇提取物具有良好的 DPPH 自由基清除活性[2]。巴西棕榈树叶、树皮和根的乙醇提取物具有 DPPH 自由基清除活性，且其总酚含量与抗氧化活性呈显著正相关[1]。

表 21-2　巴西棕榈树叶、外果皮、中果皮的乙醇提取物的
DPPH 自由基清除活性[2]

提取物	体内试验酵母菌存活率（%）			体外试验 DPPH 自由基清除 EC_{50}（μg ml⁻¹）
	对照组（无药物）	TBH	TBH+ 提取物	
CCL	100	0	42.0±2.7	23.5±0.1
CCM	100	0	36.1±3.6	15.3±0.4
CCEP	100	0	0	41.9±0.8
G.biloba EGb 761®	100	0	0	41.5±0.1

注：TBH，叔丁基过氧化氢；CCL，巴西棕榈树叶；CCM，巴西棕榈树中果皮；CCEP，巴西棕榈树外果皮；*G.biloba* EGb 761®，银杏标准提取物。

21.4　成分功效机制总结

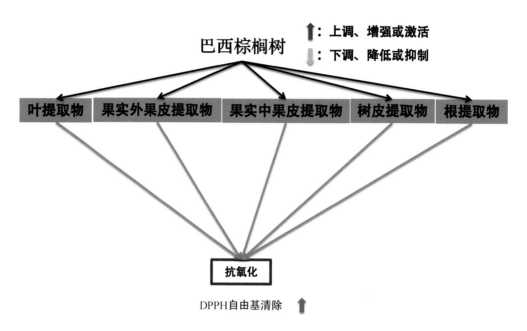

图 21-1　巴西棕榈树成分功效机制总结图

　　巴西棕榈树叶、外果皮、中果皮、树皮和根的乙醇提取物具有良好的 DPPH 自由基清除活性。

参考文献

[1] Sousa CMM, Silva HR, Vieira-Jr GM, et al. Total phenolics and antioxidant activity of five medicinal plants[J]. Química. Nova, 2007, 30(2): 351—355.

[2] Silva CG, Herdeiro RS, Mathias CJ, et al. Evaluation of antioxidant activity of Brazilian plants[J]. Pharmacological Research, 2005, 52: 229—233.

菝

葜

22.1 基本信息

《已使用化妆品原料目录（2021年版）》中未收录菝葜（*Smilax china*），收录的是国外分布的两个同属物种灰菝葜（*S.aristolochiifolia*）和有用菝葜（*S.utilis*）。有关后两种的报导文献并不多，而有关菝葜的较多，故本文主要讲述菝葜，同时对灰菝葜和有用菝葜也有所涉及。

中 文 名	菝葜	
属 名	菝葜属 *Smilax*	
拉 丁 名	*Smilax china* L.	
俗 名	金刚兜、大菝葜、金刚刺、金刚藤	
分类系统	恩格勒系统（1964）	APG Ⅳ系统（2016）
	被子植物门 Angiospermae 单子叶植物纲 Monocotyledoneae 百合目 Liliiflorae 百合科 Liliaceae	被子植物门 Angiospermae 木兰纲 Magnoliopsida 百合目 Liliales 菝葜科 Smilacaceae
地理分布	我国华东、华南、华中、西南等地；日本、菲律宾、中南半岛等	
化妆品原料	灰菝葜（SMILAX ARISTOLOCHIIFOLIA）根提取物[①]	
	有用菝葜（SMILAX UTILIS）根提取物	

A | B   A. 菝葜叶、果
      B. 菝葜植株

---

①《目录》（2021年版）中未收录菝葜（*Smilax China*），收录的是同属国外分布的两个物种灰菝葜（*S.aristolochiifolia*）和有用菝葜（*S.utilis*）。

　　攀援灌木；根状茎粗厚，坚硬，为不规则的块状，粗 2—3 厘米。茎长 1—3 米，少数可达 5 米，疏生刺。叶薄革质或坚纸质，干后通常红褐色或近古铜色，圆形、卵形或其他形状，长 3—10 厘米，宽 1.5—6（–10）厘米，下面通常淡绿色，较少苍白色；叶柄长 5—15 毫米，约占全长的 1/2—2/3 具宽 0.5—1 毫米（一侧）的鞘，几乎都有卷须，少有例外，脱落点位于靠近卷须处。伞形花序生于叶尚幼嫩的小枝上，具十几朵或更多的花，常呈球形；总花梗长 1—2 厘米；花序托稍膨大，近球形，较少稍延长，具小苞片；花绿黄色，外花被片长 3.5—4.5 毫米，宽 1.5—2 毫米，内花被片稍狭；雄花中花药比花丝稍宽，常弯曲；雌花与雄花大小相似，有 6 枚退化雄蕊。浆果直径 6—15 毫米，熟时红色，有粉霜。花期 2—5 月，果期 9—11 月。[①]

　　菝葜的干燥根茎药用，味甘、微苦、涩，性平。归肝、肾经。利湿去浊，祛风除痹，解毒散瘀。用于小便淋浊，带下量多，风湿痹痛，疔疮痈肿。[②]

22.2　活性物质

22.2.1　主要成分

　　目前，从菝葜中分离得到的化合物有甾体皂苷类、黄酮类及其苷类、酚类及其苷类及有机酸类等。菝葜的主要成分为甾体皂苷类和黄酮类化合物，具体信息见表 22-1。

表 22-1　菝葜化学成分

成分类别	主要化合物	参考文献
黄酮类及其苷类	Smilaxin、落新妇苷、异落新妇苷、二氢山柰酚、5-O-β-D- 葡萄糖 - 二氢山柰酚、芹菜素、花旗松素、槲皮素、槲皮苷、芦丁、紫云英苷、木犀草素、木犀草苷、山柰酚、山柰酚 -7-O-α-L 鼠李糖苷、山柰酚 -7-O-β-D- 葡萄糖苷、芒果苷等	[1—4]

①见《中国植物志》第 15 卷第 193 页。

②参见《中华人民共和国药典》（2020 年版）一部第 321 页。

（接上表）

酚类及其苷类	白藜芦醇、3,5,2′,4′- 四羟基芪、氧化白藜芦醇、1′-O- 苯乙基 -α-L- 吡喃鼠李糖基 -(1 → 6)-β-D- 吡喃葡萄糖苷等	[1，3—4]
有机酸类	丁二酸、正十六碳酸、月桂酸、α- 亚油酸、β- 亚油酸、油酸、花生酸、硬脂酸、乙二酸、丁香酸、琥珀酸、棕榈酸	[4]
甾体皂苷类	薯蓣皂苷、原薯蓣皂苷、豆甾醇、谷甾醇 -3-O- 葡萄糖苷等	[2—4]

表 22-2　菝葜主要活性成分单体结构

序号	主要单体	结构式	CAS 号
1	白藜芦醇	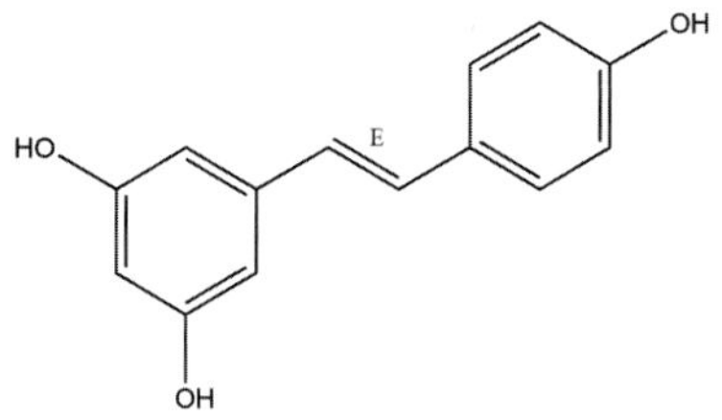	501-36-0
2	氧化白藜芦醇	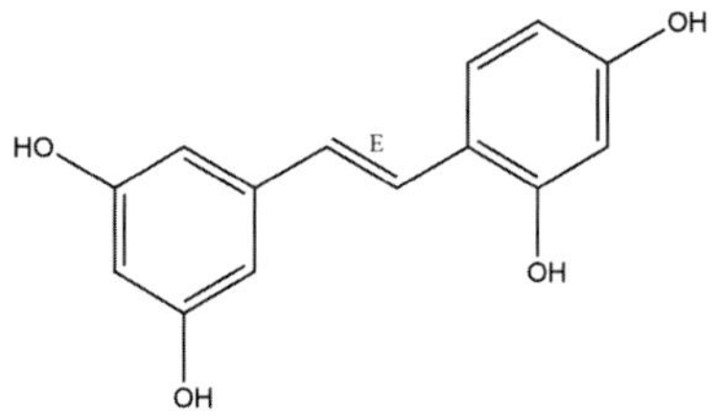	29700-22-9
3	薯蓣皂苷	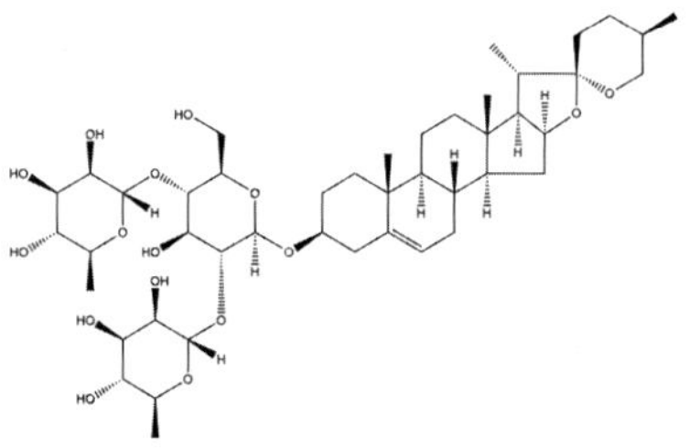	19057-60-4

22.2.2　含量组成

表 22-3　菝葜主要成分含量信息

主要成分	含量（%）	参考文献
总黄酮	2.54—3.31	[5]
总皂苷	2.27—2.88	[5]

22.3　功效与机制

　　菝葜属植物在我国的药用历史悠久，早在五百多年前李时珍编著的《本草纲目》中就有菝葜作为药用的记载[6]。菝葜具有祛风利湿、解毒散瘀的功效，可用于筋骨酸痛、小便淋漓、带下量多、疔疮痈肿等症，中医临床多用于治疗妇科炎症、包块、肿瘤等疾患[7-8]。菝葜主要有抗炎、抗氧化、抑菌和美白等功效。

22.3.1　抗炎

　　灰菝葜根提取物对肥胖相关的低度炎症具有免疫调节作用，因为其显著降低了肾脏和脂肪组织中与抗炎细胞因子相关的促炎细胞因子的相对产生[9]。灰菝葜提取物对若干金属蛋白酶的活性有抑制，如 0.001% 的提取物对基质金属蛋白酶-1（MMP-1）活性的抑制率为 50%，金属蛋白酶活性活跃是皮肤炎症的一种表示，灰菝葜提取物可用作抗炎剂[10]。

　　菝葜水煎液能明显抑制角叉菜胶所致正常大鼠和去肾上腺大鼠足肿胀，降低肿胀足爪组织中前列腺素 E_2（PGE_2）含量而发挥抗炎作用[11]。菝葜水、醇提物能明显抑制角叉菜胶所致的小鼠足肿胀，对冰醋酸所致小鼠扭体反应有明显抑制作用[12]。菝葜块茎的水提取物对环氧合酶（COX-2）活性和表达均有抑制作用，可用于开发抗炎镇痛剂[13]。菝葜醇提物能明显降低大鼠血清中一氧化氮（NO）和诱导型一氧化氮合酶（iNOS）含量，具有很强的抗炎作用[14]。菝葜乙醇提取物能显著降低实验小鼠的耳肿胀率，具有抗炎活性；在体外抗炎模型中，能够降低白细胞介素 -6（IL-6）的表达水平[15]。与模型对照组比较，高、中、低剂量菝葜 70% 乙醇提取物对小鼠耳肿胀度有显著的抑制作用，可明显降低大鼠棉球肉芽肿增生，具有抗炎活性[16]。菝葜甲醇提取物具有明显的体外脂氧合酶抑制作用，对角叉菜胶诱导小鼠足肿胀模型有显著的抑制作用，具有抗炎活性[17]。菝葜正丁醇提取物降低了 RAW264.7 巨噬炎症细胞肿瘤坏死因子 -α（TNF-α）、白细胞介素 -1β（IL-1β）、IL-6 的分泌及 mRNA 的表达水平，同时，通过抑制 NF-κB 通路的激活抑制炎症[18]。菝葜的乙酸乙酯提取物可以降低蛋清诱导的大鼠足跖肿胀度、甲醛诱导的小鼠足肿胀程度、醋酸诱导的小鼠腹腔毛细血管通透性增高和二甲苯诱导的小鼠耳郭肿胀[19]。同时，菝葜乙酸乙酯提取物可降低炎症子宫内膜中 PGE_2 的含量，显著抑制 COX-1、COX-2 活性，减少炎症部位炎性递质的释放，从而减轻炎症反应[20-21]。

菝葜各提取物能显著降低蛋清诱导的大鼠足跖肿胀程度，活性大小依次为乙酸乙酯提取物 > 膜分离物 > 水提物；此外，还能明显抑制甲醛诱导的小鼠足肿胀程度、小鼠腹腔毛细血管通透性增高和二甲苯诱导的耳郭肿胀，活性大小依次为水提物 > 乙酸乙酯提取物 > 膜分离物，但三种提取物间差异并不显著；提取物能明显抑制 COX-1 和 COX-2 活性，抑制活性大小依次为乙酸乙酯提取物、膜分离物和水提物[22]。发酵菝葜提取物预处理，能够显著降低血液中的酒精和乙醛浓度，并降低肝脏中的细胞因子 IL-6，表现出抗炎作用[23]。菝葜中的提取物与前列腺素内过氧化物合酶 2（PTGS2）、丝裂原活化蛋白激酶 1（MAPK1）、人脂质运载蛋白 2（LCN2）、TNF 和基质金属蛋白 -9（MMP-9）具有更强的结合能力，可抑制炎症因子，可用于盆腔炎的治疗[24]。

菝葜总黄酮、总皂苷、总鞣质三个部位均能显著降低小鼠耳、足趾肿胀度及肿胀抑制率，均能显著抑制大鼠子宫组织胺、5- 羟色胺（5-HT）与 PGE_2 的合成或释放，从而达到抗炎作用[7]。菝葜总苷是从菝葜中提取得到的含总黄酮、总皂苷达 50% 以上的部位。菝葜总苷能显著降低二甲苯诱导小鼠耳肿胀，明显延长热板实验中小鼠的舔足时间，显著提高热痛阈值（呈现一定的剂量依赖关系），发挥抗炎镇痛作用[25]。菝葜有效部位群（主要含有黄酮类、二苯乙烯类和甾体皂苷类成分）能显著的抑制 IL-1β、IL-6 和 TNF-α 的生成并有效降低其 mRNA 的表达[26-27]。菝葜中的多糖通过 NF-κB 和 MAPKs 途径，抑制脂多糖（LPS）刺激的 RAW264.7 细胞中 IL-6 和 TNF-α 的表达，具有潜在的抗炎活性[28]。从菝葜中纯化的果胶多糖能显著改善小鼠结肠炎症状，减轻组织病理学损伤，减少炎症介质的分泌，通过抑制 Gal-3/NLRP3 炎症小体/IL-1β 途径发挥作用[29]。从菝葜根茎中提取的多酚能够显著改善肥胖模型老鼠症状，降低其体重、脂肪积累、血清和肝脏中的炎症指标和脂质浓度[30]。菝葜根茎中的酚类化合物可降低 IL-1β 的表达，从而发挥抗炎作用[31]。菝葜根中富含黄酮的提取物能够抑制 LPS 诱导的 TNF-α、COX-2 的过度释放及巨噬细胞中 IL-1β、IL-6 的过度表达，通过 Toll 样受体 4（TLR4）介导的信号通路抑制炎症反应[32]。菝葜根茎中的黄酮类化合物可明显增加大鼠子宫内 MMP-2 和 MMP-9 的生成，从而减轻炎症[33]。

表 22-4　菝葜水煎液对炎症大鼠血清和足爪组织中
PGE$_2$ 含量的影响（$n=8$，$\overline{x} \pm s$）[11]

组别	剂量	PGE$_2$ 含量	
		血清（A 值）	足爪（A 值）
对照组（NS）	—	0.41±0.07	0.12±0.03
小剂量组（菝葜水煎液）	90 g/kg	0.48±0.12	0.11±0.06
大剂量组（菝葜水煎液）	150 g/kg	0.47±0.16	0.09±0.02*
阳性药（Dex）	5 mg/kg	0.42±0.08	0.10±0.03

注：与对照组比较，*$P<0.05$。

22.3.2　抗氧化

菝葜水提物可降低大鼠血清中丙二醛（MDA）含量，发挥对慢性盆腔炎的治疗效果[34]。菝葜醇提物能明显升高大鼠体内超氧化物歧化酶（SOD）活力，表现出很强的抗氧化作用[14]。菝葜乙醇提取物乙酸乙酯部位的化学成分对 ABTS 和 DPPH 两种自由基都有很强的清除活性，具有较强的抗氧化活性[35-36]。菝葜甲醇提取物具有 DPPH 自由基清除能力[37]。菝葜的醇提物、石油醚相、氯仿相、乙酸乙酯相、正丁醇相、水相均具有 DPPH 自由基、羟基自由基、超氧阴离子、ABTS 自由基清除能力，均具有不同程度的抗氧化活性且与质量浓度呈量效关系，乙酸乙酯相的抗氧化活性始终最强，不同极性提取物抗氧化能力大小依次为：乙酸乙酯相＞正丁醇相＞水相＞醇提物＞石油醚相＞氯仿相[38-39]。菝葜叶提取物能够使肝脏抗氧化酶活性升高，细胞脂质过氧化物减少，发挥抗氧化和抗肥胖功效[40]。菝葜叶甲醇、乙醇、丙酮和水四种提取物抗氧化研究显示，乙醇提取物具有最强的 DPPH、ABTS 自由基清除活性和还原能力，且总酚含量也最高[41]。菝葜根茎乙酸乙酯提取物具有较强的抗氧化活性，能有效地清除 DPPH 自由基，从而发挥抗氧化作用[17]。

菝葜有效部位群（主要含有黄酮类、二苯乙烯类和甾体皂苷类成分）具有 DPPH 自由基、羟基自由基清除能力，Fe^{3+} 还原能力，能显著降低 MDA 含量，提高 SOD 和谷胱甘肽过氧化物酶（GSH-Px）活性[26, 42]。

表 22-5　菝葜 4 种溶剂提取物清除 DPPH 自由基的活性（单位：%）[41]

（μg/mL）	菝葜				L-抗坏血酸
	甲醇	乙醇	丙酮	水	
50	40.48±0.74[bw①]	50.04±0.91[aw]	30.34±0.67[cw]	1.79±0.13[dw]	
100	50.53±1.64[cx]	74.76±0.00[ax]	57.84±0.34[bx]	6.03±0.13[dx]	
500	86.02±0.13[by]	87.71±0.76[ay]	86.80±0.34[by]	28.48±0.25[cy]	
1000	92.97±0.53[az]	91.37±0.13[bz]	90.74±0.25[cz]	48.21±0.25[dz]	
IC_{50}[②]	97.40±7.09[c]	49.93±1.88[a]	85.74±0.39[b]	1006.63±5.28[d]	28.59±0.20

[①]所有测量均重复三次，数值为 3 次重复的平均值；同一行（a—d）和同一列（w—z）中的不同字母显著不同（$P<0.05$），$n=3$。

[②]IC_{50}（mg/mL），清除 50 % DPPH 自由基的浓度。

表 22-6　菝葜 4 种溶剂提取物的 ABTS 自由基清除活性（单位：%）[41]

（μg/mL）	菝葜				L-抗坏血酸
	甲醇	乙醇	丙酮	水	
50	67.42±1.55[aw①]	66.29±3.58[abx]	62.27±1.42[bw]	8.60±1.77[cw]	
100	90.49±0.53[ax]	74.70±5.15[by]	78.35±4.51[bx]	19.73±6.91[cx]	
500	95.99±0.03[az]	91.83±0.24[bz]	92.25±0.62[bz]	58.93±2.31[cy]	
1000	94.13±0.29[ay]	89.14±0.72[bz]	86.65±1.29[cy]	67.11±0.89[dz]	
IC_{50}[②]	34.26±1.62[a]	33.91±1.29[a]	31.90±2.67[a]	408.90±19.29[b]	8.68±0.74

[①]所有测量均重复三次，数值为 3 次重复的平均值；同一行（a—d）和同一列（w—z）中的不同字母显著不同（$P<0.05$），$n=3$。

[②]IC_{50}（mg/mL），清除 50 %ABTS 自由基的浓度。

表 22-7　菝葜 4 种溶剂提取物的还原能力（单位：O.D.）[41]

（μg/mL）	菝葜				L - 抗坏血酸
	甲醇	乙醇	丙酮	水	
50	0.306 ± 0.001^{bw} ①	0.339 ± 0.006^{ax}	0.261 ± 0.006^{cx}	0.094 ± 0.002^{dw}	
100	0.502 ± 0.008^{bx}	0.550 ± 0.002^{ay}	0.414 ± 0.003^{cy}	0.113 ± 0.002^{dx}	
500	1.041 ± 0.008^{by}	1.096 ± 0.011^{az}	1.042 ± 0.021^{bz}	0.262 ± 0.007^{cy}	
1000	1.064 ± 0.009^{bz}	1.111 ± 0.011^{az}	1.057 ± 0.015^{bz}	0.437 ± 0.004^{cz}	
IC_{50} ②	99.26 ± 1.35^{b}	88.74 ± 1.18^{a}	152.19 ± 5.89^{c}	1057.00 ± 5.84^{d}	23.95 ± 0.15

①所有测量均重复三次，数值为 3 次重复的平均值；同一行（a—d）和同一列（w—z）中的不同字母显著不同（$P<0.05$），$n=3$。

②IC_{50}（mg/mL），还原 50 %Fe^{3+} 的浓度。

22.3.3　抑菌

灰菝葜根茎的甲醇提取物对白色念珠菌有较好的抑制作用，但对其他常见菌作用不大[10]。

菝葜提取物对金黄色葡萄球菌、枯草芽孢杆菌、大肠杆菌和沙门氏菌有抑制作用，特别是乙酸乙酯萃取物的抑菌效果最好[43]。菝葜生药质量浓度为 2 g/mL 时，水提醇沉物的抑菌谱最广，对金黄色葡萄球菌有明显抑制作用，对大肠杆菌、铜绿假单胞菌、奇异变形杆菌均有一定的抑制作用；水提物和金刚藤糖浆（菝葜浸膏）对金黄色葡萄球菌和大肠杆菌也有一定的抑制作用；水提醇沉物残渣部分对 4 种细菌均无抑菌作用[44]。菝葜水提物对大肠杆菌所致大鼠慢性盆腔炎有良好的疗效[34]。菝葜乙酸乙酯提取物与乙醇提取物对金黄色葡萄球菌、大肠杆菌、表皮葡萄球菌、白色念珠菌、表皮毛癣菌均有抑制作用[45]。菝葜乙醇提取物对金黄色葡萄球菌、苏云金芽孢杆菌、大肠杆菌和枯草芽孢杆菌具有抑制作用[46]。菝葜的醇提物、石油醚相、氯仿相、乙酸乙酯相、正丁醇相、水相均能抑制金黄色葡萄球菌、枯草芽孢杆菌、沙门氏菌和大肠杆菌的生长，抑菌活性大小依次为：乙酸乙酯相＞正丁醇相＞水相＞醇提物＞石油醚相＞氯仿相[38]。菝葜叶的甲醇、乙醇、丙酮和水提取物都能抑制单增李斯特菌、金黄色葡萄球菌和鼠伤寒沙门氏菌的生长[41]。

菝葜总苷能有效抑制大肠杆菌和金黄色葡萄球菌的生长[25]。菝葜中的多酚组分对鼠伤寒沙门氏菌、单增李斯特菌、金黄色葡萄球菌、枯草芽孢杆菌和大肠杆菌具有抗菌活性[47]。

表22-8　4种菝葜提取物平板抑菌试验结果[44]

菝葜提取物	抑菌环直径 /mm				
	金黄色葡萄球菌	大肠杆菌	铜绿假单胞菌	奇异变形杆菌	白色念珠菌
水提物	8.1—8.2	6.9—7.0	±	±	—
水提醇沉物	11.9—12.0	9.4—9.5	6.4—6.5	7.5—7.6	—
水提醇沉残渣	—	—	—	—	—
金刚藤糖浆	6.9—7.0	6.4—6.5	±	±	—

注："±"：加药孔周围菌落数减少，但未形成明显抑菌环；"—"：菌落生长无变化。

22.3.4　美白

0.05 % 的灰菝葜提取物对黑色素细胞生成黑色素的抑制率为 67 %，可用作皮肤美白剂[10]。

菝葜根的甲醇提取物能够抑制以各种成分为底物的蘑菇酪氨酸酶活性，具有美白的应用前景[48]。

表22-9　菝葜甲醇粗提物成分对以 $L-$ 酪氨酸或 $L-$ 多巴为底物的蘑菇酪氨酸酶活性的抑制作用[48]

样本	$L-$ 酪氨酸		$L-$ 多巴	
	抑制率（%）[b]	IC_{50}（μg/ml）	抑制率（%）[b]	IC_{50}（μg/ml）
薯蓣皂苷	3.2±1.3	>100	2.7±0.8	>100
氧化白藜芦醇	64.2±3.9	7.8	46.4±2.8	10.9
混合物[a]	91.6±2.8	5.1	69.6±3.5	5.7
曲酸	20.7±1.9	—	46.8±2.3	—

a. 混合物由薯蓣皂苷 / 氧化白藜芦醇的 1∶1 比例组成。

b. 数据代表 10 μg/ml 时三次独立试验的平均值 ± 标准差。

22.3.5　其他

灰菝葜含有的洋菝葜皂苷（parillin）具有溶血作用[49]。灰菝葜根提取物和其化合物绿原酸、落新妇苷具有抑制 α- 淀粉酶和 α- 葡萄糖苷酶的活性，表明其具有降血糖的功效[50]。灰菝葜根提取物还具有降血压活性[9]。

22.4　成分功效机制总结

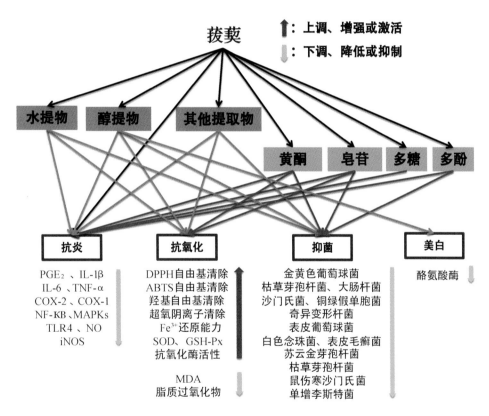

图 22-1　菝葜成分功效机制总结图

菝葜主要有抗炎、抗氧化、抑菌和美白等功效。它的抗炎机制主要通过抑制各种炎症因子、iNOS、TNF-α 的表达来实现；它的抗氧化活性与各种自由基的清除、上调抗氧化酶、下调脂质过氧化物有关。菝葜可抑制金黄色葡萄球菌、枯草芽孢杆菌、大肠杆菌、沙门氏菌、铜绿假单胞菌、奇异变形杆菌、表皮葡萄球菌、白色念珠菌、表皮毛癣菌、苏云金芽孢杆菌、鼠伤寒沙门氏菌、单增李斯特菌的生长。菝葜可抑制酪氨酸酶活性，具有潜在的美白功效。

参考文献

[1] 马恒，王威，董方言.菝葜属植物化学成分研究进展[J].中国药房，2009, 20(15): 1191—1194.

[2] 刘俊彦，黄文华，傅建熙.菝葜属植物化学成分研究进展[J].陕西林业科技，1999(3): 64—71.

[3] 黄钟辉，郝倩，李蓉涛，等.菝葜的化学成分研究（英文）[J].昆明理工大学学报（自然科学版），2014, 39(1): 80—86.

[4] 段本振，曲玮，梁敬钰.菝葜属植物的化学成分研究进展[J].海峡药学，2013, 25(8): 7—13.

[5] 林钰文，赖琼，高妮，等.正交试验优选菝葜提取工艺[J].食品与药品，2015, 17(4): 240—243.

[6] 郝倩.几种百合科植物的化学成分研究[D].昆明理工大学，2012.

[7] 黄显章，张丹丹，丁生晨，等.菝葜抗炎有效部位筛选[J].科学技术与工程，2019, 19(31): 87—92.

[8] 张小燕.菝葜抗炎有效部位群的成分分析及其体内代谢研究[D].湖北中医药大学，2016.

[9] Amaro CAB, González-Cortazar M, Herrera-Ruiz M, et al. Hypoglycemic and hypotensive activity of a root extract of *Smilax aristolochiifolia*, standardized on *n-trans*-feruloyl-tyramine[J]. Molecules, 2014, 19(8): 11366—11384.

[10] 王建新.新编化妆品植物原料手册[M].北京：化学工业出版社，2020.

[11] 韩召敏，华小黎，吕永宁，等.拔葜抗炎作用及对炎症介质的影响[J].中华中医药学刊，2008, 26(2): 295—297.

[12] 陈秀芬，任广聪，曲国玉，等.贵州产菝葜属及肖菝葜属8个品种镇痛及抗炎作用研究[J].中药药理与临床，2010, 26(6): 63—66.

[13] Shu XS, Gao ZH, Yang XL. Anti-inflammatory and anti-nociceptive activities of *Smilax china* L. aqueous extract[J]. Journal of Ethnopharmacology, 2006, 103:

327—332.

[14] 蒋思怡．菝葜抗动脉粥样硬化作用及机制研究 [D]．湖北中医药大学，2019.

[15] 宋小英．菝葜抗炎活性成分的谱效关系研究 [D]．湖北中医药大学，2017.

[16] 罗艳琴，马云，宋路瑶，等．菝葜不同浓度乙醇提取物的抗炎活性筛选 [J]．医药导报，2014，33(7): 858—862.

[17] 罗艳琴，马云，宋路瑶，等．菝葜有效成分及其药理作用研究概述 [J]．中药材，2013，36(3): 502—504.

[18] 刘姬栾．菝葜正丁醇萃取物的纯化及其对 RAW264.7 巨噬细胞炎症的影响 [D]．江西农业大学，2018.

[19] 舒孝顺，高中洪，杨祥良．菝葜醋酸乙酯提取物对大鼠和小鼠的抗炎作用 [J]．中国中药杂志，2006，31(3): 239—243.

[20] 于丽秀，陈东生．菝葜抗炎作用机制的研究进展 [J]．医药导报，2012，31(6): 763—765.

[21] 王涛，王鹏．菝葜乙酸乙酯提取物抗炎作用研究 [J]．山西医药杂志，2007，36(10): 890—891.

[22] 舒孝顺．菝葜提取工艺的改进及药理学研究 [D]．华中科技大学，2005.

[23] Boby N, Lee EB, Abbas MA, et al. Ethanol-induced hepatotoxicity and alcohol metabolism regulation by gaba-enriched fermented *Smilax china* root extract in rats[J]. Foods, 2021, 10: 2381.

[24] Zhang YS, Zhao ZK, Chen HM, et al. The underlying molecular mechanisms involved in traditional Chinese medicine *Smilax china* L. for the treatment of pelvic inflammatory disease[J]. Evidence-Based Complementary and Alternative Medicine, 2021: 5552532.

[25] 李正邦．中药菝葜总苷的质量标准及药效学研究 [D]．华中科技大学，2008.

[26] 罗丹．菝葜抗炎有效部位群的活性成分及其作用机制研究 [D]．湖北中医药大学，2016.

[27] 宋小英，罗丹，叶晓川，等．菝葜抗炎有效部位群的效应成分研究 [J]．湖北中医药大学学报，2017，19(03): 1—6.

[28] Zhang Y, Pan XL, Ran SQ, et al. Purification, structural elucidation and anti-inflammatory activity in vitro of polysaccharides from *Smilax china* L.[J]. International Journal of Biological Macromolecules, 2019: 1—49.

[29] Pan XL, Wang HY, Zheng ZM, et al. Pectic polysaccharide from *Smilax china* L.

ameliorated ulcerative colitis by inhibiting the galectin-3/NLRP3 inflammasome pathway[J]. Carbohydrate Polymers, 2022, 277: 118864.

[30] Li X, Yang LC, Xu M, et al. *Smilax china* L. Polyphenols alleviates obesity and inflammation by modulating gut microbiota in high fat/high sucrose diet-fed C57BL/6J mice[J]. Journal of Functional Foods, 2021, 77: 104332.

[31] Zhong C, Hu D, Hou LB, et al. Phenolic compounds from the rhizomes of *Smilax china* L. and their anti-inflammatory activity[J]. Molecules, 2017, 22: 22040515.

[32] Feng HX, He YL, La L, et al. The flavonoid-enriched extract from the root of *Smilax china* L. inhibits inflammatory responses via the TLR-4-mediated signaling pathway[J]. Journal of Ethnopharmacology, 2020, 256: 112785.

[33] Song LY, Tian LW, Ma Y, et al. Protection of flavonoids from *Smilax china* L. rhizome on phenol mucilage-induced pelvic inflammation in rats by attenuating inflammation and fibrosis[J]. Journal of Functional Foods, 2017, 28: 194—204.

[34] 于丽秀. 菝葜药理作用及其有效成分的研究 [D]. 华中科技大学, 2008.

[35] 赵钟祥, 冯育林, 阮金兰, 等. 菝葜化学成分及其抗氧化活性的研究 [J]. 中草药, 2008, 39(7): 975—977.

[36] 赵钟祥, 金晶, 方伟, 等. 菝葜多酚类成分抗氧化活性的研究 [J]. 医药导报, 2008, 27(7): 765—767.

[37] Qadir A, Aqil M, Ali A, et al. GC-MS analysis of the methanolic extracts of *Smilax china* and *Salix alba* and their antioxidant activity[J]. Turkish Journal of Chemistry, 2020, 44: 352—363.

[38] 帅丽乔娃. 菝葜提取物的抑菌抗氧化作用以及纯化绿原酸和落新妇苷的工艺研究 [D]. 江西农业大学, 2015.

[39] 帅丽乔娃, 郑国栋, 张清峰, 等. 菝葜提取物的抗氧化作用 [J]. 江苏农业科学, 2015, 43(9): 346—349.

[40] Kim M, Seo SB, Kim J, et al. Supplementation of standardized extract from fermented *Smilax china* L. leaf containing secondary metabolites moderated diet-induced obesity by modulating the activity antioxidant enzymes and hepatic lipogenesis[J]. Journal of Food Biochemistry, 2017: e12357.

[41] Seo HK, Lee JH, Kim HS, et al. Antioxidant and antimicrobial activities of *Smilax*

china L. leaf extracts[J]. Food Science and Biotechnology, 2012, 21(6): 1723—1727.

[42] 罗丹 , 张小燕 , 黄慧辉 , 等 . 菝葜抗炎有效部位群及其单体成分体外抗氧化活性研究 [J]. 湖北中医药大学学报 , 2016, 18(2): 37—42.

[43] 帅丽乔娃 , 郑国栋 , 黎冬明 , 等 . 菝葜提取物抑菌作用研究 [J]. 食品工业科技 , 2015, 36(7): 49—52+59.

[44] 仇萍 , 盛孝邦 , 邱赛红 . 菝葜不同工艺提取物对慢性盆腔炎大鼠的治疗作用 [J]. 中草药 , 2010, 41(12): 2046—2049.

[45] 王涛 , 薛淑好 . 菝葜乙酸乙酯提取物抑菌作用研究 [J]. 医药论坛杂志 , 2006, 27(21): 23—25.

[46] 刘世旺 , 游必纲 , 徐艳霞 . 菝葜乙醇提取物的抑菌作用 [J]. 资源开发与市场 , 2004, 20(5): 328—329.

[47] Xu M, Xue H, Li X, et al. Chemical composition, antibacterial properties, and mechanism of *Smilax china* L. polyphenols[J]. Applied Microbiology and Biotechnology, 2019: 1—10.

[48] Liang C, Lim JH, Kim SH, et al. Dioscin: A synergistic tyrosinase inhibitor from the roots of *Smilax china*[J]. Food Chemistry, 2012, 134: 1146—1148.

[49] 孙麒 , 巨勇 , 赵玉芬 . 具有生物活性的甾体皂苷 [J]. 中草药 , 2002, 33(3): 276—280.

[50] Pérez-Nájera VC, Gutiérrez-Uribe JA, Antunes-Ricardo M, et al. *Smilax aristolochiifolia* root extract and its compounds chlorogenic acid and astilbin inhibit the activity of α-amylase and α-glucosidase enzymes[J]. Evidence-based Complementary and Alternative Medicine, 2018, 6247306.

白车轴草

23.1 基本信息

中 文 名	白车轴草	
属 名	车轴草属 *Trifolium*	
拉 丁 名	*Trifolium repens* L.	
俗 名	荷兰翘摇、白三叶草、三叶草、金花草、螃蟹花	
分 类 系 统	恩格勒系统（1964）	APG IV系统（2016）
	被子植物门 Angiospermae 双子叶植物纲 Dicotyledoneae 蔷薇目 Rosales 豆科 Leguminosae	被子植物门 Angiospermae 木兰纲 Magnoliopsida 豆目 Fabales 豆科 Fabaceae
地 理 分 布	原产欧洲和北非，我国也有种植	
化妆品原料	白车轴草（TRIFOLIUM REPENS）提取物	

A. 白车轴草叶

B. 白车轴草花

短期多年生草本，生长期达 5 年，高 10—30 厘米。主根短，侧根和须根发达。茎匍匐蔓生，上部稍上升，节上生根，全株无毛。掌状三出复叶；托叶卵状披针形，膜质，基部抱茎成鞘状，离生部分锐尖；叶柄较长，长 10—30 厘米；小叶倒卵形至近圆形，长 8—20（—30）毫米，宽 8—16（—25）毫米，先端凹头至钝圆，基部楔形渐窄至小叶柄，中脉在下面隆起，侧脉约 13 对，与中脉作 50° 角展开，两面均隆起，近叶边分叉并伸达锯齿齿尖；小叶柄长 1.5 毫米，微被柔毛。花序球形，顶生，直径 15—40 毫米；总花梗甚长，比叶柄长近 1 倍，具花 20—50（—80）朵，密集；无总苞；苞片披针形，膜质，锥尖；花长 7—12 毫米；花梗比花萼稍长或等长，开花立即下垂；萼钟形，具脉纹 10 条，萼齿 5，披针形，稍不等长，短于萼筒，萼喉开张，无毛；花冠白色、乳黄色或淡红色，具香气。旗瓣椭圆形，比翼瓣和龙骨瓣长近 1 倍，龙骨瓣比翼瓣稍短；子房线状长圆形，花柱比子房略长，胚珠 3—4 粒。荚果长圆形；种子通常 3 粒。种子阔卵形。花果期 5—10 月。①

23.2　活性物质

23.2.1　主要成分

查阅相关文献可知，目前从白车轴草中分离得到的化学成分主要有挥发油类、黄酮类、皂苷类及其他化合物，具体见表 23-1。

表 23-1　白车轴草主要化学成分

成分类别	主要化合物	参考文献
挥发油类	3-己烯醇、松茸醇、异丙基乙醚、2-己烯醛、1-辛烯 -3-醇、苯乙醛、二十烷、四十四烷、苯乙醇、橙花叔醇、6,10-二甲基 -2-十一酮、丙酸乙酯、1,7-二甲基三环 [2.2.1.0²·⁶] 庚烷、4-甲基 -2-(2-甲基丙烯基) 环庚烷、香橙烯、十六酸、植物醇、三十烷、9-辛基 -三十烷、正十一烷、2,6-二 (1,1-二甲基乙基)-4-甲基 -苯酚、双环戊二烯、6,10,14-三甲基 -2-十五烷酮等	[1—3]

①见《中国植物志》第 42（2）卷第 334 页。

（接上表）

黄酮类	大豆苷元 (大豆素)、槲皮素、杨梅素、山奈酚、异鼠李素、染料木素、芒柄花素、6″-O-丙二酰基红车轴草苷、芒柄花苷、6″-O-丙二酰基芒柄花苷、染料木苷、6″-O-丙二酰基染料木苷、鹰嘴豆芽素 A、野靛素、鹰嘴豆芽素 B 等	[4—6]
皂苷类	车轴草苷 Ⅰ 甲酯、车轴草苷 Ⅱ 甲酯、车轴草苷 Ⅲ 甲酯、车轴草苷 Ⅳ 甲酯、车轴草苷 Ⅴ 甲酯、β-D- 吡喃葡萄糖醛酸基大豆皂醇 B 甲酯、大豆皂苷 Ⅰ 甲酯、赤豆皂苷 Ⅱ 甲酯、大豆皂醇 B、大豆皂苷 Ⅰ 等	[5]
香豆素类	repensin A、repensin B、拟雌内酯、9- 甲氧基拟雌内酯、trifoliol、3, 7, 9-trihydroxycoumestan 等	[5]
其他	胡萝卜苷、缩合鞣质、咖啡酸、亚麻酸、琥珀酸、β- 谷甾醇、豆甾醇等	[5]

表 23-2　白车轴草成分单体结构

序号	主要单体	结构式	CAS 号
1	植物醇	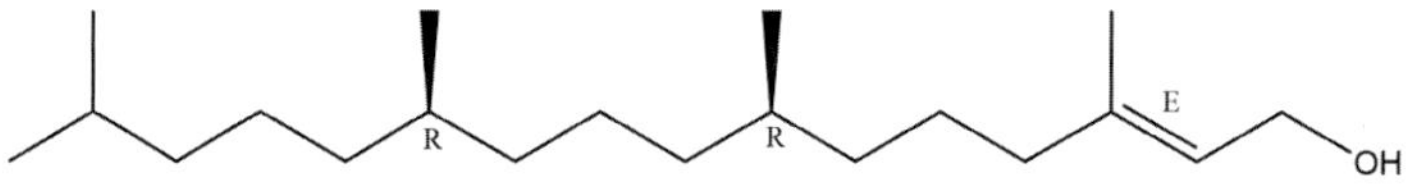	150-86-7
2	三十烷		638-68-6
3	1- 辛烯 -3- 醇	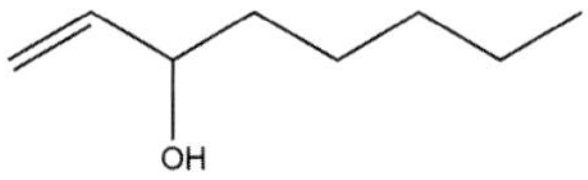	3391-86-4
4	染料木素	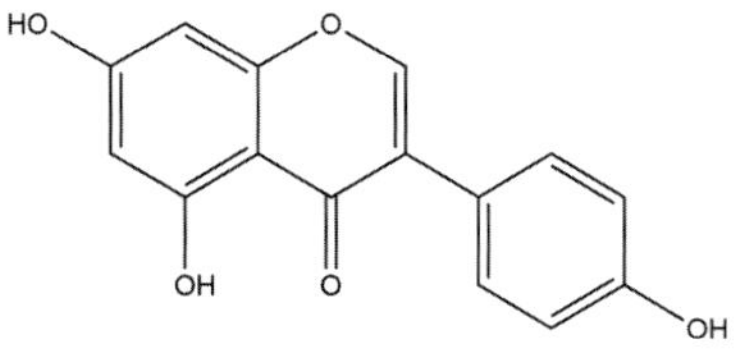	446-72-0
5	芒柄花素	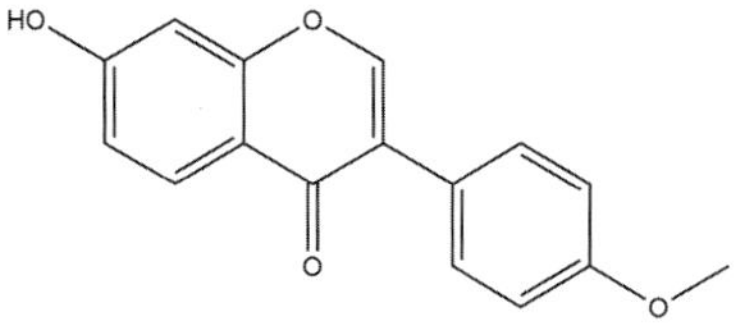	485-72-3
6	大豆素	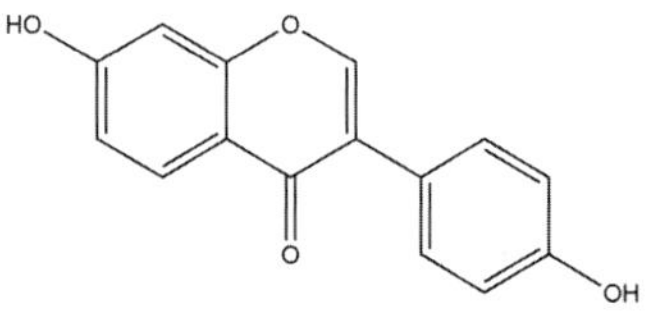	486-66-8

（接上表）

7	鹰嘴豆芽素 A	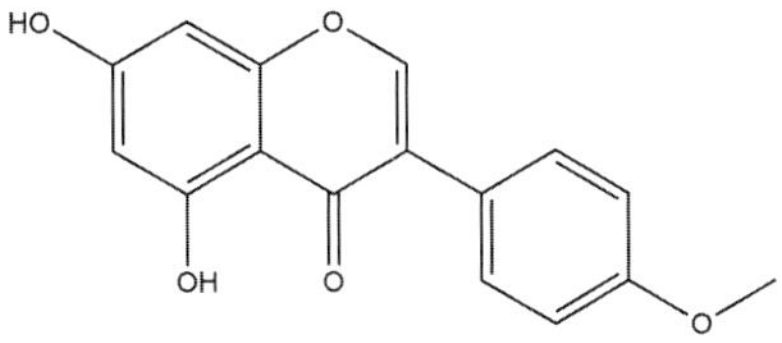	491-80-5
8	杨梅素	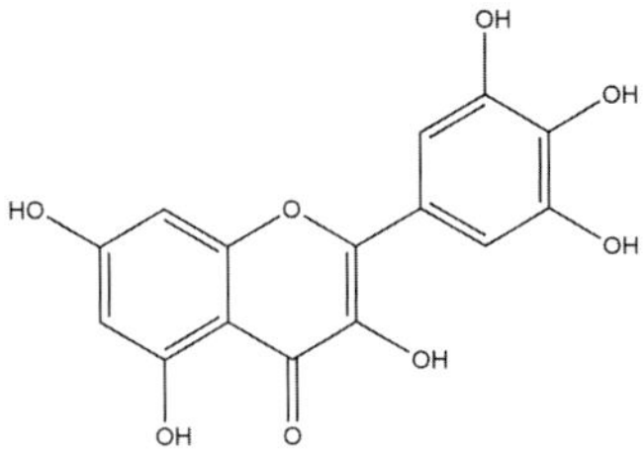	529-44-2
9	异鼠李素	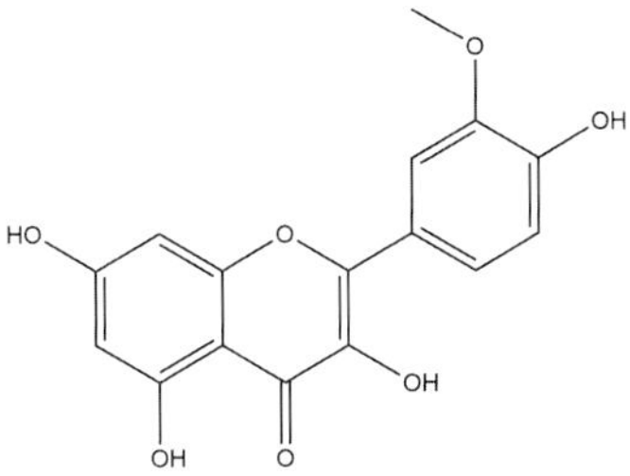	480-19-3

23.2.2 含量组成

目前，白车轴草相关化学成分含量信息较少，仅有黄酮和多酚等成分的含量信息，具体见表 23-3。

表 23-3　白车轴草成分含量信息

成分	来源	含量（%）	参考文献
总黄酮	植株	2.853—4.2163	[7-8]
	花	12.4—14.1 mg QE/g	[6]
	叶	5.4—7.3 mg QE/g	[6]
多酚	花	2.55	[9]
	花	28.7—38.8 mg GAE/g	[6]
	叶	10.7—11.9 mg GAE/g	[6]

注：QE，槲皮素当量；GAE，没食子酸当量。

23.3　功效与机制

白车轴草，又名白三叶草、白荷兰翘摇、金花草、螃蟹花，为豆科车轴草属植物。白车轴草全草皆可入药，具有祛痰止渴、镇痉止痛等功效[10-11]。白车轴草具有抗炎、抗氧化和抑菌的功效。

23.3.1　抗炎

白车轴草的提取物可抑制脂多糖（LPS）诱导的 RAW 264.7 细胞中诱导型一氧化氮合酶（iNOS）和环氧合酶 -2（COX-2）的表达，从而发挥抗炎作用[12]。

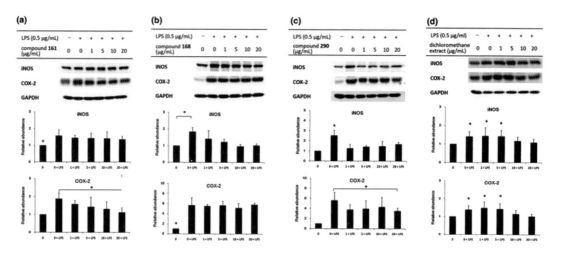

图 23-1　白车轴草中三种化合物（a，b，c）的不同浓度对 LPS 诱导的 RAW 264.7 细胞的抗炎活性[12]

23.3.2　抗氧化

白车轴草提取物含有强效脂氧化酶抑制剂[13]。白车轴草叶的甲醇提取物中含有各种酚类物质，具有 ABTS 和 DPPH 自由基清除能力[14]。白车轴草叶的水提取物富含酚类化合物，在对乙酰氨基酚诱导的小鼠肝病模型中，可使肝脏中的脂质过氧化和总还原型谷胱甘肽（T-GSH）正常化，具有肝脏保护功能[15]。在对乙酰氧基酚造成的肾损伤模型中，白车轴草叶的提取物可显著降低肾脏脂质过氧化，增加还原型谷胱甘肽水平，具有肾脏保护功能[16]。白车轴草花的提取物具有良好的 DPPH、ABTS 自由基清除活性，及 α- 淀粉酶、脂肪酶抑制活性[17]。白车轴草花的提取物具有 DPPH 自由基清除能力、铁还原抗氧化能力，并通过增加抗氧化酶活性来发挥抗氧化作用[18]。白车轴草的花和叶富含酚类化合物，具有 DPPH 自由基清除活性[6, 19-20]。白车轴草的种子提取物也具有抗氧化活性[21]。

采用热水提取法、超声波辅助提取法、酶辅助提取法和超声波酶辅助提取法对白车轴草多糖进行提取。其中，用酶辅助提取法获得的多糖具有最强的抗氧化能力[22]。

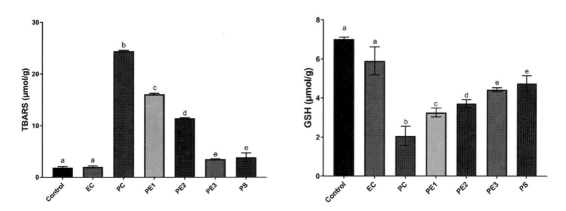

图 23-2　白车轴草叶的水提取物对小鼠肝脏硫代巴比妥酸反应物质（TBARS）和 GSH 变化的影响[15]

注：所有数据以平均值 ± 标准差的形式表示，$n=5$。不同的字母（a–e）表示 $P<0.05$ 时的显著性。正常对照组（NC）、对乙酰氨基酚对照组（PC）、白车轴草提取物对照组（EC）、白车轴草提取物中加入 1—3ml 对乙酰氨基酚（PE1-3）、水飞蓟素与对乙酰氨基酚（PS）。

23.3.3　抑菌

白车轴草提取物中含有丰富的黄酮，对大肠杆菌、枯草芽孢杆菌、普通变形杆菌、金黄色葡萄球菌和铜绿假单胞菌 5 种细菌及可可葡萄座腔菌、尖孢镰刀菌、腐皮镰刀菌、多主棒孢霉和尖孢炭疽菌 5 种真菌的生长具有抑制作用[11]。在秀丽隐杆线虫细菌感染模型研究中发现，白车轴草挥发油具有体内抗菌活性[23]。

表 23-4　白车轴草提取物的抑菌作用[11]

供试菌种	抑菌直径 /mm				最小抑菌浓度 MIC/（mg·mL⁻¹）		
	氯仿相	乙酸乙酯相	水相	空白	氯仿相	乙酸乙酯相	水相
大肠杆菌 E.coli	—	—	1.5	0	—	—	1.5
枯草芽孢杆菌 B.subtilis	—	8.0	5.0	0	—	4	5.0
普通变形杆菌 P.vulgaris	10.0	6.0	4.0	0	2	4	4.0
金黄色葡萄球菌 S.aureus	—	—	1.0	0	—	—	1.0
铜绿假单胞菌 P.aeruginosa	7.8	4.0	1.5	0	8	8	1.5

23.4　成分功效机制总结

　　白车轴草主要有抗炎、抗氧化和抑菌的功效。它的抗炎机制主要通过抑制 iNOS 和 COX-2 的表达来实现；抗氧化活性与各种自由基的清除、降低脂质过氧化和增加抗氧化酶活性有关。白车轴草可抑制大肠杆菌、枯草芽孢杆菌、普通变形杆菌、金黄色葡萄球菌、铜绿假单胞菌、可可葡萄座腔菌、尖孢镰刀菌、腐皮镰刀菌、多主棒孢霉、尖孢炭疽菌的生长，具有体内抗菌活性。

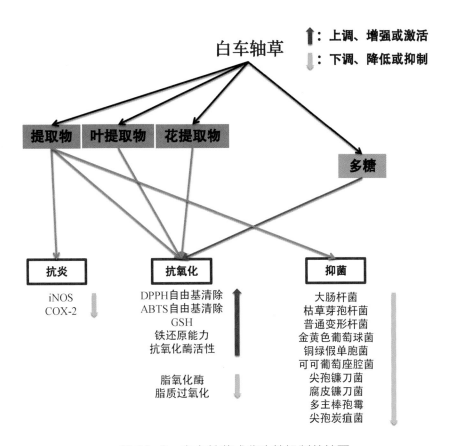

图 23-3　白车轴草成分功效机制总结图

参考文献

[1] 王胜碧, 赵荣飞, 程劲松, 等. 白车轴草不同花期挥发性成分研究 [J]. 安徽农业科学, 2010, 38(1): 126—130.

[2] 曹桂云, 袁绍荣, 蒋海强, 等. 白车轴草中挥发性成分的 GC-MS 分析 [J]. 齐鲁药事, 2009, 28(10): 592—593.

[3] 吴彩霞, 王倩嵘, 罗君, 等. SPME/GC/MS 法分析白车轴草花挥发性化学成分 [J]. 河南大学学报 (医学版), 2006, 25(3): 17—20.

[4] 韩银凤. 白车轴草醇提取物的薄层色谱分析 [J]. 光谱实验室, 2012, 29(3): 1692—1695.

[5] 彭静波. 红车轴草和白车轴草化学成分研究 [D]. 沈阳药科大学, 2008.

[6] Kicel A, Wolbiś M. Phenolic content and DPPH radical scavenging activity of the

flowers and leaves of *Trifolium repens*[J]. Natural Product Communications, 2013, 8(1): 99—102.

[7] 王军捷, 麦康明, 温雪儿, 等. 白车轴草中总黄酮提取工艺研究 [J]. 湖北农业科学, 2020, 59(13): 123—126.

[8] 李森林, 刘春明, 黄彧, 等. 离子液体提取白车轴草中黄酮工艺研究 [J]. 辽宁中医杂志, 2018, 45(7): 1445—1448.

[9] 朱淼, 廖文, 向红, 等. 白车轴草多酚提取工艺优化 [J]. 化学试剂, 2019, 41(9): 977—981.

[10] 李彩芳. 药用植物抗氧化活性及挥发性成分研究 [D]. 河南大学, 2008.

[11] 王芳, 高瑾, 张艳, 等. 白三叶草黄酮含量及其抑菌活性研究 [J]. 中南林业科技大学学报, 2015, 35(3): 43—47.

[12] Chen YH, Chen PH, Wang Y, et al. Structural characterization and anti-inflammatory activity evaluation of chemical constituents in the extract of *Trifolium repens* L. [J]. Journal of Food Biochemistry, 2019, 43(9): e12981.

[13] Wang YQ, Guo LP, Liu CM, et al. Single-step screening and isolation of potential lipoxidase inhibitors from *Trifolium repens* by stepwise flow rate high-speed counter current chromatography and semi-preparative high-performance liquid chromatography target-guided by ultrafiltration-LC-MS[J]. Journal of Separation Science, 2021, 44(15): 2875—2887.

[14] Ahmad S, Zeb A, Ayaz M, et al. Characterization of phenolic compounds using UPLC–HRMS and HPLC–DAD and anti-cholinesterase and anti-oxidant activities of *Trifolium repens* L. leaves[J]. European Food Research and Technology, 2020, 246: 485—496.

[15] Ahmad S, Zeb A. Effects of phenolic compounds from aqueous extract of *Trifolium repens* against acetaminophen-induced hepatotoxicity in mice[J]. Journal of Food Biochemistry, 2019, 43(9): e12963.

[16] Ahmad S, Zeb A. Nephroprotective property of *Trifolium repens* leaf extract against paracetamol-induced kidney damage in mice[J]. 3 Biotech, 2020, 10: 541.

[17] Tundis R, Marrelli M, Conforti F, et al. *Trifolium pratense* and *T. repens* (Leguminosae): edible flower extracts as functional ingredients[J]. Foods, 2015, 4(3): 338—348.

[18] Jakubczyk K, Łukomska A, Gutowska I, et al. Edible flowers extracts as a source

of bioactive compounds with antioxidant properties—in vitro studies[J]. Applied Sciences, 2021, 11(5): 2120.

[19] Hanganu D, Benedec D, Vlase L, et al. Polyphenolic profile and antioxidant and antibacterial activities from two *Trifolium* species[J]. Farmacia, 2017, 65(3): 449—453.

[20] Kicel A, Wolbiś M. Study on the phenolic constituents of the flowers and leaves of *Trifolium repens* L.[J]. Natural Product Research, 2012, 26(21): 2050—2054.

[21] Ahmed IAM, Matthäus B, Özcan MM, et al. Determination of bioactive lipid and antioxidant activity of *Onobrychis, Pimpinella, Trifolium*, and *Phleum* spp. seed and oils[J]. Journal of Oleo Science, 2020, 69(11): 1367—1371.

[22] Shang HM, Li R, Wu HX, et al. Polysaccharides from *Trifolium repens* L. extracted by different methods and extraction condition optimization[J]. Scientific Reports, 2019, 9(1): 6353.

[23] 景书灏 . 铁苋菜、白三叶草的化学成分及抗菌活性研究 [D]. 重庆大学 , 2010.

白池花

24.1　基本信息

中 文 名	白花沼沫花	
属 名	沼沫花属 Limnanthes	
拉 丁 名	Limnanthes alba Hartw.ex Benth.	
俗 名	白池花	
分 类 系 统	恩格勒系统（1964）	APG IV系统（2016）
	被子植物门 Angiospermae 双子叶植物纲 Dicotyledoneae 牻牛儿苗目 Geraniales 沼沫花科 Limnanthaceae	被子植物门 Angiospermae 木兰纲 Magnoliopsida 十字花目 Brassicales 沼沫花科 Limnanthaceae
地 理 分 布	美国俄勒冈州、加利福尼亚州	
化妆品原料	PEG-2 二白池花籽油酰胺乙基甲基铵甲基硫酸盐	
	PEG-75 白池花籽油	
	白池花 δ- 内酯	
	白池花（LIMNANTHES ALBA）籽粉	
	白池花（LIMNANTHES ALBA）籽油	
	白池花低聚交酯	
	聚二甲基硅氧烷 PEG-8 白池花籽油酸酯	
	聚二甲基硅氧烷醇白池花籽油酸酯	

　　草本，高 8—40 厘米，植株无毛，疏被至密被长柔毛。茎直立。叶片长 2—10 厘米，小叶 5—9 枚，长圆形、披针形至线状披针形，全缘，或 2 浅裂至 3 深裂。花碗状或钟形，萼片披针形、卵圆形或卵状披针形，花后常增大；花瓣白色或淡黄色，有时花瓣基部呈黄色，授粉后呈粉红色或淡紫色，倒卵形、倒卵状楔形或倒心形，先端微缺或平截，长 8—16 毫米，宽 8—24 厘米。花丝长 3—6 毫米，花药长 1—2 毫米；花柱长 2—6 毫米。小坚果灰白色至深棕色，长 3—4 毫米，常具疣状突起。种子呈梨形，带条纹的棕色外壳包着柔软的、浅色双子叶种仁。[1]

---

[1]见北美植物志: Limnanthes alba Hartw. ex Benth. (botanicalgarden.cn)。

24.2　活性物质

24.2.1　主要成分

根据相关文献，目前，从白池花中分离得到的化学成分主要包括脂肪酸类、蜕皮甾酮类及硫代葡萄糖苷类等多种类型化合物。白池花具体化学成分见表 24-1。

表 24-1　白池花化学成分

成分类别	主要化合物	参考文献
脂肪酸类	顺 -11- 二十碳烯酸、山嵛油酸等	[1]
蜕皮甾酮类	蜕皮激素、20- 羟基蜕皮激素、松甾酮 A、幕黎甾酮等	[1]
硫代葡萄糖苷类	3- 甲氧基苯基乙腈、3- 甲氧基苄基异硫氰酸酯、间甲氧基苄基芥子油苷等	[2—3]

表 24-2　白池花部分成分单体结构

序号	主要单体	结构式	CAS 号
1	3- 甲氧基苯基乙腈	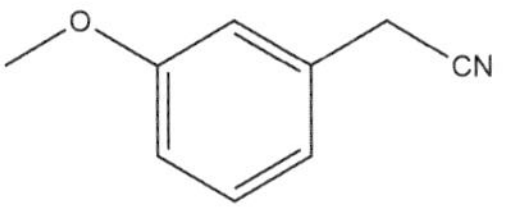	19924-43-7
2	蜕皮激素	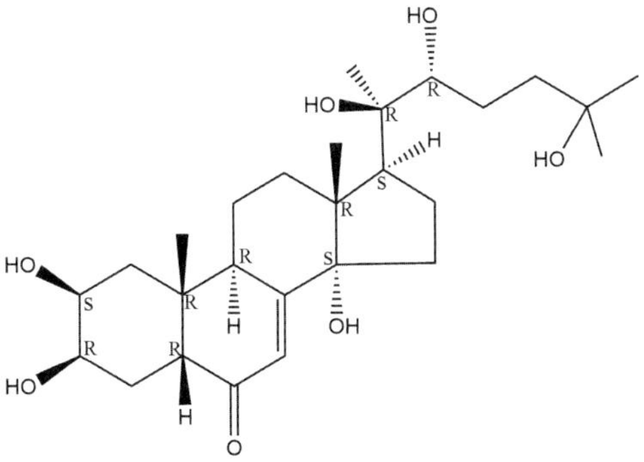	5289-74-7

24.2.2　含量组成

目前，有关白池花化学成分含量的研究较少，仅查阅到其主要活性成分的含量信息，具体见表24-3。

表24-3　白池花中主要成分含量信息

成分	来源	含量	参考文献
硫代葡萄糖苷	种子	29.5—204 μmol/g	[3]
3-甲氧基苯基乙腈	种子	149 mg/100 g	[2]
油脂	种子	20 %—30 %	[1]

24.3　功效与机制

白池花原产于太平洋西北部，是一种油料作物，其籽油工业的废弃物籽粕是单一硫代葡萄糖苷——间甲氧基苄基芥子油苷的丰富来源[4]，具有抗氧化和抗衰老的功效。

24.3.1　抗氧化

白池花籽油具有很高的氧化稳定性，并且在与其他植物油混合时，赋予其他油这种氧化稳定性[5]。

24.3.2　抗衰老

白池花中提取的硫代葡萄糖苷衍生物3-甲氧基苄基异硫氰酸酯（MBITC）和3-甲氧基苯基乙腈（MPACN）具有防止紫外线照射损伤的作用。MBITC和MPACN抑制UVB诱导的基质金属蛋白酶-1（MMP-1）和基质金属蛋白酶-3（MMP-3）的表达，并抑制UVB诱导的增生[4]。

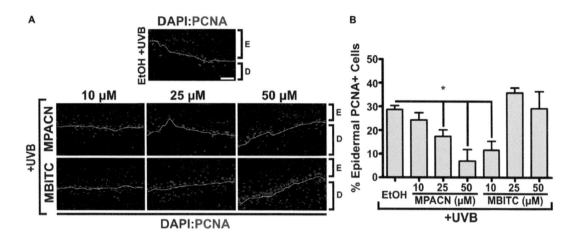

图 24-1 MBITC 和 MPACN 降低 UVB 诱导的表皮增殖 [PCNA：增殖细胞核抗原。
（A）在 60 mj/cm² UVB 照射 48 小时后，用免疫组织化学方法检测 MBITC、MPACN 和
乙醇载体对照处理的 EpiDermFT 培养物切片中的表皮 PCNA。（B）细胞计数的量化取自
三种独立的 EpiDermFT 培养物（n=3）。数据表示为平均值 ± 标准误。比例尺为 50 μm。
*P<0.05][4]

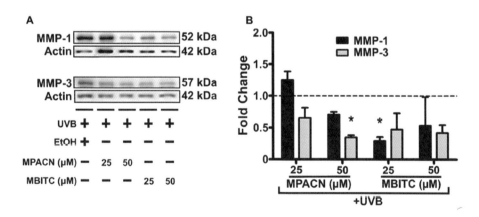

图 24-2 MBITC 和 MPACN 降低 UVB 诱导的 MMP 的表达 [（A）在 60 mj/cm² UVB 剂
量后 48 小时后，对 MBITC、MPACN 和乙醇载体对照的 EpiDermFT 培养物的全培养变性
蛋白提取物中的 MMP-1 和 MMP-3 进行免疫印迹检测。（B）从两次独立的实验中量化相
对于乙醇控制的倍数变化。数据表示为平均值 ± 标准误。*P<0.05][4]

24.4　成分功效机制总结

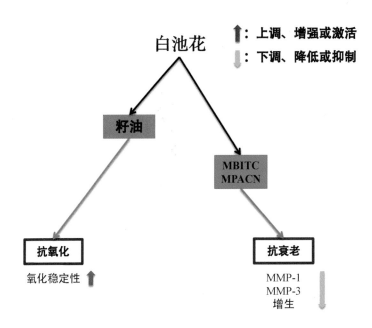

图 24-3　白池花成分功效机制总结图

　　白池花籽油具有很高的氧化稳定性，并且在与其他植物油混合时，赋予其他油这种氧化稳定性。白池花中提取的硫代葡萄糖苷衍生物，MBITC 和 MPACN 具有防止紫外线照射损伤的作用。

参考文献

[1] 王建新 . 化妆品植物原料手册 [M]. 北京 : 化学工业出版社 , 2009.

[2] Vaughn SF, Boydston RA, Mallory-Smith CA. Isolation and identification of(3-methoxyphenyl)acetonitrile as a phytotoxin from meadowfoam(*Limnanthes alba*) seedmeal[J]. Journal of Chemical Ecology, 1996, 22(10): 1939—1949.

[3] Pablo V, Mary BS, Ralph R, et al. Glucosinolates in the new oilseed crop meadowfoam: natural variation in section inflexae of *Limnanthes*, a new glucosinolate in *L.*

floccosa, and QTL analysis in *L. alba*[J]. Plant Breeding, 2011, 130(3): 352—359.

[4] Evan LC, Mai NL, Cristobal LM, et al. Photoprotective properties of isothiocyanate and nitrile glucosinolate derivatives from meadowfoam(*Limnanthes alba*)against UVB irradiation in human skin equivalent[J]. Frontiers in Pharmacology, 2018, 9: 477.

[5] Thomas PA, Alan W, Terry I, et al. 1, 3-di(3-Methoxybenzyl)thiourea and related lipid antioxidants[J]. Industrial Crops and Products, 2002, 16: 43–57.

白豆蔻

25.1 基本信息

中　文　名	白豆蔻	
属　　　名	豆蔻属 Amomum	
拉　丁　名	Amomum kravanh Pierre ex Gagnep.	
俗　　　名	多骨、壳蔻、白蔻、百叩、叩仁	
分 类 系 统	恩格勒系统（1964）	APG IV 系统（2016）
	被子植物门 Angiospermae 单子叶植物纲 Monocotyledoneae 蘘荷目 Scitamineae 姜科 Zingiberaceae	被子植物门 Angiospermae 木兰纲 Magnoliopsida 姜目 Zingiberales 姜科 Zingiberaceae
地 理 分 布	柬埔寨、泰国；我国云南、广东有少量引种栽培	
化妆品原料	白豆蔻（AMOMUM KRAVANH）提取物	

A　B

A. 白豆蔻植株
B. 白豆蔻果实

　　茎丛生，株高3米，茎基叶鞘绿色。叶片卵状披针形，长约60厘米，宽12厘米，顶端尾尖，两面光滑无毛，近无柄；叶舌圆形，长7—10毫米；叶鞘口及叶舌密被长粗毛。穗状花序自近茎基处的根茎上发出，圆柱形，稀为圆锥形，长8—11厘米，宽4—5厘米，密被覆瓦状排列的苞片；苞片三角形，长3.5—4厘米，麦秆黄色，具明显的方格状网纹；小苞片管状，一侧开裂；花萼管状，白色微透红，外被长柔毛，顶端具三齿，花冠管与花萼管近等长，裂片白色，长椭圆形，长约 1 厘米，宽约 5 毫米；唇瓣椭圆形，长约 1.5 厘米，宽约 1.2 厘米，中央黄色，内凹，边黄褐色，基部具瓣柄；雄蕊下弯，药隔附属体三裂，长约 3 毫米；子房被长柔毛。蒴果近球形，直径约 16 毫米，白色或淡黄色，略具钝三棱，有 7—9 条浅槽及若干略隆起的纵线条，顶端及基部有黄色粗毛，果皮木质，易开裂为三瓣；种子为不规则的多面体，直径约 3—4 毫米，暗棕色，种沟浅，有芳香味。花期：5 月；果期：6—8 月。①

白豆蔻（*Amomum kravanh* Pierre ex Gagnep.）或爪哇白豆蔻（*A.compactum* SoCand es Maton*）的干燥成熟果实药用称为"豆蔻"，按产地不同分为"原豆蔻"和"印尼白蔻"。味辛，性温。归肺、脾、胃经。化湿行气，温中止呕，开胃消食。用于湿浊中阻，不思饮食，湿温初起，胸闷不饥，寒湿呕逆，胸腹胀痛，食积不消。②

25.2　活性物质

25.2.1　主要成分

根据相关文献，目前，从白豆蔻中分离得到的化学成分主要是挥发油类，此外还有黄酮类等成分。对白豆蔻化学成分的研究目前主要集中在挥发油类化合物，对其他化合物的研究较少，具体化学成分见表 25–1。

表 25–1　白豆蔻化学成分

成分类别	主要化合物	参考文献
黄酮类	5-羟基-3,7,4'-三甲氧基黄酮等	[1]
挥发油类	α-蒎烯、桧萜、莰烯、β-蒎烯、β-月桂烯、α-水芹烯、1,8-桉树脑（桉油精）、对伞花烃、β-松油烯、α-松油醇、百里香素、α-律草烯、α-荜澄茄烯等	[2-6]

①见《中国植物志》第 16（2）卷第 116 页。

②参见《中华人民共和国药典》（2020 年版）一部第 175 页。

表 25-2 白豆蔻成分单体结构

序号	主要单体	结构式	CAS 号
1	1,8- 桉树脑	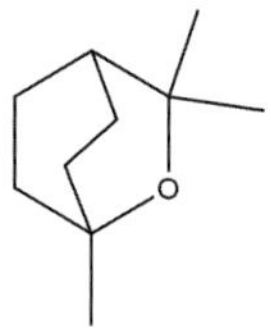	470-82-6
2	α- 松油醇	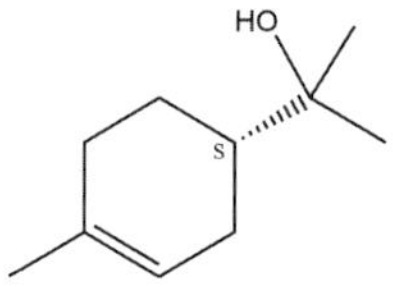	10482-56-1
3	α- 蒎烯	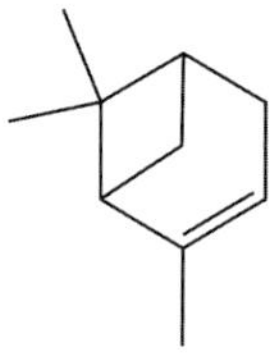	80-56-8
4	对伞花烃	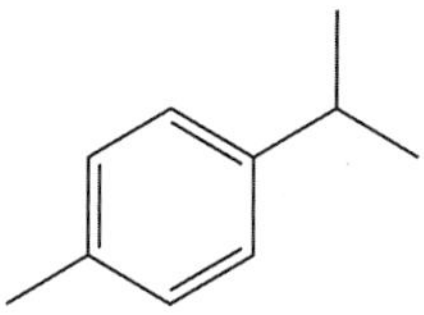	99-87-6

25.2.2 含量组成

目前，从文献中获得的白豆蔻成分含量信息主要集中在挥发油类，另有一些黄酮类成分的含量信息，具体见表 25-3。

表 25-3 白豆蔻中主要成分含量信息

成分	来源	含量（%）	参考文献
挥发油	果实	0.974—7.84	[2—3，5—9]
总黄酮	果实	2.82	[1]

25.3　功效与机制

白豆蔻是姜科豆蔻属植物，具有化湿消痞、行气温中、开胃消食等药用功能，同时还广泛用作食品调味剂，市场需求量较大，经济价值高，开发前景广阔[10-11]。白豆蔻主要有抗炎、抗氧化、抑菌和控油的功效。

25.3.1　抗炎

白豆蔻的水溶液可使肾病模型大鼠体内白细胞介素 -1β（IL-1β）、白细胞介素 -6（IL-6）和肿瘤坏死因子 -α（TNF-α）含量降低，抑制炎症反应[12]。在关节炎大鼠模型中，白豆蔻挥发油能够显著下调环氧合酶 -2（COX-2）、TNF-α、IL-6 和白细胞介素 -1（IL-1）的表达水平，表现出显著的抗炎活性[13]。

表 25-4　ELISA 检测血清中炎症因子 IL-1β、IL-6 和

TNF-α 的含量（$\bar{x} \pm s$）[12]

组别	IL-1β（pg/mL）	IL-6（pg/mL）	TNF-α（pg/mL）
正常对照组	90.57±5.34	4.27±0.59	37.22±1.21
模型对照组	231.54±15.45[①]	28.36±0.87[①]	50.12±0.97[①]
白豆蔻低剂量组	135.34±11.78[②]	10.66±0.32[②]	42.36±1.05[②]
白豆蔻中剂量组	121.31±10.33[②]	9.03±0.48[②]	40.56±1.36[②]
白豆蔻高剂量组	130.64±9.67[②]	10.37±0.45[②]	41.31±1.44[②]
贝那普利组	141.68±12.30[②]	10.51±0.74[②]	43.61±1.06[②]

注：与正常对照组比较，①$P<0.01$；与模型对照组比较，②$P<0.01$。

25.3.2　抗氧化

白豆蔻对 DPPH 自由基、羟自由基具有高清除率，对 Fe^{2+} 的还原能力也很强[7]。白豆蔻具有一定的抗大豆油氧化活性，其 0.05 % 挥发油和 0.02 % 二叔丁基对甲酚的抗大豆油氧化效果相接近，而且白豆蔻挥发油与维生素 C、柠檬酸、酒石酸有一

定的抗氧化协同作用[7]。白豆蔻的水溶液可降低肾病大鼠的丙二醛（MDA）含量，升高超氧化物歧化酶（SOD）活性[12]。

白豆蔻水提物可增加失眠模型大鼠脑内 SOD 含量，降低 MDA 含量，显示出一定的抗氧化能力[14]。白豆蔻乙醇提取物具有 DPPH 自由基清除能力和金属离子螯合能力[15]。白豆蔻挥发油可显著降低庆大霉素所致急性肾损伤模型大鼠肾组织中 MDA 含量、一氧化氮（NO）含量及一氧化氮合酶（NOS）活性，并显著升高大鼠肾组织中 SOD 和谷胱甘肽过氧化物酶（GSH-Px）的活性，其作用具有一定的剂量依赖性[16]。白豆蔻挥发油可有效清除 DPPH 自由基、羟自由基、超氧阴离子自由基，同时总抗氧化活性随浓度的增加而增加[13, 17]。白豆蔻挥发油具有对亚硝酸钠和 DPPH 自由基的清除作用及对脂肪酶和黄嘌呤氧化酶活性的抑制作用[18]。白豆蔻果实的挥发油具有 DPPH 自由基和 ABTS 自由基清除活性、铁还原抗氧化能力（FRAP）和亚硝酸盐清除活性，其作用具有剂量依赖性[19]。

白豆蔻残渣萃取物清除亚硝酸钠的作用依次为：乙酸乙酯萃取物 > 丙酮萃取物 > 乙醇萃取物；对 DPPH 的清除率依次为：丙酮萃取物 > 乙酸乙酯萃取物 ≈ 乙醇萃取物；对脂肪酶活性的抑制作用依次为：乙酸乙酯萃取物 > 丙酮萃取物 > 乙醇萃取物；白豆蔻残渣丙酮萃取物对黄嘌呤氧化酶活性抑制率是 4.37%，乙酸乙酯萃取物和乙醇萃取物对黄嘌呤氧化酶活性无抑制作用[18]。

白豆蔻总黄酮提取液对羟基自由基和超氧阴离子自由基均具有一定的清除能力[1]。

表 25-5　试剂盒检测 SOD 和 MDA 的含量（$\bar{x} \pm s$）[12]

组别	SOD（U/mg）	MDA（nmol/mg）
正常对照组	46.13±2.36	0.26±0.05
模型对照组	35.13±1.27①	0.59±0.07①
白豆蔻低剂量组	42.11±1.21②	0.37±0.09②
白豆蔻中剂量组	43.56±0.97②	0.31±0.08②
白豆蔻高剂量组	42.64±0.88②	0.39±0.12②
贝那普利组	43.16±0.64②	0.36±0.09②

注：与正常对照组比较，①$P<0.01$；与模型对照组比较，②$P<0.01$。

25.3.3　抑菌

白豆蔻的醇提液和挥发油对金黄色葡萄球菌、大肠杆菌、黑曲霉、毛霉、啤酒酵母均有较好的抑制作用[20]。此外，白豆蔻挥发油对大肠杆菌、枯草芽孢杆菌这两种食品中常见菌也具有抑制作用[18]。白豆蔻果实的挥发油对四种食源性病原体（即表皮葡萄球菌、枯草芽孢杆菌、鼠伤寒沙门氏菌和痢疾志贺氏菌）具有抗菌活性；与革兰氏阴性菌相比，挥发油对革兰氏阳性菌的抗菌作用更强[19]。

表 25-6　提取原液对各试验菌的抑菌力（直径 /mm）[20]

样品		试验菌				
		St	E	A	M	Sa
花椒	醇提液	13	13	15	14	14
	挥发油	14	13.5	15	14	14.5
白豆蔻	醇提液	12	12	14	13	13
	挥发油	12.5	13	14	14	13.5
丁香	醇提液	13	13	15	14	15
	挥发油	14	14	15	14	14
无菌水		/	/	/	/	/

注：St 为金黄色葡萄球菌，E 为大肠杆菌，A 为黑曲霉，M 为毛霉，Sa 为啤酒酵母，/ 为无抑菌效果。

25.3.4　控油

白豆蔻温中，入药后可化湿行气，对湿热型寻常型痤疮有治疗效果[21]。将牛黄、黄芩、丹参、贝母、珍珠、白豆蔻、蓖麻子、焦楂片制成胶囊，白豆蔻发挥温脾化湿行气的功效，用于痤疮治疗可取得良好疗效[22]。

25.4 成分功效机制总结

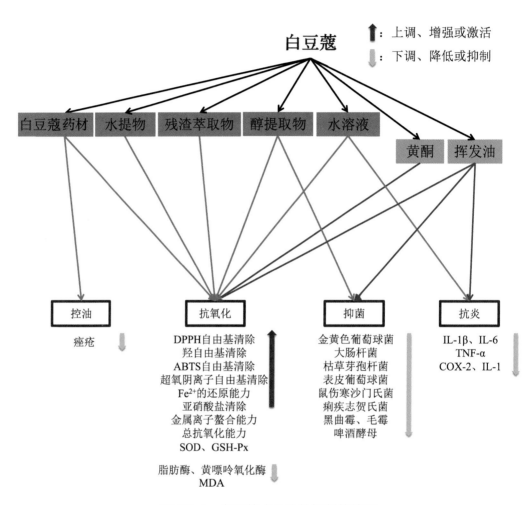

图 25-1 白豆蔻成分功效机制总结图

白豆蔻具有抗炎、抗氧化、抑菌和控油功效，其活性成分包括水提取物、醇提取物、挥发油等。它的抗炎机制主要通过抑制 COX-2、TNF-α、IL-6、IL-1、IL-1β 的表达来实现，抗氧化活性与自由基的清除和上调抗氧化酶的表达有关。白豆蔻的提取物和挥发油可抑制金黄色葡萄球菌、大肠杆菌、黑曲霉、毛霉、啤酒酵母、枯草芽孢杆菌等生长。另外，白豆蔻入药后可化湿行气，对痤疮有治疗效果，具有潜在的控油功效。

参考文献

[1] 李利华，郭豫梅．白豆蔻总黄酮的提取及抗氧化活性研究 [J]．中国调味品，2020，45(9)：178—181．

[2] 李伟，陈林林，王振兴，等．白豆蔻精油的化学组成及清除亚硝酸钠能力 [J]．中国调味品，2018，43(7)：12—14．

[3] 王劲，堵巍峰，王东．超临界二氧化碳提取白豆蔻精油工艺研究 [J]．食品工业，2015，36(12)：12—14．

[4] 王芳，聂晶，李祖光，等．非极性溶剂微波萃取—气相色谱—质谱法测定白豆蔻中挥发油成分 [J]．理化检验（化学分册），2014，50(7)：837—841．

[5] Feng X, Jiang ZT, Wang Y, et al. Composition comparison of essential oils extracted by hydro distillation and microwave-assisted hydrodistillation from *Amomum kravanh* and *Amomum compactum*[J]. Journal of Essential Oil Bearing Plants, 2011, 14(3): 354—359.

[6] 冯旭，梁臣艳，牛晋英，等．不同产地白豆蔻挥发油成分的 GC-MS 分析 [J]．中国实验方剂学杂志，2013，19(16)：107—110．

[7] 庞晓晗．豆蔻属药用植物提取工艺及抗氧化研究进展 [J]．濮阳职业技术学院学报，2018，31(6)：74—78．

[8] 邸胜达，姜子涛，李荣．天然调味香料白豆蔻精油的研究进展 [J]．中国调味品，2015，40(1)：123—127．

[9] Yu GW, Cheng Q, Nie J, et al. Microwave hydrodistillation based on deep eutectic solvent for extraction and analysis of essential oil from three *Amomum* species using gas chromatography–mass spectrometry[J]. Chromatographia, 2018, 81(4): 657—667.

[10] 游建军，彭建明，张丽霞，等．白豆蔻引种栽培研究进展 [J]．中成药，2009，31(12)：1916—1918．

[11] 陈军，祝晨蔯，徐鸿华．豆蔻属药用植物研究进展 [J]．广东药学，1998(4)：5—7．

[12] 王勤超，苏伟，马世兴，等．白豆蔻对大鼠阿霉素肾病的作用机制及与 STAT1—P53—P21 信号通路表达的关系 [J]．西部医学，2020，32(10)：1432—1437．

[13] Zhang LY, Liang XX, Ou ZR, et al. Screening of chemical composition, anti-

arthritis, antitumor and antioxidant capacities of essential oils from four *Zingiberaceae* herbs[J]. Industrial Crops & Products, 2020, 149(C): 112342.

[14] 萨础拉, 朝木日丽格, 韩金美, 等. 苏格木勒 -3 汤水提物中镇静催眠成分的筛选 [J]. 山东医药, 2018, 58(43): 18—21.

[15] 张慧芸, 孔保华, 孙旭. 香辛料提取物抗氧化活性及其作用模式的研究 [J]. 食品科学, 2010, 31(5): 111—115.

[16] 程小玲, 丰姝姝, 张珂, 等. 白豆蔻挥发油对庆大霉素所致急性肾损伤大鼠中 Caspase-3、Bcl-2、Bax 及 NF-κB p65 蛋白表达的影响 [J]. 石河子大学学报 (自然科学版), 2020, 38(5): 629—634.

[17] 冯雪, 姜子涛, 李荣, 等. 中国、印度产白豆蔻精油清除自由基能力研究 [J]. 食品工业科技, 2012, 33(2): 137—139+144.

[18] 冯佳祺. 白豆蔻香气成分萃取、分析及功能性研究 [D]. 哈尔滨商业大学, 2015.

[19] Li Q, Zhang LL, Xu JG. Antioxidant, DNA damage protective, antibacterial activities and nitrite scavenging ability of essential oil of *Amomum kravanh* from China[J]. Natural Product Research, 2020, 35(23): 1—5.

[20] 李先保, 时维静, 柯六四. 三种中草药抑菌效果的观察 [J]. 肉类工业, 2002(6): 27—31.

[21] 李琳. 甘露消毒丹治疗湿热型寻常型痤疮验案两则 [J]. 中国民间疗法, 2013, 21(12): 42—43.

[22] 苗长久. 中药治疗痤疮 56 例疗效观察 [J]. 社区医学杂志, 2008, 6(10): 54.

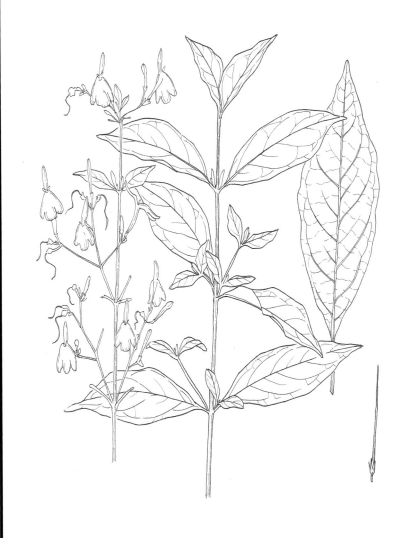

白鹤灵芝

26.1 基本信息

中 文 名	灵枝草	
属 名	灵枝草属 *Rhinacanthus*	
拉 丁 名	*Rhinacanthus nasutus*（L.）Kurz	
俗 名	白鹤灵芝、白鹤灵枝、白鹤灵芝草、仙鹤灵芝、仙鹤灵芝草、癣草	
分类系统	恩格勒系统（1964）	APG IV 系统（2016）
	被子植物门 Angiospermae 双子叶植物纲 Dicotyledoneae 管花目 Tubiflorae 爵床科 Acanthaceae	被子植物门 Angiospermae 木兰纲 Magnoliopsida 唇形目 Lamiales 爵床科 Acanthaceae
地理分布	我国云南、广东、海南；印度、缅甸、泰国、印度尼西亚、菲律宾等地	
化妆品原料	白鹤灵芝（RHINACANTHUS COMMUNIS）提取物[①]	

A. 白鹤灵芝叶
A | B
B. 白鹤灵芝花

　　多年生、直立草本或亚灌木；茎稍粗壮，密被短柔毛，干时黄绿色。叶椭圆形或卵状椭圆形，稀披针形，顶端短渐尖或急尖，有时稍钝头，基部楔形，边全缘或稍呈浅波状，长2—7（—11）厘米，宽8—30毫米，纸质，上面被疏柔毛或近无毛，背面被密柔毛；侧脉每边5—6条，斜升，不达叶缘；叶柄长5—15毫米，主茎上叶较大，分枝上叶较小。圆锥花序由小聚伞花序组成，顶生或有时腋生；花序轴通

[①]《中国植物志》记载灵枝草正名为 *Rhinacanthus nasutus*，*R. communis* 为异名。

常 2 或 3 回分枝，通常 3 出，密被短柔毛；苞片和小苞片长约 1 毫米；花萼内外均被茸毛，裂片长约 2 毫米；花冠白色，长 2.5 厘米或过之，被柔毛，上唇线状披针形，比下唇短，顶端常下弯，下唇 3 深裂至中部，冠檐裂片倒卵形，近等大，花丝无毛，花粉粒长球形，极面观为钝三角形；花柱和子房被疏柔毛。蒴果未见。①

26.2　活性物质

26.2.1　主要成分

根据相关文献，目前，从白鹤灵芝中分离得到的化学成分主要有挥发油类、木酚素类、萘醌类、三萜类以及黄酮类等化合物。目前，有关白鹤灵芝化学成分的研究主要集中在萘醌类化合物。白鹤灵芝具体化学成分见表 26–1。

表 26-1　白鹤灵芝化学成分

成分类别	主要化合物	参考文献
挥发油	2- 甲氧基 -4- 乙烯苯酚、6,10,14- 三甲基 -2- 十五烷酮、1- 十九烯、二十一烷、(Z,Z,Z)-9,12,15- 三烯十八酸甲酯、植醇、9- 甲基十九烷等	[1]
萘醌类	白鹤灵芝醌 A、白鹤灵芝醌 B、白鹤灵芝醌 C、白鹤灵芝醌 D、白鹤灵芝醌 G、白鹤灵芝醌 H、白鹤灵芝醌 I、白鹤灵芝醌 J、白鹤灵芝醌 K、白鹤灵芝醌 L、白鹤灵芝醌 M、白鹤灵芝醌 N、白鹤灵芝醌 O、白鹤灵芝醌 P、白鹤灵芝醌 Q、白鹤灵芝醌 S、白鹤灵芝醌 T、白鹤灵芝醌 U、白鹤灵芝醌 V 等	[2—4]
三萜类	羽扇豆醇、β- 谷甾醇、豆甾醇等	[3—4]
黄酮类	芦丁、汉黄芩素、木蝴蝶素 A 等	[3—4]
木酚素类	白鹤灵芝素 E、白鹤灵芝素 F 等	[3—5]
萘并吡喃衍生物	3,4- 二氢 -3,3- 二甲基 - 二氢 - 萘并 [2,3-b] 吡喃 -5,10- 二酮	[3—4]

---

①见《中国植物志》第 70 卷第 268 页。

表 26-2　白鹤灵芝主要成分单体结构

序号	主要单体	结构式	CAS 号
1	羽扇豆醇	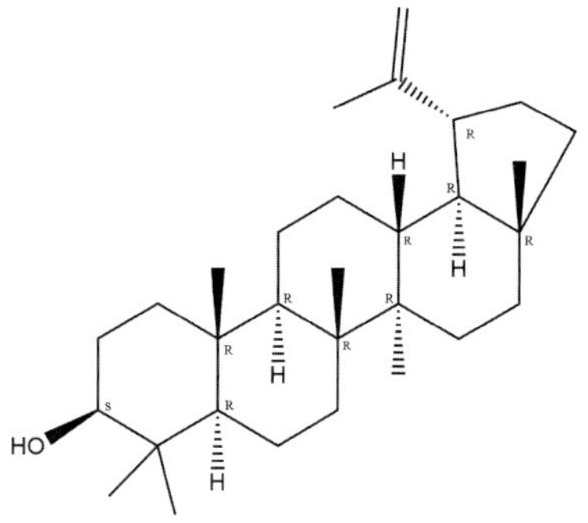	545-47-1
2	豆甾醇	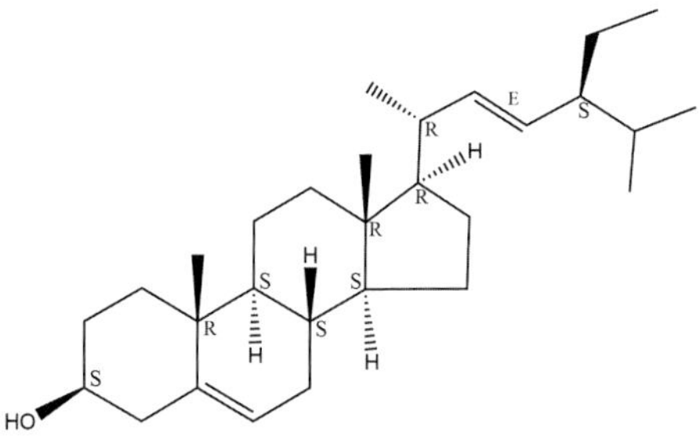	83-48-7
3	汉黄芩素	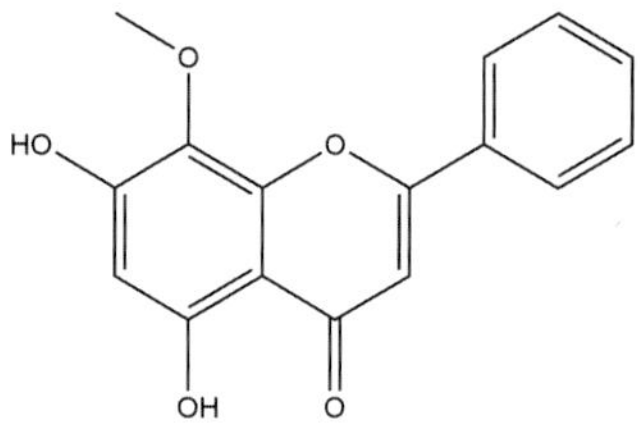	632-85-9
4	白鹤灵芝醌 A	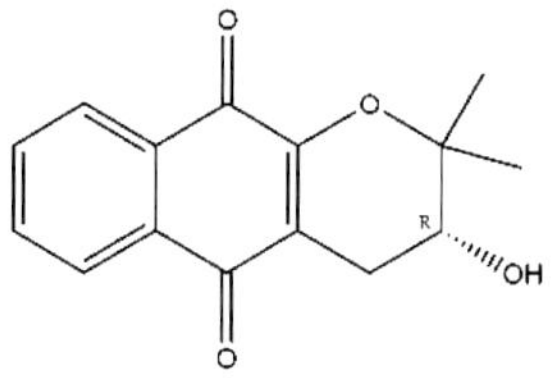	119626-45-8

26.2.2　含量组成

对白鹤灵芝的化合物的研究多以单体成分的分离鉴定为主，目前没有查到与其成分含量相关的研究。

26.3　功效与机制

白鹤灵芝见载于《常用中草药手册》，医药文献记载：白鹤灵芝，性甘淡平，具有润肺、降火、杀虫、止痒等功效，"用于肺结核早期、肺热燥咳、体癣、湿疹、皮肤瘙痒"等症[4]。现代药理学研究表明，白鹤灵芝具有抑菌、抗病毒、免疫调节、抗肿瘤等多种生物活性，具有较高的应用价值[2]。

26.3.1　抗炎

白鹤灵芝叶中分离得到的三种萘醌衍生物白鹤灵芝醌（Rhinacanthin）–C、D、N 对脂多糖（LPS）诱导的一氧化氮（NO）和前列腺素 E_2（PGE_2）的释放具有较好的抑制活性；白鹤灵芝醌 –C 以浓度依赖性方式抑制 LPS 诱导的诱导型一氧化氮合酶（iNOS）和环氧合酶 –2（COX–2）的基因表达[6]。

东亚肌肤健康研究中心制备了白鹤灵芝提取物（CT143），并对其进行了抗炎活性研究，发现白鹤灵芝提取物（CT143）几乎没有抗炎功效。

（1）在紫外模型中，不同浓度的 CT143 降低模型细胞中 IL-6 含量的作用较弱，但不同浓度的 CT143 均不能降低模型细胞中 IL-8 的含量。

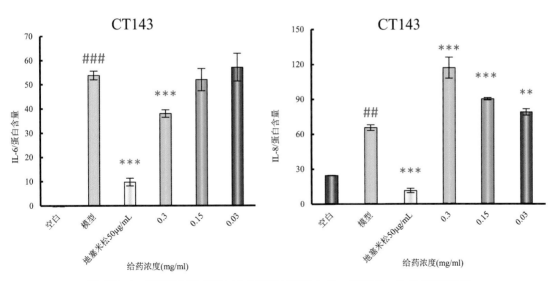

图 26-1　不同浓度 CT143 对紫外模型中 IL-6 和 IL-8 含量的影响

注：#，与空白组比，$P<0.05$；##，与空白组比，$P<0.01$；###，与空白组比，$P<0.001$；*，与模型组比；$P<0.05$；**，与模型组比，$P<0.01$；***，与模型组比，$P<0.001$。每组实验重复三次。

（2）在LSP炎症模型中，不同浓度的CT143均不能降低模型细胞中IL-6和IL-8的含量。

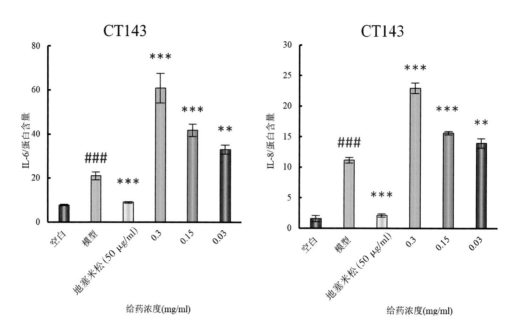

图26-2　不同浓度CT143对LSP炎症模型中IL-6和IL-8含量的影响

注：#，与空白组比，$P<0.05$；##，与空白组比，$P<0.01$；###，与空白组比，$P<0.001$；*，与模型组比，$P<0.05$；**，与模型组比，$P<0.01$；***，与模型组比，$P<0.001$。每组实验重复三次。

26.3.2　抗氧化

白鹤灵芝提取物有抗氧化性，可用作皮肤调理剂[7]。

26.3.3　抑菌

白鹤灵芝是壮族民间常用的抑制真菌的传统药物。现代药理活性筛选表明，白鹤灵芝醇提物具有显著的抗真菌活性，同时对革兰氏阳性细菌也有一定杀灭作用；可用于艾滋病毒患者口腔念珠菌病和口腔毛状白斑的发病的预防和治疗；对变异链球菌、痤疮丙酸杆菌、幽门螺杆菌、金黄色葡萄球菌、表皮葡萄球菌和白色念珠菌等微生物均有抑制作用；高浓度的白鹤灵芝萘醌提取物对红色毛癣菌、须癣毛癣菌和小孢霉菌都有较好的抗真菌活性[2]。

表 26-3　白鹤灵芝叶中分离得到的白鹤灵芝醌 -C、D、N 对 LPS 诱导的 NO 生成 [a] 的抑制作用 [6]

| 化合物 | 不同浓度的抑制作用（μM） | | | | | | IC$_{50}$（μM） |
	0	1	3	10	30	100	
白鹤灵芝醌 -C（1）	0.0±8.0	32.1±2.8	60.5±4.0**	92.1±1.2*	97.5±1.8**	98.6±1.7**	1.8
白鹤灵芝醌 -D（2）	0.0±8.0	—	22.3±3.9	72.8±3.7**	96.5±1.5*	98.8±3.7**	6.2
白鹤灵芝醌 -N（3）	0.0±9.8	13.0±2.1	45.0±5.9	94.0±2.1**	99.0±1.6**	98.4±1.2^{b,**}	3.0
吲哚美辛	0.0±3.6	—	14.5±2.7	30.2±1.6*	47.6±2.3*	80.3±1.5**	25.0
硝基精氨酸（L-NA）	0.0±9.9	—	11.7±4.6	20.2±5.9	34.7±1.8*	71.6±2.6**	61.8
咖啡酸苯乙酯（CAPE）	0.0±9.9	—	30.7±3.2	68.6±3.4^{b,**}	98.7±1.2^{b,*}	98.9±2.1^{b,**}	5.6

注：* 统计显著性 $P<0.05$；** 统计显著性 $P<0.01$；a. 每个值代表四次测定的平均值 ± 标准误；b. 观察细胞毒性作用。

26.3.4　抗衰老

对于皮肤干燥且敏感的人群来说，含神经酰胺及白鹤灵芝草提取液产品可以有效地促进其皮肤屏障功能的修复，改善角质层的完整性，使之排列更规则。临床上皮肤的光泽度提高，细纹减少[8]。

26.3.5　美白

东亚肌肤健康研究中心对自制的白鹤灵芝提取物（CT143）进行了美白活性研究，发现CT143具有一定的美白功效。

（1）不同浓度的CT143对促黑素模型中黑色素的合成具有明显的抑制作用，低浓度的CT143对促黑素模型中酪氨酸酶活性具有明显的抑制作用。

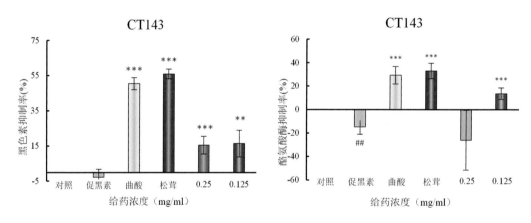

图26-3　不同浓度CT143对促黑素模型中黑色素及酪氨酸酶的影响

注：#，与空白组比，$P<0.05$；##，与空白组比，$P<0.01$；###，与空白组比，$P<0.001$；*，与模型组比，$P<0.05$；**，与模型组比，$P<0.01$；***，与模型组比，$P<0.001$。每组实验重复三次。

（2）不同浓度的CT143对组胺模型中黑色素的合成具有明显的抑制作用，高浓度的CT143对组胺模型中酪氨酸酶活性具有明显的抑制作用。

（3）不同浓度CT143对B16F10细胞和PAM212细胞模型中黑色素小体的转运没有明显的抑制作用。

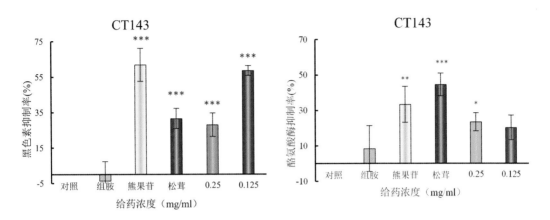

图 26-4　不同浓度 CT143 对组胺模型中黑色素及酪氨酸酶的影响

注：#，与空白组比，$P<0.05$；##，与空白组比，$P<0.01$；###，与空白组比，$P<0.001$；*，与模型组比，$P<0.05$；**，与模型组比，$P<0.01$；***，与模型组比，$P<0.001$。每组实验重复三次。

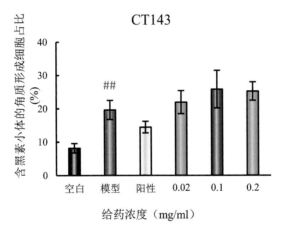

图 26-5　不同浓度 CT143 对黑色素小体转运的影响

注：#，与空白组比，$P<0.05$；##，与空白组比，$P<0.01$；###，与空白组比，$P<0.001$；*，与模型组比，$P<0.05$；**，与模型组比，$P<0.01$；***，与模型组比，$P<0.001$。每组实验重复三次。

26.4　成分功效机制总结

白鹤灵芝叶中分离得到的三种萘醌衍生物对 LPS 诱导的炎症有抑制作用。白鹤灵芝提取物有抗氧化性，可用作皮肤调理剂。白鹤灵芝对变异链球菌、痤疮丙酸杆菌、幽门螺杆菌、金黄色葡萄球菌、表皮葡萄球菌和白色念珠菌等多种细菌和真菌均有抑制作用。对于皮肤干燥且敏感的人群来说，含神经酰胺及白鹤灵芝草提取液产品在临床上可提高皮肤的光泽度，减少细纹。百鹤灵芝提取物对不同模型中的黑色素合成和酪氨酸酶活性有抑制作用，从而发挥美白功效。

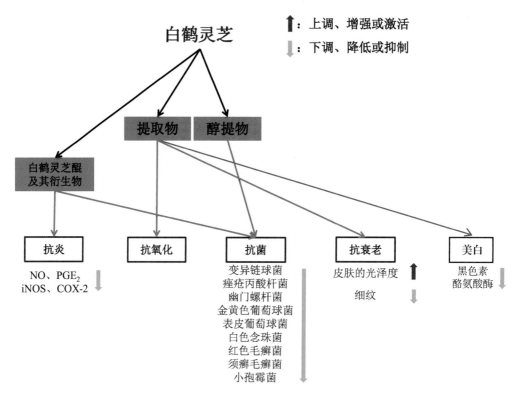

图 26-6　白鹤灵芝成分功效机制总结图

参考文献

[1] 王乃平，梁晓乐，李耀华，等.白鹤灵芝叶挥发油化学成分的 GC-MS 分析 [J].广西中医药，2008, 31(4): 61.

[2] 蒙田秀，杨力龙，龚志强，等.壮族药白鹤灵芝萘醌类化学成分及其药理作用研究进展 [J].中国实验方剂学杂志，2020, 26(10): 213—219.

[3] 叶婕颖，张庆芝.傣药芽鲁哈咪卖化学及药理学研究概况 [J].云南中医学院学报，2007, 30(4): 68—70.

[4] 王乃平 , 谢丽莎 , 廖月葵 , 等 . 白鹤灵芝的研究进展 [J]. 上海中医药杂志 , 2007, 41(4): 77—
79.

[5] 陈笔岫 . 从药用植物白鹤灵芝分得两个新的具有抗流感病毒活性的木脂素 [J]. 国外医学 (中
医中药分册), 1999, 21(1): 53—54.

[6] Tewtrakul S, Tansakul P, Panichayupakaranant P. Effects of rhinacanthins from
Rhinacanthus nasutus on nitric oxide, prostaglandin E$_2$ and tumor necrosis factor-
alpha releases using RAW264.7 macrophage cells[J]. Phytomedicine, 2009, 16:
581—585.

[7] 王建新 . 化妆品植物原料手册 [M]. 化学工业出版社 , 2009.

[8] 郭建美 , 孙楠 , 仲少敏 , 等 . 含神经酰胺及白鹤灵芝草的产品对于干性皮肤屏障功能的影响
[C]// 2013 全国中西医结合皮肤性病学术年会论文汇编 , 2013: 154.

白花春黄菊

27.1 基本信息

中 文 名	白花春黄菊	
属 名	果香菊属 *Chamaemelum*	
拉 丁 名	*Chamaemelum nobile*（L.）All.	
俗 名	果香菊、罗马揩暮米辣	
分类系统	恩格勒系统（1964）	APG IV系统（2016）
	被子植物门 Angiospermae 双子叶植物纲 Dicotyledoneae 桔梗目 Campanulales 菊科 Compositae	被子植物门 Angiospermae 木兰纲 Magnoliopsida 菊目 Asterales 菊科 Asteraceae
地理分布	亚速尔群岛，阿尔及利亚、英国、爱尔兰、摩洛哥、葡萄牙、西班牙等	
化妆品原料	白花春黄菊（ANTHEMIS NOBILIS）花末[①]	
	白花春黄菊（ANTHEMIS NOBILIS）花水	
	白花春黄菊（ANTHEMIS NOBILIS）花提取物	
	白花春黄菊（ANTHEMIS NOBILIS）花油	
	白花春黄菊（ANTHEMIS NOBILIS）提取物	

A | B　A. 白花春黄菊植株
　　　　B. 白花春黄菊花

①"植物智"（iplant）网站记载白花春黄菊正名为 *Chamaemelum nobile*，*Anthemis nobilis* 为异名。

多年生草本，有强烈的香味，高 15—30 厘米，通常自基部多分枝，全株被柔毛。茎直立，分枝。叶互生，无柄，全形矩圆形或披针状矩圆形，长 1—6 厘米，宽 4—15 毫米，二至三回羽状全裂，末回裂片很狭，条形或宽披针形，顶端有软骨质尖头。头状花序单生于茎和长枝顶端，直径约 2 厘米，具异型花；总苞直径 6—12 毫米，长 3—6 毫米；总苞片具宽膜质边缘，3—4 层，覆瓦状排列。花托圆锥形，具宽钝膜质的托片；舌状花雌性，白色，花后舌片向下反折；管状花两性，黄色。瘦果长 1.2—1.5 毫米，宽约 0.6 毫米，具 3（4）凸起的细肋，无冠状冠毛。①

27.2　活性物质

27.2.1　主要成分

根据相关文献，目前，从白花春黄菊中分离得到的化学成分主要有挥发油类、倍半萜内酯类及黄酮类等多种类型化合物。白花春黄菊具体化学成分见表 27-1。

表 27-1　白花春黄菊化学成分

成分类别	主要化合物	参考文献
挥发油类	辛烯 -4- 醇、1,8- 桉叶素、Dehyro sabine ketone、4- 萜烯醇、反式香叶酯、乙酸香叶酯、金合欢烯、α- 红没药醇、2- 异丁酸甲基丁酯、当归酸异丁酯、当归酸 2- 甲基烯丙酯、松香芹醇、当归酸 2- 甲基丁酯、当归酸异戊酯、松香芹酮、乙酸异戊酯、异丁酸异丁酯、α- 蒎烯、甲基丙烯酸异丁酯、β- 蒎烯、当归酸丙酯、丁酸丁酯等	[1—4]
倍半萜内酯类	果香菊素、3- 表 - 果香菊素、8- 甲基丙烯酸果香菊素、羟基异果香菊素、1,10- 环氧果香菊素等	[5]
黄酮类	芹菜素 -7- 葡萄糖苷、木犀草素 -7- 葡萄糖苷、芹菜苷等	[6]

---

① 见《中国植物志》第 76（1）卷第 9 页。

表 27-2 白花春黄菊成分单体结构

序号	主要单体	结构式	CAS 号
1	α- 红没药醇	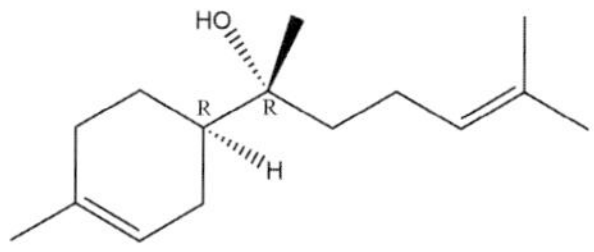	515-69-5
2	松香芹醇	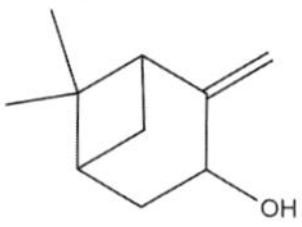	5947-36-4
3	金合欢烯	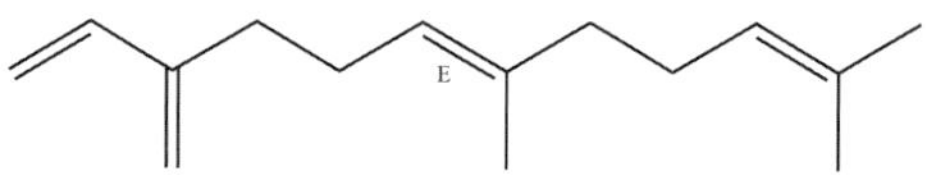	18794-84-8
4	当归酸异戊酯	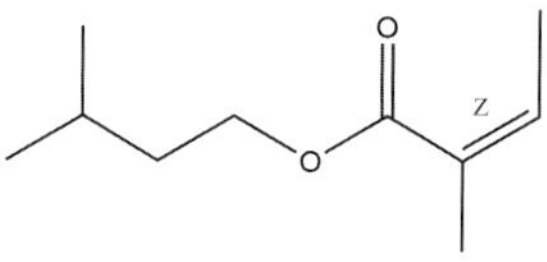	10482-55-0

27.2.2 含量组成

与白花春黄菊化学成分含量相关的研究较少，目前仅查阅到部分活性成分的含量信息，具体见表 27-3。

表 27-3 白花春黄菊中主要成分含量信息

成分	来源	含量（%）	参考文献
挥发油	叶	0.22	[1]
总黄酮	叶和花甲醇提取物	12.266	[7]
总酚	叶和花甲醇提取物	13.366	[7]

27.3 功效与机制

白花黄春菊为菊科果香菊属多年生草本植物，其提取物和精油有抗炎、抗氧化、抑菌功效[4]。

27.3.1 抗炎

白花春黄菊等地中海植物中提取的精油混合物，对患有马拉色菌外耳炎的特应性犬有一定的治疗作用[8]。白花春黄菊提取物可抑制白细胞介素 –6（IL–6）和白细胞介素 –8（IL–8）的生成，表现出抗炎作用[4]。

27.3.2 抗氧化

白花春黄菊中提取的丙酮油树脂和脱臭丙酮提取物具有一定的抗氧化活性，可抑制 50 ℃下菜籽油中过氧化物的形成[9]；丙酮提取物可抑制 40 ℃下菜籽油中过氧化物的形成[10]。

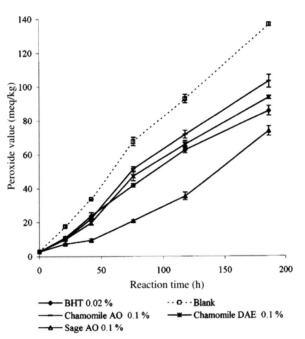

图 27-1　白花春黄菊提取物对 50 ℃下菜籽油中过氧化物形成的影响[9]

注：BHT，叔丁基对甲酚（抗氧化剂，阳性对照）；Blank，空白对照；Chamomile AO，白花春黄菊丙酮油树脂；Chamomile DAE，白花春黄菊脱臭丙酮提取物。

27.3.3 抑菌

白花春黄菊提取物对金黄色葡萄球菌和铜绿假单胞菌有一定抑制作用，将其制备成银纳米粒子可显著增强其抑制作用[11]。白花春黄菊的花提取物对肉葡萄球菌、大肠杆菌和酿酒酵母均有一定的抑制作用[12]。白花春黄菊花提取物和精油对牙龈卟啉单胞菌、戈登链球菌有抑制作用[4, 13]。白花春黄菊精油对厚皮马拉色菌[8]、白色念珠菌[1]、表皮葡萄球菌[4]有抑制作用。

表 27-4　白花春黄菊精油对厚皮马拉色菌的抑制作用[8]

测试精油	最低抑制浓度（%）
迷迭香	>5
南欧丹参	2.5
柠檬	1.25
葡萄柚	1
罗勒	1
白花春黄菊	1.25
普通百里香	0.05
杂薰衣草	>5

表 27-5　白花春黄菊提取物及银纳米粒子的抑菌作用[11]

细菌名称	白花春黄菊提取物	硝酸银 1 mM	白花春黄菊提取物 + 银纳米粒子
金黄色葡萄球菌（PTU1431）革兰氏阳性	1 mm	4 mm	8 mm
铜绿假单胞菌（PTCC1430）革兰氏阴性	1.5 mm	3 mm	10 mm

27.3.4 美白

白花春黄菊提取物对巨噬细胞的活性有极强的激活作用，在皮层中巨噬细胞可吞噬黑色素，因而对皮肤有美白作用[4]。

27.4 成分功效机制总结

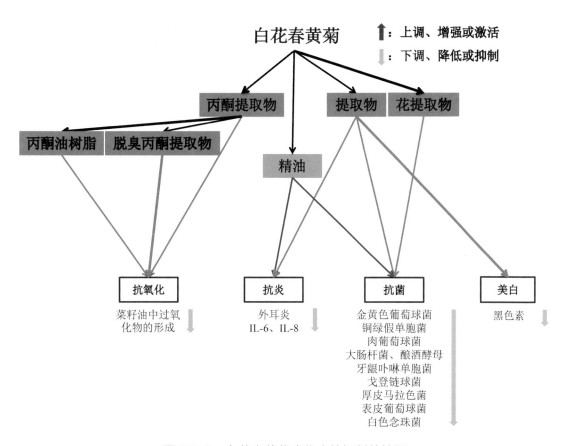

图 27-2 白花春黄菊成分功效机制总结图

　　白花春黄菊的提取物或精油具有抗炎、抗氧化、抑菌和美白活性。它的抗炎活性主要包括对炎症因子的调控，抗氧化活性表现在抑制过氧化物的生成。白花春黄菊提取物和精油对厚皮马拉色菌、金黄色葡萄球菌、表皮葡萄球菌、肉葡萄球菌、铜绿假单胞菌、大肠杆菌、白色念珠菌、酿酒酵母、牙龈卟啉单胞菌、戈登链球菌具有一定的抑制活性。另外，白花春黄菊提取物可激活巨噬细胞的活性，以此增强对黑色素的吞噬，从而起到对皮肤的美白作用。

参考文献

[1] Duarte MCT, Figueira GM, Sartoratto A, et al. Anti-*Candida* activity of Brazilian medicinal plants[J]. Journal of Ethnopharmacology, 2005, 97: 305—311.

[2] Umezu T, Sano T, Hayashi J, et al. Identification of isobutyl angelate, isoamyl angelate and 2-methylbutyl isobutyrate as active constituents in Roman chamomile essential oil that promotes mouse ambulation[J]. Flavour and Fragrance Journal, 2017: 1—7.

[3] Tognolini M, Barocelli E, Ballabeni V, et al. Comparative screening of plant essential oils: Phenylpropanoid moiety as basic core for antiplatelet activity[J]. Life Sciences, 2006, 78: 1419—1432.

[4] 王建新. 化妆品植物原料手册[M]. 化学工业出版社, 2009.

[5] Mieri MD, Monteleone G, Ismajili I, et al. Antiprotozoal activity-based profiling of a dichloromethane extract from *Anthemis nobilis* flowers[J]. Journal of Natural Products, 2016: 1—12.

[6] Pietta P, Mauri P, Bruno A. Identification of flavonoids from *Ginkgo biloba* L., *Anthemis nobilis* L. and *Equisetum arvense* L. by high-performance liquid chromatography with diode-array UV detection[J]. Journal of Chromatography, 1991, 553: 223—231.

[7] Yaldiz G, Çalişkan UK, Aka C. *In vitro* screening of natural drug potentials for mass production[J]. Not Bot Horti Agrobo, 2017, 45(1): 292—300.

[8] Nardoni S, Pistelli L, Baronti I, et al. Traditional mediterranean plants: characterization and use of an essential oils mixture to treat *Malassezia* otitis externa in atopic dogs[J]. Natural Product Research, 2017, 31(16): 1—9.

[9] Povilaityee V, Venskutonis PR. Antioxidative activity of purple peril(*Perilla frutescens* L.), moldavian dragonhead(*Dracocephalum moldavica* L.), and Roman chamomile(*Anthemis nobilis* L.)extracts in rapeseed oil[J]. Journal of the American Oil Chemists' Society, 2000, 77(9): 951—956.

[10] Bandonienė D, Pukalskas A, Venskutonis PR, et al. Preliminary screening of

antioxidant activity of some plant extracts in rapeseed oil[J]. Food Research International, 2000, 33(9): 785—791.

[11] Saba G, Faeze F, Saeed B. Phytochemical synthesis of silver nanoparticles using anthemis nobilis extract and its antibacterial activity[J]. Zeitschrift Für Physikalische Chemie, 2020, 234(3): 531—540.

[12] Adel A, Chukwunonso EE, Muhammad JN, et al. Nematicidal and antimicrobial activities of methanol extracts of seventeen plants, of importance in ethnopharmacology, obtained from the Arabian Peninsula[J]. Journal of Intercultural Ethnopharmacology, 2016, 5(2): 114—121.

[13] Saderi H, Owlia P, Hosseini A, et al. Antimicrobial effects of chamomile extract and essential oil on clinically isolated *Porphyromonas gingivalis* from periodontitis[J]. Acta Horticulturae, 2005, 680: 145—146.

白花蛇舌草

28.1　基本信息

中 文 名	白花蛇舌草	
属 名	蛇舌草属 *Scleromitrion*	
拉 丁 名	*Scleromitrion diffusum*（Willd.）R.J.Wang[①]	
俗 名	蛇总管、定经草	
分类系统	恩格勒系统（1964）	APG Ⅳ系统（2016）
	被子植物门 Angiospermae 双子叶植物纲 Dicotyledoneae 茜草目 Rubiales 茜草科 Rubiaceae	被子植物门 Angiospermae 木兰纲 Magnoliopsida 龙胆目 Gentianales 茜草科 Rubiaceae
地理分布	国内分布于广东、福建、香港、广西、海南、安徽、云南等地区。国外分布于泰国、越南、尼泊尔、日本等地	
化妆品原料	白花蛇舌草（HEDYOTIS DIFFUSA）提取物	
	白花蛇舌草（OLDENLANDIA DIFFUSA）根提取物	
	白花蛇舌草（OLDENLANDIA DIFFUSA）提取物	

A. 白花蛇舌草植株

A | B　B. 白花蛇舌草花

---

① "世界植物在线"网站 [*Scleromitrion diffusum* (Willd.) R.J.Wang | Plants of the World Online | Kew Science] 记载白花蛇舌草的正名为 *Scleromitrion diffusum*，而 *Hedyotis diffusa* 和 *Oldenlandia diffusa* 为其异名。

一年生无毛纤细披散草本，高20—50厘米；茎稍扁，从基部开始分枝。叶对生，无柄，膜质，线形，长1—3厘米，宽1—3毫米，顶端短尖，边缘干后常背卷，上面光滑，下面有时粗糙；中脉在上面下陷，侧脉不明显；托叶长1—2毫米，基部合生，顶部芒尖。花4数，单生或双生于叶腋；花梗略粗壮，长2—5毫米，罕无梗或偶有长达10毫米的花梗；萼管球形，长1.5毫米，萼檐裂片长圆状披针形，长1.5—2毫米，顶部渐尖，具缘毛；花冠白色，管形，长3.5—4毫米，冠管长1.5—2毫米，喉部无毛，花冠裂片卵状长圆形，长约2毫米，顶端钝；雄蕊生于冠管喉部，花丝长0.8—1毫米，花药突出，长圆形，与花丝等长或略长；花柱长2—3毫米，柱头2裂，裂片广展，有乳头状凸点。蒴果膜质，扁球形，直径2—2.5毫米，宿存萼檐裂片长1.5—2毫米，成熟时顶部室背开裂；种子每室约10粒，具棱，干后深褐色，有深而粗的窝孔。花期春季。

据《广西中药志》记载，全草入药，内服治肿瘤、蛇咬伤、小儿疳积；外用主治泡疮、刀伤、跌打等症。[①]

28.2　活性物质

28.2.1　主要成分

根据相关文献，目前，从白花蛇舌草中分离得到的化学成分主要包括萜类、苯丙素类、蒽醌类、甾醇类、黄酮类、核苷类和挥发油类等。白花蛇舌草具体化学成分见表28-1。

表28-1　白花蛇舌草化学成分

成分类别	主要化合物	参考文献
萜类	车叶草酸、去乙酰车叶草酸、去乙酰车叶草酸甲酯、车叶草酸甲酯、车叶草苷、去乙酰车叶草苷、鸡屎藤次苷、鸡屎藤次苷甲酯、10-乙酰基	[1—3]

（接上表）

萜类	鸡屎藤次苷、(E)-6-O- 对香豆酰鸡屎藤次苷甲酯、(E)-6-O- 对甲氧基桂皮酰鸡屎藤次苷甲酯、(E)-6-O- 阿魏酰鸡屎藤次苷甲酯、(Z)-6-O- 香豆酰鸡屎藤次苷甲酯、(Z)-6-O- 阿魏酰鸡屎藤次苷甲酯、京尼平苷酸、10- 去氢京尼平苷、山楂酸、科罗索酸、齐墩果酸、熊果酸、双香豆酸、异山柑子醇、水晶兰苷甲酯等	[1—3]
黄酮类	槲皮素、山柰酚、穗花杉双黄酮、白杨素 -6-C- 葡萄糖 -8-C- 阿拉伯糖、白杨素 -6-C- 阿拉伯糖 -8-C- 葡萄糖、木蝴蝶素 -A-O- 葡萄糖醛酸、汉黄芩素 -O- 葡萄糖醛酸、5,7- 二羟基 -3- 甲氧基黄酮醇、5,7,4′- 三羟基黄酮醇、5- 羟基 -6,7,3′,4′- 四甲氧基黄酮、芦丁、槲皮素 -3-O-β- 吡喃葡糖苷、槲皮素 -3-O-β-D- 半乳糖苷、槲皮素 -3-O-(2-O- 吡喃葡糖基)-β-D- 吡喃葡糖苷、槲皮素 -3-O-(2-O- 吡喃葡糖基)-β-D- 半乳糖苷、槲皮素 -3-O- 桑布双糖苷、槲皮素 -3-O-[2-O-(6-O-E- 阿魏酰)-β-D- 吡喃葡糖基]-β-D- 半乳糖苷、槲皮素 -3-O-[2-O-(6-O-E- 阿魏酰)-β-D- 吡喃葡糖基]-β-D- 吡喃葡糖苷、槲皮素 -3-O-[2-O-(6-O-E- 芥子酰)-β-D- 吡喃葡糖基]-β-D- 吡喃葡糖苷、槲皮素 -3-O-[2-O-(6-O-E- 芥子酰)-β-D- 吡喃葡糖基]-β-D- 半乳糖苷、山柰酚 -3-O-β-D- 吡喃葡糖苷、山柰酚 -3-O-β-D- 半乳糖苷、山柰酚 -3-O-(2-O-β-D- 吡喃葡糖基)-β-D- 半乳糖苷、山柰酚 -3-O-(6-O-α-L- 鼠李糖)-β-D- 吡喃葡糖苷、山柰酚 -3-O-[2-O-(6-O-E- 阿魏酰)-β-D- 吡喃葡糖基]-β-D- 吡喃葡糖苷、山柰酚 -3-O-[2-O-(6-O-E- 阿魏酰)-β-D- 吡喃葡糖基]-β-D- 半乳糖苷等	[1, 4]
蒽醌类	2, 3- 二甲氧基 -6- 甲基蒽醌、2- 甲基 -3- 羟基 -4- 甲氧基蒽醌、2- 甲基 -3- 甲氧基蒽醌、2- 甲基 -3- 羟基蒽醌、2- 羟基 -7- 甲基 -3- 甲氧基蒽醌、1- 甲醛 -4- 羟基蒽醌、2- 羟基 -3- 羟甲基蒽醌、2- 羟基 -3- 甲氧基 -7- 甲基蒽醌、2- 羟基 -1- 甲氧基蒽醌、2- 羟基 -3- 甲基蒽醌等	[1, 3]
挥发油类	龙脑、磷酸三乙酯、4- 乙烯基苯酚、4- 乙烯基 -2- 甲氧基苯酚、6,10,14- 三甲基 -2- 十五 (烷) 酮、α- 雪松醇、十四烷酸、十五烷酸、十六烷酸甲酯、十六烷酸、邻苯二羧酰二异丁基酯、叶绿醇、邻苯二甲酰二丁基酯、9,12,15- 十八碳三烯酸甲酯、9- 十八碳烯酸、亚油酸、亚油酸乙酯、鲨烯、己醛、2- 戊基 - 呋喃、柠檬烯、冰片、长叶薄荷酮、p- 薄荷 -1- 烯 -8- 醇、十六烷醛、肉豆蔻酸、二十一烷等	[3, 5—6]
核苷类	胸腺嘧啶 -2′- 脱氧核苷、2′-O- 甲基肌苷、肌苷、尿苷、鸟苷、β- 腺苷等	[7]
甾醇类	β- 谷甾醇、豆甾醇、豆甾醇 -5,22- 二烯 -3β,7α- 二醇、豆甾醇 -5,22- 二烯 -3β,7β- 二醇等	[1]
苯丙素类	对香豆酸、对香豆酸甲酯、咖啡酸、阿魏酸、对羟基桂皮酸十八酯、对甲氧基桂皮酸、东莨菪内酯等	[3, 8]

表 28-2　白花蛇舌草成分单体结构

序号	主要单体	结构式	CAS 号
1	山楂酸	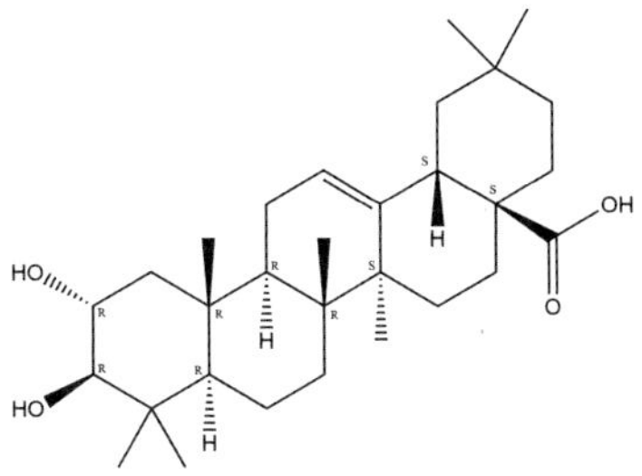	4373-41-5
2	科罗索酸	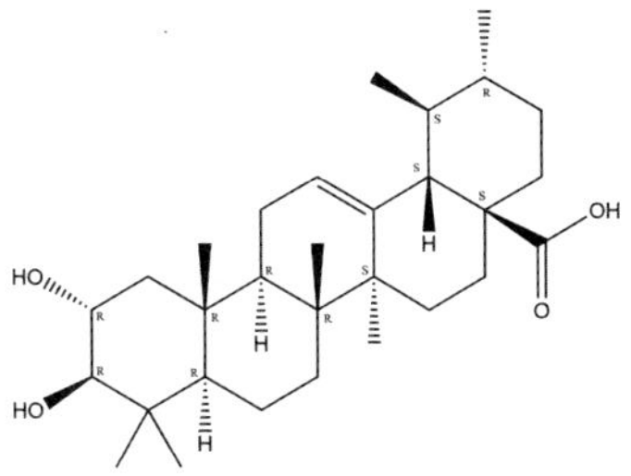	4547-24-4
3	车叶草苷	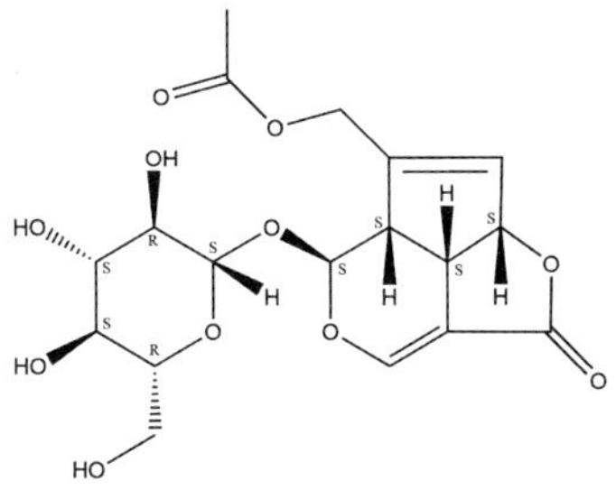	14259-45-1
4	车叶草酸	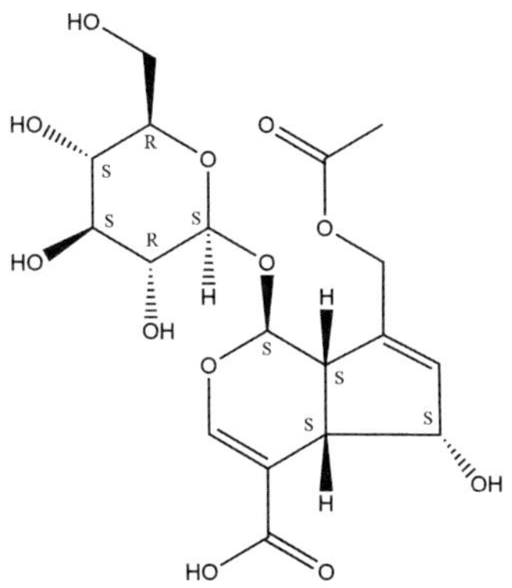	25368-11-0
5	对香豆酸	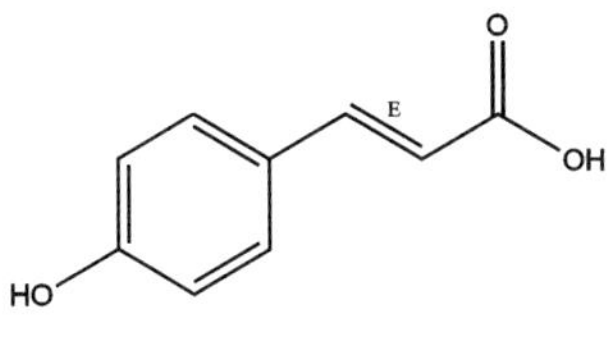	501-98-4

28.2.2　含量组成

目前，从文献中可获得白花蛇舌草中多糖、总黄酮、总三萜酸、总蒽醌、总环烯醚萜类及挥发油等成分的含量信息，具体见表28-3。

表28-3　白花蛇舌草中主要成分含量信息

成分	来源	含量（%）	参考文献
多糖	全草	0.364—31.02	[9—13]
总黄酮	全草	0.119—4.42	[11—12，14—16]
总三萜酸	全草	0.2526—11.30	[17—18]
山楂酸	全草	0.0915	[2]
科罗索酸	全草	0.1691	[2]
齐墩果酸	全草	0.04776—0.1254	[2，19—20]
熊果酸	全草	0.20332—0.4088	[2，19—22]
车叶草苷	全草	1.48	[23]
总蒽醌	全草	0.086	[16]
总多酚	全草	0.915—1.982	[11—12]
总环烯醚萜苷	全草	2.383（10.43 %×22.85 %）	[24]
挥发油	全草	3.84—3.98	[25]

28.3　功效与机制

白花蛇舌草性味微苦、甘、寒，归胃、大肠、小肠经，以全草供药用，具有清热解毒、消痈散结、活血化瘀、消肿止痛等功效，尤善治疗各种类型炎症[26]。白花蛇舌草具有抗炎、抗氧化、抑菌、抗衰老、控油等功效。

28.3.1　抗炎

白花蛇舌草临床抗炎作用较佳，可用于治疗肝炎、阑尾炎、扁桃体炎、盆腔炎、甲状腺炎等炎症疾病[27]。白花蛇舌草乙醇提取物具有显著的抗炎作用，能够抑制二甲苯所致小鼠耳肿胀[28]。白花蛇舌草水提取物在实验性自身免疫性前列腺炎小鼠模型中显著减少了炎性病变和炎性细胞浸润，同时显著降低肿瘤坏死因子 $-\alpha$（TNF$-\alpha$）的水平[29]。白花蛇舌草水煎剂通过刺激膜联蛋白 I 的生成，直接占据嗜中性粒细胞表面受体或抑制单核细胞、巨噬细胞分泌白细胞介素 -1β（IL-1β）和血浆 TNF$-\alpha$，从而阻止炎症细胞黏附、渗出及浸润，因而具有抗炎性细胞因子的作用[30]。白花蛇舌草水煎剂通过刺激网状内皮系统增生，加强吞噬细胞功能，促进抗体形成，同时刺激嗜银物质倾向于致密化改变，从而达到抗炎目的[31]。

白花蛇舌草总黄酮对炎症的急性时相有一定的抑制作用，对炎症的慢性增殖相也有一定的抑制作用[32]。白花蛇舌草总黄酮提取物能够抑制松节油诱导大鼠气囊肉芽的炎症慢性增殖、降低醋酸致小鼠毛细管通透性、减轻二甲苯诱导小鼠耳肿胀和抑制新鲜蛋清诱导大鼠足爪肿胀等急性炎症的增加[27]。白花蛇舌草总黄酮通过抑制 NF$-\kappa$B 和 MAPK 信号通路发挥抗炎作用[33]。白花蛇舌草中环烯醚萜类化合物车叶草苷和车叶草酸具有抗炎作用[34]。白花蛇舌草中的 2- 羟甲基蒽醌（HMA）等蒽醌类成分，通过抑制脂多糖（LPS）刺激的 RAW264.7 巨噬细胞中一氧化氮（NO）和炎症因子的产生，抑制 Toll 样受体 4（TLR4）的表达和 NF$-\kappa$B 的活化来减轻炎症反应[35]。

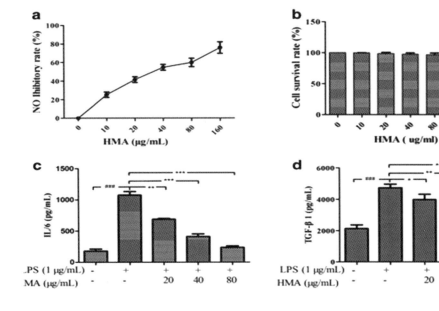

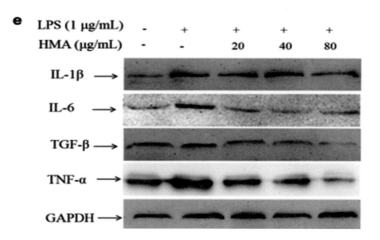

图 28-1　2- 羟甲基蒽醌（HMA）对 LPS 诱导的 RAW264.7 巨噬细胞的抗炎作用[35]

注：（a）对 LPS 诱导的 RAW64.7 细胞中 NO 生成的抑制作用。（b）在无或有 1 μg/mL LPS 条件下，细胞在不同浓度的 HMA（0—160 μg/mL）中培养 24 小时，采用 MTT 法测定细胞活力。（c）和（d）HMA 对 LPS 诱导的炎症细胞因子产生的影响。数据代表三个不同实验的平均值 ± 标准误，每个实验有三个重复组。（e）RAW 264.7 细胞的 IL-1β、IL-6、TGF-β 和 TNF-α 的蛋白质印迹分析。GAPDH 的表达用作内部对照。

28.3.2　抗氧化

白花蛇舌草能够清除细胞内过多的氧自由基，增强抗氧化酶的活性，从而起到抗氧化作用[36]。白花蛇舌草茶可以预防并降低低密度脂蛋白胆固醇（LDL-C）氧化的速度[37]。

白花蛇舌草提取物清除 DPPH 自由基活性的能力顺序为：80 % 乙醇提取物 > 甲醇提取物 > 丙酮提取物[38]。白花蛇舌草乙醇提取物的 4 种极性部位（乙酸乙酯部位，正丁醇部位，石油醚部位，水部位）均具有一定抗氧化能力，乙酸乙酯部位、正丁醇部位、水部位清除 DPPH 自由基能力和还原能力均随总黄酮浓度的增加而上升[39—40]。白花蛇舌草 80 % 乙醇提取物能明显提高小鼠血清中超氧化物歧化酶（SOD）、肝组织中 SOD、过氧化氢酶（CAT）、谷胱甘肽过氧化物酶（GSH-Px）、总抗氧化能力（T-AOC）及脑组织中 CAT、GSH-Px 与 T-AOC 等抗氧化酶的活性，能显著降低小鼠血清、肝脏及脑组织中脂质过氧化产物丙二醛（MDA）的水平[41]。白花蛇舌草正丁醇提取物具有很强的铁还原抗氧化能力和 DPPH 清除能力[42]。白花蛇舌草甲醇提取物对羟基自由基和DPPH自由基具有一定的清除作用[43]。白花蛇舌草水煎液在荷瘤小鼠化疗中可明显降低骨髓细胞、肝脏、脾脏的活性氧（ROS）水平，提高GSH-Px和CAT的活性[44]。白花蛇舌草水提取物可以抑制H_2O_2诱导的细胞毒性，保护人正常肝细胞免受氧化应激损伤[45]。

白花蛇舌草中抗氧化活性组分包括黄酮和多酚，其黄酮、多酚含量和抗氧化活性IC_{50}（DPPH自由基半数清除率浓度）值之间呈极显著负相关[11]。白花蛇舌草总黄酮具有较强的总还原力、亚铁离子螯合力、DPPH自由基清除能力、羟基自由基清除能力和超氧阴离子自由基清除能力[46—47]。白花蛇舌草多糖具有浓度相关的DPPH自由基清除能力，浓度越高活性越强[48—49]。

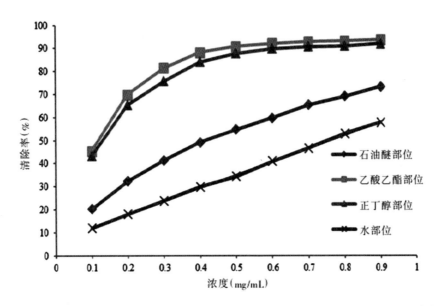

图28-2　白花蛇舌草乙醇提取物不同极性部位DPPH自由基清除能力[39]

28.3.3　抑菌

白花蛇舌草对大肠杆菌、金黄色葡萄球菌、表皮葡萄球菌、变形杆菌、腐生性葡萄球菌都有较好的抑菌作用[50]。体外抑菌作用研究显示，白花蛇舌草煎剂对痤疮丙酸杆菌有明显的抑菌作用，完全抑制菌落生长的最小抑菌浓度（MIC）为12.5%[26]。

　　白花蛇舌草在不同提取方法下，对金黄色葡萄球菌、大肠杆菌、铜绿假单胞菌、白色念珠菌这 4 种细菌均有明显抑杀作用，其中金黄色葡萄球菌、铜绿假单胞菌和大肠杆菌的抑杀效果均以乙醇提取物为最好、丙酮提取物其次、水提取物最差，而对于白色念珠菌的抑杀效果则以水提取物为最好，乙醇和丙酮的提取物差别不大[51]。白花蛇舌草乙醇提取物对大肠杆菌、金黄色葡萄球菌、铜绿假单胞菌和镰刀菌有抑菌效果，其中对革兰氏阴性菌的抑菌作用较革兰氏阳性菌明显[52]。白花蛇舌草乙醇粗提物和纯化后的黄酮类化合物对大肠杆菌、枯草芽孢杆菌和金黄色葡萄球菌有明显的抑菌活性[53]。白花蛇舌草乙醇提取物对幽门螺杆菌具有抑菌活性[54]。体外抑菌实验表明，白花蛇舌草所含黄酮类和有机酸类对金黄色葡萄球菌、大肠杆菌、巴氏杆菌、链球菌、沙门氏菌有抑菌作用，其中以对金黄色葡萄球菌的抑杀作用最为明显[26]。白花蛇舌草总黄酮对球菌的抑杀作用优于杆菌[32]。

表 28-4　白花蛇舌草提取物抗菌实验结果（mg/ml）[51]

菌种	提取方法	不同浓度样品实验结果									
		200	100	50	25	12.5	6.3	3.1	1.6	阳性对照	阴性对照
金黄色葡萄球菌	乙醇	—	—	—	—△	—	—	—*	+	+	—
	丙酮	—	—	—	—△	—	—*	+	+	+	—
	沸水	—	—	—△	—	—	—*	+	+	+	—
大肠杆菌	乙醇	—	—	—	—△	—	—*	+	+	+	—
	丙酮	—	—	—△	—	—	—*	+	+	+	—
	沸水	—	—	—△	—	—	—*	+	+	+	—
铜绿假单胞菌	乙醇	—	—	—	—△	—	—*	+	+	+	—
	丙酮	—	—	—△	—	—*	+	+	+	+	—
	沸水	—	—	—△	—	—*	+	+	+	+	—
白色念球菌	乙醇	—	—	—△	—	—*	+	+	+	+	—
	丙酮	—	—	—△	—	—*	+	+	+	+	—
	沸水	—	—	—	—△	—	—*	+	+	+	—

　　注：“+”表示生长；“—”表示不生长；“*”表示该浓度为最大 MIC；“△”表示该浓度为 MBC。

28.3.4　抗衰老

白花蛇舌草正丁醇提取物（HDB）以浓度依赖性方式显著延长秀丽隐杆线虫的寿命，与对照组相比，0.25、0.5 和 1.0 mg/mL HDB 可以使秀丽隐杆线虫的平均寿命增加了 15.0 %、25.2 % 和 33.4 %[42]。饮用白花蛇舌草水，对延缓衰老有一定的作用[55]。白花蛇舌草多糖可提高 SOD 活力，促进氧自由基清除，抑制脂质过氧化，从而抵抗衰老、延长寿命[55—57]。

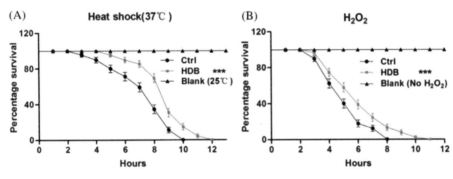

图 28-3　HDB 对线虫抗逆性的影响[42]

注：（A）在热应激试验中，线虫在 37 摄氏度下的存活率。（B）在氧化应激试验中，将线虫转移到含有 40 mM 过氧化氢（H_2O_2）的 96 孔板上，对线虫的存活率进行评分。$n=90$；与对照组相比，***$P<0.001$。

28.3.5　控油

白花蛇舌草具有很强的抑制皮脂腺分泌和抗雄性激素作用[26]。采用红蓝光联合白花蛇舌草颗粒治疗痤疮具有良好的临床效果[58]。

表 28-5　三组痤疮患者临床疗效对比分析表 [n（%）][58]

组别	例数	痊愈	显效	有效	无效	总有效率（%）
对照组 1	14	3（21.42）	8（57.14）	1（7.14）	2（14.29）	85.71
对照组 2	20	8（40.00）	7（35.00）	3（15.00）	2（10.00）	90
实验组	32	20（62.50）	8（25.00）	4（12.50）	0（0）	100

注：对照组 1，红蓝光治疗；对照组 2，白花蛇舌草颗粒治疗；实验组，红蓝光联合白花蛇舌草颗粒治疗。

28.4　成分功效机制总结

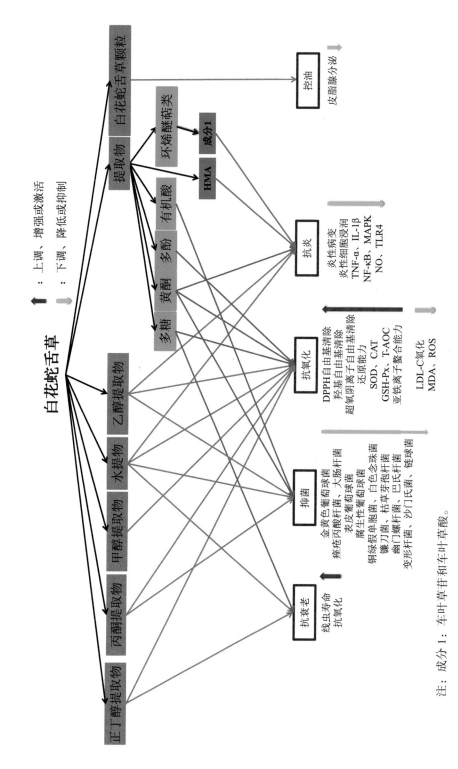

图 28-4　白花蛇舌草成分功效机制总结图

注：成分 1：车叶草苷和车叶草酸。

白花蛇舌草具有抗炎、抗氧化、抑菌、抗衰老和控油功效，其活性部位包括水提物、醇提物、丙酮提取物、乙酸乙酯提取物、石油醚提取物以及白花蛇舌草颗粒，活性物质包括多糖、黄酮类、有机酸类和环烯醚萜苷类化合物。有关白花蛇舌草抗炎活性的研究包括对小鼠炎症模型研究，已知机制包括对炎症因子的调控。白花蛇舌草能下调 TNF-α、IL-1β、NO、NF-κB。白花蛇舌草具有清除自由基和增强抗氧化酶的活性，能降低 LDL-C 氧化的速度；上调 GSH-Px、CAT 与 T-AOC 的表达，下调 ROS、MDA 与脂质过氧化的水平。白花蛇舌草还具有还原力、亚铁离子螯合力、清除 DPPH 自由基能力、清除羟基自由基和超氧阴离子自由基能力。白花蛇舌草对多种致病菌有抑制活性，包括大肠杆菌、金黄色葡萄球菌、表皮葡萄球菌、腐生性葡萄球菌、铜绿假单胞菌、白色念珠菌、幽门螺杆菌、巴氏杆菌、沙门氏菌、枯草芽孢杆菌等。白花蛇舌草具有抗衰老作用，可提高 SOD 活性，促进氧自由基清除，抑制脂质过氧化，延长秀丽隐杆线虫寿命。白花蛇舌草具有控油的作用，可抑制皮脂腺分泌。

参考文献

[1] 李梓盟，张佳彦，李菲，等 . 白花蛇舌草抗肿瘤化学成分及药理作用研究进展 [J]. 中医药信息，2021, 38(2): 74—79.

[2] 林艾和，刘海鹏，张艳娇，等 . 正交试验优化白花蛇舌草 4 种五环三萜类成分提取工艺 [J]. 中国中医药信息杂志，2021, 28(6): 83—87.

[3] 张轲 . 白花蛇舌草化学成分研究 [D]. 中国中医科学院，2016.

[4] 马青琳，姜珊，徐桐，等 . 白花蛇舌草黄酮类成分及其药效学和药动学研究进展 [J]. 山东化工，2019, 48(23): 86—89+93.

[5] 刘志刚，罗佳波，陈飞龙 . 不同产地白花蛇舌草挥发性成分初步研究 [J]. 中药新药与临床药理，2005, 16(2): 132—134.

[6] 纪宝玉，范崇庆，裴莉昕，等 . 白花蛇舌草的化学成分及药理作用研究进展 [J]. 中国实验方剂学杂志，2014, 20(19): 235—240.

[7] 马河，李方丽，王芳，等 . 白花蛇舌草核苷类化学成分分离 [J]. 中国实验方剂学杂志，2016,

22(14): 57—59.

[8] 朱大诚, 高永涛, 马晓鹏. 白花蛇舌草化学成分的研究进展 [J]. 江西中医学院学报, 2011, 23(2): 84—88.

[9] 谭兰芳, 许文珍, 杨跃歌, 等. 超临界 CO_2 萃取白花蛇舌草粗多糖工艺研究 [J]. 化工管理, 2021(6): 81—82.

[10] 叶颖晓, 张朋展, 王丽, 等. 不同提取方法对豫产白花蛇舌草多糖及抗氧化活性的影响 [J]. 天然产物研究与开发, 2019, 31(7): 1138—1146.

[11] 杨新周, 田孟华, 杨子仙, 等. 白花蛇舌草中黄酮、多酚、多糖提取工艺及抗氧化研究 [J]. 化学研究与应用, 2019, 31(1): 22—30.

[12] 杨新周, 董毅, 马艳粉, 等. 白花蛇舌草化学成分分析 [J]. 贵州农业科学, 2018, 46(9): 99—102.

[13] 刘霞, 李伟, 邓春芳, 等. 微波辅助酶法提取白花蛇舌草多糖的工艺优化 [J]. 湖北农业科学, 2016, 55(15): 3975—3979.

[14] 梁浩楠, 刘庆波, 凌佳音, 等. 酶法 - 超声提取白花蛇舌草总黄酮工艺研究 [J]. 中国药学杂志, 2021, 56(13): 1041—1047.

[15] 宁娜, 韩建军, 郁建生. 白花蛇舌草黄酮提取工艺研究进展 [J]. 山东化工, 2020, 49(14): 49—50.

[16] 刘毅, 叶颖晓, 刘元, 等. 豫产白花蛇舌草总蒽醌和总黄酮的含量测定 [J]. 德州学院学报, 2019, 35(6): 25—29.

[17] 陈丽娜, 刘春明, 杨晓静. 正交实验法优化白花蛇舌草中三萜类成分的提取工艺 [J]. 长春师范大学学报, 2019, 38(4): 63—66.

[18] 蒙瑞波, 汤庆发, 曾永长, 等. 白花蛇舌草中总三萜酸的提取纯化工艺优选 [J]. 中国实验方剂学杂志, 2012, 18(24): 65—68.

[19] 王欢, 黄嫣, 吴莹, 等. 超声波辅助提取白花蛇舌草中齐墩果酸和熊果酸工艺研究 [J]. 中药与临床, 2016, 7(3): 29—32.

[20] 王欢, 黄嫣, 李希, 等. 响应面法优化白花蛇舌草中齐墩果酸和熊果酸的提取工艺 [J]. 中国实验方剂学杂志, 2015, 21(20): 34—37.

[21] 王培明, 张少伟, 刘军海. 白花蛇舌草中熊果酸微波辅助提取工艺研究 [J]. 农业工程技术 (农产品加工业), 2010(8): 36—40.

[22] 魏世杰, 党宏万, 文友民. 反相高效液相色谱法测定白花蛇舌草中熊果酸的含量 [J]. 宁夏医

学院学报, 2006, 28(3): 260—261.

[23] 高丹, 赵呈呈, 李海燕, 等. 白花蛇舌草中车叶草苷的提取分离及含量测定的研究 [J]. 药物分析杂志, 2010, 30(9): 1654—1657.

[24] 张轲, 张东, 梁彩霞, 等. 白花蛇舌草中环烯醚萜苷类成分的提取工艺优选 [J]. 中国实验方剂学杂志, 2015, 21(20): 38—40.

[25] 胡金芳, 杨文文, 杨帅, 等. 正交试验优选白花蛇舌草超临界二氧化碳萃取条件及 GC-MS 分析 [J]. 中国实验方剂学杂志, 2013, 19(5): 96—100.

[26] 李秀玉. 中药白花蛇舌草在痤疮治疗中的应用 [J]. 解放军医学杂志, 2011, 36(12): 1376—1377.

[27] 李曼, 张露蓉. 中药白花蛇舌草抗炎作用研究进展 [J]. 辽宁中医药大学学报, 2021, 23(10): 164—167.

[28] 高红瑾, 陆姗姗. 白花蛇舌草乙醇提取物抗炎作用研究 [J]. 中国现代药物应用, 2017, 11(15): 195—196.

[29] Wazir J, Ullah R, Khongorzul P, et al. The effectiveness of *Hedyotis diffusa* Willd extract in a mouse model of experimental autoimmune prostatitis[J]. Andrologia, 2020: e13913.

[30] 蔡颖, 梁清华, 何国雄, 等. 胶原诱导性关节炎大鼠灌服瘰肿消汤后滑膜组织膜联蛋白 I 的表达 [J]. 中国临床康复, 2006, 10(19): 63—65+193.

[31] 姚育修. 白花蛇舌草治疗急性阑尾炎 211 例 [J]. 中西医结合杂志, 1983(5): 284.

[32] 王宇翎, 张艳, 方明, 等. 白花蛇舌草总黄酮的抗炎及抗菌作用 [J]. 中国药理学通报, 2005, 21(3): 348—350.

[33] Chen YL, Lin YY, Li YC, et al. Total flavonoids of *Hedyotis diffusa* Willd inhibit inflammatory responses in LPS-activated macrophages via suppression of the NF-κB and MAPK signaling pathways[J]. Experimental and Therapeutic Medicine, 2016, 11: 1116—1122.

[34] He JY, Lu XY, Wei T, et al. Asperuloside and asperulosidic acid exert an anti-inflammatory effect via suppression of the NF-κB and MAPK signaling pathways in LPS-induced RAW 264.7 macrophages[J]. International Journal of Molecular Sciences, 2018, 19: 2027.

[35] Tan JN, Li L, Shi WJ, et al. Protective effect of 2-hydroxymethyl anthraquinone

from *Hedyotis diffusa* Willd in lipopolysaccharide-induced acute lung injury mediated by TLR4-NF-κB pathway[J]. Inflammation, 2018, 41(6): 2136—2148.

[36] Zhang R, Ma CJ, Wei YL, et al. Isolation, purification, structural characteristics, pharmacological activities, and combined action of *Hedyotis diffus*a polysaccharides: A review[J]. International Journal of Biological Macromolecules, 2021, 183: 119—131.

[37] Ji SJ, Fattahi A, Raffel N, et al. Antioxidant effect of aqueous extract of four plants with therapeutic potential on gynecological diseases; *Semen persicae, Leonurus cardiaca, Hedyotis diffusa*, and *Curcuma zedoaria*[J]. European Journal of Medical Research, 2017, 22: 50.

[38] 杨新周, 郝志云, 朱以常, 等. 白花蛇舌草不同溶剂和方法提取物的抗氧化活性 [J]. 贵州农业科学, 2014, 42(2): 43—45.

[39] 吴仪君, 刘小芳, 李万忠, 等. 白花蛇舌草不同极性部位抗血管生成及抗氧化活性研究 [J]. 中医药导报, 2018, 24(17): 50—54.

[40] 许海顺, 蒋剑平, 徐攀, 等. 白花蛇舌草不同萃取物的抗氧化作用研究 [J]. 甘肃中医学院学报, 2012, 29(2): 48—51.

[41] 聂利华, 廖鹏, 刘亚群. 白花蛇舌草醇提物抗氧化活性的研究 [J]. 中南药学, 2017, 15(1): 44—47.

[42] Li DQ, Guo YJ, Zhang CP, et al. N-butanol extract of *Hedyotis diffusa* protects transgenic *Caenorhabditis elegans* from Aβ-induced toxicity[J]. Phytotherapy Research, 2020: 1—14.

[43] 孙晓春, 崔亚杰, 刘妍如, 等. 正交设计优选白花蛇舌草总黄酮的提取工艺及体外抗氧化性考察 [J]. 中国药师, 2018, 21(3): 377—380.

[44] 高超, 刘颖, 蔡晓敏. 白花蛇舌草对正常器官氧化损伤防护效应的实验研究 [J]. 徐州医学院学报, 2007, 27(5): 294—297.

[45] Gao X, Li C, Tang YL, et al. Effect of *Hedyotis diffusa* water extract on protecting human hepatocyte cells (LO$_2$) from H$_2$O$_2$-induced cytotoxicity[J]. Pharmaceutical Biology, 2016, 54(7/9): 1148—1155.

[46] 董欢欢, 曹树稳, 余燕影. 半枝莲、白花蛇舌草及其药对提取物抗氧化及清除自由基活性 [J]. 天然产物研究与开发, 2008, 20: 782—786+802.

[47] 张俊霞, 王应玲, 姜宁, 等. 白花蛇舌草总黄酮提取工艺及其抗氧化活性研究 [J]. 湖北农业

科学 , 2017, 56(18): 3523—3527.

[48] 高嘉屿 , 杨橚 , 宋天星 , 等 . 白花蛇舌草多糖提取的工艺优化及抗氧化活性研究 [J]. 辽宁中医杂志 , 2016, 43(1): 109—111.

[49] 李明 . 白花蛇舌草多糖的抗疲劳抗氧化作用研究 [J]. 食品科技 , 2014, 39(7): 190—193.

[50] 李建志 , 王晓源 , 王亚贤 . 8 种中草药抗菌作用实验研究 [J]. 中医药信息 , 2015, 32(1): 32—34.

[51] 边才苗 . 白花蛇舌草提取物的抑菌作用研究 [J]. 时珍国医国药 , 2005, 16(10): 991—992.

[52] 李涛 , 余旭亚 , 韩本勇 . 白花蛇舌草抑菌作用研究 [J]. 时珍国医国药 , 2008, 19(6): 1335—1336.

[53] 曾俊 , 徐俊钰 , 熊芮 , 等 . 白花蛇舌草黄酮类化合物的提取及抑菌作用 [J]. 重庆师范大学学报 (自然科学版), 2021, 38(2): 97—104.

[54] Ngan LTM, Dung PP, Nhi NVTY, et al. Antibacterial activity of ethanolic extracts of some Vietnamese medicinal plants against *Helicobacter pylori*[J]. International Conference on Chemical Engineering, Food and Biotechnology, 2017, 1878: 020030.

[55] 江燕妮 . 白花蛇舌草的活性成分及药理作用的研究进展 [J]. 名医 , 2019(3): 235.

[56] 王转子 , 支德娟 , 关红梅 . 半枝莲多糖和白花蛇舌草多糖抗衰老作用的研究 [J]. 中兽医医药杂志 , 1999(4): 5—7.

[57] 余学英 , 金尧 , 杨娥 , 等 . 白花蛇舌草多糖研究进展 [J]. 中兽医医药杂志 , 2017, 36(3): 78—79.

[58] 陈小敏 , 吴利辉 , 杨智花 . 红蓝光联合白花蛇舌草治疗痤疮 66 例的临床研究 [J]. 中医临床研究 , 2014, 6(5): 82—83.

白花油麻藤

29.1　基本信息

中 文 名	白花油麻藤	
属　　名	油麻藤属 *Mucuna*	
拉 丁 名	*Mucuna birdwoodiana* Tutch.	
俗　　名	血枫藤、鸡血藤、大兰布麻、禾雀花、白花禾雀花	
分类系统	恩格勒系统（1964）	APG Ⅳ 系统（2016）
	被子植物门 Angiospermae 双子叶植物纲 Dicotyledoneae 蔷薇目 Rosales 豆科 Leguminosae	被子植物门 Angiospermae 木兰纲 Magnoliopsida 豆目 Fabales 豆科 Fabaceae
地理分布	江西、福建、广东、广西、贵州、四川等地区	
化妆品原料	白花油麻藤（MUCUNA BIRDWOODIANA）茎提取物	

A　A. 白花油麻藤叶

B　B. 白花油麻藤花

　　常绿、大型木质藤本。老茎外皮灰褐色，断面淡红褐色，有3—4偏心的同心圆圈，断面先流白汁，2—3分钟后有血红色汁液形成；幼茎具纵沟槽，皮孔褐色，凸起，无毛或节间被伏贴毛。羽状复叶具3小叶，叶长17—30厘米；托叶早落；叶柄长8—20厘米；叶轴长2—4厘米；小叶近革质，顶生小叶椭圆形，卵形或略呈倒卵形，通常较长而狭，长9—16厘米，宽2—6厘米，先端具长达1.3—2厘米的渐尖头，基部圆形或稍楔形，侧生小叶偏斜，长9—16厘米，两面无毛或散生短毛，侧脉3—5，中脉、侧脉、网脉在两面凸起；无小托叶；小叶柄长4—8毫米，具稀疏短毛。总状花序生于老枝上或生于叶腋，长20—38厘米，有花20—30朵，常呈束状；苞片卵形，长约2毫米，早落；花梗长1—1.5厘米，具稀疏或密生的暗褐色伏贴毛；小苞片早落；花萼内面与外面密被浅褐色伏贴毛，外面被红褐色脱落的粗刺毛，萼筒宽杯形，长1—1.5厘米，宽1.5—2.5厘米，2侧齿三角形，长5—8毫米，最下齿狭三角形，长5—15毫米，上唇宽三角形，常与侧齿等长；花冠白色或带绿白色，旗瓣长3.5—4.5厘米，先端圆，基部耳长4毫米，翼瓣长6.2—7.1厘米，先端圆，瓣柄长约8毫米，密被浅褐色短毛，耳长约5毫米，龙骨瓣长7.5—8.7厘米，基部瓣柄长7—8毫米，耳长不过1毫米，密被褐色短毛；雄蕊管长5.5—6.5厘米；子房密被直立暗褐色短毛。果木质，带形，长30—45厘米，宽3.5—4.5厘米，厚1—1.5厘米，近念珠状，密被红褐色短绒毛，幼果常被红褐色脱落的刚毛，沿背、腹缝线各具宽3—5毫米的木质狭翅，有纵沟，内部在种子之间有木质隔膜，厚达4毫米；种子5—13颗，深紫黑色，近肾形，长约2.8厘米，宽约2厘米，厚8—10毫米，常有光泽，种脐为种子周长的1/2—3/4。花期4—6月，果期6—11月。[①]

29.2　活性物质

29.2.1　主要成分

　　从白花油麻藤中分离得到的化学成分主要包括生物碱类、酚类、黄酮类、三萜类、蒽醌类等。白花油麻藤具体化学成分见表29-1。

---

①见《中国植物志》第41卷第179页。

表 29-1　白花油麻藤化学成分

成分类别	主要化合物	参考文献
生物碱类	左旋多巴	[1—2]
三萜类	methyl asiatate、methyl maslinate、mucunagenin a、mucunagenin b、3-*O*-(6-*O*-methyl-*β-D*-glucuronopyranosyl) methyl asiatate、3-*O*-[*α-L*-arabinopyranosyl (1 → 2)]-6-*O*-methyl-*β-D*-glucuronopyranosyl methyl maslinate、3-*O*-[*α-L*-arabinopyranosyl (1 → 2)]-6-*O*-methyl-*β-D*-glucuronopyranosyl methyl asiatate、3-*O*-(6-*O*-methyl-*β-D*-glucuronopyranosyl) asiatate acid 28-*O*-*β-D*-glucupyranoside、表木栓醇、羽扇豆醇等	[2]
黄酮类	mucodianins A-F、芒柄花素、染料木素、8-甲雷杜辛、7,3'-二羟基-5'-甲氧基异黄酮、fomononetin 7-*O*-*β-D*-apiofuranosyl-(1 → 6)-*β-D*-glucopyranoside、7-hydroxy-4',8-dimethoxyisoflavone 7-*O*-*β-D*-apiofuranosyl-(1 → 6)-*β-D*-glucopyranoside、7-hydroxy-4',8-dimethoxyisoflavone 7-*O*-*β-D*-glucopyranoside、染料木素苷、retusin 7-*O*-*β-D*-glucopyranoside 等	[2—3]
酚类	2,6-二甲氧基苯酚、丁香酸、香草酸、*N*-反式-阿魏酰基酪胺、儿茶素、表儿茶素等	[2，4]
蒽醌类	大黄酚	[2]

表 29-2　白花油麻藤部分成分单体结构

	主要单体	结构式	CAS 号
1	左旋多巴		59-92-7
2	芒柄花素		485-72-3
3	染料木素		446-72-0

（接上表）

4	7,3'- 二羟基 -5'-甲氧基异黄酮	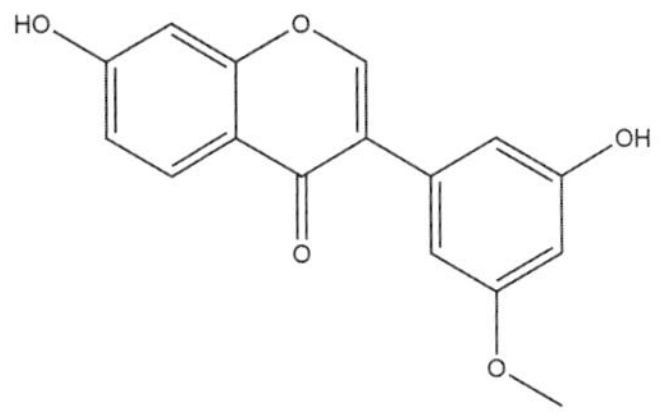	947611-61-2
5	大黄酚	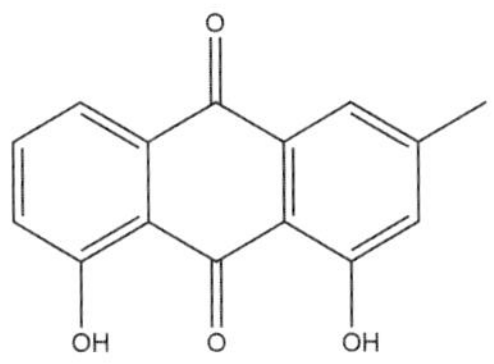	481-74-3
6	表木栓醇	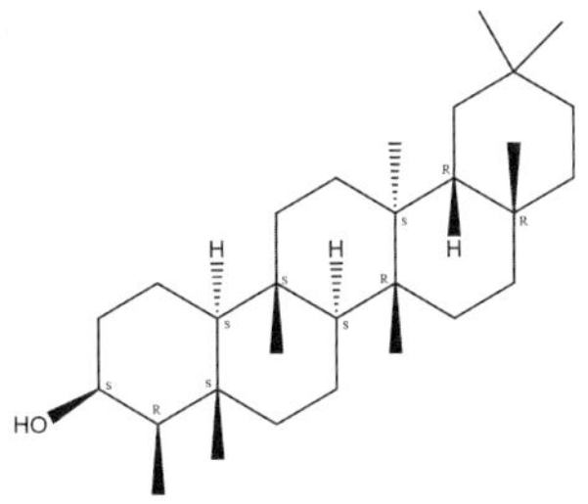	16844-71-6
7	羽扇豆醇	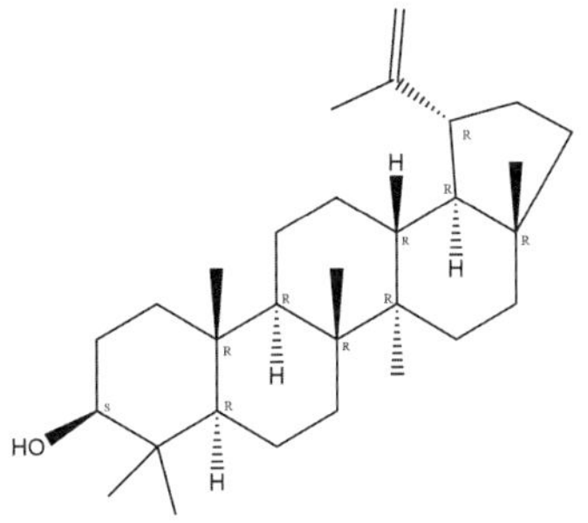	545-47-1

29.2.2　含量组成

与白花油麻藤化学成分含量相关的研究较少，目前仅查阅到其主要活性成分左旋多巴的含量信息，具体见表 29–3。

表 29-3　白花油麻藤中主要成分含量信息

成分	来源	含量（%）	参考文献
左旋多巴	种子	6.25—9.10	[1—2]

29.3　功效与机制

白花油麻藤具有补血、通经络、强筋骨作用，用于治疗贫血、白细胞减少症、月经不调和腰腿疼[5]。

29.3.1　抗氧化

白花油麻藤提取物纳米银颗粒具有较好的 DPPH 自由基清除活性和还原能力[6]。

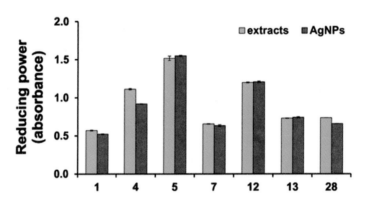

图 29-1　白花油麻藤提取物及其纳米银颗粒的还原能力（12 号为白花油麻藤茎的甲醇提取物及其纳米银颗粒）[6]

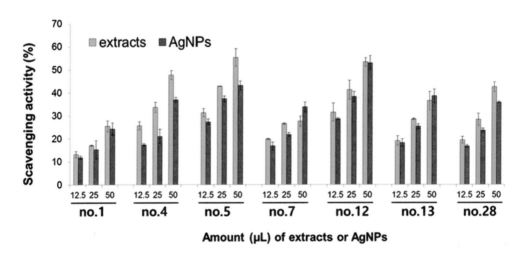

图 29-2　白花油麻藤提取物及其纳米银颗粒的 DPPH 自由基清除能力（12 号为白花油麻藤茎的甲醇提取物及其纳米银颗粒）[6]

29.3.2　抑菌

白花油麻藤超临界提取物对致蛀牙菌如粘放线菌、具核梭杆菌、牙龈卟啉单胞菌、产黑普氏菌均有抑制作用，对牙周炎和蛀牙龋齿有防治效果[7]。

29.3.3　美白

白花油麻藤提取物具有皮肤美白的作用[7]。

29.3.4　保湿

白花油麻藤水提取物 0.1％对透明质酸酶活性的抑制率达 97.7％，有保湿作用，可用于对干性皮肤的防治[7]。

29.4　成分功效机制总结

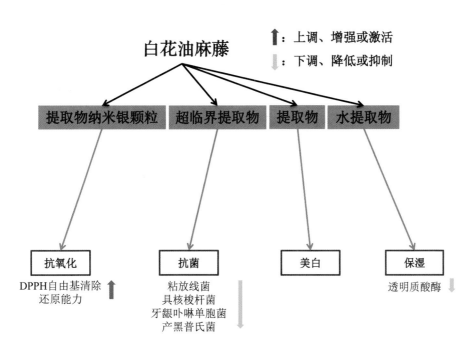

图 29-3　白花油麻藤成分功效机制总结图

　　白花油麻藤提取物纳米银颗粒具有抗氧化能力，可清除 DPPH 自由基，同时具有还原能力。白花油麻藤超临界提取物对致蛀牙菌如粘放线菌、具核梭杆菌、牙龈卟啉单胞菌、产黑普氏菌均有抑制作用，对牙周炎和蛀牙龋齿有防治效果。白花油麻藤提取物具有皮肤美白的作用。白花油麻藤水提取物对透明质酸酶活性有抑制作用，因此具有保湿作用，可用于对干性皮肤的防治。

参考文献

[1] 中国人民解放军一九九医院. 从野生植物白花油麻藤种子提取左旋多巴 [J]. 中草药通讯, 1979, 10(8): 7.

[2] 巩婷. 白花油麻藤和香花崖豆藤化学成分及生物活性研究 [D]. 北京协和医学院, 2010.

[3] Gong T, Zhang T, Wang D X, et al. Two new isoflavone glycosides from *Mucuna birdwoodiana*[J]. Journal of Asian Natural Products Research, 2010, 12(3): 199—203.

[4] Ahreum H, Woongchon M, Eunkyoung S. DNA strand-nicking principles of *Mucuna birdwoodiana*[J]. Natural Product Sciences, 2003, 9(2): 105—108.

[5] 田洪, 陈子渊, 潘善庆. 白花油麻藤水提取物补血作用的实验研究 [J]. 中医药导报, 2008, 14(11): 83—84.

[6] Ahn EY, Jin H, Park Y. Assessing the antioxidant, cytotoxic, apoptotic and wound healing properties of silver nanoparticles green-synthesized by plant extracts[J]. Materials Science & Engineering C, 2019: 332008415.

[7] 王建新, 新编化妆品植物原料手册 [M]. 北京: 化学工业出版社, 2020.

白及

30.1　基本信息

中 文 名	白及	
属　　名	白及属 *Bletilla*	
拉 丁 名	*Bletilla striata*（Thunb. ex Murray）Rchb. F.	
俗　　名	白芨	
分类系统	恩格勒系统（1964）	APG Ⅳ系统（2016）
	被子植物门 Angiospermae 单子叶植物纲 Monocotyledoneae 微子目 Microspermae 兰科 Orchidaceae	被子植物门 Angiospermae 木兰纲 Magnoliopsida 天门冬目 Asparagales 兰科 Orchidaceae
地理分布	陕西南部、甘肃东南部、江苏、安徽、浙江、江西、福建、湖北、湖南、广东、广西、四川和贵州等地；日本	
化妆品原料	白及（BLETILLA STRIATA）根/柄粉	
	白及（BLETILLA STRIATA）根粉	
	白及（BLETILLA STRIATA）根水	
	白及（BLETILLA STRIATA）根提取物	
	白及（BLETILLA STRIATA）茎提取物	
	白及（BLETILLA STRIATA）提取物	
	紫蓝花白芨（BLETIA HYACINTHINA）鳞茎提取物[1]	

A | B

A. 白及植株

B. 白及花

①据"植物智"（iplant）网站记载，名称"*Bletia hyacinthina*"已修订为"白及 *Bletilla Striata*"。

植株高 18—60 厘米。假鳞茎扁球形，上面具荸荠似的环带，富粘性。茎粗壮，劲直。叶 4—6 枚，狭长圆形或披针形，长 8—29 厘米，宽 1.5—4 厘米，先端渐尖，基部收狭成鞘并抱茎。花序具 3—10 朵花，常不分枝或极罕分枝；花序轴或多或少呈“之”字状曲折；花苞片长圆状披针形，长 2—2.5 厘米，开花时常凋落；花大，紫红色或粉红色；萼片和花瓣近等长，狭长圆形，长 25—30 毫米，宽 6—8 毫米，先端急尖；花瓣较萼片稍宽；唇瓣较萼片和花瓣稍短，倒卵状椭圆形，长 23—28 毫米，白色带紫红色，具紫色脉；唇盘上面具 5 条纵褶片，从基部伸至中裂片近顶部，仅在中裂片上面为波状；蕊柱长 18—20 毫米，柱状，具狭翅，稍弓曲。花期 4—5 月。①

白及干燥块茎药用。味苦、甘、涩，性微寒。归肺、肝、胃经。收敛止血，消肿生肌。用于咯血，吐血，外伤出血，疮疡肿毒，皮肤皲裂。②

30.2 活性物质

30.2.1 主要成分

目前，从白及中分离得到的化学成分主要有螺环烷甾类皂苷、联苄类、菲类和蒽醌类等，除此之外还有挥发油类、脂肪酸类及其他化合物。白及具体化学成分见表 30-1。

表 30-1 白及化学成分

成分类别	主要化合物	参考文献
螺环烷甾类皂苷	(1*α*,3*α*)-1-*O*-[(*β*-*D* 吡喃并吡喃糖基 -(1 → 2)-*α*-*L*- 鼠李糖吡喃糖基)]-3-*O*-*D*-吡喃葡糖基 -5*α* 螺旋体、(1*α*,3*α*)-1-*O*-[(*β*-*D*- 吡喃并吡喃糖基 -(1 → 2)-*α*-*L*-鼠李糖吡喃糖基) 氧基]-3-*O*-*D*- 吡喃吡喃糖基 -25(27)- 烯 -5*α*- 螺旋素、(1*α*,3*α*)-1-*O*-[(*β*-*D*- 吡喃吡喃糖基 -(1 → 2)-*α*-*L*- 鼠李糖基吡喃糖基) 氧基]-表皮生成素、(1*α*, 3*α*)-1-*O*-[(*β*-*D*- 吡喃糖基 -(1 → 2)-*α*-*L*- 鼠李糖基吡喃糖基) 氧基]- 肾上腺皮质激素、Bletilnoside A 等	[1]

①见《中国植物志》第 18 卷第 50 页。

②参见《中华人民共和国药典》(2020 年版）一部第 106 页。

（接上表）

蒽醌类	7-羟基-2-甲氧基菲-3,4-二酮、3',7',7-三羟基-2,2',4'-三甲氧基-[1,8-联菲]-3,4-二酮等	[1]
菲类	4,7,3',5'-四甲氧基-9',10'-二氢 1,2'-联菲-2,7'-二醇、4,7,7'-三甲氧基-9',10'-二氢 1,3'-联菲-2,2',5'-三醇、4,7,4'-三甲氧基-9',10'-二氢 1,1'-联菲-2,2',7'-三醇、4,7,3',5'-四甲氧基-9',10'-二氢 1,1'-联菲-2,2',7'-三醇、1-对羟基苄基-4,7-二甲氧基菲-2-醇、1-对羟基苄基-4,7-二甲氧基菲-2,8-二醇、1-对羟基苄基-4,7-二甲氧基菲-2,6-二醇、4,7-二羟基-2-甲氧基-9,10-二氢菲、4,7-二羟基-1-(对-羟苄基)-2-甲氧基-9,10-二氢菲、白及联菲 A、白及联菲 B、白及联菲 C、白及联菲醇 A、白及联菲醇 B、白及联菲醇 C、白及菲螺醇、2,7-二羟基-4-甲氧基菲等	[1—2]
联苄类	3,3'-二羟基-2-(对-羟苄基)-5-甲氧联苄、3,3'-二羟基-2,6-二(对-羟苄基)-5-甲氧基联苄、3',5-二羟基-2-(对-羟苄基)-3-甲氧联苄、5-羟基-2-(对羟基苄基)-3-甲氧基联苄、shanciguol、shancigusin B、arundinan 等	[2]
挥发油类	3-甲基丁醛、乙酸、3-甲基-1-丁醇、4-氨基-3-甲基苯酚、乙偶姻等	[3]
脂肪酸类	亚油酸、棕榈酸、山嵛酸、木蜡酸、肉豆蔻酸等	[4]
花色素类	白及花色素苷 1、白及花色素苷 2、白及花色素苷 3、白及花色素苷 4等	[2]
其他类	β-谷甾醇棕榈酸酯、环巴拉甾醇、大黄素甲醚、原儿茶酸、咖啡酸、桂皮酸、丁香树脂酚、3'-O-甲基山药素 III 等	[2]

表 30-2　白及成分单体结构

序号	主要单体	结构式	CAS 号
1	白及联菲 B	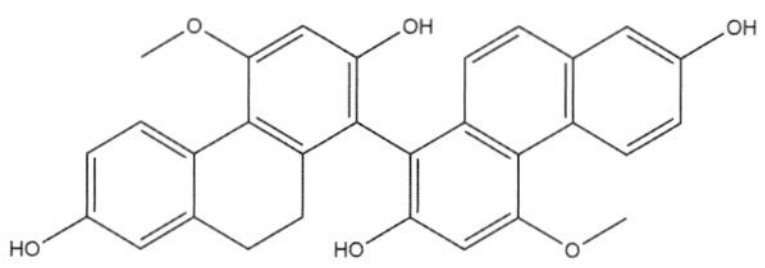	127211-03-4
2	3-甲基丁醛	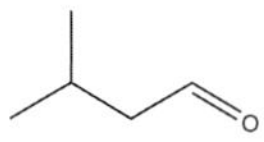	590-86-3

30.2.2　含量组成

白及的成分含量研究集中在挥发油、多糖等方面，其主要成分含量信息具体见表 30-3。

表 30-3　白及成分含量信息

成分	来源	含量（%）	参考文献
挥发油	块茎	0.35—1.28	[3][5]
多糖	块茎	24.7—64.83	[6—8]
多酚	须根	1.902	[9]
白及胶	块茎	2.7669—33.70	[10—11]

30.3　功效与机制

白及为兰科植物白及的干燥块茎，是一种用药历史悠久的常用中药，其性微寒，味苦、涩、甘，含有大量的黏胶质，具有收敛止血、消肿生肌的功效[12]。白及主要有抗炎、抗氧化、抑菌、抗衰老、美白和保湿功效。

30.3.1　抗炎

白及富含多种抗炎活性成分，能有效抑制白细胞介素 -1β（IL-1β）、白细胞介素 -6（IL-6）和肿瘤坏死因子 -α（TNF-α）等炎症因子的表达，抑制脂多糖（LPS）处理后诱导型一氧化氮合酶（iNOS）、环氧合酶 -2（COX-2）和 NF-κB p65 的表达增加[2, 13]。在 PM2.5 肺损伤模型中，白及及其所含化合物可抑制 IL-6、TNF-α 的表达，抑制 Toll 样受体 4（TLR4）、Toll 样受体 2（TLR2）和 COX-2 的上调，减少 NF-κB 通路相关蛋白的表达[14-15]。白及提取物可抑制 IL-1β、IL-6、

TNF-α，并抑制 LPS 诱导的 NF-κB 激活，从而发挥抗炎活性[16-18]。白及醇提物对 PM2.5 所引起的炎症因子表达增高有明显抑制效果，具有潜在的抗肺炎作用[2]。白及根乙醇提取物选择性抑制 COX-2，发挥抗炎作用[19]。白及块茎中提取的化合物具有一氧化氮（NO）抑制活性[20-21]。

白及多糖能剂量依赖性地抑制血管紧张素 II 诱导产生活性氧（ROS），通过 NADPH 氧化酶 4（NOX 4）和 TLR 2/My D88 途径调节其抗炎功能，减轻炎症反应[2, 22]。此外，白及多糖可以显著下调炎症反应标记物，如 IL-1β、TNF-α、COX-2 和 iNOS，并上调基质金属蛋白酶抑制剂 -1（TIMP-1）和转化生长因子 -β1（TGF-β1），从而发挥抗炎作用[23]。白及多糖通过降低促炎因子 IL-1β、IL-6、IL-18、TNF-α，抑制 NF-κB 通路，升高抗炎因子白细胞介素 -10（IL-10）而发挥抗炎作用[24-25]。白及甘露聚糖对小鼠耳郭肿胀有明显对抗作用，能明显抑制热板和醋酸所致小鼠疼痛，减少热板引起的小鼠疼痛反应和减少扭体次数，发挥抗炎作用[26]。

表 30-4　各组大鼠肺泡灌洗液中 TNF-α、IL-6 和
ROS 水平比较（$\bar{x} \pm s$，n=8）[14]

组别	TNF-α（pg/mL）	IL-6（pg/mL）	ROS（IU/mL）
正常组	244.47±19.22	96.86±17.66	255.67±15.39
模型组	321.72±21.98**	159.34±21.35**	383.65±13.76**
白及低剂量组	319.11±27.64△	148.55±31.27△	367.34±9.92△
白及中剂量组	285.69±30.13△△	125.13±24.54△	327.12±11.55△△
白及高剂量组	269.25±24.35△△	103.96±19.48△△	297.73±11.27△△

注：与正常组比较，**P<0.01；与模型组比较，△P<0.05，△△P<0.01。

东亚肌肤健康研究中心制备了白及根提取物（CT144），并对其进行了抗炎活性研究，发现 CT144 具有一定的抗炎功效。

（1）在紫外炎症模型中，不同浓度的 CT144 具有明显的降低细胞中 IL-6 含量的作用，并且呈现一定的浓度依赖性。不同浓度的 CT144 均可以降低模型细胞中 IL-8 含量。

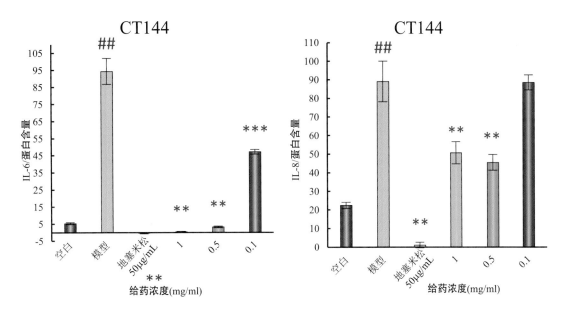

图 30-1　不同浓度 CT144 对紫外炎症模型中 IL-6 和 IL-8 含量的影响

注：#，与空白组比，$P<0.05$；##，与空白组比，$P<0.01$；###，与空白组比，$P<0.001$；*，与模型组比，$P<0.05$；**，与模型组比，$P<0.01$；***，与模型组比，$P<0.001$。

（2）在 LSP 炎症模型中，不同浓度的 CT144 均不能降低模型细胞中 IL-6 和 IL-8 的含量。

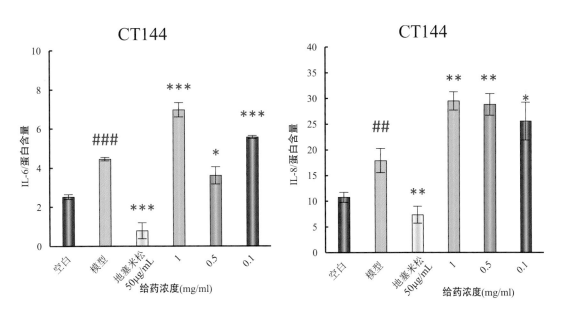

图 30-2　不同浓度 CT144 对 LSP 炎症模型中 IL-6 和 IL-8 含量的影响

注：#，与空白组比，$P<0.05$；##，与空白组比，$P<0.01$；###，与空白组比，$P<0.001$；*，与模型组比，$P<0.05$；**，与模型组比，$P<0.01$；***，与模型组比，$P<0.001$。

30.3.2 抗氧化

白及醇提物聚酰胺富集部位能够降低氧化系统中丙二醛（MDA）、NO 的含量及提高氧化系统中超氧化物歧化酶（SOD）的含量来治疗大鼠矽肺[27]。白及中的化合物 Militarine 能减少 ROS 产生，治疗大鼠肺损伤[15]。白及提取物可显著降低乳酸脱氢酶（LDH）、MDA、NO 等氧化因子的水平，从而改善亚急性肺损伤[28]。白及醇提物与水提物对 DPPH 自由基具有一定的清除作用[29]。白及 5 个不同极性萃取物（正己烷萃取物、二氯甲烷萃取物、乙酸乙酯萃取物、正丁醇萃取物和水萃取物）具有较强的抗氧化活性，其还原能力和对 DPPH、ABTS 自由基的清除能力与其浓度呈现良好的线性依赖关系[30]。白及须根具有良好的 DPPH、ABTS 自由基清除能力和铁还原抗氧化能力，其抗氧化活性与浓度呈显著正相关[9, 31]。白及花与块茎石油醚部位具有 DPPH 自由基、ABTS 自由基和羟基自由基的清除活力[32]。白及花中脂溶性成分对 DPPH 自由基、ABTS 自由基和羟基自由基具有清除能力[33]。

白及多糖具有 DPPH 自由基、羟基自由基、超氧阴离子自由基清除能力[23, 34]。白及多糖能够降低肝组织中丙氨酸氨基转移酶（ALT）活性，降低三酰甘油（TG）含量，增加 SOD 水平和还原型谷胱甘肽（GSH）含量，改善酒精性肝损伤[35]。白及多糖能够降低胃溃疡大鼠血清中 MDA 含量，提高 SOD 含量，促进胃黏膜修复[36]。可溶性磷酸酯化白及多糖对羟基自由基具有较高的清除能力[37]。白及须根中分离得到的多糖能有效清除 DPPH 自由基和超氧阴离子自由基[38]。

白及总酚粗提液及纯化液具有 DPPH 自由基、羟基自由基、超氧阴离子自由基清除能力[39]。白及多酚对 DPPH 自由基、羟基自由基和超氧阴离子自由基具有清除能力[40]。

表 30-5 白及多糖（BT01）对乙酸型胃溃疡大鼠血清中 MDA
和 SOD 含量的影响（$\bar{x} \pm s$）[36]

组别	n	剂量 （mg·kg⁻¹）	MDA 含量 （nmol·mL⁻¹）	SOD （U·mL⁻¹）
空白对照	8	—	7.23±0.95	161.33±5.09
BT01	8	25	5.99±0.49	169.15±6.52
		50	5.24±0.56*	172.14±15.34
		100	4.45±1.49*	181.39±11.97*
雷尼替丁组	8	30	5.13±0.88*	144.95±10.79

注：与空白对照组相比，*$P<0.05$，**$P<0.01$。

东亚肌肤健康研究中心制备了白及根茎醇提取物、白及花水层提取物和白及叶乙酸乙酯提取物，并对三种提取物进行了抗氧化活性研究，发现三种提取物均具有一定的抗氧化功效。

（1）白及根茎醇提取物具有一定的抗氧化作用。DPPH 法测定的白及根茎醇提取物对自由基清除率 IC_{50} 为 217.54 ± 8.61 μg/mL；水杨酸法测定的白及根茎醇提取物对羟基自由基的清除率 IC_{50} 为 1.14 ± 0.15 mg/mL；ABTS 法测定的白及根茎醇提取物对自由基清除率 IC_{50} 为 80.13 ± 6.63 μg/mL；铁氰化钾法测定白及根茎醇提取物对铁离子的还原能力显示：白及根茎醇提取物在 0.39 ± 0.02 mg/mL 浓度下，对铁离子的还原能力与 2 mg/mL 的维生素 C 的铁离子还原能力的 50% 相当。

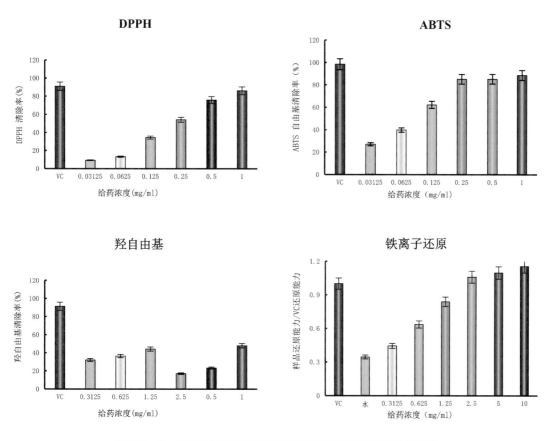

图 30-3　不同浓度白及根茎醇提取物对氧化指标的影响

（2）白及花水层提取物具有一定的抗氧化作用。DPPH 法测定的白及花水层提取物对自由基清除率 IC_{50} 为 0.44 ± 0.07 mg/mL；水杨酸法测定的白及花水层提取物对羟基自由基的清除率 IC_{50} 为 2.81 ± 1.25 mg/mL；ABTS 法测定的白及花水层提取

物对自由基清除率 IC_{50} 为 142.10 ± 5.86 μg/mL；铁氰化钾法测定白及花水层对铁离子的还原能力显示：白及花水层提取物在 0.08 ± 0.02 mg/mL 浓度下，对铁离子的还原能力与 2 mg/mL 的维生素 C 的铁离子还原能力的 50% 相当。

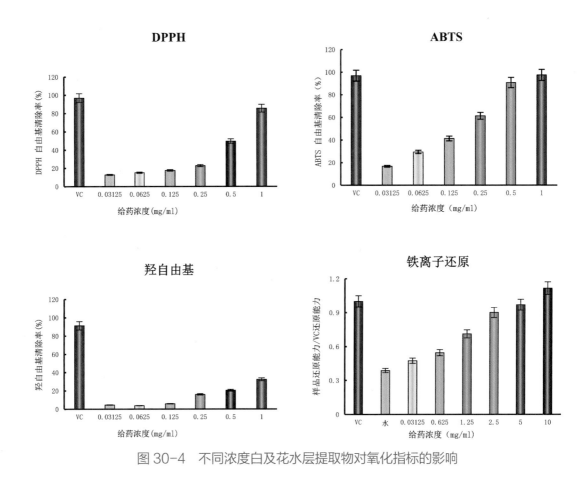

图 30-4　不同浓度白及花水层提取物对氧化指标的影响

（3）白及叶乙酸乙酯层提取物具有较弱的抗氧化作用。DPPH 法测定的白及叶乙酸乙酯层提取物对自由基清除率 IC_{50} 为 0.26 ± 0.03 mg/mL；水杨酸法测定的白及叶乙酸乙酯层提取物对羟基自由基的清除率 IC_{50} 为 3.68 ± 1.95 mg/mL；ABTS 法测定的白及叶乙酸乙酯层提取物对自由基清除率 IC_{50} 为 0.10 ± 0.01 mg/mL；铁氰化钾法测定白及叶乙酸乙酯层提取物对铁离子的还原能力显示：白及叶乙酸乙酯层提取物在 0.44 ± 0.02 mg/mL 浓度下，对铁离子的还原能力与 2 mg/mL 的维生素 C 的铁离子还原能力的 50% 相当。

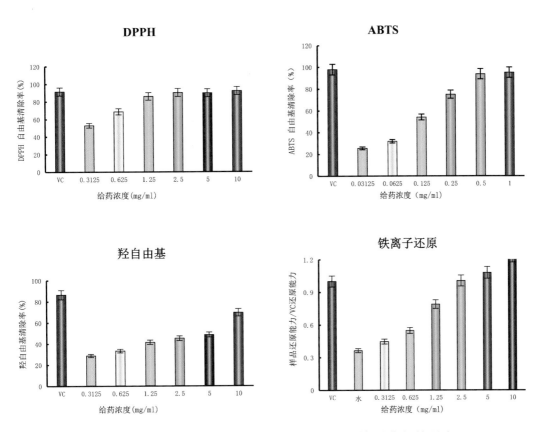

图30-5　不同浓度白及叶乙酸乙酯层提取物对氧化指标的影响

30.3.3　抑菌

白及水煎剂对变异链球菌有抑制作用[41]。白及提取液对大肠杆菌、枯草芽孢杆菌、金黄色葡萄球菌、酵母菌具有抑制作用[42-43]。高浓度白及提取液对变异链球菌有直接抑菌作用，因而具有抗龋作用[44]。白及的甲醇提取物、正己烷萃取物和二氯甲烷萃取物对大肠杆菌、金黄色葡萄球菌、枯草芽孢杆菌和铜绿假单胞菌均具有较好的抑菌效果，以二氯甲烷萃取物的抑菌活性最显著[45]。白及乙醇提取物可增强金黄色葡萄球菌、大肠杆菌、肺炎克雷伯菌、铜绿假单胞菌对头孢曲松的敏感性[46]。白及花石油醚部位成分对枯草芽孢杆菌效果最好[32]。白及花脂溶性成分对枯草芽孢杆菌、金黄色葡萄球菌、大肠杆菌、白色念珠菌四种致病菌有明显的抑菌效果[33]。白及须根中分离得到的化合物对金黄色葡萄球菌、表皮葡萄球菌、大肠杆菌、粪肠球菌及枯草芽孢杆菌等革兰氏阳性菌具有中等强度的抗菌作用[47-50]。

白及多糖对大肠杆菌、金黄色葡萄球菌、变形杆菌、枯草芽孢杆菌及黑曲霉菌等均有抑制作用[51-53]。从白及中分离出的联苄衍生物能明显抑制金黄色葡萄球菌、枯草芽孢杆菌和耐甲氧西林金黄色葡萄球菌的活性[1]。白及块茎及须根中所含的菲类和联苄类化合物能有效抑制金黄色葡萄球菌增殖[2, 54-55]。

表 30-6　抑菌实验结果[51]

白及多糖溶液浓度（mg/mL）	抑菌圈直径（mm）			
	大肠杆菌	金黄色葡萄球菌	黑曲霉菌	枯草芽孢杆菌
40	15.186±0.323	18.830±0.653	14.625±0.139	16.533±0.375
20	14.625±0.369	17.330±0.175	14.063±0.472	13.813±0.905
10	13.500±0.501	16.996±0.806	13.515±0.612	12.654±0.248
5	9.210±0.098	11.643±0.126	10.005±0.278	9.734±0.347

注：以上实验数据均为"平均值 ± 标准差"。

30.3.4　抗衰老

白及多糖可通过升高卵巢血管内皮生长因子（VEGF）的蛋白表达、降低血清MDA 的水平，改善子宫功能，从而延缓大鼠围绝经期的进程[56]。白及多糖对过氧化氢诱导的退行性关节疾病具有治疗效果[57]。白及多糖通过胰岛素和胰岛素样生长因子（IGF）信号通路，发挥对线虫的抗衰老作用[12]。

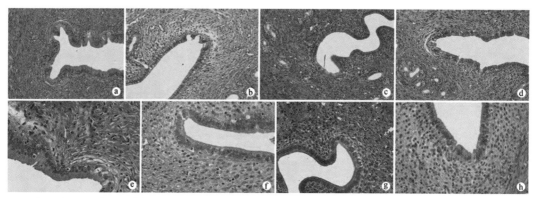

a:老年对照组（HE ×200）；b:白芨多糖低剂量组（HE ×200）；c:白芨多糖中剂量组（HE ×200）；d:白芨多糖高剂量组（HE ×200）
e:老年对照组（HE ×400）；f:白芨多糖低剂量组（HE ×400）；g:白芨多糖中剂量组（HE ×400）；h:白芨多糖高剂量组（HE ×400）

图 30-6　白及多糖对大鼠子宫内膜形态的影响[56]

东亚肌肤健康研究中心对白及根茎醇提取物、白及花水层提取物和白及叶乙酸乙酯提取物进行了抗衰老活性研究，发现仅白及花水层提取物具有一定的抗衰老作用。

（1）白及根茎醇提取物降低了成纤维细胞中弹性蛋白的表达水平，对透明质酸、胶原蛋白表达没有明显的影响。

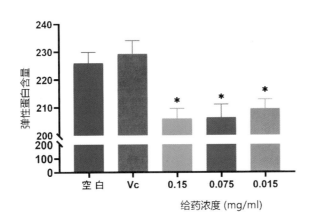

图 30-7　不同浓度白及根茎醇提取物对弹性蛋白的影响

注：#，表示模型组 vs 空白组，$P<0.05$；*，表示实验组 vs 模型组，$P<0.05$。

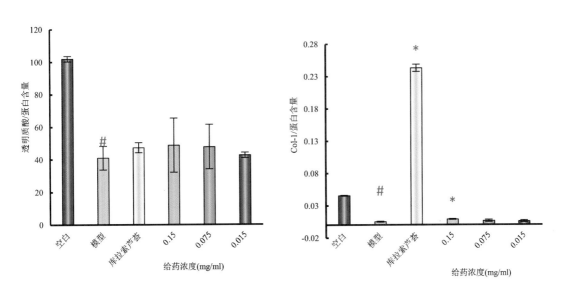

图 30-8　不同浓度白及根茎醇提取物对透明质酸和胶原蛋白（CoL-I）的影响

注：#，表示模型组 vs 空白组，$P<0.05$；*，表示实验组 vs 模型组，$P<0.05$。阳性对照为库拉索芦荟。

（2）白及花水层提取物可以增加成纤维细胞中透明质酸的表达，而对胶原蛋白和弹性蛋白的表达没有明显的影响。

（3）白及叶乙酸乙酯层对成纤维细胞中透明质酸、胶原蛋白和弹性蛋白的表达没有明显的影响。

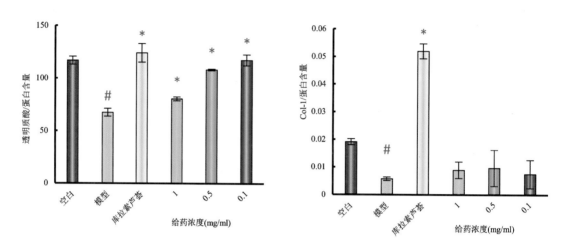

图 30-9　不同浓度白及花水层提取物对透明质酸和胶原蛋白（CoL-I）的影响

注：#，表示模型组 vs 空白组，$P<0.05$；*，表示实验组 vs 模型组，$P<0.05$。阳性对照为库拉索芦荟。

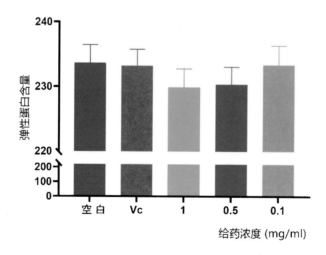

图 30-10　不同浓度白及花水层提取物对弹性蛋白的影响

注：#，表示模型组 vs 空白组，$P<0.05$；*，表示实验组 vs 模型组，$P<0.05$。

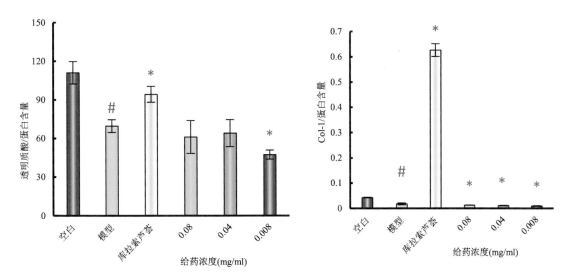

图 30-11　不同浓度白及叶乙酸乙酯层对透明质酸和胶原蛋白（CoL-I）的影响

注：#，表示模型组 vs 空白组，$P<0.05$；*，表示实验组 vs 模型组，$P<0.05$。阳性对照为库拉索芦荟。

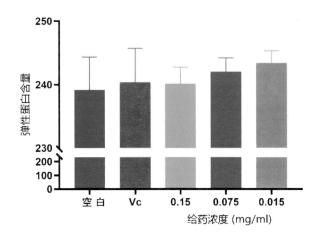

图 30-12　不同浓度白及叶乙酸乙酯层提取物对弹性蛋白的影响

注：#，表示模型组 vs 空白组，$P<0.05$；*，表示实验组 vs 模型组，$P<0.05$。

30.3.5　美白

白及对酪氨酸酶具有显著的抑制作用，从而有效减少黑色素的生成，起到美白作用[2]。白及须根对酪氨酸酶具有抑制作用[31]。白及水提取物可以通过抑制酪氨酸酶活性来抑制黑色素合成，这为临床使用白及治疗黄褐斑提供了实验依据[58]。白及醇提物对酪氨酸酶具有良好的抑制作用[29]。

白及多糖可能通过抑制酪氨酸酶的活性和蛋白表达及小眼畸形相关转录因子（MITF）的蛋白表达，起到抑制黑色素生成的作用[59]。白及须根多酚能显著抑制酪氨酸酶活性，且抑制效果优于阳性对照 VC[9]。

表 30-7　各组细胞黑色素生成抑制率
比较（$\bar{x} \pm s$，%）[59]

组别	n	黑色素生成抑制率
模型组（α-MSH）	6	0.00±0.00
0.1 g/L 曲酸组	6	20.60±0.01[**]
0.2 g/L 曲酸组	6	24.38±0.01[**]
0.4 g/L 曲酸组	6	25.62±0.01[**]
0.05 g/L 白及多糖组	6	16.52±0.02[*]
0.1 g/L 白及多糖组	6	21.34±0.01[**##]
0.2 g/L 白及多糖组	6	28.03±0.01[**##]
0.4 g/L 白及多糖组	6	30.06±0.01[**##]
0.8 g/L 白及多糖组	6	32.09±0.01[**##]

注：与模型组比较，[*]$P<0.05$，[**]$P<0.01$；与 0.05 g/L 白及多糖组比较，[##]$P<0.01$。

东亚肌肤健康研究中心制备了白及根提取物（CT145），并对其进行了美白活性研究，发现 CT145 具有一定的美白功效。

（1）不同浓度的 CT145 对促黑素模型中黑色素的合成和酪氨酸酶的活性具有明显的抑制作用。

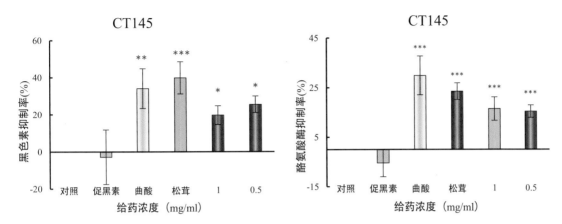

图 30-13　不同浓度 CT145 对促黑素模型中黑色素及酪氨酸酶的影响

注：#，与空白组比，$P<0.05$；##，与空白组比，$P<0.01$；###，与空白组比，$P<0.001$；*，与模型组比，$P<0.05$；**，与模型组比，$P<0.01$；***，与模型组比；$P<0.001$。

（2）不同浓度的 CT145 对组胺模型中黑色素的合成和酪氨酸酶的活性具有明显的抑制作用。

（3）不同浓度的 CT145 对 B16F10 细胞和 PAM212 细胞模型中黑色素小体的转运没有明显的抑制作用。

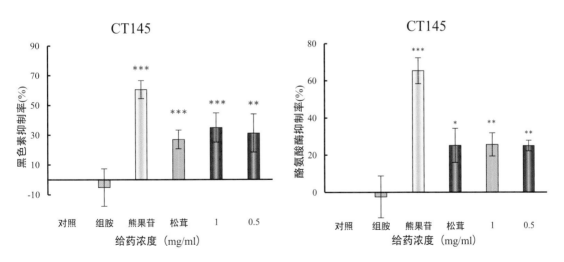

图 30-14　不同浓度 CT145 对组胺模型中黑色素及酪氨酸酶的影响

注：#，与空白组比，$P<0.05$；##，与空白组比，$P<0.01$；###，与空白组比，$P<0.001$；*，与模型组比，$P<0.05$；**，与模型组比，$P<0.01$；***，与模型组比；$P<0.001$。

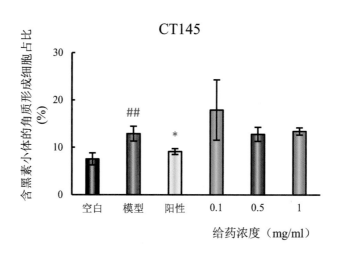

图 30-15　不同浓度 CT145 对黑色素小体转运的影响

注：#，与空白组比，$P<0.05$；##，与空白组比，$P<0.01$；###，与空白组比，$P<0.001$；*，与模型组比，$P<0.05$；**，与模型组比，$P<0.01$；***，与模型组比，$P<0.001$

30.3.6　保湿

皮肤水分测试结果表明，含白及多糖液的面霜具有良好的保湿效果[60]。白及多糖分子含有多羟基和羧基结构，可与水分子形成氢键网络，从而锁住水分。除此之外，白及多糖是一种黏多糖，其特殊的分子结构可在皮肤表面铺展形成一层均一的保护膜。保护膜将皮肤与外界环境进行隔离，使角质层水化，保存皮肤自身的水分[61]。磷酸酯化白及多糖在化妆品中添加量在 10%—20% 之间即可达到比较理想的保湿效果，是良好的保湿剂[37]。

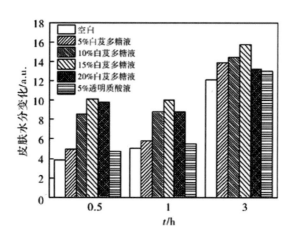

图 30-16　涂抹白及多糖霜后不同时间测定的皮肤水分变化[60]

30.4　成分功效机制总结

白及主要有抗炎、抗氧化、抑菌、抗衰老、美白和保湿功效。它的抗炎机制主要通过抑制 iNOS、TNF-α、IL-1β、IL-6 等的表达，上调 IL-10 的表达；抗氧化活性与各种自由基清除能力上调和 MDA 表达下降有关。白及可抑制枯草芽孢杆菌、金黄色葡萄球菌、表皮葡萄球菌、大肠杆菌、粪肠球菌、白色念珠菌、酵母菌、变异链球菌、铜绿假单胞菌、肺炎克雷伯菌、黑曲霉菌等细菌和真菌的生长。白及多糖可延缓大鼠围绝经期的进程，对过氧化氢诱导的退行性关节疾病具有治疗效果。白及多糖对线虫具有抗衰老作用。白及可抑制色素沉着和酪氨酸酶，具有潜在的美白功效。白及可形成保护膜将皮肤与外界环境进行隔离，使皮肤水分蒸发、角质层水化，保存皮肤自身的水分，具有保湿的功效。

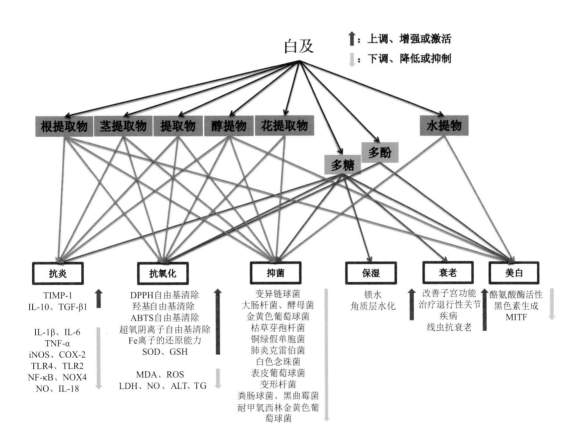

图 30-17　白及成分功效机制总结图

参考文献

[1] 孔伟华，徐建波，崔琦，等 . 白及化学成分、药理作用和白及多糖提取工艺的研究进展 [J]. 中医药信息 , 2021, 38(9): 69—78.

[2] 王未希，杨兴玉，朱炳祺 . 白及化学成分及应用的研究进展 [J]. 光明中医 , 2021, 36(7): 1183—1186.

[3] 熊光华，周细根，肖凤 . 药用植物白芨块茎挥发油组分的 GC-MS 分析及成分鉴定 [J]. 井冈山大学学报 (自然科学版), 2020, 41(6): 46—50.

[4] 吴健，项峥，许颖，等 . GC-MS 分析中药白及中脂肪酸成分 [J]. 食品与药品 , 2014, 16(6): 428—430.

[5] 金智伟，杨维雄，尹建华，等 . 响应曲面法优化白及挥发性成分提取工艺 [J]. 桉树科技 , 2021, 38(3): 47—53.

[6] 葛雯，陈宏降，罗益远，等 . 白及多糖的研究进展 [J]. 人参研究 , 2021, 33(3): 55—59.

[7] 王宝才 . BP-ANN 结合正交试验设计优化白及多糖提取工艺研究 [J/OL]. 中国医院药学杂志 , 2021: 1—6.

[8] 朱富成，罗书岚，郑宣，等 . 大别山白及多糖酶法辅助提取及活性研究 [J]. 天然产物研究与开发 , 2020, 32(8): 1389—1395+1323.

[9] 陈向阳，宋武，檀小菲，等 . 白及须根多酚提取工艺优化及其抗氧化、酪氨酸酶抑制活性研究 [J]. 天然产物研究与开发 , 2020, 32(7): 1134—1142.

[10] 周忠东，陈劲柏，王建平 . 正交试验优选白芨胶的提取工艺 [J]. 中国药房 , 2014, 25(23): 2141—2142.

[11] 谢崇义，吴杨，李国忠 . 白及胶提取工艺的优选 [J]. 安徽医药 , 2004, 8(6): 406—408.

[12] 左世梅 . 药用植物白及化学成分和药理作用研究进展 [J]. 中国现代医生 , 2021, 59(4): 189—192.

[13] Zhang CC, Ning DD, Pan JL, et al. Anti-inflammatory effect fraction of *Bletilla striata* and its protective effect on LPS-induced acute lung injury[J]. Mediators of Inflammation, 2021: 6684120.

[14] 高俊，钱苏海，丁志山，等 . 白及对 PM2.5 致大鼠肺损伤的治疗作用 [J]. 中华中医药杂志 , 2019, 34(9): 4302—4305.

[15] Tian SX, Cheng W, Lu JJ, et al. Role of militarine in PM 2. 5-induced BV-2 cell damage[J]. Neurochemical Research, 2021, 46: 1423—1434.

[16] 蒋福升，李美芽，盛振华，等. 白及提取物对炎症因子抑制活性的谱效关系分析 [J]. 中药材，2018, 41(11): 2655—2661.

[17] Wang YJ, Huang WZ, Zhang JZ, et al. The therapeutic effect of *Bletilla striata* extracts on LPS-induced acute lung injury by the regulations of inflammation and oxidation[J]. The Royal Society of Chemistry, 2016: 1—9.

[18] Jiang FS, Li MY, Wang HY, et al. Coelonin, an anti-inflammation active component of *Bletilla striata* and its potential mechanism[J]. International Journal of Molecular Sciences, 2019, 20: 4422.

[19] Wang W, Meng H. Cytotoxic, anti-inflammatory and hemostatic spirostane-steroidal saponins from the ethanol extract of the roots of *Bletilla striata*[J]. Fitoterapia, 2015, 101: 12—18.

[20] Nishidono Y, Ishii T, Okada R, et al. Effect of heat processing on the chemical constituents and NO-suppressing activity of *Bletilla Tuber*[J]. Journal of Natural Medicines, 2019: 1—8.

[21] Li JY, Kuang MT, Yang L, et al. Stilbenes with anti-inflammatory and cytotoxic activity from the rhizomes of *Bletilla ochracea* Schltr[J]. Fitoterapia, 2018: 1—6.

[22] Yue L, Wang W, Wang Y, et al. *Bletilla striata* polysaccharide inhibits angiotensin II-induced ROS and inflammation via NOX4 and TLR2 pathways[J]. International Journal of Biological Macromolecules, 2016, 89: 376—388.

[23] Ji XL, Yin MS, Nie H, et al. A review of isolation, chemical properties, and bioactivities of polysaccharides from *Bletilla striata*[J]. BioMed Research International, 2020: 5391379.

[24] 王川. 白及多糖抗溃疡性结肠炎作用研究 [D]. 苏州大学，2018.

[25] Zhang C, Gao F, Gan S, et al. Chemical characterization and gastroprotective effect of an isolated polysaccharide fraction from *Bletilla striata* against ethanol-induced acute gastric ulcer[J]. Food and Chemical Toxicology, 2019: 3—37.

[26] 王红英. 白及甘露聚糖抗胃溃疡及抗炎、镇痛作用的实验研究 [J]. 浙江中医药大学学报，2009, 33(1): 119—121.

[27] 史珍珍. 白及对矽肺的治疗作用研究及其机理探讨 [D]. 浙江中医药大学, 2015.

[28] 姚玥, 沈颖芝, 李伟, 等. 白及提取物对 PM 2.5 致小鼠亚急性肺损伤的干预作用研究 [J]. 中华中医药学刊, 2021, 39(12): 33—36+276—277.

[29] 陈美君, 刘珈羽, 李峰庆, 等. 中药白及抑制酪氨酸酶及清除 DPPH 自由基的有效部位筛选及其制备工艺考察 [J]. 成都中医药大学学报, 2017, 40(2): 15—19.

[30] 胡长玉, 吴永祥, 吴丽萍, 等. 白芨活性成分的抗氧化和对 α- 淀粉酶的抑制作用 [J]. 天然产物研究与开发, 2018, 30(6): 915—922.

[31] Jiang FS, Li WP, Huang YF, et al. Antioxidant, antityrosinase and antitumor activity comparison: The potential utilization of fibrous root part of *Bletilla striata*(Thunb.) Reichb. f. [J]. Plos One, 2013, 8(2): e58004.

[32] 罗阳兰, 邓百万, 刘军生, 等. 白及花与块茎石油醚部位成分分析及其生物活性的比较研究 [J]. 中国现代应用药学, 2019, 36(4): 444—450.

[33] 解修超, 刘军生, 罗阳兰, 等. 白及花脂溶性成分提取工艺优化及其生物活性分析 [J]. 食品工业科技, 2019, 40(4): 200—206.

[34] 吴诗惠, 王剑波, 开拓, 等. 白及多糖超声提取工艺及其抗氧化活性研究 [J]. 世界中医药, 2020, 15(17): 2556—2560.

[35] 贺国芳, 丁伊玲, 徐清霞, 等. 白及多糖对小鼠急性酒精性肝损伤的保护作用 [J]. 中国医院药学杂志, 2015, 35(18): 1658—1661.

[36] 王重洋, 林海鸣, 刘江云, 等. 白芨多糖抗实验性胃溃疡的研究 [J]. 中医药信息, 2011, 28(2): 11—13.

[37] 王益莉. 磷酸酯化白芨多糖的制备及其在化妆品中的应用 [D]. 上海应用技术大学, 2018.

[38] Chen ZY, Zhao Y, Zhang MK, et al. Structural characterization and antioxidant activity of a new polysaccharide from *Bletilla striata* fibrous roots[J]. Carbohydrate Polymers, 2020, 227: 115362.

[39] 彭焱. 栽培白及品质评价与总酚提取及抗氧化性研究 [D]. 吉首大学, 2019.

[40] 彭焱, 唐克华, 董爱文. 大孔树脂纯化白及多酚及其体外抗氧化活性研究 [J]. 林产化学与工业, 2019, 39(4): 91—99.

[41] 陈玉, 张晓芳, 朱剑东. 五倍子、白芨、龙胆草对变异链球菌影响的研究 [J]. 临床口腔医学杂志, 2008, 24(3): 147—148.

[42] 蔡年春, 胡仁火, 李亚男, 等. 六种中草药提取液的抑菌杀菌作用研究 [J]. 咸宁学院学报,

2009, 29(3): 130—131.

[43] He XR, Fang JC, Wang XX, et al. *Bletilla striata*: Medicinal uses, phytochemistry and pharmacological activities[J]. Journal of Ethnopharmacology, 2016: 3—10.

[44] 饶瑞瑛, 任元雪, 李欣瑜, 等. 白及提取物抗变异链球菌致龋效果的研究 [J]. 中国微生态学杂志, 2018, 30(3): 291—295+299.

[45] 吴永祥, 程满怀, 江海涛, 等. 白及萃取物的抑菌活性及其二氯甲烷萃取物化学成分分析 [J]. 食品与机械, 2017, 33(12): 76—79.

[46] 陈芳, 彭音, 李军, 等. 白及和栀子乙醇提取物对常见病原菌抗生素敏感性的影响 [J]. 中医药导报, 2019, 25(17): 37—41.

[47] 颜智, 刘刚, 刘育辰, 等. 白及化学成分、药理活性及质量评价研究进展 [J]. 广州化工, 2018, 46(16): 42—44+48.

[48] 俞杭苏, 代斌玲, 钱朝东, 等. 白及须根化学成分及其体外抗菌活性研究 [J]. 中药材, 2016, 39(3): 544—547.

[49] 吕迪, 李伟平, 潘平, 等. 白及块茎和须根抑菌作用的研究 [J]. 中国实验方剂学杂志, 2013, 19(5): 212—216.

[50] Qian CD, Jiang FS, Yu HS, et al. Antibacterial biphenanthrenes from the fibrous roots of *Bletilla striata*[J]. Journal of Natural Products, 2014: 1—5.

[51] 何晓梅, 申男, 朱富成, 等. 白及多糖响应曲面法优化提取工艺及抑菌活性研究 [J]. 宜春学院学报, 2020, 42(3): 13—16+36.

[52] 代建丽, 周斯荻, 刘铭轩, 等. 白芨多糖的抑菌作用研究 [J]. 安徽农学通报, 2015, 21(19): 19—21.

[53] Li Q, Li K, Huang SS, et al. Optimization of extraction process and antibacterial activity of *Bletilla striata* polysaccharides[J]. Asian Journal of Chemistry, 2014, 26(12): 3574—3580.

[54] Jiang S, Wan K, Lou HY, et al. Antibacterial bibenzyl derivatives from the tubers of *Bletilla striata*[J]. Phytochemistry, 2019, 162: 216—223.

[55] Guo JJ, Dai BL, Chen NP, et al. The anti-*Staphylococcus aureus* activity of the phenanthrene fraction from fibrous roots of *Bletilla striata*[J]. BMC Complementary and Alternative Medicine, 2016, 16: 491.

[56] 颜文斌, 曾祥涛, 戴孟诗, 等. 白芨多糖对围绝经期大鼠卵巢 VEGF、血清 MDA、子宫内

膜形态学的影响 [J]. 局解手术学杂志 , 2018, 27(10): 698—701.

[57] Lai YL, Lin YY, Sadhasivam S, et al. Efficacy of *Bletilla striata* polysaccharide on hydrogen peroxide-induced apoptosis of osteoarthritic chondrocytes[J]. Journal of Polymer Research, 2018, 25: 49.

[58] 韩莹 , 张岩 , 王兴焱 , 等 . 白芨水提物对黑素瘤与角质形成细胞共培养模型黑素合成的影响 [J]. 贵阳医学院学报 , 2014, 39(1): 77—79.

[59] 刘佳琪 , 可燕 , 蒋嘉烨 , 等 . 白及多糖对酪氨酸酶活性及黑色素生成的影响 [J]. 上海中医药大学学报 , 2018, 32(5): 50—54.

[60] 孔令姗 , 俞苓 , 胡国胜 , 等 . 白芨多糖的分子量测定及其吸湿保湿性评价 [J]. 日用化学工业 , 2015, 45(2): 94—98.

[61] 黄瑞豪 . 化妆品中保湿功效成分的前沿进展 [J]. 当代化工研究 , 2018(8): 56—57.

白拉索兰

31.1 基本信息

中 文 名	白拉索兰	
属 名	*Brassocattleya* 或 ×*Brassocattleya*	
拉 丁 名	*Brassocattleya* Marcella Koss.	
俗 名	无	
分类系统	恩格勒系统（1964）	APG IV系统（2016）
	被子植物门 Angiospermae 单子叶植物纲 Monocotyledoneae 微子目 Microspermae 兰科 Orchidaceae	被子植物门 Angiospermae 木兰纲 Magnoliopsida 天门冬目 Asparagales 兰科 Orchidaceae
地理分布	巴西	
化妆品原料	白拉索兰（BRASSOCATTLEYA MARCELLA KOSS）叶/茎提取物	

　　白拉索兰为兰科植物，属于树兰族（Epidendreae）蕾丽兰亚族（Laeliinae），是兰科植物 *Cattleya* Bob Betts 与 *Rhyncholaeliocattleya* Languedoc 的杂交类群，植株形态介于卡特兰属（*Cattleya*）和丽特兰属（*Rhyncholaeliocattleya*）之间，为多年生常绿附生兰，株高约 20—60 厘米，叶长卵形至长椭圆形，质硬，花序具花 2—4 朵，花大，淡紫色至粉红色，唇瓣大，边缘具褶皱，具黄斑。花期夏秋季。

　　关于白拉索兰护肤方向的文章也较少，下文仅对检索到的相关文献进行综述。

31.2 活性物质

31.2.1 主要成分

　　目前，有关白拉索兰的研究较少，仅查阅到白拉索兰含石斛酚（Gigantol）和山药素Ⅲ（Batatasin Ⅲ）。

表 31-1 白拉索兰成分单体结构

序号	主要单体	结构式	CAS 号
1	石斛酚	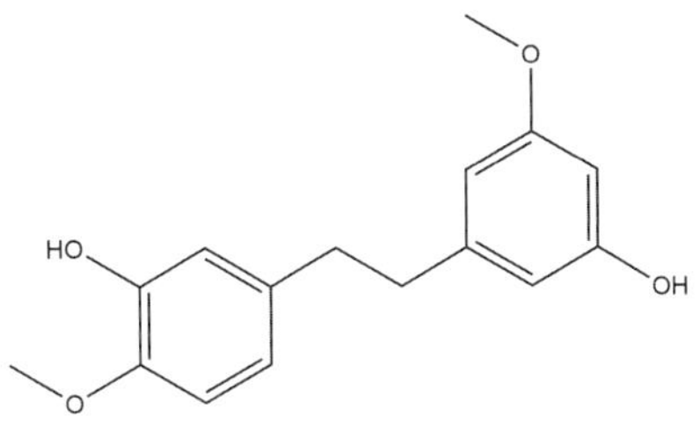	67884-30-4
2	山药素Ⅲ	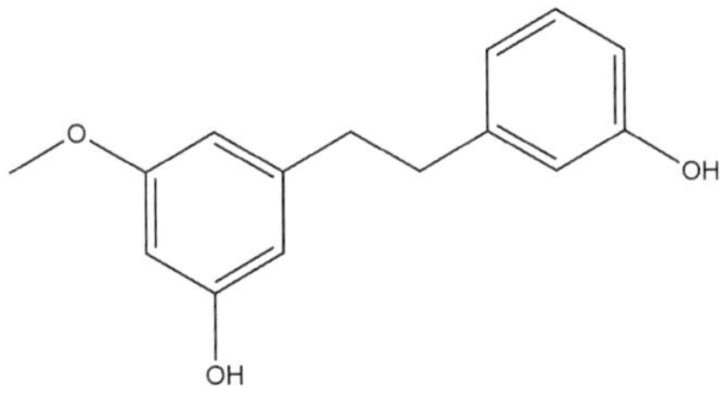	56684-87-8

31.2.2 含量组成

目前，没有查阅到有关白拉索兰化学成分含量的研究文献。

31.3 功效与机制

白拉索兰提取物对人皮肤色素沉着障碍具有一定的药理功效，因此在皮肤化妆品中被用作活性剂[1]。

31.3.1 抗衰老

整株或部分白拉索兰的提取物可调节表皮角质形成细胞的增殖和分化，进而诱导表皮结构的改善，以获得更细、更规则的皮肤，且瑕疵更少，扩散和反射光线性能更好，同时还能使肌肤在保湿更好的同时更加紧致[2]。

31.3.2 美白

含有白拉索兰提取物的化妆品配方在改善色斑的大小、亮度、颜色强度、清晰度、可见度和整体外观方面有显著有效，同时对面部的肤色亮度和皮肤透明度亦有改善作用。临床评估结果也显示，含有白拉索兰提取物的化妆品配方在美白皮肤方面与VC 衍生物有相似的功效[3]。

31.4 成分功效机制总结

白拉索兰提取物可通过调节细胞增殖和分化，改善皮肤，发挥抗衰老功效；也可改善皮肤色斑的大小、亮度、颜色强度、透明度、可见度和整体外观，改善肤色亮度和皮肤清晰度，从而发挥美白功效。

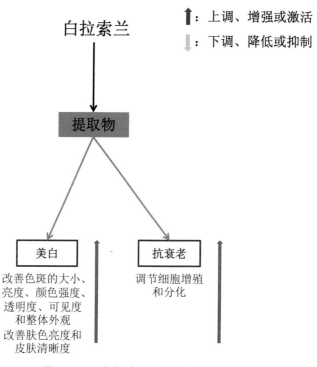

图 31-1 白拉索兰成分功效机制总结图

参考文献

[1] Cakova V, Wehrung P, Urbain A, et al. Using hyphenated HPTLC-MS for quality control of *Brassocattleya Marcella* Koss orchid extracts[J]. Planta Medica, 2012, 78(11): PJ107.

[2] Cauchard JH, Archambault JC, Lazou K, et al. Use of a *Brassocattleya Marcella* Koss orchid extract as an activeagent to prevent or delay theappearance of signs of cutaneousaging[P]. United States Patent, 2009: US 8, 293, 287 B2.

[3] Tadokoro T, Bonté F, Archambault JC, et al. Whitening efficacy of plant extracts including orchidextracts on Japanese female skin with melasma and lentigo senilis[J]. The Journal of Dermatology, 2010, 37: 522—530.

白蜡树

32.1　基本信息

32.1.1　白蜡树

中　文　名	白蜡树	
属　　　名	梣属 *Fraxinus*	
拉　丁　名	*Fraxinus chinensis* Roxb.	
俗　　　名	白蜡杆、小叶白蜡、速生白蜡、新疆小叶白蜡、云南梣、尖叶梣、川梣、绒毛梣	
分类系统	恩格勒系统（1964）	APG Ⅳ 系统（2016）
	被子植物门 Angiospermae 双子叶植物纲 Dicotyledoneae 木樨目 Oleales 木樨科 Oleaceae	被子植物门 Angiospermae 木兰纲 Magnoliopsida 唇形目 Lamiales 木樨科 Oleaceae
地理分布	我国南北各省区；朝鲜、日本、越南、印度、美国等	
化妆品原料	白蜡树（FRAXINUS CHINENSIS）提取物	
	尖叶秦皮（FRAXINUS SZABOANA）提取物[①]	
	苦枥白蜡树（FRAXINUS RHYNCHOPHYLLA）提取物	

A. 白蜡树植株

B. 白蜡树叶

---

① 《中国植物志》记载 *Fraxinus szaboana* 为 *F. chinensis* 的异名，*F. rhynchophylla* 为 *F. chinensis* 的变种 subsp. *rhynchophylla*。

落叶乔木，高 10—12 米；树皮灰褐色，纵裂。芽阔卵形或圆锥形，被棕色柔毛或腺毛。小枝黄褐色，粗糙，无毛或疏被长柔毛，旋即秃净，皮孔小，不明显。羽状复叶长 15—25 厘米；叶柄长 4—6 厘米，基部不增厚；叶轴挺直，上面具浅沟，初时疏被柔毛，旋即秃净；小叶 5—7 枚，硬纸质，卵形、倒卵状长圆形至披针形，长 3—10 厘米，宽 2—4 厘米，顶生小叶与侧生小叶近等大或稍大，先端锐尖至渐尖，基部钝圆或楔形，叶缘具整齐锯齿，上面无毛，下面无毛或有时沿中脉两侧被白色长柔毛，中脉在上面平坦，侧脉 8—10 对，下面凸起，细脉在两面凸起，明显网结；小叶柄长 3—5 毫米。圆锥花序顶生或腋生枝梢，长 8—10 厘米；花序梗长 2—4 厘米，无毛或被细柔毛，光滑，无皮孔；花雌雄异株；雄花密集，花萼小，钟状，长约 1 毫米，无花冠，花药与花丝近等长；雌花疏离，花萼大，桶状，长 2—3 毫米，4 浅裂，花柱细长，柱头 2 裂。翅果匙形，长 3—4 厘米，宽 4—6 毫米，上中部最宽，先端锐尖，常呈犁头状，基部渐狭，翅平展，下延至坚果中部，坚果圆柱形，长约 1.5 厘米；宿存萼紧贴于坚果基部，常在一侧开口深裂。花期 4—5 月，果期 7—9 月。[①]

32.1.2　花白蜡树

中　文　名	花梣	
属　　　名	梣属 *Fraxinus*	
拉　丁　名	*Fraxinus ornus* L.	
俗　　　名	花白蜡树	
分类系统	恩格勒系统（1964）	APG IV 系统（2016）
	被子植物门 Angiospermae 双子叶植物纲 Dicotyledoneae 木樨目 Oleales 木樨科 Oleaceae	被子植物门 Angiospermae 木兰纲 Magnoliopsida 唇形目 Lamiales 木樨科 Oleaceae
地理分布	阿根廷、比利时、法国、德国、葡萄牙等	
化妆品原料	花白蜡树（FRAXINUS ORNUS）籽提取物	

①见《中国植物志》第 61 卷第 30 页。

落叶乔木，高 12—15 米。树皮光滑，灰褐色。芽呈灰褐色，密被灰色短毛。奇数羽状复叶，小叶 5—9 枚，长 5—10 厘米，宽 2—4.5 厘米，倒卵形，边缘具锯齿；叶片秋季呈黄色或深红色。花白色，芳香，与叶同放或叶后开放，密集成顶生圆锥状花序，长 7—12 厘米；花瓣 4 枚，线形。翅果，狭长圆形，长 15—25 毫米，成熟时褐色。[①]

A | B　A. 花白蜡树叶
　　　　B. 花白蜡树花

32.1.3　欧洲白蜡树

中 文 名	欧梣	
属 名	梣属 *Fraxinus*	
拉 丁 名	*Fraxinus excelsior* L.	
俗 名	欧洲白蜡树	
分类系统	恩格勒系统（1964）	APG Ⅳ系统（2016）
	被子植物门 Angiospermae 双子叶植物纲 Dicotyledoneae 木樨目 Oleales 木樨科 Oleaceae	被子植物门 Angiospermae 木兰纲 Magnoliopsida 唇形目 Lamiales 木樨科 Oleaceae
地理分布	欧洲大部分地区及美国、韩国、新西兰、加拿大等	
化妆品原料	欧洲白蜡树（FRAXINUS EXCELSIOR）树皮提取物	
	欧洲白蜡树（FRAXINUS EXCELSIOR）叶提取物	

①见网站 Fraxinus_ornus.pdf（europa.eu）。

落叶乔木，高30—40米，树冠卵形或圆形，冠幅可达20米。树皮深灰色或灰褐色，纵裂。芽黑色，有2—3对鳞片覆盖，有毛。奇数羽状复叶对生，长25—30厘米；小叶9—13枚，长卵形至狭披针形，长5—12厘米，叶边缘具锯齿，深绿色，秋天呈黄色。花先叶开放，两性花或杂性花，无花冠；簇生的圆锥花序顶生，绿色或带紫色。翅果绿色，冬季呈褐色，长2—4.5厘米。[①]

A | B
A. 欧洲白蜡树植株
B. 欧洲白蜡树叶、果

32.1.4　宿柱白蜡树

中　文　名	宿柱梣	
属　　　名	梣属 Fraxinus	
拉　丁　名	Fraxinus stylosa Lingelsheim	
俗　　　名	宿柱白蜡树	
分类系统	恩格勒系统（1964）	APG Ⅳ系统（2016）
	被子植物门 Angiospermae 双子叶植物纲 Dicotyledoneae 木樨目 Oleales 木樨科 Oleaceae	被子植物门 Angiospermae 木兰纲 Magnoliopsida 唇形目 Lamiales 木樨科 Oleaceae
地理分布	甘肃、陕西、四川、河南等地	
化妆品原料	宿柱白蜡树（FRAXINUS STYLOSA）提取物	

[①]见网站 Ash (*Fraxinus excelsior*)- British Trees - Woodland Trust。

A　A. 宿柱白蜡树树干
B　B. 宿柱白蜡树叶

　　落叶小乔木，高约8米，枝稀疏；树皮灰褐色，纵裂。芽卵形，深褐色，干后光亮，有时呈油漆状光泽。小枝淡黄色，挺直而平滑，节膨大，无毛，皮孔疏生而凸起。羽状复叶长6—15厘米；叶柄细，长2—5厘米；叶轴细而直，上面具窄沟，小叶着生处具关节，基部增厚，无毛；小叶3—5枚，硬纸质，卵状披针形至阔披针形，长3.5—8厘米，宽0.8—2厘米，先端长渐尖，基部阔楔形，下延至短柄，有时钝圆，叶缘具细锯齿，两面无毛或有时在下面脉上被白色细柔毛，中脉在上面凹入，下面凸起，侧脉8—10对，细脉甚微细不明显；小叶柄长2—3毫米，无毛。圆锥花序顶生或腋生当年生枝梢，长8—10（—14）厘米，分枝纤细，疏松；花序梗扁平，无毛，皮孔较多，果期尤明显；花梗细，长约3毫米；花萼杯状，长约1毫米，萼齿4，狭三角形，急尖头，与萼管等长；花冠淡黄色，裂片线状披针形，长约2毫米，宽约1毫米，先端钝圆；雄花具雄蕊2枚，稍长于花冠裂片，花药长圆形，花丝细长；雌花未见。翅果倒披针状，长1.5—2（—3.5）厘米，宽2.5—3（—5）毫米，上中部最宽，先端急尖、钝圆或微凹，具小尖（宿存花柱），翅下延至坚果中部以上，坚果隆起。花期 5 月，果期 9 月。[①]

　　苦枥白蜡树、白蜡树或宿柱白蜡树的干燥枝皮或干皮药用称为"秦皮"。味苦、涩，性寒。归肝、胆、大肠经。清热燥湿，收涩止痢，止带，明目。用于湿热泻痢，赤白带下，目赤肿痛，目生翳膜。[②]

32.2　活性物质

32.2.1　主要成分

　　白蜡树药材来自白蜡树、花白蜡树、苦枥白蜡树、宿柱白蜡树和欧洲白蜡树等木樨科植物。目前，从白蜡树中分离得到的化学成分主要有香豆素类、木脂素类、环烯醚萜类等，此外还有苯基乙醇类、黄酮类及酚类等。目前，有关白蜡树化学成分的研究主要集中在香豆素类化合物，有关其他化合物的研究较少，具体化学成分见表 32-1。

表 32-1　白蜡树化学成分

成分类别	植物	主要化合物	参考文献
香豆素类	白蜡树	秦皮甲素、秦皮乙素、秦皮苷、秦皮啶、莨菪亭、6'-*O*-sinapinoyl esculin、6'-*O*-vanillyl esculin 等	[1—2]
	花白蜡树	七叶苷 (秦皮甲素)、七叶苷元、白蜡树苷、白蜡树亭、菊苣苷、6,7- 二甲氧基香豆素、6- 羟基 -7- 甲氧基香豆素、东莨菪内酯、6,7- 二甲氧基 -8- 羟基香豆素、5,7- 二甲氧基 -6- 羟基香豆素、7- 甲基七叶苷、6,7,8- 三甲氧基香豆素等	[3]
	苦枥白蜡树	秦皮甲素、秦皮乙素、秦皮苷、秦皮素、8- 羟基 -6,7 - 二甲氧基香豆素、6- 羟基 -7,8- 二甲氧基香豆素等	[1，4]
	宿柱白蜡树	秦皮甲素、秦皮乙素、秦皮苷、宿柱白蜡苷等	[1]

①见《中国植物志》第 61 卷第 23 页。

②参见《中华人民共和国药典》(2020 年版) 一部第 282 页。

（接上表）

木脂素类	白蜡树	右旋松脂醇葡萄糖苷、(+)- 松脂醇、(+)- 乙酰氧基松脂素、(+)- 松脂醇 -β-D- 吡喃葡萄糖苷、(+)- 丁香树脂醇 -4,4'-O- 双 -β-D- 吡喃葡萄糖苷、(+)- 环橄榄脂素等	[1，5]
酚类	白蜡树	咖啡酸、对羟基苯乙醇、芥子醛、芥子醛葡萄糖苷、丁香醛、丁香苷、osmanthuside H 等	[1]
	花白蜡树	咖啡酸、对香豆酸、没食子酸等	[3]
	苦枥白蜡树	咖啡酸、酪醇、丁香醛、芥子醛、丁香苷等	[6]
苯基乙醇类	花白蜡树	2-(4- 羟苯基)- 乙基 -(6-O- 咖啡酰)-β-D- 吡喃葡萄糖苷、荷包花苷 B、毛蕊花苷、异毛蕊花苷、lugrandoside、isolugrandoside 等	[3]
环烯醚萜类	白蜡树	橄榄苦苷、ligstroside、isolignstroside、framoside、hydroxyframoside A、木樨榄苷 -11- 甲脂等	[1]
	花白蜡树	ligstroside、insularoside、hydroxyornoside、橄榄苦苷、framoside、hydroxyframoside 等	[3]
黄酮类	花白蜡树	芹菜素、槲皮素、芦丁、槲皮素 -3-O- 半乳糖苷、槲皮素 -3-O- 葡萄糖苷、槲皮素 -7- 甲基醚、槲皮素 -3-O- 双半乳糖苷、槲皮素 -3-O- 鼠李糖苷等	[3]
甾醇及三萜类	白蜡树	β- 谷甾醇、胡萝卜苷、熊果酸、人参皂苷 Rh1 等	[1]

表 32-2 白蜡树成分单体结构

序号	主要单体	结构式	CAS 号
1	秦皮甲素	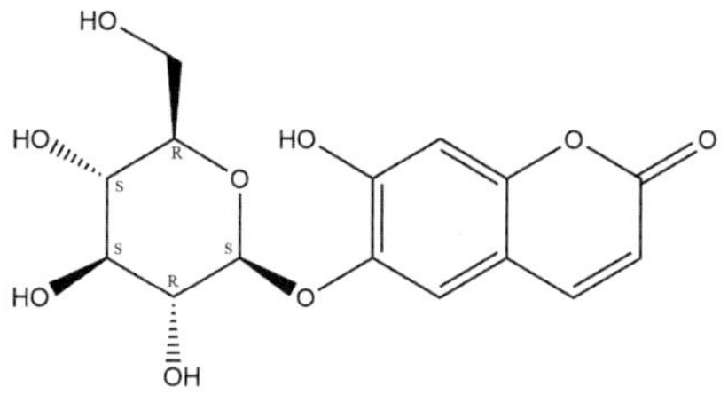	531-75-9
2	秦皮乙素	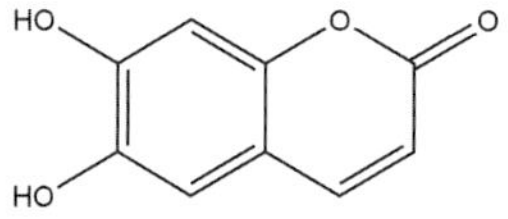	305-01-1

（接上表）

序	名称	结构	CAS
3	秦皮苷	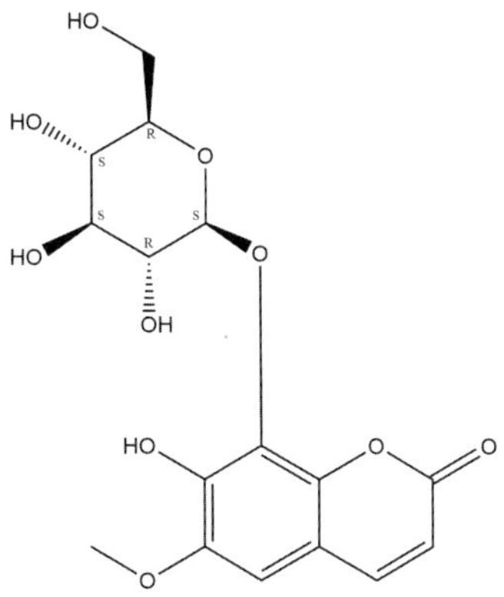	524-30-1
4	秦皮素	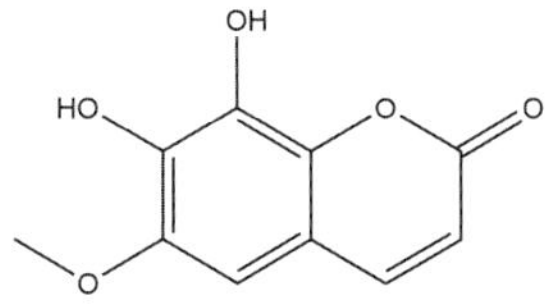	574-84-5

32.2.2　含量组成

目前，有关白蜡树含量的信息较少，具体见表 32-3。

表 32-3　白蜡树中主要成分含量信息

成分	来源	含量	参考文献
总香豆素类	花白腊树树皮	7.8—9 %	[3]
	苦枥白蜡树树皮	25.5—43.6 mg/g	[7]
秦皮甲素	花白腊树树皮	6.3—8 %	[3]
菊苣苷	花白腊树花	3 %	[3]
	花白腊树树瘿	143.0—232.0 mg/g	[8]
	欧洲白蜡树树瘿	4.65—17.9 mg/g	[8]
总苯乙醇苷	苦枥白蜡树树皮	4.04—12.5 mg/g	[7]
毛蕊花苷	欧洲白蜡树树瘿	71.7—161.2 mg/g	[8]
	花白腊树树瘿	8.59—24.8 mg/g	[8]
总环烯醚萜	苦枥白蜡树树皮	5.08—12.3 mg/g	[7]
总酚	苦枥白蜡树树皮	40.27 mg GAE/g	[6]

注：GAE，没食子当量。

32.3　功效与机制

本部分主要是概述白蜡树的功效与机制，有效成分包括秦皮甲素、秦皮乙素、秦皮素、七叶皂苷等，具有抗炎、抗氧化、抑菌功效[1]。秦皮为木樨科植物苦枥白蜡树、白蜡树或宿柱白蜡树的干燥枝皮或干皮。《已使用化妆品原料目录》（2021 年版）中收录了白蜡树、花白蜡树、尖叶秦皮、苦枥白蜡树、欧洲白蜡树和宿柱白蜡树，因此本部分将以上几种均予纳入。

32.3.1　抗炎

4 种不同基原（苦枥白蜡树、尖叶白蜡树、白蜡树、宿柱白蜡树）秦皮提取物对脂多糖（LPS）诱导巨噬细胞产生肿瘤坏死因子 –α（TNF–α）有明显抑制作用[9]。秦皮能明显降低骨关节炎关节软骨中的基质金属蛋白酶 –1（MMP–1）及关节液中的一氧化氮（NO）、前列腺素 E_2（PGE_2）水平，减缓骨关节炎的发生[10]。秦皮总香豆素能够显著抑制急性痛风性关节炎大鼠血清中的炎性因子白细胞介素 –1β（IL–1β）、白细胞介素 –8（IL–8）和 TNF–α 的表达，有一定的抗炎作用[11]。5 种香豆素单体（秦皮甲素、秦皮乙素、秦皮素、秦皮苷、6,7– 二甲氧基 –8– 羟基香豆素）均能显著抑制由 LPS 诱导巨噬细胞分泌白细胞介素 –1α（IL–1α）；除秦皮苷外，其余 4 种单体能显著抑制由 LPS 诱导巨噬细胞分泌 TNF–α[9]。秦皮甲素能显著改善实验性溃疡性结肠炎（UC）大鼠肠黏膜组织的炎症反应，抑制 TNF–α 分泌、上调白细胞介素 –10（IL–10）的表达，对大鼠 UC 有良好的治疗作用[12]。秦皮乙素可以降低 NO 的分泌，从而调节血管收缩，增加血流量，促进毒素排出，减轻炎症中组织器官的损伤；还可以抑制可溶性细胞间黏附分子 –1（sICAM–1）的分泌，减轻白细胞与内皮细胞的黏附，控制白细胞穿出血管壁，减少炎症组织中的白细胞数，减轻炎症反应[13]。

白蜡树茎皮中分离的化合物（8E）–4"–O–methylligstroside、秦皮乙素、秦皮素通过抑制 LPS 诱导的巨噬细胞中丝裂原活化蛋白激酶（MAPKs）和人核因子 κB 抑制因子 α（IκBα）的激活，抑制 NO、TNF–α 和白细胞介素 –6（IL–6）的产生，显示出抗炎作用[14]。白蜡树乙醇提取物中分离的 fraxicoumarin、短叶苏木酚酸可抑制 LPS 诱导的 RAW 264.7 细胞产生 NO，抑制 LPS 诱导的诱导型一氧化氮合酶（iNOS）和环氧合酶 -2（COX-2）蛋白质水平的表达[15]。

花白蜡树茎皮的总乙醇提取物对酵母多糖和角叉菜胶诱导的小鼠足肿胀均显示出抗炎活性[16]。

苦枥白蜡树中提取的秦皮乙素可减轻尘螨 /2,4- 二硝基氯苯诱导的 BALB/c 小鼠特应性皮肤炎症的症状，具体表现在减少皮肤组织中的炎症细胞浸润；可抑制耳组织中 Th1、Th2 和 Th17 相关细胞因子的产生，如 TNF-α、干扰素 -γ（IFN-γ）、白细胞介素 -4（IL-4）、白细胞介素 -13（IL-13）、白细胞介素 -31（IL-31）和白细胞介素 -17（IL-17）；可抑制 TNF-α/IFN-γ 刺激的角质形成细胞中 Th1、Th2 和 Th17 细胞因子的基因表达以及 NF-κB 的激活和信号转导与转录激活子 1（STAT1）的激活[17]。秦皮甲素可降低 LPS 刺激的巨噬细胞中基质金属蛋白酶 -9（MMP-9）的分泌和表达水平，从而起到抗炎作用[18]。秦皮乙素显著降低银屑病小鼠皮肤中促炎细胞因子（IL-6、IL-17A、IL-22、IL-23、TNF-α 和 IFN-γ）的 mRNA 水平，抑制银屑病皮肤中 IKKα 和 P65 的磷酸化，抑制 NF-κB 信号的激活[19]。秦皮甲素以剂量依赖性方式降低糖尿病大鼠血清中 IL-1、IL-6、ICAM-1、NO 和中性粒细胞明胶酶相关脂质运载蛋白（NGAL）的水平，减轻炎症反应[20]。苦枥白蜡树干燥树皮中分离出的一种浅无定形香豆素衍生物 5- 甲氧基七叶皂苷能显著抑制 LPS 诱导的 RAW 264.7 巨噬细胞炎症反应中的 NO、PGE$_2$、TNF-α、IL-6 和 IL-1β 的产生，减弱 iNOS、COX-2 和 TNF-α mRNA 的表达[21]。苦枥白蜡树树皮水提取物中分离出的化合物阿魏醛和东莨菪内酯可剂量依赖性地抑制 IFN-γ 加 LPS 刺激的小鼠巨噬细胞 RAW 264.7 合成 NO[22]。苦枥白蜡树中的橄榄苦苷可抑制 LPS 诱导的 BV-2 小胶质细胞中的促炎介质（如 NO）和促炎细胞因子的增加[23]。苦枥白蜡树的 5 种香豆素类单体混合物（秦皮甲素、秦皮乙素、秦皮素、秦皮苷、6,7- 二甲氧基 -8- 羟基香豆素）能显著抑制 LPS 诱导巨噬细胞产生 IL-1α 和 TNF-α，其树皮提取物和已知香豆素指纹区部分（药材提取物经 30%EtOH 洗脱所得）能显著抑制 LPS 诱导巨噬细胞产生 TNF-α[9]。

表 32-4　4种基原秦皮提取物对 LPS 诱导 RAW264.7

细胞分泌炎症因子的影响（$\bar{x} \pm s$，$n=3$）[9]

组别	药物终质量浓度/g·L⁻¹	IL-1α/ng·L⁻¹	抑制率/%	TNF-α/ng·L⁻¹	抑制率/%
空白对照	—	15.17±4.20[②]	—	52.96±9.06[①]	—
溶剂对照	—	15.81±2.36[②]	—	53.82±6.17[①]	—
LPS+溶剂对照	—	44.73±7.97	—	91.43±12.82	—
LPS+苦枥白蜡树	0.156	43.84±18.91	1.99	77.98±5.84	14.71
	0.625	27.85±8.98	37.73	67.84±13.28	25.80
	2.50	33.33±18.01	25.49	57.47±1.38[①]	37.15
LPS+尖叶白蜡树	0.156	28.90±10.29	35.39	58.83±15.61[①]	35.66
	0.625	33.41±14.90	25.31	63.86±6.84[①]	30.16
	2.50	31.41±14.29	29.77	64.45±4.23[①]	29.51
LPS+白蜡树	0.156	32.79±18.14	26.70	62.31±14.31[①]	31.85
	0.625	39.50±5.58	11.69	68.95±3.87[①]	24.59
	2.50	31.90±10.55	28.69	83.45±8.89	8.73
LPS+宿柱白蜡树	0.156	42.54±21.64	4.90	61.76±5.71[①]	32.46
	0.625	33.59±14.15	24.91	79.98±20.31	12.53
	2.50	30.41±16.68	32.01	65.03±12.93[①]	28.88

注：与 LPS+溶剂对照组比，① $P<0.05$，② $P<0.01$；LPS 的质量浓度为 10 mg·L⁻¹。

32.3.2　抗氧化

白蜡树秦皮乙素和秦皮素表现出明显的抗氧化活性[24]。秦皮多种提取物均对 DPPH 自由基有清除活性，其清除活性强弱依次为：乙醇提取物 > 乙酸乙酯提取物 > 正己烷提取物；秦皮 95 % 乙醇提取物有很强的的抗氧化活性，对猪油的抗氧化作用随提取物浓度增加而逐渐增强[25]。秦皮醇提物能够提高超氧化物歧化酶（SOD）

的活性，降低丙二醛（MDA）的含量，还能提高小鼠组织中过氧化氢酶（CAT）和谷胱甘肽过氧化物酶（GSH-Px）的活性[26]。白蜡树秦皮乙素对DPPH自由基和超氧阴离子自由基均有清除作用[27]。

苦枥白蜡树乙醇提取物能显著逆转四氯化碳（CCl₄）引起的大鼠肝GSH-Px活性降低[28]。苦枥白蜡树叶的水提物可以恢复肝脏还原型谷胱甘肽（GSH）和CAT水平，保护对乙酰氨基酚诱导的BALB/c小鼠的氧化损伤[29]。苦枥白蜡树秦皮素在较低浓度下对低密度脂蛋白（LDL）氧化具有直接的保护作用，较高浓度时通过Nrf2/ARE激活诱导抗氧化酶[30]。秦皮素可消除异氟醚诱导的HT22细胞中的活性氧（ROS）积累，表现出抗氧化性[31]。秦皮乙素在CCl₄诱导的大鼠肝细胞凋亡模型中，显著提高CAT、GSH-Px和SOD的活性[32]。

表 32-5　秦皮乙素和水飞蓟素对四氯化碳处理的大鼠肝脏的
CAT、SOD 和 GSH-Px 活性的影响[32]

组别	活性（U/mg 蛋白质）		
	CAT	SOD	GSH-Px
对照组	55.82±0.3184	47.26±0.77	64.12±0.72
CCl₄	28.9±0.484###	24.84±0.36###	24.94±0.46###
CCl₄+ 水飞蓟素 200 mg/kg	33.74±0.47***	31.38±0.71***	30.42±0.81***
CCl₄+ 秦皮乙素 10 mg/kg	37.76±0.79*	27.4±0.46	28.1±0.55
Cl₄+ 秦皮乙素 100 mg/g	38.13±1.65*	32.62±0.724***	36.06±0.73***
CCl₄+ 秦皮乙素 500 mg/kg	41.16±0.64***	32.8±0.55***	40.18±0.44***

注：数据表示为平均值 ± 标准误（n=10）。与CCl₄组相比，*P<0.05，***P<0.001；与对照组相比，### P<0.001。

32.3.3　抑菌

白蜡树乙醇提取物中分离出的化合物橄榄苦苷、车前草苷 A、calceolarioside A、calceolarioside B、hydroxyframoside A 对耐甲氧西林金黄色葡萄球菌具有显著的体外抗菌活性[33]。宿柱白蜡树树皮乙醇提取物对多重耐药金黄色葡萄球菌有一定的抑制作用[34]。花白蜡树的乙酸乙酯提取物和水提物以及秦皮素对金黄色葡萄球菌有抑制作用[35]。苦枥白蜡树秦皮素对金黄色葡萄球菌的增殖有明显的抑制作用，可能的机理是通过阻止拓扑异构酶与DNA结合来破坏核酸和蛋白质的合成[36-37]。

表 32-6　花白蜡树提取物对金黄色葡萄球菌的抑制作用（CGI）[35]

测试品	96%乙醇提取物浓度（w/v%）	接种液（CFU/ml）		
		10^6	10^7	10^8
秦皮甲素，I	0.2	4	4	4
秦皮乙素，II	0.2	1	2	3
秦皮苷，IV	0.1	3	4	4
秦皮素，V	0.2	0	0	0
甲醇提取物	0.2	3	4	4
乙酸乙酯提取物	0.2	0	0	0
水提物	0.2	0	0	1
阳性对照	0.2	0	0	2

注：CGI 表示细菌生长抑制指数，CGI=0 表示完全抑制细菌生长，CGI=4 表示不抑制细菌生长。

32.4　成分功效机制总结

白蜡树具有抗炎、抗氧化、抑菌活性，其活性成分包括秦皮总香豆素、秦皮甲素、秦皮乙素、秦皮素等。它的抗炎机制表现在抑制炎症因子的产生，其作用与抑制 NF-κB 信号通路有关。抗氧化活性包括对 DPPH 自由基和超氧阴离子自由基的清除活性、增加抗氧化酶活性以及抑制活性氧生成。白蜡树提取物有抑菌作用，主要表现在对金黄色葡萄球菌具有较强抑制活性。

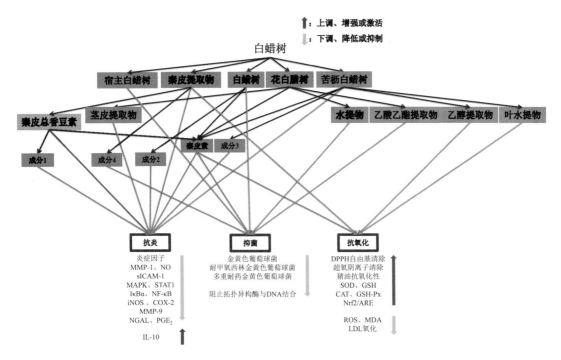

成分 1：秦皮甲素、秦皮乙素、秦皮苷、6,7- 二甲氧基 –8– 羟基香豆素

成分 2：（8E）–4"-O-methylligstroside、秦皮乙素、fraxicoumarin、短叶苏木酚酸

成分 3：5- 甲氧基七叶皂苷、阿魏醛、东莨菪内酯、橄榄苦苷和秦皮甲素、秦皮乙素、秦皮素、秦皮苷、

6，7- 二甲氧基 –8– 羟基香豆素混合物

成分 4：橄榄苦苷、车前草苷 A、calceolariolside A–B、hydroxyframoside A

图 32-1　白蜡树成分功效机制总结图

参考文献

[1] 杨炳友 , 闫明宇 , 潘娟 , 等 . 秦皮化学成分及药理作用研究进展 [J]. 中医药信息 , 2016, 33(6): 116—119.

[2] Zhang DM, Wang LL, Li J, et al. Two new coumarins from *Fraxinus chinensis* Rexb. [J]. Journal of Integrative Plant Biology, 2007, 49(2): 218—221.

[3] 刘一兵 . 花白蜡树化学成分与药理活性 [J]. 国外医药 (植物药分册), 2003, 18(1): 4—7.

[4] 刘丽梅 , 王瑞海 , 陈琳 . 苦枥白蜡树化学成分的研究 [J]. 中国民族民间医药 , 2009, 18(16): 5.

[5] 张冬梅 , 胡立宏 , 叶文才 , 等 . 白蜡树的化学成分研究 [J]. 中国天然药物 , 2003, 1(2): 79—

81.

[6] Li HB, Wong CC, Cheng KW, et al. Antioxidant properties in vitro and total phenolic contents in methanol extracts from medicinal plants[J]. LWT - Food Science and Technology, 2008, 41(3): 385—390.

[7] Akter KM, Park WS, Kim HJ, et al. Comparative studies of *Fraxinus* species from Korea using microscopic characterization, phytochemical analysis, and anti-lipase enzyme activity[J]. Plants, 2020, 9(4): 534.

[8] Zürn M, Tóth G, Kraszni M, et al. Galls of European *Fraxinus* trees as new and abundant sources of valuable phenylethanoid and coumarin glycosides[J]. Industrial Crops & Products, 2019, 139: 111517.

[9] 杨庆，翁小刚，聂淑琴，等. 不同基原秦皮、香豆素单体以及不同指纹区样品对内毒素刺激单核 - 巨噬细胞株分泌炎症因子的影响 [J]. 中国实验方剂学杂志，2010, 16(13): 127—131.

[10] 刘世清，贺翎，彭昊，等. 秦皮对兔实验性骨关节炎的基质金属蛋白酶 -1 和一氧化氮及前列腺素 E_2 的作用 [J]. 中国临床康复，2005, 9(6): 150—152+280.

[11] 曹世霞，祝捷，张三印，等. 秦皮总香豆素对急性痛风性关节炎大鼠模型 IL-1β、IL-8、TNF-α 的影响 [J]. 四川中医，2011, 29(3): 68—70.

[12] 翁闪凡，刘娜，张晓林，等. 秦皮甲素对实验性溃疡性结肠炎大鼠肠黏膜细胞因子的影响 [J]. 广州中医药大学学报，2014, 31(6): 940—943+1030.

[13] 段慧琴，张永东，范开，等. 七叶亭抗炎机理研究 [J]. 中国兽医杂志，2007, 43(9): 45—46.

[14] Chang HC, Wang SW, Chen CY, et al. Secoiridoid glucosides and anti-inflammatory constituents from the stem bark of *Fraxinus chinensis*[J]. Molecules(Basel, Switzerland), 2020, 25: 5911.

[15] Lee BZ, Kim CS, Jeong SK, et al. Anti-inflammatory isocoumarins from the bark of *Fraxinus chinensis* subsp. *rhynchophylla*[J]. Natural Product Research, 2021(22): 1478—6727.

[16] Stefanova Z, Neychev H, Ivanovska N, et al. Effect of a total extract from *Fraxinus ornus* stem bark and esculin on zymosan- and carrageenan-induced paw oedema in mice[J]. Journal of Ethnopharmacology, 1995, 46(2): 101—106.

[17] Jeong N H, Yang EJ, Jin ML, et al. Esculetin from *Fraxinus rhynchophylla* attenuates atopic skin inflammation by inhibiting the expression of inflammatory cytokines[J].

International Immunopharmacology, 2018, 59: 209—216.

[18] Choi HJ, Chung TW, Kim JE, et al. Aesculin inhibits matrix metalloproteinase-9 expression via p38 mitogen activated protein kinase and activator protein 1 in lipopolysachride-induced RAW264.7 cells[J]. International Immunopharmacology, 2012, 14(3): 267—274.

[19] Chen YC, Zhang QF, Liu HZ, et al. Esculetin ameliorates psoriasis-like skin disease in mice by inducing cd4[+]Foxp3[+] regulatory T cells[J]. Frontiers in Immunology, 2018, 9: 2092.

[20] Wang YH, Liu YH, He GR, et al. Esculin improves dyslipidemia, inflammation and renal damage in streptozotocin-induced diabetic rats[J]. Bmc Complementary and Alternative Medicine, 2015, 15(1): 402.

[21] Wu L, Li XQ, Wu HF, et al. 5-methoxyl aesculetin abrogates lipopolysaccharide-induced inflammation by suppressing MAPK and AP-1 pathways in RAW 264.7 cells[J]. International Journal of Molecular Sciences, 2016, 17: 315.

[22] Kim NY, Pae HO, Ko YS, et al. *In vitro* inducible nitric oxide synthesis inhibitory active constituents from *Fraxinus rhynchophylla*[J]. Planta Medica, 1999, 65(7): 656—658.

[23] Park JY, Min JS, Chae UB, et al. Anti-inflammatory effect of oleuropein on microglia through regulation of Drp1-dependent mitochondrial fission[J]. Journal of Neuroimmunology, 2017, 306: 46—52.

[24] Marinova EM, Yanishlieva NVI, Kostova IN. Antioxidative action of the ethanolic extract and some hydroxycoumarins of *Fraxinus ornus* bark[J]. Food Chemistry, 1994, 51(2): 125—132.

[25] 胡迎芬 , 杭瑚 . 秦皮抗氧化物的提取及对食用油抗氧化作用的研究 [J]. 中国食品添加剂 , 2002(1): 22—25+90.

[26] 周元升 , 谢蔚鹏 , 薛亚倩 . 秦皮醇提物对亚急性衰老小鼠的抗衰老作用 [J]. 中国实验方剂学杂志 , 2014, 20(22): 122—126.

[27] Lee BC, Lee SY, Lee HJ, et al. Anti-oxidative and photo-protective effects of coumarins isolated from *Fraxinus chinensis*[J]. Archives of Pharmacal Research, 2007, 30(10): 1293—1301.

[28] Peng WH, Tien YC, Huang CY, et al. *Fraxinus rhynchophylla* ethanol extract attenuates carbon tetrachloride-induced liver fibrosis in rats via down-regulating the expressions of uPA, MMP-2, MMP-9 and TIMP-1[J]. Journal of Ethnopharmacology, 2010, 127(3): 606—613.

[29] Jeon JR. Water extract of ash tree(*Fraxinus rhynchophylla*)leaves protects against paracetamol-induced oxidative damages in mice[J]. Food Science and Biotechnology, 2006, 15(4): 612—616.

[30] Thuong PT, Pokharel YR, Lee MY, et al. Dual anti-oxidative effects of fraxetin isolated from *Fraxinus rhinchophylla*[J]. Biological & Pharmaceutical Bulletin, 2009, 32(9): 1527—1532.

[31] Zhang TY, Zhou BT, Sun JY, et al. Fraxetin suppresses reactive oxygen species-dependent autophagy by the PI3K/Akt pathway to inhibit isoflurane-induced neurotoxicity in hippocampal neuronal cells[J]. Journal of Applied Toxicology, 2021: 1—12.

[32] Tien YC, Liao JC, Chiu CS, et al. Esculetin ameliorates carbon tetrachloride-mediated hepatic apoptosis in rats[J]. International Journal of Molecular Sciences, 2011, 12(6): 4053—4067.

[33] 翁远超, 刘静雯, 崔璨, 等. 秦皮中化学成分的分离鉴定及其体外抑菌活性 [J]. 中国药物化学杂志, 2014, 24(1): 40—47.

[34] Kim G, Gan RY, Zhang D, et al. Large-scale screening of 239 traditional Chinese medicinal plant extracts for their antibacterial activities against multidrug-resistant *Staphylococcus aureus* and cytotoxic activities[J]. Pathogens, 2020, 9(3): 185.

[35] Kostova IN, Nikolov NM, Chipilska LN. Antimicrobial properties of some hydroxycoumarins and *Fraxinus ornus* bark extracts[J]. Journal of Ethnopharmacology, 1993, 39(3): 205—208.

[36] Wang HT, Zou D, Xie KP, et al. Antibacterial mechanism of fraxetin against *Staphylococcus aureus*[J]. Molecular Medicine Reports, 2014, 10(5): 2341—2345.

[37] 杨春雪, 汪业菊, 谢明杰. 秦皮素抑菌活性及其机制研究 [J]. 免疫学杂志, 2012, 28(8): 703—705.

白兰

33.1　基本信息

中 文 名	白兰	
属 名	含笑属 *Michelia*	
拉 丁 名	*Michelia × alba* DC.	
俗 名	黄桷兰、白玉兰、白兰花、缅栀等	
分类系统	恩格勒系统（1964）	APG IV系统（2016）
	被子植物门 Angiospermae 双子叶植物纲 Dicotyledoneae 木兰目 Magnoliales 木兰科 Magnoliaceae	被子植物门 Angiospermae 木兰纲 Magnoliopsida 木兰目 Magnoliales 木兰科 Magnoliaceae
地理分布	原产印度尼西亚爪哇，现广植于东南亚。我国福建、广东、广西、云南等省区栽培极盛	
化妆品原料	白兰（MICHELIA ALBA）花油	
	白兰（MICHELIA ALBA）叶油	

A │ B

A. 白兰果

B. 白兰花

　　常绿乔木，高达 17 米，枝广展，呈阔伞形树冠；胸径 30 厘米；树皮灰色；揉枝叶有芳香；嫩枝及芽密被淡黄白色微柔毛，老时毛渐脱落。叶薄革质，长椭圆形或披针状椭圆形，长 10—27 厘米，宽 4—9.5 厘米，先端长渐尖或尾状渐尖，基部楔形，上面无毛，下面疏生微柔毛，干时两面网脉均很明显；叶柄长 1.5—2 厘米，疏被微柔毛；托叶痕几达叶柄中部。花白色，极香；花被片 10 片，披针形，长 3—4 厘米，宽 3—5 毫米；雄蕊的药隔伸出长尖头；雌蕊群被微柔毛，雌蕊群柄长约 4 毫米；心皮多数，通常部分不发育，成熟时随着花托的延伸，形成菁葖疏生的聚合果；菁葖熟时鲜红色。花期 4—9 月，夏季盛开，通常不结实。①

33.2　活性物质

33.2.1　主要成分

目前，从白兰中分离得到的化学成分主要有挥发油类等。对白兰化学成分的研究目前主要集中在挥发油类化合物，具体化学成分见表 33-1。

表 33-1　白兰化学成分

成分类别	主要化合物	参考文献
挥发油类	芳樟醇、丙酸乙酯、甲苯、反式罗勒烯、α- 荜澄茄烯、β- 荜澄茄烯、石竹烯、α- 葎草烯、大根叶烯 D、异喇叭茶烯、石竹烯氧化物、橙花叔醇、异香树烯环氧化物、α- 杜松醇、α- 细辛醚、2- 甲基丁酸甲酯、2- 甲基丁酸乙酯、桉叶油素、(Z)-3,7- 二甲基 -1,3,6- 辛三烯、1- 乙烯基 -1- 甲基 -2,4- 二 (1- 甲基乙烯基)- 环己烷、β- 榄香烯、甲基丁香油酚、(S)- 氧化芳樟醇、反式芳樟醇氧化物、苯乙醇、β- 桉叶烯、丁香酚、十氢二甲基甲乙烯基萘酚、甲酸芳樟酯、2- 甲基丁酸苯乙酯、甲基丁香酸、β- 红没药烯、β- 芹子烯等	[1—7]
其他	小白菊内酯、广玉兰内酯、(7S, 8S)-3- 甲氧基 -3',7- 环氧 -8,4'- 氧化新木脂素 -4,9,9'- 三醇、(6- 羟基 -1H- 吲哚 -3- 基) 氧代乙酸甲酯、(1H- 吲哚 -3- 基) 氧代乙酰胺、4- 甲氧基 - 苯甲醛、7- 羟基 -5- 甲氧基 - 色原酮、原儿茶酸、2-(苯并三唑 -1- 基) 四氢吡喃、邻苯二甲酸二 (2- 乙基己基) 酯、邻苯二甲酸二异丁基酯、β- 谷甾醇等	[6]

---

① 见《中国植物志》第 30（1）卷第 157 页。

表 33-2 白兰成分单体结构

序号	主要单体	结构式	CAS 号
1	芳樟醇	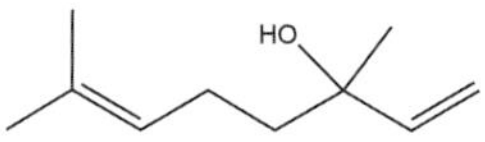	78-70-6
2	甲酸芳樟酯	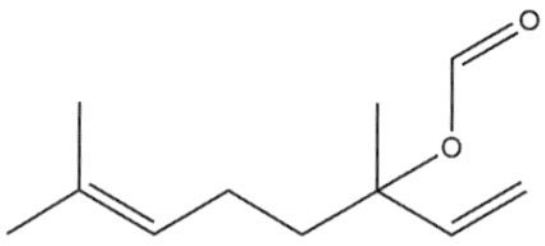	115-99-1
3	β-榄香烯	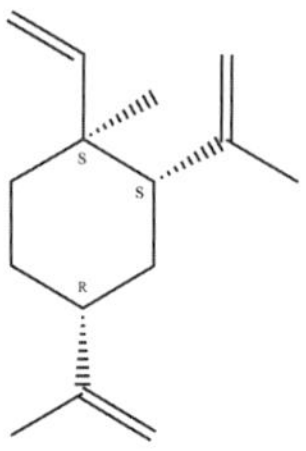	515-13-9
4	2-甲基丁酸甲酯	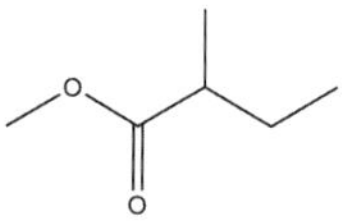	868-57-5

33.2.2 含量组成

目前，可从文献中查到白兰中挥发油、总黄酮、总多酚等成分的含量信息，及其主要活性成分芳樟醇的含量信息，具体见表 33-3。

表 33-3 白兰中主要成分含量信息

成分	来源	含量（%）	参考文献
挥发油	叶	0.49—0.81	[3, 8, 9]
	花	0.1—5.26	[1, 4—6, 10]
	茎	0.12	[3]
芳樟醇	花	1.63—4.89	[11]
	叶	0.21—0.65	[11]
	嫩枝	0.43	[11]
总黄酮	叶	9.21—9.94	[12—13]
多酚	叶	4.428	[14]

33.3　功效与机制

白兰性温,味苦辛,具有止咳、化浊的功效。白兰中的化学成分具有皮肤保护作用[6]。

33.3.1　抗炎

白兰花对支气管炎和前列腺炎的治疗有效果[15]。

33.3.2　抗氧化

白兰叶提取物具有抗氧化活性,能够清除 DPPH 自由基[16]。白兰叶片中的天然产物 (−)–N–Formylanonaine 具有 DPPH 自由基清除活性、还原力和金属螯合能力,因此其具有一定的抗氧化能力[17]。50% 乙醇白兰花提取物对 DPPH 自由基的消除 IC_{50} 为 31.8 μg/mL,对其他自由基也有良好消除,可用作抗氧化剂[18]。

表 33-4　(−)–N–Formylanonaine 抑制蘑菇酪氨酸酶和
抗氧化作用的 IC_{50} 值[17]

	蘑菇酪氨酸酶,IC_{50}（μM）	DPPH 清除率,IC_{50}（μM）	金属螯合能力,IC_{50}（μM）	还原力（100 μM,OD_{700}）
(−) -N-Formylanonaine	74.3	121.4	262.1	0.56
曲酸 [a]	69.4	—	—	—
维生素 C [b]	—	52.1	—	—
乙二胺四乙酸 [c]	—	—	0.1	—
3- 叔丁基 -4- 羟基茴香醚 [d]	—	—	—	1.28

注:数据表示为至少三个独立实验的平均值。(−) 没有进行测试。a. 曲酸用作蘑菇酪氨酸酶测定的阳性对照。b. 维生素 C 用作 DPPH 测定的阳性对照。c. 乙二胺四乙酸用作金属螯合能力的阳性对照。d.3- 叔丁基 -4 羟基茴香醚用作 100 μM 时的还原力的阳性对照。

33.3.3　抑菌

白兰花挥发油对大肠杆菌、金黄色葡萄球菌、枯草芽孢杆菌、水稻黄单胞菌均有抑制作用，其中对枯草芽孢杆菌和水稻黄单胞菌抑制效果较好，大肠杆菌和金黄色葡萄球菌次之[6]。

表 33-5　纯挥发油及不同浓度白兰花挥发油的抑菌圈直径（mm）[6]

测试细菌 （Bacterium）	卡那 霉素	挥发油	1	2	3	4	5
大肠杆菌 Escherichia coli ATCC 8099	16.0±0.2	9.0±0.4	7.7±0.6	7.4±0.4	0	0	0
金黄色葡萄球菌 Staphylococcus aureus ATCC 6538	19.5±0.7	7.3±0.4	6.8±0.4	6.4±0.7	0	0	0
枯草芽孢杆菌 Bacillus subtilis ATCC 6633	24.3±0.3	9.2±0.4	9.3±0.8	8.3±0.5	8.3±0.8	8±0.7	7.3±0.3
水稻黄单胞菌 Xanthomonas oryzae pv. oryzae RS105	33.3±0.4	12.4±1	9.8±0.6	8.8±0.8	8.0±0.9	7.9±0.4	7.2±0.4

注：丙酮稀释后的 5 个浓度（0.2 mL/mL，0.1 mL/mL，0.05 mL/mL，0.025 mL/mL，0.0125 mL/mL）分别用 1、2、3、4、5 对应。表中数据均为 3 次重复平均值。

33.3.4　抗衰老

白兰叶提取物可通过阻断 UVB 激活的促分裂原活化蛋白质（MAP）激酶信号通路，抑制暴露于 UVB 的人皮肤成纤维细胞中基质金属蛋白酶 -1（MMP-1）、基质金属蛋白酶 -3（MMP-3）和基质金属蛋白酶 -9（MMP-9）的表达；抑制活性氧（ROS）的生成、胶原酶和弹性蛋白酶的活性，提高皮肤细胞中的透明质酸含量，恢复因 UVB 而减少的总胶原蛋白的合成，从而达到抑制皮肤老化的效果[16]。

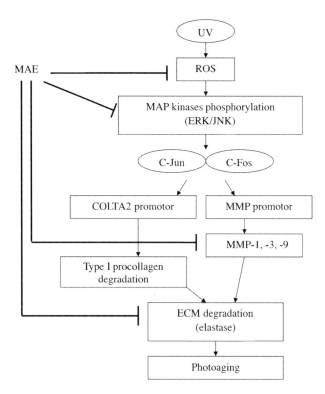

图 33-1　白兰叶提取物（MAE）对 UVB 诱导的光损伤保护作用的调节机制 [6]

33.3.5　美白

白兰叶片中的天然产物（－）–N–Formylanonaine，可以有效抑制人表皮黑色素细胞中酪氨酸酶的活性，减少黑色素的生成 [17]。

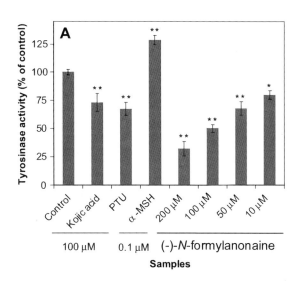

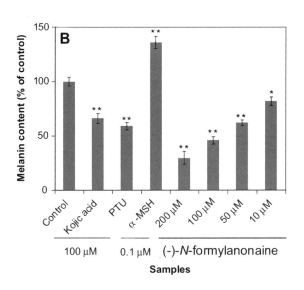

图33-2　在不同浓度的（－）-N-Formylanonaine 对人表皮黑色素细胞的酪氨酸酶（A）和黑色素（B）的抑制作用。在 100 μm 时，使用曲酸和苯基硫脲作为黑色素抑制剂；在 0.1 μm 时，使用 α－ 黑素细胞刺激素作为黑色素刺激剂（* $P<0.01$，** $P<0.001$）[17]

33.4　成分功效机制总结

　　白兰具有抗炎、抗氧化、抑菌、抗衰老和美白功效，其活性部位包括叶提取物、花提取物，挥发油、（－）-N-Formylanonaine。它的抗炎活性包括对支气管炎和前列腺炎治疗有作用。白兰有 DPPH 自由基清除活性，在还原力和金属螯合方面具有中等抗氧化能力。白兰对多种致病菌有抑制活性，包括大肠杆菌、金黄色葡萄球菌、枯草芽孢杆菌、水稻黄单胞菌。白兰通过下调 MMP-1、MMP-3 和 MMP-9，有效地抑制皮肤光老化。白兰可以抑制胶原酶、弹性蛋白酶和 ROS 活性，提高透明质酸含量，防止皮肤老化。白兰具有美白的作用，可以有效抑制人表皮黑色素细胞中酪氨酸酶的活性，减少黑色素生成。

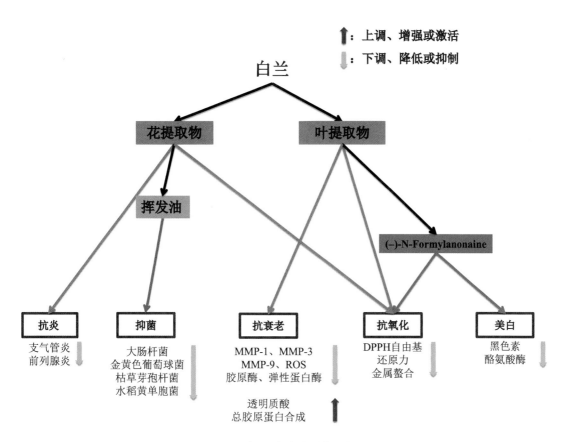

图 33-3　白兰成分功效机制总结图

参考文献

[1] 喻世涛, 王萍, 朱巍, 等. 超临界 CO_2 萃取与分子蒸馏技术提取白兰花中芳樟醇的研究 [C]// 第八届中国香料香精学术研讨会论文集. 2010: 62—65.

[2] 谷风林, 房一明, 胡荣锁, 等. 白兰花挥发性成分的 GC-MS 分析 [J]. 热带作物学报, 2011, 32(9): 1769—1773.

[3] 黄相中, 尹燕, 黄荣, 等. 白兰叶和茎挥发油化学成分研究 [J]. 食品科学, 2009, 30(8): 241—244.

[4] 刘波静, 林法明. 毛细管气相色谱 / 质谱法分析熏茶植物白兰花中挥发性化学成分 [J]. 食品科学, 2002,23(6): 127—130.

[5] 张伟. 白兰花挥发油的提取及其香气组分的研究 [D]. 华南理工大学, 2020.

[6] 侯冠雄.白兰花化学成分及其挥发油抗菌拒食活性研究 [D]. 云南中医学院 , 2018.

[7] Phanit K, Apsorn S, Supaya C, et al. *Michelia* essential oil inhalation increases fast alpha wave activity[J]. Scientia Pharmaceutica, 2020, 88: 23.

[8] 战伟伟 , 于磊娟 , 彭玉娇 . 亚临界水提取白兰叶挥发油工艺优化研究 [J]. 饮料工业 , 2012, 15(9): 6—9.

[9] 张霞 , 刘敦菊 , 徐立 , 等 . 白兰叶挥发油提取方法及工艺条件研究 [J]. 安徽农学通报 (上半月刊), 2011, 17(3): 41—43+76.

[10] 林祖铭 , 金声 , 王显仑 , 等 . 白兰花头香化学成分的研究 [J]. 化学通报 , 1984(4): 30—32.

[11] Xia EQ, Song Y, Ai XX, et al. A new high-performance liquid chromatographic method for the determination and distribution of linalool in *Michelia alba*[J]. Molecules, 2010, 15: 4890—4897.

[12] 陈建福 , 林洵 , 林萍萍 , 等 . 响应面法优化白兰叶总黄酮的提取工艺研究 [J]. 井冈山大学学报 (自然科学版), 2016, 37(6): 30—35.

[13] 陈建福 , 林洵 , 林萍萍 , 等 . 响应面法优化超声辅助提取白兰叶总黄酮工艺 [J]. 食品工业科技 , 2016, 37(15): 238—242.

[14] 陈建福 , 林洵 , 许商荣 , 等 . 超声波辅助法提取白兰叶多酚的工艺研究 [J]. 中国食品添加剂 , 2016(7): 150—156.

[15] Shang CQ, Hu YM, Deng CH, et al. Rapid determination of volatile constituents of *Michelia alba* flowers by gas chromatography–mass spectrometry with solid-phase microextraction[J]. Journal of Chromatography, 2002, 942: 283—288.

[16] Chiang HM, Chen HC, Lin TJ, et al. *Michelia alba* extract attenuates UVB-induced expression of matrix metalloproteinases via MAP kinase pathway in human dermal fibroblasts[J]. Food and Chemical Toxicology, 2012, 50: 4260—4269.

[17] Wang HM, Chen CY, Chen CY, et al. (–)-N-Formylanonaine from *Michelia alba* as a human tyrosinase inhibitor and antioxidant[J], Bioorganic & Medicinal Chemistry, 2010, 18: 5241—5247.

[18] 王建新 , 新编化妆品植物原料手册 [M]. 北京 : 化学工业出版社 , 2020.

白蘞

34.1　基本信息

中　文　名	白蔹	
属　　　名	蛇葡萄属 *Ampelopsis*	
拉　丁　名	*Ampelopsis japonica*（Thunb.）Makino	
俗　　　名	黄狗蛋、箭猪腰、猫儿卵、鹅抱蛋、五爪藤	
分类系统	恩格勒系统（1964）	APG Ⅳ系统（2016）
	被子植物门 Angiospermae 双子叶植物纲 Dicotyledoneae 鼠李目 Rhamnales 葡萄科 Vitaceae	被子植物门 Angiospermae 木兰纲 Magnoliopsida 葡萄目 Vitales 葡萄科 Vitaceae
地理分布	辽宁、吉林、河北、山西、陕西、江苏、浙江、江西、河南、湖北、湖南、广东、广西、四川等；俄罗斯、朝鲜、日本等	
化妆品原料	白蔹（AMPELOPSIS JAPONICA）根粉	
	白蔹（AMPELOPSIS JAPONICA）根提取物	
	白蔹（AMPELOPSIS JAPONICA）提取物	

A
—
B

A. 白蔹根

B. 白蔹叶、果

木质藤本。小枝圆柱形，有纵棱纹，无毛。卷须不分枝或卷须顶端有短的分叉，相隔 3 节以上间断与叶对生。叶为掌状 3—5 小叶，小叶片羽状深裂或小叶边缘有深锯齿而不分裂，羽状分裂者裂片宽 0.5—3.5 厘米，顶端渐尖或急尖，掌状 5 小叶者中央小叶深裂至基部并有 1—3 个关节，关节间有翅，翅宽 2—6 毫米，侧小叶无关节或有 1 个关节，3 小叶者中央小叶有 1 个或无关节，基部狭窄呈翅状，翅宽 2—3 毫米，上面绿色，无毛，下面浅绿色，无毛或有时在脉上被稀疏短柔毛；叶柄长 1—4 厘米，无毛；托叶早落。聚伞花序通常集生于花序梗顶端，直径 1—2 厘米，通常与叶对生；花序梗长 1.5—5 厘米，常呈卷须状卷曲，无毛；花梗极短或几无梗，无毛；花蕾卵球形，高 1.5—2 毫米，顶端圆形；萼碟形，边缘呈波状浅裂，无毛；花瓣 5，卵圆形，高 1.2—2.2 毫米，无毛；雄蕊 5，花药卵圆形，长宽近相等；花盘发达，边缘波状浅裂；子房下部与花盘合生，花柱短棒状，柱头不明显扩大。果实球形，直径 0.8—1 厘米，成熟后带白色，有种子 1—3 颗；种子倒卵形，顶端圆形，基部喙短钝，种脐在种子背面中部呈带状椭圆形，向上渐狭，表面无肋纹，背部种脊突出，腹部中棱脊突出，两侧洼穴呈沟状，从基部向上达种子上部 1/3 处。花期 5—6 月，果期 7—9 月。[①]

白蔹的干燥块根药用。味苦，性微寒。归心、胃经。清热解毒，消痈散结，敛疮生肌。用于痈疽发背，疔疮，瘰疬，烧烫伤。[②]

34.2　活性物质

34.2.1　主要成分

目前，从白蔹中分离得到的化学成分主要包括黄酮类、多酚类、蒽醌类、三萜类、甾醇类、木脂素类等，此外还含有一些其他成分。有关白蔹化学成分的研究主要集中在皂苷类化合物，具体化学成分见表 34-1。

①见《中国植物志》第 48（2）卷第 46 页。

②参见《中华人民共和国药典》(2020 年版）一部第 114 页。

表 34-1　白鼓化学成分

成分类别	主要化合物	参考文献
黄酮类	槲皮素、槲皮素 -3-O-α-L- 吡喃鼠李糖、槲皮素 -3-O-(2-O- 没食子酰基)-α-L- 吡喃鼠李糖等	[1—2]
多酚类	丹皮酚、α- 生育酚、没食子酸、1,2,6- 三氧 - 没食子酰基 -β-D- 吡喃葡萄糖、1,2,3,6- 四氧 - 没食子酰基 -β-D- 吡喃葡萄糖、1,2,4,6- 四氧 - 没食子酰基 -β-D- 吡喃葡萄糖、1,2,3,4,6- 五氧 - 没食子酰基 -β-D- 吡喃葡萄糖、原儿茶酸、龙胆酸、白藜芦醇、儿茶素、表儿茶素等	[1—5]
蒽醌类	大黄素甲醚、大黄酚、大黄素、大黄素 -8-O-β-D- 吡喃葡萄糖苷等	[1—2]
甾醇类	β- 谷甾醇、α- 菠甾醇、豆甾醇 -β-D- 葡萄糖苷、豆甾醇、β- 谷甾醇亚油酸酯、β- 谷甾醇亚麻酸酯、5α,8α- 过氧化麦角甾 -6,22- 二烯 -3β- 醇等	[1—2,4—5]
三萜类	齐墩果酸、羽扇豆醇、蔷薇酸、羽扇豆酮、白桦脂醇、3α- 反 - 阿魏酰氧基 -2α- 氧 - 乙酰基 -12- 烯 -28- 酸、3α- 反 - 阿魏酰氧基 -2α- 羟基 -12- 烯 -28- 甲酯等	[1—2,6]
木脂素类	五味子苷等	[1—2]
其他	甲基 -α-D- 呋喃果糖苷、甲基 -β-D- 吡喃果糖苷、尿苷、腺苷、二十八烷酸等	[2,5,7]

表 34-2　白鼓部分成分单体结构

序号	主要单体	结构式	CAS 号
1	大黄素甲醚	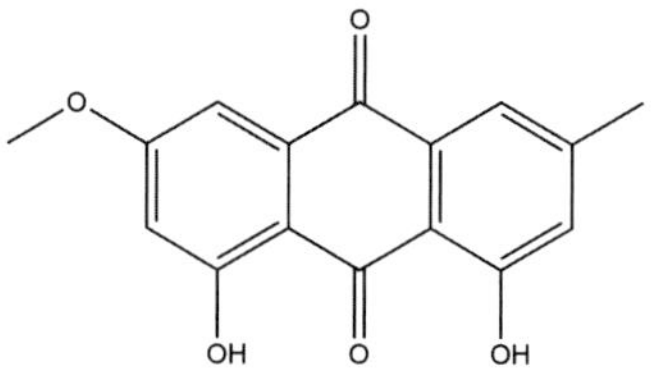	521-61-9
2	大黄酚	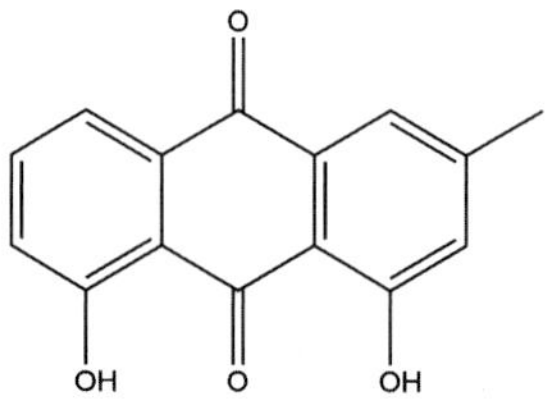	481-74-3

（接上表）

3	大黄素	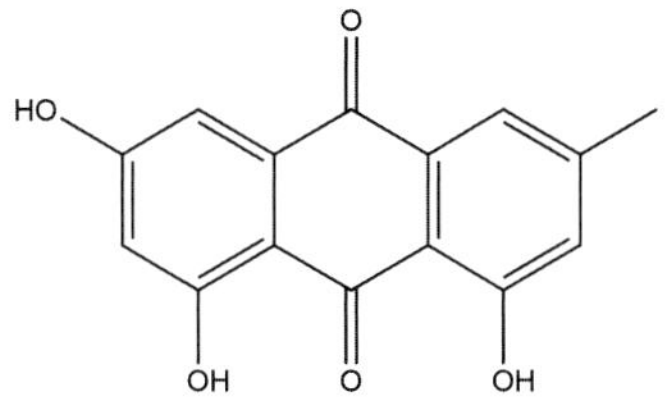	518-82-1
4	没食子酸	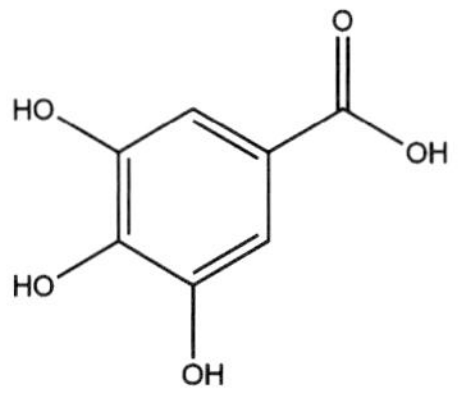	149-91-7
5	白藜芦醇	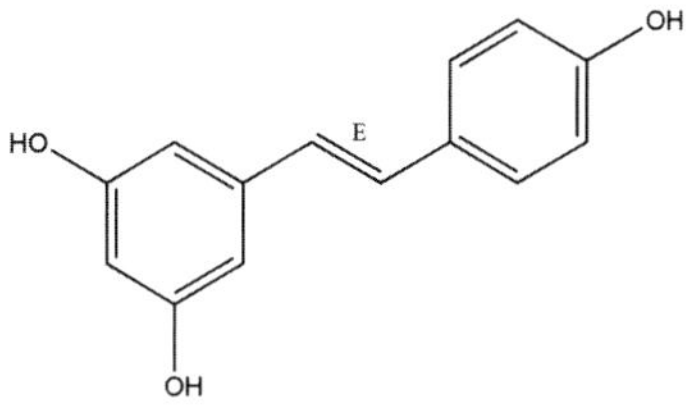	501-36-0
6	槲皮素	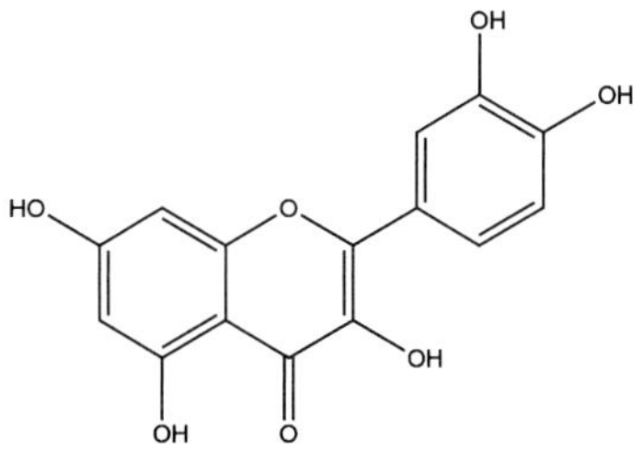	117-39-5

34.2.2　含量组成

目前，从文献中获得了白蔹中多糖、总黄酮、总多酚等成分的含量信息，具体见表 34-3。

表 34-3　白蔹中主要成分含量信息

成分	来源	含量	参考文献
总酚酸	块根	0.782 %—3.733 %	[5, 8]
白藜芦醇	块根	0.001 %—0.011 %	[8]
没食子酸	块根	0.030 %—0.056 %	[8]

（接上表）

原儿茶醛	块根	0.002 %—0.012 %	[8]
儿茶素	块根	0.124 %—0.403 %	[8]
大黄素	块根	0.631 %；40.192 µg/g	[5, 9]
槲皮素	块根	0.9922 mg/g	[5]
总多糖	块根	9.92 %—12.60 %	[1, 10]

34.3　功效与机制

白蔹的块根晒干即可入药，具有清热解毒、散结止痛、生肌敛疮的作用[11-12]。白蔹主要有抗炎、抗氧化、抑菌、美白和控油的功效。

34.3.1　抗炎

在细胞炎症模型中，白蔹提取物可以显著抑制炎症细胞因子的表达，如白细胞介素-1β（IL-1β）、白细胞介素-6（IL-6）、白细胞介素-8（IL-8）和肿瘤坏死因子-α（TNF-α），显著抑制 caspase-1 激活型（p20）的释放，并下调 NF-κB 信号通路，是治疗皮肤炎症的候选药物[13]。白蔹根乙醇提取物可以降低 TNF-α 水平并升高 IL-10 的水平，发挥抗炎作用，促进大鼠皮肤烫伤的愈合[14]。

34.3.2　抗氧化

炒制对白蔹的抗氧化作用有影响，白蔹炒焦品抗氧化活性最强[15]。白蔹各部位均具有抗氧化活性，其中，乙酸乙酯与正丁醇部位清除 DPPH 自由基、ABTS 自由基及还原 Fe^{3+} 的能力均强于石油醚部位及水部位；乙酸乙酯部位的多酚含量最高。白蔹提取物清除自由基的能力与提取物的浓度在一定范围内具有良好的量效关系，其中，多酚含量较高的乙酸乙酯部位和正丁醇部位的抗氧化活性及还原能力相对较强，提示多酚类成分可能为白蔹抗氧化的主要活性成分[16]。白蔹的无水乙醇提取液和水提取液对 DPPH 自由基、羟基自由基、超氧阴离子 3 种自由基均具有一定的抑制作用[17]。

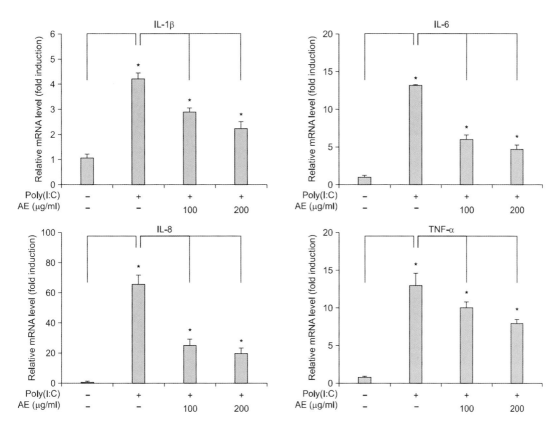

图 34-1　白蔹提取物（AE）对多聚（I:C）诱导的角质形成细胞炎症反应的影响（将 SV40Tog 转化的人表皮角质形成细胞用指定浓度的 AE 预处理 1 小时，然后用 1 μg/ml 多聚刺激 2 小时，采用实时定量聚合酶链反应测定 mRNA 水平。数据表示为诱导倍数，平均值 ± 标准差为三次测量的平均值。*$P < 0.01$）[13]

从白蔹根中分离出的木脂素和单宁可以显著抑制 HaCaT 角质形成细胞中的活性氧（ROS）的生成，其中部分单宁成分具有 DPPH 自由基清除作用[18]。

表 34-4　白蔹醇提物各萃取部位对 DPPH 自由基的清除作用[16]

样品	线性方程组	r	$IC_{50}/g \cdot L^{-1}$
石油醚	$Y = 0.3827X + 0.0259$	0.9971	1.2388
乙酸乙酯	$Y = 0.6228X + 0.0389$	0.9988	0.7404
正丁醇	$Y = 0.8458X + 0.0129$	0.9983	0.5759
水	$Y = 0.1163X + 0.0771$	0.9982	3.6363
维生素 C	$Y = 1.1878X + 0.1031$	0.9970	0.3341

表34-5　白蔹醇提物各萃取部位对 ABTS
自由基的清除作用[16]

样品	线性方程组	r	IC$_{50}$/g · L^{-1}
石油醚	$Y=0.5910X+0.0812$	0.9963	0.7086
乙酸乙酯	$Y=1.0470X+0.1640$	0.9987	0.3209
正丁醇	$Y=0.8055X+0.2354$	0.9963	0.3285
水	$Y=0.1214X+0.1336$	0.9994	3.0181
维生素 C	$Y=1.5381X+0.0035$	0.9988	0.3228

表34-6　白蔹醇提物各萃取部位对
Fe^{3+} 的还原能力[16]

Samples	线性方程组	r	水溶性维生素 E/μmol · g^{-1}
石油醚	$Y=2.6\times10^{-3}X+0.1880$	0.9987	172.87 ± 0.54
乙酸乙酯	$Y=0.0439X+0.1564$	0.9984	$2.92\times10^{3}\pm1.01$
正丁醇	$Y=0.0288X+0.2681$	0.9962	$1.91\times10^{3}\pm1.25$
水	$Y=6.5\times10^{-3}X+0.1509$	0.9994	432.18 ± 0.23
维生素 C	$Y=0.2672X+0.1970$	0.9994	$1.78\times10^{4}\pm1.88$
FeSO$_4$	$Y=15.040X+0.1888$	0.9982	—

34.3.3　抑菌

　　白蔹水煎液对金黄色葡萄球菌、铜绿假单胞菌、福氏痢疾杆菌和大肠杆菌均有抑制作用，并且不同炮制方法的白蔹具有不同的抗菌效应，抗菌活性依次为焦白蔹、炒白蔹及生白蔹[19，20]。白蔹正丁醇提取物对金黄色葡萄球菌、大肠杆菌、串珠镰孢菌等具一定抗菌作用[21]。白蔹的石油醚萃取物、乙酸乙酯萃取物、正丁醇萃取物对金黄色葡萄球菌和大肠杆菌均呈现一定程度的抑制作用；对金黄色葡萄球菌的抑制作用依次为：正丁醇萃取物 > 乙酸乙酯萃取物 > 石油醚萃取物；正丁醇萃取物对大肠杆菌的抑制作用最强[22]。

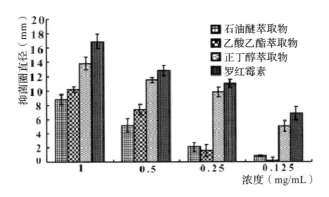

图 34-2　白蔹不同萃取物抗金黄色葡萄球菌的平均抑菌圈直径
（实验结果为 3 次试验平均值 ± 标准差）[22]

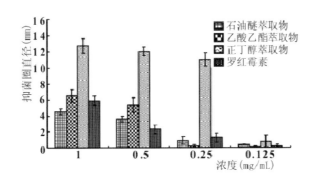

图 34-3　白蔹不同萃取物抗大肠杆菌的平均抑菌圈直径
（实验结果为 3 次试验平均值 ± 标准差）[22]

34.3.4　美白

白蔹具有美白作用，可用于黄褐斑的防治[23]。八白散方剂的 9 种主要中药的水提物中，白蔹拥有最高的酪氨酸酶抑制作用，且水提物比醇提物的效果更好[24]。白蔹的无水乙醇提取液和水提取液对酪氨酸酶都有一定的抑制作用[17]，其中，白蔹醇提取物的酪氨酸酶抑制率相对较高[25]。

在抗黑素生成实验中，从白蔹根中分离出的单宁成分能够降低 α-MSH 诱导的 B16F10 黑色素瘤细胞中黑色素含量，并适度抑制酪氨酸酶活性，可进一步开发为皮肤疾病的药妆剂[18]。

表34-7   19种中草药提取液对酪氨酸酶的抑制率 [17]

样品 （10mg·mL^{-1}）	抑制率 （无水乙醇提取液）/%	抑制率 （水提取液）/%
茯苓	91.7±0.9	83.0±0.4
赤芍	89.2±0.7	97.8±1.0
红景天	85.1±0.8	96.5±0.8
白蔹	83.3±1.0	86.7±1.2
黄芩	81.7±0.6	84.7±1.4
人参	81.2±1.2	88.3±1.7
葛根	80.0±0.6	77.5±1.5
桑葚	79.6±0.9	81.8±1.3
六月雪	79.2±1.3	73.3±1.9
白芍	78.3±0.4	67.5±0.9
苦参	73.3±0.9	79.5±1.3
玉竹	67.5±1.3	78.6±1.8
金银花	60.8±0.3	68.3±0.6
黄蜀葵花	56.7±1.2	70.8±1.3
白芨	52.5±1.1	69.2±2.1
川芎	46.8±1.4	38.6±0.5
当归	45.0±0.8	43.3±0.9
苍术	33.8±1.7	65.0±1.3
苦丁茶	17.6±1.5	18.0±1.2
VC	76.3±0.5	

34.3.5　控油

复方白蔹面膜对实验性兔耳痤疮具有治疗作用，能减轻毛囊角化性丘疹，减少局部毛囊角栓，能减轻病理损伤，抑制角质层及皮脂腺增生，抑制毛囊扩张，对炎性细胞浸润也有一定的抑制作用，其作用机理可能与其抑制雄激素受体表达有关 [26]。

具有面部痤疮的患者使用含白蔹的清痤散，可对轻、中度痤疮的治疗有明显作用，对丘疹、脓疱的改善程度较好，其作用机制可能与抑制皮脂腺分泌，抗炎、抗角化有关；清痤散治疗痤疮安全性好，对皮肤的刺激性小，极少发生局部灼热、发红、干燥、脱屑等不良反应，且不良反应轻微[27]。

表 34-8　白蔹面膜对实验性兔耳痤疮模型皮脂腺
增生的影响（$\bar{x} \pm s$）[26]

组别	动物数（只）	剂量（g 原生药 /ml）	（长径 + 短径）/2（μm）
正常对照组	8	—	103.63±21.89**
模型对照组	8	—	181.38±22.83
白蔹面膜低剂量组	8	0.5	128.63±23.65**
白蔹面膜中剂量组	8	1.0	111.25±15.51**
白蔹面膜高剂量组	8	2.0	101.25±9.04**
维胺酯维 E 乳膏	8	8 mg/10 g	99.50±9.10**

注：与模型对照组相比，**$P<0.01$。

34.4　成分功效机制总结

白蔹主要有抗炎、抗氧化、抑菌、美白和控油的功效，其活性成分主要有木脂素、单宁等。它的抗炎机制主要通过抑制各种炎症因子、TNF-α 的表达，上调 IL-10 的表达；抗氧化活性与各种自由基的清除有关。白蔹可抑制金黄色葡萄球菌、铜绿假单胞菌、福氏痢疾杆菌、大肠杆菌、串珠镰孢菌的生长。白蔹可抑制色素沉着和酪氨酸酶，提示其具有潜在的美白功效。白蔹可以抑制角质层增生和皮脂腺增生，具有控油的功效。

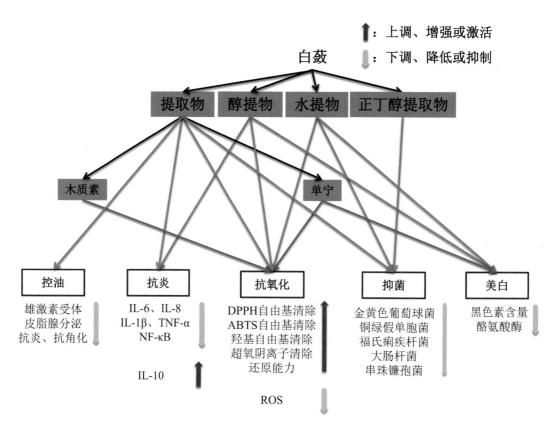

成分 1：木脂素

成分 2：单宁

图 34-4　白蔹成分功效机制总结图

参考文献

[1] 李岩 . 白蔹多糖的结构特征及免疫活性研究 [D]. 佳木斯大学 , 2017.

[2] 毕宝宝 . 白蔹资源可持续利用的初步研究 [D]. 河南大学 , 2015.

[3] 俞文胜 , 陈新民 , 杨磊 , 等 . 白蔹单宁化学成分的研究 [J]. 天然产物研究与开发 , 1995, 7(1): 15—18.

[4] 杭佳 . 白蔹抗肿瘤活性部位化学成分及其含量测定研究 [D]. 湖北中医药大学 , 2013.

[5] 陈爱军 . 白蔹活性成分提取工艺研究 [D]. 南华大学 , 2016.

[6] Mi Jl, Wu CJ, Li CT, et al. Two new triterpenoids from *Ampelopsis japonica*(Thunb.) Makino[J] Natural Product Research. 2014, 28(1): 52—56.

[7] 刘庆博, 李飞, 刘佳, 等. 白蔹的化学成分研究 [J]. 药学实践杂志, 2011, 29(4): 284+314.

[8] 孙志猛, 杨楠, 叶晓川. 不同产地白蔹中总酚酸以及没食子酸、原儿茶醛、儿茶素和白藜芦醇的含量测定 [J]. 湖北中医药大学学报, 2018, 20(3): 43—46.

[9] 杨颖, 梁晓莉, 孙艳平, 等. 正交设计优选白蔹甲醇提取物的提取工艺 [J]. 应用化工, 2013, 42(6): 1033—1034+1042.

[10] 李岩, 赵宏, 王宇亮, 等. 响应面法优化白蔹多糖的闪式提取工艺 [J]. 中华中医药学刊, 2017, 35(1): 246—249+289.

[11] 崔国静, 贺蕾, 江肖肖. 消痈散结的白蔹 [J]. 首都食品与医药, 2017, 24(19): 52.

[12] 朱长俊, 朱红薇. 白蔹正丁醇提取物抗菌作用研究 [J]. 中国民族民间医药, 2011, 20(1): 67—68.

[13] Choi MR, Choi DK, Kim KD, et al. *Ampelopsis japonica* Makino extract inhibits the inflammatory reaction induced by pathogen-associated molecular patterns in epidermal keratinocytes. [J]. Annals of Dermatology, 2016, 28(3): 352—359.

[14] Lee KJ, Lee BH, Lee MH, et al. Effect of *Ampelopsis* Radix on wound healing in scalded rats. [J]. BMC Complementary and Alternative Medicine, 2015, 15: 213.

[15] 申旭霁, 郑梦迪, 孙丽莎, 等. 炒制对白蔹成分及抗氧化活性的影响 [J]. 现代中药研究与实践, 2018, 32(2): 4—7.

[16] 张小燕, 孙志猛, 叶晓川. 白蔹醇提物不同极性部位的体外抗氧化活性研究 [J]. 华西药学杂志, 2017, 32(6): 607—609.

[17] 王雪梅, 沈雪梅, 吴文琴, 等. 19 种中草药美白及抗氧化活性的比较 [J]. 安徽大学学报 (自然科学版), 2017, 41(1): 86—94.

[18] Lee CL, Jhan YL, Chiang HM, et al. Characterization of chemical constituents with their antioxidant and anti-melanogenesis activities from the roots of *Ampelopsis japonica*[J]. Natural Product Research, 2021: 1—5.

[19] 李媛媛, 宫小勇, 晁旭, 等. 白蔹的化学成分、质量控制及药理作用研究进展 [J]. 沈阳药科大学学报, 2020, 37(10): 956—960.

[20] 闵凡印, 周一鸿, 宋学立等. 白蔹炒制前后的体外抗菌作用 [J]. 中国中药杂志, 1995, 20(12): 728—729+745.

[21] 王海燕, 李娟, 梁利香, 等. 白蔹抗菌部位工业化制备工艺的优化 [J]. 黑龙江畜牧兽医, 2016(9 上): 193—195.

[22] 汪秀, 朱红薇, 朱长俊. 白蔹提取物抗补体和抗菌活性研究 [J]. 嘉兴学院学报, 2011, 23(6): 88—91.

[23] 黄思斯. 黄褐斑中医古文献理法方药的数据分析 [D]. 广州中医药大学, 2012.

[24] 唐海谊, 何冠邦, 周喜林. 美白中药之水及乙醇提取物对酪氨酸酶抑制功效之比较 [J]. 中国药学杂志, 2005, 40(5): 342—343.

[25] 黄少丹, 吴宗泽, 宋凤兰, 等. 中药美白成分的筛选及美白霜的制备 [J]. 宜春学院学报, 2014, 36(12): 17—19.

[26] 吴亚梅, 华桦, 黄志芳. 复方白蔹面膜对兔耳痤疮模型治疗作用的实验研究 [J]. 四川中医, 2016, 34(8): 43—46.

[27] 孙小雨. 清痤散外敷治疗轻、中度面部痤疮疗效观察 [D]. 广西中医药大学, 2018.

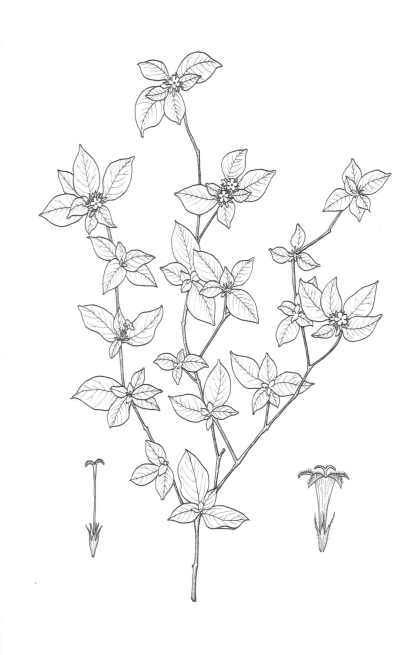

白马骨

35.1 基本信息

中 文 名	白马骨	
属 名	白马骨属 *Serissa*	
拉 丁 名	*Serissa serissoides*（DC.）Druce	
俗 名	路边姜、路边荆	
	恩格勒系统（1964）	APG IV系统（2016）
分类系统	被子植物门 Angiospermae 双子叶植物纲 Dicotyledoneae 龙胆目 Gentianales 茜草科 Rubiaceae	被子植物门 Angiospermae 木兰纲 Magnoliopsida 龙胆目 Gentianales 茜草科 Rubiaceae
地理分布	江苏、安徽、浙江、江西、福建、台湾、湖北、广东、香港、广西等地	
化妆品原料	白马骨（SERISSA SERISSOIDES）提取物	

A. 白马骨植株

A | B   B. 白马骨花

　　小灌木，通常高达1米；枝粗壮，灰色，被短毛，后毛脱落变无毛，嫩枝被微柔毛。叶通常丛生，薄纸质，倒卵形或倒披针形，长1.5—4厘米，宽0.7—1.3厘米，顶端短尖或近短尖，基部收狭成一短柄，除下面被疏毛外，其余无毛；侧脉每边2—3条，上举，在叶片两面均凸起，小脉疏散不明显；托叶具锥形裂片，长2毫米，基部阔，膜质，被疏毛。花无梗，生于小枝顶部，有苞片；苞片膜质，斜方状椭圆形，长渐尖，长约6毫米，具疏散小缘毛；花托无毛；萼檐裂片5，坚挺延伸呈披针状锥形，极尖锐，长4毫米，具缘毛；花冠管长4毫米，外面无毛，喉部被毛，裂片5，长圆状披针形，长 2.5 毫米；花药内藏，长 1.3 毫米；花柱柔弱，长约 7 毫米，2 裂，裂片长 1.5 毫米。花期 4—6 月。[①]

35.2　活性物质

35.2.1　主要成分

目前，从白马骨中分离得到的化学成分主要包括三萜类、木脂素类、环烯醚萜苷类、醌类、黄酮类、甾醇类等。白马骨具体化学成分见表 35–1。

表 35–1　白马骨化学成分

成分类别	主要化合物	参考文献
三萜类	乌苏酸、3- 乙酰基齐墩果酸、3- 羰基熊果酸、齐墩果酮酸、科罗索酸、乌苏烷 -12- 烯 -28- 醇、熊果酸、齐墩果酸等	[1—2]
木脂素类	左旋丁香树脂酚、左旋丁香树脂酚葡萄糖苷、右旋杜仲树脂酚、(+)- 松脂素、(–)- 丁香脂素、(+)- 麦迪奥脂素、(–)- 橄榄脂素等	[1]
甾醇类	胆甾醇、麦角甾 -7,22- 二烯 -3- 醇、4- 甲基胆甾醇、胡萝卜苷、β- 谷甾醇等	[1—2]
环烯醚萜苷类	去乙酰车叶草酸、鸡屎藤苷酸等	[1]
醌类	1,4- 二羟基 -6- 甲基蒽醌、1,3,5,7- 四甲氧蒽醌、2,6- 二甲氧基对苯醌等	[1,3]
黄酮类	牡荆素等	[1]
挥发油类	十六碳酸、(Z,Z)-9,12- 十八碳二烯酸、石竹烯氧化物、大根香叶酮 D、5- 丙酰基 -2- 氯 - 苯乙酸甲酯、2- 甲氧 -4- 乙烯基 - 苯酚、3- 己烯 -1- 醇、乙苯、β-9(10)- 四氢 - 广木香内酯 -1- 酮、2- 甲氧基 -4- 乙烯基 - 苯酚、库贝醇、甲基亚麻酸酯等	[1,4—5]

---

①见《中国植物志》第 71(2) 卷第 160 页。

表 35-2 白马骨成分单体结构

序号	主要单体	结构式	CAS 号
1	齐墩果酸	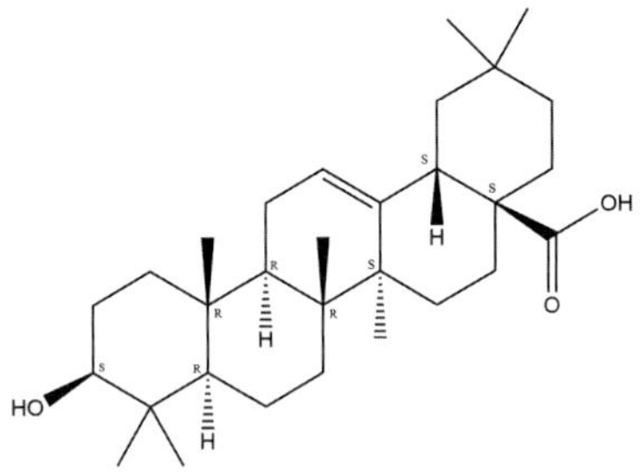	508-02-1
2	科罗索酸	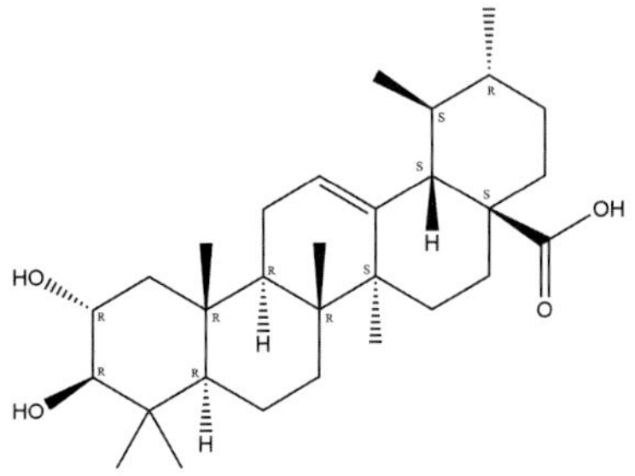	4547-24-4
3	(+)- 松脂素	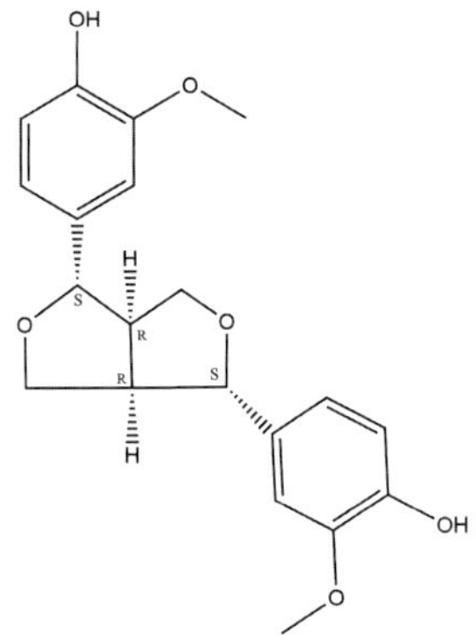	487-36-5
4	胆甾醇	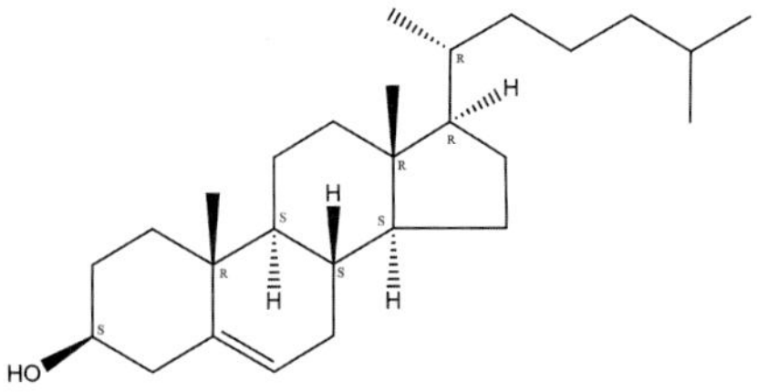	57-88-5

35.2.2　含量组成

目前，有关白马骨化学成分含量的研究较少，仅查阅到部分成分的含量信息，具体见表 35-3。

表 35-3　白马骨中主要成分含量信息

成分	来源	含量（%）	参考文献
齐墩果酸	生药	0.02511—0.11054	[6]
挥发油	生药	0.0216	[4]

35.3　功效与机制

白马骨在瑶族山区被广泛使用，瑶族称之为"惊风药"。《中药大辞典》里谓其"苦辛、凉。祛风、利湿。清热、解毒。治风湿腰腿痛、痢疾、水肿、目赤、肿痛、喉痛、齿痛等"。白马骨根亦入药，用于治疗偏正头痛、牙痛、喉痛、目赤、肿痛、湿热黄疸等[7]。白马骨具有抗炎、抗氧化、抑菌、美白等功效。

35.3.1　抗炎

白马骨水提物可显著抑制四氯化碳（CCl_4）诱导的急性肝损伤小鼠肝组织中白细胞介素 -1β（IL-1β）、肿瘤坏死因子 -α（TNF-α）和白细胞介素 -6（IL-6）含量的升高和 NF-κB 蛋白的表达[8]。

表 35-4　白马骨对肝组织中 IL-1β、IL-6 和 TNF-α 表达
水平的影响（$\bar{x} \pm s$，n=10）[8]

组别	剂量 /g·kg^{-1}	IL-1β	IL-6	TNF-α
空白	—	24.36±3.69	33.57±5.01	31.25±5.12
模型	—	117.21±15.21[①]	128.29±10.87[①]	115.29±13.20[①]

（接上表）

水飞蓟素	0.2	77.98±6.98[3]	69.12±8.01[3]	81.08±6.24[3]
白马骨	4	67.60±8.61[3]	65.11±6.78[3]	74.96±6.87[3]
	2	88.63±8.47[2]	70.12±8.57[3]	88.67±9.56[3]
	1	91.28±9.95[2]	89.11±10.14[2]	94.26±10.27

注：与正常组比较，① $P<0.01$；与模型组比较，② $P<0.05$，③ $P<0.01$。

表 35-5　白马骨对肝组织中 NF-κB 表达水平的影响

（$\bar{x}\pm s$, n=5）[8]

组别	剂量 /g·kg^{-1}	NF-κB/β-actin
正常	—	0.334±0.057
模型	—	1.318±0.128[1]
水飞蓟素	0.2	0.567±0.077[3]
白马骨	4	0.521±0.052[3]
	2	0.897±0.093[2]
	1	1.011±0.89

注：与正常组比较，① $P<0.01$；与模型组比较，② $P<0.05$，③ $P<0.01$。

35.3.2　抗氧化

白马骨水提物可显著抑制四氯化碳诱导的急性肝损伤小鼠血清中一氧化氮（NO）和丙二醛（MDA）水平的升高，并抑制总超氧化物歧化酶（T-SOD）和谷胱甘肽过氧化物酶（GSH-Px）活性的降低[8]。

表 35-6　白马骨对血清中 GSH-Px、T-SOD 活性及

MDA 含量的影响（$\bar{x}\pm s$, n=10）[8]

组别	剂量 /g·kg^{-1}	GSH-Px/U·mL^{-1}	T-SOD/U·mL^{-1}	MDA/μmol·L^{-1}
空白	—	184.62±17.51	241.29±24.75	3.58±0.44
模型	—	84.56±15.9[1]	142.74±16.13[1]	14.38±1.86[1]

（接上表）

水飞蓟素	0.2	162.79±11.63[③]	189.96±18.02[③]	5.06±0.64[③]
白马骨	4	164.88±14.68[③]	188.67±19.05[③]	6.27±0.76[③]
	2	106.32±12.01[②]	160.02±13.01[②]	6.5±0.81[②]
	1	92.46±11.56	148.77±15.63	12.31±1.51

注：与正常组比较，① $P<0.01$；与模型组比较，② $P<0.05$，③ $P<0.01$。

35.3.3　抑菌

白马骨乙醇粗提物、白马骨乙酸乙酯层和白马骨正丁醇层对枯草芽孢杆菌有一定的抑菌活性[7]。

表 35-7　白马骨各粗提部分及乙酸乙酯层过柱所得样品的最低抑菌浓度 MIC（mg/mL）[7]

样品	菌种					
	大肠埃希氏菌	猪霍乱沙门氏菌	金黄色葡萄球菌	表皮葡萄球菌	藤黄微球菌	枯草芽孢杆菌
$S_{乙醇}$	2.5*	1.25*	2.5*	2.5*	1.25*	1.25
S_I	2.5*	1.25*	2.5*	2.5*	1.25*	2.5
S_{II}	2.5*	1.25*	2.5*	2.5*	1.25*	2.5
S_{III}	—	—	—	—	—	—
$S_{水提}$	—	—	—	—	—	—
S_1	—	—	—	—	—	—
S_{1-5-13}	—	—	—	—	—	—

注：$S_{乙醇}$，白马骨乙醇粗提物；S_I，白马骨乙酸乙酯层；S_{II}，白马骨正丁醇层；S_{III}，白马骨水层；S_1，白马骨乙酸乙酯层过真空柱所得化合物1；S_{1-5-13}，白马骨乙酸乙酯层过柱所得甾醇混合物；"—"表示在实验浓度范围内没有抑菌效果，"*"表示溶剂在实验浓度范围内有抑菌效果。

35.3.4　美白

白马骨乙醇提取物对酪氨酸酶活性的抑制率与熊果苷无统计学差异，且黑素生成量减低与酪氨酸酶活性抑制相关[7]。

35.4　成分功效机制总结

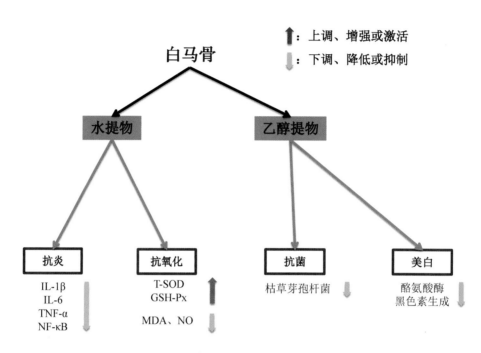

图 35-1　白马骨成分功效机制总结图

　　白马骨水提物可显著抑制四氯化碳诱导的急性肝损伤小鼠肝组织中炎症因子 IL–1β、TNF–α 和 IL–6 含量的升高和 NF–κB 蛋白的表达，发挥抗炎活性。白马骨水提物可显著抑制四氯化碳诱导的急性肝损伤小鼠血清中 NO 和 MDA 水平的升高，并抑制 T–SOD 和 GSH–Px 活性的降低，发挥抗氧化活性。白马骨乙醇粗提物、白马骨乙酸乙酯层和白马骨正丁醇层对枯草芽孢杆菌有一定的抑制活性。白马骨乙醇提取物对酪氨酸酶活性有抑制作用，具有美白潜力。

参考文献

[1] 詹传红, 曲玮, 梁敬钰. 白马骨属植物化学成分和生物活性的研究进展 [J]. 海峡药学, 2014, 26(2): 1—5.

[2] 都姣娇, 武冰峰, 杨娟, 等. 白马骨中三萜类成分研究 [J]. 时珍国医国药, 2008, 19(2): 341—342.

[3] 冯顺卿, 王冠, 岑颖洲, 等. 瑶药白马骨的化学成分研究 [C]// 中国化学会第四届有机化学学术会议论文集, 2005: 34.

[4] 冯顺卿, 洪爱华, 岑颖洲, 等. 白马骨挥发性化学成分研究 [J]. 天然产物研究与开发, 2006, 18: 784—786+808.

[5] 王冠. 瑶药白马骨 (*Serissa serissoides*) 化学成分及生物活性初步研究 [D]. 暨南大学, 2006.

[6] 陈达林, 熊绵丽, 程齐来. 六月雪中齐墩果酸提取工艺的研究 [J]. 基层医学论坛, 2008, 12(35): 1057—1058.

[7] 冯顺卿. 白马骨 (*Serissa serissoides*) 的化学成分及生物活性研究 [D]. 暨南大学, 2004.

[8] 高雅, 王刚, 杜沛霖, 等. 白马骨水提物对急性肝损伤小鼠氧化应激及炎症反应的影响 [J]. 中国实验方剂学杂志, 2017, 23(21): 135—140.

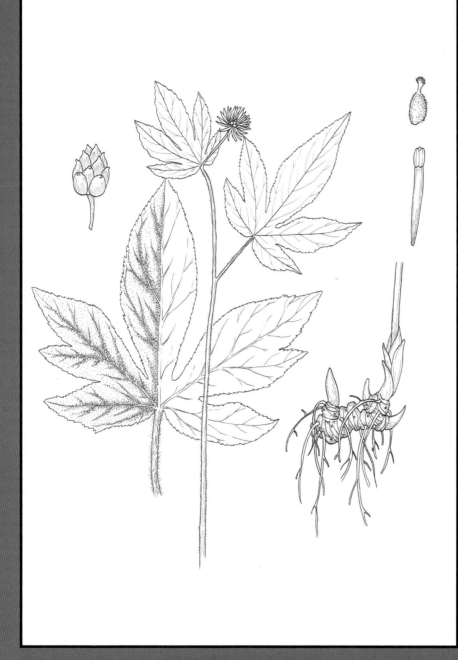

白毛茛

36.1　基本信息

中 文 名	白毛茛	
属　　　名	黄根葵属 *Hydrastis*	
拉 丁 名	*Hydrastis canadensis* L.	
俗　　　名	黄根葵，橙根草，北美黄连	
分类系统	恩格勒系统（1964）	APG Ⅳ系统（2016）
	被子植物门 Angiospermae 双子叶植物纲 Dicotyledoneae 毛茛目 Ranunculales 毛茛科 Ranunculaceae	被子植物门 Angiospermae 木兰纲 Magnoliopsida 毛茛目 Ranunculales 毛茛科 Ranunculaceae
地理分布	加拿大东南部到美国中东部	
化妆品原料	白毛茛（HYDRASTIS CANADENSIS）提取物	

　　多年生草本，高 15—50 厘米。具根状茎，须根坚韧；茎直立，不分枝，粗壮，呈黄色，被短柔毛。基生叶常脱落，茎生叶与基生叶类似；单叶互生，叶椭圆形或近圆形，叶片在花期宽 3—10 厘米，果期宽可达 25 厘米，掌状分裂，有 5—9 个裂片，边缘具重锯齿；花序梗长 5—38 毫米；花直径 8—18 毫米，雄蕊多数，长 4—8 毫米，外露，白色。聚合浆果成熟时暗红色，长 10—15 毫米，宽 8—15 毫米。[1]

白毛茛植株

---

① 见网站 *Hydrastis canadensis* L. (botanicalgarden.cn)。

36.2 活性物质

36.2.1 主要成分

目前，从白毛茛中分离得到的化学成分主要是生物碱类，此外还含有黄酮类及酚类等成分。对白毛茛化学成分的研究目前主要集中在生物碱类化合物，对其他化合物的研究较少，具体化学成分见表 36-1。

表 36-1 白毛茛化学成分

成分类别	主要化合物	参考文献
生物碱类	小檗碱、坎那定（四氢小檗碱/氢化小檗碱）、白毛茛分碱、巴马亭、β-北美黄连碱（白毛茛碱）、8-氧代四氢芬氏唐松草定碱、9-O-乙酰基-8-氧代四氢芬氏唐松草定碱、9-O-甲基-8-氧代四氢芬氏唐松草定碱、3′-羟基-N,N-二甲基乌药碱、13-羟基小檗碱、13-甲基小檗碱、13-甲氧基-5,6-脱氢小檗碱、5,6-脱氢小檗碱、8-氧代四氢小檗碱、8-氧代小檗碱等	[1—6]
黄酮类	3,5,3′-三羟基-7,4′-二甲氧基-6,8-C-二甲基黄酮、(2R)-5,4′-二羟基-6-C-甲基-7-甲氧基黄烷酮、5,4′-二羟基-6,8-二-C-甲基-7-甲氧基黄烷酮等	[7]
酚类	绿原酸、新绿原酸、5-O-(4′-[β-D-吡喃葡萄糖基]-反式-阿魏酰)奎宁酸、3,4-二甲氧基-2-(甲氧羰基)苯甲酸等	[7—8]

表 36-2 白毛茛成分单体结构

序号	主要单体	结构式	CAS 号
1	小檗碱	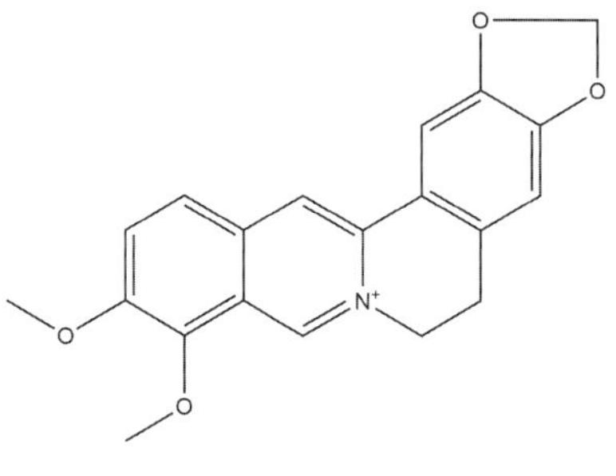	2086-83-1

（接上表）

2	白毛茛碱	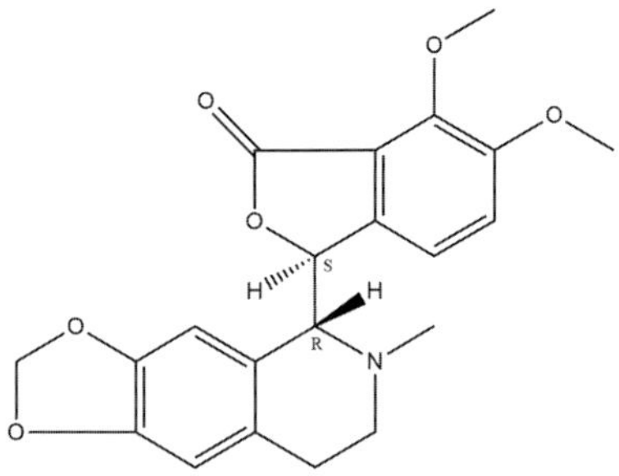	118-08-1
3	坎那定	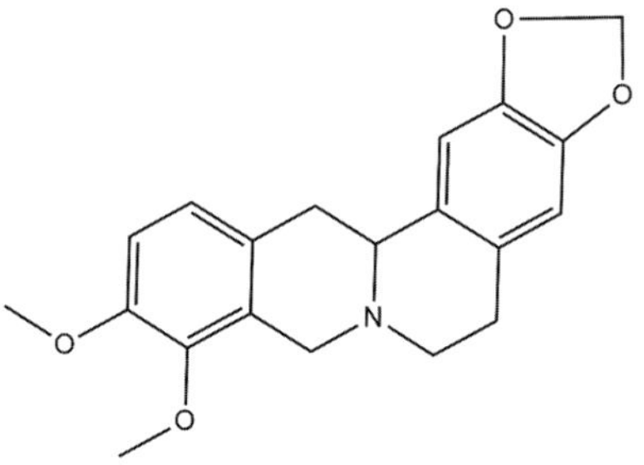	522-97-4
4	白毛茛分碱	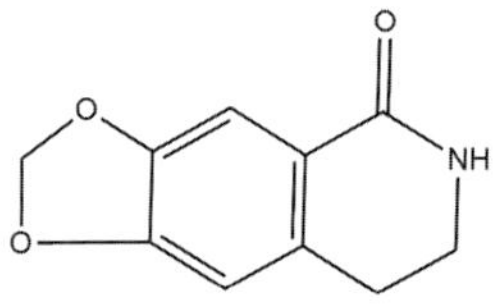	21796-14-5
5	巴马亭	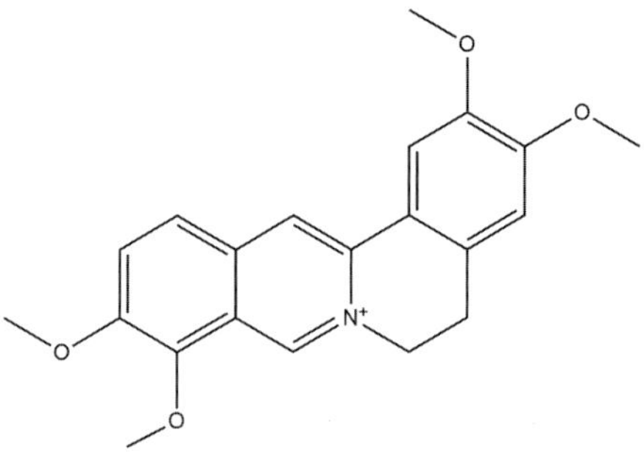	3486-67-7

36.2.2　含量组成

目前，从文献中获得的白毛茛含量信息主要集中在生物碱类，也有一些其他主要活性成分的含量信息，具体见表36–3。

表 36-3　白毛茛主要成分含量信息

成分	来源	含量（%）	参考文献
总生物碱	根粉	5.36—8.99	[2]
小檗碱	根粉	1.90—4.60	[1—2]
	根茎	1.25—4.62	[8]
	叶	1.50	[8]
白毛茛碱	根粉	1.30—4.06	[1—2]
	根茎	0.31—2.77	[8]
	叶	1.01	[8]
坎那定	根粉	0.06—0.20	[1—2]
	根茎	0.07—0.26	[8]
	叶	0.43	[8]
巴马亭	根粉	0.10—0.19	[1—2]
新绿原酸	叶	0.90	[8]
	根茎	0.10—0.23	[8]
绿原酸	叶	0.51	[8]
	根茎	0.17—0.32	[8]

36.3　功效与机制

　　白毛茛是一种矮生的多年生耐寒毛茛科草本植物，多分布在美洲。美洲原住民将其用作着色剂，并将其用作治疗伤口、消化系统疾病、溃疡、皮肤和眼部疾病以及癌症等病症的药物[9]。白毛茛具有抗炎、抗氧化及抑菌功效。

36.3.1　抗炎

　　白毛茛的水–乙醇（1∶1）提取物能够以剂量依赖的方式抑制脂多糖（LPS）诱导的巨噬细胞释放炎症因子，包括：肿瘤坏死因子–α（TNF-α）、白细胞介素–6（IL-6）、白细胞介素–12（IL-12）和白细胞介素–10（IL-10）[10]。小檗碱是白毛茛中分离得到的一种天然化合物，具有抗炎活性。小檗碱和白毛茛的水–乙醇提

取物均可抑制甲型 H1N1 流感病毒刺激的 RAW264.7 小鼠单核巨噬细胞释放 TNF-α
和前列腺素 E_2（PGE_2）[11]。

小檗碱发挥抗炎作用主要是通过抑制 TNF-α、IL-6、白细胞介素 -1β（IL-1β）、
白细胞介素 -17（IL-17）、基质金属蛋白酶 -9（MMP-9）、环氧合酶 -2（COX-2）、
诱导型一氧化氮合酶（iNOS）、C 反应蛋白（CRP）、结合珠蛋白（HP）、单核细
胞趋化蛋白（MCP-1）、细胞间黏附分子 -1（ICAM-1）、转化生长因子 -β1（TGF-β1）
和 γ 干扰素（IFNγ）等炎症相关因子的表达，抑制 MAPKs、NF-κB 信号通路，激
活 Nrf2 信号通路实现的 [12]。小檗碱可以在蛋白和 mRNA 水平上显著抑制 TNF-α 诱
导的 ARPE-19 细胞中 IL-6、白细胞介素 -8（IL-8）和 MCP-1 的表达，这些抑制
作用是通过下调 p38、细胞外信号调节激酶（ERK1/2）和 c-Jun N 末端激酶（JNK）
的磷酸化实现的 [13]。

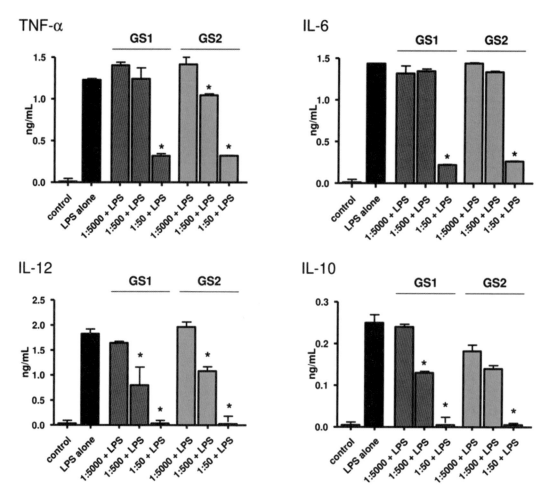

图 36-1　白毛茛（GS1/GS2）提取物对炎症因子的影响 [10]

36.3.2　抗氧化

白毛茛的乙醇 – 水（7∶3）提取物具有一定的抗氧化作用，其稀释 1/1000 时清除 ABTS 自由基的能力与 40 μM Trolox 相当[14]。

小檗碱具有较强的抗氧化作用，30 mg/kg 的小檗碱可以改善化学致癌大鼠的脂质过氧化损伤[15]。小檗碱还可清除活性氧（ROS）/ 活性氮（RNS）、超氧阴离子自由基和一氧化氮（NO），或增加某些内源性物质的抗氧化作用[16]。小檗碱对 2 型糖尿病的抗氧化作用主要是通过增加血清中超氧化物歧化酶（SOD）、还原型谷胱甘肽（GSH）、谷胱甘肽过氧化物酶（GSH–Px）的表达，降低丙二醛（MDA）的水平，激活 AMP 依赖的蛋白激酶（AMPK）和 Nrf2 信号通路，抑制 MAPKs 信号通路，使患者的症状得到改善[12]。

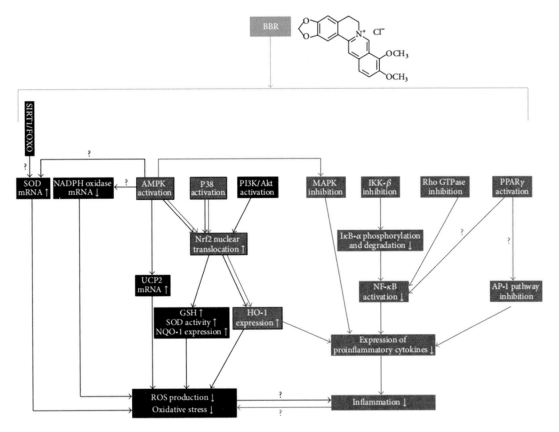

图 36-2　小檗碱（BBR）的抗氧化和抗炎机制示意图[12]

36.3.3 抑菌

白毛茛根状茎粗甲醇提取物对幽门螺杆菌表现出较好的抑制活性[17]。白毛茛乙醇提取物对化脓性链球菌具有较好的抑制活性[18]，对不同抗生素耐药性的淋病奈瑟菌分离株的MIC在4到32 μg/mL之间[19]，对耐甲氧西林金黄色葡萄球菌的抑制作用（MIC=75 μg/mL）大于小檗碱（MIC=150 μg/mL）[6]。

白毛茛的生物碱组分对革兰氏阳性菌中的金黄色葡萄球菌和血链球菌具有较好的抑制作用，对革兰氏阴性菌中的大肠杆菌和铜绿假单胞菌也表现出抑制活性，但作用较弱[20]。白毛茛根茎中分离到的黄酮类化合物和小檗碱对变异链球菌和具核梭杆菌具有较强的抑制活性[21]。

小檗碱对变异链球菌、血链球菌和口腔链球菌均有抑制作用，且与青霉素、克林霉素或红霉素连用时，可产生协同抑菌作用[22]。小檗碱对各种念珠菌的生长均有抑制作用（MIC=0.98—31.25 mg/L），其敏感性顺序如下：克柔念珠菌＞乳酒念珠菌＞光滑念珠菌＞热带念珠菌＞近平滑念珠菌和白色念珠菌[23]。小檗碱对具核梭杆菌、中间普氏菌和粪肠球菌的最小抑制浓度分别为31.25 μg/mL、3.8 μg/mL和500 μg/mL[24]。

表36-1 白毛茛提取物及生物碱组分（浓度范围为0.002—1 mg/ml）的抑菌作用[20]

菌株	提取物	小檗碱	Canadaline	坎那定	头孢他美
金黄色葡萄球菌 ATCC25923	0.12	0.25	0.25	>1	0.008
金黄色葡萄球菌 ATCC6538P	0.031	0.031	0.25	>1	0.002
血链球菌 ATCC10556	0.5	0.5	0.25	0.5	0.004
大肠杆菌 ATCC25922	>1	>1	>1	>1	0.002
铜绿假单胞菌 ATCC27853	>1	>1	1	>1	0.5

36.4　成分功效机制总结

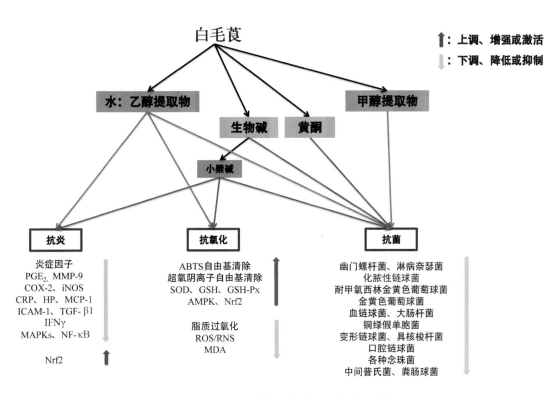

图 36-3　白毛茛成分功效机制总结图

白毛茛具有抗炎、抗氧化和抗菌功效，其活性部位包括甲醇提取物和乙醇提取物，活性大类物质包括生物碱和黄酮，活性单体成分主要是小檗碱。它的抗炎活性包括抑制炎症因子 TNF-α、IL-6、IL-8、IL-10、IL-12、IL-1β、IL-17、MMP-9、COX-2、iNOS、CRP、HP、MCP-1、ICAM-1、TGF-β1、IFNγ、PGE$_2$、MCP-1 的表达，抑制炎症相关信号通路 MAPKs、NF-κB，以及激活 Nrf2 信号通路。白毛茛具有抗氧化作用，能够下调 MDA，抑制脂质过氧化和 ROS/RNS，上调 SOD、GSH、GSH-Px，清除 ABTS 自由基，并激活 AMPK 和 Nrf2 信号通路。白毛茛对多种致病菌有抑制活性。

参考文献

[1] 靳朝东.白毛茛中异喹啉生物碱的分离和测定 [J].国外医药 (植物药分册), 2002, 17(1): 33.

[2] Weber HA, Joseph M. 白毛茛中生物碱的提取和 HPLC 分析 [J]. 生物工程学报 , 2004, 20(2): 306—308.

[3] 蔡幼清 . 白毛茛提取物及其成分对兔逼尿肌的松弛作用 [J]. 国外医学 (中医中药分册), 1999, 21(5): 32.

[4] Gentry EJ, Jampani HB, Keshavarz-Shokri A, et al. Antitubercular natural products: berberine from the roots of commercial *Hydrastis canadensis* powder. Isolation of inactive 8-oxotetrahydrothalifendine, canadine, *β*-hydrastine, and two new quinic acid esters, hycandinic acid esters-1 and -2[J]. Journal of Natural Products, 1998, 61(10): 1187—1193.

[5] Le PM, McCooeye M, Windust A. Characterization of the alkaloids in goldenseal (*Hydrastis canadensis*)root by high resolution Orbitrap LC-MS^n[J]. Analytical and Bioanalytical Chemistry, 2013, 405(13): 4487—4498.

[6] Cech NB, Junio HA, Ackermann LW, et al. Quorum quenching and antimicrobial activity of goldenseal(*Hydrastis canadensis*)against methicillin-resistant *Staphylococcus aureus*(MRSA)[J]. Planta Medica, 2012, 78(14): 1556—1561.

[7] Martha LL, Emily RB, Daniel HF, et al. Secondary metabolites from the leaves of the medicinal plant goldenseal(*Hydrastis canadensis*)[J]. Phytochemistry Letters, 2017, 20: 54—60.

[8] McNamara CE, Perry NB, Follett JM, et al. A new glucosyl feruloyl quinic acid as a potential marker for roots and rhizomes of goldenseal, *Hydrastis canadensis*[J]. Journal of Natural Products, 2004, 67(11): 1818—1822.

[9] Sudip KM, Amal KM, Siddhartha KM, et al. Goldenseal(*Hydrastis canadensis* L.) and its active constituents: A critical review of their efficacy and toxicological issues[J]. Pharmacological Research, 2020, 160: 105085.

[10] Clement-kruzel S, Hwang SA, Kruzel MC, et al. Immune modulation of macrophage pro-inflammatory response by goldenseal and *Astragalus extracts*[J]. Journal of Medicinal Food, 2008, 11(3): 493—498.

[11] Cecil CE, Davis JM, Cech NB, et al. Inhibition of H1N1 influenza a virus growth and induction of inflammatory mediators by the isoquinoline alkaloid berberine and extracts of goldenseal(*Hydrastis canadensis*)[J]. International Immunopharmacology, 2011,

11(11): 1706—1714.

[12] Li Z, Geng YN, Jiang JD, et al. Antioxidant and anti-inflammatory activities of berberine in the treatment of diabetes mellitus[J]. Evidence-Based Complementary and Alternative Medicine, 2014: 289264.

[13] Wang Q, Qi J, Hu Rr, et al. Effect of berberine on proinflammatory cytokine production by ARPE-19 cells following stimulation with tumor necrosis factor-α[J]. Investigative Ophthalmology & Visual Science, 2012, 53(4): 2395—2402.

[14] Silva APD, Rocha R, Silva CML, et al. Antioxidants in medicinal plant extracts. A research study of the antioxidant capacity of *Crataegus*, *Hamamelis* and *Hydrastis*[J]. Phytotherapy Research, 2000, 14(8): 612—616.

[15] Thirupurasundari CJ, Padmini R, Devaraj SN. Effect of berberine on the antioxidant status, ultrastructural modifications and protein bound carbohydrates in azoxymethane-induced colon cancer in rats[J]. Chemico-Biological Interactions, 2009, 177(3): 190—195.

[16] Maria AN, Andrei M, Javier E, et al. Berberine: botanical occurrence, traditional uses, extraction methods, and relevance in cardiovascular, metabolic, hepatic, and renal disorders[J]. Frontiers in Pharmacology, 2018, 9: 557.

[17] Mahady GB, Pendland SL, Stoia A, et al. *In vitro* susceptibility of *Helicobacter pylori* to isoquinoline alkaloids from *Sanguinaria canadensis* and *Hydrastis canadensis*[J]. Phytotherapy Research, 2003, 17(3): 217—221.

[18] Jacquelyn V, Elizabeth D, Hee-Byung C, et al. Antibacterial activity and alkaloid content of *Berberis thunbergii*, *Berberis vulgaris* and *Hydrastis canadensis*[J]. Pharmaceutical Biology, 2003, 41(8): 551—557.

[19] Cybulska P, Thakur SD, Foster BC, et al. Extracts of Canadian first nations medicinal plants, used as natural products, inhibit *Neisseria gonorrhoeae* isolates with different antibiotic resistance profiles[J]. Sexually Transmitted Diseases, 2011, 38(7): 667—671.

[20] Scazzocchio F, Cometa MF, Tomassini L, et al. Antibacterial activity of *Hydrastis canadensis* extract and its major isolated alkaloids[J]. Planta Medica, 2001, 67(6): 561—564.

[21] Hwang BY, Roberts SK, Chadwick LR, et al. Antimicrobial constituents from goldenseal (the rhizomes of *Hydrastis canadensis*)against selected oral pathogens[J]. Planta Medica, 2003, 69(7): 623—627.

[22] Arkadiusz D, Robert DW, Robert K. Inhibition of oral *Streptococci* growth induced by the complementary action of berberine chloride and antibacterial compounds[J]. Molecules, 2015, 20(8): 13705—13724.

[23] Wei GX, Xu X, Wu CD. *In vitro* synergism between berberine and miconazole against planktonic and biofilm *Candida* cultures[J]. Archives of Oral Biology, 2011, 56(6): 565—572.

[24] Xie Q, Johnson BR, Wenckus CS, et al. Efficacy of berberine, an antimicrobial plant alkaloid, as an endodontic irrigant against a mixed-culture biofilm in an *in vitro* tooth model[J]. Journal of Endodontics, 2012, 38(8): 1114—1117.

白茅

37.1　基本信息

中　文　名	白茅	
属　　　名	白茅属 *Imperata*	
拉　丁　名	*Imperata cylindrica*（L.）Beauv.	
俗　　　名	毛启莲、红色男爵白茅	
分类系统	恩格勒系统（1964）	APG Ⅳ系统（2016）
	被子植物门 Angiospermae 单子叶植物纲 Monocotyledoneae 禾本目 Graminales 禾本科 Gramineae	被子植物门 Angiospermae 木兰纲 Magnoliopsida 禾本目 Poales 禾本科 Poaceae
地理分布	我国各地广布；非洲北部、土耳其、伊拉克、伊朗、中亚、高加索及地中海区域	
化妆品原料	白茅（IMPERATA CYLINDRICA）根提取物	
	白茅根（IMPERATA CYLINDRICA MAJOR）提取物[①]	
	白茅（IMPERATA CYLINDRICA MAJOR）根提取物	

A | B

A. 白茅植株

B. 白茅根

　　多年生，具粗壮的长根状茎。秆直立，高 30—80 厘米，具 1—3 节，节无毛。叶鞘聚集于秆基，甚长于其节间，质地较厚，老后破碎呈纤维状；叶舌膜质，长约

①世界植物在线（Plants of the World Online）记载 *Imperata cylindrica* var. *major* 为 *I. cylindrica* 的异名。

2 毫米，紧贴其背部或鞘口具柔毛，分蘗叶片长约 20 厘米，宽约 8 毫米，扁平，质地较薄；秆生叶片长 1—3 厘米，窄线形，通常内卷，顶端渐尖呈刺状，下部渐窄，或具柄，质硬，被有白粉，基部上面具柔毛。圆锥花序稠密，长 20 厘米，宽达 3 厘米，小穗长 4.5—5（—6）毫米，基盘具长 12—16 毫米的丝状柔毛；两颖草质及边缘膜质，近相等，具 5—9 脉，顶端渐尖或稍钝，常具纤毛，脉间疏生长丝状毛，第一外稃卵状披针形，长为颖片的 2/3，透明膜质，无脉，顶端尖或齿裂，第二外稃与其内稃近相等，长约为颖之半，卵圆形，顶端具齿裂及纤毛；雄蕊 2 枚，花药长 3—4 毫米；花柱细长，基部多少连合，柱头 2，紫黑色，羽状，长约 4 毫米，自小穗顶端伸出。颖果椭圆形，长约 1 毫米，胚长为颖果之半。染色体 2n = 20。花果期 4—6 月。[①]

白茅干燥根茎药用称"白茅根"。味甘，性寒。归肺、胃、膀胱经。凉血止血，清热利尿。用于血热吐血，衄血，尿血，热病烦渴，湿热黄疸，水肿尿少，热淋涩痛。[②]

37.2　活性物质

37.2.1　主要成分

目前，从白茅中分离得到的化学成分主要包括三萜类、苯丙素类、有机酸类、挥发油类、甾醇类、色原酮类、黄酮类、内酯类等。白茅具体化学成分见表 37-1。

表 37-1　白茅化学成分

成分类别	主要化合物	参考文献
三萜类	芦竹素、白茅素、羊齿烯醇、乔木萜烷、西米杜鹃醇、乔木萜醇、异乔木萜醇、乔木萜醇甲醚、乔木萜酮、木栓酮等	[1—3]
有机酸类	对羟基桂皮酸、草酸、苹果酸、柠檬酸、酒石酸、绿原酸、1-咖啡酰奎尼酸、3-咖啡酰奎尼酸、4-咖啡酰奎尼酸、5-咖啡酰奎尼酸、3-阿魏酰奎尼酸、咖啡酸、二咖啡酰奎尼酸、反式对羟基桂皮酸、对羟基苯甲酸、3,4-二羟基苯甲酸、3,4-二羟基丁酸、香草酸等	[1—3]

①见《中国植物志》第 10(2) 卷第 31 页。

②参见《中华人民共和国药典》(2020 年版) 一部第 111 页。

（接上表）

甾醇类	谷甾醇、油菜甾醇、豆甾醇、木樨草啶等	[1—2]
内酯类	白头翁素、薏苡素等	[1]
黄酮类	5-甲氧基黄酮	[2]
苯丙素类	Graminones A、graminones B、1-(3,4,5-三甲氧基苯基)-1,2,3-丙三醇、1-O-对香豆酰基甘油酯、4-甲氧基-5-甲基香豆素-7-O-β-D-吡喃葡萄糖苷等	[2—3]
色原酮类	5-羟基-2-苯乙烯基色原酮、5-羟基-2-苯乙基色原酮、5-2-[2-(2-羟基苯基)乙基]色原酮等	[2]
挥发油类	油酸、棕榈酸、亚油酸、顺-7-十四烯醛、邻苯二甲酸二辛酯等	[4]

表 37-2　白茅成分单体结构

序号	主要单体	结构式	CAS 号
1	芦竹素	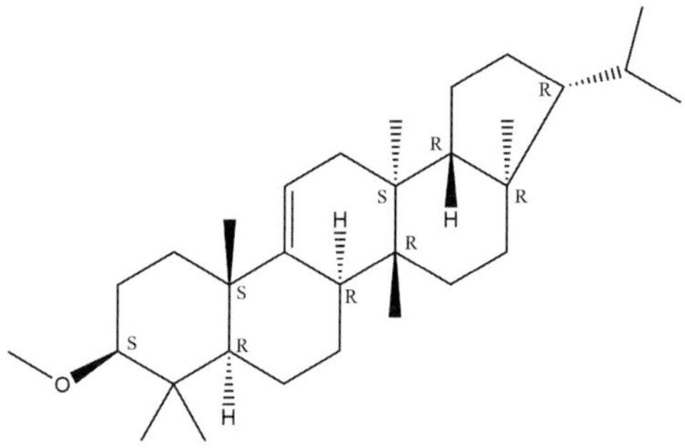	4555-56-0
2	白茅素	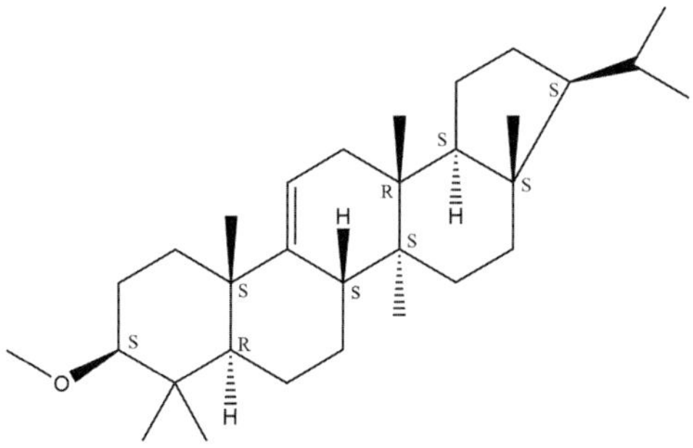	17904-55-1
3	异乔木萜醇	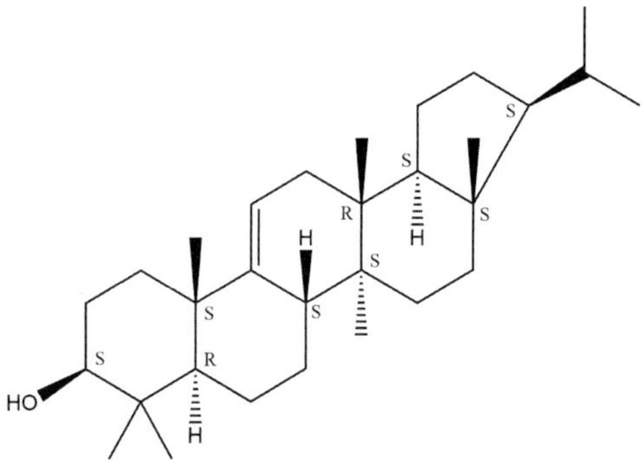	5532-41-2

（接上表）

4	木栓酮	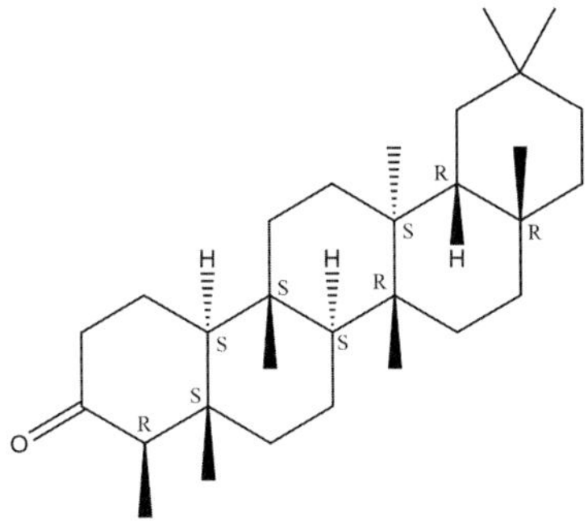	559-74-0
5	绿原酸	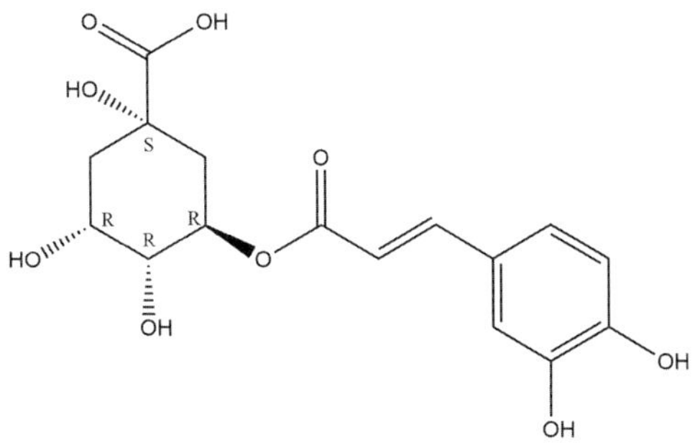	327-97-9
6	白头翁素	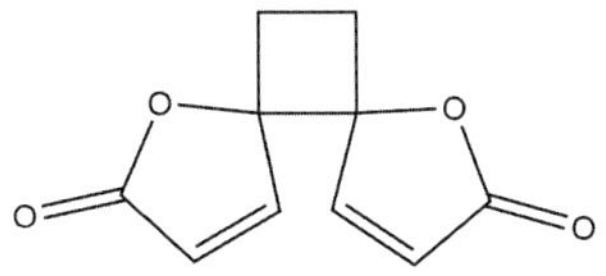	90921-11-2

37.2.2 含量组成

目前，相关文献中有白茅根中多糖、总黄酮、总三萜及总酚酸等成分的含量信息，具体见表37-3。

表 37-3 白茅根中主要成分含量信息

成分	来源	含量（%）	参考文献
多糖	根茎	0.15—6.81	[5—11]
总黄酮	根茎	0.218	[12]
总酚酸	根茎	0.246—0.3125	[13—14]
绿原酸	根茎	0.139—0.526	[15—16]
总三萜	根茎	1.2688	[13]

37.3 功效与机制

白茅是禾本科白茅属多年生草本植物。白茅根为白茅的干燥根茎，归肺、胃、膀胱经，具有清热生津、利尿通淋、凉血止血的功效[1,17]。白茅主要有抗炎、抗氧化和抑菌的功效。

37.3.1 抗炎

白茅水提物具有抗炎活性，可缓解二甲苯引起的小鼠耳郭水肿，改善角叉菜胶引起的大鼠足肿胀，显著阻断冰醋酸引起的腹腔毛细血管通透性增加，以及能够显著抵抗酵母多糖A诱导的大鼠足爪肿胀[18]。白茅提取物可显著抑制脂多糖（LPS）诱导的诱导型一氧化氮合酶（iNOS）、环氧合酶-2（COX-2）的表达和促炎细胞因子mRNA的水平[19]。

白茅根水煎液能抑制二甲苯所致小鼠耳郭肿胀、冰醋酸引起的小鼠腹腔毛细血管通透性增加、对抗角叉菜胶和酵母多糖A所致的大鼠足跖肿胀，并有一定的剂量依赖关系[17,20-21]。白茅根提取物乙酸乙酯部位可以降低肿瘤坏死因子-α（TNF-α）、转化生长因子-β1（TGF-β1）分泌水平，抑制NF-κB p65活性，进而抑制TNF-α、TGF-β1的生成，减轻肾脏组织炎症[1,18]。

白茅根脂多糖能下调细胞核内NF-κB p65的表达，减少炎性介质释放，减轻肺泡毛细血管屏障的损伤，从而发挥其对脓毒血症引起的急性肺损伤的保护作用[1]。白茅根多糖能够降低血清白细胞介素-2（IL-2）和白细胞介素-6（IL-6）水平，改善肾病大鼠肾功能[22]。

表37-4 各组大鼠血清IL-2和IL-6水平（$n=10$，$\bar{x}\pm s$，pg/mL）[22]

组别	IL-2	IL-6
正常对照	198.42 ± 68.24	31.50 ± 9.04
模型	307.64 ± 147.85[a]	102.84 ± 43.7[c]
地塞米松	135.11 ± 66.31[be]	42.03 ± 18.57[af]

（接上表）

白茅根多糖低剂量	296.88 ± 199.28[adg]	33.94 ± 14.38[afg]
白茅根多糖高剂量	195.93 ± 86.12[aeg]	26.91 ± 12.71[afg]

经方差分析：与正常对照组比较，[a]$P>0.05$，[b]$P<0.05$，[c]$P<0.01$；与模型组比较，[d]$P>0.05$，[e]$P<0.05$，[f]$P<0.01$；与地塞米松组比较，[g]$P>0.05$。

37.3.2　抗氧化

白茅具有羟基自由基清除能力[18]。白茅甲醇提取物具有 DPPH 自由基清除能力，可发挥抗氧化活性[23]。

白茅根可以降低羟基自由基，提高机体抗氧化能力，对酒精中毒所致的肝和脑损伤具有保护作用[17, 24]。白茅根水提物能增强酒精中毒小鼠肝脑组织中的超氧化物歧化酶（SOD）活力，抑制羟自由基活性，降低丙二醛（MDA）水平，提高机体抗

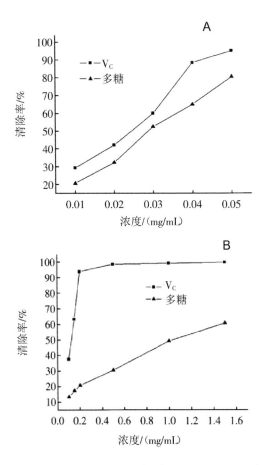

图 37-1　白茅根多糖清除 ABST（A）、羟基自由基（B）作用[26]

氧化能力[1,18]。白茅根的水醇提取物具有 DPPH 自由基清除能力[18]。白茅根总黄酮具有清除 DPPH 自由基的能力，从而发挥抗氧化作用[1,25]。白茅根多糖总还原能力低于 VC，对 ABTS 自由基的清除作用较强，接近 VC，对羟基自由基也有一定的清除作用[26]。

37.3.3　抑菌

白茅的甲醇提取物对金黄色葡萄球菌和耐甲氧西林金黄色葡萄球菌具有抑制作用[27]。

白茅根煎剂在试管内对弗氏、宋内氏痢疾杆菌有明显的抑菌作用，对肺炎球菌、卡他球菌、流感杆菌、金黄色葡萄球菌等也有抑制作用，而对志贺氏及舒氏痢疾杆菌却无作用[21,28]。白茅根提取物能抑制白色念珠菌的生长[29]。白茅根不同溶剂提取物对 5 株供试菌株均有抗菌活性。其中，乙酸乙酯提取物对产气克雷伯菌的抑菌效果最好，水煎提取物对大肠杆菌、枯草芽孢杆菌的抑菌效果最好，丙酮提取物对金黄色葡萄球菌的抑菌效果最好，50% 乙醇提取物对产气肠杆菌的抑菌效果最好[18]。白茅根 80% 乙醇提取物对金黄色葡萄球菌、铜绿假单胞菌、大肠杆菌和白色念珠菌均具有抑制作用，且抑菌活性依次减弱[30]。白茅根水提取物、50% 乙醇提取物、乙酸乙酯提取物和丙酮提取物对产气肠杆菌、大肠杆菌、金黄色葡萄球菌、假丝酵母及枯草芽孢杆菌具有抑制作用，且对大肠杆菌的抑菌效果最明显[18,31]。

表 37-5　白茅根提取物的药敏纸片试验结果[31]

菌种	抑菌圈直径（mm）				
	水煮	50% 乙醇	乙酸乙酯	丙酮	石油醚
假丝酵母	8.5	8.5	12.0	8.3	9.5
大肠杆菌	13.0	10.0	8.0	9.5	8.5
金黄色葡萄球菌	9.5	9.0	8.0	13.5	9.0
产气肠杆菌	12.0	15.0	11.5	13.5	12.0
枯草芽孢杆菌	13.5	9.5	9.8	10.0	9.0

37.4　成分功效机制总结

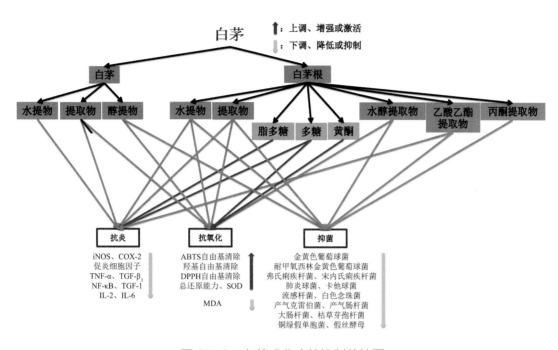

图 37-2　白茅成分功效机制总结图

　　白茅主要有抗炎、抗氧化和抑菌的功效。它的抗炎机制主要通过抑制各种炎症因子、iNOS、TNF-α 的表达，抗氧化活性与各种自由基的清除有关。白茅可抑制金黄色葡萄球菌、弗氏痢疾杆菌、宋内氏痢疾杆菌、肺炎球菌、卡他球菌、流感杆菌、白色念珠菌、产气肠杆菌、大肠杆菌、枯草芽孢杆菌、铜绿假单胞菌、假丝酵母等的生长。

参考文献

[1] 马成勇，王元花，杨敏，等．白茅根及其提取物的药理作用机制及临床应用 [J]. 医学综述，2019, 25(2): 370—374.

[2] 刘金荣．白茅根的化学成分、药理作用及临床应用 [J]. 山东中医杂志，2014, 33(12): 1021—1024.

[3] 刘轩，张彬锋，俞桂新，等．白茅根的化学成分研究 [J]. 中国中药杂志，2012, 37(15): 2296—

2300.

[4] 宋伟峰,陈佩毅,熊万娜.白茅根挥发油的气相色谱-质谱联用分析 [J].中国当代医药,2012,19(16): 61—62.

[5] 张倩.白茅根多糖的分离纯化工艺研究 [J].广东化工,2021,48(14): 62—64+87.

[6] 全大伟,李超.白茅根多糖的纤维素酶提取工艺优化 [J].农业机械,2012,10: 96—99.

[7] 王海侠,吴云,时维静,等.白茅根多糖的提取与含量测定 [J].中国中医药信息杂志,2010,17(2): 55—57.

[8] 王莹,孟宪生,包永睿,等.白茅根多糖提取工艺优化及含量测定 [J].亚太传统医药,2009,5(11): 24—26.

[9] 李粉玲,蔡汉权,邱永革,等.白茅根中多糖的微波提取工艺研究 [J].食品与机械,2009,25(2): 137—140.

[10] 勾建刚,刘春红.白茅根多糖超声提取的优化 [J].时珍国医国药,2007,18(11): 2749—2750.

[11] 丘丹萍,邹勇芳,黄锁义,等.白茅根多糖提取方法的比较研究 [J].中国酿造,2010,214(1): 108—110.

[12] 李西腾,张佳佳,尹岚,等.响应面法优化白茅根总黄酮超声辅助提取工艺 [J].食品研究与开发,2018,39(2): 77—81.

[13] 李容,卢小雪,张德威,等.综合评分优选白茅根总酚酸和总三萜提取工艺 [J].食品研究与开发,2013,34(24): 77—80.

[14] 刘荣华,陈石生,任刚,等.星点设计-效应面法优化白茅根总酚酸提取工艺 [J].中成药,2011,33(7): 1149—1153.

[15] 王海侠,姚青春,时维静,等.白茅根中绿原酸的提取与含量测定 [J].中国中医药科技,2010,17(4): 331—332.

[16] 王莹,孟宪生,包永睿,等.白茅根水提物中绿原酸的含量测定 [J].亚太传统医药,2011,7(3): 22—24.

[17] 江灵礼,苗明三.白茅根化学、药理与临床应用探讨 [J].中医学报,2014,29(5): 713—715.

[18] Jung YK, Shin DY. *Imperata cylindrica*: a review of phytochemistry, pharmacology, and industrial applications[J]. Molecules, 2021, 26: 1454.

[19] An HJ, Nugroho A, Song BM, et al. Isoeugenin, a novel nitric oxide synthase inhibitor isolated from the rhizomes of *Imperata cylindrica*[J]. Molecules, 2015, 20: 21336—

21345.

[20] 岳兴如, 侯宗霞, 刘萍, 等. 白茅根抗炎的药理作用 [J]. 中国临床康复, 2006, 10(43): 85—87.

[21] 王明雷, 王素贤, 孙启时. 白茅根化学及药理研究进展 [J]. 沈阳药科大学学报, 1997, 14(1): 67—69+78.

[22] 尹友生, 冷斌, 徐庆, 等. 白茅根多糖对 IgA 肾病大鼠肾组织学病变及血清白细胞介素 2 和 6 的影响 [J]. 中国新药与临床杂志, 2014, 33(7): 520—524.

[23] Dhianawaty D, Ruslin. Kandungan total polifenol dan aktivitas antioksidan dari ekstrak metanol akar *Imperata cylindrica*(L)Beauv.(Alang-alang)[J]. MKB, 2015, 47(1): 60—64.

[24] 蓝贤俊, 邓彩霞、陈永兰, 等. 白茅根对酒精中毒小鼠肝及脑损伤的保护作用研究 [J]. 医学理论与实践, 2012, 25(2): 125—126.

[25] 翁梁, 李西腾. 白茅根总黄酮提取工艺及其抗氧化性研究 [J]. 江苏农业科学, 2018, 46(10): 187—189.

[26] 李容, 梁榕珊, 覃涛, 等. 白茅根多糖抗氧化活性及抑制 α- 葡萄糖苷酶活性研究 [J]. 食品研究与开发, 2014, 35(7): 9—12.

[27] Nago RDT, Nayim P, Mbaveng AT, et al. Prenylated flavonoids and C-15 isoprenoid analogues with antibacterial properties from the whole plant of *Imperata cylindrica*(L.)Raeusch(Gramineae)[J]. Molecules, 2021, 26: 4717.

[28] 刘荣华, 付丽娜, 陈兰英, 等. 白茅根化学成分与药理研究进展 [J]. 江西中医学院学报, 2010, 22(4): 80—83.

[29] 尹晓虹. 白茅根牙膏对唾液中变异链球菌和白色念珠菌的作用研究[D]. 南方医科大学, 2011.

[30] 吴玉霞, 张铁焕, 奠佐红, 等. 13 种中药材提取物体外抗菌活性筛选 [J]. 中国医院药学杂志, 2020, 40(5): 481—487.

[31] 李昌灵, 张建华. 白茅根提取物的抑菌效果研究 [J]. 怀化学院学报, 2012, 31(11): 34—37.

白千层

《已使用化妆品原料目录》（2021 年版）中共有四种白千层：白千层（*Melaleuca cajuputi* subsp.*cumingiana*）、互叶白千层（*M.alternifolia*）、绿花白千层（*M.viridiflora*）和石南叶白千层（*M.ericifolia*）。其中，有关互叶白千层的研究较多，故本文对互叶白千层及其他三种白千层进行综述。

38.1 基本信息

38.1.1 白千层

中 文 名	白千层	
属 名	白千层属 *Melaleuca*	
拉 丁 名	*Melaleuca cajuputi* subsp.*cumingiana*（Turczaninow）Barlow	
俗 名	无	
分类系统	恩格勒系统（1964）	APG Ⅳ 系统（2016）
	被子植物门 Angiospermae 双子叶植物纲 Dicotyledoneae 桃金娘目 Myrtiflorae 桃金娘科 Myrtaceae	被子植物门 Angiospermae 木兰纲 Magnoliopsida 桃金娘目 Myrtales 桃金娘科 Myrtaceae
地理分布	原产澳大利亚；我国广东、台湾、福建、广西等地	
化妆品原料	白千层（MELALEUCA LEUCADENDRON CAJAPUT）油[①]	

　　乔木，高 18 米；树皮灰白色，厚而松软，呈薄层状剥落；嫩枝灰白色。叶互生，叶片革质，披针形或狭长圆形，长 4—10 厘米，宽 1—2 厘米，两端尖，基出脉 3—5(—7)条，多油腺点，香气浓郁；叶柄极短。花白色，密集于枝顶成穗状花序，长达 15 厘米，花序轴常有短毛；萼管卵形，长 3 毫米，有毛或无毛，萼齿 5，圆形，长约 1 毫米；花瓣 5，卵形，长 2—3 毫米，宽 3 毫米；雄蕊约长 1 厘米，常 5—8 枚成束；花柱线形，比雄蕊略长。蒴果近球形，直径 5—7 毫米。花期每年多次。[②]

---

① 《中国植物志》记载白千层的正名为 *Melaleuca cajuputi* subsp. *cumingiana*，*M. leucadendron* 为其异名。
② 见《中国植物志》第 53(1) 卷第 54 页。

A | B

A. 白千层植株

B. 白千层花、叶

38.1.2　互叶白千层

中 文 名	**互叶白千层**	
属　　名	白千层属 *Melaleuca*	
拉 丁 名	*Melaleuca alternifolia* Cheel	
俗　　名	互生叶白千层	
分 类 系 统	恩格勒系统（1964）	APG IV系统（2016）
	被子植物门 Angiospermae 双子叶植物纲 Dicotyledoneae 桃金娘目 Myrtiflorae 桃金娘科 Myrtaceae	被子植物门 Angiospermae 木兰纲 Magnoliopsida 桃金娘目 Myrtales 桃金娘科 Myrtaceae
地 理 分 布	原产澳大利亚；我国海南、广东、广西、重庆等地有栽培	
化妆品原料	互生叶白千层（MELALEUCA ALTERNIFOLIA）花 / 叶 / 茎提取物	
	互生叶白千层（MELALEUCA ALTERNIFOLIA）提取物	
	互生叶白千层（MELALEUCA ALTERNIFOLIA）叶粉	
	互生叶白千层（MELALEUCA ALTERNIFOLIA）叶水	
	互生叶白千层（MELALEUCA ALTERNIFOLIA）叶提取物	
	互生叶白千层（MELALEUCA ALTERNIFOLIA）叶油	

A | B

A. 互叶白千层花
B. 互叶白千层植株

　　灌木或小乔木，高4—7米；树皮灰白色，厚而松软，呈薄层片状剥落；小枝圆柱形。叶互生，披针形或线形，绿色，长1—4厘米，宽约1毫米，先端急尖，基部狭楔形，两面同色，多腺点，气味芳香，基出脉3—7条；叶柄扁平，短，长约1.5毫米。花无梗，白色，密集成顶生的穗状花序；萼管卵形，基部与子房合生，裂片5，覆瓦状排列，雄蕊长约1厘米，每束有花丝5—8条；花柱线形，柱头盘状。蒴果半球形，直径3—4毫米；种子倒卵形或近三角形，长约1毫米。花期每年多次。[①]

38.1.3　绿花白千层

中　文　名	**绿花白千层**	
属　　　名	白千层属 *Melaleuca*	
拉　丁　名	*Melaleuca viridiflora* Sol.ex Gaertn.	
俗　　　名	无	
分类系统	恩格勒系统（1964）	APG Ⅳ系统（2016）
	被子植物门 Angiospermae 双子叶植物纲 Dicotyledoneae 桃金娘目 Myrtiflorae 桃金娘科 Myrtaceae	被子植物门 Angiospermae 木兰纲 Magnoliopsida 桃金娘目 Myrtales 桃金娘科 Myrtaceae

①见网站 *Melaleuca alternifolia* (Maiden & Betche) Cheel | Plants of the World Online | Kew Science。

（接上表）

地 理 分 布	澳大利亚
化妆品原料	绿花白千层（MELALEUCA LEUCADENDRON VIRIDIFLORA）花/叶提取物① 绿花白千层（MELALEUCA VIRIDIFLORA）叶油

A | B

A. 绿花白千层树干
B. 绿花白千层花、叶

　　灌木或小乔木，高可达 10 米；树皮呈白色、褐色或灰色，呈薄层片状剥落；叶片长 7—20 厘米，宽 2—8 厘米，质地较厚，宽椭圆形，气味芳香。花淡黄色或黄绿色，有时呈红色，密集成顶生的穗状花序，或穗状花序生于上部叶腋，长可达 10 厘米，直径可达 5.5 厘米；花瓣长 4—5.3 毫米，雄蕊 5 束，每束有花丝 6—9 条。蒴果长 5—6 毫米。通常冬季开花。②

---

①未检索到 MELALEUCA LEUCADENDRON VIRIDIFLORA，"世界植物在线"（Plants of the World Online）网站记载 *Melaleuca leucadendra* var. *viridiflora* 为 *M. viridiflora* 的异名，"植物智"（iplant）网站记载绿花白千层的拉丁名为 *M. viridiflora*。
②见网站 *Melaleuca viridiflora* : Broad Leaved Paperbark | Atlas of Living Australia (ala.org.au)。

38.1.4 石南叶白千层

中 文 名	**石南叶白千层**	
属　　名	白千层属 *Melaleuca*	
拉 丁 名	*Melaleuca ericifolia* Sm.	
俗　　名	无	
分类系统	恩格勒系统（1964）	APG Ⅳ系统（2016）
	被子植物门 Angiospermae 双子叶植物纲 Dicotyledoneae 桃金娘目 Myrtiflorae 桃金娘科 Myrtaceae	被子植物门 Angiospermae 木兰纲 Magnoliopsida 桃金娘目 Myrtales 桃金娘科 Myrtaceae
地理分布	澳大利亚	
化妆品原料	石南叶白千层（MELALEUCA ERICIFOLIA）叶油	

石南叶白千层花、叶

　　灌木或乔木，高可达 9 米；树皮白色或褐色，呈薄层状剥落。叶片互生，有时 3 叶轮生，叶片深绿色，线形，长 5—18 毫米，宽 0.5—1.7 毫米。花乳白色，10—40 朵在枝顶排列成头状或穗状花序，开花后继续生长，花序直径可达 20 毫米，长 25 毫米；花瓣长 1.2—2.2 毫米。雄蕊 5 束，每束含花丝 7—14 枚。蒴果长 2.5—3.6 毫米，直径 3—5 毫米。[1]

---

① 见网站 *Melaleuca ericifolia*：Swamp Paperbark | Atlas of Living Australia (ala.org.au)。

38.2 活性物质

38.2.1 主要成分

目前，从白千层中分离得到的化学成分主要是挥发油类、黄酮类、三萜类和甾体类等，其主要活性成分是挥发性成分，具体化学成分见表 38-1。

表 38-1 白千层化学成分

成分类别	植物	主要化合物	参考文献
挥发油类	互叶白千层	α- 蒎烯、α- 松油烯、柠檬烯、1,8- 桉叶素、对伞花烃、γ- 松油烯、异松油烯、α- 松油醇、β- 月桂烯、4- 松油醇、香橙烯、白千层烯、δ- 杜松烯、蓝桉醇、白千层醇等	[1—3]
	白千层	α- 蒎烯、对伞花烃、柠檬烯、γ- 松油烯、吉玛烯 B、葎草烯、β- 蒎烯、3- 蒈烯、异松油烯、β- 石竹烯、石竹烯氧化物、β- 月桂烯、γ- 杜松烯、α- 荜澄茄烯、大牛儿烯 D、α- 依兰油烯、α- 古芸烯、莰烯、凤蝶醇、α- 松油醇、蒎烯、水菖蒲烯、喇叭茶醇、1,8- 桉叶素、D- 柠檬烯、柠檬烯、1- 石竹烯、(+)- 白千层醇、异长叶烯、绿花烯、亚油酸、油酸等	[4—5]
	绿花白千层	α- 蒎烯、3- 蒈烯、顺式 -β- 罗勒烯、桧烯、δ- 榄香烯、β- 花柏烯、α- 松油醇、伪柠檬烯、(Z)-mentha-4，8-diene、β- 广藿香烯、香附烯、α-acoradiene、表 -β- 檀香萜烯、(Z)-6，11-eudesmadiene、α- 葑烯、松油烯 -4- 醇、榄香醇、1,8- 桉叶素等	[4]
	石南叶白千层	D- 柠檬烯、1,8- 桉叶素、γ- 松油烯、邻 - 异丙基苯、1,2- 环氧芳樟醇、β- 芳樟醇、香树烯、松油烯 -4- 醇、香橙烯、α- 松油醇等	[6]

（接上表）

三萜类	互叶白千层	白桦脂酸、2α,3β,23- 三羟基 -12- 烯 -28- 齐墩果酸、白千层酸、桦木醇、3β- 乙酰氧基 -12- 烯 -28- 齐墩果酸等	[7]
	白千层	3β,22β- 二羟基 -7,24- 大戟二烯醇、3α,28- 二羟基 -20- 蒲公英甾烯二醇、3α,27- 二羟基 -28,20β- 蒲公英甾内酯、3α- 羟基 -27,28- 二羧基 -13(18)- 齐墩果烯二酸等	[7]
黄酮类	互叶白千层	槲皮素、山奈酚等	[7]
	白千层	leucadenone A、leucadenone B、leucadenone C、leucadenone D 等	[7]
多酚类	互叶白千层	没食子酸、没食子酸乙酯、原儿茶酸等	[7]
	石南叶白千层	丁香酚 5-O-β-(6'- 没食子酰吡喃葡萄糖苷)、2-O-p- 羟基苯甲酰 -6-O- 没食子酰基 -(α/β)-⁴C₁- 吡喃葡萄糖、3- 甲氧基没食子酸 -O-α- 吡喃鼠李糖苷等	[8]
甾体	互叶白千层	β- 谷甾醇、胆甾醇等	[7]

表 38-2　白千层成分单体结构

序号	主要单体	结构式	CAS 号
1	α- 松油烯	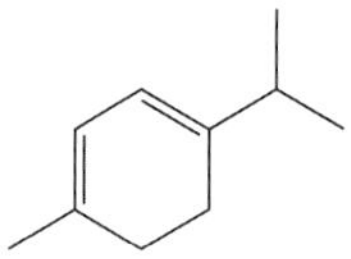	99-86-5
2	松油烯 -4- 醇	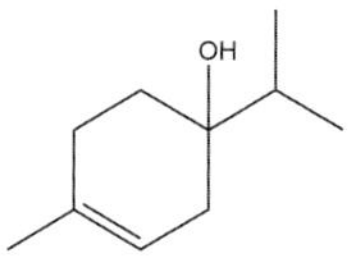	562-74-3
3	白千层醇	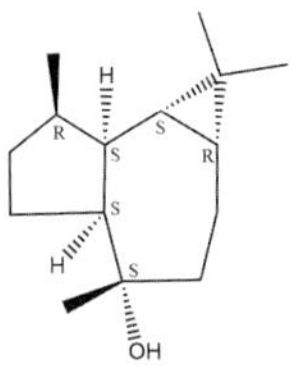	552-02-3

38.2.2　含量组成

目前，与白千层化学成分含量相关的研究主要集中于挥发油，其他化学成分含量相关的研究不多。白千层化学成分的含量信息具体见表38-3

表 38-3　白千层主要成分含量信息

成分	来源	含量（％）	参考文献
挥发油	互叶白千层花	1.71	[2]
	互叶白千层枝叶	1.60—3.17	[1—2，9]
	白千层叶	1.446—6.000	[5，10—11]
	白千层果实	0.227	[5]
	石南叶白千层叶	0.6—3.2	[12]
多糖	白千层叶	8.26	[13]
槲皮素	互叶白千层枝叶	0.319	[14]
山奈酚	互叶白千层枝叶	0.1715	[14]

38.3　功效与机制

白千层属植物隶属桃金娘科，为多年生木本植物，白千层属植物有多种，主要包括白千层、互叶白千层、绿花白千层和石南叶白千层等[4]。白千层具有抗炎、抗氧化、抑菌、抗衰老和美白功效。

38.3.1　抗炎

白千层挥发油具有抗炎活性，能够显著抑制脂多糖（LPS）诱导的 RAW264.7 细胞中一氧化氮（NO）的释放[15]。

互叶白千层的醇提取物和水提物均具有抗炎活性，能抑制由巴豆油引起的小鼠耳郭肿胀[16-17]。互叶白千层蒸馏而来的挥发油，被称为茶树油，可以通过减少炎症细胞的增殖，降低炎症因子白细胞介素 –2（IL-2）的分泌，增加抗炎因子白细胞介素 –4（IL-4）和白细胞介素 –10（IL-10）的分泌，发挥抗炎作用[18]。接受前臂皮内注射二磷酸组胺的志愿者，涂抹茶树油后，可显著降低皮肤炎症[19]。含有茶树油的凝胶具有一定的抗炎活性，用于慢性牙龈炎患者，能够降低患者的牙龈指数（GI）和乳突状出血指数（PBI）的评分，可用于辅助牙周炎的治疗[20-21]。茶树油可用于银屑病的治疗，其机制可能与抑制肿瘤坏死因子 –α（TNF-α）、白细胞介素 –1（IL-1）、白细胞介素 –8（IL-8）、前列腺素 E_2（PGE_2）和血管扩张有关，且在局部高浓度使用茶树油相对安全，不会产生全身性不良反应[22]。茶树油和它的组分松油烯 –4- 醇、α- 松油醇在 LPS 诱导的巨噬细胞中，通过减少白细胞介素 –1β（IL-1β）和白细胞介素 –6（IL-6）、IL-10 的生成发挥抗炎作用[23]。茶树油和松油烯 –4- 醇能够治疗组胺引起的炎症，减低注射组胺的小鼠耳朵的肿胀程度[24]。

38.3.2 抗氧化

白千层花和叶的甲醇提取物均有抗氧化作用，在 Fe^{2+} 螯合活性和 β- 胡萝卜素漂白试验中均表现出抗氧化活性，对 DPPH 自由基具有清除作用，且花提取物的抗氧化活性大于叶提取物[25]。白千层叶的挥发油在抗氧化能力测定中表现出 DPPH 自由基清除活性和铁离子还原作用[26]。

互叶白千层的芳香水提物具有 DPPH 自由基清除作用，还原作用和 Fe^{2+} 螯合作用[27]。互叶白千层的挥发油——茶树油，具有一定的抗氧化作用，能够清除 DPPH 自由基和羟基自由基，抑制脂质过氧化[28-29]。茶树油中主要的抗氧化物质及其抗氧化活性顺序为：α- 松油烯 > α- 异松油烯 > γ- 松油烯[30]。互叶白千层多糖具有一定的抗氧化作用，能够清除 DPPH 自由基、ABTS 自由基和羟基自由基[31]。

石南叶白千层中的 Praecoxin A 具有较强的 DPPH 自由基清除活性，在 CCl_4 诱导的小鼠肝损伤模型中通过抗氧化机制发挥肝脏保护作用，能够显著增加肝脏组织中还原型谷胱甘肽（GSH）和超氧化物歧化酶（SOD）含量，并降低丙二醛（MDA）含量[33]。

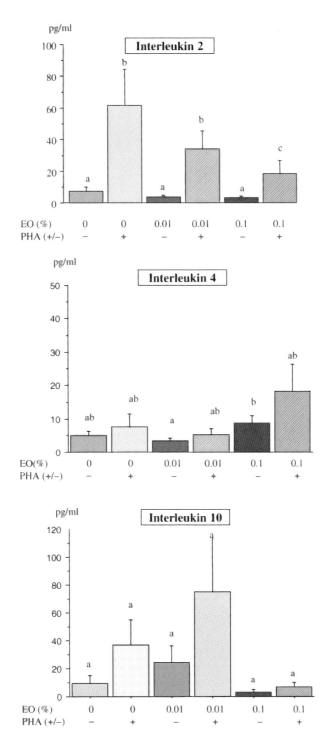

图 38-1　互叶白千层挥发油（EO）对炎症因子（IL-2、IL-4、IL-10）的调控作用 [细胞被植物血凝素 A 刺激（PHA+）24 小时，或未被刺激（PHA-）。配对 t 检验，如果两组字母不同（a ≠ b），则差异显著，$P<0.05$。所有数据表示为平均值 ± 标准误][18]

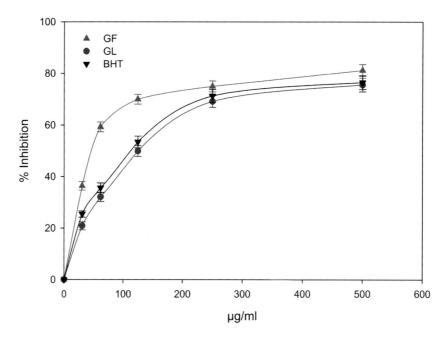

图 38-2　白千层花（GF）和叶（GL）的甲醇提取物的 DPPH 自由基清除活性（BHT，二丁基羟基甲苯）[25]

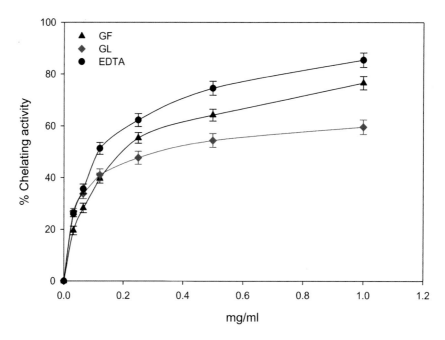

图 38-3　白千层花（GF）和叶（GL）的甲醇提取物的金属离子螯合活性（EDTA，乙二胺四乙酸）[25]

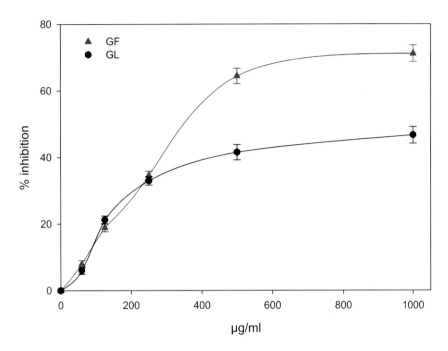

图 38-4　白千层花（GF）和叶（GL）的甲醇提取物的 β- 胡萝卜素漂白试验 [25]

38.3.3　抑菌

白千层花和叶的甲醇提取物对金黄色葡萄球菌、表皮葡萄球菌和蜡样芽胞杆菌具有抗菌活性 [25]。白千层的乙醇提取物能抑制犬小孢子菌的生长 [34]。白千层叶的挥发油对多种细菌的活性具有抑制作用，包括枯草芽胞杆菌斯氏亚种、金黄色葡萄球菌、产气肠杆菌、大肠杆菌、肺炎克雷伯菌、铜绿假单胞菌和肠道沙门氏菌 [26]。白千层叶的挥发油还能抑制白色念珠菌活性，当与其他抗生素合用时能产生协同抗真菌作用 [15]。

互叶白千层的醇提物和水提物均对金黄色葡萄球菌、表皮葡萄球菌、大肠杆菌和白色念珠菌有较强抑菌作用 [17, 35]。互生叶白千层的芳香水提物能够抑制痤疮丙酸杆菌的活性 [27]。

互叶白千层的挥发油——茶树油具有良好的抑菌作用，对大肠杆菌、金黄色葡萄球菌、青霉菌、指状青霉、白色念珠菌、鼠伤寒沙门氏菌、铜绿假单胞菌、单增李斯特菌、粪产碱杆菌、普通变形杆菌、表皮葡萄球菌、粪肠球菌、头状葡萄球菌、枯草芽胞杆菌、白喉棒状杆菌、微小棒状杆菌、克氏柠檬酸杆菌、肺炎克雷伯菌、蜡样芽孢杆菌、痤疮丙酸杆菌、恶臭假单胞菌、粘质沙雷氏菌、鲍曼不动杆菌、藤黄微球菌、假中间葡萄球菌、隐袭腐霉、变异链球菌、唾液链球菌和鼠李糖乳杆菌的活性均有抑制作用[28, 36-47]。茶树油能够抑制单增李斯特菌的活性，其作用机制与抑制细菌细胞吸附和抑制生物被膜生长有关[48]。透射电子显微镜图像显示，茶树油可穿过大肠杆菌、金黄色葡萄球菌和白色念珠菌的细胞壁和细胞质膜，通过破坏细胞膜发挥抗菌作用，导致细胞质丢失和细胞器损伤，最终导致细胞死亡[49]。此外，茶树油可造成大肠杆菌和金黄色葡萄球菌细胞钾离子泄漏，伴随化学渗透控制的丧失，细菌最终死亡[36]。

茶树油可抑制外耳炎患者耳拭子培养得到的金黄色葡萄球菌、耐甲氧西林金黄色葡萄球菌、大肠杆菌、A族溶血性链球菌、奇异变形杆菌和白色念珠菌的活性，在外耳炎的治疗中起到一定作用[50]。一些口腔细菌，如放线杆菌、梭杆菌、奈瑟菌、不解糖消化链球菌和口腔球菌等，均对茶树油敏感，提示茶树油可用于口腔卫生保健[51]。茶树油还能够抑制口腔内牙龈卟啉单胞菌和牙髓卟啉单胞菌的活性，并抑制口腔中挥发性硫化物的生成，可用于口腔清洁，以及预防和治疗牙周炎[52-53]。茶树油对浮游白色念珠菌和生物膜形成具有明显的抑制作用，可用于治疗口腔念珠菌病[54]。茶树油对多种耐药菌的活性具有抑制作用，包括耐甲氧西林金黄色葡萄球菌、耐万古霉素肠球菌、产超广谱β-内酰胺酶的大肠杆菌和肺炎克雷伯菌、产金属β-内酰胺酶的铜绿假单胞菌、耐碳青霉烯酶的肺炎克雷伯菌、鲍曼不动杆菌和铜绿假单胞菌[55-58]。茶树油能够抑制皮肤癣菌如絮状表皮癣菌、红色毛癣菌、犬小孢子菌、石膏样小孢子菌、指间毛癣菌、须癣毛癣菌和断发毛癣菌的活性，以及青霉菌、黑曲霉、黄曲霉、枝孢霉和镰刀菌的活性[28, 40, 59]。茶树油对多种真菌的活性也产生抑制作用，包括近平滑念珠菌、头状芽生裂殖菌、季也蒙念珠菌、光滑念珠菌、酿酒酵母[60-61]，还能抑制互生交链孢霉和 *Stagonosporopsis cucurbitacearum* 的菌丝生长[62]。茶树油对多种丝状真菌具有抑制作用，包括雅致放射毛霉、外瓶霉和尖芽孢镰刀菌等，可用于局部真菌感染的治疗[63]。另外，松油烯-4-醇作为茶树油的主要成分，在茶树油发挥抑菌功效中起到重要作用[60]。

石南叶白千层叶的挥发油能够抑制枯草芽孢杆菌、大肠杆菌、黑曲霉及白色念珠菌的活性[32]。石南叶白千层枝干中提取的挥发油对多种葡萄球菌均表现出良好的活性抑制作用[6]。

表 38-4　互叶白千层精油的抗菌活性[28]

微生物	互叶白千层精油		
	DD（mm）	MIC（mg/mL）	MBC（mg/mL）
大肠杆菌	12±1.63	8	8
金黄色葡萄球菌	26±2.80	2	2
铜绿假单胞菌	10±0.94	12	12
青霉菌	9±0.41	12	12
指状青霉	8±0.47	24	24

注：DD，抑制区直径（mm）。

38.3.4　抗衰老

白千层花乙醇提取物可防御紫外线（UVB）辐射引起的人皮肤角质形成细胞（HaCaT）的损伤，其机制与抑制损伤细胞内活性氧（ROS）的增加、降低SOD1和谷胱甘肽过氧化物酶（GSH-Px）的上调表达、提高过氧化氢酶（CAT）的活力、恢复细胞内GSH含量以及抑制环氧合酶-2（COX-2）的表达有关[64]。

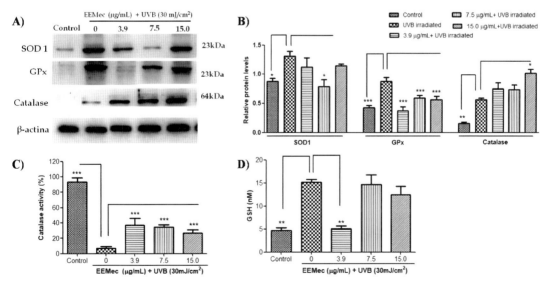

图 38-5　白千层乙醇花提取物对人皮肤细胞单次 UVB 暴露导致的氧化应激的影响 [A]．对SOD1、GSH-Px和CAT蛋白表达的影响。B）蛋白表达结果灰度扫描分析。C）CAT活性检测结果。D）.GSH 水平检测。所有数据表示为平均值 ± 标准误（n=6）。***P<0.001，**P<0.01，*P<0.05][64]

38.3.5　美白

互生叶白千层的芳香水提物，能够抑制酪氨酸酶活性，减少黑色素的生成，发挥美白作用[27]。

38.4　成分功效机制总结

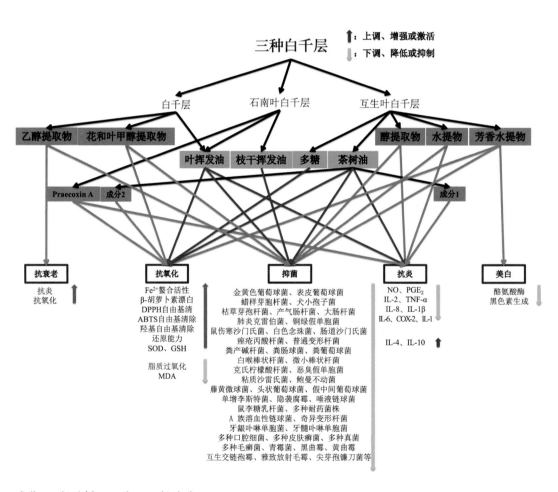

成分 1：松油烯 -4- 醇、α- 松油醇

成分 2：α- 松油烯、α- 异松油烯、γ- 松油烯

图 38-6　白千层成分功效机制总结图

　　白千层具有抗炎、抗氧化、抑菌、抗衰老和美白功效，其活性部位主要包括白千层花和叶的甲醇提取物、乙醇提取物，互生白千层的醇提物、水提物以及芳香水提物。活性大类包括白千层叶的挥发油，石南叶白千层叶和枝干挥发油，互叶白千层茶树油和多糖。活性单体成分主要包括 Praecoxin A 和松油烯 –4– 醇。它的抗炎活性包括对小鼠炎症模型的评价和机制研究，已知机制包括对炎症因子的调控，以及抑制 NO、COX–2 和 PEG$_2$ 的表达。白千层具有自由基清除活性、还原能力，可上调 GSH 和 SOD，降低 MDA 含量。白千层对多种致病菌有抑制活性，其中互叶白千层抑菌范围较广，包括细菌、真菌，如多种耐药菌、金黄色葡萄球菌、表皮葡萄球菌、痤疮丙酸杆菌、红色毛癣菌、青霉菌、黑曲霉等。白千层通过抑制损伤细胞内 ROS 的表达、提高 CAT 的活力，发挥抗衰老作用。白千层具有美白作用，可抑制酪氨酸酶活性，从而减少黑色素的生成。

参考文献

[1] 杨辉, 刘布鸣, 韦刚, 等. 1, 8- 桉叶素型互叶白千层精油的质量标准研究 [J]. 广西科学, 2011, 18(1): 52—55.

[2] 陈海燕, 李桂珍, 梁忠云. 1, 8- 桉叶素型互叶白千层花与叶挥发油成分分析 [J]. 安徽农业科学, 2021, 49(10): 164—166.

[3] 陈海燕, 李桂珍, 秦荣秀, 等. 蒸馏时间对 1, 8- 桉叶素型互叶白千层挥发油得率和成分的影响 [J]. 现代农业科技, 2020(21): 228—230.

[4] 沈丹, 杨学东. 白千层属植物化学成分及药理活性研究进展 [J]. 中草药, 2018, 49(4): 970—980.

[5] 汪燕, 冯皓, 余炳伟, 等. 白千层叶片和果实挥发油化学成分及抗菌活性 [J]. 福建林业科技, 2016, 43(4): 8-12+48.

[6] Kačániová M, Terentjeva M, Štefániková J, et al. Chemical composition and antimicrobial activity of selected essential oils against *Staphylococcus* spp. isolated from human semen[J]. Antibiotics, 2020, 9(11): 765.

[7] 范超君. 白千层叶的化学成分及药理活性研究 [D]. 海南师范大学, 2012.

[8] Hussein SAM, Hashim ANM, El-Sharawy RT, et al. Ericifolin: an eugenol 5-*O*-galloylglucoside and other phenolics from *Melaleuca ericifolia*[J]. Phytochemistry, 2007, 68(10): 1464—1470.

[9] 程峰, 牛彪, 梁妍, 等. 茶树油提取工艺优化和体外抑菌活性研究 [J]. 西北民族大学学报 (自然科学版), 2019, 40(4): 46—52.

[10] 李武国, 苏乔, 魏洁书, 等. 两种桃金娘科不同属植物叶挥发油成分 GC-MS 分析及其抗肺癌 A549、H460 细胞增殖活性 [J]. 食品工业科技, 2018, 39(15): 260—265+273.

[11] Jajaei S M, Daud WAW, Markom M, et al. Extraction of *Melaleuca cajuputi* using supercritic fluid extraction and solvent extraction[J]. Journal of Essential Oil Research, 2010, 22(3): 205—210.

[12] Brophy JJ, Doran JC. Geographic variation in oil characteristics in *Melaleuca ericifolia*[J]. Journal of Essential Oil Research, 2004, 16(1): 4—8.

[13] 范超君, 毕和平, 陈湛娟, 等. 白千层叶多糖提取及含量测定 [J]. 时珍国医国药, 2012, 23(3): 581—582.

[14] 林霄, 董晓敏, 陈明生, 等. 高效液相色谱法同时测定互叶白千层中的槲皮素和山奈酚 [J]. 林产化学与工业, 2012, 32(4): 113—116.

[15] Zhang J, Wu HH, Jiang D, et al. The antifungal activity of essential oil from *Melaleuca leucadendra*(L.)L. grown in China and its synergistic effects with conventional antibiotics against *Candida*[J]. Natural Product Research, 2019, 33(17): 2545—2548.

[16] 林霄. 互叶白千层植物的化学成分及没食子酸的结构修饰、促软骨增殖活性研究 [D]. 广西大学, 2014.

[17] 李燕婧, 钟正贤, 林霄, 等. 互叶白千层水提物药理作用研究 [J]. 中医药导报, 2013, 19(5): 86—88.

[18] Chézet FC, Fusillier C, Jarde T, et al. Potential anti-inflammatory effects of *Melaleuca alternifolia* essential oil on human peripheral blood leukocytes[J]. Phytotherapy Research, 2006, 20: 364—370.

[19] Koh KJ, Pearce AL, Marshman G, et al. Tea tree oil reduces histamine-induced skin inflammation[J]. British Journal of Dermatology, 2002, 147: 1212—1217.

[20] Soukoulis S, Hirsch R. The effects of a tea tree oil-containing gel on plaque and chronic gingivitis[J]. Australian Dental Journal, 2004, 49(2): 78—83.

[21] Taalab MR, Mahmoud SA, Moslemany RME, et al. Intrapocket application of tea tree oil gel in the treatment of stage 2 periodontitis[J]. BMC Oral Health, 2021, 21: 239.

[22] Pazyar N, Yaghoobi R. Tea tree oil as a novel antipsoriasis weapon[J]. Skin Pharmacology and Physiology, 2012, 25: 162—163.

[23] Nogueira MNM, Aquino SG, Junior CR, et al. Terpinen-4-ol and alpha-terpineol(tea tree oil components)inhibit the production of IL-1β, IL-6 and IL-10 on human macrophages[J]. Inflammation Research, 2014: 1—10.

[24] Brand C, Townley SL, Jones JJF, et al. Tea tree oil reduces histamine-induced oedema in murine ears[J]. Inflammation Research, 2002, 51: 283—289.

[25] Abd NMA, Nor ZM, Mansor M, et al. Antioxidant, antibacterial activity, and phytochemical characterization of *Melaleuca cajuputi* extract[J]. BMC Complementary and Alternative Medicine, 2015, 15: 385.

[26] Siddique S, Parveen Z, Bareen FE, et al. Chemical composition, antibacterial and antioxidant activities of essential oils from leaves of three *Melaleuca* species of Pakistani flora[J]. Arabian Journal of Chemistry, 2020, 13: 67—74.

[27] Lin CC, Yang CH, Wu PS, et al. Antimicrobial, anti-tyrosinase and antioxidant activities of aqueous aromatic extracts from forty-eight selected herbs[J]. Journal of Medicinal Plants Research, 2011, 5(26): 6203—6209.

[28] Zhang XF, Guo YJ, Guo LY, et al. *In vitro* evaluation of antioxidant and antimicrobial activities of *Melaleuca alternifolia* essential oil[J]. BioMed Research International, 2018: 2396109.

[29] 王淳凯. 五种植物挥发油生物活性及组分表征 [D]. 华东师范大学, 2006.

[30] Kim HJ, Chen F, Wu CQ, et al. Evaluation of antioxidant activity of Australian tea tree(*Melaleuca alternifolia*)oil and its components[J]. Journal of Agricultural and Food Chemistary, 2004, 52: 2849—2854.

[31] 肖越. 互叶白千层多糖的提取分离及抗氧化活性研究 [D]. 华中农业大学, 2013.

[32] Farag RS, Shalaby AS, Baroty GAE, et al. Chemical and biological evaluation of the essential oils of different *Melaleuca* species[J]. Phytotherapy Researsh, 2004, 18: 30—35.

[33] Sayed EA, Daim MMA, Khattab MA. Hepatoprotective activity of praecoxin A isolated

from *Melaleuca ericifolia* against carbon tetrachloride-induced hepatotoxicity in mice. Impact on oxidative stress, inflammation, and apoptosis[J]. Phytotherapy Research, 2018: 1—10.

[34] Valdés AFC, Martínez JM, Lizama RS, et al. *In vitro* anti-microbial activity of the Cuban medicinal plants *Simarouba glauca* DC, *Melaleuca leucadendron* L and *Artemisia absinthium* L[J]. Mem Inst Oswaldo Cruz, Rio de Janeiro, 2008, 103(6): 615—618.

[35] 李燕婧, 钟正贤, 林霄, 等. 互叶白千层醇提物的药理作用研究 [J]. 广西中医药, 2013, 36(3): 77—79.

[36] Cox SD, Mann CM, Markham JL, et al. The mode of antimicrobial action of the essential oil of *Melaleuca alternifolia*(tea tree oil)[J]. Journal of Applied Microbiology, 2000, 88: 170—175.

[37] Thomsen PS, Jensen TM, Hammer KA, et al. Survey of the antimicrobial activity of commercially available Australian tea tree(*Melaleuca alternifolia*)essential oil products *in vitro*[J]. The Journal of Alternative and Complementary Medicine, 2011, 17(9): 835—841.

[38] Mayaud L, Carricajo A, Zhiri A, et al. Comparison of bacteriostatic and bactericidal activity of 13 essential oils against strains with varying sensitivity to antibiotics[J]. Letters in Applied Microbiology, 2008, 47: 167—173.

[39] Wilkinson JM, Cavanagh HMA. Antibacterial activity of essential oils from Australian native plants[J]. Phytotherapy Research, 2005, 19: 643—646.

[40] Christoph F, Kaulfers PM, Biskup ES. A comparative study of the *in vitro* antimicrobial activity of tea tree oils *s. l.* with special reference to the activity of β-Triketones[J]. Planta Medica, 2000, 66: 556—560.

[41] Puvača N, Milenković J, Coghill TG, et al. Antimicrobial activity of selected essential oils against selected pathogenic bacteria: in vitro study[J]. Antibiotics, 2021, 10: 546.

[42] Wicher RD, Paleczny J, Krochmal BK, et al. Activity of liquid and volatile fractions of essential oils against biofilm formed by selected reference strains on polystyrene and hydroxyapatite surfaces[J]. Pathogens, 2021, 10: 515.

[43] Griffin SG, Markham JL, Leach DN. An agar dilution method for the determination

of the minimum inhibitory concentration of essential oils[J]. Journal of Essential Oil Research, 2000, 12: 249—255.

[44] Hammer KA, Carson CF, Riley TV. Susceptibility of transient and commensal skin flora to the essential oil of *Melaleuca alternifolia*(tea tree oil)[J]. American Journal of Infection Control, 1996, 24(3): 186—189.

[45] Meroni G, Cardin E, Rendina C, et al. In vitro efficacy of essential oils from *Melaleuca alternifolia* and *Rosmarinus officinalis*, manuka honey-based gel, and propolis as antibacterial agents against canine *Staphylococcus pseudintermedius* strains[J]. Antibiotics, 2020, 9: 344.

[46] Valente JDSS, Fonseca ADODS, Denardi LB, et al. In vitro susceptibility of *Pythium insidiosum* to *Melaleuca alternifolia*, *Mentha piperita* and *Origanum vulgare* essential oils combinations[J]. Mycopathologia, 2016: 1—6.

[47] Leite KLDF, Martins ML, Medeiros MMD, et al. Antibacterial activity of *Melaleuca alternifolia*(tea tree essential oil)on bacteria of the dental biofilm[J]. Pesquisa Brasileira em Odontopediatria e clinica Integrada, 2017, 17(1): e3857.

[48] Sandasi M, Leonard CM, Viljoen AM. The *in vitro* antibiofilm activity of selected culinary herbs and medicinal plants against *Listeria monocytogenes*[J]. Letters in Applied Microbiology, 2010, 50: 30—35.

[49] Li WR, Li HL, Shi QS, et al. The dynamics and mechanism of the antimicrobial activity of tea tree oil against bacteria and fungi[J]. Applied Microbiology and Biotechnology, 2016: 1—11.

[50] Farnan TB, McCallum J, Awa A, et al. Tea tree oil: *in vitro* efficacy in otitis externa[J]. The Journal of Laryngology & Otology, 2005, 119: 198—201.

[51] Hammer KA, Dry L, Johnson M, et al. Susceptibility of oral bacteria to *Melaleuca alternifolia*(tea tree)oil *in vitro*[J]. Oral Microbiology Immunology, 2003, 18: 389—392.

[52] Graziano TS, Calil CM, Sartoratto A, et al. *In vitro* effects of *Melaleuca alternifolia* essential oil on growth and production of volatile sulphur compounds by oral bacteria[J]. Journal of Applied Oral Science, 2016, 24(6): 582—589.

[53] Hans VM, Grover HS, Deswal H, et al. Antimicrobial efficacy of various essential oils

at varying concentrations against Periopathogen *Porphyromonas gingivalis*[J]. Journal of Clinical and Diagnostic Research, 2016, 10(9): 16—19.

[54] Francisconi RS, Huacho PMM, Tonon CC, et al. Antibiofilm efficacy of tea tree oil and of its main component terpinen-4-ol against *Candida albicans*[J]. Brazilian Oral Research, 2020, 34: e050.

[55] Sakkas H, Economou V, Gousia P, et al. Antibacterial efficacy of commercially available essential oils tested against drug-resistant gram-positive pathogens[J]. Applied Sciences, 2018, 8: 2201.

[56] Oliva A, Costantini S, Angelis MD, et al. High potency of *Melaleuca alternifolia* essential oil against multi-drug resistant gram-negative bacteria and methicillin-resistant *Staphylococcus aureus*[J]. Molecules, 2018, 23: 2584.

[57] May J, Chan CH, King A, et al. Time-kill studies of tea tree oils on clinical isolates[J]. Journal of Antimicrobial Chemotherapy, 2000, 45: 639—643.

[58] Iseppi R, Cerbo AD, Aloisi P, et al. *In vitro* activity of essential oils against planktonic and biofilm cells of extended-spectrum β-lactamase(esbl)/carbapenamase-producing gram-negative bacteria involved in human nosocomial infections[J]. Antibiotics, 2020, 9: 272.

[59] Hammer KA, Carson CF, Riley TV. *In vitro* activity of *Melaleuca alternifolia*(tea tree)oil against dermatophytes and other filamentous fungi[J]. Journal of Antimicrobial Chemotherapy, 2002, 50: 195—199.

[60] Oliva B, Piccirilli E, Ceddia T, et al. Antimycotic activity of *Melaleuca alternifolia* essential oil and its major components[J]. Letters in Applied Microbiology, 2003, 37: 185—187.

[61] Hammer KA, Carson CF, Riley TV. Antifungal effects of *Melaleuca alternifolia*(tea tree)oil and its components on *Candida albicans*, *Candida glabrata* and *Saccharomyces cerevisiae*[J]. Journal of Antimicrobial Chemotherapy, 2004, 53: 1081—1085.

[62] Moumni M, Romanazzi G, Najar B, et al. Antifungal activity and chemical composition of seven essential oils to control the main seedborne fungi of Cucurbits[J]. Antibiotics, 2021, 10: 104.

[63] Homeyer DC, Sanchez CJ, Mende K, et al. *In vitro* activity of *Melaleuca alternifolia* (tea tree)oil on filamentous fungi and toxicity to human cells[J]. Medical Mycology, 2015, 00: 1—10.

[64] Silva LSB, Perasoli FB, Carvalho KV, et al. *Melaleuca leucadendron* (L.)L. flower extract exhibits antioxidant and photoprotective activities in human keratinocytes exposed to ultraviolet B radiation[J]. Free Radical Biology and Medicine, 2020, 159: 54—65.

白术

39.1 基本信息

中 文 名	白术	
属　　名	苍术属 *Atractylodes*	
拉 丁 名	*Atractylodes macrocephala* Koidz.	
俗　　名	白术腿、徽术、冬术等	
分 类 系 统	恩格勒系统（1964）	APG Ⅳ系统（2016）
	被子植物门 Angiospermae 双子叶植物纲 Dicotyledoneae 桔梗目 Campanulales 菊科 Compositae	被子植物门 Angiospermae 木兰纲 Magnoliopsida 菊目 Asterales 菊科 Asteraceae
地 理 分 布	在江苏、浙江、福建、江西、安徽、四川、湖北及湖南等地有栽培，在江西、湖南、浙江、四川有野生；朝鲜、日本、越南	
化妆品原料	白术（ATRACTYLODES MACROCEPHALA）根	
	白术（ATRACTYLODES MACROCEPHALA）根 / 柄粉	
	白术（ATRACTYLODES MACROCEPHALA）根粉	
	白术（ATRACTYLODES MACROCEPHALA）根茎提取物	
	白术（ATRACTYLODES MACROCEPHALA）根提取物	
	白术（ATRACTYLODES MACROCEPHALA）提取物	

A | B

A. 白术植株

B. 白术根

多年生草本，高 20—60 厘米，根状茎结节状。茎直立，通常自中下部长分枝，全部光滑无毛。中部茎叶有长 3—6 厘米的叶柄，叶片通常 3—5 羽状全裂，极少兼杂不裂而叶为长椭圆形的。侧裂片 1—2 对，倒披针形、椭圆形或长椭圆形，长 4.5—7 厘米，宽 1.5—2 厘米；顶裂片比侧裂片大，倒长卵形、长椭圆形或椭圆形；自中部茎叶向上向下，叶渐小，与中部茎叶等样分裂，接花序下部的叶不裂，椭圆形或长椭圆形，无柄；或大部茎叶不裂，但总兼杂有 3—5 羽状全裂的叶。全部叶质地薄，纸质，两面绿色，无毛，边缘或裂片边缘有长或短针刺状缘毛或细刺齿。头状花序单生茎枝顶端，植株通常有 6—10 个头状花序，但不形成明显的花序式排列。苞叶绿色，长 3—4 厘米，针刺状羽状全裂。总苞大，宽钟状，直径 3—4 厘米。总苞片 9—10 层，覆瓦状排列；外层及中外层长卵形或三角形，长 6—8 毫米；中层披针形或椭圆状披针形，长 11—16 毫米；最内层宽线形，长 2 厘米，顶端紫红色。全部苞片顶端钝，边缘有白色蛛丝毛。小花长 1.7 厘米，紫红色，冠檐 5 深裂。瘦果倒圆锥状，长 7.5 毫米，被顺向顺伏的稠密白色的长直毛。冠毛刚毛羽毛状，污白色，长 1.5 厘米，基部结合成环状。花果期 8—10 月。[①]

白术的干燥根茎药用，味苦、甘，性温。归脾、胃经。健脾益气，燥湿利水，止汗，安胎。用于脾虚食少，腹胀泄泻，痰饮眩悸，水肿，自汗，胎动不安。[②]

39.2　活性物质

39.2.1　主要成分

从白术中分离得到的化学成分主要有挥发油类、黄酮类和氨基酸等。目前，有关白术化学成分的研究主要集中在挥发油类化合物，白术化学成分具体见表 39-1。

---

①见《中国植物志》第 78(1) 卷第 28 页。
②参见《中华人民共和国药典》(2020 年版) 一部第 107 页。

表 39-1　白术化学成分

成分类别	主要化合物	参考文献
挥发油类	石竹烯、γ-榄香烯、芹子-4(14)，11-二烯、芹子-4,11-二烯、芹子-3,7(11)-二烯、苍术酮、11-异丙基亚基三环 [4,3,1,1(2,5)]-3-烯-10-癸酮、白术内酯 A、白术内酯 B、3-β-乙酰氧基苍术酮、3-β-羟基苍术酮、瓦伦烯、白术内酯 I、白术内酯 II、白术内酯 III、茅苍术醇、大根香叶烯、4α,8-二甲基-2(1 甲基亚乙基)-1,2,3,4,4α,5,6，8α-4αR 反式八氢萘、β-桉叶烯、7-十六碳烯 (Z)、6-异丙烯基-4,8α-二甲基-1,2,3,5,6,7,8,8α 八氢萘-2-醇、2-氨基-1,4-二氢-氧代蝶啶-6-羧酸、角鲨烯、邻苯二甲酸二 (2-乙基己基) 酯等	[1—7]
黄酮类	芹菜素、木犀草素、野黄芩素-6-O-葡萄糖苷、6β-D-吡喃葡萄糖基-5-羟基-7-甲氧基-黄酮、8β-D-吡喃葡萄糖基-4′,5,7-三羟基-黄酮、Stereolensin、Stereolensin-4′-trans-caffeate 等	[8]
其他	天门冬氨酸、丝氨酸、谷氨酸、甘氨酸、丙氨酸、缬氨酸、异亮氨酸、亮氨酸、酪氨酸、苯丙氨酸、赖氨酸、组氨酸、精氨酸、脯氨酸、维生素 A 等	[9]

表 39-2　白术成分单体结构

序号	主要单体	结构式	CAS 号
1	苍术酮	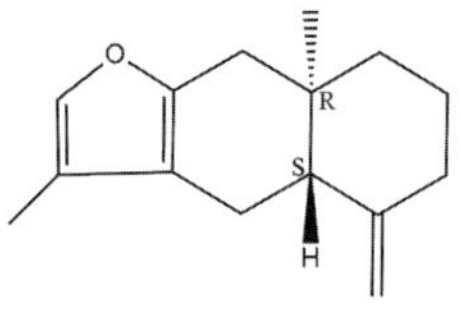	6989-21-5
2	茅苍术醇	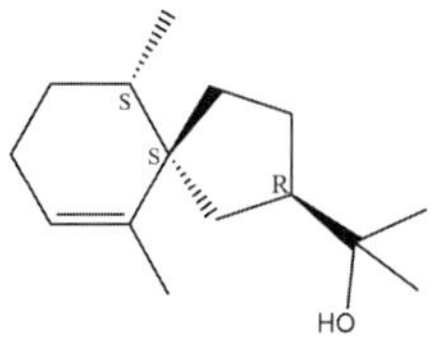	23811-08-7
3	白术内酯 I	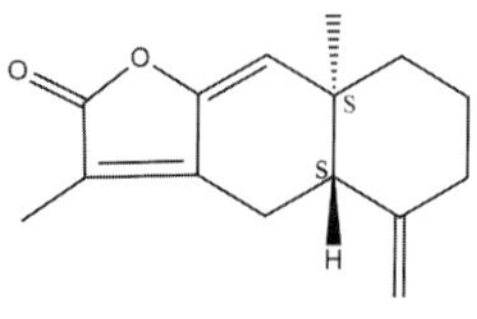	73069-13-3

39.2.2　含量组成

从文献中获得了白术中挥发油、总黄酮及多糖等成分的含量信息，也获得了其主要活性成分苍术酮的含量信息，具体见表 39-3。

表 39-3　白术主要成分含量信息

成分	来源	含量（%）	参考文献
挥发油	根茎	0.885—2.392	[2，5—6]
苍术酮	根茎	0.6602	[10]
黄酮	根茎	1.537	[5]
多糖	根茎	33.34—63.18	[5，11—13]

39.3　功效与机制

白术为菊科植物白术的干燥根茎，它是东亚特别是中国最著名的草药之一[8]。白术具有抗炎、抗氧化、抑菌和抗衰老等功效。

39.3.1　抗炎

白术乙醇提取物具有一定的抗炎作用，能够显著抑制二甲苯引起的小鼠耳肿胀和乙酸诱导的小鼠血管通透性增加[14]。白术水提物能够抑制脂多糖（LPS）诱导的小鼠肠上皮细胞 IEC-6 中环氧合酶 -2（COX-2）和肿瘤坏死因子 -α（TNF-α）在 mRNA 水平的表达；在右旋糖酐硫酸钠（DSS）诱导的急性结肠炎小鼠模型中，提前给予白术水提物 2 周，发现白术水提物可通过抑制细胞外信号调节激酶（ERK）、NF-κB、STAT3 发挥抗炎作用[15]。白术的石油醚 - 醚（1：1）提取物对二甲苯引起的小鼠耳郭水肿和醋酸引起的小鼠腹膜毛细血管通透性均有显著的抑制作用[16]。

白术挥发油提取物能够显著抑制 LPS 诱导的 RAW264.7 细胞中一氧化氮（NO）和前列腺素 E_2（PGE_2）的释放，其机制可能与该挥发油在转录水平上抑制诱导型一氧化氮合酶（iNOS）和 COX-2 的表达有关[17]。

白术挥发油中提取的苍术酮具有抗炎活性，能够抑制 LPS 诱导的 ANA-1 细胞中 NO 的分泌[18]。白术中分离得到的倍半萜化合物具有抗炎活性，能够抑制 LPS 诱导的巨噬细胞 RAW264.7 释放 NO[19]。白术乙酸乙酯提取物中分离得到的聚乙炔化合物以浓度依赖的方式抑制 LPS 诱导的 RAW264.7 细胞生成 NO[20]。

白术内酯 I 对 LPS 诱导的急性肺损伤小鼠具有保护作用，显著降低了肺干湿重比和髓过氧化物酶（MPO）活性，抑制支气管肺泡灌洗液（BALF）中 TNF-α、白细胞介素 -1β（IL-1β）、白细胞介素 -6（IL-6）、白细胞介素 -13（IL-13）和巨噬细胞移动抑制因子（MIF）的产生，降低中性粒细胞和巨噬细胞数量，上调白介素 -10（IL-10）的表达，其机制可能与抑制 LPS 诱导的 Toll 样受体 4（TLR4）表达和 NF-κB 活化有关[21]。在 LPS 诱导的巨噬细胞 RAW264.7 体外炎症模型实验中，白术内酯 I 不仅降低了 TNF-α 和 IL-6 的表达，还能抑制髓样分化蛋白 2（MD-2）、白细胞分化抗原 14（CD14）、清道夫受体 A（SR-A）、TLR4 和髓样分化因子 88（MyD88）的表达，其作用机制可能与抑制 NF-κB、ERK1/2 和 p38 信号通路有关[22]。血管生成与慢性炎症性疾病的病理过程有关，在弗氏完全佐剂诱导的小鼠气囊模型和加入 LPS 的主动脉环与腹腔巨噬细胞共培养模型中，白术内酯 I 能够分别从体内和体外抑制血管的生长，且能够以浓度依赖的方式抑制小鼠气囊模型和 LPS 诱导的腹腔巨噬细胞中 NO、TNF-α、IL-1β、IL-6、血管内皮生长因子（VEGF）和胎盘生长因子（PLGF）的释放[23]。在盲肠结扎穿孔引起的脓毒症小鼠炎症模型中，白术内酯 I 能够显著提高脓毒症小鼠的存活率，降低血清中炎症因子 TNF-α、IL-1β 和 IL-6 的表达，降低血清中谷丙转氨酶（ALT）、谷草转氨酶（AST）、肌酐（CREA）和尿素氮（BUN）水平[24]。白术内酯 I 能够抑制动脉粥样硬化病变中的炎症反应，减少低密度脂蛋白诱导的血管平滑肌细胞释放 TNF-α、IL-6 和 NO[25]。在白细胞膜色谱模型中，白术内酯 I 能够作用于白细胞膜及 TLR4 受体，其抗炎活性与拮抗 TLR4 受体有关[26]。白术内酯 II 可以抑制甲基亚硝基脲诱导的乳腺癌大鼠乳腺组织中 TNF-α 和 IL-6 的表达，发挥抗炎作用[27]。在 LPS 诱导的腹膜巨噬细胞模型中，白术内酯 III 也表现出一定的抗炎活性，但其作用不如白术内酯 I[28]。白术内酯 III 通过抑制 JAK2/STAT3/Drp1 依赖性线粒体分裂介导的神经炎症，来减轻脑部缺血损伤[29]。

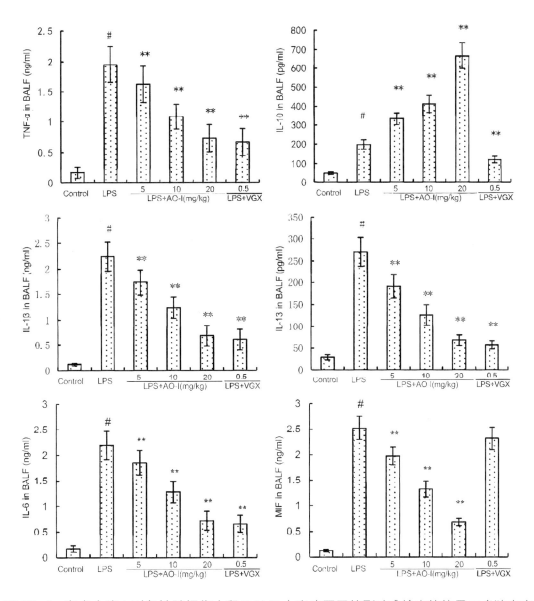

图 39-1　白术内酯 I 对急性肺损伤小鼠 BALF 中炎症因子的影响 [给出的值是三个独立实验的平均值 ± 标准差（n=12）。与对照组相比，$P^{\#}<0.01$；与 LPS 组相比，$P^{*}<0.05$，$P^{**}<0.01$][21]

39.3.2　抗氧化

　　将干燥的白术研磨成粗粉，然后用石油醚、乙酸乙酯、无水乙醇、95% 乙醇和水通过索氏提取器依次提取 12 小时，得到的 5 种提取物均具有一定的抗氧化作用，能够清除超氧阴离子自由基、羟基自由基、DPPH 自由基和 ABTS 自由基，并且可以与 Fe^{2+} 和 Cu^{2+} 产生螯合作用[30]。白术的甲醇提取物用乙酸乙酯萃取后，抗氧化

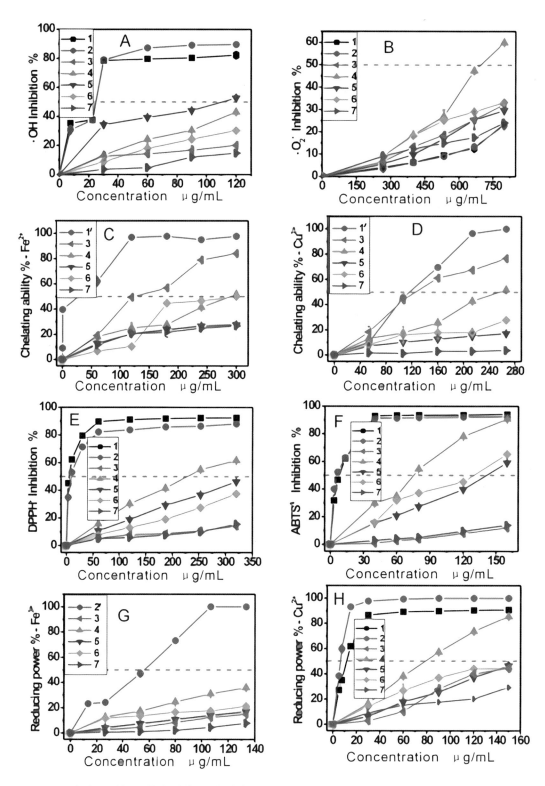

图 39-2　白术五种提取物在抗氧化实验中的剂量反应曲线 [1. 水溶性维生素 E；1′. 柠檬酸钠；2.BHAC（叔丁基羟基茴香醚；2′.GSH（谷胱甘肽）；3.PEAM（白术石油醚提取物）；4.EAAM（白术乙酸乙酯提取物）；5.AEAM（白术无水乙醇提取物）；6.95EAE（白术 95% 乙醇提取物）；7.WAM（白术水提取物）][30]

活性最好，能够清除 ABTS 自由基和 DPPH 自由基，发挥抗氧化活性的 6 种化合物及其抗氧化能力的顺序为：异绿原酸 C> 异绿原酸 A> 绿原酸 > 阿魏酸 > 咖啡酸 > 异牡荆苷 [31]。白术乙醇提取物能够清除 DPPH 自由基，具有较强的铁还原能力，它的抗氧化活性与其组分中的黄酮类化合物和酚醛类化合物有关 [14, 32]。白术的水提物亦有抗氧化作用，能够清除羟基自由基和 DPPH 自由基 [33]。

白术挥发油具有清除 DPPH 自由基、ABTS 自由基的活性，具有较强的铁还原能力，表现出良好的抗氧化活性 [17, 34-35]。白术挥发油能够有效降低对乙酰氨基酚诱导的肝损伤小鼠血液中 AST 和 ALT 的水平，升高肝脏内还原型谷胱甘肽（GSH）的水平。白术挥发油能够激活 AMP 依赖的蛋白激酶（AMPK）和核转录因子 E2 相关因子 2（Nrf2）信号通路，同时提高血红素加氧酶 -1（HO-1）、NADPH 醌氧化还原酶 -1（NQO-1）等与氧化应激相关蛋白的表达 [36]。

超声波辅助酶法提取的白术多糖具有抗氧化活性，具有清除 DPPH 自由基的作用 [13]。白术多糖能够抑制肝脏缺血再灌注损伤诱导的大鼠脂质过氧化，升高血清超氧化物歧化酶（SOD）水平，降低丙二醛（MDA）水平 [37]。白术多糖经硒化修饰后，可显著增加其体外和体内抗氧化作用。在体外实验中，硒化的白术多糖具有良好的清除羟基自由基、DPPH 自由基和 ABTS 自由基的能力；体内实验中，接种新城疫疫苗的鸡注射硒化的白术多糖后，血清谷胱甘肽过氧化物（GSH-Px）和 SOD 显著含量升高，MDA 含量显著降低 [38]。

白术黄酮类成分具有良好的抗氧化效果，对羟基自由基的清除能力较强 [5]。

在甲基亚硝基脲诱导的大鼠乳腺癌模型中，白术内酯 II 可降低乳腺中的氧化标记物 MDA 和 8- 羟基 -2'- 脱氧鸟苷（8-OH-dG）的含量，并增加了 GSH/GSSG（还原型 / 氧化型谷胱甘肽）比率，发挥抗氧化作用，其抗氧化机制与激活 Nrf2-ARE 信号通路有关 [27]。白术内酯 II 可以促进抗氧化因子 HO-1 和 NQO-1 的表达而显著抑制电离辐射引起的氧化损伤，其作用机制是通过调节 MAPKp38/Nrf2 信号通路实现的 [39]。白术内酯 III 可通过 Nrf2/NQO1/HO-1 途径抑制博来霉素诱导的氧化应激 [40]。在 2,4,6- 三硝基苯磺酸（TNBS）诱导的小鼠结肠炎模型中，白术内酯 III 可增加结肠组织中过氧化氢酶（CAT）、SOD 和 GSH-Px 水平，降低 MDA 和活性氧（ROS）水平，通过调节甲酰肽受体 1（FPR1）和 Nrf2 信号通路，发挥抗氧化作用 [41]。

白术和黄芪配对后，产生协同抗氧化作用，对羟基自由基和超氧阴离子自由基的清除能力均显著高于黄芪和白术两个单药的清除能力 [42-43]。

39.3.3 抑菌

白术对大肠杆菌、粪肠球菌均有较好的抑菌作用[44]。白术乙醇提取物对枯草芽孢杆菌、金黄色葡萄球菌、白色念珠菌和荧光假单胞菌的活性有明显的抑制效果[45]。白术乙醇提取物在体外牛津杯法实验和体内小鼠中耳炎模型中表现出良好的抑制耐甲氧西林金黄色葡萄球菌（MRSA）的作用[46]。白术的石油醚提取物对金黄色葡萄球菌、大肠杆菌、枯草芽孢杆菌和福氏志贺氏菌具有抑制作用[47]。

白术挥发油对铜绿假单胞菌、大肠杆菌、肠道沙门氏菌、枯草芽孢杆菌和金黄色葡萄球菌均有抑制作用，其中对铜绿假单胞菌的抑菌效果最好[17]。

白术内酯 I 和白术内酯 III 对多种金黄色葡萄球菌菌株具有抑制作用，最低抑制浓度（MIC）的范围为 8—128 μg/mL[48]。

表 39-4　白术挥发油的抗菌作用[17]

菌株	抑制区直径（mm）		MIC	MBC
	挥发油	庆大霉素	（mg/mL）	（mg/mL）
大肠杆菌 ATCC 25922	16 ± 0.5^c	22 ± 1.0^a	1.0	2.0
铜绿假单胞菌 ATCC 27853	19 ± 0.9^a	21 ± 1.0^b	0.5	1.0
肠道沙门氏菌 ATCC 6539	17 ± 0.5^b	21 ± 0.5^b	1.0	2.0
金黄色葡萄球菌 ATCC 25923	15 ± 0.5^c	18 ± 0.5^c	2.0	4.0
枯草芽孢杆菌 ATCC 6633	16 ± 1.0^{bc}	19 ± 0.9^c	1.0	2.0

注：MIC，最低抑菌浓度。MBC，最低杀菌浓度。数据以三次重复（$n=3$）的平均值 ± 标准差（SD）表示。同一列中不同上标小写字母（a、b 和 c）的值存在显著差异（$P<0.05$）。

39.3.4 抗衰老

白术能提高 12 月龄以上小鼠红细胞 SOD 活性，抑制小鼠脑单胺氧化酶 B

（MAO-B）的活性，对抗红细胞自氧化溶血，并具有清除活性氧自由基的作用，说明其可能具有抗衰老作用[49]。用白术水煎液给老年小鼠灌胃，连续 4 周，可显著提高全血 GSH-Px 活力，明显降低红细胞中 MDA 含量，提示其具有一定的抗衰老作用[50]。白术水煎剂还具有延缓老年小鼠肾脏衰老的作用[51]。白术在抗老年痴呆与认知障碍相关疾病方面，具有良好的药理作用，白术醇提取物可以使小鼠海马乙酰胆碱酯酶活力显著降低，从而增加脑内乙酰胆碱的量来增强记忆功能，以此达到抗阿尔茨海默病的作用[52]。

小鼠颈背部皮下注射 D-半乳糖溶液 200 mg·kg^{-1}·d^{-1} 建立衰老模型，造模成功后给与白术多糖，连续给药 6 周，发现白术多糖能明显降低血清及脑组织中的 MDA、脂褐素（LiPO）的含量和 MAO 的活性，升高血清及脑组织中 SOD、GSH-Px、CAT 活性和总抗氧化能力（T-AOC），从而延缓衰老[53]。

表 39-5　白术多糖对衰老模型小鼠脑组织中 MAO 及 LiPO
含量的影响（n=10，$\bar{x}\pm s$）[53]

组别	剂量 /mg·kg^{-1}	MAO/U·L^{-1}	LiPO/ng·L^{-1}
正常对照组	—	144.50±16.58	24.93±4.23
模型对照组	—	181.62±52.25[a]	29.06±6.40[b]
维生素 E 组	60	124.84±49.30[c]	18.48±6.04[d]
白术多糖组	100	81.29±33.58[d]	21.72±3.58[d]
白术多糖组	200	73.26±33.24[d]	22.11±3.09[d]

注：与正常对照组比较，a、b 为 $P<0.05$；与模型对照组比较，c 为 $P<0.05$，d 为 $P<0.01$。

39.4　成分功效机制总结

白术具有抗炎、抗氧化、抑菌、抗衰老功效。白术活性部位包括白术水提物、甲醇提取物、乙醇提取物、乙酸乙酯提取物和石油醚提取物，活性大类物质包括白术多糖、挥发油、倍半萜、聚乙炔和黄酮。活性单体成分包括白术内酯Ⅰ、白术内酯Ⅱ、白术内酯Ⅲ和苍术酮等。有关白术抗炎活性研究包括对小鼠炎症模型的评价和机制研究，已知机制包括对炎症因子的调控，抑制 iNOS、COX-2、NO 和 PGE$_2$ 的生成，减少 VEGF、PLGF、MPO、MIF、MD-2、CD14、SR-A、MyD88 的表达，下调 ERK、NF-κB、STAT3、TLR4 和 p38 信号通路。白术具有自由基清除活性、铁离子还原能力，可上调 HO-1、NQO-1、SOD、GSH-Px、GSH/GSSG、CAT，激活 AMPK、Nrf2 和 FPR1 信号通路，抑制脂质过氧化及 MDA、8-OH-dG、ROS 表达。白术对多种致病菌的活性有抑制作用，包括耐甲氧西林金黄色葡萄球菌、大肠杆菌、粪肠球菌、枯草芽孢杆菌、金黄色葡萄球菌、白色念珠菌、荧光假单胞菌、福氏志贺氏菌、铜绿假单胞菌和肠道沙门氏菌。白术具有抗衰老作用，其机制主要与抑制 MDA、LiPO 和 MAO 生成，以及提高 SOD、GSH-Px、CAT 和 T-AOC 含量有关。

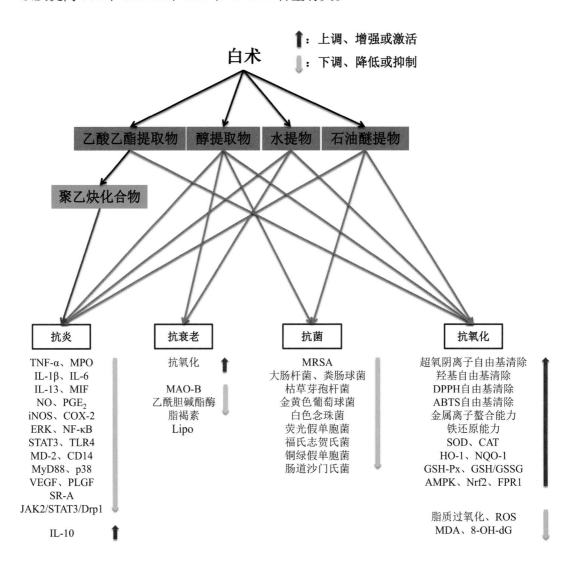

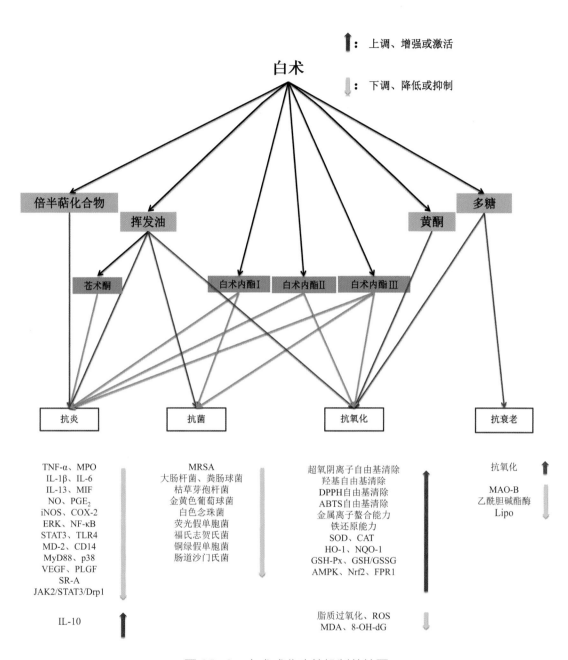

图 39-3　白术成分功效机制总结图

参考文献

[1] 孙燕妮 . 白术的药理实验及临床研究进展 [J]. 中国中医药科技 , 1999, 6(4): 279-280.

[2] 陈柳蓉 , 邵青 , 陆蕴 . 紫外分光光度法测定白术中苍术酮的含量 [J]. 浙江医科大学学报 , 1996,

25(6): 270—271+286.

[3] 晓颂 . 白术根茎挥发油的化学成分 [J]. 植物杂志 , 1980(6): 11.

[4] 沈国庆 . 白术化学成分及抗肿瘤有效部位研究 [D]. 北京中医药大学 , 2008.

[5] 黄海英 . 白术活性成分的提取、纯化及功能性研究 [D]. 南昌大学 , 2006.

[6] 金建忠 . 超临界 CO_2 萃取白术挥发油及其成分分析 [C]// 第十届全国药用植物及植物药学术研讨会论文摘要集 . 2011: 135.

[7] 王虹 . 白术挥发油的提取、氧化分解及抗肿瘤研究 [D]. 山西大学 , 2011.

[8] Zhu B, Zhang QL, Hua JW, et al. The traditional uses, phytochemistry, and pharmacology of *Atractylodes macrocephala* Koidz.: a review[J]. Journal of Ethnopharmacology, 2018, 226: 143—167.

[9] 王芳 . 白术挥发油有效成分提取及氧化动力学研究 [D]. 西北大学 , 2005.

[10] 陈柳蓉 , 陆蕴 . 薄层扫描法测定白术中苍术酮的含量 [J]. 现代应用药学 , 1996, 13(4): 11—12.

[11] 谭敏 . 白术活性多糖的分离纯化及组成研究 [D]. 湖南师范大学 , 2010.

[12] 吴胜丰 . 白术多糖的螯合提取及其免疫调节活性的研究 [D]. 仲恺农业工程学院 , 2019.

[13] Pu JB, Xia BH, Hu YJ, et al. Multi-optimization of ultrasonic-assisted enzymatic extraction of *Atratylodes macrocephala* polysaccharides and antioxidants using response surface methodology and desirability function approach[J]. Molecules, 2015, 20: 22220—22235.

[14] Liu Y, Hu M, Chen L, et al. The anti-inflammatory and anti-oxidant properties of the aerial part of *Atractylodes macrocephala* and the active constituents' analysis by HPLC-ESI-MS/MS[J]. South African Journal of Botany, 2019, 125: 86—91.

[15] Han KH, Park JM, Jeong M, et al. Heme oxygenase-1 induction and anti-inflammatory actions of *Atractylodes macrocephala* and *Taraxacum herba* extracts prevented colitis and was more effective than sulfasalazine in preventing relapse[J]. Gut and Liver, 2017, 11(5): 655—666.

[16] Dong HY, He LC, Huang M, et al. Anti-inflammatory components isolated from *Atractylodes macrocephala* Koidz[J]. Natural Product Research, 2008, 22(16): 1418—1427.

[17] Wu YX, Lu WW, Geng YC, et al. Antioxidant, antimicrobial and anti-inflammatory activities of essential oil derived from the wild rhizome of *Atractylodes*

macrocephala Koidz[J]. Chemistry & Biodiversity, 2020: 1—21.

[18] Gu SH, Li L, Huang H, et al. Antitumor, antiviral, and anti-inflammatory efficacy of essential oils from *Atractylodes macrocephala* Koidz. produced with different processing methods[J]. Molecules, 2019, 24: 2956.

[19] Hoang LS, Tran MH, Lee JS, et al. Inflammatory inhibitory activity of sesquiterpenoids from *Atractylodes macrocephala* rhizomes[J]. Chemical and Pharmaceutical Bulletin, 2016, 64(5): 507—511.

[20] Yao CM, Yang XW. Bioactivity-guided isolation of polyacetylenes with inhibitory activity against NO production in LPS-activated RAW264.7 macrophages from the rhizomes of *Atractylodes macrocephala*[J]. Journal of Ethnopharmacology, 2014, (5): 791—799.

[21] Zhang JL, Huang WM, Zeng QY. Atractylenolide I protects mice from lipopoly saccharide-induced acute lung injury[J]. European Journal of Pharmacology, 2015: 1—13.

[22] Ji GQ, Chen RQ, Zheng JX. Atractylenolide I inhibits lipopolysaccharide-induced inflammatory responses via mitogen-activated protein kinase pathways in RAW264. 7 cells[J]. Immunopharmacology and Immunotoxicology, Early Online, 2014: 1—6.

[23] Wang CH, Duan HJ, He LC. Inhibitory effect of atractylenolide I on angiogenesis in chronic inflammation *in vivo* and *in vitro*[J]. European Journal of Pharmacology, 2009, 612: 143—152.

[24] Wang AM, Xiao ZM, Zhou LP, et al. The protective effect of atractylenolide I on systemic inflammation in the mouse model of sepsis created by cecal ligation and puncture[J]. Pharmaceutical Biology, Early Online, 2015: 1—5.

[25] Li WF, Zhi WB, Liu F, et al. Atractylenolide I restores HO-1 expression and inhibits Ox-LDL-induced VSMCs proliferation, migration and inflammatory responses in vitro[J]. Experimental Cell Research, 2017: 1—9.

[26] Li CQ, He LC. Establishment of the model of white blood cell membrane chromatography and screening of antagonizing TLR_4 receptor component from *Atractylodes macrocephala* Koidz[J]. Science in China: Series C Life Sciences, 2006, 49(2): 182—189.

[27] Wang T, Long FY, Zhang XQ, et al. Chemopreventive effects of atractylenolide II on mammary tumorigenesis via activating Nrf2-ARE pathway[J]. Oncotarget, 2017, 8(44): 77500—77514.

[28] Li CQ, He LC, Jin JQ. Atractylenolide I and atractylenolide III inhibit lipopolysaccharide-induced TNF-α and NO production in macrophages[J]. Phytotherapy . Research, 2007, 21: 347—353.

[29] Zhou KC, Chen J, Wu JY, et al. Atractylenolide III ameliorates cerebral ischemic injury and neuroinflammation associated with inhibiting JAK2/STAT3/Drp1-dependent mitochondrial fission in microglia[J]. Phytomedicine, 2019, 59: 152922.

[30] Li XC, Lin J, Han WJ, et al. Antioxidant ability and mechanism of rhizoma *Atractylodes macrocephala*[J]. Molecules, 2012, 17: 13457—13472.

[31] 曹清华 . 白术抗氧化活性成分的提取及鉴定研究 [D]. 贵州师范大学 , 2018.

[32] Li MF, Pare PW, Zhang JL, et al. Antioxidant capacity connection with phenolic and flavonoid content in Chinese medicinal herbs[J]. Records of Natural Products, 2018, 12(3): 239—250.

[33] 宫江宁 . 18 种黔产植物的抗氧化研究及十种金属含量的测定 [D]. 贵州师范大学 , 2009.

[34] 黄德峰 . 5 种菊科中草药植物精油的抑菌作用及抗氧化活性研究 [D]. 山西师范大学 , 2015.

[35] Li JK, Li F, Xu Y, et al. Chemical composition and synergistic antioxidant activities of essential oils from *Atractylodes macrocephala* and *Astragalus membranaceus*[J]. Natural Product Communications, 2013, 8(9): 1321—1324.

[36] 李铮 . 白术挥发油对小鼠急性肝损伤的作用及其机制 [D]. 吉林大学 , 2020.

[37] Jin C, Zhang PJ, Bao CQ, et al. Protective effects of Atractylodes *macrocephala* polysaccharide on liver ischemia–reperfusion injury and its possible mechanism in rats[J]. The American Journal of Chinese Medicine, 2011, 39(3): 489—502.

[38] Hou RR, Li Q, Liu J, et al. Selenylation modification of *Atractylodes macrocephala* polysaccharide and evaluation of antioxidant activity[J]. Advances in Polymer Technology, 2019: 8191385.

[39] Xiao CY, Xu C, He NN, et al. Atractylenolide II prevents radiation damage via MAPKp38/Nrf2 signaling pathway[J]. Biochemical Pharmacology, 2020, 177: 114007.

[40] Huai B, Ding JY. Atractylenolide III attenuates bleomycin-induced experimental

pulmonary fibrosis and oxidative stress in rat model via Nrf2/NQO1/HO-1 pathway activation[J]. Immunopharmacology and Immunotoxicology. 2020: 1—21.

[41] Ren Y, Jiang WW, Luo CL, et al. Atractylenolide III ameliorates TNBS-induced intestinal inflammation in mice by reducing oxidative stress and regulating intestinal flora[J]. Chemistry and Biodiversity, 2021, 18: e2001001.

[42] 李金奎 . 芪术药对抗氧化协同机制的研究 [D]. 山东农业大学 , 2010.

[43] 杨文建 . 8 种传统中药药对抗氧化协同机制的研究 [D]. 山东农业大学 , 2009.

[44] 杨雪静，曹俊敏，李俊杰，等 . 茯苓等中药扶植实验小鼠肠道正常菌群生长及其机理的初步研究 [C]//2011 年浙江省检验医学学术年会论文汇编 . 2011: 407.

[45] 阮家钊 . 浙产中药材对肉制品腐败菌的抑菌活性及有效成分的研究 [D]. 杭州师范大学 , 2015.

[46] Xu ZG, Cai YH, Fan GF, et al. Application of *Atractylodes macrocephala* Koidz extract in methicillin-*resistant Staphylococcus aureus*[J]. Procedia Engineering, 2017, 174: 410—415.

[47] Peng W, Han T, Xin WB, et al. Comparative research of chemical constituents and bioactivities between petroleum ether extracts of the aerial part and the rhizome of *Atractylodes macrocephala*[J]. Medicinal Chemistry Research, 2011, 20: 146—151.

[48] Deng M, Chen HJ, Long JY, et al. Atractylenolides（Ⅰ , Ⅱ , and Ⅲ）: a review of their pharmacology and pharmacokinetics[J]. Archives of Pharmacal Research, 2021, 44: 633—654.

[49] 吕圭源，李万里，刘明哲 . 白术抗衰老作用研究 [J]. 现代应用药学 , 1996, 13(5): 26—29.

[50] 李怀荆，郭忠兴，毛金军，等 . 白术水煎剂对老年小鼠抗衰老作用的影响 [J]. 佳木斯医学院学报 , 1996, 19(1): 9—10.

[51] 金维哲，佟春玲，刘月霞，等 . 维生素 E 和白术对延缓小鼠肾脏衰老作用的比较 [J]. 佳木斯医学院学报 , 1996, 19(6): 6—7.

[52] 李佳瑛，景永帅，张丹参 . 白术在老年痴呆与认知障碍相关疾病的药理作用 [J]. 中国药理学与毒理学杂志 , 2019, 33(6):468—469.

[53] 石娜，苏洁，杨正标，等 . 白术多糖对 *D*- 半乳糖致衰老模型小鼠的抗氧化作用 [J]. 中国新药杂志 , 2014, 23(5): 577—581+584.

白头翁

《已使用化妆品原料目录》（2021 年版）收录了两种白头翁属植物，即白头翁和朝鲜白头翁，在此对这两种白头翁进行统一综述。

40.1 基本信息

40.1.1 白头翁

中 文 名	**白头翁**	
属 名	白头翁属 Pulsatilla	
拉 丁 名	*Pulsatilla chinensis*（Bunge）Regel	
俗 名	将军草、老冠花、羊胡子花、毫笔花、毛姑朵花、老姑子花、老公花、大碗花、记性草等	
分类系统	恩格勒系统（1964）	APG IV系统（2016）
	被子植物门 Angiospermae 双子叶植物纲 Dicotyledoneae 毛茛目 Ranunculales 毛茛科 Ranunculaceae	被子植物门 Angiospermae 木兰纲 Magnoliopsida 毛茛目 Ranunculales 毛茛科 Ranunculaceae
地理分布	四川、湖北北部、江苏、安徽、河南、甘肃南部、陕西、山西、山东、河北、内蒙古、辽宁、吉林、黑龙江	
化妆品原料	白头翁（PULSATILLA CHINENSIS）提取物	

植株高 15—35 厘米。根状茎粗 0.8—1.5 厘米。基生叶 4—5，通常在开花时刚刚生出，有长柄；叶片宽卵形，长 4.5—14 厘米，宽 6.5—16 厘米，三全裂，中全裂片有柄或近无柄，宽卵形，三深裂，中深裂片楔状倒卵形，少有狭楔形或倒梯形，全缘或有齿，侧深裂片不等二浅裂，侧全裂片无柄或近无柄，不等三深裂，表面变无毛，背面有长柔毛；叶柄长 7—15 厘米，有密长柔毛。花葶 1（—2），有柔毛；苞片 3，基部合生成长 3—10 毫米的筒，三深裂，深裂片线形，不分裂或上部三浅裂，背面密被长柔毛；花梗长 2.5—5.5 厘米，结果时长达 23 厘米；花直立；萼片蓝紫色，长圆状卵形，长 2.8—4.4 厘米，宽 0.9—2 厘米，背面有密柔毛；雄蕊长约为萼片之半。聚合果直径 9—12 厘米；瘦果纺锤形，扁，长 3.5—4 毫米，有长柔毛，宿存花

A | B

A. 白头翁植株

B. 白头翁根

柱长 3.5—6.5 厘米，有向上斜展的长柔毛。4 月至 5 月开花。[1]

　　白头翁的干燥根药用，味苦，性寒。归胃、大肠经。清热解毒，凉血止痢。用于热毒血痢，阴痒带下。[2]

40.1.2　朝鲜白头翁

中　文　名	朝鲜白头翁	
拉　丁　名	*Pulsatilla cernua*（Thunb.）Bercht.et Opiz.	
属　　　名	**白头翁属 *Pulsatilla***	
俗　　　名	无	
分类系统	恩格勒系统	APG IV 系统
	被子植物门 Angiospermae 双子叶植物纲 Dicotyledoneae 毛茛目 Ranunculales 毛茛科 Ranunculaceae	被子植物门 Angiospermae 木兰纲 Magnoliopsida 毛茛目 Ranunculales 毛茛科 Ranunculaceae
地理分布	中国辽宁南部、吉林东部；朝鲜、日本、俄罗斯等	
化妆品原料	朝鲜白头翁（PULSATILLA KOREANA）提取物[3]	

①见《中国植物志》第 28 卷第 65 页。

②参见《中华人民共和国药典》(2020 年版) 一部第 108 页。

③"植物智"（iplant）网站记载 *Pulsatilla cernua* 为朝鲜白头翁正名，*P. koreana* 为其异名。

A | B

A. 朝鲜白头翁植株
B. 朝鲜白头翁根

　　植株高 14—28 厘米。根状茎长约达 10 厘米，粗 5—7 毫米。基生叶 4—6，在开花时还未完全发育，有长柄；叶片卵形，长 3—7.8 厘米，宽 4.4—6.5 厘米，基部浅心形，三全裂，一回中全裂片有细长柄，五角状宽卵形，又三全裂，二回全裂片二回深裂，末回裂片披针形或狭卵形，宽 1.5—2.2 毫米，一回侧全裂片无柄，表面近无毛，背面密被柔毛；叶柄长 4.5—14 厘米，密被柔毛。总苞近钟形，长 3—4.5 厘米；筒长 0.8—1.2 厘米，裂片线形，全缘或上部有 3 小裂片，背面密被柔毛；花梗长 2.5—6 厘米，有绵毛，结果时增长；萼片紫红色，长圆形或卵状长圆形，长 1.8—3 厘米，宽 6—12 毫米，顶端圆或微钝，外面有密柔毛；雄蕊长约为萼片之半。聚合果直径约 6—8 厘米；瘦果倒卵状长圆形，长约 3 毫米，有短柔毛，宿存花柱长约 4 厘米，有开展的长柔毛。4 月至 5 月开花。[1]

---

①见《中国植物志》第 28 卷 (1980) 第 065 页。

40.2　活性物质

40.2.1　主要成分

目前，从白头翁中分离得到的化学成分主要有皂苷类、三萜酸类、香豆素类、木脂素类、脂肪酸类和甾酮类，此外还有小分子类及其他一些化合物。白头翁具体化学成分见表 40-1。

表 40-1　白头翁化学成分

成分类别	植物	主要化合物	参考文献
皂苷类	白头翁	Hederacolchiside E、Pastuchoside D、朝鲜白头翁乙苷、灰毡毛忍冬次皂苷乙、Patrinia saponin H_3、常春藤皂苷 C、灰毡毛忍冬皂苷甲、白头翁皂苷 H、白头翁皂苷 D、α- 常春藤皂苷、常春藤皂苷元 -3-O-α-D- 呋喃核糖苷、白头翁皂苷 B_4、白头翁皂苷 E、白头翁皂苷 A_3、白头翁皂苷 B、白头翁皂苷 C、3-O-β-D- 吡喃葡萄糖基 -(1 → 3)-α-L- 吡喃鼠李糖基 -(1 → 2)-α-L- 吡喃阿拉伯糖基 -3β 羟基羽扇豆烷 -$\Delta^{20(29)}$- 烯 -28- 酸等	[1]
	朝鲜白头翁	3-O-α-L- 吡喃鼠李糖基 -(1 → 2)-β-D- 吡喃葡萄糖基 -(1 → 4)-α-L- 吡喃阿拉伯糖基 -3β, 23- 二羟基羽扇豆烷 -$\Delta^{20(29)}$- 烯 -28- 酸、齐墩果酸 3-O-α-L- 吡喃鼠李糖 -(1 → 2)-α-L- 吡喃阿拉伯糖苷、齐墩果酸 28-O-α-L- 鼠李糖 -(1 → 4)-β-D- 葡萄糖 -(1 → 6)-β-D- 葡萄糖酯、齐墩果酸 3-O-β-D- 葡萄糖 -(1 → 3)-α-L- 鼠李糖 -(1 → 2)-α-L- 阿拉伯糖苷、朝鲜白头翁戊苷、白头翁皂苷 A、白头翁皂苷 D、灰毡毛忍冬次皂苷乙、续断皂苷 B、朝鲜白头翁丙苷、朝鲜白头翁丁苷、常春藤皂苷元 3-O-α-L- 吡喃阿拉伯糖苷、朝鲜白头翁甲苷、毛茛酸浆草苷 C 等	[2]

（接上表）

三萜酸类	白头翁	23- 羟基白桦酸、白桦酸、白头翁酸、乌苏酸、常春藤酮酸、齐墩果酸、常春藤皂苷元、白头翁三萜酸 A、白头翁三萜酸 B、白头翁三萜酸 C 等	[1]
	朝鲜白头翁	23- 羟基白桦酸、白头翁酸、常春藤酮酸、齐墩果酸、常春藤皂苷元等	[3]
香豆素类	白头翁	4,6,7- 三甲氧基 -2- 甲基香豆素、4,7- 二甲氧基 -5- 甲基香豆素、4,6,7- 三甲氧基 -5- 甲基香豆素、阿魏酸、咖啡酸等	[1，3]
木脂素类	白头翁	（+）- 松脂素、β- 足叶草脂素等	[1]
脂肪酸类	白头翁	二十四烷酸、二十三烷酸等	[1]
小分子类	白头翁	白头翁素、原白头翁素、白头翁灵、白头翁英等	[1]
甾酮类	白头翁	筋骨草甾酮 C、β- 蛇皮甾酮等	[1]
其他	白头翁	L- 菊苣酸、银椴苷、芹菜素 -7-O-β-D-（3″- 反式对羟基肉桂酰氧基）葡萄糖苷、myo- 肌醇、莽草酸、1,4- 丁二酸、5- 羟基 -4- 氧代戊酸等	[3]

表 40-2　白头翁成分单体结构

序号	主要单体	结构式	CAS 号
1	白头翁皂苷 A	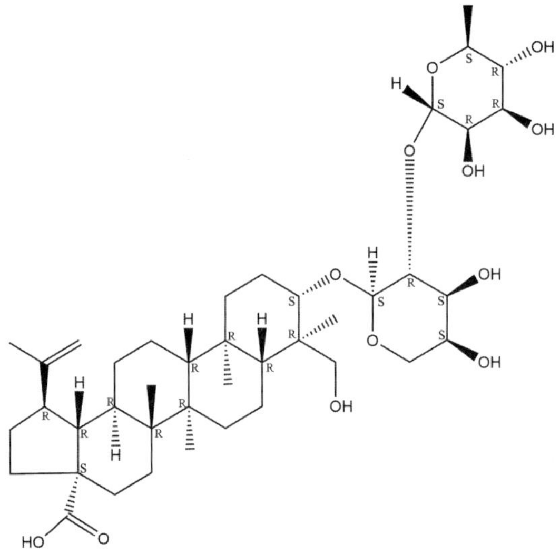	129724-84-1

（接上表）

2	白头翁皂苷 B_4	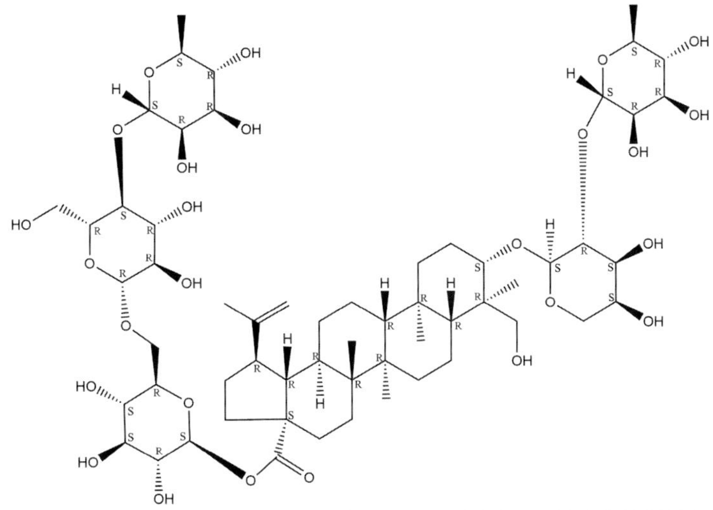	129741-57-7
3	白头翁皂苷 C	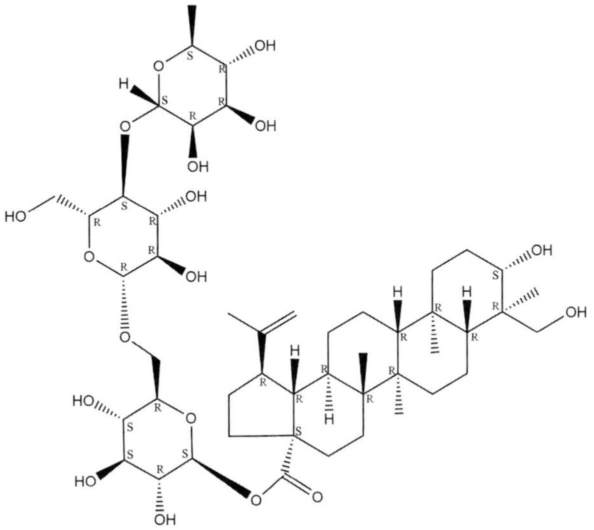	162341-28-8
4	常春藤皂苷 C	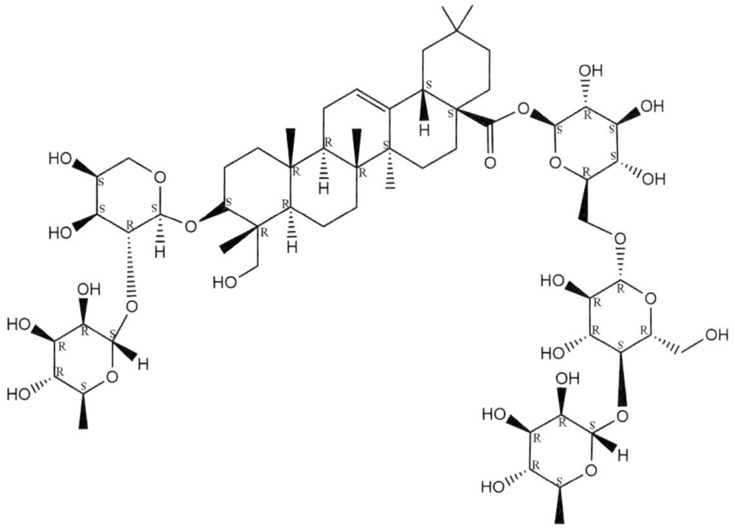	14216-03-6

（接上表）

| 5 | 常春藤酮酸 | 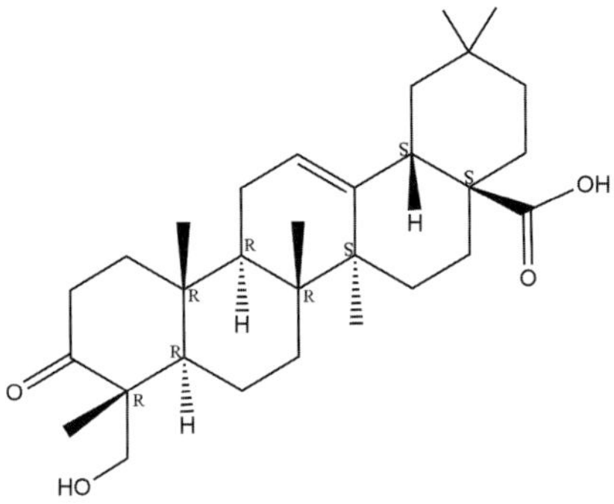 | 466-01-3 |
| 6 | 白头翁素 | 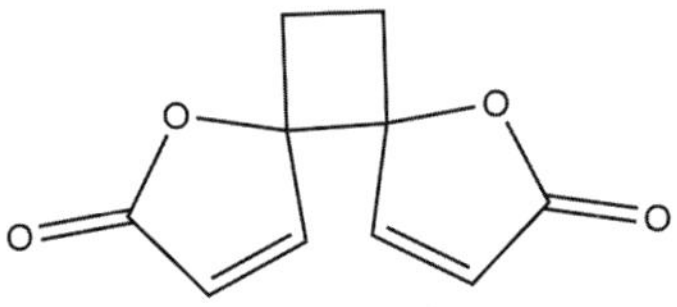 | 90921-11-2 |

40.2.2　含量组成

目前，从文献中获得的白头翁成分含量信息主要是关于皂苷类等化合物的，具体见表40-3。

表 40-3　白头翁主要成分含量信息

成分	来源	含量（%）	参考文献
皂苷	白头翁	5.33—7.527	[4—6]
	朝鲜白头翁	4.32	[7]
多糖	白头翁	21.7	[8]
水溶性多糖	白头翁	5.07	[9]

40.3　功效与机制

白头翁为常用传统中药，具有清热解毒、凉血止痢、燥湿杀虫、抑制多种真菌的功效[10-13]。白头翁主要有抗炎、抗氧化、抑菌、抗衰老和美白的功效。

40.3.1　抗炎

白头翁汤有较好的抗炎作用[14-15]，白头翁汤可抑制中性粒细胞 cAMP- 磷酸二酯酶（PDE）的活性，升高 cAMP 水平，从而发挥抗炎作用；白头翁汤可抑制内毒素介导的炎症反应，而其抗内毒素的机制可能在于减少炎症因子的表达，抑制凋亡基因的启动，阻碍内毒素信号传导与受体激活，增加机体能量代谢和蛋白质合成[16]。

白头翁能抑制蛋清所致的大鼠足肿胀，并对液体石蜡导致的小鼠腹泻有拮抗作用[11]。白头翁提取物可抑制炎症介质白三烯 B4（LTB4）的合成与释放[17]。白头翁醇提物可通过抑制脂多糖（LPS）刺激肝枯否式细胞（KC）分泌肿瘤坏死因子（TNF）、白细胞介素 -1（IL-1）和白细胞介素 -6（IL-6）而发挥抗炎作用[18]。白头翁醇提物可以抑制 TNF-α、IL-6、IL-8、前列腺素 E_2（PGE_2）、NF-κB p65、基质金属蛋白酶 -3（MMP-3）的表达，增加 IL-10 含量，从而在结肠炎动物模型中发挥抗炎效果[19-23]。

三萜皂苷类化合物是白头翁的主要有效成分，其中以五环三萜皂苷类化合物白头翁皂苷 B4 和常春藤皂苷 C（HSC）为主要代表，HSC 在体内下调炎症因子 IL-6 和 TNF-α 的表达及释放，有显著的抑制急性和慢性炎症的作用[24-25]。白头翁皂苷 B_4 可降低大鼠组织中 IL-1β、IL-6 和 TNF-α 的表达水平，具有明显的抗炎作用，且其效果呈剂量依赖性[26-27]。白头翁皂苷 B_4 可有效抑制炎症相关蛋白环氧合酶 -2（COX-2）、IL-1β、晚期糖基化终末产物受体（RAGE）、钙结合蛋白 S100A9、IL-6、NF-κB、IL-18、诱导型一氧化氮合酶（iNOS）和丝裂原活化蛋白激酶（MAPK）的表达，从而缓解肾脏损伤[28-31]。白头翁皂苷 B_4 可降低白细胞介素 -12（IL-12）、IL-6、转化生长因子 β1（TGF-β1）的表达，升高白细胞介素 -4（IL-4）、信号转导和转录激活因子 6（STAT6）的表达，从而缓解大鼠慢性阻塞性肺疾病[32]。白头翁皂苷 B4 能够显著降低一氧化氮（NO）、TNF-α、IL-1β、IL-6 的高表达并下调 NF-κB 的蛋白表达[33-34]。

白头翁皂苷 B$_4$ 可降低 TNF-α、IL-1β、IL-6 的表达水平，抑制 TLR4/NF-κB/MAPK 信号通路，是治疗急性溃疡性结肠炎的潜在药物 [35]。白头翁素能够通过抑制 NO、内皮素 -1（ET-1）和可溶性细胞间黏附分子 -1（sICAM-1）的产生，在肠道炎症治疗中发挥作用 [13]。

朝鲜白头翁能抑制蛋清所致的大鼠足肿胀，并对液体石蜡导致的小鼠腹泻有拮抗作用 [11]。朝鲜白头翁 50% 乙醇洗脱组分为其抗炎有效部位，主要成分为木脂素和三萜类化合物 [36]。朝鲜白头翁甲醇提取物可降低 LPS 诱导的大鼠体内促炎细胞因子 IL-1β、IL-6、TNF-α 的水平，升高抗炎细胞因子 IL-10 的水平，同时还降低了大鼠血浆中其他炎症介质的水平，如 NO$_3$-/NO$_2$-、细胞间黏附分子 -1（ICAM-1）、PGE$_2$ 和人中性粒细胞趋化因子 -1（CINC-1），进而发挥抗炎作用 [37]。从朝鲜白头翁根的甲醇提取物中分离出的皂苷以剂量依赖性方式抑制 TNF-α 刺激的 NF-κB 活化，抑制 TNF-α 诱导的 iNOS 和 ICAM-1 mRNA 的表达，发挥抗炎、抗感染的作用 [38]。朝鲜白头翁根中的三萜皂苷类化合物可抑制 TNF-α 的分泌，从而发挥抗炎作用 [39]。

表 40-4　白头翁对结肠组织中 TNF-α、IL-6、PEG$_2$
水平的影响（pg/mg 蛋白）[23]

分组	TNF-α	IL-6	PGE$_2$
白头翁治疗组（n=10）	10.35±3.41	59.71±13.79	91.43±17.14
模型组（n=10）	16.20±3.94*	83.45±16.24#	172.73±24.25#
对照组（n=8）	7.92±2.93*	46.62±12.13#	59.42±14.36*

注：与白头翁治疗组比较，*P<0.05；#P<0.01。

东亚肌肤健康研究中心制备了白头翁提取物（CT146），并对其进行了抗炎活性研究，发现 CT146 具有一定的抗炎功效。

（1）在紫外模型中，不同浓度的 CT146 具有一定的降低模型细胞中 IL-6 含量的作用。中、低浓度的 CT146 降低模型细胞中 IL-8 含量的作用较弱。

（2）在 LPS 炎症模型中，不同浓度的 CT146 均不能降低模型细胞中 IL-6 和 IL-8 的含量。

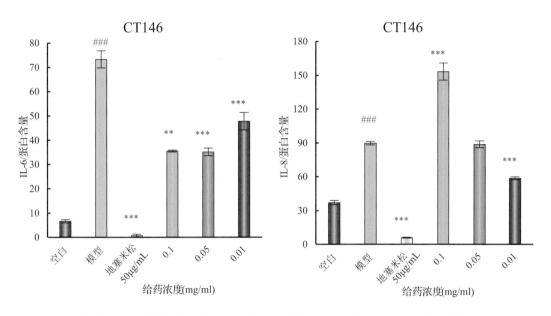

图 40-1　不同浓度 CT146 在紫外模型中对 IL-6 和 IL-8 含量的影响

注：#，与空白组比，$P<0.05$；##，与空白组比，$P<0.01$；###，与空白组比，$P<0.001$；*，与模型组比，$P<0.05$；**，与模型组比，$P<0.01$；***，与模型组比，$P<0.001$。每组实验重复三次。

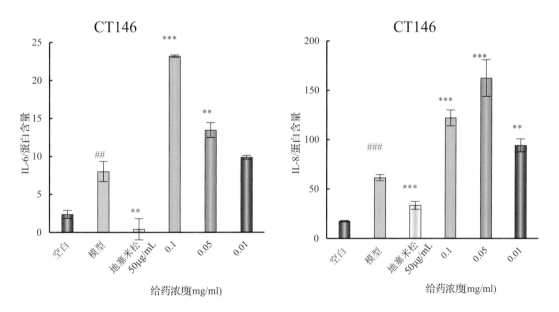

图 40-2　不同浓度 CT146 对 LPS 炎症模型中 IL-6 和 IL-8 含量的影响

注：#，与空白组比，$P<0.05$；##，与空白组比，$P<0.01$；###，与空白组比，$P<0.001$；*，与模型组比，$P<0.05$；**，与模型组比，$P<0.01$；***，与模型组比，$P<0.001$。每组实验重复三次。

40.3.2　抗氧化

在糖尿病肝损伤小鼠模型中，白头翁汤可显著降低血清及肝脏组织中丙二醛（MDA）的含量，提升超氧化物歧化酶（SOD）的活性，增加谷胱甘肽过氧化物酶（GSH-Px）的水平[40]。白头翁汤能显著降低血清及结肠组织中的 MDA 含量，显著升高 SOD 含量，对溃疡性结肠炎大鼠有治疗作用[41-42]。

白头翁对羟基自由基具有清除作用[43]。白头翁水提取液对羟基自由基具有体外抑制作用[44]。白头翁水提取液对 H_2O_2 具有清除作用，且呈量效关系[18]。白头翁水提液可使小鼠血清 SOD 活性及血清总抗氧化能力增强，其作用机制可能与消除自由基、中断或终止自由基的氧化反应有关[45-46]。白头翁水煎剂和醇提液对小鼠大肠癌均具有一定的防治作用，预防作用优于治疗作用，醇提物的作用较强，其机制与保护 SOD、GSH-Px 的活性以清除自由基及抑制肠粘膜细胞的增殖活性有关[47]。白头翁醇提取物对小鼠肝脏组织结构有保护作用，可以降低肝组织中 MDA 与黄嘌呤氧化酶（XOD）的水平，提高 GSH 活性[10, 48]。

白头翁水提物中分离得到的 Pulsatillanin A 具有 DPPH 自由基清除能力，可减少活性氧（ROS）产生，提高 SOD 和还原型谷胱甘肽（GSH）活性，减轻 LPS 诱导的 RAW 264.7 细胞中的氧化应激[49]。使用白头翁皂苷 B_4 治疗后，慢性肾功能衰竭大鼠肾组织中 SOD 活性升高、MDA 水平降低，且其效果呈剂量依赖性。白头翁皂苷 B_4 通过抗氧化作用，能够抑制肾功能衰竭的进一步发展[26, 50]。白头翁皂苷 B_4 能够减少 ROS 释放，使抗氧化酶活性及 GSH 水平显著增加[28]。白头翁皂苷 B_4 能够降低 ROS 含量，提高 SOD 活性，在不降低顺铂抗肿瘤活性的情况下，减轻顺铂的肾毒性[51]。

SK-PC-B70M 是从朝鲜白头翁根中提取的齐墩果酸皂苷组分，可显著抑制小鼠脂质过氧化副产物 MDA 和 4- 羟基 -2- 壬烯醛（HNE）的积累，从而改善神经功能缺损[52-53]。

表 40-5　白头翁汤对糖尿病小鼠血清中 MDA、SOD、

GSH-Px 的作用（$\bar{x} \pm s$，n=10）[40]

组别	剂量/（g·kg⁻¹）	MDA/（nmol·L⁻¹）	SOD/（nmol·L⁻¹）	GSH-Px/（U·ml⁻¹）
对照	—	1.69±0.34	99.32±19.24	233.86±34.18
模型	—	3.14±0.54###	58.01±12.81##	134.84±22.95###

（接上表）

二甲双胍	0.2	2.20±0.28**	89.82±18.43*	198.25+28.43**
白头翁汤	2.5	2.89±0.50	65.31±15.27	165.19±20.01
	5.0	2.63±0.48*	74.09±12.22	178.07±18.68*
	10.0	2.36+0.42**	77.73±17.37*	190.93±21.69**

注：与对照组比较，##P<0.01，###P<0.001；与模型组比较，*P <0.05，** P <0.01。

表40-6　白头翁不同提取物对二甲肼（DMH）诱癌小鼠红细胞SOD活性及全血
GSH-Px活性的影响[47]

组别	鼠数	红细胞 SOD 活性 （U/g Hb）	全血 GSH-Px 活性 （U/ml）
空白对照组	13	3709±400	46.60±9.36
二甲肼模型组	12	2650±589##	30.91±5.56##
水煎剂 15g/kg	12	3494±397**	44.03±8.2**
水煎剂 7.5g/kg	14	3523±393**	38.92±6.24*
醇提液 15g/kg	11	3547±286**	42.20±7.51**
治疗组 15g/kg	12	3373±447**	37.41±6.65*#

注：与二甲肼模型组比较，*P<0.05；与空白对照组比较，#P<0.05，##P<0.01。

40.3.3　抑菌

白头翁汤对于金黄色葡萄球菌、表皮葡萄球菌、卡他球菌、痢疾杆菌、大肠杆菌具有抑制作用[54-56]。白头翁汤正丁醇提取物可以抑制白色念珠菌[57-59]、热带念珠菌[60]。白头翁汤水相提取物对痢疾杆菌的抑制作用有着浓度和时间依赖性[61]。

白头翁对金黄色葡萄球菌、白色葡萄球菌、炭疽杆菌、铜绿假单胞菌、痢疾杆菌、大肠杆菌、沙门氏菌、枯草杆菌、甲型链球菌、乙型链球菌、伤寒杆菌、产气肠杆菌有明显抑制作用[11, 18, 62-65]。白头翁水提取物原液对大肠杆菌、金黄色葡萄球菌、白色念珠菌具有很好的杀灭作用[66]。白头翁水提液对金黄色葡萄球菌、大肠杆菌、痢疾杆菌、铜绿假单胞菌、枯草杆菌、热带念珠菌、黄曲霉和产黄青霉有抑制作用 [67-68]。

白头翁根 3 种不同的提取物，原白头翁素、白头翁总皂苷、白头翁浸膏液均有不同程度的抑菌作用，且它们的抑菌效果随着浓度的增加而增强，三者的抑菌效果以原白头翁素为佳。它们对金黄色葡萄球菌、铜绿假单胞菌、副伤寒杆菌较为敏感，对大肠杆菌作用相对弱一些 [69-70]。白头翁皂苷提取液对大肠杆菌、肠道杆菌、无色杆菌、铜绿假单胞菌、克雷白氏肺炎菌具有抑制作用 [71]。

朝鲜白头翁对金黄色葡萄球菌、大肠杆菌均有明显的抑菌作用 [11]。从朝鲜白头翁根的含水乙醇提取物中分离出的醌类化合物对痤疮丙酸杆菌具有抗菌活性，可用于皮肤炎症治疗 [72]。

表 40-7　被试药用植物水提液的最低抑菌浓度（g/100 ml）[68]

	大肠杆菌	金黄色葡萄球菌	枯草杆菌	假丝酵母	黄曲霉	产黄青霉
苦参	2.5	2.5	2.0	3.5	5.0	5.0
大蒜	1.5	1.5	2.0	2.0	3.5	3.5
蛇床子	2.5	2.5	2.5	3.5	5.0	>5.0
青蒿	5.0	5.0	>5.0	>5.0	>5.0	>5.0
白头翁	1.5	2.0	2.0	3.5	5.0	5.0
黄连	2.0	2.5	2.5	5.0	3.5	>5.0

40.3.4　抗衰老

从白头翁中分离出的白头翁皂苷 A3 能够通过增加谷氨酸受体 1（GluA1）亚基内的丝氨酸磷酸化来特异性调节 AMPA 型谷氨酸受体（AMPAR）的功能，同时可激活突触信号分子，并增加小鼠海马体中神经营养素脑源性神经营养因子（BDNF）和单胺类神经递质的蛋白表达，提示白头翁皂苷 A3 可用于衰老和神经退行性疾病的治疗 [73]。

40.3.5　美白

东亚肌肤健康研究中心对白头翁提取物（CT146）进行了美白活性研究，发现CT146具有一定的美白功效。

（1）不同浓度的CT146对促黑素模型中黑色素的合成和酪氨酸酶活性具有明显的抑制作用。

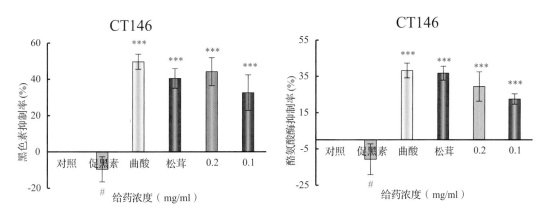

图 40-3　不同浓度 CT146 对促黑素模型中黑色素及酪氨酸酶的影响

注：#，与空白组比，$P<0.05$；##，与空白组比，$P<0.01$；###，与空白组比，$P<0.001$；*，与模型组比，$P<0.05$；**，与模型组比，$P<0.01$；***，与模型组比，$P<0.001$。每组实验重复三次。

（2）不同浓度的CT146对组胺模型中黑色素的合成和酪氨酸酶活性具有明显的抑制作用。

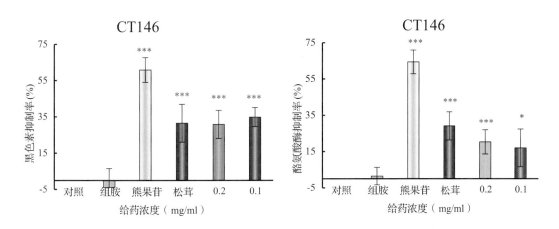

图 40-4　不同浓度 CT146 对组胺模型中黑色素及酪氨酸酶的影响

注：#，与空白组比，$P<0.05$；##，与空白组比，$P<0.01$；###，与空白组比，$P<0.001$；*，与模型组比，$P<0.05$；**，与模型组比，$P<0.01$；***，与模型组比，$P<0.001$。每组实验重复三次。

（3）不同浓度的CT146对B16F10细胞和PAM212细胞模型中黑色素小体的转运没有明显的抑制作用。

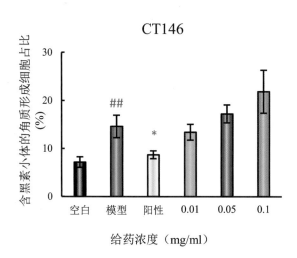

图40-5 不同浓度CT146对黑色素小体转运的影响

注：#，与空白组比，$P<0.05$；##，与空白组比，$P<0.01$；###，与空白组比，$P<0.001$；*，与模型组比，$P<0.05$；**，与模型组比，$P<0.01$；***，与模型组比，$P<0.001$。每组实验重复三次。

40.4 成分功效机制总结

白头翁主要有抗炎、抗氧化、抑菌、抗衰老和美白的功效。白头翁抗炎机制主要通过抑制各种炎症因子：IL-6、IL-8、TNF-α、IL-1β、白三烯 B_4、PGE_2、COX-2、NF-κB、iNOS，上调IL-10的表达；抗氧化活性与各种自由基的清除和抗氧化酶上调有关。白头翁可抑制金黄色葡萄球菌、白色葡萄球菌、炭疽杆菌、铜绿假单胞菌、痢疾杆菌、大肠杆菌、沙门氏菌、枯草杆菌、甲型链球菌、乙型链球菌、伤寒杆菌、产气肠杆菌、白色念珠菌、克雷白氏肺炎菌、痤疮丙酸杆菌、表皮葡萄球菌、副伤寒杆菌、肠道杆菌、无色杆菌、卡他球菌、热带念珠菌、黄曲霉、产黄青霉的生长。白头翁可通过激活突触信号分子，上调神经营养因子和神经递质而发挥抗衰老作用。白头翁可抑制不同模型中黑色素的合成和酪氨酸酶的活性，从而发挥美白功效。

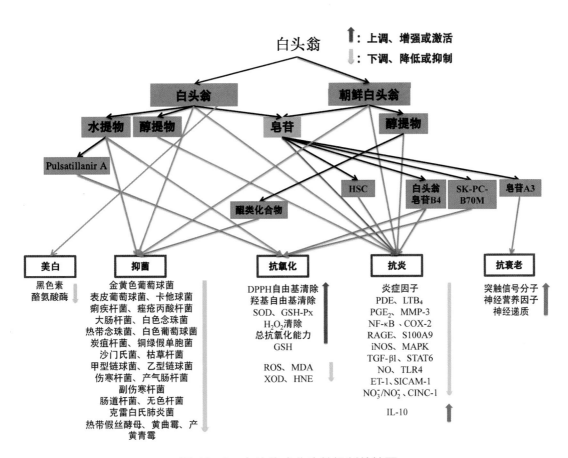

图 40-6　白头翁成分功效机制总结图

参考文献

[1] 普乔丽, 於文博, 马丽婷, 等. 白头翁的化学成分、药理作用研究进展及质量标志物的预测分析 [J]. 中药材, 2021, 44(4): 1014—1020.

[2] 丁秀娟. 中药白头翁化学成分研究 [D]. 苏州大学, 2010.

[3] 陈振华, 管咏梅, 杨世林, 等. 白头翁研究进展 [J]. 中成药, 2014, 36(11): 2380—2383.

[4] 于爽, 高剑, 郝婧玮, 等. 微波辅助提取白头翁皂苷研究 [J]. 湖北农业科学, 2016, 55(20): 5348—5351.

[5] 于爽, 郝婧玮, 孙晓薇, 等. 响应面法优化超声波辅助提取白头翁总皂苷 [J]. 湖北农业科学, 2017, 56(4): 707—711.

[6] 邓中华, 俞冰荟, 李新南, 等. UV 法测定白头翁提取物中总皂苷含量的不确定评定 [J]. 中药

新药与临床药理, 2015, 26(4): 550—553.

[7] 李海燕, 郝宁, 许永男, 等. 朝鲜白头翁总皂苷提取工艺的优化 [J]. 中药材, 2010, 33(4): 617—620.

[8] 朱永杰, 李常森, 赵明晨, 等. 单因素试验优选白头翁多糖提取条件研究 [J]. 畜牧与饲料科学, 2017, 38(3): 17—19+22.

[9] 王宏军, 王术德, 马魏, 等. 白头翁水溶性多糖提取工艺的研究 [J]. 现代畜牧兽医, 2014(2): 1—4.

[10] 王单, 王淑英, 吴银萍, 等. 白头翁提取物对 CCl_4 小鼠肝损伤的保护作用 [J]. 现代中药研究与实践, 2008, 22(5): 34—37.

[11] 张秋华, 王丹, 王维宁, 等. 不同品种白头翁抑菌、抗炎、抗腹泻作用和对兔离体十二指肠运动的影响 [J]. 中国中医药科技, 2011, 18(6): 496—498.

[12] 郭文霞, 陈桔英. 白头翁药理作用研究进展 [J]. 现代医学与健康研究, 2019, 3(13): 6—8.

[13] Duan HQ, Zhang YQ, Xu JQ, et al. Effect of anemonin on NO, ET-1 and ICAM-1 production in rat intestinal microvascular endothelial cells[J]. Journal of Ethnopharmacology, 2006, 104(3): 362—366.

[14] 杨昌文. 白头翁汤及拆方对模型小鼠抗炎作用的实验研究 [J]. 中国中医急症, 2016, 25(9): 1737—1739.

[15] 时维静, 俞浩, 孙海明, 等. 白头翁汤及其拆方抗腹泻、抗炎作用的实验研究 [J]. 中国中医药科技, 2007, 14(4): 257—258.

[16] 金燊懿, 毕凌, 焦丽静, 等. 白头翁汤化学成分及药理作用研究进展 [J]. 上海中医药杂志, 2019, 53(3): 109—111.

[17] 翁福海, 胡萍, 焦建杰. 中药抗炎作用与对大鼠腹腔巨噬细胞产生白三烯 B_4 及 5-HETE 的影响 [J]. 天津医科大学学报, 1996, 2(1): 1—3+7.

[18] 连姗, 江蔚新, 薛睿. 白头翁皂苷成分及药理作用研究进展 [J]. 亚太传统医药, 2016, 12(2): 35—38.

[19] 张文远, 程倬. 白头翁醇提物对三硝基苯磺酸诱导大鼠结肠炎基质金属蛋白酶 -3 调控作用的研究 [J]. 西部医学, 2010, 22(5): 793—796.

[20] 张文远, 卢磊. 白头翁醇提物对三硝基苯磺酸诱导大鼠结肠炎细胞免疫调节的研究 [J]. 西部医学, 2009, 21(4): 536—538+542.

[21] 董辉. 白头翁醇提物对 TNBS 诱导大鼠结肠炎中性粒细胞弹性蛋白酶作用的影响 [D]. 川北

医学院 , 2014.

[22] 姜伟炜 . 白头翁醇提物对 TNBS 诱导大鼠结肠炎肠黏膜上皮细胞紧密连接蛋白保护作用的研究 [D]. 遵义医学院 , 2010.

[23] 张文远 , 韩盛玺 , 杨红 . 白头翁醇提物对葡聚糖硫酸钠诱导大鼠结肠炎的抗炎作用机制研究 [J]. 中华消化杂志 , 2004, 24(9): 568—570.

[24] 郭文霞 . Hederasaponin C 的体内抗炎作用研究 [D]. 苏州大学 , 2019.

[25] 沈文华 . Hederasaponin C 抗炎症性肠病药效学评价及机制研究 [D]. 江西中医药大学 , 2019.

[26] 郭向辉 , 郑慧 , 吴巍 . 白头翁皂苷 B4 对慢性肾功能衰竭大鼠肾组织的保护作用及其机制 [J]. 吉林大学学报 (医学版), 2020, 46(1): 90—95+210.

[27] 张勇 , 沈文华 , 查正霞 , 等 . 白头翁皂苷 B4 对大鼠溃疡性结肠炎的作用机制实验研究 [J]. 抗感染药学 , 2020, 17(10): 1405—1410.

[28] 何鸾 . 白头翁皂苷 B4 通过抑制 ROS/MAPKs 信号通路缓解肾脏损伤 [D]. 苏州大学 , 2020.

[29] Gong Q, He LL, Wang ML, et al. Anemoside B4 protects rat kidney from adenine-induced injury by attenuating inflammation and fibrosis and enhancing podocin and nephrin expression[J]. Evidence-Based Complementary and Alternative Medicine, 2019: 8031039.

[30] Zhang Y, Zha ZX, Shen WH, et al. Anemoside B4 ameliorates TNBS-induced colitis through S100A9/MAPK/NF-κB signaling pathway[J]. Chinese Medicine, 2021, 16: 11.

[31] Wang S, Tang S, Chen X, et al. Pulchinenoside B4 exerts the protective effects against cisplatin-induced nephrotoxicity through NF-κB and MAPK mediated apoptosis signaling pathways in mice[J]. Chemico-Biological Interactions, 2020, 331:109233.

[32] 王玲玲 , 陈兰英 , 马惠苗 , 等 . 白头翁皂苷 B4 通过调节 IL-12/STAT4 和 IL-4/STAT6 信号通路改善 COPD 大鼠的作用研究 [J]. 中国中药杂志 , 2021, 46(14): 3660—3671.

[33] 周朦静 , 陈兰英 , 胡宏辉 , 等 . 白头翁皂苷 B4 对脂多糖诱导的急性肺损伤的保护作用研究 [J]. 中药新药与临床药理 , 2019, 30(6): 664—670.

[34] 周朦静 . 白头翁皂苷 B4 对 LPS 所致急性肺损伤的保护作用及机制研究 [D]. 江西中医药大学 , 2019.

[35] Ma HM, Zhou MJ, Duan WB, et al. Anemoside B4 prevents acute ulcerative colitis

through inhibiting of TLR4/NF-κB/MAPK signaling pathway[J]. International Immunopharmacology, 2020, 87: 106794.

[36] 辛萍, 周学刚, 褚明娟, 等. 朝鲜白头翁抗炎有效部位活性成分研究 [J]. 中医药学报, 2013, 41(6): 19—23.

[37] Lee SH, Lee E, Ko YT. Anti-inflammatory effects of a methanol extract from *Pulsatilla koreana* in lipopolysaccharide-exposed rats[J]. BMB Reports, 2012, 45(6): 371—376.

[38] Li W, Yan XT, Sun YN, et al. Anti-Inflammatory and PPAR transactivational effects of oleanane-type triterpenoid saponins from the roots of *Pulsatilla koreana*[J]. Biomolecules & Therapeutics, 2014, 22(4): 334—340.

[39] Li W, Ding Y, Sun YN, et al. Triterpenoid saponins of *Pulsatilla koreana* root have inhibition effects of TNF-α secretion in LPS-induced RAW 264.7 cells[J]. Chemical and Pharmaceutical Bulletin, 2012: 1248—1269.

[40] 傅晔柳, 诸梦露, 楼霆. 白头翁汤对链脲佐菌素诱导的糖尿病肝损伤的保护作用研究 [J]. 药物评价研究, 2018, 41(8): 1430—1435.

[41] 韩捷. 白头翁汤治疗溃疡性结肠炎作用机制的实验研究 [J]. 河南中医药学刊, 2001, 16(3): 23—26.

[42] 韩捷. 白头翁汤治疗乙酸诱发大鼠溃疡性结肠炎的实验研究 [J]. 中国实验方剂学杂志, 2002, 8(3): 38—40.

[43] 吕永为, 郭祥群. 荧光分光光度法测定两种中药对羟基自由基的清除作用 [J]. 厦门大学学报 (自然科学版), 2004, 43(2): 208—212.

[44] 王方, 徐首红, 张小倩, 等. 白头翁抑制羟自由基活性成分提取工艺研究 [J]. 扬州大学学报 (自然科学版), 2017, 20(2): 37—41.

[45] 刘忠平, 庞会民, 赵云霄, 等. 白头翁水提物的抗诱变和抗氧化作用的初步研究 [J]. 癌变 . 畸变 . 突变, 2008, 20(6): 481—482.

[46] 刘忠平. 白头翁水提物的抗诱变作用 [D]. 吉林大学, 2007.

[47] 章荣华, 张仲苗, 耿宝琴, 等. 白头翁对二甲基肼诱发小鼠大肠癌的防治作用和机理研究 [J]. 中药药理与临床, 1999, 15(5): 33—35.

[48] 黄展, 李春丰, 王晶, 等. 白头翁正丁醇提取物对小鼠肝损伤保护研究 [J]. 黑龙江医药科学, 2014, 37(2): 57—58.

[49] Zhang ZG, Li YY, Lin B, et al. New phenolic glycosides from *Anemone chinensis* Bunge and their antioxidant activity[J]. Natural Product Research, 2021: 1—7.

[50] He L, Liu N, Zha ZX, et al. Anemoside B4 alleviates the development of diabetic nephropathy *in vitro* and *in vivo*[J]. Revista Brasileira de Farmacognosia, 2021, 31(3): 310—321.

[51] He L, Zhang Y, Kang NX, et al. Anemoside B4 attenuates nephrotoxicity of cisplatin without reducing anti-tumor activity of cisplatin[J]. Phytomedicine, 2019, 56: 136—146.

[52] Seo JS, Baek IS, Leem YH, et al. SK-PC-B70M alleviates neurologic symptoms in G93A-SOD1 amyotrophic lateral sclerosis mice[J]. Brain Research, 2011, 1368: 299—307.

[53] Seo JS, Kim TK, Leem YH, et al. SK-PC-B70M confers anti-oxidant activity and reduces Aβ levels in the brain of Tg2576 mice[J]. Brain Research, 2009, 1261: 100—108.

[54] 林诗涵. 白头翁汤剂对 3 种常见食源性致病菌的体外抑菌效果研究 [J]. 福建轻纺, 2019(6): 47—50.

[55] 周邦靖. 白头翁汤的临床应用及其抗菌作用 [J]. 四川中医, 1986(8): 57.

[56] 胡屹屹. 白头翁汤及其主要成分抗大肠杆菌内毒素的作用机理研究 [D]. 南京农业大学, 2009.

[57] 张梦翔, 陆克乔, 夏丹, 等. 白头翁汤正丁醇提取物对白念珠菌 VVC 临床株体外生物膜形成的抑制作用 [J]. 中国真菌学杂志, 2015, 10(6): 321—327.

[58] 张梦翔, 夏丹, 施高翔, 等. 白头翁汤正丁醇提取物对碱性 pH 条件下白念珠菌 VVC 临床株形态转化的影响 [J]. 中国中药杂志, 2015, 40(4): 710—715.

[59] 田歌. 白头翁汤正丁醇提取物对白念珠菌定植的溃疡性结肠炎的作用研究 [D]. 安徽中医药大学, 2017.

[60] 颜贵明, 张梦翔, 夏丹, 等. 白头翁汤正丁醇提取物对热带念珠菌毒力因子的影响 [J]. 中国中药杂志, 2015, 40(12): 2396—2402.

[61] 王丽, 陶兴宝, 欧阳净, 等. 白头翁汤对痢疾杆菌的体外抑菌作用研究 [J]. 中医药信息, 2020, 37(5): 49—53.

[62] 郑险峰, 张金艳, 邵淑娟, 等. 白头翁对金黄色葡萄球菌和产气肠杆菌抑菌作用的研究 [J]. 牡丹江师范学院学报 (自然科学版), 2011(2): 29—30.

[63] 吕平, 黄惠芳, 韦丽君. 四种植物提取物的抑菌作用研究 [J]. 食品科技, 2010, 35(12): 216—

219.

[64] 刘楠. 中药及其单体联合抗菌素体外抑制眼表菌株作用的研究 [D]. 辽宁中医药大学, 2019.

[65] 曹景花, 李玉兰, 邱世翠, 等. 白头翁的体外抑菌作用研究 [J]. 时珍国医国药, 2003, 14(9): 528.

[66] 杨银书, 常德辉. 白头翁提取物的消毒效果研究 [J]. 中国消毒学杂志, 2006, 23(4): 324—326.

[67] 岳文鹏, 田维毅. 肠菌生物转化对白头翁水提液体外抑菌作用的影响 [J]. 贵阳中医学院学报, 2013, 35(2): 47—49.

[68] 王兴华, 刘大芳, 徐军, 等. 苦参蛇床子等六种药用植物的抑菌研究 [J]. 山西大学学报 (自然科学版), 1999, 22(4): 383—386.

[69] 时维静, 路振香, 李立顺. 白头翁不同提取物及复方体外抑菌作用的实验研究 [J]. 中国中医药科技, 2006, 13(3): 166—168.

[70] 时维静, 路振香, 焦坤. 白头翁根不同提取物体外抑菌试验研究 [J]. 中兽医医药杂志, 2005(4): 26—28.

[71] 杨传伟. 白头翁皂苷提取及体外抑菌作用研究 [D]. 牡丹江师范学院, 2016.

[72] Cho SC, Sultan MZ, Moon SS. Anti-acne activities of pulsaquinone, hydropulsaquinone, and structurally related 1, 4-quinone derivatives.[J]. Archives of Pharmacal Research, 2009, 32(4): 489—494.

[73] Fanny CFI, Wing-Yu F, Elaine YLC, et al. Anemoside A3 enhances cognition through the regulation of synaptic function and neuroprotection[J]. Neuropsychopharmacology, 2015, 40(8): 1877—1887.

附录

专业词汇对照表

简称	英文名称	中文名称
5-HT	5-hydroxytryptophan	5- 羟色胺
5-LOX	5-Lipoxygenase	5- 脂氧合酶
8-OHdG	8-hydroxy-2'-deoxyguanosine	8- 羟基 -2'- 脱氧鸟苷
AD	Atopic dermatitis	特应性皮炎
ADA	Adenosine deaminase	腺苷脱氨酶
AgNPs	Silver nanoparticles	银纳米颗粒
Akt	protein kinase B	蛋白激酶 B
ALT	Alanine aminotransferase	丙氨酸转氨酶
AMPAR	AMPA-subtype glutamate receptor	AMPA 型谷氨酸受体
AMPK	Adenosine 5'-monophosphate (AMP)-activated protein kinase	AMP 依赖的蛋白激酶
AST	Aspartate transaminase	天冬氨酸转氨酶
BDNF	Brain-derived neurotrophic factor	脑源性神经营养因子
BHA	butylated hydroxyanisole	丁基羟基茴香醚
BHT	butylated hydroxytoluene	二丁基羟基甲苯
BUN	Blood urea nitrogen	尿素氮
CAT	Catalase	过氧化氢酶
CB	Cytochalasin B	细胞松弛素 B
CCl_4	Carbon tetrachloride	四氯化碳
CD14	Leukocyte differentiation antigen 14	白细胞分化抗原 14
CINC-1	cytokine induced neutrophil chemoattractant-1	人中性粒细胞趋化因子 -1

（接上表）

CMC	Carboxymethyl cellulose	羧甲基纤维素
COX-2	Cyclooxygenase-2	环氧合酶 -2
CR-1	Complement receptor-1	补体受体 1
CREA	Creatinine	肌酐
CRP	Creactive protein	C 反应蛋白
CYP_{450}	Cytochrome P_{450}	细胞色素 P_{450}
DICF	Diclofenac	双氯芬酸
DSS	Dextran Sulfate Sodium	右旋糖酐硫酸钠
DTH	Delayed type hypersensitivity	迟发型超敏反应
EAF	Ethyl acetate fraction	乙酸乙酯馏分
EPA	Eicosapentaenoic acid	二十碳五烯酸
ERK1/2	Extracellular regulated protein kinases	细胞外调节蛋白激酶
ET-1	Endothelin-1	内皮素 -1
FCA	Freund's complete adjuvant	弗氏完全佐剂
FLAP	5-Lipoxygenase-activating protein	5- 脂氧合酶活化蛋白
fMLP	formyl-Met-Leu-Phe	甲酰蛋氨酸 - 亮氨酸 - 苯丙氨酸
FPR1	Formyl Peptide Receptor 1	甲酰肽受体 1
FRAP	Ferric-reducing antioxidant power	亚铁离子还原能力实验
GA	Acacia gum	阿拉伯胶
GAG	Glycosaminoglycans	葡糖胺聚糖
GI	Gingival index	牙龈指数
GluA1	Glutamate receptor 1	谷氨酸受体 1

（接上表）

GR	Glutathione reductase	谷胱甘肽还原酶
GSH	Reduced glutathione	还原型谷胱甘肽
GSH-Px	Glutathione peroxidase	谷胱甘肽过氧化物酶
GST	Glutathione-S-transferase	谷胱甘肽 -S- 转移酶
hBD-2	Human β-defensin-2	人 β- 防御素 2
HNE	Human neutrophil elastase	人中性粒细胞弹性蛋白酶
HNE	Hydroxynonenal	4- 羟基 -2- 壬烯醛
HO-1	Heme oxygenase-1	血红素加氧酶 -1
HP	Haptoglobin	结合珠蛋白
HRP	Horseradish peroxidase	辣根过氧化物酶
HSC	Hederasaponin C	常春藤皂苷 C
HUVECs	Human umbilical vein endothelial Cells	人脐静脉内皮细胞
ICAM-1	Intercellular adhesion molecule-1	细胞间黏附分子 -1
ie-DAP	γ-D-glutamyl-meso-diaminopimelic acid	细菌细胞壁肽聚糖成分
IFNβ	Interferon-β	β 干扰素
IFNγ	Interferon γ	γ 干扰素
IGF	Insulin-like growth factor	胰岛素样生长因子
IKKβ	IκB kinase β	IκB 激酶 β
IL-1	Interleukin-1	白细胞介素 -1
IL-1α	Interleukin-1α	白细胞介素 -1α
IL-1β	Interleukin-1β	白细胞介素 -1β
IL-2	Interleukin-2	白细胞介素 -2

（接上表）

IL-4	Interleukin-4	白细胞介素 -4
IL-6	Interleukin-6	白细胞介素 -6
IL-8	Interleukin-8	白细胞介素 -8
IL-10	Interleukin-10	白细胞介素 -10
IL-12	Interleukin-12	白细胞介素 -12
IL-13	Interleukin-13	白细胞介素 -13
IL-17	Interleukin-17	白细胞介素 -17
IL-22	Interleukin-22	白细胞介素 -22
IL-31	Interleukin-31	白细胞介素 -31
iNOS	Inducible nitric oxide synthase	诱导型一氧化氮合酶
IκBα	Nuclear Factor Kappa-B-Inhibitor Alpha	核因子 -κB 抑制因子 α
JNK	c-Jun N-terminal kinase	c-Jun 氨基末端激酶
LCN2	Siderocalin	人脂质运载蛋白 2
LDH	Lactate dehydrogenase	乳酸脱氢酶
LDL	Low density lipoprotein	低密度脂蛋白
LiPO	Lipofuscin	脂褐素
LPO	Lipid peroxidation	脂质过氧化
LPS	Lipopolysaccharide	脂多糖
LTB4	Leukotriene B4	白三烯 B4
LTB5	Leukotriene B5	白三烯 B5
MAO-B	Monoamine oxidase B	单胺氧化酶 B
MAPK	Mitogen activated protein kinase	丝裂原活化蛋白激酶
MBC	Minimum bactericidal concentration	最低杀菌浓度

（接上表）

MCP-1	Monocyte chemoattractant protein-1	单核细胞趋化蛋白 -1
MD2	Myeloid differentiation protein-2	髓样分化蛋白 2
MDA	Malondialdehyde	丙二醛
MDC/CCL22	Macrophage-derived chemokine	巨噬细胞衍生趋化因子
MIC	Minimal inhibitory concentration	最小抑菌浓度
MITF	Microphthalmia-associated transcription factor	小眼畸形相关转录因子
MMP-1	Matrix metalloproteinase-1	基质金属蛋白酶 -1
MMP-2	Matrix metalloproteinase-2	基质金属蛋白酶 -2
MMP-3	Matrix metalloproteinase-3	基质金属蛋白酶 -3
MMP-9	Matrix metalloproteinase-9	基质金属蛋白酶 -9
MPO	Myeloperoxidase	髓过氧化物酶
MRSA	Methicillin-resistant *Staphylococcus aureus*	耐甲氧西林金黄色葡萄球菌
MyD88	Myeloid differentiation factor 88	髓样分化因子 88
NF-κB	Nuclear factor of κB	核因子 -κB
NGAL	Neutrophil gelatinase-associated lipocalin	中性粒细胞明胶酶相关脂质转运蛋白
NO	Nitric oxide	一氧化氮
NOS	Nitric oxide synthase	一氧化氮合酶
NOX4	NADPH oxidase 4	NADPH 氧化酶 4
NQO-1	NAD(P)H:quinone oxidoreductase 1	NADPH 醌氧化还原酶 1
Nrf2	Nuclear factor erythroid-2-related factor 2	核转录因子 E2 相关因子 2

（接上表）

ORAC	Oxygen radical absorbance capacity	氧化自由基吸收能力
PBI	Papillary bleeding index	乳突状出血指数
PCNA	Proliferating Cell Nuclear Antigen	增殖细胞核抗原
PDE	Neutrophil cAMP phosphodiesterase	中性粒细胞 cAMP-磷酸二酯酶
PG	propyl gallate	没食子酸丙酯
PGE_2	Prostaglandin E_2	前列腺素 E_2
PHA	Phytohemagglutinin	植物血凝素
PLGF	Placental growth factor	胎盘生长因子
PTGS2	Prostaglandin-endoperoxide synthase 2	过氧化物合酶 2
RAGE	Receptor for advanced glycation end products	晚期糖基化终末产物受体
RANTES	regulated on activation, normal T cell expressed and secreted	调节活化正常 T 细胞表达和分泌因子
RIP2	Receptor interacting protein 2	受体相互作用蛋白 2
RNS	Reactive nitrogen species	活性氮
ROS	Reactive oxygen species	活性氧
SFE	Supercritical CO_2 extraction	CO_2 超临界萃取
sICAM-1	Soluble intercellular adhesion molecule-1	可溶性细胞间黏附分子 -1
SOD	Superoxide dismutase	超氧化物歧化酶
SR-A	Scavenger receptor A	清道夫受体 A
STAT1	Signal transducer and activator of transcription 1	信号转导与转录激活子 1
STAT6	Signal transducer and activator of transcription 6	信号转导与转录激活子 6

（接上表）

sVCAM-1	Soluble vascular cell adhesion molecule-1	可溶性血管细胞黏附分子 -1
TAC/ T-AOC	Total Antioxidant Capacity	总抗氧化能力
TARC	Thymus-and activation-regulated chemokine	胸腺活化调节趋化因子
TBARS	Thiobarbituric acid reactive substance	硫代巴比妥酸反应物
TEWL	Transepidermal water loss	经皮水分损失
TG	Triglyceride	三酰甘油
TGFR1	Transforming Growth Factor β Receptor I	转化生长因子 β 受体 1
TGF-β	Transforming growth factor-β	转化生长因子 -β
T-GSH	Total reduced glutathione	总还原型谷胱甘肽
TIMP-1	Metallopeptidase inhibitor 1	基质金属蛋白酶抑制剂 -1
TLR2	Toll-like receptor-2	Toll 样受体 2
TLR4	Toll-like receptor-4	Toll 样受体 4
TLR5	Toll-like receptor-5	Toll 样受体 5
TNBS	2,4,6-trinitrobenzenesulfonic acid solution	2,4,6- 三硝基苯磺酸
TNFR	Tumor necrosis factor receptor	肿瘤坏死因子受体
TNF-α	Tumor necrosis factor-α	肿瘤坏死因子 -α
TOS	Total oxidation state	总氧化状态
TRAP/ TAR	total reactive antioxidant potential	总抗氧化潜力
T-SOD	Total superoxide dismutase	总超氧化物歧化酶

（接上表）

UC	Ulcerative colltls	溃疡性结肠炎
UVB	Ultraviolet B	紫外线 B
VC	Vitamin C	维生素 C
VCAM-1	Vascular cell adhesion molecule-1	血管细胞黏附分子 -1
VE	Vitamin E	维生素 E
VEGF	Vascular endothelial growth factor	血管内皮生长因子
XOD	Xanthine Oxidase	黄嘌呤氧化酶

物种中文名和拉丁名对照表

序号	中文名	拉丁名	对应章节 起始页码
1	阿拉伯胶树	*Senegalia senegal*	1
2	阿魏	*Ferula assa-foetida*	13
3	阿月浑子	*Pistacia vera*	33
4	艾	*Artemisia argyi*	51
5	艾纳香	*Blumea balsamifera*	85
6	安息香	*Styrax benzoin*	101
7	奥古曼树	*Aucoumea klaineana*	113
8	奥氏海藻	*Cladosiphon okamuranus*	121
9	澳洲坚果	*Macadamia integrifolia*	131
10	澳洲蓝柏	*Callitris columellaris*	143
11	八角茴香	*Illicium verum*	149
12	巴巴苏	*Attalea speciosa*	167
13	巴尔干苣苔	*Haberlea rhodopensis*	171
14	巴戟天	*Morinda officinalis*	183
15	巴拉圭茶	*Ilex paraguariensis*	217
16	巴氏抱罗交	*Alibertia patinoi*	233
17	巴西果	*Bertholletia excelsa*	243
18	巴西榥榥木	*Ptychopetalum olacoides*	253
19	巴西香可可	*Paullinia cupana*	265
20	巴西油桃木	*Caryocar brasiliense*	279
21	巴西棕榈树	*Copernicia prunifera*	295

（接上表）

22	菝葜	*Smilax china*	299
23	白车轴草	*Trifolium repens*	315
24	白池花	*Limnanthes alba*	327
25	白豆蔻	*Amomum kravanh*	335
26	白鹤灵芝	*Rhinacanthus nasutus*	345
27	白花春黄菊	*Chamaemelum nobile*	357
28	白花蛇舌草	*Scleromitrion diffusum*	367
29	白花油麻藤	*Mucuna birdwoodiana*	385
30	白及	*Bletilla striata*	393
31	白拉索兰	*Brassocattleya* Marcella Koss	417
32	白蜡树	*Fraxinus chinensis*	423
33	白兰	*Michelia × alba*	441
34	白蔹	*Ampelopsis japonica*	451
35	白马骨	*Serissa serissoides*	465
36	白毛茛	*Hydrastis canadensis*	475
37	白茅	*Imperata cylindrica*	487
38	白千层	*Melaleuca cajuputi* subsp. *cumingiana*	499
39	白术	*Atractylodes macrocephala*	523
40	白头翁	*Pulsatilla chinensis*	541
41	北艾	*Artemisia vulgaris*	54
42	朝鲜白头翁	*Pulsatilla cernua*	543
43	阜康阿魏	*Ferula fukanensis*	18
44	古蓬阿魏	*Ferula gummosa*	15
45	海巴戟	*Morinda citrifolia*	185

（接上表）

46	海星枝管藻	*Cladosiphon novae-caledoniae*	122
47	互叶白千层	*Melaleuca alternifolia*	501
48	花白蜡树	*Fraxinus ornus*	452
49	灰菝葜	*Smilax aristolochiifolia*	300
50	苦枥白蜡树	*Fraxinus chinensis* subsp. *rhynchophylla*	424
51	绿花白千层	*Melaleuca viridiflora*	502
52	欧洲白蜡树	*Fraxinus excelsior*	426
53	伞形花序蒿	*Artemisia umbelliformis*	57
54	山地蒿	*Artemisia montana*	56
55	石南叶白千层	*Melaleuca ericifolia*	504
56	宿柱白蜡树	*Fraxinus stylosa*	427
57	香阿魏	*Ferula foetida*	15
58	新疆阿魏	*Ferula sinkiangensis*	16
59	有用菝葜	*Smilax utilis*	300
60	越南安息香	*Styrax tonkinensis*	103

物种拉丁名和中文名对照表

序号	拉丁名	中文名	对应章节起始页码
1	*Alibertia patinoi*	巴氏抱罗交	233
2	*Amomum kravanh*	白豆蔻	335
3	*Ampelopsis japonica*	白蔹	451
4	*Artemisia argyi*	艾	51
5	*Artemisia montana*	山地蒿	56
6	*Artemisia umbelliformis*	伞形花序蒿	57
7	*Artemisia vulgaris*	北艾	54
8	*Atractylodes macrocephala*	白术	523
9	*Attalea speciosa*	巴巴苏	167
10	*Aucoumea klaineana*	奥古曼树	113
11	*Bertholletia excelsa*	巴西果	243
12	*Bletilla striata*	白及	393
13	*Blumea balsamifera*	艾纳香	85
14	*Brassocattleya* Marcella Koss	白拉索兰	417
15	*Callitris columellaris*	澳洲蓝柏	143
16	*Caryocar brasiliense*	巴西油桃木	279
17	*Chamaemelum nobile*	白花春黄菊	357
18	*Cladosiphon novae-caledoniae*	海星枝管藻	122
19	*Cladosiphon okamuranus*	奥氏海藻	121
20	*Copernicia prunifera*	巴西棕榈树	295

（接上表）

21	*Ferula assa-foetida*	阿魏	13
22	*Ferula foetida*	香阿魏	15
23	*Ferula fukanensis*	阜康阿魏	18
24	*Ferula gummosa*	古蓬阿魏	15
25	*Ferula sinkiangensis*	新疆阿魏	16
26	*Fraxinus chinensis*	白蜡树	423
27	*Fraxinus chinensis* subsp. *rhynchophylla*	苦枥白蜡树	424
28	*Fraxinus excelsior*	欧洲白蜡树	426
29	*Fraxinus ornus*	花白蜡树	452
30	*Fraxinus stylosa*	宿柱白蜡树	427
31	*Haberlea rhodopensis*	巴尔干苣苔	171
32	*Hydrastis canadensis*	白毛茛	475
33	*Ilex paraguariensis*	巴拉圭茶	217
34	*Illicium verum*	八角茴香	149
35	*Imperata cylindrica*	白茅	487
36	*Limnanthes alba*	白池花	327
37	*Macadamia integrifolia*	澳洲坚果	131
38	*Melaleuca alternifolia*	互叶白千层	501
39	*Melaleuca cajuputi* subsp. *cumingiana*	白千层	499
40	*Melaleuca ericifolia*	石南叶白千层	504
41	*Melaleuca viridiflora*	绿花白千层	502
42	*Michelia* × *alba*	白兰	441
43	*Morinda citrifolia*	海巴戟	185

（接上表）

44	*Morinda officinalis*	巴戟天	183
45	*Mucuna birdwoodiana*	白花油麻藤	385
46	*Paullinia cupana*	巴西香可可	265
47	*Pistacia vera*	阿月浑子	33
48	*Ptychopetalum olacoides*	巴西榥榥木	253
49	*Pulsatilla cernua*	朝鲜白头翁	543
50	*Pulsatilla chinensis*	白头翁	541
51	*Rhinacanthus nasutus*	白鹤灵芝	345
52	*Scleromitrion diffusum*	白花蛇舌草	367
53	*Senegalia senegal*	阿拉伯胶树	1
54	*Serissa serissoides*	白马骨	465
55	*Smilax aristolochiifolia*	灰菝葜	300
56	*Smilax china*	菝葜	299
57	*Smilax utilis*	有用菝葜	300
58	*Styrax benzoin*	安息香	101
59	*Styrax tonkinensis*	越南安息香	103
60	*Trifolium repens*	白车轴草	315

《天然植物原料护肤功效汇编·特辑》勘误、补充表

页码	误	正
P2	*Cynanchum stauntonii* (Decne.) Schltr. ex Levl.	*Vincetoxicum stauntonii* (Decne.) C. Y. Wu et D. Z. Li
P7, 81, 125, 474	β- 谷甾醇的 CAS 号 64997-52-0	CAS 号 83-46-5
P18	表 2-3，总萜醇含量 3.8%	含量 4.5%
P23	2.3.3 抑菌，第二段白色念珠菌不是革兰氏阳性菌，是真菌	
P30	*Alpinia katsumadai* Hayata	*Alpinia hainanensis* K. Schumann
P47		重楼皂苷 I
P48		重楼皂苷 II
P48	重楼皂苷 II 的 CAS 号 76296-72-5	CAS 号 50773-42-7

（接上表）

P48	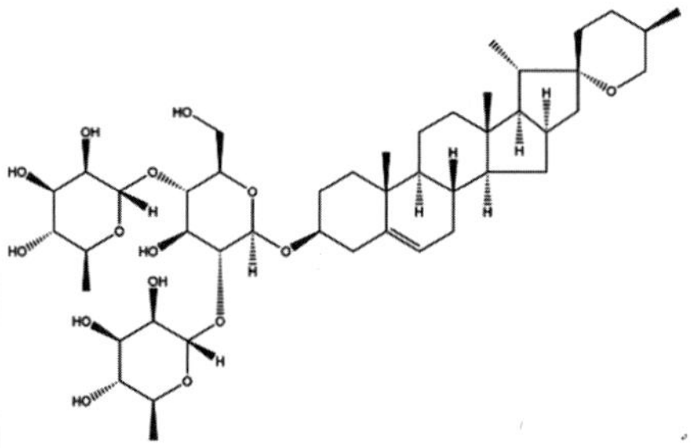	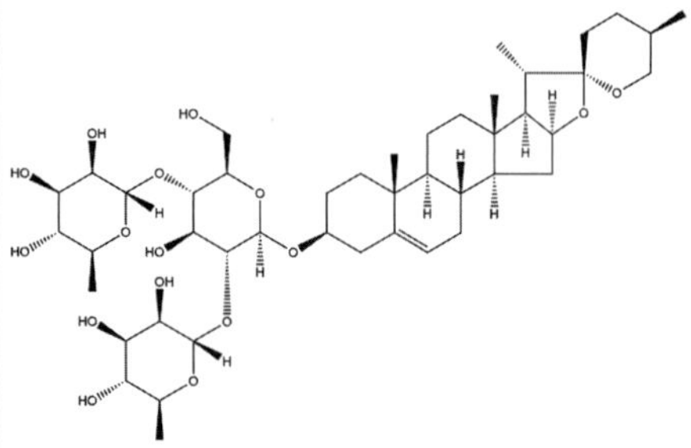 　薯蓣皂苷
P48	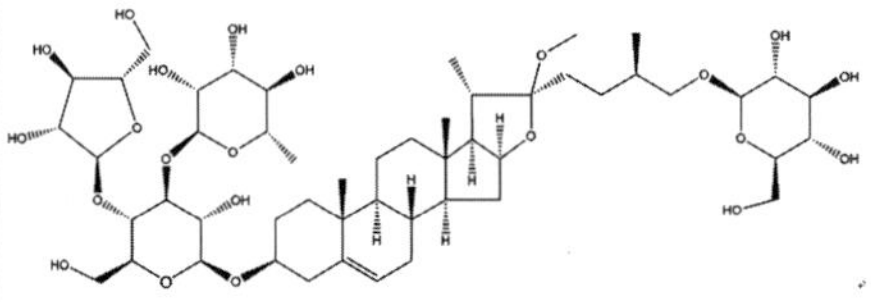	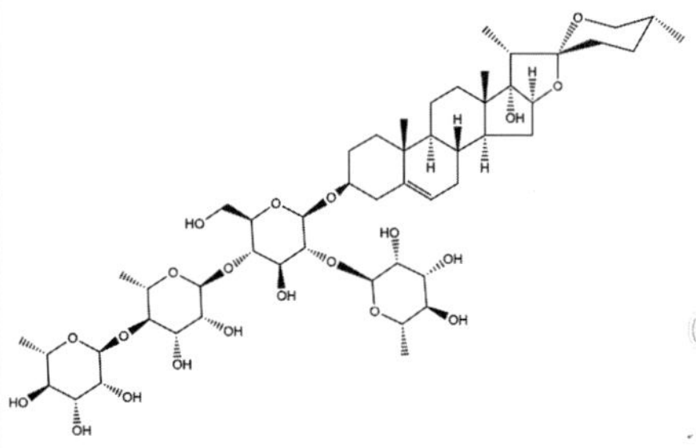 　重楼皂苷 VII
P48	重楼皂苷 VII 的 CAS 号 76296-75-8	CAS 号 68124-04-9
P49	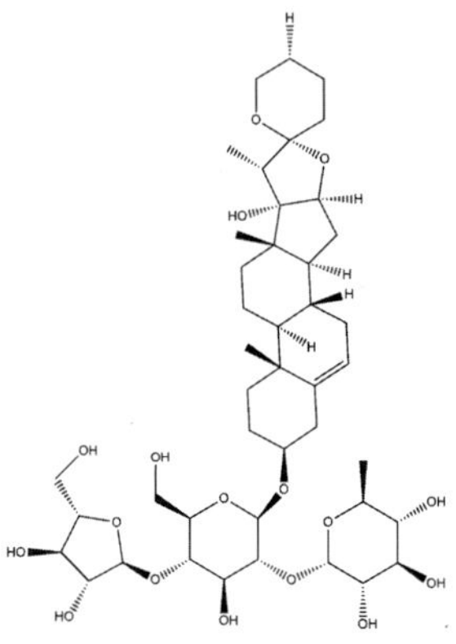	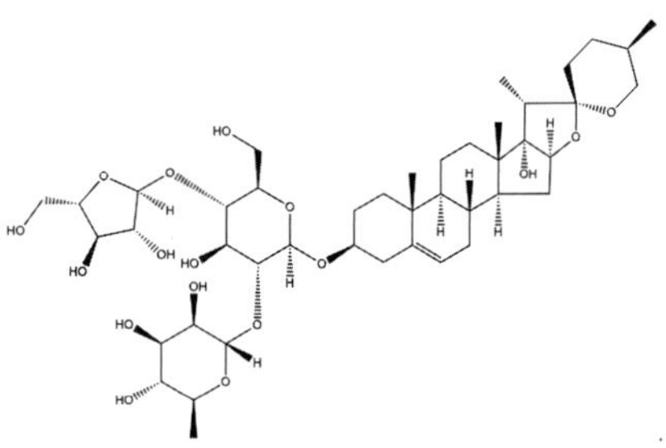 　重楼皂苷 H
P49	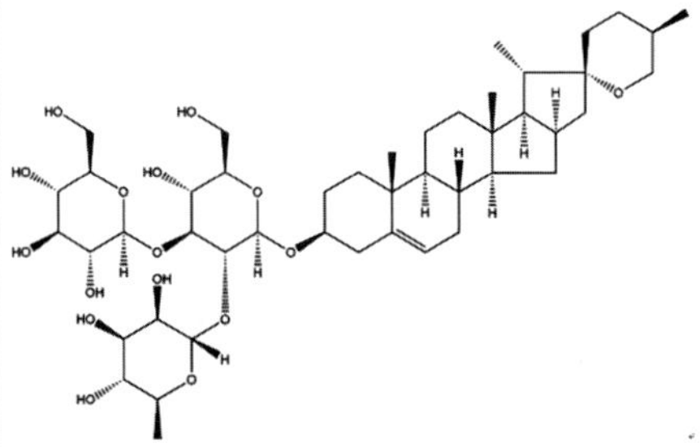	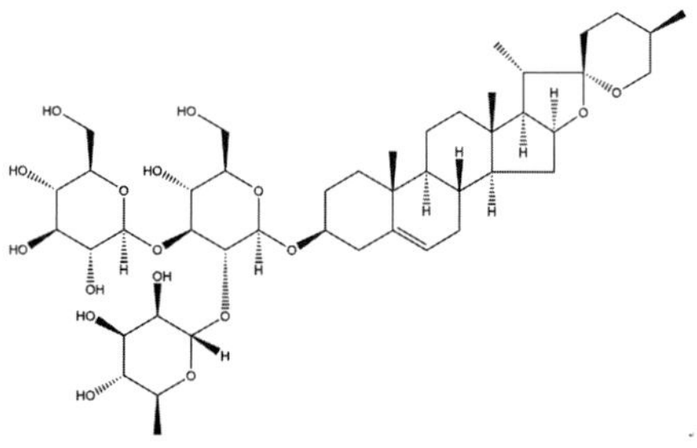 　纤细薯蓣皂苷

P81		 川续断皂苷乙
P83	5.3.1 抗炎，川续断皂苷 V(文献 [23]) 改为川续断皂苷 VI	
P95		 14- 去氧穿心莲内酯
P96	表 6-3，脱水穿心莲内酯含量 0.061-0.701%	含量 0.061-0.853%
P116	7.3.3 抑菌部分，文献 [29]	文献 [12]
P125		 正二十七烷
P139	表 9-3，总黄酮含量参考文献增加 1 篇： 1. 孙金旭 . 覆盆子干果黄酮提取研究 [J]. 食品研究与开发，2012，33(9):14—17.	
P139	表 9-3，多糖含量参考文献增加 1 篇： 1. 扈婧 . 覆盆子活性物质提取工艺的优化 [J]. 食品科技，2014, 39(11):4.	
P139	表 9-3，多酚含量文献 [19][20]	文献 [15][19][20]
P139	表 9-3，没食子酸含量 0.03-1.01%	含量 0.029-1.45%
P158		 蔗糖

（接上表）

P158	蔗糖 CAS 号 5989-81-1	CAS 号 57-50-1
P213	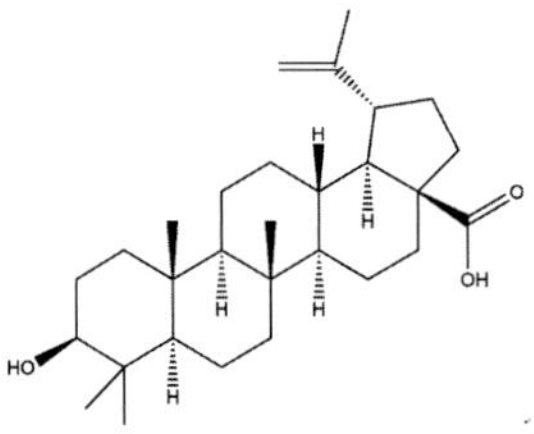	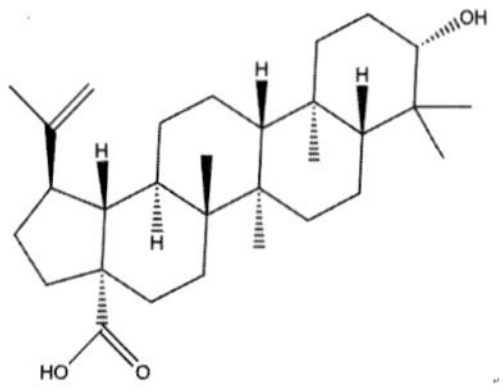 白桦脂酸
P226	表 16-3，齐墩果酸含量 0.100-1.00 g/L	含量 0.105-0.156%
P226	表 16-3，熊果酸含量 0.104-1.04 g/L	含量 0.142-0.228%
P226	表 16-3，麦角甾苷含量 0.0259-0.258 g/L	含量 0.0736-0.122%
P313	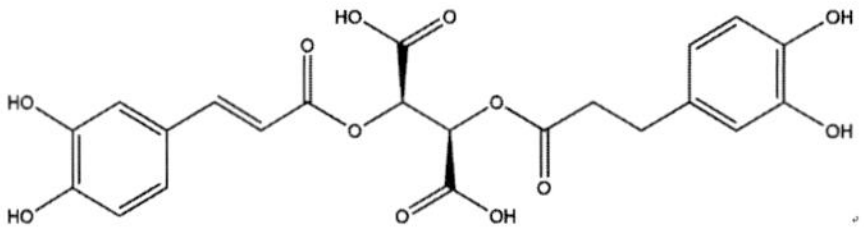	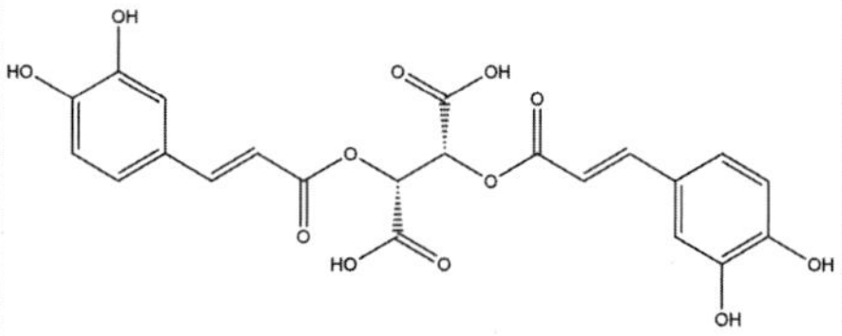 菊苣酸
P346, 442	儿茶素 CAS 号 7295-85-4	CAS 号 18829-70-4
P347	表 25-3，没食子酸含量 0.0071-4.436%	含量 0.0071-1.0908%
P349	25.3.2 抗氧化，文献 [25]	文献 [4]
P358	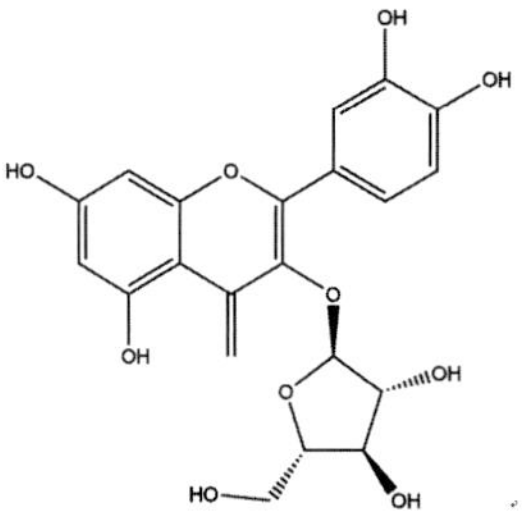	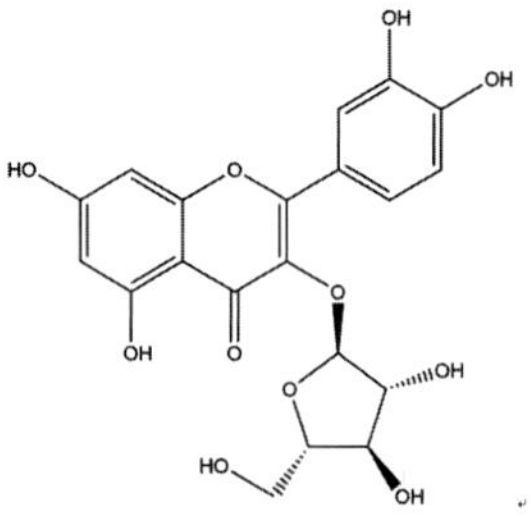 广寄生苷
P367	表 27-3，总生物碱含量 0.15-18.4%	含量 0.115-18.4%

（接上表）

P466	表 34-2，异槲皮苷 CAS 号 482-35-9	CAS 号 21637-25-2
P500	图 37-1 文献 [24]	文献 [16]
P517	表 38-3，总酚含量，叶：4.598%	叶：4.589%
P520	38.3.3 抑菌，芝麻酚抑菌机制……导致其死亡[43]	芝麻酚抑菌机制……导致其死亡[42]
P543	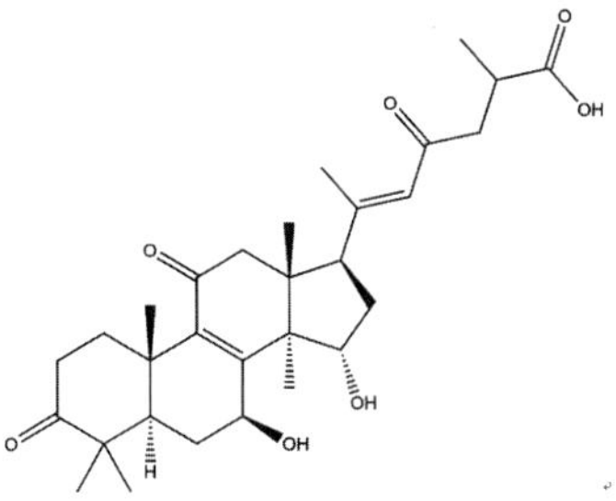	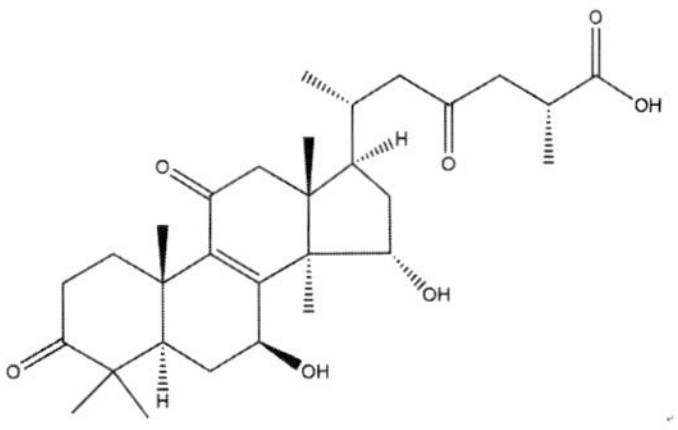 灵芝酸 A
P544	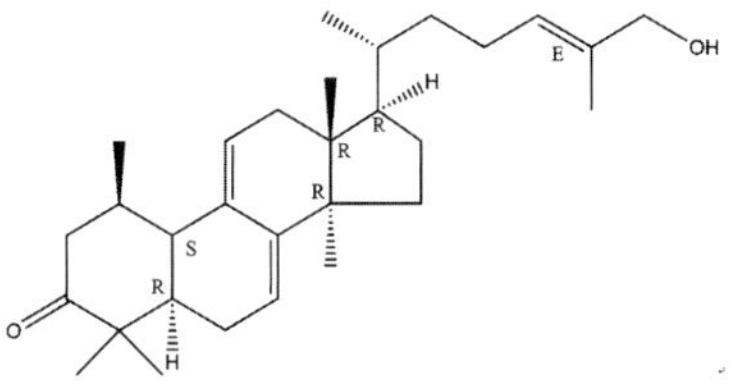	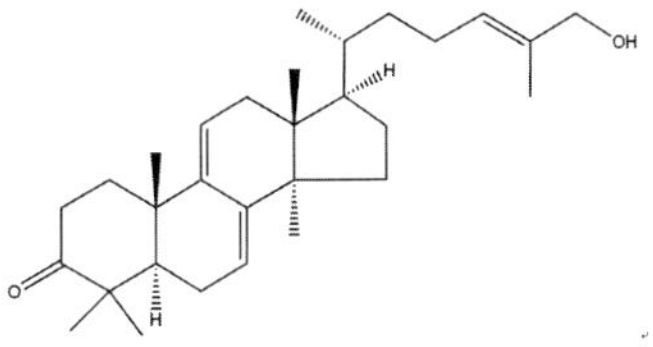 灵芝醇 A
P544	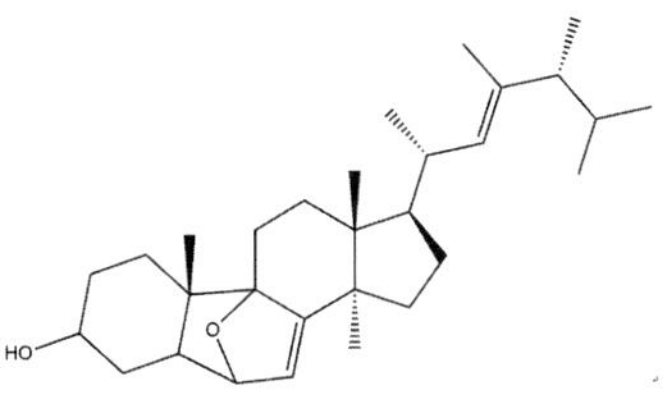	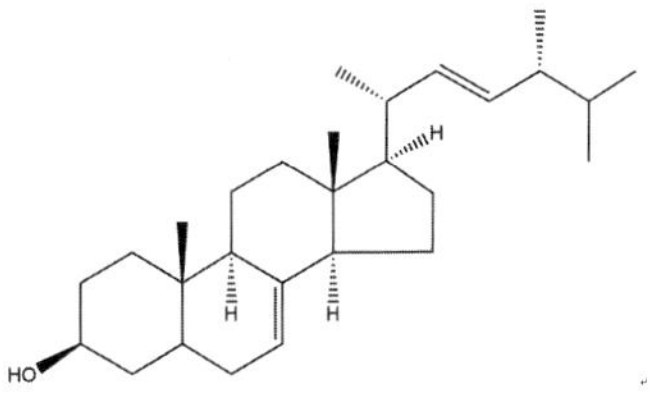 麦角甾 -7, 22- 二烯 -3β- 醇
P544	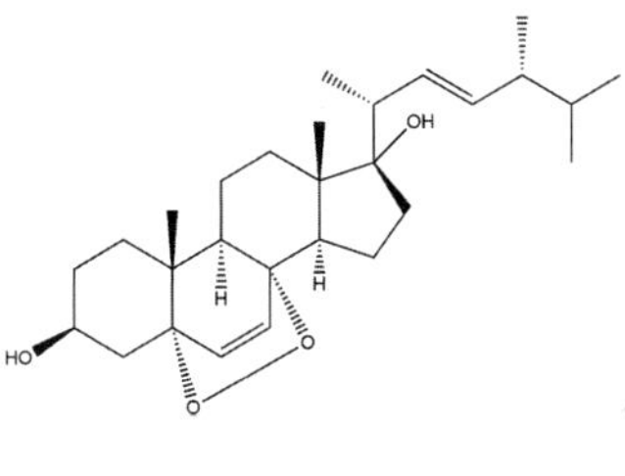	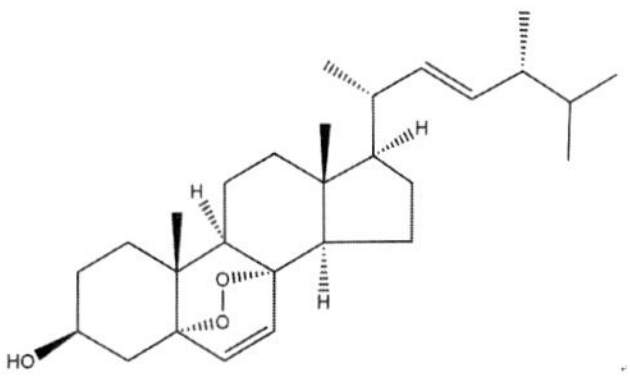 过氧麦角甾醇

物种图片版权人信息表

序号	页码	图片名称	拍摄者
1	17	新疆阿魏 A	廖建秀
2	17	新疆阿魏 B	区崇烈
3	18	阜康阿魏 A	许忠
4	18	阜康阿魏 B	刘兆龙
5	34	阿月浑子 A	买买提·吐尔逊
6	34	阿月浑子 B	奚建伟
7	53	艾 A	曾玉亮
8	53	艾 B	刘冰
9	55	北艾 A	周繇
10	55	北艾 B	朱鑫鑫
11	86	艾纳香 A	袁华炳
12	86	艾纳香 B	张成
13	102	安息香 A	梁金镛
14	102	安息香 B	张成
15	103	越南安息香 A	罗金龙
16	103	越南安息香 B	刘昂
17	132	澳洲坚果 A	薛自超
18	132	澳洲坚果 B	孔繁明
19	150	八角茴香 A	汤睿
20	150	八角茴香 B	李光敏
21	184	巴戟天 A	陈炳华
22	184	巴戟天 B	吴棣飞

（接上表）

23	186	海巴戟 A	陈又生
24	186	海巴戟 B	徐克学
25	244	巴西果	薛凯
26	300	菝葜 A	蔡嘉华
27	300	菝葜 B	黄凯敏
28	316	白车轴草 A	王焕冲
29	316	白车轴草 B	王焕冲
30	336	白豆蔻 A	从睿
31	336	白豆蔻 B	刘兆龙
32	346	白鹤灵芝 A	孙观灵
33	346	白鹤灵芝 B	朱鑫鑫
34	358	白花春黄菊 A	叶喜阳
35	358	白花春黄菊 B	吴棣飞
36	368	白花蛇舌草 A	周剑锋
37	368	白花蛇舌草 B	刘昂
38	386	白花油麻藤 A	曾云保
39	386	白花油麻藤 B	李西贝阳
40	394	白及 A	王孜
41	394	白及 B	李策宏
42	424	白蜡树 A	李光敏
43	424	白蜡树 B	李垚
44	426	花白蜡树 A	曾商春
45	426	花白蜡树 B	徐晔春
46	427	欧洲白蜡树 A	曾商春
47	427	欧洲白蜡树 B	薛凯

（接上表）

48	428	宿柱白蜡树 A	李栋国
49	428	宿柱白蜡树 B	朱鑫鑫
50	442	白兰 A	郭书普
51	442	白兰 B	朱鑫鑫
52	452	白鼓 A	周繇
53	452	白鼓 B	朱鑫鑫
54	466	白马骨 A	朱鑫鑫
55	466	白马骨 B	宋鼎
56	476	白毛茛	蒋蕾
57	488	白茅 A	朱仁斌
58	488	白茅 B	于胜祥
59	501	白千层 A	李晓东
60	501	白千层 B	孙观灵
61	502	互生叶白千层 A	奚建伟
62	502	互生叶白千层 B	彭兰
63	503	绿花白千层 A	徐晔春
64	503	绿花白千层 B	徐晔春
65	504	石南叶白千层	由利修二
66	524	白术 A	杜诚
67	524	白术 B	刘兆龙
68	543	白头翁 A	赵宏
69	543	白头翁 B	周繇
70	544	朝鲜白头翁 A	董上
71	544	朝鲜白头翁 B	周繇